Library of Western Classical Architectural Theory

西方建筑理论经典文库

U0275859

建筑论
——阿尔伯蒂建筑十书

[意] 莱昂·巴蒂斯塔·阿尔伯蒂 著

王贵祥 译

Library of Western Classical Architectural Theory

西方建筑理论经典文库

A

建筑论

——阿尔伯蒂建筑十书

[意] 莱昂·巴蒂斯塔·阿尔伯蒂 著

王贵祥 译

中国建筑工业出版社

著作权合同登记图字：01-2013-9127号

图书在版编目（CIP）数据

建筑论——阿尔伯蒂建筑十书/（意）阿尔伯蒂著；王贵祥译.—北京：中国建筑工业出版社，2014.6 （2021.2重印）
（西方建筑理论经典文库）
ISBN 978-7-112-16535-3

Ⅰ.①建…　Ⅱ.①阿…②王…　Ⅲ.①建筑学　Ⅳ.①TU-0

中国版本图书馆CIP数据核字（2014）第045082号

De re aedificatoria On the art of building in ten books / Leon Battista Alberti, 1485年
初版（佛罗伦萨）

On the Art of Building in Ten Books by Leon Battista Alberti
English Translted by Joseph Rykwert and Robert Tavernor
Copyright © 1988 by Joseph Rykwert, Robert Tavernor
Chinese Translation Copyright © 2016 China Architecture & Building Press

本书经博达著作权代理有限公司代理，美国The MIT Press正式授权我社翻译、出版、发行本书中文版

丛书策划

清华大学建筑学院　吴良镛　王贵祥
中国建筑工业出版社　张惠珍　董苏华

责任编辑：董苏华　戚琳琳
责任设计：陈　旭　付金红
责任校对：刘梦然

西方建筑理论经典文库
建筑论
——阿尔伯蒂建筑十书
[意]莱昂·巴蒂斯塔·阿尔伯蒂　著
王贵祥　译

*

中国建筑工业出版社出版、发行（北京西郊百万庄）
各地新华书店、建筑书店经销
北京嘉泰利德公司制版
北京富诚彩色印刷有限公司印刷
*

开本：787×1092毫米　1/16　印张：30$\frac{1}{4}$　字数：618千字
2016年5月第一版　2021年2月第二次印刷
定价：98.00元
ISBN 978-7-112-16535-3
　　（25250）

目录

莱昂·巴蒂斯塔·阿尔伯蒂

中文版总序

"西方建筑理论经典文库"系列丛书在中国建筑工业出版社的大力支持下，经过诸位译者的努力，终于开始陆续问世了，这应该是建筑界的一件盛事，我由衷地为此感到高兴。

建筑学是一门古老的学问，建筑理论发展的起始时间也是久远的，一般认为，最早的建筑理论著作是公元前1世纪古罗马建筑师维特鲁威的《建筑十书》。自维特鲁威始，到今天已经有2000多年的历史了。近代、现代与当代中国建筑的发展过程，无论我们承认与否，实际上是一个由最初的"西风东渐"，到逐渐地与主流的西方现代建筑发展趋势相交汇、相合流的过程。这就要求我们在认真地学习、整理、提炼我们中国自己传统建筑的历史与思想的基础之上，也需要去学习与了解西方建筑理论与实践的发展历史，以完善我们的知识体系。从维特鲁威算起，西方建筑走过了2000年，西方建筑理论的文本著述也经历了2000年。特别是文艺复兴之后的500年，既是西方建筑的一个重要的发展时期，也是西方建筑理论著述十分活跃的时期。从15世纪至20世纪，出现了一系列重要的建筑理论著作，这其中既包括15至16世纪文艺复兴时期意大利的一些建筑理论的奠基者，如阿尔伯蒂、菲拉雷特、帕拉第奥，也包括17世纪启蒙运动以来的一些重要建筑理论家和18至19世纪工业革命以来的一些在理论上颇有建树的学者，如意大利的塞利奥；法国的洛吉耶、布隆代尔、佩罗、维奥莱－勒－迪克；德国的森佩尔、申克尔；英国的沃顿、普金、拉斯金，以及20世纪初的路斯、沙利文、赖特、勒·柯布西耶等。可以说，西方建筑的历史就是伴随着这些建筑理论学者的名字和他们的论著，一步一步地走过来的。

在中国，这些西方著名建筑理论家的著述，虽然在有关西方建筑史的一般性著作中偶有提及，但却多是一些只言片语。在很长一个时期中，中国的建筑师与大学建筑系的教师与学生们，若希望了解那些在建筑史的阅读中时常会遇到的理论学者的著作及其理论，大约只能求助于外文文本。而外文阅读，并不是每一个人都能够轻松胜任的。何况作为一个学科，或一门学问，其理论发展过程中的重要原典性历史文本，是这门学科发展历史上的精髓所在。所以，一些具有较高理论层位的经典学科，对于自己学科发展史上的重要理论著作，不论其原来是什么语种的文本，都是一定要译成中文，以作为中国学界在这一学科领域的背景知识与理论基础的。比如，哲学史、美学史、艺术哲学，或一般哲学社会科学史上西方一些著名学者的著述，几乎都有系统的中文译本。其他一些学科领域，也各有自己学科史上的重要理论文本的引进与译介。相比较起来，建筑学科的经典性历史文本，特别是建筑理论史上一些具有里程碑意义的重要著述，至今还没有完整而系统的中文译本，这对于中国建筑教育界、建筑理论界与建筑创作界，无疑是一件憾事。

在几年前的一篇文章中，我特别谈到了建筑创作要"回归基本原理"（Back to the basic）的概念，这是一位西方当代建筑理论学者的观点。对于这一观点我是持赞成态度的。那么，什么是建筑的基本原理？怎样才能够理解和把握这些基本原理？如何将这些基本原理应用或贯穿于我们当前的建筑思维或建筑创作之中呢？要了解并做到这一点，尽管有这样或那样的可能途径，但其中一个重要的途径，就是要系统地阅读西方建筑史上一些著名建筑理论学者与建筑师的理论原著。从这些奠基性和经典性的理论著述中，结合其所处时代的建筑发展历史背景，去理解建筑的本义，建筑创作的原则，建筑理论争辩的要点等等，从而深化我们自己对于当代建筑的深入思考。正是为了满足中国建筑教育、建筑历史与理论，以及建筑创作领域对西方建筑理论经典文本的这一基本需求，我们才特别精选了这一套书籍，以清华大学建筑学院的教师为主体，进行了系统的翻译研究工作。

当然，这不是一个简单的文字翻译。因为这些重要理论典籍距离我们无论在时间上还是在空间上，都十分遥远，尤其是普通读者，对于这些理论著作中所涉及的许多西方历史与文化上的背景性知识知之不多，这就需要我们的译者，在准确、清晰的文字翻译工作之外，还要格外地花大气力，对于文本中出现的每一位历史人物、历史地点及历史建筑等相关的背景性知识逐一地进行追索，并尽可能地为这些人名、地名与事件加以注释，以方便读者的阅读。这就是我们这套书除了原有的英文版尾注之外，还需要大量由中译者添加的脚注的原因所在。而这也从另外一个侧面，增加了本书的学术深度与阅读上的知识关联度。相信面对这套书，无论是一位希望加强自己理论素养的建筑师，或建筑学子，还是一位希望在西方历史与文化方面寻求学术营养的普通读者，都会产生极其浓厚的阅读兴趣。

中国建筑的发展经历了 30 年的建设高潮时期，改革开放的大潮，催生出了中国历史上前所未有的建造力，全国各地都出现了蓬蓬勃勃的建设景观。这样伟大的时代，这样宏伟的建造场景，既令我们兴奋不已，也常常使我们惴惴不安。一方面是新的城市与建筑如雨后春笋般每日每时地破土而出，另外一个方面，却也令我们看到了建设过程中的种种不尽如人意之处，如对土地无节制的侵夺，城市、建筑与环境之间矛盾的日益突出，大量平庸甚至丑陋建筑的不断冒出，建筑耗能问题的日益尖锐，如此等等。

与建筑师关联比较密切的是建筑创作问题，就建筑创作而言，一个突出的问题是，一些投资人与建筑师满足于对既有建筑作品的模仿与重复，按照建筑画册的样式去要求或限定建筑师的创作。这样做的结果是，街头到处充斥的都是似曾相识的建筑形象，更有甚者，不惜花费重金去直接模仿欧美19世纪折中主义的所谓"欧陆风"式的建筑式样。这不仅反映了我们的一些建筑师在建筑创作上缺乏创新，尤其是缺乏对中国本土文化充分认知与思考基础上的创新，这也在一定程度上反映了，在这个大规模建造的时代，我们的建筑师在建筑文化的创造上，反而显得有点贫乏与无奈的矛盾。说到底，其中的原因之一，恐怕还是我们的许多建筑师，缺乏足够的理论素养。

当然，建筑理论并不是某个可以放之四海而皆准的简单公式，也不是一个可以包治百病的万能剂，建筑创作并不直接地依赖某位建筑理论家的任何理论界说。何况，这里所译介的理论著述，都是西方建筑发展史中既有的历史文本，其中也鲜有任何直接针对我们现实创作问题的理论阐释。因此，对于这些理论经典的阅读，就如同对于哲学史、艺术史上经典著作的阅读一样，是一个历史思想的重温过程，是一个理论营养的汲取过程，也是一个在阅读中对现实可能遇到的问题加以深入思考的过程。这或许就是我们的孔老夫子所说的"温故而知新"的道理所在吧。

中国人习惯说的一句话是"开卷有益"，也有一说是"读万卷书，行万里路"。现在的资讯发达了，人们每日面对的文本信息与电子信息，已呈爆炸的趋势。因而，阅读就要有所选择。作为一位建筑工作者，无论是从事建筑理论、建筑教育，或是从事建筑历史、建筑创作的人士，大约都在"建筑学"这样一个学科范畴之下，对于自己专业发展历史上的这些经典文本，在杂乱纷繁的现实生活与工作之余，挤出一点时间加以细细地研读，在阅读的愉悦中，回味一下自己走过的建筑之路，静下心来思考一些问题，无疑是大有裨益的。

吴良镛

中国科学院院士
中国工程院院士
清华大学建筑学院教授
2011 年度国家最高科学技术奖获得者

导　言

约瑟夫·里克沃特

维特鲁威与阿尔伯蒂

当阿尔伯蒂写作他的这部有关建筑艺术的论著《建筑论》（De re aedificatoria）时，大约是在 15 世纪的中叶，他的这部论著是自古代以来有关建筑学的第一部书。的确，这是有史以来完全奉献给建筑学的第二本书：那第一本书，奥古斯都时代的建筑师维特鲁威的《论建筑》（De architectura，又译作《建筑十书》），像阿尔伯蒂的这部书一样，也是分为了十书。阿尔伯蒂的著作所用的标题，是对那位一千五百年以前的古代作者的一个深思熟虑的挑战。

维特鲁威的写作是在记录一个已经过去的时代，而不是在打开一个新的时代。他叙述并整理了在他之前许多代的建筑的理论与实践，也就是在他的时代之前 3 至 4 个世纪之间希腊本土和小亚细亚地区那些希腊普化（Hellenistic）建筑师们的理论与实践。在他手边仍然能够找到那些人的著作：这些书在很大程度上很可能是建筑师们有关一座单体建筑之设计的说明与论证性的专论。或许还没有一本书中包含了像维特鲁威所提出的那些有关建筑学的一般性论述。关于这个部分，他清晰地表述了他在创新性方面的勃勃雄心，但是，基于他对比他更早的那些建筑师们的尊敬，因而，他仿效了那些建筑师们的态度，采用了他们所使用的词汇。他的许多技术术语都是希腊名词的简单音译；甚至他那强制性地以三个一组的方式建立范畴与概念的习惯，在相当程度上也都是希腊普化时期的思想家们所特别喜欢采用的。他在他的第七书的前言中所提供的一个简单的参考书目，在对了解希腊建筑师的理论著述方面，是唯一的一个可以依赖的引导。

维特鲁威非常了解他那个时代的技术所达到的程度，例如混凝土穹隆和经过改进的攻城机械，以及新的建筑类型的发展，例如蒸汽浴室［现存最早的一个实例是在庞培（Pompeii）[i] 建造的，很可能是在庞培死后所建的］和永久性的舞台场景和道具布置。然而，他最大的兴趣在于记录希腊普化（也可能包括早期希腊）时期的建筑师们在神庙设计方面的发展情况，因为在他看来，神庙建筑是对所有其他建筑进行指导和判断的唯一范例。特别是柱子设计中的一些要素——那些后来被称之为"柱式"（orders）的要素——被维特鲁威加以了系统化。无论将来可能取得如何辉煌的成就，都是维特鲁威所赞美——或所遗憾的——过往时代的辉煌。在他的写作中，并没有令人感觉到具有辉煌成就的罗马帝国建筑时代的即将到来；反而，他被后来时代的人们看做是帝国建筑的批评者。

相反，阿尔伯蒂却是有意识地抱定了一种全新的进取心。而被维特鲁威所理论化了的建筑物则是那些他和他的读者们能够在罗马城中，以及在帝国的殖民地中所看到的建筑物，也是那些阿尔伯蒂所求助的，或是在古代文献资源所被描述过的，或是只有那些最坚韧的旅行者才有可能到达的，抑或是那些只能够看到其废墟的建筑物。能够完整地保存下来并获得人们赞美的古代建筑物犹如凤毛麟角，例如万神庙（Pantheon）或位于拉文纳（Ravenna）[ii] 的西

---

i 庞培，古罗马将军和政治领导人。他和恺撒及克拉苏组成了三人寡头统治（公元前 60—前 50 年），后来被恺撒击败，并在埃及被谋杀。——译者注

ii 拉文纳，意大利东北部邻亚得里亚海的一座城市，位于佛罗伦萨市东北。罗马时代是一个重要的海军基地，公元 5—6 世纪是东哥特人王国的首都，6 世纪末至 750 年是拜占庭帝国在意大利的中心城市，750 年被伦巴底人征服。拉文纳最后成为教皇领地，于 1860 年并入意大利。——译者注

奥德利克（Theodoric）[i] 的陵墓，这些建筑物是通过某种，对于阿尔伯蒂以及与他同时代的人来说，其技术与组织仍然是一个谜的建筑行业所造就的。他自己时代的那些特殊的建筑物，他却根本没有提到。正是从遗址中，并且从文本中，一种新的建筑学，作为将古代建筑看做是一种神圣的或是给人以深刻印象的建筑学，而被推演了出来。而且，如阿尔伯蒂所坚持的，最终的标准既不是文本中的，也不是留存有遗址的实例，而是自然本身。

因此，阿尔伯蒂与维特鲁威之间的根本不同在于，那位古代的作者告诉我们的是，当你读到他的文字时，你可能会产生敬仰的那些建筑物是如何被建造起来的，而阿尔伯蒂则是在指明，未来将要建造的建筑物应该如何被建造。然而，为了使他的教诲具有适当的权威性，他的说教的基调，以及他所面对的读者一定要确立起来。因而，在这里与维特鲁威的不同也立即变得清晰起来：在维特鲁威那里，对于所有他那些百科全书式的和那具有哲学家特点的炫耀，他的写作是为了确认他那作为传统守望者的地位，并以传统的名义对其所获得的皇帝的赞助进行辩解，阿尔伯蒂的写作则是为了在社会的结构中为再一次形成的建筑师职业争辩出一个高高在上的地位，这一地位必须被重新建立起来。此外，他并不只是为了建筑师和工匠们，更是为了国王们和商人们，以及为了那些捐资人而写作的——或许主要就是为他们的。这就是为什么他只用拉丁文来写作，这也是为什么他的这本书的最初形式，只需要用最少的和最不起眼的插图。他希望以他那刻意提高了基调的观点，以及他的语言的优

---

i　西奥德利克，奥斯托格斯（474—526年）国王，曾在意大利建立了奥斯托格斯王国（493年）。——译者注

雅，来攫取他们的注意力。在这件事情上，以及在其他几件事情上，他使自己站在了反对维特鲁威的立场上，维特鲁威（如他自己也特别强调的）并不是一位伟大的自成流派的文体家。在这本书中，他没有为维特鲁威的使用希腊语法的技术新词汇留出任何位置；不是维特鲁威，而是西塞罗（Cicero）ⁱ——法律上的和有着辞藻华丽的论文的西塞罗——才是阿尔伯蒂所诉求的典范。宗教则是以其古代的装束出现的：神都是以复数的形式出现的（*dei，superi*），教堂总是被称为"神殿"。这里对古代罗马人的称谓似乎一直用的是一位后共和时代作者的口吻，例如 *patres nostri*，"我们的父辈"，"我们的祖先"。

而他的同时代人在读他的书时就好像他是另外一位西塞罗。他写 *divinissimamente*，克里斯托福罗·兰迪诺（Cristoforo Landino）ⁱⁱ，佛罗伦萨共和国的拉丁文秘书，就是这样认为的。这样一种意图被证明是非常难以实现的：他发誓说"*me superi!*"（以上天的名义！），当他开始他的论文编撰的艰难过程的时候，如果他知道，所有这些会给他带来多么大的麻烦时，他就决不会做这件事——那就是他对建筑话语一个全新范围的发明。

阿尔伯蒂的童年与青年时代

当阿尔伯蒂开始计划未来的建筑学应该怎样安排才能够具有某

---

i　西塞罗（公元前106—前43年），古罗马政治家、演说家和哲学家。共和时期最后几年的主要人物，以雄辩及对拉丁散文的精通而闻名。——译者注

ii　克里斯托福罗·兰迪诺（1424—1498年），人文主义者，政治家，杰出的诗人，佛罗伦萨大学诗歌与演说讲座的教师，后来又成为诗歌与演讲研究室的主任，现存有他关于维吉尔的研究讲稿。——译者注

种"既是古老的又是全新的"美的东西的时候，他已经是一位著名的学者和一名成熟的外交家了，他是佛罗伦萨的伟大的阿尔伯蒂家族的一员（虽然是一位私生子），在这个家族的位于城外的普拉托的乔瓦尼［Giovanni da Prato，即后来的薄伽丘（Boccaccio）］的别墅中，布置有收集了他的故事和轶事的场景——阿尔伯蒂的天堂（*Paradiso degli Alberti*）。这些实力雄厚的商人和银行家，像美第奇（Medici）[i] 家族，在西翁皮（Ciompi）叛乱[ii] 之后的一系列动乱中，一直与佛罗伦萨的旧贵族们进行着斗争；他们一度受到了暂时的屈辱，并在 1393 年在马索·德戈利·阿尔比齐（Maso degli Albizzi）[iii] 的提议下，被从佛罗伦萨放逐了出去。一些人特别被流放到了西班牙或佛兰德（Flanders）[iv]，另外一些人则只是被放逐到城市之外一定距离的地方。贝内代托（Benedetto），这个家族的第一位主要的政治家，在其他几次动乱中已经被放逐过，并且曾经到圣地（Holy Land）[v] 进行过朝圣活动。在返回的路上，他于 1387 年死于罗得岛（Rhodes）。

　　他的孙子巴蒂斯塔（Battista）是在 1404 年的 1 月（旧历的 2 月）

　　i　美第奇家族，这是一个出了三个教皇（利奥十世，克莱蒙七世及利奥十一世）及两个法国皇后（凯瑟琳·美第奇和玛丽　美第奇）的意大利贵族家庭。"大"科西莫（1389—1464 年）是这个家庭中第一个统治佛罗伦萨的人。"高贵的"洛伦索（1449—1492 年）是一位杰出的学者与艺术家的赞助人，受到其赞助的包括米开朗琪罗和波提比利。——译者注

　　ii　西翁皮叛乱，发生于 1378 年的佛罗伦萨底层阶级的起义。——译者注

　　iii　马索·德戈利·阿尔比齐，做过佛罗伦萨舰队的舰长，在 1378 年的西翁皮叛乱之后（1382—1417 年），被推到了佛罗伦萨统治者地位。他的两个儿子中的一个，与科西莫·美第奇是好友。——译者注

　　iv　佛兰德，欧洲西北部一个历史上有名的地区，包括法国北部的部分地区、比利时西部地区和北海沿岸荷兰西南部的部分地带。几个世纪以来，一直享有实际的独立权并且十分繁荣。低地国家的哈布斯堡战争导致了这一地区的最终分裂，并在两次世界大战中遭受严重损失。——译者注

　　v　圣地，应指圣经中的巴勒斯坦地区。——译者注

在他被流放到热那亚（Genoese）的期间出生的：这是洛伦佐·德·贝内代托·德·阿尔伯蒂（Lorenzo de' Benedetto degli Alberti）和比安卡·斐斯奇（Bianca Fieschi），一位热那亚寡妇［格里马尔迪（Grimaldi）是她的夫姓］，她已经为洛伦佐生育了一个儿子，名叫卡洛（Carlo）。她似乎是在巴蒂斯塔出生后不久所爆发的一次瘟疫流行中就去世了，在这之后，洛伦佐带着他的孩子来到了威尼斯，后来又到了帕多瓦（Padua），虽然在1408年时他在热那亚结了婚。巴蒂斯塔似乎是非常早熟的，他被送到了北意大利地区最为优秀的教育机构中，即加斯帕里诺·巴齐扎（Gasparino Barzizza）学校，也被称作学馆（gymnasium）[i]，正是在这所学校里，声名狼藉的帕诺米塔（Panormita）[ii]，和 Francesco Barbaro，以及 Francesco Filelfo，都曾经是那里的学生；另外还有 Vittorino da Feltre，他后来成功地作为帕多瓦大学的修辞学教授而成为大师，后来还在曼图亚（Mantua）建立了他自己的学校。在巴蒂斯塔10多岁的时候，大约是在1421年时，他去了博洛尼亚（Bologna）[iii]，在那里获得了他在教会法与民法方面的一个普通的初级法学博士（*utriusque juris*）学位，这是一个进入高级教士生涯的标准的敲门石。当他还是一位学生的时候，他对于数学变得极其有兴趣，看起来他似乎是已经遇到了兼通数学——工程——地理——物理的学者保罗·托斯坎尼利（Paolo Toscanelli）。在这一段

---

i　这个词的本义是体育馆，在欧洲一些国家，比如德国，有一种学术性中学就是用这个词来称呼的，专用于培养学生升入大学，故这里译作学馆。——译者注

ii　帕诺米塔，不知所知，当时的一位教会律师、诗人和学者 Antonio Beccadelli of Palermo 的绰号叫帕诺米塔（il Panormita），他的一本名为《赫马佛洛狄忒斯》（Hermaphroditus）的书，写的是一位不知名的文艺复兴时期作者的淫逸生平，不知与此有无关联。——译者注

iii　博洛尼亚，意大利中北部城市，在亚平宁山麓，位于佛罗伦萨东北偏北。最早为埃特鲁斯坎的城市，在公元前2世纪成为罗马的殖民地。著名的博洛尼亚大学在公元425年作为一个法学院建立。

时期，他的父亲已经去世，后来的几个月，他跟着他和卡洛的叔叔里奇亚多（Ricciardo），他也是这两个孩子的监护人。然后，很显然，一些贪婪的亲戚决定利用这两个孩子的私生子地位而剥夺他们的遗产继承权，这为巴蒂斯塔造成了很大的不幸，把他彻底地抛到了一种不安的境地——他似乎经历了一段身体很糟糕的时期，这部分是由于（按照他那匿名的传记作者的说法，或许我们可以假设，那就是他自己所写的自传）他的担惊受怕，部分是由于他过于劳累的工作所造成的。

在这一时期，他正在为他的第一次文学上的成功而工作，那就是喜剧《*Philodoxeos*》的创作：这是一出假想的古代戏剧，在很长一个时期中，这个故事都被作为想象中的"白银时代"的拉丁语（sil-ver-Latin）[i] 作者李必达（Lepidus）的作品而被流传。这是一出精心编织的滑稽剧，是一件文学上的赝品，而不是一个有独创性的写作，但是这一作品也显示了作者是一位有才气的已经成熟了的拉丁语学者，也是一位具有相当能力的文学创作者。这出喜剧是以一个相当煽情的版本在一群放浪不羁的"享乐主义者"的帕诺米塔之中流传；后来，阿尔伯蒂声称要回归他创作的初衷，这样他就能够将他为青少年所做出的努力回归到恰当与正直上来，虽然，在一个半世纪以后，这出喜剧又以一个真正的"古代"戏剧而被出版。同时他也正在变成一位用本土语言写作的成熟作者：在这一时期，注明日期的是一些爱情诗，这是一种习惯上的角色，这暗示了他与一位我们知之甚少的少妇的运气不佳的纠缠——那是一位较低社会阶层的妇女，

---

i　"白银时代"的拉丁语，是指公元 1 世纪时的拉丁书面语。——译者注

她是一位嫉妒心很强的人，因而她似乎在他内心留下了对于女性同伴的苦涩的厌恶感；的确，她们那一直被一些人所着迷的传统特征暗示出，她在很大程度上是像李必达一样的一个虚构。无论事实是怎样的，这些诗歌都表明了阿尔伯蒂是一位在意大利韵文诗歌形式方面的大师。

然而，他并不仅仅自认为是一位知识渊博的学者。他还为他自己作为一位运动健将的名声而感到骄傲：人们设想他能够双脚合并而跳过一个人的头顶的高度，并且还能够将一枚银币扔到佛罗伦萨大教堂的穹隆屋顶之上，使你能够听到它的响声。他也是一位非常善于交往的人，是一位非常重视忠诚与友谊的人。他在大学期间的所有交往中，最为重要的是与萨扎纳（Sarzana）ⁱ 的汤玛索·巴伦图切利（Tommaso Parentucelli）ⁱⁱ 的友谊，后者后来成为了尼古拉五世（Nicholas V）ⁱⁱⁱ，一位人文主义者的教皇。很可能就是这位汤玛索，成为圣徒的加尔都西会教士博洛尼亚大主教尼古拉·阿尔伯戈蒂（Carthusian Niccolo Albergati）的秘书官，将他引入了枢机主教的视线范围之内。

在这同时，佛罗伦萨的情势也已经发生了变化。马丁五世（Martin V）^{iv} 教皇对阿尔伯蒂家族的放逐问题进行了调解，禁令也

---

i　萨扎纳，意大利利古里亚区拉西培西亚省的一个小镇，位于港市斯培西亚以东 15 公里处。——译者注

ii　汤玛索·巴伦图切利（1397—1455 年），教皇尼古拉五世（1447—1455 年在位），文艺复兴时期的重要教皇，梵蒂冈图书馆的创办人。年轻时曾在博洛尼亚枢机主教阿尔伯戈蒂家中任教。——译者注

iii　尼古拉五世：罗马教皇（1447—1455 年在位），文艺复兴时期的重要教皇，梵蒂冈图书馆的创办人。他结束了教皇与公会议对立造成的分裂，并恢复了教皇国和意大利的和平。他还开始了罗马许多重大建筑物，包括圣彼得大教堂的计划，并赞助了许多艺术家和学者。——译者注

iv　马丁五世：（1368—1431 年），教皇（1417—1431 年在位），原名奥都，在位期间曾调解英法之间的百年战争，并维护了教会在英格兰和西班牙的权利。——译者注

被取消了。这一家族的一些成员事实上也已经回来了，而巴蒂斯塔可能是于 1428 年第一次有机会看到了他们家族的故宅。这被证明是一个令人兴奋的时刻：因为阿尔伯蒂第一次与新的佛罗伦萨画派的艺术有了接触。马萨乔（Masaccio）[i] 在 Carmine 和新圣玛利亚教堂（Santa Maria Novella）[ii] 的壁画，多纳泰罗（Donatello）[iii] 和德拉·罗比亚（della Robbias）[iv] 等人的雕刻，以及其影响力之大令人无法用言语来表述的大教堂的穹隆顶，都给予了他以极其深刻的印象。这次访问的一个直接结果是那本有关绘画的小册子——《绘画论》（*De pictura*），在这本书中，阿尔伯蒂阐述了一种新的在一个二维的平面中，通过单眼透视的 *costruzione legittima* [v] 的使用而建构（*constructing*）三维空间的方法，这种方法最初是由伯鲁乃列斯基（Brunelleschi）[vi] 所阐明的，在接下来的一个世纪中这一方法成为有关艺术的占主导性的讨论话题。虽然，他最初是用拉丁文写作的，在 1435 年他又按照伯鲁乃列斯基的要求，而将其翻译成为了意大利文：他将这个译本奉献给了 *Pippo architetto*，他的伟大结构"直插云霄，它是如此宏大，以至于其阴影能够遮护托斯卡纳地区（Tuscany）的全体民众"。

---

i　马萨乔，意人利佛罗伦萨画派画家，他革新运用的直线透视法以及其对光与影的精通对文艺复兴时期的绘画产生深远影响。——译者注

vi　新圣玛利亚教堂，佛罗伦萨的文艺复兴时期教堂建筑，位于今日佛罗伦萨主火车站附近。——译者注

iii　多纳泰罗（1386？—1466 年），意大利雕塑家，是文艺复兴风格的先驱者，以其生动自然、形象逼真的人物像著名，代表作有青铜雕像《大卫像》。——译者注

iv　罗比亚，当指德拉·安德里亚·罗比亚（Della Robbia, Andrea），和德拉·卢卡·罗比亚（Della Robbia, Luca）。——译者注

v　由阿尔伯蒂所发明的一种透视图的绘图方法。——译者注

vi　伯鲁乃列斯基（1377—1446 年），意大利建筑师，其作品在佛罗伦萨文艺复兴时期享有盛名。其杰作是佛罗伦萨大教堂的八边形拱肋式穹隆顶。——译者注

罗马教皇的作用

在阿尔伯蒂第一次来到佛罗伦萨以后不久,马丁五世就派枢机主教阿尔伯戈蒂(Albergati)出任大使来为法兰西的查理七世(Charles Ⅶ)和英格兰的亨利六世(Henry Ⅵ,或者莫如说是他的叔叔们,在他的幼年时是他们在统治这个国家),以及勃艮第(Burgundy)的好人菲利普(Philip the Good)之间进行和平调节。英语读者们可能记得圣女贞德(Joan of Arc)[i]在1431年被烧死的情形。在阿尔伯蒂的传记中,关于这一时期的记载有一个空缺——但是没有什么正面的证据表明,对于一些他的传记作者们所认为的他曾作为枢机主教的随从参加了穿越北部欧洲的旅行提供支持,虽然这是他可能看到人们在冰面上溜冰的唯一机会(关于这一点他在第六书的第8章中有所描述),他也应该能够告诉我们一些有关北部欧洲在建筑材料方面的非常具体的详细情况。无论如何,在这次行程中,枢机主教曾经在布鲁日(Bruges)[ii]的短暂停留之间让扬·凡·爱克(Jan van Eyck)[iii]为他绘制肖像画——传统上被认为画的是阿尔伯戈蒂的一幅素描与一幅油画——它的吸引人之处在于可以让我们推测阿尔伯蒂在他的有生之年,不仅遇到了佛罗伦萨画派(Florentines)

---

i　圣女贞德,法国军事领袖、女英雄。受其宗教幻象的激励和指引,她组织了法国的抵抗运动,并于1429年迫使英军结束对奥尔良的围困。同年,她率领一支12000人的军队进军到兰斯,并将王太子加冕为查理七世。1430年被勃艮第人俘虏并出卖给英军,后来被控端邪说及巫术而受到审判并在里昂被烧死在火刑柱上。1920年被封为圣徒。——译者注

ii　布鲁日,比利时西北部的一座城市,通过运河与北海相连。建于9世纪,13世纪时成为商业同业公会同盟的主要成员之一。现以"桥之城"闻名,成为受欢迎的游览胜地。——译者注

iii　扬·凡·爱克(1390?—1441年),尼德兰画家,和他的兄弟乌尔韦特(死于1426年)建立了尼德兰绘画学校。扬的作品特征为明快、写实、细腻,例如其画作《阿诺尔菲尼和他的夫人》(1434年)。——译者注

中的那些伟大人物，也遇到了扬·凡·爱克。

在 1432 年以前枢机主教曾经一直任康士坦茨委员会（Council of Constance）的使节（那里没有有关阿尔伯蒂的相关记录）并且回到了博洛尼亚，这个委员会曾经一度迁到了那里。阿尔伯蒂又一次在记录中出现了：这次是作为格拉多（Grado）的大主教（后来又是耶路撒冷的大主教）和罗马教廷大法官法庭的负责人比亚吉诺·莫林（Biagio Molin）的秘书。正是在莫林那里，阿尔伯蒂变成了罗马教廷缩写学院（College of Pontifical Abbreviator）的成员：这是一个复制性机构，在那里所有的教皇文件都被进行编辑并以校正本的方式加以誊写以备出版。这里是其主要机构之一，通过这个机构新改革的斜体手写字变成了整个欧洲标准的文明书写方式。这一方式是在 14 世纪的后期与 15 世纪的早期由克鲁西奥·萨卢塔蒂（Coluccio Salutati）[i]、尼古洛·尼科利（Niccolo Niccoli）[ii]、安科纳（Ancona）[iii] 的西里亚克（Ciriaco）[iv] 和波焦·布拉乔利尼（Poggio Bracciolini[v]，波焦后来成为了教皇马丁五世的官方抄写员）开启的。绝大多数古

---

i　克鲁西奥·萨卢塔蒂（1331—1406 年），意大利人文学者，佛罗伦萨执政官。他忙于政治事务，却对人文学科有兴趣，写论义与信件，讨论哲学、义学及评论和考证，还是藏书家相于楊收集者。——译者注

ii　尼古洛·尼科利（约 1364—1437 年），文艺复兴时期佛罗伦萨的人文主义者，家境殷富，收藏有许多古代艺术品及古代希腊、罗马的作品手稿，对 15 世纪意大利的古物研究曾有很大影响。佛罗伦萨图书馆有很多珍贵手稿是经他手所抄的。——译者注

iii　安科纳，意大利中部的一座城市，邻亚得里亚海。是重要的港口和工商业中心。——译者注

iv　西里亚克（Ciriaco），文艺复兴时期的一位商人，又名塞里亚库斯（Cyriacus），生于意大利东部港市安科纳（Ancona），喜爱旅游，曾经游历整个地中海地区。——译者注

v　波焦·布拉乔利尼（1380—1459 年），意大利人文主义者，书法家，曾发现许多古典拉丁文稿，为文艺复兴早期的最著名学者之一。在佛罗伦萨抄录手稿时，他创造了一种圆润而工整的自团，成为后来印刷艺术中罗马式字体的原型。——译者注

代拉丁作家的作品在加洛林王朝（Carolingian）[i] 的手稿中得到了保护，这种新的书法是一种有计划地表达忠诚的做法。不可避免地，阿尔伯蒂也练习了这种书法。为了帮助比亚吉诺·莫林，他开始写作了一系列具有新风格的，西塞罗式的（Ciceronian）圣徒传记，虽然他似乎仅仅完成了一部，是关于一个不大为人所知的殉教者圣波提图斯（St. Potitus）的传记。

在这个时候，教皇马丁去世了，在 1432 年 10 月，他的威尼斯继承者尤金四世（Eugenius IV）[ii]，消除了那些对巴蒂斯塔有影响的合乎教规但却不合理的限制。我们不很确定的是，巴蒂斯塔是否实际上被任命为牧师（虽然他用了 *aureo anulo et flamine donatus* 的措辞来描述他自己，这一点有可能令人猜测到如上结果），但是，由于教皇的作用，使得他能够享有教会的生活：他成为在佛罗伦萨之外的西格纳（Signa）的冈加兰迪（Gangalandi）的圣马蒂诺（San Martino）修道院的院长，后来他也担任了在默戈洛（Mugello）的圣劳伦佐（San Lorenzo）教区的教区长；他还是佛罗伦萨大教堂的教士——也可能他还担任有其他有薪俸的圣职。所有这些都意味着他有一个稳定的收入来源。

在罗马与他有关联的主要业余性官方事务似乎是绘制一套完全的和精确的城市纪念性建筑物的测量图。在这一时期，他也可能已经开始，虽然没有完成，那本给予他在社会学历史方面，以及在意

---

i　加洛林王朝，公元 751 年由矮子丕平创立的法兰克王朝，这一王朝在法兰西延续到 987 年，在德意志一直延续到 911 年。——译者注

ii　尤金四世（约 1383—1447 年），教皇（1431—1447 年在位），原名康杜尔梅尔，在位期间一直主张与主张改革教会的巴塞尔会议（1431—1437 年）进行斗争。——译者注

大利文学方面一个永久性地位的书：《家庭论》（*Della famiglia*），一篇关于家庭生活的乐趣与职责的对话录——即使以他这样的特殊家庭，这篇对话的目标也似乎只是专属于男性们的：父亲和儿子、兄弟、叔叔与侄子。妇女们只存在于间接的引语中。

但是，他在罗马停留的时间并不长。尤金四世在1434年的5月底被罗马的暴乱所驱逐，一个公共整体宣布成立；虽然教会的统治很快得到了恢复，教皇持续控制了在佛罗伦萨，以及其他北方意大利城市的教廷。阿尔伯蒂追随了教皇，并随着教皇迁移到了博洛尼亚。他出席他的男性亲戚，阿尔贝托·阿尔伯蒂（Alberto Alberti），作为卡莫里诺（Camerino）[i] 的主教（后来他又成为枢机主教），于1437年秋天在佩鲁贾（Perugia）[ii] 就任圣职的仪式。更为重要的是，1438年他访问了——作为罗马教廷的随员——费拉拉（Ferrara）[iii]，是为了参加由当时已经上了年纪的枢机主教阿尔伯戈蒂召开的东西方教会之间的公会大会，后来这个大会因为瘟疫而中断并迁移到了佛罗伦萨，或许还因为罗马教皇的资金有些匮乏，是科西莫·德·美第奇（Cosimo de'Medici）[iv] 以资助会议的继续进行为条件的；实际

---

i 卡莫里诺，意大利 Macerata 省马奇（Marches）区的一座小城，位于亚平宁山脉地区。——译者注

ii 佩鲁贾，意大利中部城市，位于罗马北部俯瞰台伯河的丘陵地带。埃特鲁斯坎人的一个重要的定居点，约于公元前310年被罗马人攻陷。592年成为伦巴第公国，12世纪成为一个自由城市。——译者注

iii 费拉拉，意大利北部城市，位于威尼斯西南。13世纪早期埃斯特家族在这里建立了一个公国，并使其成为文艺复兴时期一个繁荣昌盛的文化和艺术中心。——译者注

iv 科西莫·德·美第奇（1389—1464年），又称老科西莫，统治佛罗伦萨的美第奇家族主要支系之一的开创者，曾管理罗马教廷的财政。因是当时最大的富豪而遭到政敌迫害入狱，后重返佛罗伦萨，将其死敌逐走，从而开始了美第奇家族的统治。他热心于建筑及古代文献手稿的研究，并曾重建柏拉图学园。——译者注

上，这次会议是以佛罗伦萨公会议（the Council of Florence）[i] 而著称的。阿尔伯蒂一直在佛罗伦萨，直到 1443 年。然而，在费拉拉他得到了既有学问，又很慈善的侯爵里奥内洛·德·埃斯塔（Lionello d'Este）的亲如朋友一样的帮助。他将他的"被放逐"的 *Philodoxeos* 以及他关于如何驯养马的小书，*De equo animante*，以及他的一些意大利文的书籍，题献给了这位侯爵。

建筑学，美德与命运

非常可能的是，阿尔伯蒂有关马的知识将他引导到，间接地，他对于视觉艺术的最初的"专业性"介入中：里奥内洛·德·埃斯塔（Lionello d'Este）曾经宣布了为他父亲，尼古拉斯三世（Nicholas III）的骑马雕像所举办的一场竞赛。阿尔伯蒂被邀请来帮助参与对作品的评判。奖金别出心裁地被分为了两部分，一部分是为马的雕刻，另外一部分是为驭手的雕刻。然后，将雕像树立在了大教堂广场上的一座，我忍不住要这样说，奇怪的墩座上：这个墩座看起来就好像是一座凯旋门的片断。在同一时间，这座大教堂的由尼古拉斯公爵（Duke Nicholas）赞助修建的钟楼的重新设计已经完成。建造过程在下一个世纪甚至更长时间还在进行，我们已经完全不清楚，如果有的话，是在哪一部分上，阿尔伯蒂将其整个革命性的设计运用在了这两件纪念性的作品上；如果在这两件作品中都没有他的创

---

i　佛罗伦萨公会议，又称费拉拉 – 佛罗伦萨会议，是基督教会 1438—1445 年召开的普世公会议，罗马教会与希腊教会在会上谋求克服教义分歧以结束分裂。这次会议是 1438 年由巴塞尔迁往费拉拉的巴塞尔会议的继续，希腊教会代表约有 700 名。1439 年 1 月费拉拉瘟疫流行，会议迁到佛罗伦萨。——译者注

作痕迹，那一定是在那一时期的费拉拉有一些不为人们所认可的建筑天才们在工作。

同时，公会议最终落在了佛罗伦萨。在大教堂与圣克罗齐（Santa Croce）之间有一条覆盖着屋顶的步道被建造了起来。有数百位高级教士，以及拜占庭皇帝和他的随员〔据说有 700 人乘船到达了威尼斯——从希腊人、俄罗斯人、后叙利亚人、亚美尼亚人、科普特人（Copts）[i]——但是，只有 30 个人在大教堂的教令上签了字〕，会经常地行进并穿越佛罗伦萨的中心地区。尼西亚的贝萨里翁（Bessarion of Nicea）[ii] 和杰米斯图斯·普莱桑（Gemistus Pletho）[iii]，两个人都被认为是他们那个时代的伟大的希腊学者，是希腊代表团的成员，而这时的贝萨里翁还正在罗马枢机主教的位置上。安布罗吉奥·特拉弗沙利（Ambrogio Traversari）[iv]，卡马尔多利会（Camaldolite）[v] 僧侣中的教区总牧师，是这次大会的主要参加者，也是教令的共同执笔者，因为他写一手漂亮的希腊文，也能说一口流畅的希

i　科普特人，古代埃及人或者在伊斯兰教传入埃及之前的埃及人中的成员或其后裔，埃及基督徒即称科普特人。——译者注

ii　贝萨里翁（1403—1472 年），拜占庭人文主义者、神学家，当时最博学的学者之一，后来成为天主教枢机主教。他受教育于君士坦丁堡，1423 年成为修士，1437 年被拜占庭皇帝约翰八世任命为尼西亚（今土耳其伊兹尼克）大主教，随同约翰八世前往意大利谈判拜占庭教会与西派教会联合反抗土耳其的行动。在费拉拉与佛罗伦萨举行的会议上，贝萨里翁主张联合，而拜占庭教会内其他人士反对联合。后贝萨里翁获得罗马教皇尤金四世的宠信，于 1439 年被任命为枢机主教，其后长住意大利。——译者注

iii　杰米斯图斯·普莱桑，又拼作 Gemistus Plethon，约 1355—1450 或 1452 年，拜占庭哲学家，人文主义者，于 1438—1445 年参加费拉拉 - 佛罗伦萨会议，会议宗旨是希腊教会与罗马教会联合起来抵御土耳其奥斯曼帝国的势力。他建议在佛罗伦萨建立柏拉图学园，这促进了文艺复兴运动的到来。——译者注

iv　安布罗吉奥·特拉弗沙利（1386—1439 年），又名安布罗斯（卡马尔多利的），人文学家，神职人员，古代教会著作翻译者，1400 年加入卡马尔多利会，苦学 30 年，精通拉丁文和希腊文。曾被教皇任命为卡马尔多利会会长，并任教廷使节出席巴塞尔会议，曾将一些希腊教会人士的著作翻译成拉丁文。——译者注

v　卡马尔多利会，天主教本笃教会的独立分支，1012 年由圣罗穆埃尔德在隐修院改革运动中成立于意大利阿雷佐附近的卡马尔多利，故名。该会将独居隐修与修院集体隐修结合起来。——译者注

腊语。之后不久，他就死去了，而阿尔伯蒂，曾经是他的一位朋友，被委托为他写一篇传记，虽然这件事情最终还是成为泡影。然而，由于阿尔伯蒂在大会召开之前就对希腊语言多少有一点熟悉，作为罗马教皇的档案记录工作机构的成员，他一定曾经与许多希腊人都有所接触。

在佛罗伦萨的停留也意味着阿尔伯蒂变成了一位以他的母语，托斯卡诺或佛罗伦萨方言为手段的熟练而文笔流畅的作者。在这一时期，他很可能已经完成了他四本书中的第三本（给人以最深印象的一本），《家庭论》一书的写作。他也在一定程度上成为意大利诗歌艺术的鉴赏家。在文学桂冠比赛（*Certame Coronario*），意大利诗坛一个给定题目的竞赛中，桂冠（以及部分奖金）就是由他所颁赠的。虽然，在 1441 年 10 月举行的第一次这样的活动，是非常隆重的，但这种比赛却没有被确立为一个每年都会举行的赛事。

然而，教皇尤金在 1443 年返回罗马。他为修复圣彼得大教堂（St. Peter's Basilica）而采取了一系列步骤，包括由阿尔伯蒂同时代的人，雕塑家-建筑师安东尼奥·阿韦利诺（Antonio Averlino）[i]，他称自己为菲拉雷特（Filarete），所铸造的新的青铜门；在本书的第二书第 6 章提到了这件事情。[ii] 由汤索玛·巴伦图切利与科普特人和

---

i 安东尼奥·阿韦利诺（Antonio Averlino），又名菲拉雷特（Filarete）[φιλασετης，维尔图（Virtue）的朋友]，大约 1400 年前后，生于佛罗伦萨，在那里受到了金匠与铸铜的训练，可能是在吉伯蒂（Ghiberti）的作坊中。他后来的生活是在罗马度过的（约 1433 年—约 1448 年），1445 年时他在罗马完成了他的主要雕塑作品，这是由教皇尤金四世（Eugene Ⅳ）所委托的圣彼得大教堂的纪念性铜门。——译者注

ii 见本书第二书第 6 章："我们能够亲眼看到的是，教皇尤金对罗马圣彼得巴西利卡中的门进行修缮，这里的门没有受到过人为的损害，但当包裹这些门的银皮剥落之后人们看到了其中的样子，这些门仍然保持坚固而无变化已经有 550 多年的时间了。"——译者注

亚美尼亚人在佛罗伦萨开始的谈判，仍然在罗马继续。当尤金于1447 年在罗马去世的时候，巴伦图切利被选为教皇，并取其名为尼古拉五世，以向他的老赞助人，枢机主教阿尔伯戈蒂表示敬意。[i]

阿尔伯蒂也随着教廷回到了罗马。佛罗伦萨令他充满了遗憾。"在那里，我就像是一个外国人一样，"在他生命的最后阶段他曾写道；"我到那里的次数太少了，在那里生活的时间也太短了。"大约在这一时间，他开始了冗长的《莫摩斯》（*Momus*）[ii]，或《王子》（*The Prince*）的写作，这本书他认为是他的拉丁文作品中的极品：一个以卢西恩（Lucian）[iii] 的《众神的对话》（*Dialogues of the Gods*）和《死者的对话》（*Dialogues of the Dead*）为原型的讽刺性对话录——模仿自西塞罗的拉丁文，这很像卢西恩于公元 2 世纪时对柏拉图和色诺芬（Xenophon）[iv] 的阿提卡（Attic）风格的模仿。卢西恩的作品在意大利是广为人知的，有几种拉丁文的译本［由波焦和维罗纳（Verona）的瓜里诺（Guarino）所译］一直在流行中。至少在一个对话中，*Musca*（苍蝇），阿尔伯蒂显然是在模仿卢西恩，和另外一个对话，*Virtus dea*，被认为由卡洛·马尔叙比尼（Carlo Marsuppini），一位无疑是更为人们所熟知的学者，从卢西恩那里翻译过来的。

---

i 巴伦图切利，初在博洛尼亚学习，后因贫困而辍学，到佛罗伦萨担任富人家的家庭教师，开始接触文艺复兴时期文化。从 22 岁起在博洛尼亚枢机大主教阿尔伯戈蒂的府邸中任职，前后达 20 年，多次陪同阿尔伯戈蒂出使欧洲各国。阿尔伯戈蒂死后，他被教皇尤金四世任命为博洛尼亚主教。——译者注

ii 莫摩斯是古希腊神话中的非难、指责与嘲弄之神，这里指爱挑剔的讽刺者之意。——译者注

iii 卢西恩，希腊讽刺作家。他的两部主要作品《众神的对话》与《死者的对话》讽刺了希腊的哲学和神学。——译者注

iv 色诺芬（公元前 430？—前 355？年），古希腊军人兼作家，苏格拉底的门徒之一，在进攻波斯的战役中加入了居鲁士二世的军队。居鲁士死后，他率领希腊军队到达黑海，这次严酷的经历使他成就了《远征记》的写作。——译者注

阿尔伯蒂那平凡的主角莫摩斯在古典文学中是作为嘲讽之神和喜欢挖苦人的智者的特殊面貌而出现的。他是夜晚与睡眠之神（Night and Sleep）的儿子。在阿尔伯蒂所写书的开始部分，众神被邀请来为大神朱庇特（Jove）所创造的世界提供一些装饰：莫摩斯所提供的是如此令阿尔伯蒂同时代的人感到烦恼的昆虫。在经过了一系列其他的接连失误和运气不佳之后，莫摩斯受到了阉割并坐在了海中的一块石头之上，像是一位受到惩处的普罗米修斯（Prometheus）。众神之父变得确信不移，从一些方面来看，他所创造的这个世界应该被摧毁，并被一个或若干个新的世界所取代。书中的很大一部分是与终身寻求一个世界的设计密切相关的，他们最初认为这个世界的设计应该是由哲学家或其他的"专家"所提供的——然而，反过来这些哲学家与专家却又是心怀叵测和争强好胜的。古代建筑师们的作品变成了反对莫摩斯的恶作剧的一个保证，同时也是人类奉献于众神的一个证明，因而是达成这一目标的唯一适当模式。世界如何逃脱被毁灭的命运，莫摩斯又如何从岩石上解脱呢，两者都恢复了大神朱庇特的信赖，这些在第四书中得到了显示。[i] 对于阿尔伯蒂同时代的人而言，这几乎当然地是一种讽刺，许多注释者从大神朱庇特身上看到了尤金四世的一些特征，而莫摩斯则被视作是与人文主义作家巴托洛米奥·法齐奥（Bartolommeo Facio）或法兹奥（Fazio）等同的人。无论这一切的真实情况是什么，《莫摩斯》，在一定意义上，是对阿尔伯蒂的后半生的所主要关注之事——建筑学的理论与实践——的一个引子。关于这一点的首要的确实而又具有

---

　　i　这里可能指的是本书第四书第 2 章所提到的："即使是在大神朱庇特（Jove）的庇护之下，人类也未必一定安全。"——译者注

关键性的标志就是他的《建筑论》（De re aedificatoria），因而，在其人生之路上，《莫摩斯》一书为我们提供了有关巴蒂斯塔一生事业不同寻常之转变的一个基本线索：任何公众人物，如果他要向他的同胞们展示他所具有的美德，那么，建筑学就是他所必须赋予他的命运的一种救赎。

大约在这一时期，简单的巴比斯塔（Baptista，意为"施洗者"——译者注）变成了人们更为熟悉的巴比斯塔·列奥（Baptista Leo）或列奥·巴蒂斯塔（Leon Battista），并且也似乎接纳了他的"图像"，闪亮而飞速掠过的眼睛，及其题铭 Quid tum，"那么，然后呢?"很可能，甚至大概就是，其名称与图像都是由阿尔伯蒂在同一时间所确定的，或许是在他加入了在罗马的一个强有力的文学社团，一个聚集在 Pomponio Leto 周围的"学会"——而其名称与其图像是相互依存的。Quid tum 是有关人类最终必然死亡之前提的一个发问，对于这一问题，图像则是阿尔伯蒂个人的回答。人们普遍认为，狮子一样的眼睛，是在他的身体亡故以后唯一保留了有如狮子一样之尊严的力量所在——这也就是那闪烁的双眼的意义所在。这种力量很像是哲学家斐洛（Philo）[i] 和诗人斯塔提乌斯（Statius）[ii] 所追求的那种使一位著名人物的名称，与一个人的美德，在他的身休故去以后仍然继续存活的方式一样；虽然眼睛的图像，特别是飞掠的目光，曾经在阿尔伯蒂较早的论著，

---

i　斐洛（公元前 50~45—前 15~10 年），一位操希腊语的犹太哲学家，是耶稣与使徒保罗同时代的人，主张宗教信仰与哲学理性结合，认为逻各斯（理念）是上帝和人的中介，强调数字"七"的神秘性并追求不死的修行方式，主张正义和人道两种德性。他的大部分著作获保存。——译者注

ii　斯塔提乌斯（约 45—96 年），拉丁文学白银时代主要罗马史诗和抒情诗诗人之一，其应景诗收《诗草集》中，并以其史诗《底比斯战纪》和《阿喀琉斯纪》而闻名。——译者注

Intercoenales，即他的席间闲谈中出现过，就像是神圣的无所不在、无所不知的上帝的象征一样。

《建筑论》

大约在1450年阿尔伯蒂将他的建筑学论文的一个版本奉献给了尼古拉教皇（Pope Nicholas）。在那个时候，他似乎已经拥有了有关建筑问题的相当丰富的经验。里奥内洛·德·埃斯塔（Lionello d'Este）的宫廷可能为他提供了一个小小的开始；但是，甚至在此之前，他已经投入到对于罗马的伟大测绘之中了。他在数学方面的论文，比起他在文学方面的作品而言，使得他在他同时代的人们之中更为著名。大约在1445年或1446年的时候，枢机主教普洛斯彼罗·科罗纳（Prospero Colonna），聘用了阿尔伯蒂，以其作为一名伟大的数学家和一位颇有名望的工程师，来打捞人们所知道的沉卧在内米湖（Lake Nemi）[i] 湖床之上的一艘罗马船，这艘船从古代起就在他的领地之内，作为教皇马丁五世的侄子，科罗纳曾受到尤金四世的迫害。阿尔伯蒂带领一些来自热那亚的潜水者，令他们将一些充满了气的兽皮囊绑缚在船体残骸上，但是仅仅将船打捞了一半。然而，这还是被看做一个伟大的成功，并成为他更大冒险的一个资本。在1450年，这件事情被写进了编年史，他的缩写者同行弗拉维奥·比

---

i 内米湖，意大利中部的火山口湖，周长约3.5英里，深110英尺。人们久闻湖底有两艘罗马战舰，曾几次试图打捞均未果。直到20世纪20年代，才被打捞上来，一条长210英尺，宽66英尺；另一条长233英尺，宽80英尺。舰上物品藏罗马博物馆，但两舰被二战时撤退的德军焚毁。——译者注

翁多（Flavio Biondo）[i] 将阿尔伯蒂描述为是一位"杰出的几何学家和最优雅的著作《建筑艺术》（*arte dell'edificare*）一书的作者。"还不能够完全确定的是，在他心中是否已经有了《建筑论》（*De re aedificatoria*）腹稿，但是看起来却是非常可能的。无论如何，有许多内在证据表明，这里的十书不是在一个连续的编撰过程中完成的。一些人甚至举出了第六书第1章的问题来推测阿尔伯蒂曾经中断了他的工作[ii]，以及或者他关于这一课题又产生了另外一些想法。仅仅在这一章文本的较后部分，读者就能够发现那些不仅被印刷者，而且特别是被所有的抄写员所留下来的许多空白，因为作者没有时间去检验或核实他的参考资料。

新任教皇顺理成章地将阿尔伯蒂聘用为一位顾问。在许多方面的问题上都可以寻找到教皇的直接观点。老圣彼得大教堂已经处在了一个非常糟糕的境况，如阿尔伯蒂所不断地提醒我们读者的那样，为了弥补那些最具威胁的缺陷，测量不得不进行。教皇明确地决定迁入梵蒂冈，以证明对他的教廷的崇拜与对他的第一位殉道者前任的崇拜是一致的，因而完全有权使用这座巴西利卡，以及在这座建筑北部扩展出来的罗马教皇的总部，必须被整合为一个整体。这座城市中还有一些其他的教堂也需要引起直接的注意，例如圣司提反圆形教堂（Santo Stefano Rotondo）。在所有有关这座建筑物的活动

---

i 弗拉维奥·比翁多（1392—1463年），意大利文艺复兴时期的历史学家，是他第一次应用了"中世纪"这一术语。——译者注

ii 参见本书第六书第1章："由于事情就是如此发生着的，我情不自禁地长久而反复地思考，在这样一个主题上撰写一部注释或评论，是否不是我的责任所在……由于我的犹豫不决，是勇往直前还是毅然放弃，我一直徘徊不定，但对于工作的热爱和对于知识的热情最终占了上风；在我感觉心智不济的时候，是我对研究的热情以及对其坚持不懈地应用弥补了这一切。"——译者注

中，与阿尔伯蒂相关的部分是不确定的。然而，但是当教皇将1450年宣称为圣年之后，朝拜者的数量空前之多。作为台伯河（Tiber）两岸主要联系的哈德良（Hadrian）桥，桥上的栏杆在一次拥挤中坍塌了，在慌乱之中有大约200人死去。阿尔伯蒂几乎毫无疑问的是担负了这一桥梁的重建工程，很可能在本书第八书的第6章中他描述了他的这一设计。[i]

　　如果瓦萨里（Vasari）[ii]的观点是可以相信的，罗马的许多工程是在与贝尔纳多·罗迪里诺（Bernardo Rossellino），一位佛罗伦萨的雕刻家兼工匠，的合作中完成的。他和阿尔伯蒂是当然的朋友。然而，有关付予罗迪里诺报酬的记录确认他参加了这些工程，但对于阿尔伯蒂而言，却不存在这样的记录。作为一名领有充分圣俸的罗马教皇的职员，他很可能没有领取专业性酬金的资格。至少，在这些工程，以及其他一些工程进行的时候，如丰塔纳·迪·特雷维（Fontana di Trevi），那是一座在1453年完成的建筑，那时他正在尼古拉五世的内部顾问班子中。

　　然而，不是教皇，而是一位军阀为阿尔伯蒂提供了第一次在一座建筑中实践他的原则的机会，这座建筑至今依然留存，至少是以一个残迹的形式。马拉泰斯塔（Sigismondo Malatesta），里米尼（Rimini）的领主——人们更经常地把他称作暴君——为了他的城市中的老教堂圣弗朗切斯科（San Francesco）教堂的重建，并将其转变成

---

i　参见本书第八书第6章："……就像在罗马的哈德良桥一样，那是所有桥梁中最为漂亮的一座——是一件令人难忘之作，可谓天设地造：即使是它那我可以称为残骸的景观，也会令我充满敬意。它那屋顶的梁是由42根大理石柱子支撑着的；这座桥是用青铜包裹的，并且有着令人惊叹的装饰。"——译者注

ii　乔其奥·瓦萨里（1511—1574年），意大利画家、建筑师和艺术史学家，创作了《最近的意大利建筑师、画家和雕塑家的生活》（1550年），这是一部关于文艺复兴艺术史的著作。——译者注

为一座既古老又时髦的圣堂（*tempio*）的问题而向阿尔伯蒂作过咨询。从这座马拉泰斯蒂亚诺教堂（Tempio Malatestiano）建筑[i]，阿尔伯蒂作为一名独立的建筑顾问和建筑师的生涯就开始了。他的书得以完成，他的原则得以阐述：无论他在多么大的程度上发展了他的那些原则，都是以他的这本书中所提出的思想为基础的，他运用了这些思想来指导他自己的实践。

《建筑论》的被接受

　　阿尔伯蒂同时代的人是将《建筑论》作为一部直接学习拉丁文写作的范本来接受的。当这本书于 1486 年被付梓印刷的时候，距离它的作者的逝世已经有大约 14 个年头了，书中的引言是由伟大的学者——诗人安吉洛·玻里齐亚诺（Angelo Poliziano）所撰写的，并正式提交给了佛罗伦萨的实质上的统治者洛伦佐·德·美第奇（Lorenzo de'Medici）。据人们所知，这本书的书页在被付印之前，就被送到了洛伦佐在 Careggi 的别墅中。在这本书被印刷之前，他珍藏着他自己的这本书的手稿；在于 1484 年写给费拉拉的博索·德·埃斯塔（Borso d'Este）公爵的一封信中，他同意将这本尚未付印的书的一个抄本借给他，条件是要尽快将其归还，"因为他非常喜欢这本书，常常会为此而手不释卷。"

---

　　i　马拉泰斯蒂亚诺教堂，是一座由阿尔伯蒂设计的位于里米尼的教堂建筑，其前身是圣弗朗切斯科老教堂。阿尔伯蒂将其重塑为里米尼独裁者西吉斯蒙·马拉泰斯塔的纪念碑，既用了罗马君士坦丁凯旋门的手法，也用了里米尼当地奥古斯都凯旋门的手法，原设计最初曾有一个用穹隆顶的方案。——译者注

拉丁文译本

洛伦佐借给博索·德·埃斯塔的手稿在那个时候不是唯一的一份手稿，虽然这可能是那份在印刷中所使用的手稿。另外一份更为精彩的手稿属于威尼斯共和国驻佛罗伦萨的大使，贝尔纳多·贝姆博（Bernardo Bembo），他也是伟大的人文主义者彼得罗（Pietro）的父亲，最大的可能是这部手稿从他的图书馆中被亨利·沃顿（Henry Wotton）爵士所借去，当时的沃顿是詹姆斯一世（King James I）派驻威尼斯的大使。在沃顿于1639年去世的时候，他将这部手稿留在了伊顿学院（Eton College）的图书馆中（他是这所学院的院长）。这是一份和一个较早并较为粗糙的手稿中的第九书的后半部分装订在一起的手稿——那份较早的手稿或许就是被付印的手稿——上面有巴蒂斯塔亲手添加的注释。

另外一份手稿是在1483年为一位非常不为人所知的书籍收藏家乌尔比诺（Urbino）的费代里科·达·蒙太费尔特罗（Federico da Montefeltre）[i]公爵所誊写的，当他的遗产被罗马教皇所吸纳之后，他的图书馆（据他的一位图书提供者说，他可能一直为在这个图书馆中有一本印刷的书而感到惭愧）变成了梵蒂冈的一部分。在佛罗伦萨还为另外一位伟大的图书收藏家，匈牙利国王马修·科维努斯

---

i 蒙太费尔特罗家族是佛罗伦萨东南意大利边境地区乌尔比诺的贵族世家，后成为一个王朝，在13—15世纪出过一些杰出的政治和军事首领。其中有一位费代里科，曾是一位杰出的军事领袖，其生活年代为1422—1482年，但从生卒年代看，似不是这里所指的费代里科，故这里的费代里科·达·蒙太费尔特罗，可能是这一家族的成员之一。——译者注

（Matthew Corvinus）[i]，复制了两部手稿，并为其添加了插图。一部在摩德纳（Modena）[ii]城市图书馆，另外一部在捷克斯洛伐克的奥林莫斯（Olomuc）[iii]大教堂图书馆。还有四部比第一次印刷的那个版本似乎还要早一些的手稿：其中一本是收藏在梵蒂冈的第二部手稿，一本在佛罗伦萨的劳伦齐亚纳（Laurenziana）图书馆，一本在威尼斯的马西亚纳（Marciana）[iv]，还有一本在芝加哥大学图书馆。

第一个版本是在 1485 年的 1 月 4 日问世的；虽然在佛罗伦萨人从道成肉身（Incarnation）[v]之年的圣母领报节（Annunciation）[vi]推算为 3 月 25 日，但按我们的推算，那却是在 1486 年。出版者是尼克罗·迪·洛伦佐·阿拉曼（Niccolo di Lorenzo Alamani），是佛罗伦萨最早从事出版事业的人士之一。第二个版本，是在巴黎出的，由伟大的人文主义——印刷商若弗鲁瓦·托里（Geoffroy Tory）编辑并付梓印刷的，他第一次将这本书分出了章节；这个版本是 1512 年由贝尔托尔·朗伯尔（Berthold Rembolt）印刷的。在 1541 年，一个更为便利，但也更为晦涩的版本在斯特拉斯堡（Strasbourg）[vii]由雅克伯·

---

i　马修·科维努斯（1443？—1490 年），克罗地亚－匈牙利（Croatian-Hungarian）国王（1458—1490 年在位）。——译者注

ii　摩德纳，位于意大利北部博洛尼亚西北偏西的一座城市，曾是古埃特鲁斯坎人的定居地（公元前 183 年之后）和罗马人的殖民地，12 世纪成为自由市。——译者注

iii　奥林莫斯，位于捷克东部摩拉维亚（Moravia）地区的一座城市，位于摩拉瓦（Morava）河畔，是一座宗教建筑遗迹丰富的历史城市。——译者注

iv　意大利濒临地中海的托斯卡诺群岛厄尔巴岛上的一座小城叫做马西亚纳·马里那（Marciana Marina），是一座旅游城市。但这里是否是指这座小城，似不很确定。——译者注

v　道成肉身，上帝之子耶稣由玛利亚孕育并且耶稣是真正的神和真正的人的基督教教义，这里指基督教世界的推算年月的一种方法。——译者注

vi　又称天使报喜节，是天使加百列向圣母玛利亚传报关于耶稣将经由玛利亚而降生的消息的节日，3 月 25 日，是庆祝天使报喜节的一天。——译者注

vii　斯特拉斯堡，法国东北部城市，靠近法德边境，在南锡以东。该城自古以来即为战略要地，于 1262 年成为自治市，1681 年被法国占领，1871 年又归于德国统治之下。法国于 1919 年收回该城。——译者注

卡梅兰德（Jakob Cammerlander）印刷出版：这是最后一个仅仅以拉丁文的文本出现的版本。在 10 年之中，这个版本作为一个"权威版本"而被巴托利（Bartoli）翻译的版本所取代，但那是更以后的事情了。

早期的翻译

阿尔伯蒂的论著或许在它被印刷出版之前就已经被翻译成为了意大利文。最早的译文是以手稿的形式保存着的。一个更为准确的保存在佛罗伦萨的里齐亚迪纳图书馆（Biblioteca Ricciardiana）的 15世纪后期或 16 世纪早期的前三书的译本，被 19 世纪一位阿尔伯蒂论著编辑者，阿尔尼奥·博努希（Anicio Bonucci），误认为是一份阿尔伯蒂的亲笔文本。稍后一些时间（约 1538 年）的是一本更为迷人的，但却在插图上有相当多年代性错误的译本，这个译本是由帕尔马（Parma）ⁱ 的一位叫达米亚诺·皮耶蒂（Damiano Pieti）的人编辑的，这个版本现在收藏在勒佐·伊米利亚（Reggio Emilia）的城市图书馆。第一本翻译成为"本土语"并印刷出版了的版本是由锡耶纳（Siena）ⁱⁱ 的一位熟练的翻译者 Pietro Lauro 译自希腊文（Arrian, Plutarch's *Moralia*）和拉丁文（Columella）；这个版本在 1546 年由温琴佐·瓦尔格里西（Vincenzo Valgrisi）在威尼斯出版，并且几乎是

---

i　帕尔马，意大利中北部城市，位于米兰东南。罗马人于公元前 183 年建成，12 世纪成为一个自由城，1545 年以后成为帕尔马公国和皮亚琴察公国的中心，1860 年成为撒丁尼亚王国的一部分，1861 年成为意大利国土。——译者注
ii　锡耶纳，意大利中西部城市，位于佛罗伦萨南部由埃特鲁斯坎人建立，12 世纪时获得自治，并逐步发展成为一座富饶的城市，尤以其在锡耶纳派艺术（13—14 世纪）中的领导地位而闻名。——译者注

立即就被一个更为可信的——也是第一次有插图的——版本所取代，这个版本是由科西莫·巴托利（Cosimo Bartoli），一位佛罗伦萨的传教士翻译出版的，他还翻译了阿尔伯蒂的许多其他著作，特别是阿尔伯蒂的数学论著。这个版本有一个非常迷人的标题页木刻版画，是以佛罗伦萨乌菲齐（Uffizi）的一家出版社中的乔治·瓦萨里（Giorgio Vasari）的画为依据的。在这个扉页中声称（可以假设这是针对 Lauro 的一个辩解性声明）这本书中所用的语言不是什么"本土语"，而是"佛罗伦萨语"。这是人们最为熟悉的一个版本，这个版本直到 1966 年之前都未曾被取代过，而 1966 年以一个新的重要的拉丁文本，以及以这个文本为基础的意大利译本由乔万尼·奥兰迪（Giovanni Orlandi）和保罗·泡托杰西（Paolo Portoghesi）出版。从 16 世纪以来还有几个意大利文的版本；一个完整的意大利译本是由乌迪内（Udine）[i] 的 Simone Stratico 从拉丁文翻译过来的，他的 8 卷本维特鲁威著作的译本（乌迪内，1825 年）当然是最大的一本，这个版本至今仍然是一部手稿。

接下来，在 1553 年出现了一个法文的译本。这是让·马丁（Jean Martin）的译作，那时的让·马丁已经于 1546 年完成了一本维特鲁威著作的译本，并于 1547 年完成了 *Hypnerotomachia Polyphili* [ii] 的翻译。这是一个他死后才出版的版本，由皮埃尔·龙萨（Pierre Ronsard）完成，这本书在很长一个时间中都负载了对马丁的哀思；这是一本有

---

i　乌迪内，意大利东北部的城市，位于威尼斯东北部，曾是第一次世界大战期间意大利军队总部的所在地（1915—1917 年）。——译者注

ii　一部文艺复兴时期的小说，据说是由弗朗西斯克·科罗纳（Francesco Colonna）所著，于 1499 年出版，其英文版的副标题为：《梦中的爱之争斗》（*The Strife of Love in a Dream*），可知是一本浪漫爱情小说。书中有精美的木刻版画插图。——译者注

木刻版画的插图的译本，大多数都是巴托利的译本之后的插图，虽然也有一些其他人从意大利文维特鲁威的书中所采取的插图。巴托利的另外一个包括有洛多维克·多梅尼西（Lodovico Domenici）的绘画（*Della pittura*）不同的版本，最早出现于1565年。1582年，阿朗索·戈梅兹（Alonso Gomez）在马德里出版了一本西班牙文的译本，但却没有译者的名字：这很可能是弗朗西斯克·洛扎诺（Francisco Lozano）的作品。在第七书第13章的一段中，以教堂应该保持简单纯洁的名义对某些较高阶层教士的陋习进行了谴责，被1611年的一位好穷根究底的注释者所抨击，在一些尚存的复制本中，可以看到用墨水删去这一段的痕迹，虽然在别的复制本中它是完整保留着的，"经过修改的"西班牙译本是由约瑟夫·弗朗加尼罗（Joseph Franganillo）于1797年出版的。

现代的译本是从一个由马克斯·修尔（Max Theuer）所翻译的德文本开始的，1912年在维也纳出版，1969年重印。一个由佐乌波夫（V. P. Zoubov）翻译的俄罗斯译本，于1935—1937年间，在莫斯科出版，而一个捷克语（Czech）的译本于1956年在布拉格出版。一个由卡茨米尔兹·契文斯基（Kazimierz Dziewoński）翻译的波兰文译本，于1960年在华沙问世。

英文译本

第一本英文译本是由詹姆斯·利奥尼（James Leoni）署名的，他是一位从威尼斯移居而来的建筑师，虽然事实上这个译本是由他所组织的一个小组完成的；这本书于1726年在伦敦出版，是三册装的，以英文与意大利文（用的是科西莫·巴托利的译文）对照的方式印刷。他也在其中包括进了三册有关绘画的书和一册有关雕塑的书。这个版本的销路颇好，于 1739 年又获重印；1755 年，在利奥尼去世之后，通过将其中的意大利文省去，这本书被精简成为两册。为利奥尼译本所作的插图是按照巴托利译本中木刻版画中原始的简单线条想象而成的令人吃惊的铜版雕刻。这些雕刻是由伯纳德·皮卡特（Bernard Picart，1673—1733 年）在阿姆斯特丹完成的，他是一个非常成功的雕版与印刷工作室的负责人，他也为利奥尼的较早版本，以及他的一个帕拉第奥（Palladio）著作的译本，完成了卷首插图和其中的几页图版。这些图版一定反映了利奥尼方面的一个相当大的投资；而帕拉第奥的译本开始了他的英文著译事业。

在那个时候，他的这个小组中包括了尼古拉·迪布瓦（Nicolas Dubois），其更为人们所知的名字是迪布瓦"上尉"，他是从军事工程师转而成为建筑师的，在阿尔伯蒂著作的翻译工作开始的时候，他被工作室的办公室所雇用：这是一份与利奥尼很接近的收入来源，他似乎保留着天主教徒的身份，因此被禁止担任皇家公职的工作。当然他对英语的把握还不足以由他自己来完成这本书的译著。

这两个主要的出版企业并没有像利奥尼所期望的那样，确立他在英格兰新古典主义中的大师地位。事实上他有些不很如意：他选择了在他的译本中所使用的雕版图，以期对许多帕拉第奥式的建筑物加以"改进"，这样的做法激怒了英格兰的那些帕拉第奥的狂热追随者们，特别是伯灵顿侯爵（Lord Burlington），他让他的一位扈从，艾萨克·韦尔（Isaac Ware）完成了另外一个译本。当这个译本于 1738 年问世的时候，它决定性地取代了利奥尼的帕拉第奥译本。

然而，利奥尼从巴托利的意大利文版本中翻译过来的阿尔伯蒂著作译本，是仍然保留在当前版本中唯一的一个英文译本，这个版本是在乔万尼·奥兰迪（Giovanni Orlandi）所编辑的新的关键性拉丁文本（1966 年）的基础上精制而成的——即使我们偶尔在细节的阅读中和解释中与他有一些不同。我们也使用了最初的版本（*editio princeps*），即 1486 年的版本，对于这个版本，一个非常宝贵的有关阿尔伯蒂的索引（*index Albertianum*）是由汉斯－卡尔·勒克（Hans-Karl Lücke）于 1975 年添加进来的。勒克也非常友善地允许我们在有关维特鲁威和阿尔伯蒂论文文本的问题上参考了他于 1988 年发表的著作。他的许多建议和批评都是非常宝贵的。我也非常感谢我们从剑桥大学的大学图书馆、建筑系图书馆、伊曼纽尔（Emmanuel）学院图书馆与剑桥大学计算机服务中心的职员们那里所获得的帮助和支持。书中的索引是由伊丽莎白·艾里什（Elizabeth Irish）和马里奥·卡纳托（Mario Canato）重新录入并校对的，但是，我们所欠安妮·恩格尔（Anne Engel）可能是最多的，她全身心地投入了整个工作的全过程。

　　在英语使用的允许范围内，我们尝试着做了这样一个平实的翻译，即使在那些原本是困难的地方，例如在把握那些带有修辞色彩的拟人叙述上，特别是在第一人称单数和第一人称复数中变化不定的地方更是如此。我们深信这并不是一个用来看的文本，而是一个用来大声朗读的文本。

各版本情况

Leonis Baptistae Alberti de re aedificatoria incipit... Florentiae accuratissime impressum opera Magistri Nicolai Laurentii Alamani. Anno salutis millesimo octuagesimo quinto calendis januarias（由现代推算为 1486 年）。

Ligri de re aedificatoria decem... 巴黎：Berthold Rembolt，1512 年。

De re aedificatoria libri decem... , per Eberhardum Tappium Lunensem. 斯特拉斯堡：Giacomo Cammerlander，1541 年。

I dieci libri dell'architettura di Leon Battista degli Alberti fiorentino novamente de la Latina ne la volgar lingua con molta diligenza tradotti da Pietro Lauro. 威尼斯：Vincenzo Valgrisi，1546 年。

L'architettura（De re aedificatoria）di Leon Battista Alberti trodotta in lingua fiorentina da Cosimo Bartoli... con l'aggiunta de disegni. 佛罗伦萨：Lorenzo Torrentino，1550 年。

L'Architecture et l'art de bien bâtir... divisée en dix livres, traduicts de latin en François, par defunct Jan Martin, parisien. 巴黎：by Robert Massellin for Jacques Kerver，1553 年。

L'architectura tradotta in lingua fiorentina da Cosimo Bartoli,... 威尼斯：Francesco Franceschi，1556 年（1550 年版本的重印）。

Los diez libros de architectura... traduzidos de latin en romance. 马德里：
Alonso Gomez，1582 年（1640 年重印）。

The Architecture... in Ten Books. 其中三书有插图，一书有雕塑。由
科西莫·巴托利（Cosimo Bartoli）翻译成意大利文，并第一次译成
英文，译者：威尼斯建筑师詹姆斯·利奥尼（James Leoni）。伦敦：
Thomas Edlin，1726 年，三册本。（1739 年与 1955 年重印）。

*Della Architectura, della Pittura e della Statua... Traduzione di Cosimo
Bartoli.* 博洛尼亚：Instituto della Scienza，1782 年。

*I dieci libri di Architettura di Leon Battista Alberti tradotti in italiano da Co-
simo Bartoli. Nuova edizione diligentemente corretta e confrontata
coll'originale latino, ed arricchita di nuova ricavati dalle misure medesime
assegnate dall'autore.* 罗马：Giovanni Zempel，1784 年。

*Los diez libros de architectura. Segunda edition en Castellano, corregida por
D. R. B.* 马德里：Joseph Franganillo，1797 年。

*I dieci libri d'Architecttura, ossia dell'Arte di edificare... scritti in compen-
dio ed illustrate con note... da B. Orisini.* 佩鲁贾：Carlo Baduel，1804
年，两册本。

Della architettura libri dieci. Traduzione di Cosimo Bartoli con note apologet-iche di Stefano Ticozzi，*e trenta tavole in rame disegnate ed incise da Cost-antino Gianni.* 米兰：1833 年，两册本。（*in Raccolta dei Classici Ital-iani di Architettura Civile da Leon Battista Alberti fino al secolo* XIX）。

Dell'arte edificatoria. In Opere volgari di Leon Battista Alberti，编辑，Ani-cio Bonucci，四册本。佛罗伦萨：Galileiana，1847 年，第 187—371 页。

Zehn Bücher über die Baukunst. In Deutsche übertragen，eingeleitet und mit Anmerkungen und Zeichungen versehn von Max Theuer. 维也纳：H. Heller，1912 年。

Desat Knig'o Zodcestve. Perevodie V. P. Zoubov. Klassiki Teorii Architektury. 莫斯科，1935 年（正文），1937 年（索引与注释）。

Ten books on Architecture by Leone Bzttista Alberti，编辑：约瑟夫·里克沃特（Joseph Rykwert）。伦敦：Alec Tiranti，1955 年（1755 年的带有注释的版本的重印本）。

Deset Knih o Stavitelstvi，翻译与编辑：阿洛斯·奥托帕里克（Alois Otoupalik）；前言：Ing. Arch. Vladimir Matoušek. 布拉格：1956 年。Státni Nakladetelství Krásné Literatury，Hudby a Uměni。

Ksiag Dziesiec o Sztuce Budowania，翻译：Kazimierz Dziewoński. 华沙：Paustwowe Wydawnictwo Naukowe，1960 年。

Leon Battista Alberti，*L'architettura*（*De re aedificatoria*），拉丁文本，翻译并编辑：乔万尼·奥兰迪（Giovanni Orlandi），导言及注释：Paolo Portoghesi. 米兰：Edizioni il Polifilo，1966 年。

关于这一版本中的插图问题

　　与正文相配的插图取自 1550 年在佛罗伦萨出版的科西莫·巴托利的意大利译本。在剑桥大学校图书馆中所藏的这个版本的一个本子是这里所使用的经过照相重新加以处理的插图的来源。

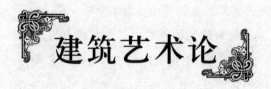

建筑艺术论

安吉洛·玻里齐亚诺对他的保护人洛伦佐·德·美第奇致以问候

　　伟大的阿尔伯蒂家族的佛罗伦萨的莱昂·巴蒂斯塔，是一位罕见的具有卓越才华的人物，他有敏锐的判断力，也有宽广的知识。在他留给后人的诸多杰出的著作中，有他为建筑学而写作的十本书。这些书是他用了最大的细心来加以校正和编辑的；在他被命运击倒之时，也正是他准备发表这些书并将其奉献给您[1]的那一刻。他的亲戚贝尔纳多[2]，一位博学且非常忠实于您的人，希望纪念这位伟大的人物，并铭志他的愿望，以表达他对于您所赐予他的恩惠的感激之情，因而将原始手稿加以抄录并汇集成一册奉献给您，洛伦佐·德·美第奇。

　　我应该将他的作品及其作者，巴蒂斯塔，推荐给您，这正是他特别的愿望。这对于我倒不是一件完全适当之事，因为我担心我自己那微薄的能力只会使这样一件完美之作与这样一位伟大人物黯然失色。当这部作品本身被人们所阅读时，将会获得比我用任何言词所能给予它的更多的赞誉；我对作者的称颂因为一封信的简短，也因为我在语言表达上的贫乏而受到了局限。

　　确定无疑的是，无论什么知识领域，无论它是多么生僻，也无论是什么学科，无论它是多么晦涩难解，都没有能够逃脱他的注意力；您可能也会向自己发问，他更像是一位演说家呢，还是一位诗人，他的文笔是更庄重呢还是更优雅。他对于古代的遗存做了如此彻底的观察，因而他能够把握古代建筑学的每一项原理，并通过例证使其焕然一新；他的发明并没有局限在机械、起重设施和自动机上[3]，而且也包括建筑物的那些令人愉悦的形式。此外，他还以作为一位画家和一位雕塑家而享有最高的声誉，因为他对于所有这些不同艺术领域的熟谙程度比起那些在某一个领域中有一些成就的人要更高，因而也更显著，就像萨卢斯特（Sallust）[i] 在谈到迦太基（Carthage）时所说的[4]，若用言语来评述他显得过于不足，那就莫如保持沉默。

我恳求您，洛伦佐，在您的图书馆给予这部书一个体面的位置，您自己要细心地阅读它，并确保它能够得到出版与传播。因为这部书，即使被所有其他的人所抛弃，也是值得被有教养的人和艺术保护人以口相传的[5]，而这一切都仰赖于您一个人。向您告别。

---

i　萨卢斯特（约公元前 86—前 35 或前 34 年），罗马历史学家和拉丁语文学文体家之一，曾做过保民官。著有《朱古达战争》和《历史》等。——译者注

莱昂·巴蒂斯塔·阿尔伯蒂关于建筑艺术论从这里开始[1] 向您祝福

Lege Feliciter

　　许许多多各式各样的，有助于使我们的生活过程变得更为愉快和高兴的艺术，从我们的祖先那里传递给了我们，他们为了获得这些艺术而付出了许多的努力与耐心。[2] 所有这些艺术似乎都在朝向一个目标而努力，即最大可能地为人类所使用，然而，每一种艺术都有其完整的特性，这些特性反映出了这种艺术所能够为人类提供的不同于其他艺术的优势。为某些需求我们被迫要实践一些艺术，而另外一些艺术因其实用性而吸引了我们，还有其他一些艺术我们会欣赏它，是因为这些艺术涉及了一些我们很高兴去了解的东西。我不需要特别指明这些艺术：它们是一些什么艺术是很明显的事情。但是，如果你对其进行思考，你不会发现在所有最重要的艺术中有

阿尔伯蒂的画像："佛罗伦萨的高贵的、幽默的莱昂·巴蒂斯塔·阿尔伯蒂"

哪一种艺术，除了任何别的目标之外，会不去寻求与考虑它自身的特殊目的。然而，如果最后你终于发现任何艺术，它被证实是可以完全独立出来的，并且是能够以令人愉悦与荣耀的方式而被一个一个地单独使用的，我认为你不可能将建筑学从你的分类中遗漏掉：建筑学，如果你对于这一问题的思考是相当细致的话，它为人类，为每一个人，也为一些诸如社会团体之类的人群，给予了舒适和最大的愉悦；它也不能够被排列在那些最值得尊敬的艺术中的最后一位。

然而，在我展开更进一步的论述之前，我将对我所说的建筑师是怎样一个人做出准确的解释；因为我要你与其他学科中最典型的代表进行比较的不是木匠：木匠是，并且只是建筑师手中的一件工具。[3] 那个被我看做是建筑师的人，他有恰当而充分的理由与方法，无论是什么，只要是能够以最美的方式满足人的最高尚的需求的，他都会通过重物的搬运，以及形体的体块与连接，既知道如何以他自己的心灵与能力去设计，又通过建造去加以实现。为了达到这一点，他必须对所有那些最高深和最高尚的学科，有一个理解和把握。[4] 那么，这就是建筑师。但是，现在要回到我们的讨论之中。

一些人说，是火和水最初将人类聚集成为一些团体的[5]，但是，考虑到它是多么实用，甚至是多么不可或缺，我们认为是一个屋顶和许多的墙，使人们认识到，正是这些东西将人们吸引并团结在一起的。我们从建筑师那里得到的恩惠，不仅仅是因为他提供了安全的和令人愉悦的遮蔽所，以躲避阳光的灼烧与冬日的严霜（这些东西本身对于人几乎一无益处），而且也因为他的许多其他方面既有益于个人也有益于公众的创造与革新，这些创造与革新每时每刻都是如此令人愉快地满足着人们的日常需求。

在我们自己的城市，以及在世界各地的其他城市中，有多少受人尊敬的家庭已经完全销声匿迹，被一些临时的灾难所击溃，没有了家庭的港湾，那港湾就好像他们祖先的怀抱一样，来庇护和接纳他们呢？[6] 代达罗斯（Daedalus）[i] 因为他在塞里努斯（Selinunte）[ii] 建造的一个拱顶受到了他同时代人们相当多的赞誉，因为在这个地方，散发出如此温暖和柔和的水蒸气云雾，引发一种最为舒适的汗，从而以极其令人愉悦的方式为人的身体提供治疗。[7] 其他还有些什么呢？我又怎能逐一列出这些设计——散步的小径、游泳池、浴池，以及如此等等——帮助我们保持了健康的种种设置呢？或者，甚至车辆、磨坊、时钟和一些其他较小的发明，然而这些东西在我们每日的生活中起了多么不可或缺的作用啊？为了那么多不同的和基本的用途，是用什么方法从隐秘的深处汲取出了如此大量的水呢？以及那些纪念碑、神祠、圣殿、神庙及诸如此类的东西，又是以什么方法由建筑师为了神圣的崇拜礼仪，以及为了我们子孙后代的福祉而被设计出来的呢？最后，还需要强调，通过切割岩石，通过在大山中穿凿隧道或填平沟壑，通过将水抑制在大海中或湖泊中，以及通过排干沼泽地，通过建造船舶，通过改变河道流线和疏浚河口，以及通过建造海港与桥梁，建筑师们是怎样不仅满足了人们一时的需求，也向世界上所有其他的地区开启了新的大门？其结果是各个国家能够通过互相交换水果、香料、宝石，以及经验和知识，当然，也包括

---

i 代达罗斯，古希腊神话传说中的建筑师和雕刻家，曾为克里特国王米诺斯建造过著名的迷宫，有史时期的希腊人把无法溯源的建筑和雕像都归为代达罗斯的作品。——译者注

ii 塞里努斯是古代西西里岛南部一个希腊城市，希腊语为 Selinous，是从当地生长的野芹（希腊语：Selinon）而得名。——译者注

可以改进我们的健康与生活水准的任何东西，而彼此提供相互的服务。

你也不应该忘记发射引擎和战争机械，堡垒和别的什么可以用于保护和加强我们国土的自由，以及国家的福祉与荣誉，并扩展和巩固国家的领土的东西。我的更进一步的观点是[8]，如果你问起在人类的记忆中所有那些因为被包围而陷落敌人之手的各种各样的城市，并询问是谁打败并征服了他们，人们将不会否认的是，是建筑师；正是他们能够轻易地蔑视一支用独一无二的武器装备的敌人，却不再能够抵挡得住发明与创造的力量，不再能够抵挡得住成批的战争机械和发射引擎的力量，运用这些东西，建筑师使敌人感到厌倦、压抑，并最终被制服。从另外一个方面讲，那些陷入被包围的人，应该考虑的是，没有什么保护比建筑师的独创与技巧所提供的保护会更好的了。如果你对所发生的各种军事战役加以检验，你或许会发现，建筑师的技巧与能力，比起任何一位将军的指挥和预见[9]而言，能够为取得更多的胜利而起到作用；敌人常常首先是被手无寸铁之人的精巧设计所打败的，而不是在没有建筑师好的建议，而被持有武器的人们手中的刀剑打败的。更重要的是，建筑师只是用了一些人，而不需要以生命为代价，就取得了胜利。关于建筑学的应用就说这么多吧。

但是，那些有关建筑物的适意的与本能的期待和思想是怎样进入我们的心中的，是显而易见的——除非因为你从来没有遇到过那种，当他有了这样做的办法，却不急于建造些什么东西的人；也没有什么人，在建筑艺术方面做出了某些发明创造，却不高兴也不愿意将他的建议加以提供与传播，以便于更广泛的应用[10]，就好像自然强迫他这样做的。在我们自己身上常常发生的事情是，虽然我们被百事缠身，却不能够阻止我们的心灵和想象力去构想一些建筑物或别的什么。或者，再一次，当我们看到一些其他人的建筑物时，我们立即会留心观察，并以个人的尺度来加以比较，同时以最大的能力来思考，什么是可以被取消的，什么是可以被添加上去的，又有什么是可以改变的，以使这座建筑物变得更为优雅[11]，我们也会很乐意将我们的主张奉献出来。但是，如果这是一座经过很好设计和适当实施的建筑物，有谁不以巨大的愉悦与欢乐来观赏它呢？还需要我在这里提到，建筑师在公民们的家中或在室外，不仅带给他们以满意、愉快，甚至也带给他们以荣誉吗？有谁不为他曾经建造了一些什么东西而感到自豪呢？如果我们对自己居住的家宅比通常稍微多花费一些心血与关注，我们也会为自己感到骄傲。当你树立起了一堵墙或一个非常优雅的门廊，并且用门、柱子，或屋顶对其加以装饰，好的公民会因他们自己的喜爱，同时也为你，而表示赞同并表现出高兴，因为他们认识到你运用了你的财富不仅大大地增加了你自己的名誉与荣耀，而且也增加了你的家庭，你的子孙后代，以及整座城市的名誉与荣耀。[12]

克里特（Crete）[i] 岛为大神朱庇特（Jupiter）[ii] 的陵墓而欢欣雀跃[13]，得洛斯岛（Delos）[iii] 更多的是因为他的城市的美和它的神庙的庄严，而不是因为阿波罗（Apollo）[iv] 的神谕的声望而受到尊敬。至

---

i　克里特岛，希腊东南沿海的一个岛屿，位于地中海东部。它的米诺斯文明是世界上最早的文明之一，并在公元前17世纪达到其财富和权势的顶峰。克里特岛先后被希腊人、罗马人、拜占庭人、阿拉伯人、威尼斯人和奥托曼土耳其人攻陷。1908年与现代希腊结成联盟。——译者注

ii　朱庇特，罗马神话中统治诸神并主宰一切的主神，古罗马的保护神，朱诺的弟弟和丈夫，也称作Jove。——译者注

iii　得洛斯岛，希腊东南部一岛屿，位于爱琴海南部，是基克拉迪群岛中最小的岛，在古希腊神话传说中被视作太阳神阿波罗的圣地。——译者注

iv　阿波罗，希腊神话中主司预言、音乐、医药、诗歌之神，有时也等同于太阳神。——译者注

于拉丁人从他们的建筑物中所获得的皇帝的权威和声誉，我也仅仅需要提到的是到处可以看到的各种各样的陵墓以及仍然可见的过往辉煌的其他遗迹，这些遗迹教给我们接受了相当多的历史传统，这些传统可能似乎已经变得较不那么受人信服了。当然，修昔底德（Thucydides）[i] 很好地赞美了那些用他们的想象力并以如此丰富与多样化的建筑来装点了他们的城市的古人们，从而给予人们一个远比他们真正具有的要大得多的力量的印象。[14]在这里有哪一位最伟大的和最聪明的国王不是将建筑物看做为他们的子孙保护他的声誉的主要手段之一呢？但是，关于这个问题谈得足够多了。

那么，让我们得出一个结论说，公共的安全、崇高和荣誉在很大程度上取决于建筑师：正是建筑师为我们在闲暇时间的欢快、娱乐与健康，也为我们在工作时间的利润和利益，提供了可能，简而言之，我们是在以一种有尊严的，并且是远离危险的方式，生活着的。那么，考虑到建筑师之作品的令人愉快和美好优雅，以及他们所显示出的不可或缺性，并且考虑到他的发明与创作所带来的好处与便利，以及这些作品为后世子孙所提供的服务，建筑师无疑应该当之无愧于对他的赞誉与尊敬，并应该将其置于那些最值得受到人类尊敬与重视的人物之列。[15]

给予建筑师这样一些褒奖之后，为了我们自己的愉悦，我们应该更为充分地询问一些有关他的艺术以及他所从事的工作等方面的问题，比如这种艺术与工作所依据的一些原则，构成并定义这种艺术与工作的各个部分等。由于发现这种艺术与工作在种类上是非常变化多样的，在数量上（几乎是）无以穷尽的，在特征上是令人赞

---

i　修昔底德（公元前 460 年或更早？—前 404 年之后？），古希腊最伟大的历史学家，著有《伯罗奔尼撒战争史》，记录并论述了公元前 5 世纪雅典人和斯巴达人之间的战争。——译者注

叹的，在使用上是妙不可言的，我感到惊奇的是，是什么样的人类条件，是国家的哪一部分，是公民中的哪一个阶层，会更多地受到建筑师的恩惠呢，因为他为每一个人提供了舒适与慰藉：这一切是为了国王还是为了普通公民，是为宗教场所还是为世俗环境，是为了用于工作还是为了在闲暇中打发时日，是为了一些作为个体的人，还是恰恰相反为了人类整体呢？因此，我们有许许多多的理由来确定，并有太长的路径来进入到这里，将这些问题汇集与归纳到这十本书中。

这些书将以这样的次序来加以处理[16]：首先，我们将建筑物作为一个形体的形式来加以观察，这种形式就像任何其他由轮廓线和物质实体组成的事物一样，一方面是思想的产物，另外一方面则来源于大自然；一方面需要人的心灵与理性的力量，另外一方面则要依赖于准备和选择；但是，我们意识到，若没有熟练的工匠们的手去按照轮廓线对材料来加以塑造，这两个方面中，没有一个其自身是足够充分的。因为建筑物是被用于不同的用途的，去质询同样类型的轮廓线是否能够被用于几种用途，被证明是必要的；因此，我们区分了各种类型的建筑物，并且注意到这些建筑物之线条的联系，以及这些线条之间相互关系的重要性，将之作为美的主要源泉；因此，我们开始进一步质询有关美的特征——美应该有什么样的特征，在每一种情况下，什么样的特征是适当的。由于在所有这些事物中错误总是偶尔会发现的，我们要研究如何去修正和改进这些错误。

因而，这里的每一书被按照其不同的内容而给予了一个标题，如下所示：第一书，外形轮廓；第二书，材料；第三书，建造；第四书，公共建筑；第五书，个人的建筑；第六书，装饰；第七书，神圣建筑的装饰；第八书，世俗性公共建筑的装饰；第九书，私人建筑的装饰；第十书，建筑物的修复。其后所附的是：船舶、经济、算术和几何学，以及建筑学所提供的服务（The Service That the Architect Provides）。[17]

分目录

莱昂·巴蒂斯塔·阿尔伯蒂关于建筑艺术论的第一书从这里开始

第一书
外形轮廓[1]

第 1 章

　　由于我们即将要讨论的是有关建筑物的轮廓问题，我们要将我们受过教育的前辈们通过书写材料留给我们的所有那些最可靠最有用的忠告，以及我们自己在他们的那些实施了的作品中所注意到的任何原则加以搜集、比较，并提炼到我们自己的作品之中。接下来我们将报告那些通过我们自己的发明而设计的东西，那是一些经过了缜密的、不辞劳苦的考察的，在我们看来对于将来是有用的东西。但是，因为我们所期待的是以一种尽可能清晰易懂、条理分明和方便快捷的方式来安排一个主题，而不是那种纠葛不清、佶屈聱牙，并且在大部分情况下是彻底晦涩难懂之物，我们将会，按照我们自己的习惯，对我们所从事的事业的准确特征做出解释。因为我们论点的具体来源需要被逐一罗列，下面的讨论将会以一种更为明白易懂的方式展开。[2]

　　让我们就从这里开始：建筑物这一整件事情是由外形轮廓与结构所组成的。[3]所有有关外形轮廓的意向与目的都寄托于找到某种将那些限定并围合了建筑物的表面的线条与转角以一种正确而可靠的方式连接、装配在一起的方式。因而，外形轮廓的作用与责任就在于，要为那些完整的建筑物，以及这些建筑物上的每一个组成要素，确定一个适当的位置（place）[4]和一些精确的数字（numbers）[5]、一个适当的尺度（scale）[6]，以及一个优美的秩序，从而使这座建筑物的整体形式与外观可以完全依赖于它的外形轮廓。轮廓对于材料没有做任何事情，但是，轮廓具有这样一种特征，在几座不同的但却分享或使用了相同形式的建筑物中，那就是，当建筑物的各个部分，以及建筑物所坐落的位置与次序，在它们的每一根线条与转角上，彼此间相互一致时，我们可以识别出相同的轮廓。在对材料没有进行任何求助的情况下，通过为各种线条和转角安排和决定一个明确的方向和连接方式，仍然很有可能在内心构想出完整的形式。从而，事情就成为这样，让外形的轮廓变得精准而恰当，在内心中加以构想，将各种线条与转角搭构起来，并通过受过教育的智力与想象将其完善。

　　现在，当我们希望将建筑物及其建造过程作为一个整体对其内在的特征进行探究时，有可能对一些相关的问题，如我们所称之为建筑物的那些栖居之所的起源何在，它们是如何发展而来的，加以考虑。同时，如果我没有弄错的话，接下来应该是对整件事情做出一个正确的说明。

第 2 章

　　在最初的时候，人类在一些远离危险的安全地方寻求一个栖息之所[7]；终于找到了一个

---

8 既恰当又舒适的地方，他们定居了下来，拥有了这一方之地。并没有期待将所有那些家庭的和私人的事物安排在同一个地方，他们留出了一个地方用来睡眠，另外一个地方设置火塘，而将其他一些地方安排来做不同的用途。在这样做之后，人类开始考虑如何建造一个屋顶，作为一个可以挡住太阳与雨水的覆盖物。为了这个目的，他们建造了可以在其上放置屋顶的墙体——因为他们意识到以这样一种方法，他们可以更好地抵御冰冷的暴风雪和严酷的寒风；最后，他们在墙上开辟了窗子和门，从地板一直到屋顶，从而可以允许人进入，并在其中进行社会交往，同时也允许阳光与微风在适当的时间进来，并使在房屋内可能形成的任何潮气与水汽散发出去。无论是谁最早开始着手做这件事情，是女神维斯塔（Vesta）[i]，农神萨杜恩（Saturn）[ii]的女儿，或是 Heurialus 和 Hiperbius 的兄弟，或 Gallio，或 Thraso，或是独眼巨人（Cyclops）Typhincius[8]，我相信这才是房屋建造最初的时机，或最早的规则。事情在继续发展着，伴随着各种建筑类型的引入，我相信，通过经验和技巧，因而，现在几乎没有了局限；其中一些类型是公共建筑，另外一些是私人建筑，一些是神圣建筑，另外一些是世俗建筑，一些是满足实际需求的建筑，另外一些仅仅是为了作为城市中的永久装饰，而还有其他一些却只是作为更为临时性的欢悦而用。但是，没有人会对我们有关建筑物起源的说法提出疑问。

因为这就是事情本身，组成建筑物这一整件事情显然是由六个元素组成的：基址（locality）、房屋覆盖范围（area）[9]、房间分隔（compartition）[10]、墙体（wall）、屋顶（roof）和孔洞（opening）。如果这些元素是被明确地承认了的，我们所不得不说的那些东西就会更容易地被理解。因此，我们将这些元素定义如下：关于基址，我们的意思是所有可以被看做是围绕着将要建造的房屋的土地；房屋覆盖范围是这块基址的一部分。如此，我们将对房屋覆盖范围定义为，为了某种指定的实际用途而被一堵墙所围绕起来的一块特殊的土地；在这个定义中所包含的是在这座建筑物中我们的脚步所能够触及的任何表面。房间分隔是将基址划分为一些更小单位的过程，因而建筑物可以被看做是由一些贴身的小房屋拼凑起来的，这些小房屋就像是完整身体的各个部分一样联结在一起。[11]关于墙体我们将指所有那些从地面向上升起用以支撑屋顶重量的结构，或者是那些作用像屏风一样可以为建筑物的室内部分提供私密之处的物件。我们将谈到屋顶，那不仅是位于房屋最上部用以遮蔽风雨的部分，而且，更一般地说，是位于任何在下面走动的人的头顶之上的，在长度与宽度方向伸展之物，例如顶棚、穹窿、拱券，如此等等。我们将孔洞称为在建筑物内为人或物体提供进入或出离之任何物件。我们将逐一涉及这些事物及其每一个方面，但是，首先我们将要做一些观察，这对于整个主题而言是基础性的，而且，如许多的部分，都是与我们的论点密切关联的。如果考虑那些我们所列举

9 出的每一部分都应该被赋予的特征，我们将提出三个从来不会被忽视的东西，它们与屋顶、孔洞，如此等等，是最相配称的。那就是，它们的每一具体部分应该适合于它们所被设计来分派给予的任务，首先，应该是非常宽敞的；关于强度和耐久性，它们应该是

---

i 维斯塔，罗马神话中的女灶神，供奉在庙里，在里面有由灶炉仙女们所照料的圣火。——译者注
ii 萨杜恩，罗马神话中的农神，由土星所代表。——译者注

可靠的，坚固的，而且是相当持久的；至于说到优美与典雅[12]，它们应该是经过修饰的、有秩序的、有花环等装饰的[13]，可以说，这关乎其每一部分。[14]现在我们放下我们讨论中的屋顶和基础部分，让我们继续我们的论点。

第 3 章

至于建筑用地[15]，古人做出了相当努力来确保它应该（尽可能）是理所当然地不要造成任何伤害的，而且，每一种便利都应该能够被提供出来。最重要的是，他们尽了最大的努力来避免那些可能令人不愉快的或不利于健康的气候；这是一个非常谨慎的预防措施，甚至是一件不可或缺之事。虽然，毫无疑问的是任何土地和水源方面的缺陷，都能够通过技巧和聪明加以补救，但却没有什么心灵或手工的力量可以对气候做出些微的改变；大约就如所说的那样。当然，我们所呼吸的空气在维持和延续我们的生命方面起了至关重要的作用（正如我们自己所能够观察到的一样），真正纯净之空气对于健康有非同寻常之有益效果。

有谁可能会注意不到这一广泛影响，即气候是不能培育、生长、滋养和保存的呢？如您可能已经看到的，那些享受着较为纯净气候的人们在能力上是超越了那些屈从于阴沉和潮湿气候的人们的；为了这样一个特别的理由，因而可以说，雅典人比底比斯人更为狡诈一些。

因而，我们可以承认，气候是依赖于地理位置与地形地貌的；关于这种变化的某些原因似乎是相当明显的，而另外一些原因，因其十分隐晦，深藏不露，令人难以察觉。我们将首先检验那些明显的原因，然后再探讨那些隐晦的原因，从而，我们将知道如何选择那些最有利和最有益于健康的地方来生活。

古代的神学家们称空气为雅典娜（Pallas）[16]；荷马（Homer）[i] 将她变成了女神，并称她为 Glaucopis[17]，她代表的是一种如此纯净的空气，在特征上是完全透明的。很显然，最健康的空气就是那种最纯净、最少受到污染、最容易被视线穿透、也最透明而清亮的空气，它总是平静的，大部分时间是不改变的；反之，我们称那些乌云密布、雾气朦胧、浓郁如墨、气味郁积的空气是会引起瘟疫之气，因而，它使人愁苦，令人沮丧。我相信，比起任何其他因素来，阳光和风，对这两种情况的造成，起到了更大的作用。然而，在这里我们将不讨论物理学问题——准确地说，是关于太阳之力如何从大地的深处汲取水汽并把它们托入高耸的天穹之中的，或者是关于如何在浩瀚的天空中将巨大的云朵聚集在一起的，或是汇聚起它们那巨大无比的重量，或是被一侧阳光的作用而变得干燥，它们在那个方向上发生了倾覆，产生了一个巨大的空气冲力，从而引起了风，并被干渴所驱使，直扑大海而去；最后，得到海水的补充，蕴含着湿气，重新回荡于大气之中，它们被风驱赶，像海绵一样被挤压，把它们裹挟的湿气中的水滴释放出来而形成了雨水，然后，使大地上的水汽

10

---

i　荷马，希腊史诗作者，创作了希腊文学史上最伟大的两部作品《伊利亚特》和《奥德赛》。——译者注

得以更新。无论我们所报告的理论是否正确，或者说无论风是大地呼出的干燥之气，或湿热之气是被寒冷之力所挤压，或仅仅是空气的瞬间形式，抑或是空气被地球的运动以及被星星的发光和运行所搅扰，或者是那普遍而有生命的神灵的自我律动，或者甚至某种本身并非是独立存在的而是由空气所组成的实体，被最高的以太之热所燃烧，被迫成为液体的形式，或者还有任何进一步的理论或解释，更为合理或基于更为古老的权威，我建议我们还是将其搁置一边，因为这可能转移我们的主要论点。

如果我没有犯错误，所有这些都将帮助我们接受这一理由，即为什么世界上的一些地方看起来是享受着最为令人愉悦的气候，而另外一些地方，也许是与它们最为接近的毗邻之地，却遭受阴郁天气与晦暗白日的折磨。我必须假设造成这一点的原因在于它们所处的与太阳或风相关的位置不那么恰当。西塞罗说锡拉库扎（Syracuse）ⁱ 就是坐落在这样一种位置，因而在一年中这里的居民没有一天是看不到太阳的[18]；然而，这样一种位置是非常罕见的，如果没有足够的理由或土地来回避它，那么这就是一个比任何其他可被寻找之地都要优越的地方。

因而，被选择的建筑用地应该是远离狂暴的乌云，以及所有浓郁厚重的潮湿之气的。那些研究过此类事情的人都观察到了太阳的光和热会更强烈地作用于浓密的而不是稀薄的物料之上的，就如它们作用于油与作用于水，或作用于铁与作用于羊毛的不同一样。从这一点他们得出一个结论，凡是热得透不过气来的地方，空气总是既厚又重。埃及人，一直在努力证明他们优越于世界上所有其他国家，并且自诩说人类最早就是在他们的国家中创造出来的，因为，这人类初祖只能在最有利于他健康地生存的地方创造出来；尤其是，他们得到了众神的眷顾与赠予——这是一块气候宜人、四季如春之地。但是，即使是在埃及人那里，希罗多德（Herodotus）ⁱⁱ 写道，那些生活在距离埃及最近的利比亚人，那里的气候常年不变，是迄今为止最为健康的。[19]当然，在意大利，以及其他国家各种各样城镇中，那些看起来变得不健康，容易引起瘟疫的地方，除了因为温度突然由热到冷的变化之外，找不到其他的原因。

11　　　因而，考虑房屋基址朝向太阳的品质与角度，使其没有过度的阳光与阴影，不是一件坏事情；在太阳升起与降落的时候加拉曼特人（Garamantes）人诅咒了它，因而过度而持续的阳光将这里烤得如焦土一般，而其他一些国家却看起来暗无天日，像是几乎永远生活在黑夜之中。[20]这种不同并不主要取决于地球轴线或少或多的倾斜（虽然这是一个重要的因素）及其在大地本身的构造和与太阳和风在方位朝向的程度上。就个人而言，我更喜欢微风，尽管在我看来，无论是狂飙还是大风，都要比滞闷沉郁的大气更少令人厌恶一些。奥维德（Ovid）ⁱⁱⁱ 告诉我们，沉滞之水，是会吸纳污秽之物的。[21]空气是什么？我几乎可以说，

---

i　锡拉库扎，意大利西西里岛东南部一城市，位于爱奥尼亚海岸。公元前8世纪由科林斯殖民者创建，后为罗马人所占有。——译者注

ii　希罗多德（约公元前485—前425年），古希腊历史学家，西方历史学之父，其著作主要涉及波斯战争，是人们所知叙述体史著中成书最早者。——译者注

iii　奥维德，古罗马诗人，以其对爱的研究，尤以其作品《爱的艺术》（公元前1年）和《变形记》（公元8年）而闻名。——译者注

空气是乐于运动之物。因为，在我看来运动驱散了来自大地的水汽，运动也将这些水汽加以吸收。然而，我更主张这些风在到达我之前，已经被中途的树林与山峰所阻滞，或被它的长途奔波所消耗，我确信风并没有忽略大地，在那里它们可以恢复气力，并给我们带来某种伤害。为了这个原因，可以提出奉告的是，要回避那些其邻近地区可能散播任何有害之物的建筑用地，比如令人厌恶的气味，或是从沼泽中，特别是从被污染的水流和沟渠中蒸发而来的不清洁的湿气。

自然主义者同意任何河流都得到了融化雪水的补充，并带给了它一种寒冷而沉郁之气；但是这些水中，没有一个会像那些因保持沉滞而被玷污了的水那样污垢不堪；那些越少受到适当风力扰动的水，对邻近地区造成污秽传染的效果就越大。他们说，不是所有的风都能够按照其特征而作健康的和不健康的分类。普林尼（Pliny）[i]，根据泰奥弗拉斯托斯（Theophrastus）[ii]和希波克拉底（Hippocrates）[iii]的说法[22]，认为东北风阿魁洛（Aquilo[23]）对于健康的恢复与保持是最有益处的[24]；自然主义者都宣称南风奥斯特（Auster[25]）会对人类造成最大的伤害，他们甚至认为当其肆虐之时，在田野里放牧的牲畜都未必是安全的。同样，鹳鸟决不会冒险飞入奥斯特风中；当东北风阿魁洛吹起来之时，海豚听到了呼唤风的声音，但是，当奥斯特风刮起来时，它们听到的声音就不那么美妙了，只是对风的抵触之音。他们也谈到，当阿魁洛风盛吹之时，鳗鱼可以在脱离水的状态下生活 6 天，然而，在奥斯特风的情况下就大不一样了，这种风是如此浓郁，它的力量也是如此不利健康。就像南风奥斯特带来的是疾病，特别是黏膜炎一样，西北风科罗（Coro[26]）却使得我们咳嗽。

朝南的海岸线是不可取的，主要是因为阳光的反射造成了两个太阳对海岸线的折磨，其效果是：一个太阳从空中灼烧，另外一个从水中向上烘烤。这样的地方在温度上常常是有剧烈变化的，就像是在日落之时引起的寒冷夜色一样。一些人甚至持有这样的观点，在日落时太阳的全部效果，包括直接的和从水中、海洋中或山峦中反射出来的，都处在其最具伤害性的状态中，因为一个一整天都在阳光照射下的地方，会被由反射产生的附加的热而变得十分闷热。如果在所有这些效果的巅峰状态，你又遭受了难以忍受的风，还有什么是比这更大的伤害与难以忍受呢？早晨的微风也应该受到适当的指责，因为当微风吹起，也带来了阴冷的湿气。

我们已经讨论了阳光与风，以及我们感受到的这两者所施加给气候的明显影响，无论这影响是健康的或有害的；我们已经讨论的部分十分简要，似乎只是谈到了与我们的论点相关之处，在适当的地方我们还要对其做更为详细的论述。[27]

12

---

i　普林尼（指老普林尼，公元 23—79 年），古罗马学者兼博物学家，写了 37 卷的《自然史》，其外甥小普林尼为古罗马执政官和作家。——译者注

ii　泰奥弗拉斯托斯（公元前 372—前 287 年），亚里士多德的学生，是继亚里士多德之后逍遥派领袖的希腊哲学家，并改进了亚里士多德在植物学和自然史方面的著作。——译者注

iii　希波克拉底（约公元前 460—约前 370 年），古希腊医师，西方医药学之父，通过把医学研究从哲学推断与迷信中解放出来而奠定了科学医学的基础。——译者注

(7—9)

第4章

在选择房屋基址的时候，确保每一样东西对于生活在这里的那些人都是喜欢的，将是有价值的，这会使其成为这个地方，或是那些将会拥有这个地方的人们的特征。

我没有办法在阿尔卑斯山那陡峭的、难以达到的山脊上建造一座城市，如卡利古拉（Caligula）[i] 所曾经试图做的那样，除非是被万不得已的需求所强迫。[28] 我也主张回避如瓦罗（Varro）[ii] 所描述的高卢的莱茵兰地区（Rhineland Gaul）[29] 和当代不列颠的恺撒（Caesar）地区[30] 那种不适宜居住的荒野之地。我也不喜欢孤独地生活在鸟蛋之上，就像他们曾经在黑海的 Oenoe 岛上一样[31]，或者生活在橡树果上，就像在普林尼的时代西班牙的一些地区一样。[32] 概而言之，我不希望那种缺乏任何可能提供的有用之物的建筑基址。

不谋而合的是，亚历山大（Alexander）不愿意在阿陀斯山（Athos）[iii] 上建造一座城市：这是建筑师波利克拉特斯（Polycrates）提出的方案，虽然在其他方面无与伦比，但却不能够为其居民提供充足的用品供应。[33] 而亚里士多德（Aristotle）可能曾经发现了一个很难进入的地方，那里特别适合作为一个城市的建筑用地[34]，而我却注意到实际上一些国家在他们的边界上留出了广大而宽阔的地区，任其荒芜与废弃，从而也不为其敌人提供任何便利的条件。对于这样一种方法，是否应该被容忍，这一问题在任何地区都会有所涉及；但是，他们所提供的是公共利益，我发现没有理由去遣责他们的作法。

然而，一般来说，我宁愿在一个有着许多不同出入口的基址上布置建筑物，这里允许用船、车或牲畜，以最容易的方式提供可能的供应，无论在夏天还是冬天，都是如此。建筑基址不应该因为水太多而过于潮湿，也不应该因为太干旱而过于干燥，而应该享有一个舒适而适中的气候。如果这种理想的条件是不可能的，那么宁愿选择在有点凉爽而干燥的地方，而不要在过于炎热而潮湿的地方，因为利用屋顶和墙体，以及通过衣服和火炉的热，或者依靠来回的运动，有可能抵消寒冷；同时，干燥并不被认为对身体或灵魂是特别有害的；的确，人们说干燥可以使一个人变得僵硬，寒冷则使他粗糙，但是，潮湿总是弄得人身体虚弱，而燥热则使身体憔悴。一个人可以看到，在寒冷季节时或在寒冷气候中，人的身体是强壮并且是没有疾病的，虽然人们一般都承认，那些在寒冷地区的人体质都比较好，而那些在温暖地区的人有着较敏锐的智力。从阿庇安（Appian），这位历史学家，我知道了为什么努米底亚（Numidians）[iv] 人如此长寿的主要原因是他们从来不必忍受任何寒冷的冬

13

---

i　卡利古拉（罗马皇帝，公元 37—41 年在位），他从其养父提比略处继承了皇位，在一场重病之后，他表现出了残酷、荒淫无度，与狂妄自大的性格，最终遭人谋杀。——译者注

ii　瓦罗，马库斯·泰伦提乌斯（公元前 116—27 年），古罗马学者和百科全书编纂者，据说他编纂的书籍有 600 多卷，几乎涵盖了每一领域的知识。——译者注

iii　阿陀斯山，位于希腊东北部的一座山峰，海拔约 2034 米（6670 英尺），于 10 世纪时在山上建造了一座基督教修道院。——译者注

iv　努米底亚，北非古国名。——译者注

季。[35]然而，所有建筑用地中最好的，是一种有着适度温暖与潮湿的地方，因为这样的地方将会产生个头高挑，身态优雅，性格欢快的人。另外一种最为适宜的地方是多雪国家中的阳光最为充裕地区，或是干旱而多日照区域中最为潮湿而蔽荫的地方。

但是，没有任何地点，或似乎无论任何建筑物，比一座隐蔽在某一山谷中的建筑更不适当的了；因为（若忽略那些明显的理由，如脱离人们的视野，这座建筑将得不到赞誉，而同时由景观带来的愉悦也得不到认可，它将没有吸引力）它将不可避免地会遭受暴雨和山洪的毁灭性破坏；通过吸收过多的湿气，它也总是容易糟朽；它也会不断地散发出对人体会造成如此伤害的带有泥土味的薄雾。在这样一种地方，没有人能够保持任何活力，由于精神的萎靡，也没有任何人的身体可以显示出耐力，因为存在于这里的任何东西都会因过分的潮湿而渐渐腐败，直到彻底的毁灭。进一步，如果阳光能够透射进来，反射的光线将会使那里变得更热，但如果阳光透不进来，阴影将使得空气变得污浊和迟滞。更进一步，如果风能够尽可能深地穿透进来，那么由于风是被迫穿过固定的通道进入的，这将仅仅是一种带有更多暴烈和愤怒的狂怒之风，但是如果风不能够到达那里，空气又将变得如泥泞般厚重。那么将这样一个山谷看做是一个污水坑或空气滞留池，将不是不公平的。

因此，使建造地点有一种具有尊严和令人愉悦的外观，使其建筑用地不是那种既卑下又低陷的山谷之地，而是一块抬升了的可以居高临下之地，在那里空气是令人愉快的，并且是被一些来来回回的风所不断更新的。更进一步，这里应该能够提供所有对生命有用和令人愉快之物，例如水、火和食物。然而，应该小心的是，要确保那里不包括任何对居民及其财产可能造成任何伤害的东西。溪流应该是暴露的，并且是经过品尝的，泉水要经过火上的检验，要确保其中不包含任何可能导致居民生病的黏质的、腐烂的或不易消化的东西。我将不会居住在可能会由水导致甲状腺肿大或得结石病的地方。我将忽略它可能具有的更明显的和具有奇迹性的效果，因为建筑师维特鲁威以一种最有学问的和文雅的方法，将它们一一罗列出来了。[36]

内科医师希波克拉底有一个箴言，那些饮用未经处理的口味有些沉重而不适的水的人会得一种强烈而肿胀的腹部胀满的病痛，同时，他们身体的其他部分，他们的肘部、肩部、脸部会变得明显虚弱与憔悴。[37]他们也将遭受因受到伤害的脾引起的有害的血液凝固，陷入许多传染疾病的折磨之中；夏天，由胆分泌液引起的多黏液的肠部运动以及体液[i]的流失，而使他们变得虚弱；然后，在一整年间他们都被恼人的和持续不断的疾病所缠绕，例如浮肿、哮喘及胸膜炎。年轻人会因为黑胆汁[ii]而变得疯狂[38]，老年人会因为燃烧的体液而耗尽体力。妇女则会造成怀孕的困难，以及在生育时可能带来巨大的麻烦，而每一个人，无论什么年龄或什么性别，都将受到疾病的折磨，并导致过早的夭折。没有什么人能够享受到远离悲伤的，没有坏体液造成的不适的和没有任何烦恼折磨的一天，因而，他们的内心将会因为悲哀与忧伤而永远处于极度的苦闷之中。

14

---

i　体液（humors），指中世纪生理学所认为的基本体液之一，即血液、黏液、胆汁和黑胆汁四种体液中的一种，古代生理学家认为它们的相对比例决定一个人的性情和健康状况。——译者注

ii　黑胆汁，中世纪生理学所认为的人体四种体液之一，黑胆汁的分泌被认为能够引起忧愁。——译者注

我们还可以提到许多其他由古代的历史学家所记录的有关水的特性可能对人的健康造成好的与坏的效果的迷人的奇闻轶事，但是那都是一些古怪的故事，只能用来炫耀我们的博学，而不是用来说明我们的论点；无论如何，我们将会在适当的地方更广泛地涉及水的问题。但是，这些至少是明显的，是不应该被忽视的：水为所有生长、种植、播种，以及任何享有生命之物提供了营养，通过这些我们恢复精力，延续生命。因而，我们应该在我们倾向于去生活的建筑用地上尽最大的可能性关注对现有水的品质的检查。狄奥多罗斯（Diodorus）[i]谈到，许多印度人拥有高大而强壮的身体，以及机敏的心灵，因为他们呼吸的空气是纯净的，他们喝的水也是卫生的。[39]

我们说当水是无色时，这是最令人愉悦的颜色，这时的水中没有任何东西，就具有最好的滋味；事实上水被认为其最好的状态是清澈、透明且轻——因而当透过白布去过滤它时不会留下任何痕迹，烧开时没有任何沉淀物——而且，无论它向那里流，在它流经的河床上没有苔藓，岩石上也没有污渍。好水用来烹饪，会做出鲜嫩的蔬菜，用于烘烤，会烤出很好的面包。[40]

同样，应该充分关注的是确保建筑用地不会产生任何有传染或有毒的东西，这些东西可能会将居民置于危险境地。有一些很著名的古代例子，但并不值得提起，如科尔基斯（Colchis）[ii]树叶，树叶中渗出一些像蜂蜜一样的物质[41]；任何咀嚼过这种树叶的人在一整天中都会陷入不省人事的状态，就像是死人一样。或者是他们所讲的降临在安东尼（Anthony）的军队之上的灾难，因为那些士兵误将一种有毒的植物当做谷物而食用了，这种植物使他们变得精神错乱，弄得他们只想去挖石头，直到他们的狂躁达到这样一种程度，以至于因为胆汁的紊乱而跌倒在地，直至死亡，[据普卢塔克（Plutarch）[iii]说]除了喝葡萄酒，没有解毒药[42]：这些都是广为人知的故事。

但是，老天，在意大利这里，在我们自己时代的阿普利亚区（Apulia）[iv]又是怎么样呢，这里的土蜘蛛随处可见[43]，用一种令人难以置信的毒刺，可以将人置于各种形式的精神错乱状态，仿佛就像变成了疯子一样？最令人吃惊的是，没有肿胀，在身体的任何部位都看不出被有毒的昆虫叮咬或刺蛰的痕迹；但是，却开始使人失去知觉，因惊惧而昏厥，然后，如果没有人去帮助，他们很快就会死去。他们可以用泰奥弗拉斯托斯的治疗方法加以救治，他主张通过长笛的声音可以治愈蛇咬。[44]音乐家们安抚了受到各种伤害折磨之人的耳朵，当他们偶然碰上这样一个人，受害人就像受到震惊一样跳了起来，然后，通过欢快，绷紧了每一根神经和每一块肌肉，以无论怎样的方法来引起他的想象，使他将精力集中在音乐上。一些受害者，如你可能看到的，试图去跳舞，其他人则会去唱歌，另外一些人则会迫使自己努力尝试无论怎样的一种激情和狂躁的大声呼喊，直到他们变得疲惫不堪；他

i　狄奥多罗斯，希腊历史学家，生活于约公元前90年—约公元前30年，曾经去过埃及。——译者注

ii　科尔基斯，高加索山脉南面靠近黑海的一个古地名，在今格鲁吉亚西部。——译者注

iii　普卢塔克，古希腊传记作家和哲学家。撰写了《一部传记集希腊罗马名人比较列传》，曾被莎士比亚在其有关古罗马的戏剧中所使用。——译者注

iv　阿普利亚区，意大利东南部的一个地区，以亚得里亚海，奥特朗托海峡及塔兰托海湾为边界。其南部位于意大利地图中"靴子"式轮廓线的鞋后跟部位。——译者注

们会持续几天地出汗，只有当这种疯狂，这种已经生根的疯狂，完全得到了满足，才可能痊愈。我们读到过一个降临在阿尔巴尼亚人头上的类似的事件，他们用一大队骑兵为反对庞培而战。因为据说在那里发现了蜘蛛，这些蜘蛛可以致任何触到它们的人于死地，或是笑死，或是哭死。[45]

第 5 章

(9—10)

在选择房屋基址时，仅仅考虑那些明显和容易看到的迹象是不够的，那些不太明显的迹象也应该注意，每一种因素都应该考虑进来。

良好的空气与纯净的水是一个征兆，如果这个地方有好而充足的收成，如果它能够维持一大群人到耄耋之年，如果它养育的年轻人强壮而英俊，如果这里的生育频繁而成功，倘若他们都是正常的，孩子们没有受到任何畸形的损伤。我自己看到的一些城市（这些城市久已失去人们的尊重，已经不再知道他们的名字），在那里没有一位妇女在临盆时会意识不到她就要变成既是一个人又是一个怪物的母亲。我知道在意大利的另外一座城市，有如此多人在出生时，或是带有肿瘤、斜视和软骨症，或是残废，几乎没有一个家庭，其成员中没有这样或那样的畸形或残疾；这是一个明确的迹象，当在其身体或身体的一部分中可以看到许多明显的矛盾时，那么这里的气候就是有问题的，或者是由别的一些什么潜在的缺陷所造成的。这里有一句老话与之相关：阴沉的天气令人减少食欲，稀薄的天气使人口渴。

将动物的形体外观作为一个希望居住在那个地方的人们所期待的条件标志，将不会是一件错误之事。如果一头牛看起来很健壮，有长而健全的四肢，期待人的子女有相同的上天赐予，将不是没有道理的。

在寻求气候和风的征候时，将无生命的物体考虑进来并不是不适当的：我们可以从邻里们的房屋中加以推论，例如，如果这些房屋是粗糙和糟朽的，这就是一些不利的外部影响的迹象。如果树木都向某一特别的方向倾斜，仿佛得到一致的允诺，或者树枝都被折断，显然这些树遭受了风的摧残。同样地，当坚硬石头的上表面[46]，或是当地的，或是搬移而来的，受到了不寻常的侵蚀，就会暗示出在温度的冷与热之间的激烈变化。首先，任何受到这些风暴和温度变化困扰的地区都应该回避：暴露在极端的冷与热之中，会使人体各部分的结构和成分变得疲软和虚弱，可以导致疾病和过早衰老；的确，为什么一座坐落在群山脚下而面向西方的城市被认为是特别不利于健康的，其主要理由就是，它特别暴露在夜晚的蒸发物和急剧冷却的黑暗之中。

通过向智者征询他们所记录的以往的各种事件，以对房屋基址处的任何不同寻常的特征加以细心地考虑也是有益的；自然在一些地方渗透了潜在的特质，这些特质可能会对当地居民造成有益或有害的效果；例如，据说洛克里（Locri）[i] 和 Croton 从来没有遭受过瘟

16

---

i　有两个洛克里，一个是位于希腊的古地名，另外一个是希腊人于约公元前 680 年在意大利靴形地带的"足尖"部分东侧建造的一座古城，这里所指可能是希腊的洛克里。——译者注

疫[47]，在克里特岛上就从来没有发现过有毒的动物，在法兰西也很少看到有畸形的婴儿出生。在一些地方，按照自然主义者的说法，无论在炎热的夏天，还是在冬天，都不会有闪电发生，然而，在坎帕尼亚区（Campania）[i]，普林尼告诉我们，无论在冬季还是夏季，所有面向南方的城市都可以看到闪电[48]；同时，在伊庇鲁斯（Epirus）[ii]的西洛尼安（Ceraunian）[iii]山，据说就是在他们经历了经常性的雷击之后而被命名的[49]，按照塞尔维乌斯（Servius）的说法，在 Lemons 岛上的持续雷声，使得诗人们声称说伍尔坎（Vulcan）[iv]神落在了那里的大地之上。[50]据说，在博斯普鲁斯海峡（Bosphorus）以及在 Insodones 之间的地方从来没有看到过打雷与闪电[51]；如果在埃及下雨，就会被看做是一件奇事，而在 Hydaspes[52]河的岸边，在夏日之初，天就会不停地下雨。在利比亚（Libya）很少刮风，厚厚的大气造成了由出现在空中的浓缩的水蒸气形成的不同形状；另一方面，在加拉提亚（Galatia）[v]的大部分地区，夏天时的风刮得如此强烈，石头就像沙子一样被抛到了空中[53]，在西班牙，沿着埃布罗河（Ebro）[vi]，他们说西北大风的出现能够将满载的大车掀翻。在整个埃塞俄比亚都不刮南风[54]，而历史学家们声称，是风使得阿拉伯半岛以及穴居人（Troglodytes）的土地上的所有植被都枯竭了。修昔底德写道，得洛斯岛从来没有经历过任何大地的颤动，而是一直牢牢地屹立在同一块岩石之上，尽管地震将其周围所有的岛屿都毁坏了。我们自己已经看到了在意大利，沿着整座赫尔尼基（Hernician）山脉而延伸，从罗马附近的 Algidus[55]山直到加普亚（Capua）[vii]，反复地摇动，几乎被地震所毁灭。一些人相信亚该亚（Achaia）[viii]就是从它所遭受的经常性洪水中获得它的名字的。[56]我发现罗马总是受到某种热病的困扰，加伦（Galen）[ix]将其诊断为一种类似隔日热疟疾的形式，这种病需要按照发病当天的不同时间段而采取各种各样几乎是相反的处理方法。[57]在一个古代的诗歌传说中，无论什么时候，被埋葬在普罗奇达（Procida）[x]岛上的巨人堤丰（Typhon）[xi]，在它的坟墓中扭动，整座岛屿都从它坟墓的地基那里开始摇动。[58]

17

诗人们在他们的诗歌中唱到了这件事，因为地震和火山喷发的暴虐造成了那个地方的瘟疫流行，强迫曾经居住在那里的 Eretrians 人和哈尔基斯[xii]人（Chalcidians）逃离家园；像其他殖民者一样，一些时间以后被锡拉库扎的 Hieron 送到了那里并建立了一座城市，由于对危险与灾难的持续恐惧，又逃离了那里。

i　坎帕尼亚区，意大利南部靠近第勒尼安海的一个地区，公元前4世纪时被罗马人攻克。——译者注

ii　伊庇鲁斯，是爱琴海上一个古国，位于今日希腊与阿尔巴尼亚南部的西北方，公元前3世纪时达到全盛，后来成罗马帝国的一个省。——译者注

iii　英文词汇 ceraunograph，其义为"雷电计"，故这座山名中的 Ceraun 是一个与雷电有关的词根。——译者注

iv　伍尔坎，罗马神话中的火与锻冶之神。——译者注

v　加拉提亚，小亚细亚地区中部的一座古城，公元前3世纪由高卢所建立，公元前25年成为罗马的一个省。

vi　埃布罗河，发源于西班牙北部的一条河流，流程约925公里，最后注入巴塞罗那西南方的地中海。——译者注

vii　加普亚，意大利南部的一座城镇，位于那不勒斯北部。曾是一座具有重要战略位置的古罗马城市。——译者注

viii　亚该亚，希腊伯罗奔尼撒半岛北部的一个古老地名。——译者注

ix　加伦（129—199年），古罗马医师、哲学家、语言学家。古代科学史上仅次于希波克拉底的重要医学家，其思想对拜占庭与伊斯兰文明有深刻影响，对文艺复兴中的西方科学复兴也起了作用。——译者注

x　普罗奇达岛，意大利南部坎帕尼亚区的岛屿，位于那不勒斯湾西北口，这是一个火山岛。——译者注

xi　堤丰，希腊神话中有一百个头的怪物，据说被宙斯扔进了塔尔塔罗斯。——译者注

xii　哈尔基斯，今希腊埃维亚州的首府，在埃维厄岛上，位于埃夫里普海峡的最狭处。——译者注

所有这些事情应该在一个长时期中被反复地加以检验；这些事情应该同其他地方的种种特征加以比较，以提供对于这一建筑选址的充分理解。

第 6 章

（10—11）

质询也应该涉及有关这一基址是否存在任何其他不太明显的劣势的问题；柏拉图相信在一些地方偶尔会被一些神圣的力量或恶魔式的统治者所左右，他们对于居民或是善意的，或是病态的。[59]的确有一些地方，那里的人们更容易变得疯狂，在别的一些地方，为了一件琐事，他们会寻求自残，在别的地方，这些人更喜欢用上吊，或从高处跳下，或是用刀剑和毒药来结束自己的生命。通过对大自然必然会造成之事的所有那些最为隐蔽的、晦暗的迹象加以详细地审视之后，你必须对可能会有关联的其他任何事物加以掂量。

有一个古代的习惯，可以追溯到德米特里（Demetrius）[i]，当要建立一座城市或小镇时，或者，甚至只是要建立一个临时性的军营时，他会对放牧在那个地方的牲畜的肝脏颜色与状态加以检验[60]：看一看这些肝脏中是否显示出传染病的症像，如果这个地方明显是不利于健康的，那就应该回避。

瓦罗告诉我们，他曾经发现了细小如原子一样的动物，这些小动物在大气中飞来飞去，在我们呼吸的时候，进入我们的肺中，并粘贴在我们的内脏中[61]；它们在人的内脏中啮咬，造成了严重而耗人体力的疾病，这种病会导致瘟疫与毁灭。

你也不应该忘记对于一些可能其本身就是特别不便利，或变化莫测，却又对于外邦之地陌生人的来临毫无防范的地方加以考虑，他们常常会伴随其自身而带来瘟疫与厄运；这种厄运可能并不仅仅是由武器和暴力所造成的，而是由通过一些野蛮人和未开化人之手所做的工作带来的：友谊和热情也可能会带来伤害。他们的一些期望政治变革的邻邦会因剧变与骚乱而将他们自己置于危险的境地。热那亚人在黑海的 Pera 的殖民地，一直处于不安的状态，因为奴隶们每日将灵魂的疾病及对身体的漠视带到那里，由于懒惰与污秽而日益衰弱。

据说，审慎与智慧的标志就是通过观察天象与解释运数来检验一个建筑基址的吉凶；我不认为这些方法应该被忽视，他们所提供之方法与宗教是一致的。[62]对于那些否认这种我们称之为人类事物之偶然性的重要性之人而言，它可能是别的什么东西呢？我们能够否认罗马城市的公共命运对于帝国的扩张带来的巨大好处吗？在西西里（Sicily）[ii] 的 Iolaus 城，

18

---

i 在古代马其顿、叙利亚有几位名叫德米特里的国王，如马其顿的德米特里一世（公元前 294—前 288 年）和德米特里二世（公元前 239—前 229 年），以及叙利亚的德米特里一世（公元前 187—前 150 年）和德米特里二世（公元前 161—前 125 年），另一位古希腊演说家，兼政治家、哲学家德米特里（公元前 350 年），曾经被马其顿统治者任命为希腊总督，这里究竟指哪位德米特里，尚不很清楚。——译者注

ii 西西里，位于意大利半岛南端以西地中海的一个岛屿，公元前 8 世纪成为希腊殖民地，公元前 3 世纪被罗马人所征服，公元 11 世纪被置于诺曼人管辖之下，并形成了西西里王国，1860 年成为统一后的意大利的一部分。——译者注

这座城市是赫拉克勒斯（Hercules）[i] 的侄子建造的，虽然经常受到迦太基人（Carthaginian）和罗马军队的攻击，却始终保持了自由；厄运之所以会降临到这个地方，不得不与德尔斐（Delphi）[ii] 神庙联系在一起，这座神庙最早是被 Phlegyas 烧毁的，第三次被火焚毁当是在苏拉（Sulla）[iii] 的时代？那么，加庇多山的朱庇特神殿（Capitol）[iv] 又怎样呢？它何以常常被火焚烧呢？何以它常常在火焰之中呢？

锡巴里斯（Sybarites）城[63]，在一次又一次地受到困扰之后，被反复地毁灭与遗弃，最后被彻底地放弃了。厄运追随居民而来，甚至当他们逃离了那个地方；因为，虽然他们迁移到了别的地方，并改变了这座城镇原来的名称，他们没有办法逃脱灾难：他们受到了他们新土地上的土著人的攻击，所有首领和最古老家族的成员都遭到了杀害和屠戮；他们与他们的神庙，以及整座城镇，都一起被彻底湮灭了。但是，不必再继续述说了：历史著作中充满了这样的例子。

人们普遍认同的是，没有证据说明一位愚钝之人，在判断房屋建造的维护与费用的正确与有效方面，以及在确保房屋本身尽可能耐久与有益于健康方面，可以确保每一件事情的正确无误；不要忽视可能对这样一个结果是有用的任何东西，无疑是那些聪明而有智慧的人们的责任所在。这样一件通向你自身康乐之路，赐予你一种高尚与愉悦的生活，并将你的名誉传扬于你的子孙的工程，不是一件对于你和你的家庭大有益处的事业吗？因为，在这里你可以将你自己献身于高尚的研究之中；在这里你可以享受你的孩子和你亲爱家庭的乐趣；在这里你可以在你的事业或闲暇中度日；在这里你可以度过你生命的每一个时期。因此，我的观点是，除了美德之外[64]，没有任何东西，比起获得一个可以庇护他自己和他的家庭的更好的家宅，一个人可以为之贡献更多的关切、更多的努力与注意力；如果一个人忽视我刚才所给予的建议，他如何能够期望达到这一目标呢？但是，关于这一点已经足够了：我们应该将讨论的话题转向房屋覆盖范围（area）。[65]

(11—12)

第 7 章

在选择房屋覆盖范围时，我所给予有关房屋基址问题的无论什么建议也都应该加以考虑；因为，正像房屋基址是从一些大的区域中选择出来的一个特殊部分一样，房屋覆盖范围也是从为未来建筑所选定的整个基址中精确限定与勾画出的一个部分。因为这个原因，房屋覆盖范围将会显示与房屋基址几乎相同的有利与不利之处；但是虽然如此，在这个说明中，将会

19

---

i 赫拉克勒斯，希腊罗马传说中最著名的英雄，传说是宙斯和阿尔克墨涅之子，其力大无比，因完成赫拉要求的 12 件苦差而获得永生。——译者注

ii 德尔斐位于希腊中部靠近帕拿苏斯山，其年代至少追溯到公元前 17 世纪，因那里的阿波罗神庙而著称，是古希腊著名的阿波罗神喻的所在地。——译者注

iii 卢西乌斯·科内利乌斯·苏拉（公元前 138 年—前 78 年），罗马统帅和独裁者（公元前 82—前 79 年），他率领军队进入罗马城，从他的对手玛略手中夺取了政权（前 88 年）。——译者注

iv 指位于罗马加庇多山丘的罗马主神朱庇特神殿。——译者注

有特定的规则出现，一些规则似乎与房屋覆盖范围有着特别的关联，而其他相关规则，不仅决定了实际的房屋覆盖范围，也对作为一个整体的建筑基址提出了问题，一如下文。

有必要记在心里的是，我们正在进行的工作，无论是公共的还是私人的，也无论是神圣的还是世俗的，或是其他这样的分类，运用这种分类我们将在适当的地方加以详细的处理。广场、剧场、室内体操场、神庙都会需要相当不同的基址和条件；而房屋覆盖范围的形状和位置也取决于对于这座房屋所施加的目的与用途。

为保持讨论的普遍性，我们将不仅涉及那些我们认为是有所关联的主题；而且要先说几句有关线条的话，这可能有助于我们更为清晰地阐明我们的观点；因为我们正在展开房屋覆盖范围的讨论，叙述一下其中所蕴涵的元素将是有用的。

每一个外轮廓都是由线条和转角组成的；线条构成了外周边限，外周边限包裹了房屋覆盖范围的全部内容。在这个外周边限内的任何表面，都是被两条交叉的被称为一个角的线条所包含的。当两根线条交叉，就形成了四个角；如果其中的任何一个角与其他三个角相等，这些角就被称为是直角。那些比直角小的角称为锐角，而那些比直角大的角，称为钝角。一根线条既可以是直线，也可以是曲线：在这里不需要涉及那些像蜗牛或漩涡一样的螺旋线。直线是两点间可能绘出的最短的线。曲线是一个圆上的局部。[66]一个圆是通过两点中的一点在一个面上的运动所造成的，因此，在整个实施的过程中保持着这个点与其他点与最初的距离相比不远也不近，这就形成了外围界线。

然而，还应该增加的是曲线问题，即我们称之为圆的一部分，对于我们建筑师来说，就是我们所知的弧或弓（因为它与之相似）；以同样的理由，在一条曲线的两个彼此分离的点上画一条直线，就被称为弦；一条从弦的中心点垂直延伸到弧的线称为矢；一条从圆的中心固定点向同一个圆的弯曲边线所画的线被看做是放射线；那个固定点总是处于圆的中心，其名称是圆心；穿过圆心而与圆周曲线上的两个点相交的直线，被称为直径。此外，有着不同类型的弧：一些是完整的，另外一些是片断的，也有一些是尖拱式的。一个完整的弧是从一个整圆中切出了一半，也就是，它的直径与它的弧矢是相同的。弧的一个片断，也就是它的矢比它的直径要小，这样一个弧是一个半圆形中的片断。一个尖拱弧是由两个片断弧所组成的，因而在它的顶端，这两个相交的弧在一个角上交汇，这种情况在一个完整的弧中，或是在一个弧的片断中是决不会发生的。

现在，我们已经接受了这一点，让我们继续。

20

第 8 章

(12—13v)

房屋覆盖范围可以是多边形的，或是曲线形的；多边形房屋可以被描述为完全是直线的或直线与曲线混合而成的，但是，我记不起来任何古代建筑恰好是一个多边形的，或是由几条没有任何直线介入其中的曲线组成的房屋覆盖范围。

当我们讨论这些问题时，有一些东西必须看到，因为若在房屋的任何部分缺失了这些东西我们会受到强烈的批评，而这些东西的出现对于创造迷人与便利作用颇大。我的意思是指由角和线，以及由各个部分所具有的特定的变化[67]，这种变化既不能太多也不能太少，而是根据使用与优雅而加以处理的，整体应该与整体对应，局部与局部对应。

直角是最有用处的。锐角是从来不用的，即使是在最小和最无关紧要的房屋覆盖范围中亦然，除非是被基址的局促或因房屋覆盖范围的重要需求所强迫而万不得已。钝角被认为是相当有价值的，钝角的出现常常是不止一个。

圆形的房屋覆盖范围据说具有最大的容量，并且是用墙体或垛子所形成的最低廉的围合；除了圆形之外的其他形式会有若干外凸的转角，造成了整个房屋覆盖范围内所有夹角的彼此平衡和彼此配称；最值得称道的是那些方便地抬升起来而使其整体高度上都是六边形和八边形平面的做法[68]，虽然我也曾见到过十边形的例子[69]，这些做法看起来也是最有用和最优美的。具有十二个，或者甚至十六个角也是相当可行的，我还看到了一个有二十四个角的例子，当然，这些做法并不多见。[70]

沿着各个边的线应该与那些和它们相对应的边线是相等的，在创作中没有仅仅通过一笔之劳就能将最长的边与最短的线连接在一起的，但是，在这些线之间应该有一个符合每一作品之要求的适宜和有品格的比例。[71]角的设置应该是在与石头的压力相反的位置上，或者很可能是狂暴的水流和风的方向。这样才能在水流和暴风袭击的时候，以墙体最强固的部分[72]，而不是比较薄弱的一侧来面对这一袭击，而将这股破坏之流分离或驱散。但是，如果建筑物轮廓线的其他部分妨碍你在如你所期待的那个地方设置一个角，那么一定会用一个弯曲的墙，这曲线是圆周的一部分，而这个圆周，按照哲学家的说法，是所有角的总和。

房屋覆盖范围可能既是在一个水平的表面上，在一个斜面上，或是在一座小山顶上。如果是在一个水平面上，就会形成一个隆起的墩垛，故而是将建筑物放置在某种墩台上，这一墩台可以确保建筑物有较高的尊严，并且也避免了几种麻烦：因河水上涨或暴雨造成的洪水可能会在平坦之地堆积起来的泥泞；仅仅由于人们的疏忽，没有清除那些每日堆积的碎石与垃圾，周围的地面也变得高了起来。建筑师弗朗蒂努斯（Frontinus）[73]声称在他那个时代经常发生的火灾对于增加罗马城中几座小山的高度是起了作用的[74]；我们今天能够看到整座城市是如何被泥土和污物逐渐掩埋的。我自己曾经看到在翁布里亚（Umbria）[i]的一座古代神殿[75]，是建造在地平面之上的，但是虽然如此，现在所看到的这座神殿大部分已经被堆积的土所掩埋了，因为它坐落于山脚下的一块平地上。但是，为什么我仅仅应该提到坐落在一个斜坡底部的建筑物呢？位于拉文纳（Ravenna）城墙之外高贵的遗迹，那里现在只剩下一个为支撑屋顶的凹陷的石头，虽然这座建筑位于远离山区的海边，却也由于纯粹时间的力量而有四分之一部分被掩埋了。[76]每一个房屋覆盖范围应该抬升的精确高度要根据我们所面对的具体地方做更彻底（而不是草率地，如我们目前所作的）地处理。[77]

无论如何，最基本的一点是确保每一个房屋覆盖范围要通过人工技巧而处理得十分坚固，而不是由于自然之因而达成如此；因此，我坚持劝告那些希望我们对土质加以检验，

---

i　翁布里亚，意大利中部的一个地区。古代时曾被翁布里亚人占领，后来被埃特鲁斯坎人，然后是罗马人（约公元前300年）占领。是翁布里亚画派的发源地。——译者注

来看看它是否足够密实，或太松软而不能够承托建筑物的重量的人们，隔一定距离挖一或两个壕沟，这是第一件应做之事。如果这座建筑物是位于一个倾斜的基址上，那么其规则就一定是确保较高的部分没有施加具有破坏性的压力，而较低的部分不会产生任何可能将建筑物的其他部分拖垮的移动。的确，我希望整座结构的基础是这座建筑物中最坚固的，得到了最充分加固的部分。

如果这个房屋覆盖范围是位于一座小山的山顶上，基址应该在水平方向向外推，或是在一些点上增大侧面，或是将小山的顶端削平。在这样做的时候，我们必须以一种能够最大限度地保持其高贵与尊严的方式进行，而在所引致的劳力与物力的消耗上达到最小。事实上将山顶上的一些土削去而堆筑在斜坡上应是最好的办法。一位不知道叫什么名字的建筑师在赫尔尼基（Hernician）山的岩石山顶上建立了叫 Alatri 的小城，他对于这些事情的处理就十分精通。他花费了很大的精力将从山顶之巅切割下的岩石碎片用在对于基础的加强上（无论是城堡还是神庙的基础），这是仍然保存的唯一例证，因为上部的结构已经毁坏殆尽。[78] 但是，更令我感到满意的是凡在较为陡峭的一侧，他都将房屋覆盖范围的转角向前突出，用巨大的岩石堆积在一起而形成的坚固的体块来加强它。而且，他这样设置石头就很经济地给予了结构一定的尊严。以同样的方式，另外一位建筑师提出了一种我要证明的方法：在那里他没有足够量的石头来抵挡山体的推力，他构筑了一系列半圆形，这些半圆形的背部转向山体。这个结构不仅看起来令人愉悦，也极其坚固，但是却非常经济，因为他建造了一堵墙，虽然不是墙本身坚固，却具有了它应该达到的强度，墙的厚度是与拱形弧券相当的。

22

我也非常赞成维特鲁威所推荐的技术，这一技术曾被古代建筑师们所实践，在罗马各地都可以看到，特别是在塔奎尼乌斯（Tarquinius）[i] 的城墙上[79]；这就是使用了扶壁柱的支撑。然而，他们并不总是遵循使扶壁柱之间的距离与结构的高度相等的规则，而是将扶壁柱的间距布置得或大或小，可以说，是根据地基是稳定还是倾向于滑动而定的。我也注意到了古代建筑师们并不满足于为每一个房屋覆盖范围仅用一个单一的基础，他们更喜欢用几个基础，像台阶一样[80]，以保证整体上向山体的中心倾斜；这是一种我觉得不应该被忽视的方法。

佩鲁贾附近的河流，从 Lucino[81] 山与这座城市所坐落的小山之间流过，不断地侵蚀和破坏这座小山的山脚，造成河水之上的土地滑落；这一直是造成这座城市的相当大一部分衰落和落为废墟的原因。

因此，我也非常赞同在梵蒂冈大教堂的基址两侧附加的许多小礼拜堂[82]；因为，那里的山坡被挖去了，这些礼拜堂依靠着大教堂的墙而建造，这具有相当的帮助和便利：它们顶住了来自斜坡的持续压力，阻断了从山上渗下来的湿气，阻止湿气进入建筑物中，因而，这座大教堂的主要墙体都保持了干燥，并且也更强固。每一侧的礼拜堂，位于斜坡的底部，完全有能力抵御位于在水平面上高于它们的土地的重量，因为他们的拱券结构，并且因为

---

i　塔奎尼乌斯，又名塔奎（Tarquin），活动时期公元前 7 世纪末至前 6 世纪初，传说中的罗马第五代国王，人们认为是他创办了罗马竞技会，并开始修筑罗马城墙。——译者注

它们支撑住了任何地面的移动。

我注意到了建造了位于罗马的拉托纳（Latona）[i] 神庙的建筑师是怎样在建筑物本身以及它的基础的设计中显示出了很大的独创性的：他将建筑基址的一个角布置在它所坐落的山坡之中，因而重量的压力被两堵直墙所分解，这两堵墙（形成一个夹角）通过分离和分散荷载而抵消了危险。[83]

因为我们要开始赞美古代人在设计他们的建筑物时所采取的审慎态度，我不希望忽略一个涌入我内心的特别有关联的例证。威尼斯圣马可教堂的建筑师在这一设计中使用了一个最有用的方法：因为虽然他将整座教堂的基础建造得紧凑而坚固，他留下了许多穿插于基础之中的筒状物，以允许在地下积蓄的任何水汽可以轻易地排出。

最后：任何你倾向于用一个屋顶来覆盖的房屋范围应该具有完美的水平，但是，那些暴露在天空之下的部分应该有一个充分的落差以允许雨水流走。然而，这一主题已经足够了；我们所谈到的可能比偶然遇到的要多，因为我们的许多建议同样可以应用于墙体。因此我们在同一个地方涉及了两件在特征上是不可分的事情。现在我们必须讨论房间分隔了。

23

(13v—15)

第 9 章

在建造艺术中的所有创造之力，所有的技能和经验，都会在房间分隔中被召唤出来[84]；房间分隔本身将整座建筑物划分成了各个部分，通过这些部分建筑物得到了表达，并且通过将所有的线和角安排进一个单一、和谐的作品中而整合了它的每一部分，这一作品崇尚适用、尊严和愉悦。[85]如果（如哲学家所主张的）城市像是某种大房子，那么房屋就像是某种小城市[86]，难道不能将房屋的各个部分——前室、室内运动场（*xysti*）[87]、餐室、门廊等——看做是缩小的建筑物吗？有什么东西，因为大意与疏忽，可以从这两者中的任何一个中省略，而不会损害作品的尊严与价值？因而，最细致的关注与留意应该放在对整个作品产生影响的这些元素的研究上，如此以确保即使是那些最不重要的部分，看起来都是按照艺术的规则而组成的。

为了完全达到这一点，上面所谈到的有关基址和房屋覆盖范围方面的问题都是充分关联的：正像动物体之一部分与另外一部分之间相互关联一样，建筑物的部分与部分之间也应该是相互关联的；由此引发了这样一种说法，"大建筑物应该有大的局部。"这是古人所遵循的一个原则，古人会将公共建筑中用的任何东西，包括砖，比在私人建筑中所用之物在尺度上要大而雄伟。因此，每一个部件应该是在其恰当的范围与位置上；它不应该比实际使用的要求更大，也不应该比保持尊严的需求更小，更不应该是怪异和不相称的，而应该是正确而适当的，如此则再好不过了[88]；例如，房屋最高贵的部分，不应该被遗弃在一些被遗忘的角落，最公共的部分也不应该被隐藏起来，任何私密的东西不应该暴露在视野中。

---

i 希腊神勒托（Leto）的拉丁名，是古典神话中的一个提坦，曾与宙斯生育儿女，是阿波罗神和阿耳忒弥斯女神的母亲，因遭宙斯的妻子赫拉所妒而到处游荡。又被称为丰产女神和库洛特洛弗斯（意为青年的养育者）。——译者注

季节问题也应该考虑在内，因而倾向于夏天使用的房间不应该与那些倾向于冬天使用的房间相同，在这方面，这两类房间应该有不同的尺寸和位置；为夏天使用的房间应该更开放，而如果为冬天所用的房间更为封闭一些则是没有错的；夏天使用的房间需要阴影与气流，而冬天使用的房间需要阳光。必须关注的问题还有，要防止居住者在没有经过某种中间区域的情况下，从一个冷的区域到一个热的区域，或者从一个温暖的地方到一个暴露在冰冷与寒风之中的地方。这对于身体健康将是非常有害的。[89]

房屋的各个部分应该是这样组成的，即它们以全面的和谐而为整个作品的荣誉与优雅作出了贡献，这一努力不应该扩展到为修饰某一部分，而损害到所有其他部分的地步，故而和谐就是使建筑物表现为一个单一的、完整的，并有着很好组合的形体，而不是一个外在而互不相干的各部分之集合。

进一步，在部件的式样上，按其本来的特征而适度地表现是应守的法则；在这里，如在其他地方一样，我们不应该像谴责对于建筑物无拘无束的激情那样去赞美严肃与节制：每一个部分应该是适当的，适合它的用途。对于建筑物的每一个方面，如果你正确地对其加以思考，它都是产生于需要的，并且得到了便利的滋养，因其使用而得到了尊严；只有在最后才提供了愉悦，而愉悦本身决不会不去避免对其自身的每一点滥用。那么，就让建筑物如这个样子，即它的组成部件不要比它们既有的更多，它所拥有之各部分也决不能被弄错。

然而，再进一步，我不希望所有的部件具有相同的形状与尺寸，以至于在它们之间彼此没有区分：使一些部分大一些是令人愉快的，使一些部分小一些也是好的，还有一些部分因其大小适中而具有价值。使一些部件通过直线来确定，其他一些部件以曲线来确定，另外一些为两者的结合，将具有相同的令人愉悦的效果，当然，倘若关于这一问题我所坚持的劝告得以顺从，那么使建筑物因两翼及侧面的不均衡而看起来像个怪物的情况就可以得到避免。在一定距离的物体之间彼此协调与一致的地方，变化（Variety）[90]总是一种最令人愉悦的调味品；而当变化造成了彼此之间的冲突与不同，那就是令人非常不愉快的了。就像在音乐中一样，在那里深沉的音调与高亢的音调相呼应，中间的音调在两者之间摆动，如此唱出的歌声才是和谐的，这样就导致了一个极佳而洪亮的比例均衡，这种均衡增加了听众们的愉悦，令他们感到着迷；因而，这样的结果在任何用于迷惑与感动心灵的事物中都会出现。[91]

这一整个过程应该尊重使用与便利的需求，所遵循的方法应该得到那些有经验的人们的认可：违反已经确立的习惯常常会导致对于一般优雅感的损害，而与这些习惯保持一致被认为是有利的，会导致最好的结果。虽然其他一些著名的建筑师似乎通过他们的作品而主张，使用多立克，或爱奥尼，或科林斯，或塔斯干式的比例分配，是最为便利的，但没有理由说明为什么我们应该在自己的作品中追随他们的设计，好像一切都是顺理成章的；但是，更为恰当的是，被他们的实例所激发，我们应该努力设计我们自己创造的作品，去抗衡，或者，如果可能的话，去超越他们作品中已有的辉煌。[92]无论如何，当考虑到如何使我们的城市，城市中的各个部分，以及这些部分各自的服务应该被加以安排的时候，我们应该在适当的地方更加彻底地处理这些事情。[93]

第10章

我们现在将要简单地讨论一下墙体的轮廓线问题。然而，首先我想谈一下我所观察到的
25 古人经常采取的一个预防措施：他们从来不允许一个房屋覆盖范围的任何一侧在一条直线上
延续得过于远，而没有被一些曲线所弯曲，也没有被一个转角所打断。为什么那些有经验的
人会采取这样一个步骤，其原因是明显的：他们希望通过提供支撑而对墙体加以强化。

在考虑墙体筑造的方法时，最好是从它最高贵的方面开始。因而，这就是柱子应该被
考虑的地方，以及所有与柱子相关联的地方；在那里一排柱子就是在几个地方用开口穿透
了的一堵墙，而不是别的什么。的确，当定义柱子本身的时候，将其描述为是一个确定的、
坚固的和连续的墙的片断，可能是错误的，柱子被垂直地从地面上竖立起来，高高向上，
为了承担屋顶的用途。

在建筑艺术中没有发现什么东西比柱子更值得关注和为之花费代价了，或者是比柱子
应该更优美的了。柱子与柱子之间彼此应该不同，但是，这里我们所讨论的则是它们的相
似之处，是构成了它们一般性特征的那些东西；他们的不同，即决定了其各自变化的东西，
我们将在适当的时候，在别的地方加以讨论。

如此我们从柱子的最根基的部位开始，如其所是，让我们首先来说，每一棵柱子都有
一个柱基。一旦它们到达了地面高度的时候，习惯上是在柱基的顶端建造一条矮墙，这堵
矮墙可以被叫做是一个衬垫，但是我们却将其称作是底座。在底座上放置着柱基，在柱基
上竖立起了柱子，在柱子的上部是柱头。柱子应该是这样设计的，即柱子的下半部分应该
向外膨胀，而上部则应该向内收缩，柱子的底部是一个比柱子顶部稍粗一些的部分。

在我看来，柱子最初就是发展来支撑屋顶的。然而，值得注意的是柱子与人的关联性，
一旦它们发展出了某种象征高贵事物的感觉，渐渐发展成为对于房屋建造之永久性，直至
对其永垂不朽之可能性的关注。因此，他们用大理石建造柱子、梁，甚至整个地板和屋顶。
在这一方面，古代建筑师紧密地遵循着自然的例子，他们希望不要与一般的建造方法偏离
太远；与此同时，他们会尽其可能地关注如何确保他们的作品不仅与其用途相适应，并且
在结构上无可挑剔，而且在外观上也令人愉悦。当然，自然最初提供给我们的柱子是圆形
的，并且是木制的，但是后来，在一些地方，实用要求使得它们可能是四边形的。而且，
如果我的判断是正确的，可以注意到在木制柱子的每一端都嵌了铁制或青铜的镶边以防止
柱子在持续的荷载下发生劈裂，建筑师也在大理石柱子的根部附加了一条宽的带状的环，
以保护它们不受飞溅雨滴的侵蚀。与之类似的是，在柱子顶部他们设置了另外一条带状物，
在其上是一个项圈一样的东西，它们就像是在木制柱子上看到的加固装置一样。至于柱子
的基础部分，应确保它们最低的部分应该是呈直线状和矩形的，而其上部的表面却应该与
柱子轮廓线的直径相吻合。进一步，柱基的宽度与深度应该比它的高度要大一些，在比例
26 上也应该比柱基的顶部要大一些，而柱子的底座应该比柱基宽一些，以同样的量度，使柱
基比柱子底座再略宽一点；所有这些应该是依序相叠的，但却共有一根垂直的中心线。同

时，柱头应该是类似的，在柱头处，它们的底面应该与柱子的形式相吻合，而它们的顶面应该是矩形的；柱头的顶部从来不会不比它们的底部宽。关于柱子就谈这么多。

墙体遵循着与柱子同样的规则，在这里如果墙体的高度与柱子连同柱头的高度相同，那么其厚度也应与柱底的宽度相同。同样应该避免使任何柱子、基础、柱头或墙与具有相同柱式的其他要素，在高度、宽度，或者当然也包括任何尺度与形式方面，不相对应。可是，虽然使一堵墙在宽度与高度上比理性或尺度（scale）[94]所要求的要更大或更小是错误的做法，我却宁愿主张将错于过之而勿要不及。这里提及几个建筑方面的不足以提高我们自己对事物的认知是值得的。因为，没有过失才是最大的荣誉。

我注意到在罗马的圣彼得巴西利卡中一个粗糙的特征：一堵极长而高的墙建造在了一系列连续的开口之上，没有弯曲来使其加固，也没有扶壁柱来提供支撑。值得注意的是，墙体的整个伸展被太多开口所穿透而墙又建造得太高，将墙体设置在这里是为了抵御东北风（Aquilo）[95]的袭击。结果，连续的风力已经将6尺[i]多高的墙体挪动了位置；毫不怀疑的是，一些不很大的推力，或轻微的移动都最终会使墙体坍塌。事情很像是，这墙体没有被支持屋顶的桁架所限定，一旦它开始倾斜，就会依照自己的惯力而坍塌。但是，或许建筑师可以有一点为自己辩解之处，因为，由于被用地基址与用地范围所包围，他可能认为俯瞰着神殿的小山足以抵御风力的冲击。然而，我却宁愿主张在墙体的所有断面上，在其两侧都给以加固。

第11章

（16—17）

屋顶是最重要的元素；屋顶不仅因其遮蔽了风雨，并将暗夜拒之门外，首先也遮挡了夏天的烈日，帮助居民保持了健康，而且也对整座建筑物提供了极好的保护。若撤去屋顶，木构架就会糟朽，墙体就会摇晃，墙的两侧就会开裂，渐渐地整个结构就会土崩瓦解。甚至是非常基础的部分，虽然你们很难相信这一点，也依赖于屋顶的保护来维系其强度。并不是有非常多的房屋因为火灾、刀剑、敌人的蹂躏，也不是因为任何其他的灾难，而成为废墟的，则造成房屋倾颓的原因，没有比人类的疏忽更大的了，尤其是当房屋赤裸裸地被遗弃在那里，并剥离了屋顶的覆盖之时。的确，在建筑物中，覆盖物就是最好的武器，运用这一武器，人们保护自己免受有害天气的冲击。

那么，在这一点上，与其他任何方面一样，我们的祖先似乎是通过将如此多的重要性附加在覆盖物上，并且耗费了几乎所有的装饰技能来修饰这一覆盖物，而将他们自己突显出来。因而，我们看到了用铜、玻璃、金制造的屋顶，并且用镀金顶棚或金制格子平顶加以优雅地装饰，或用雕刻的王冠与花卉，甚至人物雕像加以装点。

屋顶可以是露天的，也可以不露天。那些露天的屋顶倾向于人不能够登上屋顶去踱步，

27

---

i　英文原文这里用的是 feet，可译作"英尺"，但阿尔伯蒂的时代，不会将英尺作为一个长度单位，故这里译作"尺"，当是当时意大利人或古罗马人所用的尺度单位，以下全书同。——译者注

只是用来遮蔽风雨的。那些并没有暴露在空中的屋顶，是位于屋顶构架和拱券结构之间的地板，这种屋顶就像是一个建造在另外一座建筑物屋顶之上的房屋，因而那些组成了下层房屋屋顶的部分，也是那些上层房屋的覆盖范围，虽然，我们将位于我们头顶上的那些覆盖物恰当地称作地板的一部分；这一部分也可以被称作是顶棚，而任何其他我们可以在上面走动的部分，可以被称作地板或地面铺装。在别的地方，我们将涉及是否是最外层的覆盖物的问题，这种露天的，并用来遮挡风雨的覆盖物，也可以用来做上人屋面。

　　虽然屋顶可以制作成为平坦的表面，但那些露天的覆盖物，是绝不应该与它们所覆盖的地面相平行的，而应该总是呈斜坡状，或是在一个方向上倾斜，而将雨水倾泻出去。然而，那些并不露天的覆盖物，应该有一个与地面平行的平坦表面。所有的屋顶都必须顺应着它们所遮护的房屋覆盖范围内的线条、转角，以及墙体的形式而延伸；因为这些变化——其中一些完全是由曲线所组成的，其他一些则是用直线组成的，还有一些是两者混合的，如此等等——屋顶的形式也必须是多种多样而富于变化的。的确，屋顶本身也在变化之中，一些是半圆球状的，一些是交叉拱券的，一些是桶形拱券的，其他一些是用几种拱形结构组合而成的，还有一些被称为"龙骨形的"，另外一些是"双向倾斜的"。然而，无论它的形式是什么样子的，每一种屋顶都应该如此设计，以便于为其下面的铺装地面提供遮护，在它所覆盖的房屋之任何部分，都将雨水拒之于外。因为雨水总是准备施害于人，即使有最小的缝隙，也决不会轻易放弃它的侵蚀：因其稀薄而可以渗漏，因其绵软而可以腐蚀，因其锲而不舍而可以破坏建筑物的整体强度，直至它将整座建筑变成废墟并最终毁灭。因为这个原因，有经验的建筑师在对于为雨水设置通畅的排泄通道，以确保它无处停留，并使它没有任何渗漏并造成危险的机会方面，可以说是绞尽脑汁。因而，他们主张在下雪的地方，屋顶应该是双向倾斜的，并且要非常陡峭，以防止雪积存在屋顶之上，并使其更方便地滑落下来；但是，在夏天较为长久之地，可以说，屋顶应该是不那么峻峭的，只是在一定的倾斜角度上形成斜坡。

　　最后，必须关注的是确保屋顶覆盖物是一个单一的，甚至，是没有任何断裂的整体，而且，当说到有关古代律法中两方共有之界墙的权利时，屋顶覆盖物所覆盖的整个建筑物其范围应该足以防止从屋檐上落下的水滴所造成的任何部分的潮湿；它也应该如此建造，即勿使水滴落在另外一个屋顶之上。雨水不应该有一个过于宽阔的表面以至于不能使其顺利流走，另外，在一场暴雨之后，雨水会越过瓦片并从水槽中溢出而泄漏到建筑物中，在后来造成破坏性的效果。因此，当房屋覆盖范围是非常大的时候，屋顶应该被分割成几个水平面，这样雨水会从不同的地方流淌出去——这是一个既优美又实用的解决之道。如果任何一座房屋有几个屋顶，它们应该彼此联结在一起，这样那些进入一个屋顶所覆盖之房屋中的人，就可以在有屋顶遮护的情况下，在整座建筑物中徜徉踱步了。

28

(17—19)

第 12 章

　　我们现在讨论有关开口的问题。有两种类型的开口，一种是为采光与通风的，另外一

种是为人或物进入或离开建筑物而用的。窗户用于采光；为物体的出入，则有门、楼梯和柱子之间的空隙。在开口中也包括使水和烟可以通过而进入或排出的通道，例如井、排水沟，像嘴一样的开口，比如说，壁炉口、烤炉口及出烟口。

房屋的每一部分应该有一个窗户以允许空气进入，并排出，而使其有规律地更新，否则，空气就会因污浊而变得气味难闻。历史学家卡皮托利努斯（Capitolinus）讲述了一个在巴比伦的阿波罗神庙中发现的极其陈旧的金首饰盒的故事；当这个首饰盒被打开的时候，在盒中的空气，早已变得很糟，毒性极大，这空气泄露了出来，向周围扩散，不仅毒死了那些直接在现场的人，并且以一种最残酷的瘟疫形式，传染到了整个亚细亚，直至帕提亚（Parthia）[i]。[96]同样，我们从历史学家马尔塞林努斯（Ammianus Marcellinus）那里了解到在塞琉西亚（Seleucia）[ii] [97]在马克·安东尼（Marc Anthony）和 Verus 的时代，一些士兵，在抢劫了神殿，并将 Apollo Conicus 的雕像劫掠到了罗马之后，发现了一个之前被迦勒底的（Chaldean）祭司们所封闭的狭窄的开口，当因对战利品的期待而促使他们将其开启之时，一股有传染性的水汽泄露了出来，这气体是如此猛烈与可憎，以至于使从波斯到高卢的每一样东西都感染了令人讨厌而致命的疾病。[98]

那么，每一间单独的房间都应该有窗户，以允许光线的进入，并允许空气的改变；这些窗户应该适合于室内的需求，并且应该考虑到墙体的厚度，这样窗户的设置频次，以及窗户所接受的光线就不会比使用所要求的更大或更小。

也应该考虑窗户所面对的风的情况。那些面对健康的微风的窗户，可以留得相当大，使这些窗户充分开启以使得空气围绕它们周围的室内流通是值得之事：做到这一点的最好办法是使窗槛如此低，以至于一个人能够看到街边路过之人或者被看到。但是，那些暴露在那种冲击力很强，并不总是对人的健康有益的风面前的窗户，应该留得既不小于允许光线方便地进入，也不大于其需求的程度，应该布置在墙体足够高的位置上，使其作用像是一个屏障，保护室内不受风的袭击。在这种情况下，将有足够的风以利于空气的变化，但这风也将受到挫折，因而失去了它相当的不健康性。

另外一个考虑是如何使阳光能够进入房屋之中，怎样使房间的必要条件能够确定窗户的大小尺寸。夏日使用的房间，如果其窗户朝北设置，应该使窗户有足够大小的尺寸；如果它们是朝南设置的，这些窗户应该低而狭窄，这样就可以使微风自由地进入，而避免了太阳射线的眩目之光。无论任何地方，那里的人们寻求阴影而不是光线，在那里在每一个方向上不停地照射的阳光，将会提供充足的照明。同时，冬天使用的房间应该使窗户大一些，以接受直接的阳光，应该设置得高一些，通过阻止风直接进入到室内的人所站立之处，而避免暴露在风的面前。很清楚的是，任何倾向于允许光线进入的开口也允许一片天空的景色进入，任何为了这一目的而建造的窗户，决不应该将其设置在很低的位置：光线是通过眼睛看到的，而不是通过脚。进一步讲，一个人或另外一个人阻隔

i　帕提亚，亚洲西南部的一个古国，位于今日伊朗的东北部。这里曾被亚述帝国、波斯帝国、亚历山大大帝的马其顿帝国及叙利亚帝国统治。帕提亚王国从公元前 250 年一直延续到公元 226 年。——译者注

ii　塞琉西亚，美索不达米亚的一座古城，位于今巴格达东南偏南的底格里斯河畔。始建于公元前 300 年左右，是塞琉卡斯一世所缔造的王国的一个重要的商业中心城市。——译者注

了光线，房屋的其他部分就会被抛进黑暗之中。而当光线是从上部来的时候，这种情况是绝不会发生的。

门应该遵循与窗户同样的规则，门的大小尺寸与数量取决于使用的频次与功能的需求。然而，在公共建筑物中，我注意到习惯上有大量兼有两种类型的开口：这一点在剧院建筑中已被证明，如果我没有弄错，这种开口不是由楼梯，更特别的情况下，就是由窗户和门完整地组合在一起的。

设置开口位置的方法应该遵循使用的需求，但是，不要将一些小的开口与一个特别巨大宽阔的墙体设置在一起，也不要在一个很短的间距之间设置太大的开口。至于关于开口的外轮廓方面观点就可能是不一样的了，虽然最好的建筑师，只要是在可能的地方，就只使用四边形和矩形，而不使用任何别的形式。[99]但是，所有人都赞同的是，设计应该与建筑物相适合，无论它是什么尺寸或形状。他们主张门道应该总是使其高度比宽度更大一些，较高类型的门道包含了两个完整的圆形，较低类型的门道，其高度是一个方形的斜径，而方形的底边是门的宽度。

门应该设置在那种可以为建筑物的每一个部分提供尽可能方便地进入的地方。关注点应该放在给予开口一个优美的外观方面，而那些位于右侧和左侧的门应该有相同的大小尺寸，这样它们就能够彼此相平衡。虽然在习惯上将门与窗户按奇数来设置，但在一侧的门与窗应该与在另一侧的门与窗相等，这样才能与之相称，而那些位于中间的门与窗是应该稍微大一些的。

30　　对于保护结构的强度要采取极大的防范措施，因此开口应该设置在远离转角的地方，并且要避开那些布置有柱子的点，特别是在墙体断面较为薄弱的地方，尽管并不是不能够承担这些部分的荷载。还有一点要确保的是，要尽可能使墙体垂直的向上升起并且是完整的，从地面到屋顶之间是没有被打断的。

有一种特殊类型的开口，采取了与窗户和门同样的位置和形式；然而，这种开口并不正好是将墙体的完整厚度切断的，只是切出一个壳一样的地方，为雕像与绘画提供一个尊贵而适当的坐落位置。在我们讨论一座建筑物的装饰问题时，我们将非常细致地谈及它们的位置、大小，以及出现的频次；然而，这些开口在为改进作品的外观而起到作用时，也为降低造价做出了很大的贡献，在这些地方用不多的石头与较少的水泥就可以将墙体砌筑起来。在这里尤其应该提到的是，那些壁龛应该按恰当的数量来分布，并要有适中的尺度，并有令人愉悦的外观，它们的分布应该紧密地遵循窗户的分布规则。

我注意到在古人的作品中，习惯上从来不会允许任何一种开口占有大于一个墙体表面七分之一，或小于一个墙体表面九分之一的情况发生。

柱子之间的空隙当然应该被看做是最重要的开口。它们的组成是按照建筑物的类型而变化的，但是我们将在适当的地方，特别是当我们考虑神圣建筑的装饰的时候，更充分地讨论这一问题。在这里要谨记在心的是，开口应该是特别地依照柱子的特性而设置的，而柱子的作用是支撑屋顶：柱子的间距应该比它所能够轻松地承担屋顶重量的要求既不更狭窄，也不更疏离；它们也应该比其所允许的室内空间及其入口应保持的对任何活动及在任何情况下都不会造成阻滞的要求不更宽阔，也不更狭窄。更进一步，开口的形式取决于柱子分开的距离：如果彼此紧挨在一起，两根柱子就是通过梁来联结的，如果彼此距离较大，就用拱来连接。但是，对于任何拱形的开口，应该特别小心的是，要避免使一个拱小于用额外的七分之一柱高为半径所形成的半圆。由于涉及耐久性的问题，有经验的人们认为这是所有形式中最为适当的：他们认为其他各种形式在荷载承担上是不充分的，而且是倾向于坍塌的。[100]此外，半圆拱是唯一的一种人们认为不需要加箍或其他支撑手段的形式。所有其他的形式，当靠它们自身，而没有顾及相反的重力约束的时候，似乎会产生裂缝，甚至断裂。在这里我将提及一个我所注意到的曾经被古人使用过的著名技术，那是一种特别值得称赞的技术：最优秀的建筑师用拱券建造他们神庙的开口，这样即使所有的室内柱子都被移走了，开口处的拱梁和屋顶的拱券还仍然保存在那里而没有坍塌。所有拱券承担的重量都被以那种绝妙的和非同寻常的技术而引导到了地上，这样建筑作品就由拱券独立支撑着站立在那里。这些拱券，以坚固的大地作为它们的加固箍，使它们自身是如此坚固，以自身之力而永久矗立，这难道不是奇迹之所在吗？

31

第 13 章

(19—20)

　　建造一座楼梯的任务是如此苛刻，因而它必须只能由一些有丰富的经验，并有十分通达之理解的人正确地建造。因为在一个单一的楼梯中包括了三个开口，第一个是提供进入楼梯的门，第二个是允许光线进入的窗户，以使每一步踏阶都能够被看到，第三个开口在与顶棚连接的地方，提供了进入上层楼板的入口。因为这个原因，楼梯被认为是在整个设计中最难以把握的要素；但是任何不希望发现楼梯是一种障碍的人在轮到他面对这一问题的时候不要去设计任何楼梯：楼梯应该布置在它们自己的楼层区段中，自由地上下，不受阻碍地尽可能到达最远的房屋覆盖范围，即露天的屋顶之上。楼梯要占据太多的设计图不应该成为关注的原因；当楼梯对建筑物其他部分的不方便为最小时，它们的便利就是最大的；更进一步，留在楼梯下面的拱顶和空间在使用上可以有很突出的优点。

　　我们有两种类型的楼梯（在这里我不打算涉及那些为军事作战和防卫用的楼梯）：一种是不通过楼梯，而通过倾斜的坡道向上登临的，其他则是通过踏阶。我们的祖先习惯于使他们的坡道尽可能地平缓和容易登临。按照我们自己对他们房屋的观察，可以考虑接受的是使他们的坡道以其垂直高度为1，而其底线长度为6的倾斜坡度。他们宁愿为他们的神庙设置一个奇数的踏阶，并声称，在考虑到宗教问题时，这将确保他们能够用右脚登上踏阶。在这里我注意到最好的建筑师总是避免有一跑楼梯超过七到九步踏阶而不中断的情况（我猜想，这代表了行星的数量，或天穹的数量）；而是在每七步或九步踏阶之后，他们聪明地提供了一个楼梯平台，给予疲惫和羸弱之人一个登临楼梯时的休息之地，而且，若有人恰好在登临之时跌倒，就提供了一个地方防止他摔落下去，并能恢复而重新站立起来。

　　就个人而言，我强烈赞同楼梯应该在有良好光照的楼梯平台处断开，并给以充足而宽裕的尺寸，以与建筑物的重要性相适配。古人认为楼梯应该这样建造，即每一踏步的高度不应大于 1 尺 [i] 的四分之三，也不应小于 1 尺的六分之一，每一踏板的宽度不应窄于 1 尺半，也不应大于 2 尺。[101] 在一座建筑物中，楼梯越少，楼梯所占据的房间也越少，而其造成的麻烦也越少。

32　　　为烟和水的出口应该是没有任何障碍的，它们的管道应该设计的避免阻滞和溢出，要防止烟和水变得污浊与令人厌恶，或者危及建筑物的构造。为此壁炉应该远离任何木制构件，以免火星或火散发的热波及临近的梁桁和木料。排水沟应该设计得可以排除任何溢出的水，而不会因侵蚀或潮湿而对建筑物造成损害；因为如果造成了任何损害，不论损害是多么的小，随着时间的逝去，连续的损害与侵蚀就会产生进一步的破坏。关于排水，我观察到最好的建筑师确保雨水或者被排水管排走，以防止人进入时水滴在身上，或者将雨水收集在方形蓄水池中储存起来，既可以为人所使用，也可以引导水向某些地方流，以冲洗由人所留下的污物，使这些污物对人的鼻子和眼睛造成的刺激较小。对于我来说，他们所最为关注的似乎是使雨水保持在建筑物之外，并将雨水排放到远处，特别要避免使地面变得潮湿。

　　　在我看来，他们似乎是将每一个开口放在最适合的位置上，那里应是对整座建筑物最有利的地方。井，应该开凿在一个公共的，或住宅中可以进入的地方，为井所提供来设置的位置不是非常重要的，也不是不适当的。自然主义者主张那些露天的井产生出的是最纯净最自然的水；但是，无论这些井开凿在或流淌在建筑的什么部分，或无论水和液体被引导到什么地方，开口都应该被建造得足以允许空气与微风的循环流通，以保持通道没有潮湿的水汽。

　　　我们说了足够多有关建筑的轮廓问题，把观察引导到似乎与作品作为一个整体有关的方面，对所讨论的每一个别的主题加以解释。现在我们必须谈一谈将建筑物堆筑在一起的方法，但是首先我们应该讨论材料问题以及为房屋建造所做的必要准备。

---

[i]　这里的"尺"为当时罗马的长度计量单位。——译者注

莱昂·巴蒂斯塔·阿尔伯蒂关于建筑艺术论的第二书从这里开始

第二书
材　料

第 1 章

在我看来，建筑物的用工与造价将不能被轻松地保证：除了任何其他可能存在的危险之外，一个人应有的尊敬和好名声也可能受到损害。一座建造良好的建筑物将会提高任何在这件事上投入了理解、关切和热情的人的声望；并且同样地，在任何地方人们都会发现设计者的聪明才智或工匠的能力名不副实，这将极大地贬低他的声誉和好名声。在公共建筑中优点和缺点特别明显和惊人，虽然（因为某种原因，我不理解）对于一个优美地建造的，没有不理想之处的作品，人们更容易给予其不适当的批评而不是赞誉。值得注意的是一些自然的本能是如何使得我们中的每一位，无论是受过教育的还是无知的，都会直接地感觉出一件作品的设计与实施中什么是对的，什么是错的。关于这一事物视觉正好显示了其在所有感觉中是为最为敏锐的；经常地，如果任何事物表现为不适当、不稳定、冗余、无用，或不完美，我们立刻会被将其变得更为令人愉悦的期望所打动。这一点是怎样发生的呢，虽然我们存在质疑，我们并不都理解，没有人会否认你能够改进与调整。用什么方法可以做到这一点，并没有给予每一个人以解决之道，只有对那些在这些事情上十分精通之人方可。

能够在事先就在内心将每一件事情有过深思熟虑并做出决定是具有相当经验的一个标志，这样一个人就不会在建造过程中，或在工程完成以后，不得不承认，"我希望我没有这样做：我宁愿以另外一种方式去做。"而因所建造的作品低劣而受到的惩罚可以说是令人吃惊地重：随着时间的推移我们最终认识到了在一开始就没有谨慎思考而草率、愚蠢地实施的任何做法；如果这一做法没有被记录下来并加以改正，所犯的这一错误就成了持续懊恼的源泉，而如果这一错误被铲除，我们在内心也会因其造成的损失与代价而受到煎熬，并为我们在观点上的轻率与浮躁而充满了自责。

苏埃托尼乌斯（Suetonius）[i] 告诉我们，尤利乌斯·恺撒（Julius Caesar）[ii] 将他在内米的一处他名下的不动产，一座住宅，彻底拆毁了，因为这所住宅与他所认可的想法完全不符，虽然他从基础就开始了这座住宅的建造，并以极其昂贵的造价而完成了它。[1] 在这一点上，他甚至应该得到来自我们的，他的后代们的责难，既因为他对于相关的因素事先没有做过充分的考虑与计量，也可能因为他的浮躁多变，这使得他对于正在建造的建筑物挑剔无常，虽然，这座建筑物一直是在正确地建造的。

因为这个原因，我总是愿意推荐那些历史悠久，已经被最好的建造者所实践过了的习惯，即在准备过程中，不仅要用绘画与草图，而且也要用木制的，或任何其他材料制作的

34

模型。这些将促使我们，在继续任何进一步的工作之前，要运用专家的劝告，对作为一个整体的作品，以及对所有部分的个别尺寸，进行反复地掂量与检验，去估计可能的麻烦和造价。在建造这些模型中，有可能对房屋基址与周围地区的关系、房屋覆盖范围的形状、一座建筑物的数量[2]和柱式、墙体的外观、覆盖物的强度，概言之，就是前面一书中所讨论的设计与建造中的所有要素，进行清晰地检验并彻底地考虑。这样也将允许一个人对那些要素的大小尺寸加以增加或减少，对其进行调换，并提出新的计划和改进，直到每一件东西都能很好地搭配在一起，并与计划相符。此外，还将对可能的造价提供一个更有把握的指南——这一点并不是不重要的——通过允许一个人按照它们的重要性，以及它们所要求的技巧，计算每一构件的宽度与高度，以及它们的厚度、数量[3]、范围、形式、外观和性质。用这样一种方法，有可能对于柱子的数量、柱头、基座、檐口、山花、护坡、室内地面、雕像，以及与建筑物的建造与装饰相关的每一样东西，形成一个更为确定的设计思想。有一个特别有关的考虑事项，我觉得应该在这里提到：一些模型用具有诱惑力的绘画为其涂抹上颜色，并加以粗俗地装点的表达方式，是没有一位建筑师会下决心要传达的事实标志；相反，这只是一种虚妄的幻想，力图吸引和诱惑观察者的眼睛，将他对应该考虑之各个部分的准确判断，转移到对自己的赞赏之上。那么，较好的模型并不是精确完成了的，也不是精致和加以充分装饰了的，而是朴素而简单的，因而它们表明的是构思这一想法的那个人的独创性所在，而不是制作这一模型的人的技巧。画家的绘画与建筑师的绘图之间的不同在于：前者运用阴影和逐渐缩小的线和角，在绘画中尽力于去强调对象的表层面貌；建筑师拒绝阴影，而是把他的设计从首层平面做起，没有改变线，并保持着真实的角度，展现了每一个高度和侧面——他是一位期望他的作品不会被欺骗性的外观所左右，而是按照一定的计算标准所判断的。因而，明智之举是以这样一种方式制作模型，并由你自己和其他人，对模型进行一次又一次的观察与再检验，如此彻底地行事，以至于在这件作品中，很少或没有任何东西，其特性、本质，其可能的位置与大小尺寸，以及预期的使用，你没有能够把握住。[4]

特别是，充分的关切应该放在确保屋顶的设计具有最好的可能性上。因为，除非我是错的，否则屋顶本身的独特特征，即为人类提供一个遮护之所，就是所有建筑元素中居于首位的：到了这样一种程度，以至于为了屋顶，不仅需要抬升墙体以及所有和墙体有关的东西，而且还要筑造地面以下的任何结构，比如水流管道、排雨水管、下水道，以及类似之物。从我自己在这些事物上并不太丰富的经验，我知道在实施一件作品时所遭遇的困难是以这样一种方式出现的，它将实践性的便利与高贵和优雅结合在一起，因此，在其他一些值得称道的优点中，这些部分中浸透着一种精美的变化，并与比例与和谐的要求相一致[5]：这一点真是很难做到！然而，用一个合适而稳固的屋顶覆盖所有的部分，对于这一适宜而适当的任务，我认为，只要有十分充分的计划，并以足够的技艺来实施之，这一目标就能够达到。

最后，当计划中的工作的每一个方面都得到了充分的认可，因而你和其他专家是满意的，以致不再有理由去犹豫，也没有必要去改进，即使是在这种时候，我也劝你不要让你想建造的愿望迫使你轻率地通过拆毁已有的建筑物，或为整座建筑物铺筑大范围的基础，来开始你的工作：这是多么愚蠢和鲁莽的人所作之事。反之，如果你留意我的劝告，将这一计划先放一放，等到你有关这一想法的最初热情变得成熟，你已经对每一件事情成竹在胸；那么，一旦你的判断被更为冷静的想法，而不是被你创造的激情所控制，你就能够更为彻底地评判事物。因为，在实施的每一个环节上，都会发现许多观察和考虑，可能即使是那些最有能力的人在一些方面也是难免疏于注意的。

<h1 style="text-align:center">第 2 章</h1>

(21v—22v)

　　在检验模型的时候，这里是一些应该加以考虑的问题。首先，不要做任何试图超出人类能力范围之外的事情，也不要做任何可能和自然直接发生冲突的事情。因为，自然的力量是如此之大，虽然在偶然的情况下，一些巨大的屏障可以对她加以阻挡，或一些障碍物可以使她改变方向，但是她将总是克服和摧毁任何与她作对和妨碍她的东西；好像，任何与她抗衡的顽强表现，最终都将被她持续而固执的攻击而颠覆和毁灭。

　　有多少有关人类的作品，仅仅因为与自然发生了冲撞而难以存续最终毁灭的例子，可以看到或读到？有谁会不去嘲笑那种试图在几艘船上所架的桥梁之上来驾驭海洋的人，对他将自己的傲慢以不过如此的荒唐方式来表现而表示轻蔑呢？[6]克劳狄乌斯（Claudius）[i]港，在奥斯蒂亚（Ostia）[ii]的下游，或哈德良（Hadrian）[iii]港，位于靠近 Terracina 的地方，是一些否则可能就有望能够永久存在的工程；然而，现在我们看到的只是废墟，它们的出入口很早以前就被砂石所充塞，它们的港湾早已被淤泥填满，而大海却以其无休止的汹涌波涛而继续着它的冲击，并使它的优势日益增加。那么你可以想象一下，任何操控和抑制澎湃海水或翻滚漂石之庞大力量的企图，将会发生一些什么情况呢？因而，我们应该小心避免任何一种不是完全按照自然法则行事的承诺。

36

　　其次，我们应该对没有财力去支撑其完成的任何事情格外小心。神灵并不青睐那些宏大的城市，广阔的帝国并不能够提供充足的资金去完成如此宏伟的一项许诺，塔奎（Tarquin），一位罗马的国王，应该为他在一座神殿的基础上所浪费的金钱，足以覆盖整座建筑物的建造费用而遭到普遍的批评。[7]

　　另外一个考虑，但并不是不重要的，是这一作品并不应该仅仅是可行的，而且应该是适当的。我不能赞同有关当代著名妓女，色雷斯的罗多比（Rhodope of Thrace），的理由，她以极其昂贵的价格而为她自己建造了一座坟墓：虽然她那不道德的挣钱方式使她富可敌国，但她绝不值得拥有一个只合她容身的坟墓。[8]但是，在另外一个方面，我将不会批评阿

---

　　i　克劳狄乌斯（4 世纪至 3 世纪），罗马检察官和执政官，修建了第一条罗马水道桥并开始阿庇安大道的建设，他曾是罗马十人执政团的成员之一（451—449），其行为激起平民暴动，后十人执政团被废除。——译者注

　　ii　奥斯蒂亚，意大利中西部的一座古城，位于台伯河河口。传说建于公元前 7 世纪，公元前 1 世纪发展为港口，公元 3 世纪后逐渐衰落。——译者注

　　iii　哈德良，罗马皇帝（公元 117—138 年在位），他试图取消罗马和罗马行省间的差别。在 122 年他去不列颠巡游期间，下令建造了哈德良长城。这里指是以他名字命名的港口。——译者注

耳特弥斯（Artemis），卡里亚（Caria）[i] 女王，她为她所钟爱和高贵的丈夫建造了一座最宏伟的陵墓，虽然，即使在这件事情上，适中也是应该提倡之事。[9] 米西纳斯（Maecenas）[ii] 因其对于建筑的热情而遭到了贺拉斯（Horace）[iii] 的谴责[10]；但是，我对那位不论是谁，由他承担了为奥托（Otho）[iv] 建造了一座适度的，但却是不朽的陵墓的人，表示赞同，科尼利厄斯·塔西佗（Cornelius Tacitus）[v] 提到了这件事。[11] 虽然，适度一般是在私人建筑中所希望的，而在公共建筑中所期待的是宏伟，偶尔情况下，后者也可能因其展现了对前者所期待的适度而受到赞扬。我们对庞培（Pompey）剧场的慷慨赞美与尊敬，是因为它的杰出的尺度与高贵[12]；这是一件既可以与庞培，也可以与战无不胜的罗马相配称的建筑作品。但是，不是每一个人都会对尼禄（Nero）[vi] 狂热的建造癖，以及他为完成那些规模浩大的工程而投入的热情表示赞叹。[13] 此外，无论是谁，他对使成千上万的人为位于波佐利（Pozzuoli）[vii] 附近的山打通一个隧道负有责任，难道没有其他的选择，将其精力与费用投入到一个更值得去做的工程之上了吗？[14] 有谁不会谴责赫利奥盖巴勒斯（Heliogabalus）[viii] 那异乎寻常的狂傲呢，他主张建造一根巨大的柱子，柱子的顶端，可以用一个内部楼梯到达，在上面设立一尊他自己的雕像，以作为被神化了的赫利奥盖巴勒斯之像，以便人们对其顶礼膜拜？然而，虽然他远到底比斯（Thebes）去搜寻，也没有能够找到一块足够大的石头，因而不得不放弃了这一想法。[15]

对于那些无论多么有诱惑力，多么有价值，以及看起来可能是多么容易实施之事，即使方法与机会已经在握，如果它的本质特征使它倾向于或是直接地，或是因其后代的疏忽大意，抑或由于每天的磨损，而遭受损害，那么，避免任何许诺也是明智之举。我对于尼禄为从阿弗纳斯（Avernus[16]）到奥斯蒂亚的运河所做工程计划的主要批评之一是，那应该是适合于五段帆船航行的[17]，而这将要求这位皇帝保持持续的繁荣，以及后继的皇帝们要准备好了去维持这一状态。[18]

37　　概而言之，你的责任是要对所有上面那些问题加以考虑，你所承诺之事业的性质，各种要素的相对位置，并将你自己与那位委托你建造这座建筑物的人的社会身份设身处地地加以思考：按照一个人的社会地位和他的使用要求去计划这一整件事情，将是一个博闻广识与明智之人的标志。

---

i 卡里亚，小亚细亚西南部一个古老地区，其海岸线濒临爱琴海。曾是多利安和爱奥尼亚的殖民地，公元前334年被亚历山大大帝征服。——译者注

ii 米西纳斯（公元前70？—公元8年），古罗马政治家，文学与艺术的资助人，曾赞助贺拉斯和维吉尔的文学创作。——译者注

iii 贺拉斯，古罗马抒情诗人，他的《颂歌》和《讽刺作品》对英国诗歌创作产生了重要影响。——译者注

iv 奥托（32—69年），罗马皇帝（69年1—4月在位），出身于执政官家庭，参加过反尼禄的叛乱，69年1月15日成为皇帝，但日耳曼军团拥戴维特利乌斯称帝，两军交锋，奥托战败自刎。——译者注

v 科尼利厄斯·塔西佗，古罗官员和历史学家，他的两部伟大著作，《历史》和《编年史》记述了从奥古斯都之死（公元14年）到多米西安之死（公元96年）这一历史期间的史实。——译者注

vi 尼禄，罗马皇帝（公元54—68年），他早期的统治由其母阿格丽皮娜操控，他谋杀了他的母亲与妻子。据说公元64年的罗马大火可能是他操纵的。他的残酷与渎职引发了广泛的暴动并导致他自杀。——译者注

vii 波佐利，意大利南部城市，位于那不勒斯以西，临波佐利湾，是那不勒斯湾的一部分。该城是由希腊流放者们于公元前529年建立，罗马帝国时期是重要的商业中心。——译者注

viii 赫利奥盖巴勒斯，罗马皇帝（公元218—222年），是太阳神教牧师，在其堂兄卡拉卡拉（217年）被谋杀后登上皇位。此人性情古怪，将自己的宗教强加在罗马人民头上，后引发暴动并丧生其中。——译者注

第 3 章

　　在安排了这些方面的问题之后，你尚需考虑的是，是否每一个元素都得到了精确的定义，并将其安排在了适当的位置上。要达到这一点，在你关于这些事情做出决定的时候，你需要使人确信，如果你允许在任何其他地方实施的另外一个建造工程具有相同的造价，提供了相类似的优势，以展现了一个更为令人愉悦的改观，或吸引了更丰富的赞扬，那将是你的耻辱。在这件事情上简单地避免遭到蔑视是不够的；宁愿去寻求获得最高的赞誉，接下来就是变成模仿的对象。因此，在我们的计划中，需要严谨与小心翼翼，应该当心其中所包括的除了经过选择或很好地验证之物外别无所有，故而，每一件东西都按照高贵与优雅而如此良好地搭配在了一起，以至于你增加、改变，或取消任何东西，都将是对整体的损害。

　　在这些事情上——如我反复告诫过的——是被专家们的知识所指导的，并得到了那些其建议是诚实而不偏不倚的人们的忠告。因为，正是通过他们的观点与指教，而不是你自己个人一时的兴致与感觉，你将更有希望达到完美，或是某种接近完美的东西。最后，倾听专家对于你的计划所发表的赞同之声，的确是一件令人满意之事；如果人们不能够提出任何改进的建议，那么他们的认可就是最有力度的了。结果，你也将对任何其他对这一问题有理解的人提出的赞同意见感到欣赏。的确，倾听每一个人的意见是有用的，因为即使是那些在这一事物上没有经验之人也会提出一些被专家所忽视的建议。

　　当你通过你的模型的各个部分对整座建筑的设计进行了考虑与检验，直到没有任何东西逃脱你的注意与观察之后，以及当你完全决定了以这种方式建造这一作品，并确定了一个适当的资金来源，那么，你就应该开始为这一工作的实施做出其他的必要准备，以确保在建造的过程中没有任何方面会出差错而影响到工程完成的速度。因为完成这一作品需要许多的要素，其中任何要素的缺失都能够妨碍甚至导致整体结构毁坏，你的责任是不要遗漏任何如果出现就会对整个方案有所增益，而如果缺失就会对方案造成贬损的东西。

　　优西比乌斯·庞菲利乌斯（Eusebius Pamphilius）[19]写道，希伯来国王大卫和所罗门，在要建造耶路撒冷神殿时，他们等待着直到积聚了大量金、银、青铜、木料和石料，以及其他材料[20]；并确保建造的速度与把握之后，他们所关注的是在他们从临近王国召集建筑师和几千名建造工匠之前，没有任何差错出现——这是我非常赞赏的一个先例。事实是这座建筑得到了巧妙而适当地建造，并迅速地得以完成，使这件作品变得极其高贵，也使它的创造者获得了尊敬。古代的作者们对马其顿（Macedonia）的亚历山大大帝（Alexander the Great）在七天的时间完成的工程表示了赞誉——根据库尔提斯（Curtius[21]）——这是濒临 Tanais 河的一座规模不大的城市[22]；当 Nabuchodonosor 在庆祝贝尔（Bel）神殿的建造完成之时，根据历史学家约瑟夫斯（Josephus[23]），只用了十五天时间，就用三道围墙环绕了巴比伦城，据说，是在同一时间完成的[24]；类似的情况还有提图斯（Titus）[i]，他在三天的时间中，建造了一个比四十座古代赛跑运动场（stade）[ii] [25]略小一点的围墙[26]；而塞米勒米斯（Semiramis）[iii]为了在巴比伦建造一堵巨大的墙，是以一天建造一座赛跑运动场长的速度建造的[27]，而建造另外一堵包括有一个可容两百个赛跑运动场长度，并有相当深度与高度的水库的墙，只用了不到七天的时间。[28]但是，是在此以外的某个地方。

(23—24v)

第 4 章

这些是要准备的材料：石灰、沙子、石料、木料；以及同样的铁、青铜、铅、玻璃等。而我所考虑其基本而重要的问题是挑选建筑工匠，他们既不是没有经验的，也不是不可信赖的，更不是彼此不协调的，是那些你可以放心地将这一工程委托给他们，按照你的精心指导去勤勉地实施，并能如期完成之人。

在做出这些决定的时候，通过对附近已经完成了的建筑物的研究，并基于你自己对于这些例子的建议，将所得出的思想与绘制的图纸加以比较，将是有所帮助的。因为观察了这些例子的优点与不足，就能够帮助你思考你自己的作品。皇帝尼禄决定在罗马建造一尊巨大的雕像，有一百二十尺高，是献给太阳崇拜的，比任何以往的雕像都更大，也更雄伟；这尊雕像是由 Zenodarus，一位那个时代著名的和至高无上的艺术家制作的，但是，按照普林尼的说法，尼禄并没有委托他承担这个任务，直到他在高卢的阿维尔尼（Arverni）[29]的领地上建造了一尊具有不可思议高度的巨大雕像，才以他建造如此巨大尺度建筑的优势而使尼禄本人得到了满意。[30]在考虑了这些问题之后，让我们继续深入。

我们现在将要讨论适合于建造房屋的材料，我们将涉及由以往那些有知识的人给予我们的忠告，特别是泰奥弗拉斯托斯、亚里士多德（Aristotle）[iv]、加图（Cato）[v]、瓦罗、普林尼和维特鲁威：因为这种通过长期经验而获得的知识，比通过任何技巧发明而获得的知识要更好；因此，应该从在这一事物上做过最认真观察的人那里寻求知识。因而，我们应该从许许多多的，各种各样的渠道中收集资料，在这些资料中，最好的作者们涉及了这一问题；关于这些方面，就像是我们的习惯一样，我们无论会增加些什么，从那些讨论中通过对我们祖先作品的学习，或通过倾听有经验的艺术家的劝告，使我们自己进行了任何与

39

这一讨论有关的观察。

我相信，追随自然的秩序，从人首先应用于建筑物的材料开始将是最为便利的；这就是，除非我是错的，倒在森林中的树上获得的木料，虽然我注意到历史学家在这一点上是有分歧的。一些人坚持说，人最早是生活的洞穴中的，主人和畜群同在一个共同的遮蔽物之下：他们接受了普林尼所给出的理由，是一位 Taxius，一位 Gelian，他是第一位模仿自然而为自己建造了一座泥土房屋之人。[31]据狄奥多罗斯说，女神维斯塔，萨杜恩的女儿，是第一位发明了房屋的人。[32]优西比乌斯·庞菲利乌斯，一位在古物方面的令人尊敬的学者，以古代手稿为基础，坚持说，太初人（Protogenes）的后代用芦苇和纸草编辫的屏蔽物为人类发明了第一个居住场所。[33]但是，让我们回到事物中来。

那么，古代人，特别是泰奥弗拉斯托斯推荐说，树，特别是杉树、油松、松树，一旦其发芽并长出新枝之时就应该被伐倒，因这正是树液产生量较高的时候，将有利于树皮的剥除。[34]但是，他们主张其他的树，如槭树、榆树、岑树和菩提树应该是在葡萄收获期结束之后再砍伐。同样地，他们坚持说，橡树若是在春天被伐倒会倾向于招惹虫子。同样相关联的是他们对在冬天被伐倒的树木，当北风（Boreas）[35]在吹的时候，虽然仍是很绿的，却会燃起美丽的火花，甚至几乎没有烟，显示了其中所含的树液中是没有掺杂水的，且已被很好地吸收了。

维特鲁威主张树木应该在秋天之初开始砍伐，直到西风（Favonius）[36]吹起来之时结束。但是，用赫西奥德（Hesiod）[i] 的话则是：当太阳当头，炎炎赤热使人晒黑之际，即是庄稼收获之时；但却不要砍伐树木，直到树叶开始飘落。[37]然而，加图在这件事情上的劝告则是："伐木，若是橡树，当在冬至之日；因为在冬天橡木总是现成的。砍伐其他的树木，就应是其成熟之期，即使它已经结了果实，或是没有，只要你想砍伐，随时都可以；任何树木其果实既绿且已成熟者，当其果实落地，即可砍伐，而榆树，则要待其树叶落时。"[38]

月亮运转周期被认为是决定何时使用斧子的另外一个重要因素。许多作者，特别是瓦罗相信这是因为月亮在这一方面，以及其他使用铁制刀具方面的影响所致，即使是一些人剃头时也一样，当月亮渐亏之时，应该很快将头发剃去。[39]正是因为这个原因，他们说，皇帝提比略（Tiberius）[ii] 预定了一个特别的日子，每到这一天他都要将他的头发剃去。[40]天文学家们坚持说，当月亮处于黯淡或有疾病倾向的时候，如果你剪去头发与指甲，你就不会遭受忧郁与沮丧之苦。这里提到一句相关的老话，当月亮是处在天秤座（Libra）[iii] 或巨蟹座（Cancer）[iv] 的时候，那些倾向于移动之物体的材料应该被切割并搬运，但是，任何稳定和不可移动之物，应该是在月亮处在狮子座（Leo）[v] 或金牛座（Taurus）[vi] 的时候，或者类似

40

---

i　赫西奥德，古希腊诗人，活动于公元前 700 年。有两部完整的史诗存世，一是关于古代农耕生活的有价值的叙述《工作与时日》；另一是关于众神及世界的起源的描述《神谱》。——译者注

ii　提比略（公元前 42 年—公元 37 年），古罗马第二代皇帝，被奥古斯特选作王位继承人，是一位多疑的暴君，曾以 4 名犹太人阴谋侵吞一位妇女财产为名，将罗马城全体犹太居民驱逐出境。——译者注

iii　天秤座，星座名，是位于南半球的一个星座，靠近天蝎座和处女座。——译者注

iv　巨蟹座，星座名，是位于北半球的一个星座，位于狮子座和双子座附近。——译者注

v　狮子座，星座名，是位于北半球的一个星座，靠近巨蟹座和处女座。——译者注

vi　金牛座，星座名，是位于北半天球中靠近猎户座和白羊座的一个星座。——译者注

的地方时，对其加工。但是，所有的专家都主张说，木料应该是在月亮渐亏的时候砍伐：因而，关于这一点，他们说，当厚厚的树脂从树上流下来的时候，就像是树木很快会变得糟朽，即如快要枯竭一样；当然，任何在这一时节被砍伐的木料是决不会滋生造成腐烂的害虫的。因此，有一个言语说：为卖的谷物应该在满月时收割；因为那时的谷穗也是最饱满的；为储存的谷物应该在月亮明快（dry）的时候收割。[41]众所周知的是，当月亮处于渐亏的时候，即使是从树上收集的树叶也不会腐烂。科卢梅拉（Columella）[42]认为砍伐树木的恰当时间是在下弦月的第二十天与第三十天之间。[43]然而，韦格提乌斯（Vegetius）[44]则认为应该是在新月的第十五天至第二十二天之间的这一个时期；这使得他假设说，关于永生的庆典仪式应该只能在这些天来举行，因为在这些日子被切割下来之物都会变得不朽。[45]他们也给予我们忠告说，要一直等到月落之时。在普林尼看来，砍伐树木的最好时机是当天狼星（Dog Star）星座处在它的最高位置，并与月亮相连之时，这一天被称作无月日 [i]，他主张要等到那一天的黄昏之时，应在月落之后。[46]关于这一点的理由，按照天文学家的说法，是因为月亮会影响每一单独物体的体液，因而，只有当体液或是被放弃，或是被汲取到朝向月亮的根部，树木的其他部分才会被提炼的更加纯粹。

这也是他们的观点，即如果树木不是直接被伐倒的，而是绕着树干环剥一圈树皮让直立的树木慢慢干枯，其木质将是更可信赖的；而杉木，作为一种多少可以抵御因潮湿之气而引起的传染病的树木，如果在月亏之时剥去其树皮，在水中也绝不会腐烂。一些人坚持说，土耳其橡木和有梗花栎木，是两种特别重的木材类型，放在水中一般会自然沉没，若是在春天刚刚来临的时候对整棵树加以修剪，并且只有在其树叶落尽之后将其伐倒，这样就能够在水中漂浮九十天。另外的忠告就是，树木应该保持直立，只是更深地环剥其树皮，一直剥到树木之髓，使得任何有毒的或有害的树木体液渗漏出去，并得到更充分的排除。他们也建议说，在树木的种子成熟，并结出果实之前，不应该被刨剥或锯倒；树木一旦砍伐，就应该将树皮完全剥除，尤其是如果这是一棵果树的话，因为如果树皮保留，腐蚀很容易会在树皮之下蔓延。[47]

(24v—25v)

第 5 章

一旦树木被伐倒，就应该使其远离酷烈的阳光或凛冽的风；首先，木料有一种固有的开裂倾向，应该被很好地遮护起来。这是古代建筑师在实践中会用粪便，通常是牛粪，涂抹木料之上的目的所在。泰奥弗拉斯托斯认为，这样做的原因是封闭木料的毛孔，强迫任何凝结了的树脂，以及任何被堵塞在其中的湿气能够沿着树髓渗漏出来，并被蒸发，这样干燥的过程就使木料沿整个长度上有一个更好的密实程度。[48]人们也相信，木料如果颠倒着直立放置，也将干燥得更好。

所采取的各种预防措施都是为了防止因时间而造成的糟朽，并减轻疾病的威胁。泰奥

41

---

i　指看不见月亮的一个很短的时间，即新旧月之间看不见月亮的四天期间。——译者注

弗拉斯托斯考虑过将木料加以埋藏可以使其更加坚韧。加图建议用少许油涂抹在木料上，可以保护木料不受蛀虫和腐烂之物的侵蚀。[49] 广为人知的是，沥青可以保护木料不受含糖或含盐水分的侵蚀。据说，浸渍在油料渣滓中的木料会燃烧，却没有令人讨厌的烟。[50] 普林尼谈到了埃及人的迷宫是用在油中浸泡过的埃及黑刺李木的梁建造的。[51] 泰奥弗拉斯托斯声称，用粘鸟胶涂抹过的木料将不会燃烧。[52] 我也不应该忘记一个由格里乌斯（Gellius）从克劳迪亚斯（Quintus Claudius）的编年史中摘录出来的故事，那是一座位于比雷埃夫斯（Piraeus）[i] 附近的木塔建筑，被 Archelaus，一位在米特拉达梯（Mithridates）麾下的官员，在其表面涂抹了大量明矾，因此，在苏拉的攻击中没有遭到火焚。[53]

有着各种使某些种类的木材变得坚硬，并使其能够抵御时间侵袭的方法。例如，在柑橘木的外面涂上一层蜡，并用一堆谷物覆盖上，可以连续地埋在土里，每一次处理需要七天时间，两次之间再有相同时间的间隔；其结果是，木料变得既更强固，又更容易加工，还使其重量有了令人惊异的减少。如此来说，这同一种木料，如果用海水加以处理，将会变得坚硬与密实，并能抵御糟朽。[54] 栗子树木料当然是被海水净化过的。埃及无花果树，据普林尼的说法，曾被浸泡在沼泽地中加以处理，以减少它们的重量：除非经过这样的处理，否则这种木料就会沉入水中。[55] 我们也曾看到我们自己的木匠将木料浸泡在水中，并用泥浆将其覆盖三十天的时间，特别是如果这木料是用于被扭转的地方；他们说将会加速处理的过程，使木料变得更容易被加工，无论它倾向于什么用途。

一些人将会坚持说，无论是什么类型的木料，如果当其还是绿色的时候就埋在潮湿的地下，它将会永不糟朽；但是，无论你是用土埋，用什么东西涂抹，或将其贮藏起来，任何有经验的人都同意，在最初的三个月中你不应该去碰它。在被实际使用之前，木料一定需要时间来变得坚硬，就好像是，在汲取着成熟的力量。加图劝告说，当月亮为下弦月时，以这种方式处理过的木料必须要被取出来，晾晒在太阳之下，而且只能在正午之后（虽然不是在满月后的前四天中）；他劝告说，不要在南风（Auster）[56] 刮起的时候，将木料晾晒出来。进一步，当木料被晾晒出来之时，不应该在有露水的地方托拽它，如果木料被露水，或霜所包裹，或当它还没有完全干燥的时候，也不应该对其施之以刨或锯。[57]

42

第 6 章

(25v—27v)

泰奥弗拉斯托斯的观点是木料在不到三年的时间里将不能得到适当的处理，特别是如果当木料被用于门的柱子与嵌板时。[58]

这些就是那种其木料被认为对房屋建造最有用的树种：土耳其橡木[59]、有梗花栎木[60]、月桂橡木[61]、冬橡木（winter oak[62]）、poplar、菩提树、柳树、桤木、岑树、松树、柏木、野生橄榄树、栗子树、落叶松木、黄杨木，同样还有雪松、乌木，以及橄榄树。

---

　i　比雷埃夫斯，希腊中东部的一座城市，位于雅典西南的萨罗尼科斯湾上。公元前 5 世纪其地已建成港口，古代时，这座城市与雅典之间有一条长墙相连，长墙是由两道平行的相距约 183 米（600 英尺）的墙壁组成的。——译者注

每一种树种的木料都有一个不同的特征，因而也最适合于一种不同的用途。一些树木暴露在阳光下时会更好，其他树木则更适合用于层叠的结构中，或用来做嵌板，用来做雕像，以及做室内的家具，其他一些则更适合做柱子与梁，还有一些适合做露台和屋顶的强有力的支撑构件。

特别是，桤木非常适合制作最好的木桩以控制河流与沼泽，这是一种对潮湿很有抵抗力的木料，虽然，当它暴露在空气与太阳之下的时候，将不会保持太久的时间。[63]另一方面，冬橡木（winter oak），对于水却没有什么抵抗力。榆树如果被露天放置会变得坚硬，但放在别处就会开裂而不能持久，反之，油松和松树，如果埋在地下，将会十分耐久。月桂橡木，是一种坚硬的、强劲的、密实度很高的木料，只有很小的毛孔，因而不吸收湿气，适宜于任何地下的工程[64]；它最适合用于承载重量，可以制作十分强壮的柱子。虽然它有这种天生的内在强度，甚而除非经过浸泡很难在其上钻孔，但是，若将其置于地面之上，据说就不太可靠了，它会开裂或翘曲，而且甚至将其放在海水中，也会很容易遭到损坏。而将橄榄树和圣栎木（holm oak）[i] 或野生橄榄树（这种树在其他方面很像月桂橡树）浸泡在水中时，这样的事情却不会发生。有梗花栎是不会随时间而变朽，而且能够保持其如年轻时一样的树液状态。山毛榉树和胡桃木在水中从来不会腐朽，因而被认为是最适合用于地下的。同时，栓皮栎树、野松树、桑树、槭树和榆树是不适于制作柱子的。

泰奥弗拉斯托斯主张埃维亚岛（Euboean）[ii] 坚果木适于制作桁架和柱子，然而在它快要折断之前，会给人一种噼啪爆裂的警示；有一个时候，这曾使得在安德罗斯岛（Andros）浴室中的每一个人在屋顶坍塌之前就安全地逃离了。[65]然而，最好的是杉木，这是一种很高，且有很大树围的树木，它有很好的自然强度，在荷载下很难被压弯，十分坚挺，直立而不折；此外，它很容易加工，且其很轻不会因其重量而使墙体承受的荷载过重。还有很多其他优点可以归在这种树木之下，它也可以用于许多其他用途之中；然而，它有一种不可否认的缺陷：它十分易燃，很容易因火而遭到损害。[66]

在本地建筑中铺设柏木地板，并不比铺设杉木地板差；正是因为这一原因，以及类似的其他原因，柏木赢得了所有木材中最高的声誉。古人将其列在最高贵的木材之列，不比雪松和乌木差。在印度，它的价值几乎与香料植物一样高；并且有极好的理由。如果你愿意，可以称赞希俄斯岛（Chios）[iii] 或昔兰尼（Cyrene）[iv] 的 amomon，泰奥弗拉斯托斯声称说这种树的木材可以永不糟朽；但是，如果将香味、光泽、强度、大小、挺直，以及持久性考虑进来，有哪一种树木可以与柏木相比较呢？[67]据说柏木既不会受到腐朽也不会受到长久岁月的影响，而且柏木从来不会自己开裂。无疑因为这一原因，柏拉图觉得公共法律与法

---

i 圣栎，一种地中海常绿树，栎属，长有无锯齿或齿状的叶，叶表面为深绿色且背面为浅黄色或白色，英文也称作 holly oak。——译者注

ii 埃维亚岛，希腊中部大陆以东爱琴海上的一个岛屿，曾被雅典、罗马、拜占庭、威尼斯和土耳其统治，现属希腊。——译者注

iii 希俄斯岛，希腊东部岛屿，位于土耳其西海岸外的爱琴海中。在古代因有一群史诗诗人而著名。——译者注

iv 昔兰尼，昔兰尼加的一个古希腊城市，建于公元前630年，以其是曾拥有许多著名医学和哲学学派之文化中心而闻名。——译者注

令应该镌刻在神圣的柏木木板上，这是基于他相信柏木可能比那种青铜版更耐久。[68]这里似乎是个恰当的地方，让我们来提到有关对于柏木的其他一些重要观察，这些观察或是由我自己得出的，或是从阅读中获得的。在以弗所（Ephesus）[i] 的狄安娜（Diana）[ii] 神殿中的柏木门——据说——已经有四百年了，却仍然保持着光泽，以至于你可能会认为这些门是新的。[69]我们能够亲眼看到的是，教皇尤金（Eugenius）对罗马圣彼得（Petrine）巴西利卡中的门进行修缮，这里的门没有受到过人为的损害，但当包裹这些门的银皮剥落之后人们看到了其中的样子，这些门仍然保持坚固而无变化已经有五百五十多年的时间了；如果我们对于罗马教廷记录的解释是正确的，这正是从哈德良三世教皇[iii] 在位期间，是他造了这些门，到尤金四世在位期间的时间跨度。[70]而杉木被建议用于地板的建造；柏木因其较好的耐久性而往往被选用，但它是比较重的。

松木和油松也是被建议的。松木在其抵御被强加的重量上被认为与杉木是非常相似的，但是两者之间的不同之一是，杉木较少受到虫子的侵蚀，因为松木中存在一种比杉木甜的树液。

对于我自己来说，我相信落叶松木是首屈一指的。这种木材对于结构的巨大重量提供了稳定而持久的支撑，如我常常观察到的，尤其是在威尼托（Veneto）[iv] 的古代广场建筑物上。的确，落叶松囊括了所有其他树种综合在一起的特质：它强劲有力、稳固坚韧、在暴风雨中不屈不挠，也不会腐蚀变质。古人相信它几乎可以不受伤害地抵御火的袭击；他们建议说，任何暴露在火灾危险中的表面部分都应该用落叶松板加以保护。[71]在我们自己的观察中，如果我们将落叶松木投入火中，它也的确是会燃烧的，但是，它燃烧的方式，似乎像是对火充满了蔑视，好像要拒绝被燃烧似的。它的一个缺点是在海水中，它非常容易受到船蛆（shipworm）[v] 的伤害。

月桂橡木与橄榄木被认为是不适合用于梁桁之中的，因为其重量过重，并且缺乏支撑荷载的能力，而且因其在自重下就有弯曲的倾向。此外，如果一种木材倾向于完全断裂，而不仅仅是有裂缝的话，将是不适合做桁架的，如橄榄木、无花果木、菩提木、柳木等。据声称棕榈树之木是非常著名的：其木材不仅能够抵御任何外加的荷载，而且会向相反的方向弯曲。[72]对于露天的桁架，桧属刺柏类树木是最适合的。按照普林尼的说法，桧属类木材有着与雪松木相类似的属性，而且是更坚固的。[73]同时，橄榄木据说有着永恒的生命力，而黄杨属木也被认为是最具有耐久力的木材种类之一。栗树，虽然倾向于膨胀和扭曲，在露天结构中却并不是不可采纳的。

44

---

i　以弗所，一座位于小亚细亚（今土耳其西部）的希腊古城。这里的阿耳忒弥斯（罗马时期称为狄安娜）神庙为世界七大奇迹之一，圣保罗在其传教过程中曾造访过此城。——译者注

ii　狄安娜，古罗马宗教中的女神，司掌野兽与狩猎。她与希腊女神阿耳忒弥斯（月亮和狩猎女神）相混同，她还是化育女神。——译者注

iii　哈德良三世，罗马教皇，在位时间 884—885 年。——译者注

iv　威尼托，意大利东北部一个地区，临亚得里亚海，从 15 世纪初以来一直受威尼斯的统治，在 1797 年归奥地利，自 1806 年属意大利。——译者注

v　船蛆，又称凿船虫，指各种长得像蠕虫一样的船蛆属和节铠船蛆属海洋软体动物，有已退化的双壳，用其双壳在木头上钻孔，尤其会对船只和码头浸在水下的木材造成巨大破坏。——译者注

野生橄榄木也是受到了高度肯定的，主要是因为与柏木相同的理由，因为它从来不会糟朽；任何被油或胶黏性树液浸泡过的树木，特别是如果发苦的话，也都可以归入这一类木材之中，很明显的是虫子是不能够进入的，所有外部的湿气也都被排斥在外。除了本地橄榄树和野生橄榄树之外，相反的情况则适用于任何含有某种甜树液，并且十分易燃的树木木材中。

按照维特鲁威的说法，土耳其橡木和山毛榉木对于气候的自然抵抗力较弱，不容易存活的很长久。[74]普林尼宣称说，普通橡木也会很快糟朽。[75]对于室内装饰部分（门、床、桌子、椅子等），杉木是最杰出的，特别是采自意大利的阿尔卑斯山（Alps）[i] 山坡上的杉木[76]；这是一种天生就很干燥的木料，非常适合于用胶粘合。油松和柏木也适合于这些相同的目的。山毛榉树，虽然被认为是太脆弱而不能用于其他用途，却可能很适合用之于箱柜和床的制作，并且可以切割成最薄的片层[77]；圣栎木也是比较好切割的。然而，胡桃木是不适合切成木板的，因为它太容易劈裂；榆木和岑木也是一样，尽管它们在内在特性上是很柔韧的。虽然如此，岑木却有一个最容易加工的好名声。[78]但是，令我感到惊奇的是为什么按照古人的规则，榛树几乎很少受到赞美：经验显示这种木料是多么容易加工，又是多么彻底地适合于各种不同的用途，其最显著的用途是可以加工成嵌板。

桑树既因其耐久，也因其随着时代而渐渐发黑，因而在外观上得以改善这一事实而得到人们的称赞。[79]泰奥弗拉斯托斯回忆起富人们习惯于用忘忧树（lotus tree）、圣栎木或黄杨木（box wood）来制作他们的门。[80]榆树被认为适合于制作门的枢纽，因为它能保持其硬度，虽然人们建议说，它在使用时应该上下颠倒。[81]加图建议门闩要用冬青树、月桂树或榆树的木料制作，而山茱萸的木料被建议用作木制销钉[82]；制作楼梯的踏步要用花楸木或枫木；而制作水管，用凹空截面的松木、油松或榆木（虽然据说这些树的木料会很快糟朽，除非将其埋在地下）。[83]

45　　　谈到室内装饰，广为人知的是雌株落叶松（female larch），这是一种蜂蜜色木料，适于制作可以上色彩的非常优良的嵌板，这种木料耐久性很好，而且不会开裂。[84]进一步讲，他们用棕榈木制作众神的雕像，因为它的纹理是横向的，而不是纵向的，就像他们使用忘忧树和黄杨树，雪松和柏木，橄榄树的较大的根部，以及据说是类似于忘忧树的埃及桃木来制作神像一样。如果需要在车床上生产细长的形式，古人会使用山毛榉木、桑木或松木（turpentine tree），但最特别的是忘忧树，这种树的木质是所有树木中最密实的，极其适宜于转动部分；在需要非常优质的构件的时候，往往使用乌木来制作。

他们并不轻视对立的情况，白或黑，可用于雕像或绘画，的确也不会轻视柳木、角木（hornbeam）[ii]、老山梨木（sorbelder）、接骨木（elder）[iii]或无花果木；这些树木的木材不仅干燥而平滑，因而适合于吸收和保存树脂及艺术家的颜料，而且也容易被雕刻家的工具

---

i　阿尔卑斯山，位于欧洲中南部的一座山脉，绵延约805公里长，161公里宽，从地中海岸边的里维埃拉呈弧状通过意大利北部、法国东南部，及瑞士、德国南部和奥地利，进入南斯拉夫西北部。其最高峰是勃朗峰位于法意边界，高约4810米。——译者注

ii　角树，一种树木，具有光滑的微灰色树皮和坚硬的白色木质层。——译者注

iii　接骨树，一种灌木或小树，开大团小白花，结红色或黑紫色类似浆果的果实。——译者注

所雕琢和加工。然而，很显然的是，它们中没有哪一种可以与菩提木的精致所媲美，虽然，在制作雕像时，有些人宁肯选用枣木。

月桂橡树表现出来的是完全相反的特征：它不会与其他木材结合，或者甚至不会与它自己同类的木材结合，而且它排斥所有的胶粘剂。这种对于每一树脂形式拒绝的现象据说是所有皱褶型的和渗出树液的木材的通病。同样地，平滑和密实的木材也不会与胶水有很好的黏合。具有不同特征的木材也不会保持长久地粘合在一起，例如热性的树（hot trees），像常春藤、月桂树或菩提树，同那些在某种潮湿的气候中生长的树，那都是一些在特征上是寒性的树（cold by nature）。事实上，我们的祖先是如此的反对将性质相反的或具有彼此冲突特征的木材粘结在一起，以至于他们对于这些木材之间某种简单的接触也要防止，只是不包括物理连接；因此，维特鲁威劝告说，冬橡木（winter oak）不应该紧挨着那些有梗花栎木放置。[85]

第 7 章

（27v—28v）

对于目前我们所讨论的问题做一个总结：所有的作者都赞同，那些不结果实的树木比那些结果实的树木更坚实，而那些野生的树木，因为没有经过手工的培植或铁器的修整，比起那些人工培植的树木更坚硬。因为，按照泰奥弗拉斯托斯的说法，野生树木从来不会遭受任何毁灭性的疾病，而据说，人工种植的树木，特别是结果实的树木，会受到最为严重的紊乱的折磨[86]；在结籽的树木中，那些成熟最早的与那些成熟较晚的，以及那些生长甜果实的与那些生长苦果实的，比较起来其保护性能较差。而那些有着较为刺激与苦涩味道的，那些果实口味发酸，或果实较为少见的树木，其木材就更为坚实。那些每隔一年结一次果实，或者完全不结果实的，比起那些每年都结果实的其树上的节结要更多。一棵较矮的树木，就比较难于对其加工；那些没有果实的树木，比那些有果实的树木生长得好一些。

此外，那些生长在毫无掩蔽的地方的树，没有得到山峦与森林的保护，并且会经常受到大风与暴雨的搅扰，一般说来也更结实与更强劲，尽管比起那些生长在山谷之中，或处于背风地方的树木要矮一些，也长有更多的树结。那些在背阴和潮湿环境下向上蹿长起来的树木，也被认为是比那些在干燥、阳光充裕的地区生长的树木更为细长，而那些面向北生长的树木，也比那些面向南生长的树木更有用。[87]任何在其天然的生长群落之外发现的树木都被看做是失败的和被抛弃的。凡是向南生长的树木，都被证明是极其坚硬的，虽然其树心部分[88]可能是扭曲的，而其木质纹理可能与用于结构中的木材不那么一致。而且，那些被自然所干燥的和那些生长缓慢的树木，比任何细长的和生长旺盛的树木都更坚韧：在瓦罗看来，的确，其中一类树木具有雌性特征，而另外一类则具有雄性特征。[89]所有呈白色的木材比任何那些呈其他颜色的木材密度要小，且容易加工。当然，较重的木材总是比较轻的木材更密实也更坚硬，而较轻的木材，也较脆弱；同时树结越多，木质也越紧密。那些其特征是由最长的生命所赋予的，也提供了其一旦被伐倒，能够最长时间抵御腐败的能力。

46

在每一种木材类型中，其木心越小者，其材质也就越强劲，也越粗壮。断面中最接近木心的部分，比起其他部分就越坚硬，也越密实；但是，那些较接近树皮的部分，也具有更坚韧的木质。因为树木可能很像是动物一样，其外的树皮就是它们的皮毛，在皮毛以下，就是它们的肉体，环绕着骨髓的是它们的骨头，而亚里士多德曾经将植物的结与动物的腱做了比较。[90]

木料中最差的部分被认为是边材[91]，主要原因是它最容易受到树虫的侵扰。此外，树的外侧面对着正午的阳光，而这树仍然立在那里的，这一侧的木材比起其他部分，会是比较干燥、贫瘠，且生长缓慢的，尽管它的密度要大一些；同时，在这一侧的树心距离树皮会更近一些。最接近土地和树根的树干将是最重的，正如事实所显示的，这一部分的木料倾向于漂浮不起来；每一棵树木的中段部分是皱褶最多的部分，无论是什么种类的纹理，都是越接近根部就越扭曲。

我发现，最好的作者，关于一些特定种类的树木，发表过一些令人惊异的意见。葡萄藤，他们坚持说，将会保存几个世纪之久。在恺撒的时代，在 Populonia 城，有一尊朱庇特神的雕像，就是用这种木材作的，经历了许多世纪，人们发现它仍然完好无缺[92]；因此，他们说，没有别的什么木材能够保持这样耐久的特征。按照斯特拉博（Strabo）[i] 的说法，葡萄树在阿里亚纳（Ariana），印度的一个地区，是十分常见的植物，其树干的周长是如此巨大，以至于两个人都很难抱住它们。[93]据记载，在尤蒂卡（Utica）[ii] 有一个雪松木制作的屋顶，矗立在那里已经有 1278 年了，而且，在另外一个例子中，在西班牙的狄安娜神殿中的木梁，是用桧属杜松木制作的，从特洛伊（Troy）[iii] 被摧毁之前的两百年，一直保存到了汉尼拔（Hannibal）[iv] 的时代。[94]雪松，也是一样，具有非同寻常的特性，是否，如人们所说的，它是唯一一种不能被钉子所钉牢的木材。[95]在加尔达湖（Lake Garda）[v] 旁的山里，生长着一种杉木，其料在用来装葡萄酒之前，需要用油加以涂抹。但是，关于树木已经谈的足够多了。

47

（28v—29v）

第 8 章

我们也必须准备用于墙体中的石头。有两种石头，一种被用于以灰泥结合在一起的，另外一种适合用于建筑物的结构部分。我将从后者开始，虽然我将会省略其中的相当一部

i　斯特拉博，古代地理学与历史学家，希腊人，其著作《地理》，是现存唯一于奥古斯都统治时期描绘希腊人与罗马人所知的人民和国家的作品。——译者注

ii　尤蒂卡，非洲北部的一座古代城市，临近地中海，位于迦太基西北。据传这座城市是于公元前 1000 年左右由蒂尔城来的腓尼基人创立的。此城于公元前 1 世纪左右衰落，最后于公元 700 年左右被阿拉伯人摧毁。——译者注

iii　特洛伊，小亚细亚西北一座古城，位于达达尼尔河附近。传说为特洛伊战争所在地，约在公元前 1200 年被希腊军队侵占并毁灭，其废墟于 1871 年由海因里希·希里曼发现。——译者注

iv　汉尼拔，迦太基将军，公元前 218 年他率约 35000 人穿越阿尔卑斯山，并在特拉西梅诺湖（公元前 217 年）和坎尼（公元前 216 年）彻底击溃罗马军队。后来在扎马战役（公元前 202 年）被击败。——译者注

v　加尔达湖，意大利北部的一个湖泊，位于米兰东部。——译者注

分，既是为了简短，也是因为这些部分已经为人们所熟知。

这里我将不涉及自然主义者关于石头的起源及其基本原理的理论：关于它是否是从水与土的一种黏性混合物中产生出来的，这种混合物最初硬化为灰泥，然后变成了石头；或者，是否它是由被冷浓缩的物质所组成的，或者就像关于宝石的形成，是由热与太阳放射的光线合成的；或者是否石头的形成与所有其他东西一样，从一粒深埋在大地之中的自然的种子生长而成的。[96]我们也不会讨论是否石头上的颜色是由某种水与泥土的颗粒混合而成的，或是由种子本身的某种内在特性所决定的，或是由太阳射线的效果所形成的。虽然这些枝节问题可以对我们的观点加以修饰，我还是忽略了所有这些问题，而且，就好像有关建筑物与工匠们所公认的经验与技能的对话一样，我将以比起那些追随着一种较为严格的哲学的人们所允许的要更自由也更具影响力的方式，来继续我们的讨论。

加图建议说，"在夏天开采出石头，将其留在露天，在两年内不要使用它。"[97]应该"在夏天"采石以使石头变得渐渐适应于风、霜、雨，以及任何其他石头可能未曾经历过的天气的蹂躏。如果石头刚刚从采石场出来，仍然充满了它自身固有的流体与汁液，被直接暴露在风与突然的霜降等严酷的环境中，它将倾向于开裂与崩溃。它应该被留在"露天"，这样每一块石头，在其开始与时间的永久抗衡之前，都被加以了初步的试验，以检验它经受灾难冲击的强度与能力。它应该在"两年之内"不被使用，这样任何自身虚弱，有可能对工程造成干扰的石头，都逃脱不了这一检验，从而将更为强劲的石头挑选了出来。

当然，在任何类型的石头中都将会发现各种不同的情况：一些石头在露天的环境下会更坚硬，而其他石头，当被严霜所覆盖的时候，会生锈并且开始破裂，如此等等。然而，实践与实验提供了探究任何特殊石头之天然性质的最好方法，关于这一方面最适当的状况就是：通过观察古人的建筑物比起阅读任何哲学家的论文集能够学习到更多的东西。但是，要使有关石头的讨论保持简明，我将做出如下的观察。

白色石头比黑色的石头要容易加工，半透明的石头比不透明的石头要更好使用，但是，一块与盐越是相像的石头，对其加工也就越困难。如果一块石头外面罩满了亮晶晶的沙粒，那将是一块很粗糙的石头；如果其中有金色的颗粒闪动，那对其加工将是很棘手的事情；如果，比如说，石头上有黑色的斑驳，就将是无法加工的。有多角形斑纹的石头比那些圆形斑纹的石头更坚硬；石头上的斑纹越小，石头可能承载的重量也就越大；石头的颜色越单纯和明显，石头的耐久力也就越长；石头上的纹理越少，石头发出的声响就大一些；其纹理的颜色与周围的石头越接近，其结构也就越统一；而其纹理越细，石头的性能也就越反复无常；纹理越弯曲转折，遇到的问题越棘手；纹理中的结越多，也就越耐火。在中心有红土斑纹的，或有赭色腐斑的那些纹理最容易开裂，同样的情况也出现在那种在苍白的石面上带有色彩，一种淡淡的草色的情况时；但是，在所有纹理中最不利的是那种呈现出冰一样的蓝颜色的。大量的纹理意味着一块石头是不可靠的，有开裂的倾向，而其纹理越直，也就越难以使人信赖。

石头断裂时的边缘越锐利，以及越清晰，这样的石头也越紧密；而其表面越光滑，石

48

头也越容易加工。但是那些有着粗糙表面的石头也证明了越拙劣的石头，其色彩也越白，反之，黑色的石头，其颗粒就比较密集，其抵抗铁刃劈砍的能力也就越强。质量较差的石头，其孔隙就较大，石质也越硬；当将石头泡在水里之后，石头晾干需要的时间越长，石质也就越粗糙。重石头比轻石头更坚硬，也更容易打磨光滑，轻石头是较易碎的。当石头被敲打时发出响声的石头，比没有声音的石头密度更大。任何一种当其被摩擦时会产生硫黄一样气味的石头会比那些不产生气味的石头更坚硬；最后，越是用凿子难以凿动的石头，其抵御天气袭击的能力就越强，也越耐久。

尽管天气十分恶劣，如果石头在采石场入口处仍保持其大体块的完整无缺，可以认为它是强固的。几乎所有的石头刚刚出采石场的时候都比它习惯于露天状况以后要软一些；当石头被水喷洒或浸泡之后，比起其干燥的时候更容易用铁器加工。当石头在采石场被开采出来的那个地方越潮湿，当其干燥之后，这块石头的密度也就越大。人们认为当南风（Auster）刮起来的时候，要比北风（Boreas）刮起来的时候，更容易对石头进行形体雕琢，但是当北风刮起来的时候，石头更容易切割。[98]

如果你希望做一个简单的实验以验证一块石头的耐久力有多大，寻找如下的一些迹象：当浸泡在水中时能够充分增加其重量的石头，在高度潮湿的地方就容易破碎；任何在与火接触的时候会变软的石头，将不能够承受太阳的热量。

在这一点上我觉得我不应该忽略古人在各种石头类型上所做的几个值得注目的观察。

49
(29v—30v)

第9章

拥有一种对于不同类型石头的各种不同的和明显的特性有一个理解，对于我们的目的而言，并不都是毫无关联的，这会使我们以最为适合的方式来运用每一种石头。

他们说，围绕着 Volsinian 湖[99]，大约在 Stratonicea[100] 的乡下发现了一种石头，适合于任何种类的建筑用途：它既不会受到火，也不会受到恶劣天气的伤害，它有很强的耐久力，不会因时间而受到损害，如果将其镌刻成为雕像，可以极其久远地保持雕像的外部轮廓线。[101]

塔西佗记录了罗马大火之后尼禄重建罗马城的事情，尼禄使用了 Gabinian 和 Alban 石，因为火对于这两种石头几乎毫无损伤。[102]

在利古里亚（Liguria）[i] 和在翁布里亚，皮切努姆（Picenum）和贝尔吉（Belgi）地区，发现了一种白色的石头[103]，很容易用锯子和凿子对其加工，然而，其固有本性却并不虚软和脆弱，对于建筑物而言，这应该是一种比任何其他石头都更好的石料；然而，它却会因霜冻、严寒，或下雨而破裂，对于海上吹来的微风它也没有什么抵御能力。[104]

---

i 利古里亚区，意大利西北部的一个地区，濒临利古里亚海，这一地区公元前 2 世纪被罗马占领，16 世纪至 19 世纪被热那亚人控制。——译者注

　　伊斯的利亚 （Istria）[i] 生产一种与大理石十分相像的石头，这种石头在高热之下，或与火接触的时候会立即开裂并四散迸碎：这种缺乏耐火能力的情形据说在所有坚硬的石头中都是普遍存在的，特别是在燧石，白色或黑色的石头中。

　　在坎帕尼亚 （Campania）[ii] 发现的一种石头（在颜色上）与黑色的灰烬十分相似，似乎包含了煤的成分。这种石头的重量令人不可思议地轻，极其容易用铁器对其加工，也不可思议地十分坚固和耐久，以及对火与暴风雨有极强的抵御能力；但是，这种石头却如此干燥和饥渴，它会立即将石灰石中的任何湿气汲取或吸收，使得石筑工程变得干燥，并成为粉状；这种石头的结合部位十分脆弱，它会很快开始松散，并因自身的原因而渐渐地崩溃。圆形的石头，特别是在河道中发现的那些石头，却表现为相反的方式：它们与灰泥无法粘结，因为它们总是湿润的。

　　但是，关于大理石在采石场上实际上是如何生长的，我们发现了些什么呢？[105]最近在罗马的地下发现了小块而多孔渗水的 Tiburtine，这些石块在一起生长，就像是被时间与大地养育了似的，形成了一块单一而坚固的石块。[106]在 Piediluco 湖，在水溢出并冲开一个破裂的悬崖而进入 Nera 河的那个地方[107]，有可能看到河岸的上缘在逐渐地生长，引起了一些争论，即岩石的这种持续的生长造成了河口的逐渐封闭，并促进了湖泊的形成。在卢尔尼亚 （Lu-cania），离塞勒 （Sele） 河不远的地方，在朝东的方向上有一个瀑布从高大的岩石上涌出，巨大的钟乳石依稀可见，这块巨石在长度上每天都有增长，石头的尺寸是如此巨大，要搬运一块石头也需要几辆车。虽然，在它新鲜而且充满了它天然体液的时候，这块石头是相当柔软的，但是在干燥之后，它就会变得极其坚硬，最适合于每一种使用。我在许多古代沟渠中看到了相同的现象：沟渠线路的两侧都融合在一起，外面结了一层石头沉积物形成的壳。在高卢有两个有名的景观可以令今日的人亲眼看到。[108]有一条穿过科尼里亚 （Cornel-ian） 乡下[109]的急流有非常高的河岸，沿着这条河岸，在几处地方，有许多大块圆形的石头显现了出来，是从很深的土地中孕育出来的。在法恩扎 （Faenza）[iii] 四周的乡下，在拉蒙内 （Lamone） 河的岸边，有无数自然形成的悬垂的石头；这些石头每天产生出数量不菲的盐，这些盐，据认为，渐渐变成了石头。在托斯卡诺，在佛罗伦萨的乡下，在 Clatis[110] 河岸边的狭长地带上，覆盖了一层非常坚硬的石头，每过七年这些石头又都变回成了土疙瘩。另外一个方面，在西兹克乌斯 （Cizicus）[111] 城和 Cassandrea[112] 城的周围，按照普林尼的说法，是土疙瘩变成了石头。[113]在波佐利发现了一种粉状物，当用海水加以混合的时候，就被硬化而成为石头。[114]他们说沿着从 Oropus 到奥立斯 （Aulis）[iv] 的一整个海岸边[115]，那里的沙子受到海水的冲刷，变得坚硬并石化了。[116]狄奥多罗斯谈到了在阿拉伯半岛，会从土里挖出一些有

---

　　i　伊斯的利亚半岛，南斯拉夫西北的一个半岛，伸向亚得里亚海东北部。原为伊斯的利亚居民居住，公元 2 世纪时被罗马征服。后来又曾被奥地利、威尼斯和意大利相继占领。——译者注

　　ii　坎帕尼亚，意大利南部靠近第勒尼安海的一个地区。古代主要由意大利部落、希腊殖民者、埃特鲁斯坎人和桑尼特人居住，公元前 4 世纪被罗马人攻克。——译者注

　　iii　法恩扎，意大利中北部的一座城市，位于拉韦纳西南部。12 世纪以来，这里因其出产色彩华丽的陶器而闻名。——译者注

　　iv　奥立斯，希腊中东部维奥蒂亚地区的一个古老港口，据传说，在特洛伊战争期间它是古希腊船队的出发地。——译者注

甜味的土块；这些土块在火中就会像金属一样地被熔化，然后变成了石头。这种石头的特征就是，当受到雨淋，石头的接合部位就会被溶解，整个墙体就会融合在一起，而形成一个单一的体块。有一种石头，据说是在亚细亚的特洛伊被采掘出来的，被称作"棺材（sarcophagus）ⁱ"：它是由很容易破裂的纹理组成的，据说任何尸体被埋藏在这种石头中，在四十天之内，除了牙齿之外都会被腐蚀殆尽；而且，更为著名的是这样一个说法，即任何紧挨尸体被埋藏的东西，例如衣服、鞋子，如此等等，都将会变成石头。"chernites"，一种石头，大流士（Darius）ⁱⁱ 据说就是被埋葬在这种石头之中，这里的情况恰好相反：这种石头将其尸体保护得完整无缺。[117]关于这一点已经谈的足够多了。

(30v—32)

第 10 章

古人更愿意使用砖，而不是石头，这一点是得到了广泛赞同的。我相信人们最初是被需求所驱使的，在其他适当的材料缺乏的时候，是用土坯来建造的。人们注意到这种建造方式是如何容易实施，又是如何实际、优美、坚固和可以信赖，他们将土坯继续应用到其他建筑物之中，甚至用于王室的宫殿建筑中。最后，无论是因为偶然的事件，还是由于细心地研究，他们发现火可以将土坯变得强固和坚硬，并可以建造任何一种陶制的东西。的确，从我对很古老的结构物进行的研究中所观察到的，我将会大胆地说，没有什么建筑材料会比砖是更为适合的了，无论你希望怎样去使用它，尽管它一定要被烘烤变硬，而不是其生土坯的状态，但一定要严格地遵循正确的模塑与烘烤方法。关于砖的优点在别的地方也还会谈得更多。

在这里注意到一种观点，即一种发白的泥灰土可以制作非常优质的砖，将是有用的；而略带红色的泥土和所谓具有阳刚性的砂子，也是一样。值得劝告的是要避免使用沙质的和充满沙砾的土；但是，最重要的是，包含有小石子的土应该完全放弃不用[118]：这种类型的泥土在被烘烤的时候会变得翘曲和开裂，之后还会自己破碎。

51　　新开挖出来的泥土不应该用来制作砖坯，他们说：应该宁愿在秋季挖土，以使土经过一整个冬天而变得松软，在春天到来之前不要用其制作砖坯。如果砖坯是在冬天制作的，很显然的是霜冻会使其开裂，或者，如果是在夏天，酷热会在其干燥的过程中撕裂它们。[119]但是，如果不得不在寒冷的冬天制作砖坯，那么，应该立即用一层干燥的沙子覆盖在砖坯的上面，如果是在炎热的夏天，就要用潮湿的麦秸加以覆盖：以这样加以保藏的砖坯既不会开裂，也不会翘曲。

ⅰ　这个词源于希腊语，从希腊词 sarx（"肉"）和 phagein（"吃"）而来。希腊词 sarkophagos 意为"吃肉"，而在短语 lithos sarcophagos 中则指被认为能腐蚀其中尸体的石头。该希腊词单独作为名词使用时即指"棺材"。后来被引入拉丁语，用作名词，指"任何材料做成的棺材"。该词后来被英语借用，最初见于 1601 年，指腐蚀肉的石头，自 1705 年始开始指石棺，这里当以希腊词意译作"棺材"。——译者注

ⅱ　大流士，古波斯帝国国王，阿契美尼德王朝国王名，有大流士一世（公元前 550～前 486 年），大流士二世（?～公元前 404 年）与大流士三世（?～公元前 330 年）。这里不知是指哪一位大流士。——译者注

一些人倾向于要上釉的砖。如果是这样，砂质的泥土，或过于瘠薄和干燥的泥土应该要尽量地避免，因为这种泥土会吸收釉料；反之，上釉的砖应该用呈白色的、淳厚的白垩土制作。砖坯必须是薄的：如果砖坯太厚，它们将不能被适当地烘烤，并将有可能出现破裂。但是，如果一旦要求厚的砖坯，若是在砖坯中部的这里或那里穿上几个洞，大体上就能够避免如上的问题：这些洞就如同通风孔一样，能够通过令潮气和水蒸气逸出的方式来改善干燥和烘烤的效果。制陶工人用白垩涂在他们的陶器表面上，这样，当釉料熔化的时候，它就会在器皿上形成一个甚至更薄的表皮。同样的方式也被用在砖的制作上。

我注意到古代建筑上的砖包含一个特定比例的沙子，特别是红沙，我还发现将红黏土与大理石混合在一起也是一个通常性的做法。

我们从试验中知道，同样的黏土，如果被允许发酵的话，可以说，它将产生出一种相当强壮的砖，就像在面包制作中的生面团一样，然后被揉捏了几次，直到它变成了像蜡一样柔软，即使是最小的石子也被剔除出去了。烘烤将会如此硬化一块砖，如果它在炉火中放置足够长的时间，它将变得如燧石一样坚硬；进一步，如在面包中发生的事情一样，砖会有一个坚硬的外壳，无论它们是在炉火中被烘烤，还是在露天被晾晒。这就是为什么将它们烘烤得薄了为更好，这样就有了更多的壳和较少的碎屑。如果它们被烘烤并变得光亮，它们看起来就很像是被经过了密封而防止天气的袭击；同样的事情也发生在无论是什么种类的石头上：如果先将石头抛光，它将不会遭到侵蚀。

他们说，砖应该或是在其从砖窑中搬出来之际，在其变得潮湿之前，或者在它们已经潮湿而尚未干燥之前，立即被抛光；因为，一旦它们被弄湿了，并要再一次被烘干之时，它们会变得如此坚硬，以至于它们会将任何工具的边缘磨钝；但是，在我们看来，如果当它们一出炉，在它们还正热的时候，就对它们进行打磨，会容易得多。

古人使用三种类型的砖：第一种，一尺半长，一尺宽；第二种，在每一个方向上，有五掌的宽度；第三种，不多于四掌的宽度。在一些建筑物中，特别是在一些拱券中，和粘结在一起的砖砌体上，发现了长两尺、宽两尺的砖。[120]

我们被告知，古人是不会在公共建筑中与私人建筑中使用同样的砖的，而是为前者使用较大的砖，而为后者使用较小的砖。[121]在这一点上，我观察到在许多古代的遗迹中，特别是沿着阿庇安大道（Appian way）[i]，可以发现各种类型的砖，大砖和小砖，用于不同的方式：因而我相信，它们是以这样一种方式而被细心地砌筑的，即它们看起来不仅十分优美，同时也是令人印象深刻的。只举一个例子，我曾看到过不足六寸长、一寸厚、三寸宽的砖，虽然这种砖通常是呈人字形的式样，铺砌在路面上的。[122]

在各种类型的砖中，我倾向于三角形砖，它是这样制作的：首先，塑造一块砖坯，有一尺见方，一寸半厚；在砖坯仍然是生泥坯的时候，在其上压两个槽，呈对角线形式，槽深是砖厚度的一半；这样就造成了四个相等的三角形。这种砖有如下的优点：它们使用较少的土，在砖窑中也比较容易摆放，并且容易出窑，这种砖比较容易运送到建造工地。而

52

---

i　阿庇安大道，位于罗马与坎帕尼亚之间的古罗马大道，建造于公元 312 年，后延伸至布林迪西，全长超过 563 公里（350 英里），路面平均宽 6 米，略呈拱形，沿整个道路有里程碑。——译者注

且，也考虑到它们可以用一只手提起四块，在持续的工作中，一位匠人可以通过轻轻地敲打而将其分开。然后，匠人将这几块砖沿墙体表面而铺设，形成一排一排的样子，令一尺长的那一侧朝外，三角形的顶点朝里。其结果是，造价是低廉的，砌体有一个更令人愉悦的外观，结构也更坚固：看起来这墙体就像是用整砖砌筑起来的，而那些直角之间像牙齿一样契合在一起，中间被填实，使得墙体更强固。[123]

一旦砖坯被塑造完成，建议要直接将其置入砖窑之中，除非它们是完全干燥的；据说，要使其干燥至少需要两年的时间[124]，它们最好是在荫凉处干燥，而不要直接暴露在阳光下。关于这个主题已经谈的足够多了，除了要增加一些与之有关的工作，例如与制陶艺术有关者，

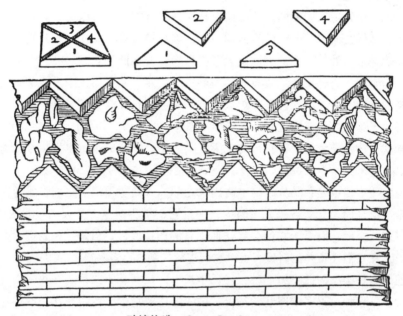

砖墙构造：**Opus Quadratum**

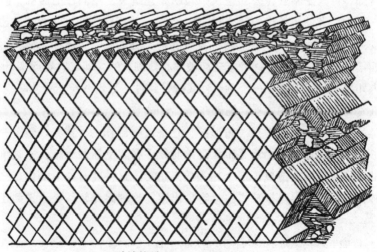

砖墙构造：**opus reticulatum**

某些最好的泥土被认为是来自萨摩斯岛（Samos）[i]、Aretium[ii]、Mutina，以及西班牙的 Saguntum 和亚细亚的帕加马（Pergamon）。[125] 为了简短起见，我将不会忘记提醒的是，我们所说有关砖的这些内容，也同样适用于用于屋顶之上的筒瓦与平板瓦，以及适用于陶制的管子，简言之，适用于任何陶器和制陶工程。

关于石头已经谈得够多了，现在我们必须转而讨论石灰了。

第 11 章

监察官加图不主张使用从不同种类的石头中生产出来的石灰，他将那种从燧石中产生的石灰贬斥为是对任何工程都不适用的。[126] 一块石头如果已经虚耗、枯竭，或者衰朽，以及，如果在烘烤过程中，它已不包含任何可以为火提供消耗之物者，那用来制作石灰是毫无用处可言的，就像石灰华（tufa）[iii]，以及在罗马周围靠近 Fudenae 和 Alba 的乡下发现的那种红色和淡白色石头的情况。在生产石灰的过程中，石头应该失去三分之一的重量，这样才符合专家们的要求。[127]

另一方面，任何过于潮湿的天然石头，若与火接触就会倾向于玻璃化，同样不适合于制作石灰。任何绿色的石头，据普林尼说，都具有较大的抵御火的能力[128]；我们非常熟悉的是，斑岩不仅不会燃烧，还能防止在窑中与斑岩挨在一起的其他石头燃烧。包含有泥土的石头也被认为是不可接受的，因为它会在石灰中留下杂质。

但是，最为古代建筑师所欣赏的石灰是从极其坚硬和密实的石头中生产出来的，尤其是白色石灰：这种石灰被认为适合于许多种类的工程，而且，将其用在拱顶上时，会特别坚固。另外一种他们特别喜欢的用来制作石灰的石头是多孔而渗水的，既不很轻，也不易碎；他们认为这种石头造成的石灰最适合于抹灰，很容易塑形，能够赋予作品一个极好的外部表面。[129] 在高卢我看到建筑师使用从河床中发现的黑色、圆滚、坚硬的，看起来很像是燧石一样的石头中提炼出来的石灰；但是，这种石灰无论在石头或砖筑的建筑物中都无疑会显示出它自身的坚硬和持久。

我从普林尼那里了解到那些用来制作磨盘的石头中生产出来的石灰，这种石头天然丰富，因而最适合于各种不同的用途。[130] 然而，我们从经验中得知，如果这样一种特殊石头的表面有一层含盐的结晶体，那它就会是过于粗糙而干燥，不适于它所承担的用途；其他种类的石头，那些不包含盐分的石头，将是更为适合的，因为它更为密实，能够被更精细地研磨。

然而，任何经过费力而采掘出来的石头要比那些从地面上搜集到的石头制作出更好的

---

i　萨摩斯岛，希腊东部爱琴海上一岛屿，位于土耳其西岸附近。最早于青铜器时代就有人居住，后被爱奥尼亚希腊人殖民，在公元前 6 世纪成为重要的商业和海上力量。先后被波斯、雅典、斯巴达、罗马、拜占庭和土耳其奥斯曼帝国占领，现为今日希腊的一部分。——译者注

ii　从索引可知是意大利中部位于佛罗伦萨东南阿尔诺河岸的一个城市阿雷佐（Arezzo）的 Aretium。——译者注

iii　石灰华，又称泉华，指泉水、湖水或地下水中的石灰质和硅质岩石沉积物。——译者注

石灰；一座阴暗而潮湿的采石场要比干燥的采石场中藏有更好的石头；从白色石头中提炼的石灰，要比从黑色的石头中提炼的更容易抹塑。

在法兰西，在 Edui[131] 的沿海地区，因为缺乏任何石头，石灰是从牡蛎和贻贝等贝壳中制作出来的。

有另外一种石灰称为石膏；这也是通过焙烧石头而制作的，虽然他们说在塞浦路斯和底比斯（Thebes）[i]，石膏可以从非常接近地表的地方挖掘出来，可以直接通过太阳来烘烤。[132]然而，用来生产石膏的石头与那种用来生产石灰的石头是很不相同的，因为它非常软，也很易碎，只有在叙利亚开采的那种极其坚硬的石头是一个例外。进一步讲，用来制作石膏的石头需要经过不超过 20 个小时的焙烧时间，而用来制作石灰的石头却需要至少 60 个小时。我注意到在意大利发现的石膏石类型有 4 种：两种是半透明的，两种是不透明的。在两种半透明的石膏石中，一种很像是明矾块一样，或者更像是雪花石膏。这种石膏石被称为"squameola"，因为它是以非常薄的比例，就像很薄的层一样挤压粘结在一起的；另外一种也是易剥落的，但却更像是黑色的盐而不像明矾。两种不透明的石膏石都像是密实的白垩土，虽然一种是发白的，非常黯淡，另外一种是苍白色中透出淡淡的红色。后两种石膏石比前两种更为密实，那种略带红色的石膏手握的感觉要好一些。前面两种石膏石，较为纯净的那种可以制作更适合于檐口或小雕像使用的有光泽的灰泥。在里米尼（Rimini）[ii]发现的一种石膏石特别地密实，看起来就像是大理石或雪花石膏一样：我曾将这种石头切割成了厚片，制造出了非常好的面层。[133]我将不会忘记提到的是，所有形式的石膏石都要用木制的槌棒打碎，并碾压成粉末状；然后应该将其堆积和储藏在一个干燥的地方，但是，一旦将其运出来，就应该立即将其与水混合在一起，并且毫不迟滞地将其付之使用。

石灰的情况恰恰相反：它不需要被碾碎，但是当其仍然在块状的时候，是可以用水浸泡的；的确，在被混合之前，它应该被置于水中一个时间，使其软化，特别是如果要将它用来抹灰的话，因而任何没有彻底地被火加以充分焙烧过的石灰块就会被溶解而液化。如果它即刻就要被使用，在它被适当地浸泡并软化之前，仍然可能包含一些小块的未被彻底烘烤的石头，这些石头在开始变得绵软之前，可能需要一些时间，很快又会产生水泡，这使得最后的结果不太理想。在这里应该加上一句话是，石灰不应该用一次性的方式来浸泡，而是应该用分几次洒水的方式逐渐地使其变湿，直到它渐渐地被浸透为止。然后，它便仅仅将自身保留了下来，没有任何混杂的东西，在一个潮湿而背阴的地方，除了用一层沙子加以遮护外，不要掺杂任何东西，直到经过一段时间使它发酵而变成更为液态状的灰浆。当然，若这一发酵时间过长会对石灰有很大的改进。从最近在一个古老的荒废洞穴中发现，已经有 500 多年时间的，并由我们自己亲眼所见的石灰，无数的迹象使其变得十分明晰，

---

i 　古代世界有两个底比斯城，一个位于雅典西北希腊中东部的彼奥提亚古城，起初是迈锡尼文明的古城，于公元前 4 世纪达到权力最高峰，但在 336 年被亚历山大大帝严重破坏；另外一个是上埃及古城，濒临尼罗河，位于今埃及中部。曾为皇室居地和亚扪神膜拜的宗教中心，从公元前 22 世纪中期到公元前 18 世纪曾繁荣一时。这里说的应该是希腊的底比斯。——译者注

ii 　里米尼，意大利北部城市，位于亚得里亚海沿岸，在拉维那东南偏南部，由翁布里亚建立，公元前 3 世纪后即成为古罗马的一个战略性军事基地。——译者注

这些石灰处于潮湿而黏滞的状态，因而变得如此成熟，甚至比蜜或骨头中的骨髓还要柔软。当然，也并不能够发现这样的石灰对于什么用途会更适合一些。以这样方式准备的石灰，是要在熟石灰中掺入两倍的沙子混合而成。

然而，在这一方面，石灰和石膏是不同的，虽然在其他方面他们是相似的，应立即从窑中将石灰搬运出来，并将其储藏在一个阴凉而干燥的地方，然后浸泡它。因为，如果将其留在窑中，或任何可以将其暴露在微风、月光或阳光下的地方，尤其是在夏天，它将很快变成灰，并且变得毫无用处。关于这个问题就谈这么多吧。

他们劝告我们，不要将石头放进窑中，除非将其打碎成为不比土块更大的小石块；除了因为这样的石块更容易燃烧之外，人所共知的是石头，特别是圆形的石头，常常包含有充满空气的腔洞，这种腔洞会造成很大的伤害。一旦窑中的火被点燃，石头中的空气会膨胀，随着石头渐渐被加热，其结果或者是像是被冷却一样而收缩，或者变成蒸汽而膨胀其体积；然后，就会冲破原本限制它的那个空腔，它会以一声巨响而爆裂，并以其猛烈而狂暴之力，将整个窑摧毁。在这些石头的中心部位会看到滋生着许多的不同动物，包括有脊背上有毛，并有许多条腿的虫子；这些动物能够对窑造成很大的伤害。[134]

在这里我将不会回避提到发生在我们时代这类事情的一些令人难忘的事故：这本书不仅是为工匠们写的，也是为任何对这种高尚艺术有兴趣的人写的。因此，我将乐于将这里或那里的一些因人发笑的奇闻轶事混杂在一起，无论如何，这既不是特指某个地方，也与我们所进行的事情毫不相关。

当马丁五世做教皇的时候，由一位工人在拉丁姆（Latium）[i] 的矿井发现的一条蛇被带到了阳光下[135]；这条蛇一直生活在一个巨大的漂石中，石头上没有一丝缝隙可以令空气进入。同时发现的还有几只青蛙和螃蟹，但是这些都已经死去。最近，我自己目击了一个发现，那是在一块最为纯白的大理石中所藏的树叶。

在 Velinus 山的山巅，这座山峰将 Abruzzo 与马西人（Marsica）分隔开，也将周围山峰上的城堡分离开来，这是一座光秃秃的山峰，上面是白色、坚硬的石头[136]；在面向 Abruzzo 的山坡上，破碎的石块上到处可以看到海贝壳的痕迹，这些海贝壳不比人的手掌大。

更为令人惊异的是，在维罗纳（Verona）[ii] 乡下，每天都可以发现有着五叶形装饰标志的石头，这些石头就散落在空旷的地面上，石头的背面朝向天空；这些五叶形装饰被绘制的如此精确，线条是准确而统一的，它们被大自然以它那非同寻常、至善至美的技巧塑造的如此美妙，没有哪位人手的作品可以与其作品的精妙相媲美。更为令人惊异的技巧，就好像是要保护那些石头上的标记一样，没有一块这样的石头在被发现的时候，是面朝上而放置着的；从这一点很容易理解，大自然塑造这些令人愉悦之物，并不是为了人类的赞佩，只是为了其自己本身。但是，我们还是回到我们的讨论中来吧。

在这里我将不会停留在如何最好地排列窑的开口和窑内的空间，也不会停留在如何筑

---

i 拉丁姆，意大利中西部一古国名，毗邻第勒尼安海。公元前 3 世纪被罗马占领。——译者注

ii 维罗纳，意大利北部的一个城市，位于威尼斯以西的阿迪杰河畔。公元前 89 年被罗马征服，后又沦陷入蛮族入侵者的手中。1107 年成为一个独立的共和国，1164 年形成强大的维罗纳联盟。——译者注

56

造炉子的内部，从而可以使火苗可以随风而起，而是要将火苗限定在恰当的范围内，因而也就可以将火的完整力量仅仅集中在焙烧的过程上。[137]我也不会继续描述怎样使火逐渐点燃，并付之以持续的注意，直到火苗冲出炉顶而没有冒烟，即使最高处的石头都因发热而变红；我也将不会解释，在窑火稳定下来并再一次收缩之前，石头将不能够被充分地焙烧，火焰使它膨胀并开裂。观察这些物质是如何变化的是一件极好之事：如果在石灰被烘烤之后，将下面的火撤离，窑的底部将会慢慢地冷却，但是，窑的顶部却将会变得更热。

　　由于为了建造，不仅需要石灰，也需要沙子，现在我们必须讨论后者了。

57
(33v—34v)

第 12 章

　　有三种沙子：来自深坑中的沙子，来自河流中的沙子，以及来自海中的沙子。最好的是来自深坑中的沙子。这里有着几种不同的沙子：黑色的、白色的、红色的、似红玉一样颜色的，以及由碎石构成的。如果什么人问我，沙子是由什么组成的，我可能会回答它是由从一些较大石头上裂下来的细小而散碎的颗粒组成的。然而，维特鲁威却主张将沙子描述为——特别是埃特鲁斯坎（Etruscan）的沙子，即以似红玉一样而为人所知的沙子——是土的一种形式，受到了某种残存在山里的余火的烘烤，这种土不比没有经过焙烧的泥土更硬，也不比石灰华更软。[138]

　　在所有那些来自深坑中的沙子中，似红玉一样的沙子是最受人喜爱的，虽然我注意到红沙并不是罗马公共建筑中的最终选择。而白沙是坑沙中最差的一种沙子类型。碎石构成的沙子特别适合于用来充填基础。其次，作为一种选择，则碎石沙，特别是那种颗粒分明，且没有掺土的是好沙子，就像是在维尔翁布里亚人（Vilumbrians）的土地上大量发现的那种沙子一样。[139]再之是将河床上的表面一层去除以后而筛选出来的沙子。最有用的河沙是随溪流而来的，其中最好的是由山溪从陡坡上运送下来的沙子。从海中筛选的沙子被认为是最差的，虽然那种黑色的或玻璃质的沙子并不是完全不可接受的。

　　在靠近萨勒诺（Salerno）[i] 的 Picenes 地区，从海中筛选出来的沙子被认为不比深坑沙更差——虽然这种高质量的沙子并不是在这个区域的每一处沙滩上都能够见得到的：事实上，最差的沙子是在暴露在南风奥斯特（Auster）的方向上的沙滩上发现的，而那些面向西南风（Libycus）的沙滩上的沙子并不都是很糟糕的。[140]在海沙中，那些处在岩石下面并有粗糙颗粒的沙子被认为是最有用的。

　　在各种类型的沙子之间存在着许多的不同。海沙是很难干燥的：其中的盐分使它很容易被溶解，因而它总是倾向于吸收湿气而受到溶解，因而，不适合于，也不能够依赖它来承载重量。河沙比深坑沙要更潮湿一些，因而更容易被用于浇筑，也更适合于抹灰工程。坑沙，课题稍大一些，彼此结合得更好，尽管它倾向于有裂隙，但却更适合用于拱形圆顶

---

　　i　萨勒诺，意大利南部一城市，位于第勒尼安海的萨勒诺湾边，最初是希腊人居住地，公元前 197 年成为罗马殖民地，中世纪时期，萨勒诺是一所著名医学校的所在地。——译者注

的砌筑，而不是用于抹灰工程。[141]

但是，任何一种最好的沙子都将是那种在手中摩擦或碾压时能够发出噼啪声响的沙子，而当同一块干净的衣服包裹这些沙子时，不会在衣服上留下任何污渍，也不会留下土渣。[142]另外一方面，一种在质地上是光滑的，没有任何粗糙感的沙子，或是一种在颜色和气味上都有点像是黏土颗粒的沙子将不会是优质的沙子，那种当被放在水中搅动时会产生混浊或泥泞感的沙子，以及那种当被撒在地上时会立刻被草所掩埋的沙子，都不是好沙子。如果它被长时间地留在露天，暴露在太阳、月亮和霜冻之下，一旦要用的时候，也都是不好的：这会使沙子变得像土一样，并且会被风化，因而这种沙子特别适合于生长灌木丛或无花果树，但却独没有将建筑物粘合在一起的强度。[143]

我们曾经谈到了我们的祖先在木材、石材和石灰方面给予我们的忠告。但是，不可能到处都会找到现成的可以满足我们需求的材料。西塞罗谈到，在亚细亚总是有许多巨大的建筑物和雕像，因为在他们那里有充分的大理石供应。但是，并不是在任何地方都可以发现大理石的：在一些地方就完全没有石头，或者，如果有任何石头的话，那也是不适合于各种用途的。[144]据说，在整个意大利的南部边缘地带都可以发现坑沙，但是，却没有人能够在亚平宁山脉以北的地方发现坑沙。[145]按照普林尼的说法，巴比伦人使用沥青，而迦太基人使用泥浆。[146]在其他地方，在需要石头的时候，他们编织起篱笆，并用泥加以涂抹。希罗多德（Herodotus）记载了 Budini[147] 人在搭造他们的房屋时，包括他们的私人房屋或公共房屋，仅仅使用木头：从他们的城墙，到他们所崇奉的众神之像都是用木头制作的。[148]而在 Neuri[149]，据梅拉（Mela）所说，没有任何木头，只好被迫使用骨头来烧火。[150]在埃及人们是用牛粪来燃烧他们的火塘。因此，人们被迫根据可用的材料与需求来改变他们的住所。在埃及，甚至一些国王宫殿也都是用芦苇建造的，而在印度一些房屋是用鲸鱼的肋骨建造的。[151]狄奥多罗斯写道，在撒丁岛（Sardinia）[i] 的 Dedalia，人们是在从地下开挖的房屋中生活的。[152]在阿拉伯半岛的 Carrae 城，人们是用盐块来建造他们的房屋，并筑造他们的墙的。然而，这种情况在别的地方也有。

那么，做一个结论，不是在每一个地方都同样是有石头、沙子等等的供应的，因为，自然资源的质量与数量在每一个地方是各不相同的。因而，材料的使用应该是因地制宜，并且首先，必须小心确保只有最能够把握和方便得到的材料才是可以获取的，其次，在建造的过程中，所有恰当的材料都应当用在与其相当的位置上。

58

第 13 章　　　　　　　　　　　　　　　　　　　　　　　　　（34v—36）

在获取了上面所提到的材料——就是木材、石材、石灰和沙子——之后，现在应该讨

---

i　撒丁岛，意大利地中海中的一个岛屿，位于科西嘉岛南面。公元前 6 世纪前由腓尼基人、希腊人和迦太基人居住，公元前 238 年被罗马人占领，然后又分别被汪达尔人（公元 5 世纪）和拜占庭人（6 世纪早期）占领，1720 年归入萨瓦王朝统治下，成为撒丁王国的中心，在此以前该岛曾被许多欧洲力量控制过。撒丁王国国王维克多·伊曼纽尔二世于 1861 年成为意大利第一位国王。——译者注

论建造的方法与手段。至于有关铁、铜、铅、玻璃等的供应，只需要求购买与储存一个充足的量以避免在建造过程中发生的任何短缺就可以了，无需再做更多的努力；无论如何，我们将要讨论的是为一个位于适当地方的作品的表面及修饰需要选择与分配的材料。然而，我们现在将要进行的是对整个过程做一个陈述，从非常基础的部分开始，就好像我们自己亲手在建造一样地对其加以描述。

首先，我必须再一次提醒你要从公共事务以及你自己个人和你的家庭的境况两个方面对你当前所处的情势加以仔细地考虑，以确保在不确定的时间内，如果你继续建造，你所进行的事情不会激起嫉妒与不满，而如果你放弃建造，也不会造成不必要的损失。另外一个重要的考虑是在一年的时间：一个仔细的检验将会显示，在冬天，特别是寒冷气候下建造的房屋，会在其建造工程完全完成前，就可能会被冻结，而那些在夏天，特别是在炎热的气候下建造的房屋，将会过快地干燥。这就是为什么建筑师弗朗蒂努斯建议说最好的建造时间是在每年四月的第一天到十一月的第一天，但在炎热的夏天要有一个间歇期。[153]

但是，在我看来，对于不同地区在地形与气候上的差异应该会对是否坚持或延缓工程的决定产生影响。当你对所有上面那些要素最终都满意了的时候，也就是对你计划建造的房屋划分出其房屋覆盖范围的时候，亦即在地面上将房屋的长宽和角度，以及它的组成空间标志出来。

一些人劝告说工程必须要等到良辰吉日方能开始，因为在那样一个时刻，若有什么东西进入实在之中，就为那一刻附加了很大的重要性。据说，卢修斯·塔鲁蒂尤斯（Lucius Tarutius）[154]能够通过追索其命运模式而确定罗马奠基的准确日子。[155]在古代智者们的眼中，开始的那一刻对于未来有着如此重要的影响，以至于，按照尤利乌斯·弗米库斯·马特努斯（Julius Firmicus Maternus）的说法[156]，有人能够推测出世界形成的准确时间，并且能够通过研究其历史，相当详细地描述出事件的细节：神医埃斯科拉庇俄斯（Aesculapius）[i]和导引亡灵之神阿奴比斯（Anubis）[ii]坚持说，这一时刻发生在巨蟹星座（Cancer）[iii]开始升起的那一刻，后来又得到了 Petosiris 和 Necepsus 的支持[157]，那时的月亮正在中弦月时，太阳正处在狮子座（Leo）上，土星（Saturn）正位于摩羯座（Capricorn）上，木星处在人马座（Sagittarius）上，火星在天蝎座（Scorpio）上，金星在天秤座（Libra）上，而水星是在室女座（Virgo）上。

很显然，如果我们的解释是正确的，那么时间会对许多事物产生十分大的影响。诸如那些他们说的发生在冬至时的事情，这个时候干的铜钱草（pennywort）[iv]开始开花，膨胀的气囊爆裂，柳树叶子和苹果中的籽发生了翻转？老鼠肝脏上的纤维数量总是与月亮的日子相符合。

对于我而言，虽然我不会走得如此远，去相信那些从事这一艺术的或那些通过对季节的审视就能够探知每一件事情之运数的人，无论如何，我会承认当他们以上天的种种讯号

---

i　埃斯科拉庇俄斯，是古罗马神话中的医药与康复之神。——译者注

ii　古埃及神话中的导引亡灵之神，是豺头人身神，为奥塞里斯之子，他引导死者去接受审判。——译者注

iii　巨蟹星座，北半球狮子座和双子座附近的一个星座。——译者注

iv　铜钱草，属龙胆科小草，一种有圆形叶子且令人想起便士之外形的植物。——译者注

为基础而谈到这些观点，并涉及对一个特定的时间是应该重视或是不必在意的时候，我们不应该忽视他们。但是，无论在什么样的情况下，或是留意了他们的劝告，如果它是正确的，将会极其有用，或者，如果它不正确，也会是无伤大雅的。

我可以在这里提到几个测量方面的荒谬例子，这是古人在着手做某件事情的时候会提出来的[158]；我不希望它们被曲解。当然，任何人都会劝告说，当没有好的前兆的时候，任何事情都不要去做，其中也包括对房屋覆盖范围的测定，这一点就应该被嘲笑。古人受到迷信的如此困扰，甚至在给新人起名字时也都小心翼翼，以免这名字会有什么不吉利的地方；当以祭献牺牲来净化一个殖民地或一支军队时，他们会选择那些有着吉利名字的人去开始牺牲祭献的工作；当为税收而出租合同时，监察官会因为莱克·卢可里努斯（Lake Lucrinus）的名字的好运气而放在一系列名字的上方；然后再一次，因为受到 Epidamnum 这一不吉利发音的名字的困扰（因为这一名字的发音就像是什么人在划着船驶向"地狱"），他们将这一名字改为 Dyrrachium，同样，以前被称作 Maleventum 的小城，被重新命名为 Beneventum。

60

同样荒谬的是，他们诵念各种代表好运的名词和做祈祷的做法。的确，一些人会坚持说，人类说话的力量是如此巨大，甚至野兽和无生命的物体也将会服从它（尽管在这里我将不涉及加图关于衰弱的公牛可以因鼓舞之词而重新恢复活力的事）。很明显的是，人们会使用话语和祈祷来恳求他们当地的土壤来滋养任何非同寻常的或奇异的树木，并祈求树本身允许他们将其移植到其他地方来栽种。进入了这样一个虚妄琐碎的话题，说了那么多其他人说起过的荒唐事之后，为了活跃一下气氛，我应该提到另外一个故事：有人声称人类的声音有如此大的影响力，以至于如果一个人请求芜菁（turnips）[i] 关照他、他的家庭，以及他的邻居，若是他种植了芜菁，这些芜菁就会生长的更大一些。在这类故事中，我不理解的是为什么人们会认为兰香草（herb basil）是那样一种植物，在种植这种草的时候，人们越是诅咒它、凌辱它，它就会长得越茂盛。不过，让我们换一个话题吧。

我想最好不理睬所有那些毫无价值的迷信，而是以一种圣洁和宗教的方式来理解我们的工作。"我从朱庇特开始，这些艺术；因为朱庇特充斥于万物之中。"[159]以一种纯净的心情来从事这样一件工作是适当的，要供奉上圣洁而虔敬的祭献品，特别是在向上天众神祈祷，恳求他们帮助或赐福于这一正在进行的事业时，以确保这一事业得到护佑直到其顺利而幸运地得以完成，并要使建造者、他的家庭、他的客人持续地享有健康与财富，他们的处境是无忧无虑的，他们的心情会远离焦虑，他们的财富会与日俱增，他们的工作会成果累累，他们的声名会远扬海外——简而言之，他们和他们的子孙将会持续地享有未来的每一种恩惠。不过，关于这一点谈得已经足够多了。

---

i　芜菁，或芜菁甘蓝，一种广泛种植于欧亚大陆的植物（芜菁，芸薹属），属十字花科，有大块、多肉的根，呈黄色或白色，可以食用。——译者注

莱昂·巴蒂斯塔·阿尔伯蒂关于建筑艺术论的第三书从这里开始

第三书
建 造

第1章

一整个建造方法可以被总结和归结为一条原则：对各种材料规则而巧妙的组合，设若它们是方形的石料、砂石、木料，或是别的什么东西，以形成一个坚固的，并且尽可能是，完整而成为一体的结构。一个结构只有当它所包含的各个部分是不可被分离或移动的时候，才可以说是完整而一体的，但不包括它们的每一条线的连接点及其配件。

因而，我们需要考虑什么是结构的基本部分，它们的秩序是什么，它们被组合在一起的先后顺序是什么。要发现造成结构的各个部分并不困难：很显然它们是顶和底，是左和右，是前和后，以及所有位于其间的东西：但是，不是每一个人都能理解它们的特殊特征，以及为什么它们是各不相同的。

一座建筑物的建造并不只是石头垒石头，砂石叠砂石，像那些无知者们所想象的那样；因为各个部分是不相同的，因而材料与建造方法也从根本上是相当不同的。基础需要以一种方式来处理，束腰（girdle）[1] 和檐口就会以另外一种方法，转角以及门窗开口的边缘更是另外一种处理方式，而墙体的外表皮则要与其中间填充的做法不一样。我们现在必须要问的是在每一种情况下，什么是适当的做法。

在这一问题上，如我们上面已经提到的，将遵循那些以自己的双手而从事这一工作的那些人相同的顺序；因而，我们将从基础开始。基础，除非我是错的，并不是结构本身的一部分；而是构筑了一个基座，在其上结构本身可以被承托和建造。因为如果一个房屋覆盖范围（area[2]）能够被建造得十分坚固与安全——石头的，例如，就像在 Veioi 周围常常可以发现的——不需要在筑造结构本身之前再来放置一个基础。[3] 在锡耶纳有一些巨大的塔是直接建造在裸露的地表上的，在这座小山下面，是一个坚固的石灰华岩床。

一座基础——这就是说，"一个落底之物"[4]——故而凡在什么地方需要挖一个可达坚固基底的深坑时一条深沟就是不可或缺的了，就像在几乎所有地方的案例中一样；后面还要更多地谈到这一点。下面将简要地说明用地是否是适合的：正常生长着野草的潮湿地就不做讨论了；那些完全不能生长树木的，或树木的生长极其困难的土地，土质是密实的；在其周围，每一样东西都是相当贫瘠而干燥的，如果是多石的地，应该不会是小而圆的石头，而是坚硬而带棱角的石头，最好是燧石；不应该有泉水，或是地下的溪流，因为溪流的特征是不断地冲刷并堆积物体；因为这个原因，坚实的地基不会是在一块平地上，或位于河畔，除非你挖到了河床以下的高度上。

因此，在你开始任何挖掘之前，应当提醒你的是要将房屋覆盖范围（area）的所有转角与边缘[5]，非常细心并多次反复地以正确的尺寸与恰当的位置而加以标志。在测定这些角的时候，要用极大的三角板，而不是用一个小三角板，来更为准确地标识出每一条线的方向。古人使用了由三根直尺组成的三角板，一根长三肘尺（cubits）ⁱ 一根长四肘尺，另外一根长五肘尺。[6]

没有经验的人不知道如何在没有将房屋覆盖范围以内的所有东西清除，使基地变得清净和完全水平之前划定那些转角。因而，他们送进一群破坏者，挥舞他们手中的大棒，就像与敌人作战一样无所顾忌地横扫与摧毁一切。他们的错误必须得到纠正。灾祸、不可预见的发展、机遇、经费紧张可能常常会妨碍和阻止已经开始的事情的完成。此外，若表现出对我们祖先的作品的不尊重，或没有能够考虑市民们从他们固有的祖先的生活方式中汲取而来的舒适感，都将是不适当的；应该会有足够的时间去清除、摧毁并修整齐平建筑所用地基上的一切的。因此，我主张你要将所有的老房子保存的完好如初，一直到如果不清除这些房子就使某些东西的建造变得不可能的时候再说。

（37—38）

第 2 章

在测定基础的时候，应该注意到墙体的基础和柱子基座（这也被看做是基础的一部分）一定要比拟砌筑的墙体的宽度宽一些——因为非常相似的原因，那些穿越托斯卡诺阿尔卑斯山中大雪的人，会在脚掌上用绳子绑上带子，从而使变宽了的脚掌防止他们陷进雪中太深。

如何测定那些转角仅仅用话语是不容易解释清楚的：划定这些角的方法是从数学中沿用而来的，并将要求图示说明。更有甚者，它将与外面正在进行的工程无关，无论如何我们关于这一问题的《数学解释》（*Mathematical Commentaries*）[7] 可以用于任何其他地方。虽然如此，在这里我将试图尽可能充分地描述这一过程，这样你们中任何有知识有智力的人将会充分地理解，从而使你自己很容易地追随这种方法。一些东西可能仍然是晦涩不清的，如果你希望准确地理解这些东西，就从已经提到的著作中寻找答案。

我们确定基础的通常方法是描绘出几条线，被称为是基线，是按照如下的方式进行的。我们从前面的一个中点，向作品的后部直接画一条线；沿着这条线的中点我们在地上钉一个木桩，穿过这个木桩，按照几何规则，我们画出正交线。然后，我们将所有的度量都与这两条线发生关联。这样一种方法在各个方面都是很好的：平行线是很容易绘制出来的，转角能够精确地确定，各个部分之间可以彼此准确地协调一致。

但是如果发生这样的事情，即老建筑物既有的墙休伸出并阻隔了应该形成一个转角的地方的视线，你一定要在不论哪里有一些不受阻隔的地方绘出平行线。然后，标志出其交叉点，再通过日晷仪绘出一条横线，并进一步在正确的角度上绘出一些平行线，你就能够很容易地解决这一问题。同样十分有用的方法是固定一个高过视线的木桩，就如同是在某个较高的地方进行观察，用一条线，可以通过这条线掉下垂线以用来检验方向和距离。

---

i　肘尺，古代的一种长度测量单位，等于从中指指尖到肘的前臂长度，或约等于 17 至 22 英寸（43 至 56 厘米）。——译者注

　　一旦这些地基沟槽的线和角被标志了出来，如果我们有那个特定的西班牙人最近的报告中所提到的同样的想象力和直觉就会很好了：按照他的说法，他能够测知在地下深处蜿蜒曲折的水的脉络，就如同它们在地表上流淌着一样。在地下所发生的如此多的东西我们都是未知的，我们要依赖它并赋予它以承托结构的责任与金钱的投入而没有任何风险，这样的事情是从来不会发生的。同样，特别是在基础部分，在这里比在建筑物的任何其他地方都要求建造者的思考与注意力小心谨慎与周到细密，任何细节都一定不要忽略。在任何别的地方发生的错误，会造成较小的损失，纠正这一错误困难也较小，也更容易担当一些，但是若在基础部分造成一个错误就是无可弥补的了。

　　古人习惯上会说，"向下一直挖到坚硬的土层，上帝与你同在。"基底有许多层，有些层是沙子，有些层是石子，有些层是多石层，如此等等；在这些层之下，其位置可能是变化和不确定的，存在一个坚硬而密实的土层，特别适合于承担建筑物的重量。这一层的特征本身可以是多样的，在各种类型之间几乎没有任何相似的地方：有些可能是很坚硬的，铁器也几乎拿它没有办法，其他一些是很厚的，一些是黑色的，其他是白色的（后者通常被认为是所有土层中最弱的），一些是由黏土组成，另外一些由石灰华组成，还有一些是碎石和黏土的混合体。不能够肯定地说其中的哪一种是最好的，除非其中任何一种可以抗拒铁，或是将其浸入水中而几乎不会溶解，这样的土层才能够被认可。然而，没有什么被认为是比从地层内部涌出的溪流下面发现的物质更为可靠和稳固的。

　　在我们的观点中，应该从那些在这类事情上有着任何知识和经验的人那里寻求指导，他们可能是当地的居民或附近的建筑师：通过他们熟悉的既有建筑物或通过他们建造新房屋的每日经验，他们应该已经获得了对自然及当地土层性质的恰当理解。然而，事先检验土质密度的方法确实是有的。如果一个沉重的物体能够沿着地面碾压，或从一定高度上下落，没有使地面产生摇动，或者没有使在某个位置上放有一碗水的地表面受到干扰，这就可以确定地保证土质是坚硬的。但是，坚固的土地并不总是能够找到的：在一些地方，例如沿着亚得里亚海岸边，以及在威尼斯，在上层淤泥的下面除了泥泞之外什么也找不到。

64

第 3 章　　　　　　　　　　　　　　　　　　　　　　　(38—39)

　　因而，基础的设计必须根据基址的情况而变化。一些基址可能位于高处，其他一些基址位于低处，另外一些则位于两者之间，例如，像斜坡一样；然后，一些基址是干燥而贫瘠的，特别是在山脊和山巅上，另外一些则是完全被水浸透而潮湿的，就像那些位于海岸边，并毗邻一个泻湖的基址，或者在一个山谷中。其他一些基址可能既不是完全干燥，也不是彻底潮湿的，因为这些基址位于一个斜坡上，这对于任何水不保持平静和迟滞，而总是能够奔流而下的地方都是真实的。

　　没有什么地面可以仅仅因为它能够经受铁的硬度而去相信它；例如，在一个平原地带，地面可能会滑动，从而会对整座建筑造成巨大的伤害。我们自己在 Mnestor[8] 的威尼斯城的一座塔的例子中亲眼看到了这一点：这里的地面显然是太单薄而软弱了，在这座塔被建成后不久，塔的重量就造成了它的下沉，并且一直沉到墙头垛子处。更令人感到羞辱的，是那些没有能够不厌其烦地去寻找适合于承载一座建筑物之重量的天然坚硬的地块的人们，却找到了古代废墟中的一些残留物，并轻率地将它们用之于一个有着相当大尺寸的墙体的基础之中，而且没有检验它们的尺寸，并将其修复到足够接近的程度：应当为整座建筑物的被摧毁承担责任的是为了减少造价的贪婪。

因而，明智之举是在开始动土之前先挖几口井坑。有几个原因来做这件事，一个不是最小的原因是完全弄清楚了是否每一个地层会支撑这一建筑物，还是会破坏这座建筑物；更多的是，人们发现那些被开挖出的土和水能够被转为一些不同的用处；还有，能够造成一些通风口，这样可以使得建筑物更为稳定，较少受到来自地下发散物造成的伤害影响。[9] 在挖了一口井、一个蓄水池、一条排水沟或确实的任何其他深坑，并探明了藏在地表之下的各个不同的土层之后，下一步你必须选择一个最适合的层，并以其作为承担这一作品的依托。

无论在什么位置上——不管它是否被抬升或别的什么处理方式——如果有一条溪流从那里流过，就有可能造成侵蚀，你将你的沟槽挖得越深就越好。峭壁，最初是被山体的构造遮掩着的，但是却一天天地越来越显露了出来，显然是山体被流经的雨水所冲刷和销蚀的结果。在我们的父辈时代，佛罗伦萨上方的 Morello 山还很厚实，长满了绿色的杉树；现在被销蚀的（是被雨水，如果我没有错的话）只剩下裸露和崎岖不平。

在一个倾斜的基址上，科卢梅拉建议我们从基础的较低处断面上，在最深的点上开始[10]；这是有很好的理由的。首先，任何落在地基上的东西将会平稳地坐落在地形上，并被证明是极其耐久的；其次，如果你想扩大你的住宅的话，它将以一种扶壁的形式来起作用，对附加在其上的任何东西提供稳固的支撑。此外，如果出现了裂缝或发生了土地滑坡，就像在这类沟槽中常常会发生的那样，将更容易被发现，造成的损害也较小。

在湿软的地面上，最好挖一个宽的沟槽，用木桩、编织的树枝条、厚木板、海草、抹泥，以及任何类似的材料，对沟槽的两侧进行加固，以防止水的渗入；其次，任何存留在沟槽中的水都要排干净，沙子要掏挖出去，泥浆要完全从基底上清除掉，直到你脚下的地基相当坚固了为止。如果情形需要，在沙质土基中也一定要采取同样的处理程序。

最后，整个沟槽的基底必须修整绝对水平，在任何方向都没有斜坡，这样施加在其上的荷载才会得到均匀地分布；因为重量的典型特征就是向最低点倾斜。

在处理湿软地段时建议做一个进一步的测量，尽管这个测量是与结构而不是基础有关。这就是：用许多上下颠倒的树桩和木桩，将其烧焦的一头插进土中；这一作法应该覆盖计划中建造的墙体覆盖范围的两倍，木桩的长度不应小于其墙体计划高度的1/8，而桩的粗细不应小于其长度的1/12；这些木桩应该如此紧凑地捆扎在一起，要使其中没有再加入更多木桩的空隙。无论用什么样的机器来驱打木桩，都不应该采用十分沉重的锤打，而是用传递性地重复敲击的做法：如果这些锤子过于沉重，木料将不能够承担对它的挤压以及巨大的重量，并会立即劈裂；直接地重复而持续的敲击将会破坏并损耗任何土质，反之，则会加强它的抵抗力。当你试图在硬木上钉入一根细钉子的时候，可以观察到有关这一点的证明：如果你用一个重锤，就不能够将钉子钉进去，但是若用一个适当轻一些的锤子，钉子就会穿入木头。关于沟槽可能谈得足够多了，除非或许还要加一些特殊的情形，或是减少造价，或是避免用地基址沿着道路的不安全的延伸，不是沿着一个单一的、连续的沟槽来构筑一个坚固的工程，而是在中间留出一些空隙，可能会更好一些，就像是只为墩柱和立柱筑造基础一样；然后，在一个墩柱与下一个墩柱之间筑造拱券，墙体的其他部分在拱券的顶部升起。在这里我必须重申在其他地方已经提到的同样的原则，亦即计划中的荷载越大，基础和地基就应该越宽也越坚固。关于这一问题已经足够了。

第 4 章

（39—39v）

现在留给我们的是有关结构的处理问题；但是，由于整个砌筑艺术和建造方法部分是依赖于石头的特征、形状和条件，部分则取决于灰泥层的粘合能力，关于这两点首先我们必须做一个简短而相应的说明。

66

一些石头是粗糙[11]、强硬、充满了湿气的，例如燧石、大理石等；这些石头天然是沉重而音调强劲深沉的。其他一些石头则是黯淡无光泽、质轻而晦暗，如石灰华和砂岩。此外，一些石头有平坦的表面，直线的边缘和相等的棱角，这些被称为方石；其他一些石头有几个不同的表面、边缘和棱角；我们将这些称为不规则的石头。还有，一些石头是如此的大，以至于一个人若没有雪橇、杠杆、滚轴，以及搬运工等的帮助，仅凭自己的双手而想挪动它，都是不可能的。另外一些石头是如此的小，你甚至可以仅仅用一只手就轻而易举地将其捡起来，并加以安置。还有第三种石头的分类方式，其大小尺寸与重量恰好界乎中间；这些石头被称为是"标准大小"的。

每一块石头都应该能够被敲出声响，没有粘上泥土，也应该经过很好的浸泡。当敲击石头的时候，若发出噪声，就会暗示出这石头是完好的还是破裂的。洗刷石头的最佳地方是在一条溪流中。如果一块石头具有"标准的"大小尺寸，那么，它被适当地浸泡至接近第九天时，一般来说就是可以接受的了；而对一块大石头，就需要较长的时间。从一个采石场上新开采出来的石头比起很久之前就已开采出来的石头要好一些。如果一块石头与粘结它的石灰脱离开来，它不一定适合于被砌筑在第二个地方。关于石头本身说这么多吧。

至于石灰，如果从窑中将石灰块搬移出来时是开裂或破碎的，甚或成了完全粉末状的，这是不应该被提倡的：这样的石灰对于使用来说，质地是太差了。建议使用的石灰应该既是通过焙烧而加以纯化了，变成了白色，能敲出音响，质地很轻的，又能够在被浸泡在水中的时候发出响亮的噼啪声，并腾起巨大的烟雾。第一种石灰有较低的强度，明显需要较少的沙子，而后者的强度就比较大一些，需要较多的沙子。据加图所颁布的每一尺工程约一 *Modius*[12] 的石灰中应该用两倍的沙子[13]；但是，人们的观点是不尽相同的。维特鲁威和普林尼主张，如果沙子是从采石场中来的，可以掺入四倍的沙子，或者如果沙子是从河边或海边来的，则可以掺入三倍。[14]

最后，如果石头的特征和质量（关于这一点我们在下面将要涉及）要求灰泥更为稀释和柔软，沙子一定是经过筛选的；但是当要求有较厚的灰泥时，应该在一份沙子中混合入一半锐利的沙砾和小石子碎屑。得到人们普遍公认的是，加入三分之一被碾碎的砖瓦碎片，将会产生强度要高得多的灰泥。无论是用怎样的混合方式，你必须不断地揉捏，直到甚至是最小的颗粒也被吸收掉。因此，应该在一个灰泥槽中多次搅拌与敲打这一混合物，以使其混合得更为彻底。或许除了将石灰与和它自己同类的石头粘合（特别是如果同是从一个采石场中出来的话）能有比与和其不同种类的石头粘合有更好的胶着力之外，关于石灰谈得已经相当多了。

67

(39v—40v)

<h1 style="text-align:center">第 5 章</h1>

  关于基底的建造（也就是说，将基础带到房屋覆盖范围的水平面的那一层断面），我发现古人关于这件事情没有给出什么提示，除了，如我们上面提到，任何有缺陷的并在露天放置了两年的石头应该砌筑在基础里。就像是在军队中一样，那些懒散和胆怯的士兵，不能够忍耐阳光与灰尘，被送回家中，并不是没有一点耻辱，同样的是，那些柔弱与单薄的石头被砌置在深处，让它在蒙羞的黑暗中继续它的懒惰生涯。不管这些，我在一些历史书籍中读到，古人们会将他们的每一点关注与留意放在基础的基底部分的建造上，因而，它们是与墙体的其他部分完全一样坚固的。

  Asithis，埃及国王 Nicerinus 的儿子，他通过了一项法律，允许一位负债之人以他死去的父亲的尸体作保而借贷，当他建造一座砖砌的金字塔时，首先将木头堆进沼泽地中，以形成基础，然后在基址的顶部砌筑砖头。[15]据记载，杰出的 Cresiphus[16]，是他建造了非常著名的以弗所的狄安娜（Diana）神殿，对于这样一座庞大的建筑物，在其地形并不确定，或不是足够坚固的时候，他并不轻率地放置基础，一旦一个清晰而平坦的基址被选定，这一基址可能是不会发生地震的地方，他扔进了一层碎木炭，在这层木炭的上面是一层动物的皮革（animal hides）；在木桩的空隙间则填满了煤（coal），在这一层的顶面放置的是一层方形的石头，石头之间的搭接尽可能地长。[17]我听说一些用于建造耶路撒冷的公共建筑的基础中的石头，有 20 库比特（cubit）[i] 长，并且至少有 10 库比特高。[18]

  然而，我注意到在其他一些大尺度的工程中，过去的那些有经验的建筑师，在基础的设置上，遵循的是不同的方法和规则。例如，在安东尼尼（Antonini）的宗教圣物储藏所[19]，他们在基础上填充的是由不比一个手掌大的坚硬的碎石组成的骨料与灰泥的混合物；在银匠广场（Silversmiths' forum）他们填充的混合物是用多样混合的碎屑组成的骨料，而在人民大会场（Comitium）[ii] 中，其基础中的骨料则是用普通的石头碎片与石块组成的。但是，给予我特别深刻印象的是在塔尔皮亚岩石（Tarpeian Rock）的下面建造的工程；在这里是从岩石的自然特征中寻找例证的，他们建造了一座特别适合于山体地形的工程。像是一座由

---

  i 库比特（cubit），古代西方的一种长度度量单位，等于从中指指尖到肘关节的前臂部分的长度，或约等于 17—22 英寸（43—56 厘米），也可以译成肘尺或库比特，本书统一译作库比特。——译者注

  ii Comitium，该词的意思是聚会之所，是古罗马广场的一部分，也是罗马人民集会的地方，主要建于罗马共和国时期，是当时罗马的政治中心。王瑞珠译作人民大会场。——译者注

带状的坚硬石头与柔软物质交错组成的小山，它们坐落在一层方形石头的基础上，方石基础有两尺深，尽可能地坚固，在这两尺高的顶部是一层由骨料组成的混合体；然后，这些混合体填充了由交叉的各层石头与混合体组成的基础。

我曾经见到过这种类型的基础及建筑物本身的其他例子，这些是由我们的祖先用坑中的沙砾和从地面上收集的平整的石头建造的，而且，这些建筑实例是如此坚固，它们存在了有数个世纪之久。当一座在博洛尼亚的特别高而坚固的塔形建筑被破坏的时候，其基础被发现是用圆形的石头和黏土填充而成的，基础向下延伸了几乎有 6 库比特的深度；而其余的部分则是用石灰筑造的。因而，铺设基础的技术是各个不同的，并不容易说哪一种是我所倾向的：例子可以从每一种已经被证明是极其坚韧与强固的案例中发现。但是，在我看来，造价应该是最为重要的因素，只要你不将垃圾和容易腐烂的物质填充进基础中就可以了。

基底的类型也是变化多样的。有一种类型是为门廊，或任何支撑一排柱子的地方设置的，另外一种类型是为海岸边的基址设置的，在那些地方你不能保证能够找到你所满意的坚硬基址。关于后者在谈到深水海港和防波堤的建造方法时我们会加以讨论：这不是一个与我们在这里讨论的一般的结构工程相关联的主题，而是与城市的一个特殊部分相联系的；这一主题将会在我们讨论这一类单座公共工程时，与其他类似的主题一起处理。

然后，关于成排的柱子，不需要用一个连续的结构去填充一个延伸的沟槽；最好首先加强这些柱子本身的基座或基台，然后用一个反转的拱券，以其拱背朝下的方式，将这些基座或基台逐一联系起来，如此，则房屋覆盖范围的水平层就变成了拱弦。由这些拱所提供的既有支撑将会帮助我们防止地面上产生的来自各个侧面的不同荷载聚集于一点之上。

韦斯巴芗（Vespasian）[i] 高贵殿堂的西北角提供了一个有关柱子是如何产生向地面以下下沉的倾向，以及集中在这些柱子上面的压力可能会有如何之大的证明。在这座建筑的房屋覆盖范围的一角，一条公共通道被堵塞了，为了清理出这条通道，通过在建筑物的结构上打通一个地道，人们穿透了房屋覆盖范围而开辟了一条捷径；这样使得这个转角变得很像是一个路旁的柱子，虽然，这个转角通过一个扶壁柱而被加以强化和支撑，但是建筑物的巨大重量，以及地基的沉降渐渐综合在一起而造成了它的破坏。关于这一主题谈得足够多了。

68

第 6 章

(40v—42)

一旦设置了基础，就可以直接砌筑墙体了。但是，在基础与墙体都建造完成了之后，我们一定不要忽略这条忠告，即在有着巨大尺寸的建筑物中，其墙体是非常厚重的，墙体

---

i　韦斯巴芗，古罗马皇帝（9—79 年），他给罗马帝国带来了繁荣，对军队进行了改革，是艺术的资助者，并营造了古罗马圆形大竞技场，这里应该是说他所建造的建筑物，但是否是圆形竞技场不详。——译者注

的结构中应该包括通风孔和烟道，从基础到屋顶都要有分布，相隔的间距不要太大；这是为了给任何可能增大的，或从地下积聚的，并会造成某种困扰的水汽，提供一个排放的通道——这样就会防止这些水汽以任何方式造成的对结构的损害。古人常常会在墙体内设置螺旋形楼梯，这既是为了这样一个目的，也是为人到达屋顶而提供一个捷径，或者，也可能有降低造价的作用。但是，我现在要回到主题上来了。

69　　房屋基础与墙体本身的不同在于：房屋的基础是被沟槽两侧所撑扶着的，可以仅仅是一堆碎石，而墙体则是由许多部分组成的，如我现在就要解释的那样。墙体的主要部分是这些：较低的部分，就是说直接放置在填充的基础之上的那一段[20]（这部分我们可以称作是墩座墙，或平台）；中间一段，这一部分包含或包裹了墙体（以裙墙而为人们所知）；以及上面的部分，环绕着墙体顶部的如领口一样的部分（称作檐口）。[21]

在所有其他重要部分中，也许墙体是更为重要的部分，是墙体的转角以及墙身本体或者是那些附加的元素，如墙墩、柱子，以及任何其作用如同柱子或承托桁架和拱形屋顶的支撑体的。所有这些都被纳入了房屋骨骼的描述之中。[22]同样重要的也包括每一侧所开洞口的唇边，这些地方兼有转角与柱子两方面的特征。也应该包括在房屋骨骼中的还有开口上面的覆盖物，那就是梁，无论是直梁，还是拱券；因为我将拱券就称作是一根弯曲的梁而不是别的什么，这是一根梁抑或只是放在交叉点上的一根柱子？延伸在这些基本部分之间的那些区域所应提及之物较为适当的是"嵌板"（Paneling）。[23]

在整个墙体中对于上面所提到的部分应该有某种共通的东西；关于这一点我的意思是中间填充的部分以及在两侧的两层皮或壳，一层皮将风与阳光阻挡在外面，另外一层皮将房屋覆盖范围包容在内。无论填充部分，还是表皮部分都是按照建造方法而变化的。

如下是各种建造方法：普通的、网状的及不规则的。在这里提到瓦罗的一段话是适当的，在这一段话中瓦罗谈到了在塔斯库勒姆（Tusculum）[i] 的别墅中的用石头建造的墙，而在高卢土地（Ager Galicus）[ii] 上，他们是用烘烤过的土坯砖建造的，在萨宾人（Sabines）[iii] 的乡下是用未经烘烤过的土坯建造的，而在西班牙，则在土中掺杂了沙砾。[24]关于这一点后面还会谈到。

普通的建造方法包括了使用石头（标准的石头，或更适宜的是，大尺寸的石头），这些石头被凿成方形，按照一种固定的方式沿垂直与水平方向，将其砌筑在一起；没有什么建造方法能够比这种方法更强劲，或更稳固的了。

网状的建造方法包括使用标准的，或更适宜的是，使用小尺寸的石头，将这些石头凿成方整的形状；这些石头不是水平放置的，而是使其表面有一个角度地平放着的，垂直方向则是对准的。

---

　　i　塔斯库勒姆，古代拉丁姆（意大利中西部的一个古国，毗邻第勒尼安海，公元前3世纪被罗马占领）位于今天意大利的罗马东南。小普林尼、奇切罗及皇帝尼禄等是曾在这里建造别墅的人中最显要的几位人物。——译者注

　　ii　高卢土地，公元前232年保民官盖乌斯·弗拉米尼乌斯提议通过了一项平民决议，即《按丁分配皮凯努姆和高卢土地法》，瓦罗对这块土地做出了说明，指出"阿里米努姆以内皮凯努姆以外按丁分配的土地称之为罗马高卢地"，这里的"罗马高卢地"即所谓的"高卢土地"。此注引自《湖南科技大学学报（社会科学版）》2005年03期，陈可风《格拉古兄弟的改革与罗马共和宪政的衰微》。——译者注

　　iii　萨宾人，意大利中部的一个古代民族的成员，于公元前290年被罗马人征服并同化。——译者注

在不规则的石筑工程中，不规则的石头是以其任一侧面摆放的，只要其形状允许即可，但要与相接的石头紧密适合。这里使用的是燧石路面的建造中所采用的结合方式。

然而，所采用的建造方法应该根据具体情况而定。例如，在与柱基相接的部位，我们只能使用极大块的、坚硬的，切割方整的石头建造，而不能用其他方式。因为这里的结构必须尽可能地坚固与稳定，如我们较早时已经说过的，因而很显然的是，这一部分的墙体要求比其他部分更强固，也更稳定。事实上，如果有任何可能的话，它应该是由一整块石头构成的，或者至少在坚固与耐久方面与一块完整的石头最为接近。关于如何把握与运送这些巨大的石头，主要是与装饰问题相关联的[25]，关于这一点将在适当的地方加以叙述。

要将你的墙体，加图劝告说，用坚硬的石头与好的灰泥建造得至少高出地面一尺。[26]至于墙体的其他部分，你甚至可以使用未经烘烤过的土坯，如果你愿意的话。关于这一点的理由是很明显的：这一部分的墙体容易受到从屋顶上落下的雨滴的侵蚀。但是，如果我们观察古人的建筑，我们将会注意到不仅在这个国家，而且在任何其他地方，经过良好建造的房屋的基础都是用坚硬的石头筑造的，即使是在埃及，在那里几乎不用担心雨水的侵害，但金字塔的整个基础却都是用黑色的底比斯石建造的。因此，一个更为细致而深入的解释就是需要的了。就像铁、铜和其他金属一样，如果将其在相反的方向上反复地加以弯曲，它们就会被疲劳而弱化，直至最终被折断，任何其他材料也不例外，如果用交互的外力来打击，也将会被严重地损害并且会断裂。我特别在桥梁中注意到了这一点。任何暴露在雨雪阴晴的气候之下的一侧，先是受到阳光的暴晒与风的吹袭，然后又受到夜晚从水中升腾而起的雾气的浸润，很快就因被侵蚀而变得脆弱和斑斑驳驳。值得注意的是，这种情况是如何在一座墙体的那些低矮而接近地面的部分发生的：首先是接触了湿气，然后是可能会侵蚀和软化这部分墙体的灰尘。因此，我的观点是整个墩座墙应该用坚硬的、极其强固的、大块的石头建造，以赋予这部分墙体对于经常性的气候侵袭以最大的保护。至于什么是最坚硬的石头的问题，我们在第二书中已经做了充分的论述。

第 7 章

特别重要的是要了解在这里的石头，以及在建筑物的任何其他部位中，是如何黏结、砌筑在一起的。像木材一样，石头可能是既有纹理，也有节疤的；石头的强度可能是不统一的；例如，可以注意到的是，大理石是会开裂和翘曲的。石头中可能存在藏有糟朽物的砂眼和孔洞，我设想，通过从空气中吸收渗入空气的潮湿之气，这砂眼和孔洞会慢慢地增大，这样将会加重石头中的溃疡，从而导致了在柱子和梁上留下的疤痕。

因此，除了有关石头已经谈到的一些问题之外，在适当的地方，必须要理解的是石头是在岩层中自然形成的，大约如其所说，就像我们在液体物质中所可能见到的，随着它的逐渐凝结，渐渐地变得坚硬起来，但保持着它最初的形状。其结果是，在底部的颗粒要比那些在顶部的颗粒大一些，在一种物质被倾倒在顶部与之相接的另外一种物质之上的时候，

70

(42—42v)

71　纹理也就形成了。无论这纹理是由较早一层的浮渣和随后一层的沉淀物混合而成的，或是为防止那些非常不同的材料的接合而被大自然嵌入其中的某种截然不同的东西，很显然的是，只要是有这些东西存在的地方，石头就容易产生裂纹。此外，不证自明，不需要寻找任何更小的明显理由，气候的袭击将应该对任何处在成长中的，或被强制地黏结在一起的东西的松散和破裂负有责任。所以，那些暴露在自然气候之下的石头部分将会变得较为松软，就像是要被瓦解了似的。

因此，需要提出忠告的是，在砌筑石头的时候，特别是那些墙体有最为强劲需要的地方，就要确保只有将最强固的一侧，也就是被侵蚀最小的一侧，暴露在自然气候的攻击之下。在摆放石头的时候，最好不要将其侧面以垂直的纹理来放置，因为在这样一种位置下，气候会造成石头状态的恶化；相反，应该按石头的水平纹理来摆放，这样来自上面荷载的压力不会造成石头的开裂。石头在采石场上时，无论哪一侧是朝向里侧隐藏起来的，现在就应该被暴露在露天之中；在自然汁液的滋润下，它会变得充实而强壮。但是，在任何经过开采的石头中，最具抵抗力的表面将不是那种沿着石头的纹理开采下来的石头，而是那种横切纹理开采的石头。

此外，在整座建筑物的各个转角都需要是非常强固的，因而必须要稳固地建造。事实上，除非我是错的，每一个转角都代表了建筑的一半，若一个转角发生了破坏，将不可避免地造成两个侧面的坍塌。通过一个较近距离的观察，可以毫无疑问地揭示出，几乎每一座建筑物，当其出现糟糕的状态时，往往是由这座建筑物的一个转角处的结构薄弱所造成的。因此，古人值得称道的实践是要将他们的墙体，在转角处要比房屋的其他地方明显地厚出很多，在有列柱的门廊处，则要通过附加壁柱来加强其转角。

为什么转角需要如此强壮固，原因并不仅仅在于使其能够支撑屋顶——的确，支撑屋顶的任务是由柱子（columns[27]）而不是由房屋转角承担的——而主要是要使转角能够保证墙体的各在其位，防止墙体的垂直度在任一方向上发生倾斜。因而，转角的石头应该是极其强固而长的，故而它们可以延伸到相邻的墙体内，就像一只手臂的肘关节一样，相对于墙体的深度，它们也应该是足够宽的，以避免其间需要任何的充填物。在墙体中间的骨骼[28]以及环绕着房屋开口的部分，也应该以与转角相同的方式来加以处理，要按照这里所可能承受的荷载大小来加以强固。最为重要的是要有一个钳爪的系统——那就是，将石头交替地向每一侧伸出——就像某种扶手一样支撑着其余的嵌墙（paneling）[29]部分。

（42v—43v）

第 8 章

嵌墙（paneling）[30]是由两个要素组成的，这两个要素，如我们上面已经提到的，对于整个墙体都是通用的：表皮与充填物。有两种类型的表皮，内表皮与外表皮。如果外表皮是

72　用坚固的石头建造的，建筑物的耐久性就会得以改进。我不在乎你在建造其余部分的嵌墙时是有怎样的倾向的——无论它是网状的还是不规则的石头砌筑方式——只要你通过一层有着能够阻挡袭击、压力与伤害的强大的天然能力的石头，使其免受暴晒的太阳、狂怒的

大风，以及火与霜冻的恶意破坏就好。必要的是，就像在所有古代建筑中所可能看到的，凡是任何有雨，其天沟或屋檐中落下的水滴可能会飞溅到的地方，就需要使用一种特别强劲的材料；在这些地方，即使是大理石也会受到破坏，风会撕咬它，湿气会侵蚀它；尽管最有经验的建筑师会通过使用排水管而将屋顶上汇聚的雨水排除掉。

我们的祖先观察到了，也许没有观察到，在秋天时朝南一侧面向南风奥斯特（Auster[31]）的树叶总是会先掉下来。我们却使自己注意到了所有建筑物在经历了长久的岁月之后总是从面向南风奥斯特的一侧开始受损糟朽直至坍塌。或许造成这一点的原因就是，当工程本身才刚刚完成，太阳的强度与热度却使灰泥干燥得太快了。此外，墙体还不断地受到南来的微风的润泽，然后又遭受烈日的蒸腾，使得墙体变得虚弱和衰朽。因此，墙体的外表面必须使用一种适当的材料，要能够抵挡这些侵蚀以及其他类似的损害。

在我看来，应该遵循的最重要规则之一就是一旦开始建造，环绕着整座结构的一个墙体就应该建造得具有相同的水平与标准，这样就不会发生在一侧用了较大的石头，而在另外一侧却用了较小的石头。据说任何外加的重量都会对结构施加压力，而正在变干的灰泥会有较小的黏着力，不可避免地在墙体上造成裂缝。

然而，我并不反对你们在内墙皮上，以及在所有墙面的朝向上，都使用软质的石头。但是，无论使用哪一种石头，房屋的内表皮，以及外表皮必须是垂直地砌筑成一条直线。它也必须精确地与房屋覆盖范围相吻合，没有在任何一点上向外凸出，或向内凹进，或者在整体上呈波浪起伏状态；它应该在整座房屋中都是平直而适当地建造的。

如果在建造过程中，你在墙体刚刚建成之后就使用了第一层灰泥，无论你随后是通过粉刷还是抹灰来增加后来的灰泥，都将被证明是可以耐久的。

有两种类型的填充方法：一种是用成堆的材料塞进两层外壳之间的空隙中，另外一种是用普通的但粗糙的石头填充，提供了一个结构的核而不仅仅是填充物而已。两种方法似乎都是出于经济的原因而发明的，任何一种小而常见的石头对于墙体的这一部分都是需要的。当然若是有足够多大块的，经过方整切割的石头的话，没有谁愿意去使用这些小块的石头碎片。[32]

在这里出现了嵌板与骨骼的不同：对于前者来说，用石头碎片和任何碎石块来填充其外壳以里都是可以的——这是一个只要用小铲就能够完成的快捷活；而对于后者，不规则的石头是从来不用，或者仅仅是偶然才会用到的，但是在墙体的整个厚度上都使用了标准砌筑的石头而使其成为一个整体。

为了耐久起见，我宁肯使整个墙体的每一个部分完全都是用方整的石头砌筑的；但是不管用什么方法，当你决定要在两层外壳之间填充东西的时候，应该尽可能确保使每一侧都能够黏结在一起并保持水平。同样很重要的一点是，要在从内侧的表皮到外侧的表皮之间，横切整个墙体，隔不太远的距离，填充进大量普通的石头[33]；这样使得内外壳连接在一起，以防止在进行填充作业之时，造成两侧的外表面向外膨胀。

当进行墙体填充时，古人制定的一个规则是，若没有在这里或那里用一些长而宽大的方形石块加以连接之时，不要使一个单一截面的填充高度超过 5 尺；这些长大石块的作用有如绷带或肌肉，将结构束缚或把握在一起，同时也确保当填充物的任何一部分，因为偶

73

然的事故，或因为低劣的技术而造成的任何塌陷，不会造成其上负载的所有荷载的下沉，因而使其上面的那个断面能够形成一个新的承托体来承载这些荷载。

最后，要加以劝告的是——我注意到所有的古人是如何严格地遵循着这条劝告的——在填充物中不要包括重量超过一磅的石头。[34] 人们认为小块的石头能够更好地结合在一起，比大石块更适合于黏结。在这里提到我们在普卢塔克那里所读到的有关努马（Numa）[i] 国王故事是适当的：他将他的人民按照不同的行业加以了划分，因为他相信一个团体被划分的各个部分越小，也就越容易对其进行统治并保持其统一。[35]

另外一个我相信应该不被忽略的因素是每一个孔洞都应该被填充，不应该留下任何一个空穴；关于这一点的原因之一是防止任何动物和植物进入孔洞或在那里筑巢，乃至在其中囤积污物或留下种籽，其造成的可能结果是野无花果从墙体内部萌芽生长。我曾经看到一个有着不可思议重量的，一整块的石头，被一条根蔓所困扰的情形。因此，无论你建造什么，都必须十分小心地将它们黏结在一起，并填塞充实。

（43v—44v）

第 9 章

许多大石头应该被包括进用来连接的作用之中，或用来联系室外与室内的壳，以及用来连接骨架与骨架的，就像那些我们已经提到的每 5 尺都要被插入的石头一样。也有其他的连接方式——那些具有很大重要性的——这些连接方式贯穿于整个墙体的长度之上，并且倾向于控制住转角，从而支撑着整座建筑。后者是较少使用的，我不记得曾经在一座墙上见到过两次以上，或者很偶然的，有三次。它们的主要坐落与位置是用坚硬的石头形成一个挑架来起到一个覆盖墙体上端的檐口的作用。下一个横档是直接用在开口之上的。同样地，他们确信在底部的墩座墙不能缺少一个适当的檐口。在那些有着更多一般性连接式砌筑的地方，在那些每 5 尺的位置上，更为经常的是，用较细小的石头也没有毛病。但是，

74   在第二种类型下，在人们所知的檐口部分，因为它们是不经常出现的，它们所起的作用就更为突出，最好使用相对来说更强硬更厚实的石头。但是，在每一种类型中，一般来说最长、最厚、最结实的石头都是需要的。较小的砌石应该用方形的石头，齐平地摆放在墙上；但是，其他的应该像檐口一样从立面上凸出出来。那些极其长而宽的石头，应该被放在准确的水平上，能够与两侧墙体很好的连接，因而那些覆盖了下面的上面那一层就像是铺砌的路面一样。如下是石头应该怎样摆放：每一块新的石头应该与其下面的石头很紧凑而整齐地相适合，它的中心应直接放在它们的结合点之上，它的表面在两个面上应该是均匀而平展的。虽然这种摆放石头的模式在整个工程中都被使用着，但在遇到这种连接部分的时候就显得尤其重要了。

我注意到在网状的砌筑方式中古人包括了通常的 5 种，当然不会少于 3 种石工砌筑的联结方式；在这些方式中，如果不是全部，至少有一种，其砌块不比那些相邻的砌块厚，

---

i　努马·庞皮利乌斯（活动时期约公元前 700 年），罗马传说中共和国成立前 7 代国王中的第二代。——译者注

但却比之长而宽。然而，在一般的砖工砌筑中，我们发现他们满足于在每 5 尺处有一个双层高砖的砌法，其作用如同一个韧带。我们注意到一些人在墙体的宽度方向插入了长的铅板以起到韧带的作用。但是，当他们用大石块建造时，我注意到他们满足于用较少的连接式砌法，有时仅用在檐口处。

当建造檐口的时候，我们至今所提到的砌筑规则没有一种是应该被忽略的，这也因为，是檐口将墙体紧密地连接在一起：只有最坚固的石头应该用在这里，石块应该极长而宽，结合部分应该是连续而合适的，每一步砌筑都应该按要求放置的平稳而方正。因其所处位置的要求，檐口应该以极其小心和谨慎来加以对待，在那种其作用是将整个工程联结在一起的地方是最可能出现问题的，其附加的作用是作为其下墙体的一个覆顶。因此有这样的说法：在土坯墙上要用一个砖墙檐口；这样做可以覆盖并保护它们不受从屋顶和屋檐上落下的雨滴的损害。为了这样一个理由，应该确保每一种墙体都采用了坚固的檐口，起到一个覆盖物的作用，以防止受到雨水的侵害。

我们现在必须回到那些为将大量石头结合成为一个整体的、坚固的和紧凑的墙体而要求的联结与支撑方法上来。在这一问题上最显然的考虑是灰泥的重要性，虽然我承认不是所有的石头都能够被灰泥所黏结。例如，当将大理石与灰泥接触的时候，不仅会失去其耐久性，而且还会被肮脏的灰泥浆所污染；因而，大理石是如此拘谨，它除了与其自身相接触外，很难容忍与任何其他东西的结合。不是这样的吗？它鄙视烟雾；在其上涂油会令其变得黯淡无光；若洒上红葡萄酒它会变得颜色灰暗；栗子树的树液会令它变黑，它沾染了的污渍会如此深沉，再怎样刮擦也很难去除痕迹。这就是为什么古人在他们的作品中总是将大理石裸露在外，只要有可能就避免在其上使用任何灰泥。但是，我们会在后面讨论这一问题。

75

第 10 章

（44v—45v）

有经验的工匠的能力并不在于要求最好的可能材料，而是要对那些既有的材料有明确的判断与恰当地使用；因而，这将是我们自己讨论的基础。一个人能够区分石灰是否得到了适当的烘烤，一旦它成为熟石灰，其中的热量释放殆尽，一个气泡，就像在牛奶中一样，就会从每一块石灰中冒了出来。同样地，当你将石灰与砂子混合的时候，恰好碰到了小圆石碎块，这说明还不到足够的时间使它被浸泡的发软。如果恰好在其中加入了太多的沙子，它将变得过于粗糙而不适合于黏结；从另外一个方面讲，如果比所要求的质量与强度填加得要少，它将变得像泥浆一样迟钝和黏滞，很难对其加以把握。

那些没有经过适当浸泡，或那些有着其他缺陷的石灰，用在基础中比用在墙体的其他部位，或用在填充中比用在外壳中更安全。那些即使是有着轻微瑕疵的石灰也应该尽量避免用在转角处、骨架中，以及联结体，而特别是拱券处，只能够用最可信赖的石灰。转角、骨架、束腰及檐口处都要求用一种清洁的、优质的和纯净的沙子，特别是当它们被用于打磨光滑的石头时。用于填充时则更倾向于有较多粗拙块粒的沙子。

自然干燥而极易吸水的石头使用河沙会比较好，而任何发潮而有湿气的石头则十分适合于使用来自采石场的砂子。我将不会把海砂暴露在南风奥斯特（Auster）之下；而将其暴露在北风（Septentrion）[36]之下则可能要好一些。小块石头要用丰富的灰泥，干燥而一本正经的石头则要用厚的灰泥，虽然古人认为在任何类型的建造工程中，一种厚的混合灰泥要比薄灰泥有更好的抓附力。

对于非常大的石块，优先的选择是将其放在流动的灰泥床上。这样做的主要原因似乎是这样的石块更需要一个可以滑动的平台以便在建造时用手工就能够将其容易地挪动到恰当的位置而不是需要更多的支撑。在整体上来说，最好将灰泥床弄得像这个一样软而滑动，因为这样将会防止在不均衡的荷载下操作的时候压碎石头。那些人注意到在古代建筑中使用非常大块石头的时候，其联结部分使用的看得出来是红黏土，这显示红黏土曾被用作一种灰泥。对于我来说，这似乎不太可能，主要是因为我仅仅在一侧，而不是在内外两侧都看到了这种黏结情况。

关于墙体还有一种进一步的情况不容忽视。墙体的建造不能进行得太快，也不能太草率，亦不能以不间断的操作方式，更不应该在工作展开之后怠惰懒散而导致工程延误。反之，工程应当按照一定的方法与目标来进行；建造的速度应该配合以深思熟虑与从容小心。

经验告诉我们在将已经完成的部分处理得十分妥帖之前，不要将墙体向更高处砌筑：软而新砌的墙体会过于松散和虚弱，不适于增加进一步的荷载。人们能够注意到燕子在按照自然所教会它们的方式筑巢时，曾经用泥来涂抹它作为其巢穴的基础和根基的树枝，在以同样的方式在这根基上进行下一步的工作；它们从来不过于草率匆忙，而是耐心而逐步地建造，它们会停顿它们的工作直到前面建造的那一部分已经足够结实了。据说石灰在释放出某种小的绒毛或花絮之前还没有变得适当地坚硬，任何一位曾经做过这一工作的人都会记得这一点。

不时地中断建造过程是需要的，准确的高度取决于墙体的厚度，以及其所坐落的地方和气候。无论何时你决定停止建造了，应该用麦秸覆盖上工程的顶部，以防止风或阳光汲取其水分，要通过蒸发而不是干燥来造成一种适当的黏结。当你希望重新开始工作的时候，用清水浇洒几次，直到它得到了适当的浸泡，因而任何可能导致某种野无花果生长的尘土也被冲洗一净。没有什么能够比使石头得到彻底的浸润而能够令其强度与稳定性更能够得到提高的了。他们说，除非当石头被打碎，在其内部出现因湿气造成的完全发黑的颜色时，否则它是不可能被彻底浸透的。

还要注意的一点是，无论在什么地方后来证明可能会是有利的或期望引入一个新的开口而要把建筑的拱券放入墙体的结构之中时，因而当墙体是逐渐被穿透的，拱券就将有一个可以坐落其上的安全而预设的基座。用话语很难描述即使是一块最小石头的移动有时怎么会破坏一个完整结构的强度与整体性。事实上我们决不会在将一个新的结构结合进一个老的结构时，在它们之间没有造成明显的破坏而能够取得相当的成功的；不需要解释当一个墙体受到如此的重创而导致弱化后几乎是会坍塌的。

如果一堵厚墙的宽度能够为工匠在建造过程中提供走动的空间，就不需要脚手架了。

第 11 章

我们讨论了建造的标准方法，那就是用石头垒砌和用灰泥黏结。但是，还有其他的石工建造方法——在一些地方，不是用石灰，而是用黏土作为黏结材料的，还有一些地方，石头是不通过任何灰泥的支撑而组合在一起的，以及其他仅仅用于碎石的方法，或仅仅用于表皮的方法，如此等等；我们将非常扼要地讨论这些方法。

任何用黏土灰泥来黏合的石头[37]应该被切割成方形，但是最重要的是，它必须是干燥的；最适合于这种砌筑方式的是经过烧制的砖块，或者，更好的是，经过很好晾晒而干燥的未经烧制的砖坯。一堵由未经烧制的砖坯砌筑的墙对于居住其中的人是非常健康的，它完全不会受到火的伤害，也很少受到地震的困扰；另外一方面，除非它有相当的厚度，否则它将不能够承当地板的重量。因为这个原因，加图建议我们在结构中组合以石柱来支撑梁枋。[38]一些人断言说，泥土如果被用作灰泥，应该是像沥青一样的；他们认为最好的泥土应该是在水中溶解得十分缓慢的，若粘在手上也是很难洗净的，在干燥的过程中会很明显地收缩。其他的泥土则更倾向于沙质的，比较容易模塑。这一类的工程应该在其外侧，用灰泥加以涂抹，以及在内侧，如果你愿意的话，用石膏，或者甚至用灰黏土。为了使它粘结得更好一些，在建造过程中，会不时地在砖石块的缝隙间塞入陶器的碎片，如此则这些碎片就会像牙齿一样凸出出来，以便更坚固地支撑墙面的抹灰。

在那些露天的石筑工程中，石块一定要切割成方形的，这些石块应该比通常的要大，也应该更坚固和极其强硬。在这里一定不要用填充物，但是施工的过程应该是绝对平的，联结体也要是连续的，经常使用的应该是铁筋和钉拴。铁筋是用来联结一组相同水平的石块以形成一个连续的石块行。钉拴是将两个上下叠在一起的石块固定起来，以防止任何一行石头被挤出线外。很少有人拒绝使用铁筋和钉拴，虽然，如果我们观察古人的作品，我们将会注意到铁是如何生锈而不能够持久的，相反，使用黄铜却能够达到几乎是永久的效果。我也注意到铁锈是如何能够软化大理石，并使它渐渐成为碎屑的。在一些最为古老的作品中也能够看到用木筋来插入到石筑工程中的做法；这些材料我并不认为比铁筋低劣。铁筋和青铜筋应该用铅来加以捆绑，但是木筋以其形状就足以牢固地置于其所在位置上，正如人们所知，因为它的外观，就像"燕子的尾巴"。[39]

铁筋应该插在那些雨滴不可能溅到的地方。青铜筋如果在铸造时加入三十分之一的锡，就可以被认为能够对持久的岁月有很强的耐力，如果再在其外涂上一层沥青，或者甚至是油，就不用担心它们会生锈。据说铁如果用白铅、石膏和液状的沥青加以回火，也不会生锈。木筋，如果用纯蜡和油渣加以涂抹，就不会腐烂。我自己亲眼看到过当将大量极热的铅倾倒在石头上以用来保护铁筋时，石头开裂的情景。

在所有古代建筑物中，人们所能够发现的极其强固的墙体不是用别的什么而是碎石建

造的。这些建筑物是用在非洲和西班牙发现的泥土墙同样的方式建造的：一种临时性的形

78　式，用嵌板或柳条编织物构成，被树立起来像模板一样用来包容灌注其中的填充材料，直
到其凝固硬化。唯一的不同在于：用嵌板时他们灌注的几乎是液状的由骨料形成的黏稠物；
而用枝编物时其中填充的通过润湿和揉捏而变软的泥土，然后用木杵和脚将其击打或踩踏
至实。古人会在每三尺的厚度上加入一层像碎石一样的填入物以作为联结，这一层是由相
当大块的石头组成的，主要是一些普通的石头，但也包括一些锐利的碎片（圆石头，虽然
能够经受得住打击，在任何结构中却非常不可靠，除非它们是被足够的支撑物稳固住了）。
在非洲他们将土墙中的泥土与西班牙金雀花枝或海草掺在一起，这样形成的墙体对于风和
雨有相当的抵抗力。那些可以追溯到汉尼拔时代的建造在山脊上的塔楼或眺望台，在普林
尼的时代仍然可以看到。[40]

仅仅用来做外壳的墙体——因为我倾向于如此称呼，而不是称作表皮——应该是用风
干的枝编物和芦苇席构造的；这其实并不是一种什么特殊的工艺，只是古罗马平民常常使
用的方法而已。这些枝编物被涂抹上了一层土与麦草混合的泥浆，这混合的泥浆被揉捏了
三天。然后在其外粉刷，如我已经描述过的，用石灰或甚至是石膏，最后用绘画或浮雕加
以装饰。如果你将石膏与碎瓦砾以二比一的比例混合在一起，就不用担心灰浆四溅了。如
果同石灰混合在一起，它的强度也会有所提高。在潮湿、霜冻的情况下，或冰冷的石膏，
则是毫无用处的。

尚需要我提及的是，就像在结论中一样，我觉得建筑师中的一种古代规则应该是
遵循来自先哲的劝告。它是这样的：给你的墙以尽可能坚固的基础；墙顶的中心线应
该垂直并且与墙底的中心线完全一致；转角和骨架（bones）[41]必须要用一块更为强固
的石头从地面到墙顶加以强化；要适当地浸泡你的石灰。未经浇湿的石头不要使用，
暴露在外的一侧要用较硬的石头。结构必须被建造得齐平、水平和垂直。确保每一块
石头都要放在下面两块石头联结处中心。在外表面要用完整的石头而在填充时要用碎
石。要放几块横贯内外的石头以将两排石头联结在一起。关于墙说得足够多了；我现
在要讨论屋顶。

我不能忽略一个进一步的考虑，这在我看来似乎是得到古人更为认真地对待之事。毫
无疑问，在自然界有一些力量是不应该被低估的。例如，据说闪电是从来不会击打月桂树
的，也不会击打鹰或海豹。[42]一些人可能相信，如果一件作品中包含了这些物体就不会遭到
闪电的冲击。我把这些看得与其他迷信没有什么两样，就如同你将一只癞蛤蟆放在一个罐
里，再埋在自家地的当中，它会保护你的种子不受鸟的啄食一样[43]；如果你将一只牡蛎带进
屋内三次，就会造成分娩的困难[44]；如果你将莱斯博斯岛（Lesbian）[i]上的茅草叶子放在你
的屋顶上，就会带来痢疾，这将会导致致命的结果。[45]

79　回到我们的论题中来吧。现在当我们论及建筑物外部轮廓的时候，对前面曾简单涉及
的东西必须加以讨论。

---

i　莱斯博斯岛，古希腊岛屿，因为此岛上有关古希腊女诗人萨福的同性恋传说而著名，Lesbian 一词亦可转译为
"女同性恋者"。——译者注

第 12 章

一些屋顶要暴露在外，而另外一些则不需暴露；这些暴露的屋顶可能是由直线组成的，而其他那些则是曲线的屋顶，另外一些是两者的组合。进一步的区分是，在这里提出是适当的，一座屋顶既可以是木头建造的，也可以是石头建造的。我们将从建立一个对于所有屋顶设计都是共同性特征的讨论开始。它们是骨架、肌肉、填充的嵌板墙、表皮和外壳[46]，以及能够在任何屋顶上识别出来的东西，就像在任何墙体上识别出来的一样；但是，让我们考虑一下事情是否真是这样，或不是这样的。

让我们从由直线组成的木屋顶开始。为了支撑屋顶需要在横跨墙与墙之间放置强固的梁栿。同时，如我们刚才已经提到的，梁布置在柱子的交叉点上。在应该有骨架的地方，有一个梁。但是，如果财务允许的话，会有什么人不希望将工程建造得尽可能地强固，比如说要有一个坚固的骨架，就要通过将柱子连续起来，并将所有的梁栿联系在一起吗？然而，我们必须将造价问题考虑进来，要推算出任何不会削弱结构稳定性而可以省却的多余之物。因此，梁与梁之间的空间被留了下来，然后，横梁被放置了上去，在这些梁的间距之间覆以板条，和任何其他类似的东西。每一件这样的东西都可以被看做是一条连接的韧带。在这些韧带上加上了厚木板，或宽木板，这些显然取代了填充其中的嵌板。[47]同样，地板或瓦无可置疑地起到了外部表皮的作用，而在我们头顶上的顶棚则起到了内部表皮的作用。

如果这一点没有疑义，让我们观察一下它们之间是否有什么共同的特征，因为这样做我们可能更容易理解在石头屋顶的情况下怎样做才是适当的了。然后，让我们以上下文所允许的尽可能简洁的方式加以叙述。

在这里提到我对于今日的建筑师的印象是如何淡漠是恰如其分的，他们为了将地板梁布置得合适，就将恰好是墙体骨架的地方留出了空隙，当墙体完成之后，将梁头塞进这些空隙之中；其结果是墙体的强度得到了减弱，房屋在火灾的侵袭中也变得抵抗乏力，因为这样的做法使得火苗很容易从一间房屋窜到另一间房屋中去。因此，我宁肯选择古人的习惯做法，古人是通过固定在墙上的一个坚固的梁托（corbels）[i]，在梁托之上放置了上面所提到的梁头的。但是，如果你希望墙与梁联结为一体，就不能缺少用铁箍、青铜箍或铁钩扣紧这一环，这些东西非常适合于用在与梁托相接的地方。

梁必须是要彻底地完好无缺和可靠无误的，没有任何的缺陷，特别是在沿其长度方向的中间部分。如果你将耳朵贴在梁的一端，在梁的另一端像敲钟一样地敲击几下，若声音感觉迟钝而无力，这显然暗示了梁的内部有些毛病。任何包括有节子的梁应该拒绝使用，特别是如果梁的节子出现频繁，且集中在一处的时候。

80

---

i　梁托，或称托臂、翅托，从墙面上凸出，常用于支撑檐口或拱形物的一种石、木、砖或其他建筑材料制成的建筑部件，有点类似于今日梁头下牛腿的作用。——译者注

包括了树木木髓的那一部分应该被刨平并朝上放置，梁的底表面应该将树皮剥去，并且尽可能少地加工平整。但是，任何有横穿梁体的缺陷的一侧应该朝上放置。如果任何一侧有一条顺着长度方向的裂缝，就不应该让裂缝出现在垂直方向上，但可以将其放在梁的上皮，或者最好放在下皮。如果你希望在一根梁上钻孔，或者可能要在梁上开一个槽，不要将孔和槽开在梁的长度方向的中心部位，更不要伤及梁下半部分的表面。

然而，如果你需要建造一个双叠梁，如在巴西利卡中通常看到的，在两条梁之间留出一个几寸的空隙，以使梁能够通风，并防止任何因摩擦而产生的危害。按相反的方向上放置梁将是十分有用的，这样它们的梁头就不会放在同一个梁枕上，而是将一根梁的梁尾与另外一根梁的梁头并列放置。这样则使一根梁较粗一端的稳定性与强度，对于另一根梁较细一端的弱点加以了补偿。如果可能的话，梁与梁之间应该是有关系的；这就是说，它们应该是同样类型的木材，采伐自同一片森林，是在相同的气候条件下生长起来的，并且是在同一天被砍伐的，如此它们就有相同的自然强度，故而它们能够同等地起到承担其功能的作用。搁置梁的底座应该是完全水平的，应该尽可能地坚固和强劲；在将梁体就位的时候要小心不要让石灰接触了木材。要使梁在每一侧都能够有空气流通，要防止梁因很小的接触而造成的损害，或因使梁不透气而造成的糟朽。梁的枕垫要放置在一层蕨类植物上，这是一种干燥性的植物，或者放在木炭上，或者甚至更好的是，放在掺有少量油渣的橄榄石上。

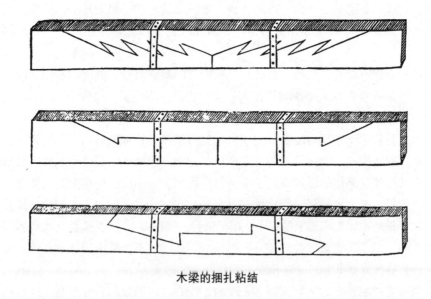

木梁的捆扎粘结

81　　　　然而，如果树木小得甚至不能够从一棵树干中制造出一根完整的梁米，就将几棵树木结合在一起造一根组合梁，用这样一种方法，可以获得一个拱形结构的内在强度，这就是说，其结果是荷载将不会加在组合梁的上皮，也不会沿着下皮伸展，下皮的部分其作用像是一根绳索，使得这些树干被拉紧，这些梁的反面则彼此层层叠压。

连接部件，以及其他由制作梁时切余的木料制造而成的木制构件被认为具有梁的条件与质量。这样的板是太密实了故而被认为是不适当的，在这样的板中，一旦它们开始弯曲，钉子就会被挤压脱落。因而，无论木板有多么薄，这里建议钉子要成双地使用，特别是用于外面的板，那些在转角、中心和侧面的板一定要被钉紧。

我们主张，在钉子需要承担横向重量的地方，要用较粗的钉子；无论在什么地方，细钉子都是很好用的，尽管它们一定要长而有较宽的头。我发现黄铜钉在露天情况以及潮湿的条件下比较耐久，而铁钉在室内及干燥的环境下使用比较强劲。但是，当用于地板的固定时，最好是用木钉。

所有那些我们所谈有关木屋顶的做法同样适用于石屋顶。任何在截面上有纹理与瑕疵的石头应该被拒绝，不要用于作为一根梁，而是仅仅作为一棵柱子；或者，如果那些痕迹只是适中和轻微的，它可以用于建造之中，但有痕迹的那一侧必须朝上放置。一根梁中的纹理最好是沿着长度方向，而不是横切方向。石板不应该被制作的太厚，这主要是因为它们的重量。那些板、柱子和梁无论是用于木屋顶，还是用于石屋顶都不应该太薄细，也不应该间隔太大，否则，它们不能够承担它们自己的重量以及它们承担的荷载；同样，它们也不应该太厚粗，或间隔太密，以至于使作品看来不雅和难看。除此而外，关于建筑物的形式与优雅问题，我们将会随时谈到。

至此所谈有关直线屋顶的内容应该已是足够了；虽然，我可能会增加一点我认为是非常重要的劝告，不论是在什么样的工程中。自然学者（physician）[48]注意到，自然在创造动物的身体时是如此彻底，没有留出一块孤立的或与其他部分未加联结的骨头。同样的情况，我们应该将骨架联结在一起，并用肌肉和韧带将它们紧紧地绑在一起，因而，它们的框架与结构是完整而严密的，足以确保它的构架，即使在所有其他东西都被移除之后，仍然能够孑然挺立。

第 13 章　　　　　　　　　　　　　　　　　　　　　　（48v—49v）

现在我来谈谈由曲线组成的屋顶。让我们考虑使用与直线屋顶完全对应的方法。一座曲线屋顶是由拱券组成的；而拱券，如我们已经证明的，只是一根弯曲的梁。在这里连接　**82**
的韧带，以及用来填充空隙的材料也再次出现。但是，我希望说明拱券究竟是什么——组成拱券的那些部件是什么。我假定，拱券的建造是有学问的，当一个人们注意到，何以两根梁的梁头相互依靠在一起，而两根梁的足跟向外张开的时候，梁的强度足以站立起来，提供了它们共同承担同样荷载的能力；他为这一发现而感到高兴，开始使用这一方法为建筑物建造双斜式（double-pitched）屋顶。然后，也许是受到梁身太短的局限，影响了他试图覆盖一个较大的房屋面积的企图，他在两根梁的梁头之间放置了一个中间的梁，形成了一个类似希腊字母 π 的形状；这根附加梁的作用可能像是根楔子一样。实验证明是成功的，因此他进一步加入了这样的拱楔块以形成一个拱，他发现拱的形状令人十分愉悦。然后，他运用这种方法来构造一个用于石结构中的拱，通过进一步增加拱楔块，他渐渐形成了一个完整的拱；因此，拱必须被认为是由几根拱楔块所组成的，其中的一些拱楔块位于较低

的部位而为拱券提供了一个拱基，其他拱楔块放置在这些拱楔块的背上而形成拱脊，其他一些拱楔块则组成了拱肋，并完成了曲线。

在这里重复一下第一书中说过的话并不是不合适的。有许多不同种类的拱。有规则的拱，它是由完全的半圆所构成的，它的弦穿过了圆心。然而，也有更像是一根梁而不像是拱的。这种拱我们称之为不完全的拱，因为它不是一个充分的半圆。而仅仅是半圆中的一部分。它的弦不是通过圆心，而是在圆心的上部。也有一种复合的拱，这些拱一些人称为角拱或尖拱；这是一种由两个不完全的拱复合而成的拱，它的弦通过两个交叉曲线的圆心。

不言而喻的是，规则的拱是最坚固的，这一点可以通过进一步的理由与试验加以证明。事实上，我没有看到拱有可能自己倒塌，除非它的拱楔块将另外一个拱楔块挤出了拱线之外；这是最不可能发生的事情，当这些拱楔块实际上支撑着，并且互相加强的时候，即使这样的事情开始发生，人们很自然地相信无论出它的荷载还是它自身的重量都会防止拱楔块向外的脱落。这就是为什么瓦罗会认为在任何拱券结构中，它的右侧是被它的左侧所支撑着的，而它的左侧又是被它的右侧所支撑着的。[49]让我们想一想这件事：最上面的那根拱楔块是如何能够孤立地待在拱脊的上端，并且可能充分依赖两侧其他的拱

83

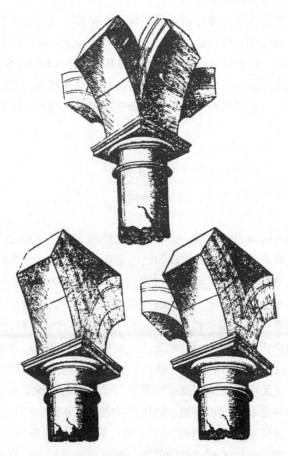

在一个柱头之上的四向、两向和三向的拱券汇聚

楔块的？或者，怎么可能使最外面的拱楔块，一旦在它就位的时候，将顶端的拱楔块挤出去？那些沿着拱肋方向紧邻的拱楔块将会很容易地靠平衡之力保持其所在的位置。最后，如何能使提供了下部支撑之力的其他拱楔块，在其就位并承担着其上重量的时候有可能移动？因此，正常的拱是不需要联系的韧带的，因为它们有相当的能力来支撑它们自身，而不完全的拱一定要或是通过铁的链条，或是通过在每一侧延伸同样强度的墙体来得以加强；这墙的长度最好不要短于由不完全的拱所由产生的完全的半圆拱所要求的长度。古代建筑师从来都不会忽略这一点，无论在什么地方，都尽可能将那些不完全的拱整合到与之侧面相接的墙中去。他们采取的另外一个重要的预防措施是，只要有可能，当在任何直梁之上嵌入了不完全的拱时，那么，在这些不完全的拱之上要加入正常的拱；这样做是为了帮助下面那些不完全的拱，防止它们在强加的荷载之下可能导致的破坏。组合拱在古人的作品中从来没有见到过。一些人认为组合拱在塔的门窗孔洞中是需要的，其作用有如一个凸出的船首，将任何过多的荷载强行分解，尽管组合拱事实上是被加强了的，不会被来自其上部的重量所压垮。

我要使构成拱券所用的拱楔块[50]尽可能方而且大。因为，在任何形体中的那些在一起生长，并自然结合起来的部分，比起那些由人使用自己的力量与技术而强制地熔合在一起的部分，更难于被打碎。这些石块在每一侧都一定是要相等的，这样右侧才能在外观、大小、重量等等方面与左侧相平衡。在一系列从柱子起拱延伸出来的拱券，比如在一个门廊的开口处那样，两个或更多拱中的可能在一起起拱延伸而出的拱楔块不应该被分为两块石头，或者分成如其所起拱的拱券数那么多的石头，而是应该由一块，且是同一块石头组成，一块完全没有分开的石头，因而在这块石头中包含了这些拱在所有侧面上的拱基。如果落在第一组拱楔块的顶部的第二组拱楔块，是非常大的石块，就要确保它们是连接在一起的，它们的背部是沿着一条直线相交汇的。这放置在第二组之上的第三层拱楔块，应该是水平放置的，遵循的是好的墙体所应遵循的原则，在其两侧用了同等的连接物，因而，它在它的拱楔块中服务于与之相连接并相持力的两个拱。要确保贯穿整个拱的接触线和交接点都朝向拱的中心。那些有经验的人总是使用一个单一的、整体的、大块的石头作为拱心石；但是，如果墙体是如此之厚，以至于不可能用这种石头形成一个完整的拱楔块，那么它就不再是一个拱；反之，它变成了一个拱顶，我们将这种拱顶称之为筒形拱顶。

84

第 14 章

(49v—52)

有几种不同种类的拱顶。我们必须弄明白它们是按照什么方式区分的，并且是按照什么线型组成的。要使我自己弄得尽可能清楚而简明易懂，这就是我在这整本书中所努力要做到的，因而，对我来说发明一些新的术语就将是必要的了。诗人恩尼乌斯（Ennius）[i] 关

---

i　克恩图斯·恩尼乌斯（Quintus Ennius，公元前239—169 年），罗马诗人。其著作包括戏剧、编年史和讽刺诗，对后世作家的影响甚大，但今日其著作仅存片言只字。——译者注

于"苍茫的天穹"[51]的诗句是不会逃脱我的注意的，塞尔维乌斯（Servius）称那种用制作船形龙骨的方式制造的拱顶为"洞窟"。[52]但是，我有一点请求，在这本书中至少我们考虑那些可以接受的拉丁术语既是准确的也是容易理解的。

这些是各种类型的拱顶：筒形拱顶、有隔板的拱顶和完美的球形穹隆[53]，以及任何其他由这三种拱顶中的特定部分组成的拱顶。[54]那些球形的穹隆以其典型的特征而只能被放置在由圆形平面升起的墙上；有隔板的拱顶，要求一个方形的平面，而筒形拱顶则可以覆盖任何矩形的房屋范围，或短或长，就像可以在隐秘的门廊里可以见到的。任何建造得像一个在山里钻出的孔洞的拱顶可以被叫做隧道式拱顶或桶式拱顶，因为它们的名称是相类似的。[55]然而，筒形拱顶像是一系列的拱一个接一个地加上去的，或者像一根弯曲的梁在其横向的延展，因此，它可以与一个在我们头顶上的起保护作用的弯曲的墙相比较。因而，如果像这样一个拱顶，从北向南延伸，被另外一个从东向西延伸的拱顶完全横切，就会创造出像是伸向角落之中的弯曲的喇叭一样，因而这种就被称作是"有隔板的拱顶"。[56]但是，如果许多同样拱券的顶点交汇在中心的一个点上，就会创造一个像是天穹一样的拱顶；那么，这种拱顶我们就将其称作完美的球形穹隆。

那些不包括在上面我们提到的拱顶形式之中的拱顶是：如果自然将天空的半球形通过一个自东向西垂直的截面而划分，就将产生两个适合于半圆形龛的拱顶。然而，如果自然将天穹的半圆形，从东边一角向南边一角的连线，以及从南边一角向西边一角的连线，然后从西边到北边，从北边再回到最初的东边，用同样的方式将之切割出去，那么，留在中间的拱顶就像是一个鼓起的风帆，因而，我们称其为帆拱拱顶。任何由几个筒形拱顶截面交汇在一起而组成的拱顶，例如，可以在六角形和八角形的房屋覆盖范围内生成的拱顶中看到的，我们将其称为有角球形拱顶。

接下来的用同样方法建造的应该是用于墙上的拱顶。事实上，在墙体内的骨架[57]连续而不中断地一直延伸到拱顶的顶端；它们是以相同的方式建造的，并被放置在一个相对是类似的相互距离之中。连接的韧带在骨架与骨架之间伸展，在骨架之间的部分是用嵌板填充的。但是，在这里有一个不同：在一堵墙上，每一块石头和每一砌筑过程是沿着水平与垂直方向成支线摆放砌筑在一起的，但是，在一个拱顶中，这一过程就是沿着曲线砌筑，所有石头的联结部分都指向它们各自拱券的中心。在骨架中古人几乎总是使用烘烤的砖，一般有两尺长。用极轻的石头作为填充嵌板是可取的，要防止任何偏心的荷载在墙上所造成的扭力。然而，我注意到，一些建筑师并不是将骨架部分处理得连续而坚固；反之，他们会沿边缘的这里或那里分散地布置一些砖，砖的端头像一把梳子的齿一样相互咬合，就像一些人将他的左手指尖与右手指尖交叉铰合在一起一样。在中间他们则用骨料填充，常常是用浮石（pumice）[i]，这一般被认为是拱顶中最适合的填充材料。

在拱或拱顶的施工中需要使用置于中间的拱中心模架。这是一种临时性的形式，用粗糙的木构架形成像一个曲线的样子，用枝编工艺、芦苇或任何其他便宜的材料铺上作为一

---

i 浮石，或称轻石，一种轻型多孔火山岩石，在固体状态时多用作研磨物，而在粉末状时则用作磨光物和研磨物，在这里用于拱顶的轻质填充材料。——译者注

个覆盖层或表皮层；它的功能是在建造施工时支撑拱顶，直到拱顶变得坚固为之。但是，完美的球形是一种不需要定中心模架的拱顶，它不仅要由拱，而且也要由环来组成。[58] 由拱和环所需要的那些彼此相关的支撑物的，那些在相等或者不相等的角中相互交错的，无以数计的线是不可能去描述或者甚至在心中加以盘算的。因此，当你无论在这种拱顶中的什么地方插入一块砌块时，你意识到是为几个拱和环防置了一个楔块。而当你在环上再置一层环时，或在拱旁再起一道拱时，你能够想到这一工程，特别是当所有的拱楔块都倾向于以同样的力与挤压而朝向中心的时候，是随时都容易发生塌陷的吗？如果是这样，会从哪一点呢？许多古代建筑师探索了这种结构内在的受力，仅仅在每几尺高处放一个简单的陶制檐口，然后有点草率地将拱顶的其余部分加以填充，只是通过灌注了一些水泥混合物。我倒主张在拱顶建造时要格外小心，以确保那些环不是太稀疏，而是在一层之上再接一层，拱也是同样，一条拱紧接一条拱，运用的是与将石头绑缚在墙体上的同样的技术，特别是如果采石场的沙子短缺，以及工程暴露在海风或南风之下的时候。[59]

倘若一个完整的球形拱顶在其层内被插入，有角球形拱顶也可以在没有拱中心模架的情况下建造起来，尽管特别重要的是你使用了固定装置将主要拱顶中较弱的那些部分紧紧地绑在了其内较强的那些部分上了。虽然如此，一个有用的办法是，一旦一个或两个石环被放置并砌筑坚固，那么在其下部固定一些轻的皮带和孔眼，并在孔眼上绑缚足够的拱中心模来支撑其上几尺高的环，直到这些环凝固干燥。那么，当这些环也变得坚硬了时，拱中心模应该向上移动一定的层数以建造其上的部分，直到整个工程完成为止。[60]

十字拱顶和类似的筒形拱顶都要求有拱中心模的支撑。但是，我主张在拱顶砌筑过程的最初，在拱脚的部位就要有一个坚固的基础。我不赞成实践中的将整座墙砌筑起来，只留下基座作为拱顶的最后支撑的做法：这样做是太脆弱也太不可依赖了。如果你接受我的劝告，你应该以能将拱和墙结合在一起的方式进行建造，一皮接一皮，这样就能使工程被几种最强固的可能连接方式所固定。在拱顶曲线和与拱相连的墙体之间所留出的空隙，也就是工人们所知道的边脊（hip）的地方，不应该用土和干碎石填充，而应该用普通的强固的石砌工程以保持其与墙体黏结的连续性。同时，我也对在边脊处放置空的陶制水罐，以试图减少其重量的做法印象深刻，这些陶罐已经破裂，并被口朝下放置以防水的进入而增加重量；然后，在这些陶罐之上灌注一种很轻但却很强固的石头骨料。

简而言之，对于每一种拱顶，我们应该彻底地模仿自然，那就是，用延伸到几乎每一个可能截面上的神经脉络而将骨架及与之交织在一起的肉粘连在一起：这包括长度、宽度、深度，以及斜向交叉的部位。在将石头放置在拱顶上的时候，我们应该，以我的观点来看，再现大自然的巧妙与灵活。

当拱顶被完成并保留下来覆盖其上，这是整个建造过程的最重要过程之一，由于它的难度，也是至关重要的一个过程；这是一个需要不断地小心谨慎与充分关注的施工，这就是我们现在必须要讨论的问题。无论如何，首先的问题似乎与一些特别应用于拱顶建造的建议有关。在拱顶建造中，其方法可能是不同的：被放置在一起使用拱中心模架支撑的拱券和拱顶一定要建造得快捷，而不要有些微的中断；那些放置在一起而没有拱中心模架的则一定要在几乎没一个阶段的筑造工作完成之后有所停顿，要给出它们时间来固定，要避免因为其下面一层没有获得足够的强度而使任何新的砌筑断面松动或移位滑动。同样，在有拱中心模的拱顶的建造中，在最后一块拱楔块就要砌封整个拱顶的时候，将支撑拱顶的拱中心模稍微做一点松动将是有用的。这样做防止了最后放置到位的那些拱楔块会浮在那些砌筑它们的灰浆之上，而是使它们自己坐实到位并达到平衡；此外，如果工程进行得不是充分严谨缜密，在筑造的过程中就会留下裂缝。那么，这里是应该采取的方法：拱中心模架不应该立即移除，而应该用数天的时间慢慢地松弛，并依据工程的大小规模，做进一步的松解。像这样持续操作，直到拱顶上所有的楔块都得到固结，工程已经坚固。这里是如何松解的方式：当你将拱中心模置于柱子上，或任何方便位置，首先要将位置确定在其状如斧子之头的锥形中心木楔块之下；然后，当你希望松解这个木模架时，你可以用一把棒槌慢慢地将这些楔块敲移出位，你希望敲移出多少就敲移出多少，没有什么危险。

最后，我建议在冬天没有完全结束之前，不要将拱中心模架移除。关于这一点的理由之一是，要防止雨水的潮湿减弱或松弛这一工程，造成它的垮塌；尽管人们可以说，对于一个拱顶而言，没有什么比让它吸收充分的水分而决不会令其缺水干燥更好的事情了。关于这一主题谈得足够多了。

(52—52v)

第 15 章

现在我将转向屋顶的覆盖问题。如果我的判断是正确的，无疑可以说，整座建筑物最为重要的古代功能是提供一个可以防止来自天空的烈日暴晒与暴雨狂风袭击的遮蔽物。为你提供这一服务的，并不是墙体，也不是房屋覆盖范围，更不是任何其他部分所应承担的职责，而主要地，这无疑是很显然的，是由屋顶的外膜所承担的；尽管人们所投入的所有决心与技术都是试图加固与强化屋顶对于来自天气的袭击的抵御，但是，人们在保护屋顶最为必要的需求方面也几乎没有什么成功可言。我也并没有想象这是一件容易达到的坦途，而是将其看做纠缠不已的困扰，这不仅包括雨水，也包括冰冷和炎热，而且，还有所有这些之中最为有害者，风。有什么人能够长时间地维持抵御如此无情而凶猛的敌人吗？其结果是，一些部分直接糟朽了，一些房屋碎裂了，一些房屋被压垮了墙体，还有一些房屋出现裂缝甚至坍塌，更有一些房屋被冲走，即使如在任何暴烈的天气面前都被证明是无往不胜的金属，在这里也不能够忍受如此持续不断的冲击。

人若遇不可避免之事，则会尽最大可能使用自然所能提供的无论何种自然材料来加以支配。其结果是覆盖屋顶的几种不同技术应运而生。维特鲁威曾谈起，帕尔吉（Pyrgi）[i] 人使用芦苇来覆盖屋顶，而在马赛周围，掺有麦秸的泥土被用于屋顶。[61] 按照普林尼的说法，

88

加拉曼特人（Garamantes）[i] 的邻居 Thelophagi 人是用一层贝壳来覆盖他们的屋顶的。[62]在德国的许多地区，则是使用的木板。在比利时，一种白色的石头被用来作屋瓦，这是一种比木头还容易切割成薄片的石头。在利古里亚和托斯卡纳地区，人们是用从一种麟状的石头中切割出来的石板来覆盖他们的屋顶的。还有其他一些尝试用铺路石板的来覆盖屋顶的做法，我们将在后来讨论到。

无论如何，在人们所曾尝试过的所有这些技术中，其智慧与活力还没有哪一种能比陶土制作的屋瓦更适合的了。霜冻会令所铺设之物变得粗糙、开裂和沉陷；铅在太阳的热力下会融化；铜，如果是用厚板铺设的，其造价昂贵，而如果太薄，则可能会遭到风的破坏。并会被铜绿所浸染和剥蚀。据说瓦的发明者是塞浦路斯人阿格里帕[ii]（Agrippa）的儿子沁尼拉斯（Cinyras）[iii]。[63]

有两种瓦：一种是平瓦，有一尺宽，一库比特（0.5 米左右）长，在每一侧有一个相当于宽度九分之一的粗糙的棱；另外一种是像保护腿部的护胫甲一样弯曲的瓦；两种瓦都是在接收雨流的地方宽一些，而在其排除雨流的地方窄一些。然而，平板瓦会更好一些，因为平板瓦能够连接成线状并保持完美的水平，而不会在一侧出现下沉，并且没有任何坑洼、棱角、裂隙，或任何可能阻止雨水顺畅流走的东西。如果，屋顶的表面覆盖了一个很大的范围，就需要用大瓦；否则，水流的通道就不够充分，水流就会溢出来。为了防止大风掀翻瓦片，我主张，特别是在公共工程中，瓦要被牢固地砌置在一个石灰的垫层上。虽然，在私人建筑中，只要简单地将檐槽加固以防止风的袭击就足够了，在那里，如果瓦没有嵌入灰层，损坏的瓦就比较容易得到修补。

有另外一个非常适合的屋顶覆盖类型。用木屋顶，而不是木板，陶制的嵌板被用石膏固定在横木条上；在这些做法的上部放置平瓦，并用石灰加以就位。这样就产生了一种对火有很大抵御能力的做法，这是一种对居民极其便利有用的做法；如果不用嵌板，而用希腊的芦苇放置其上，并用石灰加以固定，将会是更为便宜的做法。

那些用石灰固定的瓦，特别是那些用于公共工程的瓦，应该要在其被暴露在霜冻与阳光下至少两年的时间之后，再被加以使用；如果一片薄弱的瓦被放置到位，需要费很大的气力才能够将其移除。

在这里提到一个故事和一种有用的技术将是有所帮助的；历史学家狄奥多罗斯提到，在叙利亚著名的空中花园中曾经使用过这种技术。[64]一层涂有沥青的芦苇被铺放在梁上，在其上覆盖两层用石膏黏结在一起的经过烘烤的砖。这第三层是由焊接在一起的铅板所组成的，以防止任何湿气渗透到第一层砖上。

89

ⅰ　加拉曼特人（Garamantes），来自希腊语的一个名词，指的是北非撒哈拉沙漠讲柏柏尔语人的一支，他们有精密的地下灌溉系统，自公元前 500 年至公元 500 年曾在今日利比亚西南的费赞地区建立了一个王国。——译者注

ⅱ　马库斯·维皮萨缪斯·阿格里帕（公元前 63—前 12 年），罗马士兵和政治家，曾率领舰队于公元前 31 年在亚克兴角打败了马克·安东尼和克娄巴特拉的军队。——译者注

ⅲ　一说沁尼拉斯是太阳神阿波罗之子，是塞浦路斯传说中的国王，女神阿芙罗狄蒂的大祭司，在塞浦路斯，他被视作是艺术与乐器，特别是长笛的发明者。——译者注

（52v—54v）

第 16 章

现在，我来讨论地面铺装，因为它具有与屋顶同样的特征。一些是露天的，一些是由合成梁所构成，其他一些不是。但是，在每一种情况下，它们所赖以放置的表面一定是要坚固的，并且是严格对应准绳的。

一个露天的表面在每十尺的距离内应该至少要有两寸的泛水坡。它应该是这样设计的，以使雨水无论是汇入蓄水池，还是流入排水沟，都能迅速排走。如果水不能排入海中，或是一条河流中，那就选择适当的地方去凿挖一些深度足以排放流泄的水的井，然后再用小鹅卵石将井填充起来。如果连这一点也做不到，最后的建议是开挖一个容量很大的深坑，扔进一些煤，然后用沙子将其填充起来。这里将能够吸纳或排除任何多余的水。

如果房屋覆盖范围用地是由堆积土构成的，就必须使其加以精准地平整，并覆盖上一层碎石捣实入土。但是，如果表面有一个组合的木制基础，那么，进一步的木板应该交叉放置，夯击向下，并在其上覆盖上一尺深的碎石。一些人认为应该铺上一层灌木或蕨类植物作为基础，以防止木头与任何石灰的接触而造成的损害。如果碎石是新的，就以三比一的比例掺入石灰；如果是旧的碎石，就用五比二的比例。一旦碎石被铺上，一定要通过持续地用槌加以夯击，使其得以被加固。然后，在这碎石之上铺上六寸厚的由碎瓦砾与砂子以三比一的比例组成的砂浆。最后，成排的大理石或人字形石头砌块或锦砖被放置在顶部，并使其横平竖直。如果一层经过油浸泡的瓦用石灰所黏结，放在硬核与软土之间，工程将会得到更好的保护。

对于那些不是露天的地面铺装，瓦罗为其保持干燥的杰出能力而提出如下建议。[65]向下挖两尺深，用土回填，然后，放一层碎石或砌一层砖作为铺装。沿着水沟方向留出几个开口用来排水；堆上一些煤，然后，当这些被塞满压实之后，用一个由砾石、石灰和炉灰混合而成的深一尺半的表层覆盖其上。

至此为之所有那些我们已经提到的东西一部分是来自于普林尼的[66]，而主要却是来自维特鲁威。[67]现在，我将谈及我自己通过对古人作品的细心而缜密的观察所能够蒐集到的有关地面铺装的资料。然而，我必须承认，我从我自己这里比从任何作者那里学到的东西都要多。

90　　我将从最外面的表面谈起。使这层表面足够坚固，并防止它的开裂是十分困难的事情。当它仍然潮湿，充满湿气的时候，阳光和风可能使其外表面变得干燥，其结果就像是一场洪水过后留下的泥泞斑驳一样：它的表皮收缩，留下了无法修补的裂缝。没有办法重新铺筑那些已经干燥的部分，而那些潮湿的部分在最轻微的张力下也会因屈服而断裂。

我注意到古人主要使用经过烘烤的黏土或石头作为表面的外壳。我注意到那些石板瓦，特别是那些不被踩踏之处的石板瓦，有一库比特见方，用由油混合的石灰黏结。小砖也可以看得到，有一尺厚两尺宽，长度是宽度的两倍，放置在一个人字形图案的边缘。[68]石头表层是到处都可以见到的，其形式或是大块的大理石板，或是小块的断面和立方块。旧式的地面铺装中可以看到由均匀的石灰、砂子和碎瓦砾混合而成之物构成的表皮硬壳，我想，这些材料是以相等的数量混合在一起的。我知道如果你再加入四分之一的碾碎的 Tiburtine[i]，这个表面硬壳就会变得更坚硬，也更稳固。

一些人则倾向于在这里使用火山灰（称作"火山砾"）。你也可以发现通过对一个均匀的地面铺装的外壳经过几天不停地拍打，就可以获得一个几乎比石头还要强硬的密度与硬度。当然，如果这外壳被喷洒上石灰水和亚麻籽油，就会获得一种堪与玻璃相媲美的硬度，不会受到任何气候的影响。据说，包含有掺入油的石灰的地面铺装，面对任何伤害都是不会遭到损坏的。

我注意到一种在石灰中掺有小瓦片的灰浆被放置在硬壳之下，厚度为两至三寸。在灰浆之下是一种由部分是碎瓦砾，部分是工匠斧凿过程中留下的碎石块组成的填充料。这一层几乎有一尺厚。有时我注意到在这一层与上面一层之间还有一层薄的陶砖。最后，在底部是一层由拳头大小的石头组成的基础。那些来自溪流中石头，即一种所谓"男性化"的石头，如鹅卵石、燧石和像玻璃一样的石头等，一旦它们离开水立即就变得干燥了；但是，瓦片、石灰华等，则会在相当长时间那保持它们的潮湿感。因此，一些人坚持说如果地面铺装的基础是由这种类型的石头组成的，地面以下的湿气将甚至不会到达硬壳处。我们也可能发现一些小柱子，有一尺或一尺半高，在地面上以两尺宽的间距用直线状成排布置，由经过烘烤的土瓦组成；如我们前面已经描述过的，正是在这些垫层之上，铺筑起了地面铺装。但是，这种类型的地面铺装特别适合于浴池，我们将在适当的位置讨论这一话题。

地面铺装更适合放置在湿润而有潮气的条件下，在阴凉和潮湿的地方将会保持较强和较完整的效果。它们最容易受到柔弱土质的破坏，也容易被干燥得太快。比如田野中的土壤，会因持续的雨而保持坚硬，像地面铺装一样，如果它们处于饱和状态，就会被联结为一个单一的，完全而结实的整体。凡是从屋顶排水管有雨水落在地面铺装的地方，地表的硬壳一定要用非常结实而坚固的石头铺砌，也就是说，要防止雨滴对地面铺装的磨损与削弱所造成的不间断袭扰。

91

对于那些放置在木制框架顶端的铺装，必须小心地确保结构骨架所提供的支撑是足够强壮有力的，并且结构的各个部分有着同样的强度。否则，若是在一堵墙或一根梁的任何一个点上的强度高于其他地方，这里的铺装就会被撕裂而受到破坏。木材的强度与活力并不总是保持不变的，而是随着条件的变化而变化的：在潮湿的环境下木材会软化，但是在干燥的环境下，木材又会恢复其硬度与强度；同样，很清楚的是，在任何结构软弱的部分，由于重量所造成的下沉及其张拉之力，铺装也将会被撕裂。然而，关于这一主题谈的足够多了。

然而，有一个相关的考虑我不希望被忽略。基础的开挖与填充，墙体的砌筑与其上覆盖物的放置，应该在一年的不同时间，以及在不同的气候条件下进行。挖掘地基的最好时间是在天狼星出现的时候，或是在秋天，这时的地面上是干燥的，没有水流入地基沟槽中

ⅰ　Tiburtine，是埃特鲁斯坎时代一位女巫的名字，在意大利的提沃里（Tivoli）曾有她的神殿，这里不知作何解。——译者注

而对工程造成阻碍。在春天的一开始就对基础进行填充并不总是不适当的时间，特别是如果基坑很深的话，因为土培填在了基础旁，夏天的热气也会给予基础以充分的保护。然而，到目前为止，入冬之初的时候则是回填基础的最好时机，除非是在极地以及其他寒冷地区，在这些地区，土壤还未等移动就会立即冻结。墙体也不喜欢过度的炎热、刺骨的寒冷、突然的霜冻，此外还有，寒冷的北风。在工程获得充分的强度而变得坚硬之前，拱顶更需要一个均平而温和的气候。建造外壳的最佳时机是在昴宿星（Pleiades）[i] 升起的时候，或者，一般地说，是在南风奥斯特（Auster）[69] 强劲吹起并充满了湿气的时候，因为如果你用了表皮或粉刷而形成的表面没有得到彻底的湿润，它就不会附着于其上，而会掉落下来，会出现裂缝，随处都会出现剥蚀，使作品变得伤痕累累、污渍斑斑。然而，关于表面与粉刷的问题，还将要在适当的地方做更为彻底的论述。

现在，我们已经讨论了我们的主题中所有一般性的特征，让我们对余下的问题做更为详细的考虑。首先，我们要对各种建筑物进行讨论，它们的各不相同以及它们各自的要求，然后要讨论建筑物的装饰问题，接着，最后我们要讨论如何对它们的缺陷加以修补与恢复，无论这些缺陷是由技术上的粗疏造成的，还是由气候上的损害造成的。

---

i Pleiades，昴宿星团，金牛星座中散落的星团，由几百颗恒星组成，其中的六颗星星可以用肉眼看到。其名称来自希腊神话中的普勒阿得斯，即变成了星星的阿特拉斯的七个女儿：迈亚、伊莱克特拉、塞拉伊诺、泰来塔、梅罗普、亚克安娜和斯泰罗普。——译者注

莱昂·巴蒂斯塔·阿尔伯蒂关于建筑艺术论的第四书从这里开始

第四书
公共建筑

第 1 章

　　显而易见，房屋是被建造来为人服务的。如果我们的猜测是不错的话，那么一个人最初为自己建造一个遮蔽物就是为了保护他自己，以及他所拥有之物不会受到天气的袭击。随着人们的基本安宁得到了保障，人们的欲望也在不断地增长，这包括他们为了满足每一点舒适而放纵的需求所做出的努力。他们对于展露在面前的机会变得如此兴致勃勃与跃跃欲试，他们设想并且逐渐地认识到建筑物倾向于仅仅是为了满足愉悦的。因此，如果任何一个人解释说某些建筑物被设计出来就是为了人们的生活必需之用的，其他一些人举出他们自己的例子来证明实际的需求，然而还有另外一些人则以愉悦为其建造的理由，他的见解或许也并不都是错误的。

　　然而，当我们环顾周围建筑的数量与多样性的时候，很容易就能够理解它们并不都是为了第一个目的而建造的，也不确定是为了其他原因，反之，不同作品的范围主要取决于人类特征的种种不同。如果我们希望对于建筑类型的变化以及它们的组成要素给出一个准确的数量（如我们所希望做的那样），我们的整个考察与研究方法就必须是开放式的，从这里开始，即以一种更为详细的方式来考虑人类的多样变化；因为房屋是为人而建造的，是为了他们多样变化的需求而建造的；因而，建筑物应该通过对其各自特性的区分而加以更为明晰的对待处理。

　　因此，我们将向古代有经验的人们请教，他们建立了共和政体，为这些政体制定了法律，并认识到在社会内部的划分方面他们需要说些什么，因为他们贡献了热情与勤奋，并且十分关注这一特征的种种问题，他们的结论赢来了许多赞扬与崇敬。

　　普卢塔克报告说，西塞期（Theseus）[i] 曾将他的公民分成了两部分，那些有闲的，从事解释神启和人类法律的人，和那些从事劳作与贸易的人。[1] 梭仑（Solon）[ii] 是按照其不动产与财富的大小及范围来区分公民的，在他看来任何在一年中通过其手而获得的收入不足 300 个度量单位的（measures），就不能够被看做有完全公民权的富裕阶层。[2] 雅典人则将那些受过教育的和有智慧或经验的有技能者处于最高阶层，接下来是农夫，最后是工匠和手艺人。

　　罗穆卢斯（Romulus）[iii] 将武士与贵族同平民做了区分，接下来努马则将平民按照他们从事的各种生意或职业进行了划分。[3] 在高卢人那里，有许许多多的平民其地位就犹如奴隶一般。恺撒谈到了其余的人，他们或者是士兵，或者可以归为智者以及从事宗教的人；后者以督伊德教的祭司（Druids）[iv] 而为人所知。[4] 在 Pantheans 那里，祭司是处于最高阶层的，

---

　　i　西塞期，雅典的英雄和国王，他杀了米诺陶并统一了阿提卡地区。——译者注

　　ii　梭仑，古代雅典的立法者及诗人。梭仑改革保留了建立在财富基础之上的阶级体系，但却主张出生的特权。——译者注

　　iii　罗穆卢斯，玛尔斯的儿子及罗马著名的国家建立者，他和孪生兄弟瑞摩斯由狼抚养和哺育。——译者注

　　iv　督伊德教的祭司，古代盖尔或不列颠人中的一个牧师品级成员，他们在威尔士及爱尔兰传说中是预言家和占卜家。——译者注

其次是农民，然后是战士，以及与之归在一起的放牧者及牧羊人。[5] 不列颠人（Britons）被分成了四个阶层，第一等阶层的是王室家族成员，第二等阶层的是祭司，第三等阶层的是战士，而最后一等阶层的是普通民众。埃及人将他们的祭司列在了最高阶层，然后是王室成员和地方长官，处于第三阶层的是他们的战士，其余的人则被划分为农民、牧羊人、工匠，以及据希罗多德所说，与之处于同一等级的雇佣兵和船驭手。[6] 他们说希波达姆（Hipp-odamus）[i] 也将他的国家分为三部分人：工匠、农民和参加战斗的军人。[7]

然而，亚里士多德似乎更愿意选择普通民众中最为杰出的人来作为议员、文职官员和法官，然后，将其余的人分为农民、工匠、商人、雇佣兵、骑兵、步兵和船驭手。[8] 按照历史学家狄奥多罗斯的记载，印度的国家就没有出现很大的不同：这是一个由祭司、农夫、牧羊人、工匠、战士、监督官，以及那些主持公共会议的人组成的国家。[9]

柏拉图说，某些事情将取决于那些掌握权力的人的倾向，诸如一个国家是和平的和渴望和谐与宁静的，还是虎视眈眈，黩武好战的。因此，在一个社会中所作的区分作为一个整体是与精神的那些不同部分保持一致的[10]：一个集团运用理性和智慧来管理整个国家，第二个集团运用武器来寻求不公正，第三个集团则为上述两种人提供日常的生计。[11]

这些简要的事例是我从古人的许多作品中摘录出来的。从这些事例中我得出了这一经验：所有上面那些都代表了国家的不同部分，每一部分都应该被设计成为一种不同类型的建筑物。为保持我们所要展开的讨论尽可能地清晰，如下的观察可能是值得去做的。

如果任何人希望对人类进行分类，毫无疑问的是，在内心产生的第一个想法就是不可能在将任何一个地方的居民按其组成团体加以划分之后又同样将全体人群看做一个整体。其二，在对大自然本身的例证所作的观察，是根据了它们各自的独立特征，而将一个组群与另外一个组群加以区分开的。

人与人之间没有哪种差异比起人与牲畜之间那些明显的不同会更大：他的理性的力量以及他在高尚艺术方面的知识，同时还有，如果你希望的话，他的兴旺发达与前途远大。在所有这些才能方面没有多少人天生就是鹤立鸡群和超凡出世的。这里出现了我们最初的划分：有个别人从整个社群中脱颖而出，他们中的一些人因其聪颖智慧、机敏善断，以及足智多谋而声名鹊起，还有一些人因其技能与实践经验而广为人知，另外一些人则以其财富与兴盛的事业而著称。谁会否认他们在这个国家内部至关重要的作用？对于这些具有杰出能力与伟大洞察力的人们应该对他们委以重任而效力于政府。他们应该按照宗教的原则来管理神圣事务，确立法律来规范正义与平等，引导我们走向一种良好而有福祉的生活之路，为保护和不断增强他们公民的权力与尊严而恪尽职守。当他们年老体衰，如在许多年后可能发生的，当他们更多地倾向于对生活的沉思而不是某一实际工作的时候，他们可能会赞成一个适当的、有用的和必要的政策，然后应该将其未竟事业委托给那些有实践经验，能够将其付诸实施的人们，这样他们就能够继续带给他们的国家以福祉与利益。同时，那些后者，在承担了他们的任务之后，在国内他应该以其机敏与勤奋而忠实地加以贯彻执行，对外则应该据理力争、耐心周旋：他们应该作出判断、领导军队、锤炼他们自己的力量与

---

i 希波达姆（约公元前 498—约前 408 年），古希腊城市规划家，希腊著名港城米利都的规划者。——译者注

坚韧，并要统领他们手下人的力量与韧性。最后，他们将会意识到实现这一切的手段并不是现成的，他们的努力将会被挫败，因此，接替他们的那些人，通过土地上的劳作，或通过贸易，而提供出了那些手段。所有其他的公民应该，在理性的范围内，忠实于并遵守领导集团的愿望。

或许这一证据足以证明一些建筑物对于社会整体是适合的，而另外一些则适合于最重要的公民，还有其他一些建筑物适合于普通民众。但在另外一个方面，在那些最为重要的公民中间，那些主持事务的地方官员们与那些沉湎于执行决定的人以及那些忙于积累财富的人，对于建筑物的要求是不同的。

如我们前面已经说到的，在每一个例子中，有一部分是不可或缺的，另一部分是供使用的，但是，因为这是我们在导言中所说的，按照哲学第一原则来陈述其区分方式之起源的建筑物，让我们给予心灵的愉悦一个同等的分量。因此，现在我们必须讨论，对于作为一个整体的人民而言，什么建筑是适合于他们的，什么建筑是适合于那些少数重要的公民的，以及什么建筑是适合于许许多多不很重要的人们的。

但是，我们从什么地方开始这样一个讨论呢？我们是否应该从人们最初为自己而建造的那些卑陋的穷人棚舍，追随其逐渐发展，直到我们今日能够见到的那些宏伟之作：如剧场、浴池、神庙呢？当然，那是在世界上的那些国家需要用墙来环绕他们的城市很长时间之前了。历史学家们谈到，当狄奥尼修斯（Dionysius）[i] 穿越印度时，在那里的人们中间没有发现用城墙围绕的城市。[12]修昔底德写作的那个时代在希腊还没有防卫性的墙。[13]同样，在法兰西，在恺撒的时代，整个勃艮第人的国家都没有聚居在城市里，而只是在散落的村庄中。[14]真的，我所发现的第一座城市是圣经中所提到的，那里是腓尼基人（Phoenicians）生活的地方，围绕着他们的房屋萨杜恩画出了一道墙；尽管鲍姆伯努斯（Pomponius）描述说 Iope [ii] 的发现比起食品的发现还要早。[15]按照希罗多德的说法，在埃塞俄比亚人占据埃及的时候，他们从来不杀死任何罪犯，而是强迫他们环绕着他们所居住的村庄堆挖土堤[16]；这引起了人们所声称的城市最早是在埃及建造的说法。但是，我将在任何别的地方讨论这一问题。现在，虽然据说大自然中的每一样事物都是从较低级的初始状态下发展起来的，我却希望从较为伟大的事情开始谈起。 95

第 2 章

(56v—59v)

每一个人都依赖于城市，而城市中包含有所有的公共服务。如果我们的结论是正确的，从哲学家的角度而言，城市应该将它们的起源与它们的存在归结为城市能够使其居民享受一种和平的生活，尽可能地远离任何麻烦或伤害，因而，毫无疑问的是，最周详的考虑应

---

i 狄奥尼修斯，叙拉古的暴君（公元前 405—前 367 年），因为对西西里岛迦太基人的战役而出名。他的儿子狄奥尼西奥斯（公元前 395？—前 343 年？）于公元前 367 年继任后仍为暴君，并因其残暴统治于公元前 343 年被流放。——译者注

ii Iope，不清楚为何种物品，现代人用此词作为某种化妆品的品牌，但与其本义的关联是什么亦不详，这里存疑。——译者注

该给予城市的布局、选址和外轮廓。但是，在这些事物上的观点是非常不同的。

恺撒写道，日耳曼人认为将他们的领地用一个广漠的荒野环绕起来具有很大的好处，因为他们想象这是一个有效的尺度以防止敌人的任何突然入侵。[17]历史学家认为埃及国王塞索斯特里斯（Sesostris）[i] 是唯一一位在地形不利与后备供应不足的情况下阻止了来自欧洲的入侵的人。[18]亚述人从来没有屈从于任何外国王，因为他们以沙漠和贫瘠的土地来加以防范。[19]与之类似的情况的是阿拉伯人，他们总是能够防止任何外来的入侵或袭击，因为他们的国家十分缺乏水与农产品。[20]

按照普林尼的说法，为什么意大利曾经受到如此多外国军队的入侵，唯一原因就是她的葡萄酒与无花果无所不在。我们还可以加上一条，按照克拉特斯（Crates）[ii] 的说法，在任何与愉悦有关的事情上的过于放纵对于老年人与年轻人以及相类似的人都是有害的：它使得老年人变得痛苦，也使年轻人变得柔弱。[21]埃默里西人（Emerici）的领地——据利维尤斯·帕塔维努斯（Livy）的记载——是非常富饶的，但是，就像那些丰产之地常常发生的情况那样，它所养育的是一个胆怯的民族。[22]在另外一个方面，利古里亚人则是一个彻底的勤勉刻苦与精力充沛的民族，因为他们生活在一个多石的土地上，这强迫他们将每一天都花在无休止的劳作上，却几乎没有多少食物可以获得。[23]

这就是为什么一些人可能并不反对将他们的城市建造在像这样一类粗糙而困难重重的地区。另外一些人则不这样想，他们更喜欢一个能够充分获得大自然所慷慨赠予的利益与礼品的地区，这无论对于他们的基本需求，还是对于他们的舒适与愉悦，都是求之不得的事情；他们祖先的法律与习惯，他们自己的主张，都能够确保这些资源得以恰当地利用。他们也意识到自己家里的五谷丰登要比起不得不到别的什么地方去讨生活来得更为愉悦与甜蜜。为了这个原因，他们无疑将倾向于那些与环绕孟菲斯的那个国家相似的那种地方，按照瓦罗的说法，那里的气候是如此美好，以至于在一年中没有什么树，甚至藤蔓植物，会有落叶的时候[24]；或者是在陶鲁斯（Taurus）山下，面向北风的地方，斯特拉博声称那里发现的葡萄串有两库比特长，一棵葡萄树上的葡萄酿成的酒就可以充满一个双耳陶罐，而一棵无花果树就能结出 70 个谷物容量单位（modii）的果实[25]；或者，如在印度，以及在大洋中极北净土地带的（Hyperborean）[iii]岛屿上发现，那里的土地，据希罗多德所说，一年将有两次收获[26]；或者，在卢西塔尼亚（Lusitania）[iv]，那里不论何时只要抛下种子就会有收获，或者在像 Caspium 山的泰尔戈（Talge）一样的地方，那里的土地即使未经耕作也能够长出庄稼。[27]但是，这些现象都是非同寻常的，是谓可遇而不可求的。

因此，那些最初的古代作者们，他们记录了其他人以及他们自己关于这一问题的观点，考虑到一座城市的理想位置就是能够从它自己的土地上获得它所需要的所有物资，而不需

---

i 古埃及国王名，历史上有三位国王叫塞索斯特里斯，分别为一世、二世、三世，都是在公元前 20 世纪末至公元前 19 世纪在位。这里不知是否是指在位时间较长的塞索斯特里斯一世（前 1918—前 1875 年）。——译者注

ii 克拉特斯（底比斯的），活动时期公元前 4 世纪后期，犬儒学派哲学家，第欧根尼的学生。——译者注

iii 希腊神话中的北方净土，那里有最远古之时为古希腊人所知的一个民族，生活在北风带以北的永久温暖，有阳光的土地上。——译者注

iv 卢西塔尼亚，古代罗马所辖的一个地区，是古罗马帝国在伊比利亚半岛上的一个省份，大致相当于今天的葡萄牙。——译者注

要进口任何东西，以及人的需求能够被计算出来，环境也将是允许的，并且它还有如此好的边界防御，没有什么敌人能够轻易入侵，也不会妨碍你在你需要的时候派遣你的战士出境。他们认为，像这样的一座城市，既能够保卫他们的自由，也能够大大地扩张他们的领土。我的例子是什么呢？埃及首先以其如此彻底的难以接近而备受赞誉，而且它在所有的方向都有如此好的防御，它的一侧有海作屏障，另外一侧则是浩瀚的沙漠，它的右侧是陡峭崎岖的山峦起伏，而它的左侧又是一望无际的沼泽湿地；它的土地又是如此肥沃多产，古代埃及被认为是世界的谷仓，众神也会为了和平与享乐而退居到那里。然而，虽然它有天然的屏障与肥沃的土地，而且它也自诩能够养活所有其他地方的人们，甚至能够为众神本身提供栖息与保护之所，但是，按照约瑟夫斯的说法，这样一个区域却没有能力保持其永久的自由。[28]所以，老话说得好，即使是在大神朱庇特的庇护之下，人类也未必一定安全。因此，在这里我们举出柏拉图所谈过的例子是恰当其时的，在当问到他所梦寐以求的伟大城市在哪里才能够找到呢，他回答说："这不是我们所关注的事情；我们的兴趣更多的是在对什么样的城市才是最好的城市的思考方面。最重要的是，你应该选择那种与这一理想最为相近的城市。"[29]我们也应该按照范例来设计一座城市，这些范例是受过教育的人们可以通过各个方面来加以充分判断的，因而，它也将无疑是适合于所有时间与需求的条件的。在这里我们应该听从苏格拉底的告诫：当事情处在最为完美的状态之时，也就是事情将要变得糟糕之始。[30]

　　因此，这里是为我们的城市所罗列出来的一些必要条件：它应该是不会遭受我们在第一书中所大略描述过的任何不利条件的困扰的；它应该没有什么经济上所必需的东西会是缺乏的；它的领土应该是有利健康的、地域开阔的，而其地形也是变化多样的；它应该是令人愉快的、肥沃多产的、拥有天然防卫屏障的、资源储藏丰富的，以及能够提供丰富水果与充足清泉的地方。那里应该有河流、湖泊，以及便利的出入大海通道，以允许供应匮乏之物的顺利进口，以及任何冗余之物的出口。最后，应该能够提供一个防御坚固、民生活跃、军事稳定的条件，应该不再需要期待什么东西来用于保护市民和修饰城市，也不需要向他们的盟友灌输热情，或是向他们的敌人散布恐惧。而且，在我看来，任何一个国家，只要它能够使它的领土开辟为物产丰美之地，它都会是一切顺利的，尽管会有敌人的觊觎。

　　此外，一座城市应该坐落在它的领地的中央，在那里视线可以直达其领地的最边缘，因而，它可以对形势进行观察，在事实证明是需要的时候，可以随时进行适当的干预；这也应该坐落在一个位置上，那里能够允许百姓和农夫经常出入进行耕作，并且能够很快地满载水果与产品而归。特别重要的是，要确定是将你的城市坐落在开阔的平原地带，还是坐落在海岸边，抑或是坐落在群山之中：每一种地理位置都有其优越性，也有其不足之处。当狄奥尼修斯带领他的军队穿越印度时，他的士兵被炎热所折磨，他将他们带到了群山地区。在那里，在呼吸到了健康的空气之后，他们的体力又得到了恢复。[31]为什么一些城市的奠基者会将城市布置在山顶上，其原因就在于这样会使他们感到安全。但是，在这里水却变得很难获得。在平原地带有河流，以及其他便利的水源，但是，从另外一个方面来说，平原地区的空气又变得过于稠密；夏天这里会过热，而冬天这里又会极其寒冷，而且这里几乎没有防御敌人入侵的条件。海岸线对于货物的进口十分便利，尽管据说没有哪一座海

97

岸城市是平静的：它将会不停地遭到骚扰，也常常会被政治变迁的影响或过于强盛的商人力量而搅得不得安宁。更有甚者，它将会被暴露许多危险之下，或是暴露在外国舰队的威胁之下。

因此，这里是我的建议：无论这座城市坐落在哪里，都要尽最大的努力确保它利用了每一种地形类型的优势，而不是它的劣势。我主张当在山地建造时要将城市放置在一个平坦的地表上，在平原地区建造时，就要将城市放置在一个隆起的高地上。但是，如果没有足够多样的条件让我们加以选择，那么问题就是如何满足最基本的要求：一座位于平原地区的城市不应该距离海岸线太近，而在山地中的城市也不要离海岸线太远。有许多记录说明海岸线会发生变化，有许多城市，如在意大利值得提起的是 Baia，就是被海水淹没的。在埃及的法罗（Faro），最初是被海水环绕的，现在却像半岛一样与大陆连在了一起。同样，按照斯特拉博的说法，这样的事情也发生在提尔（Tyre）[i] 与 Clazomenae。[32]再有一个例子，人们谈到 Hamon 神庙曾经坐落在海岸边，但是，海水现在已经溃退，将这座神庙留在相当内陆的位置上。[33]

人们劝告我们说，要么将房屋建造在海滨地区，要么就建造在远离海岸的内陆地区。因为海上刮起的小风也相当粗糙，而且充满了厚重的盐分；因此，当海风刮到了内陆地区，特别是刮到了平原地区，与潮湿的空气相遇，被吸收的盐分会溶解，使空气变得十分厚重，几乎像是胶着的黏液。其结果是，在一些地方可以看到，像蜘蛛网的网线都会因为空气的原因而发生扭曲。据说，空气的反应就如同水一样：空气中混杂的盐分显然会令空气变得很糟糕，这使得空气释放出一种污浊的气味。

98　　　古代人，特别是柏拉图，主张一座城市应该与大海有 10（罗马）里的距离。[34]但是，这样大的一个距离是不现实的，那就可能将城市坐落在海风仅仅可以到达，而这时它已经衰减、削弱，并变得纯净的地方。要将城市坐落在山峦的背后，以防止任何来自海上的弊害聚集于城市之上。在海岸线上，要使大海的景观令人悦目，但其气候却并不能够对健康造成损害。的确，亚里士多德认为所有区域中最为有利健康的是那种不断有海风吹到的地方。[35]但是，要小心的是那里的海边不能太浅，更不能是那种野草丛生之地，海岸要深，要有突兀的岩石峭壁，陡峻而高低错落。

要把城市坐落在一座小山"高傲的"山脊上，如其所是的样子，令其既高贵又迷人，更重要的，这是为了城市的健康与防卫。因为，无论什么地方，若附近有拔地而起的山峦，那里的海水是不会浅的，可能上升的浓郁水汽会随着高度的提升而被冲散。任何突然出现的敌人队伍的袭击也会较快地被发现，并冒较少的风险就将其阻挡在外。

古代人喜欢将他们位于山顶上的城市朝东布置，虽然在炎热地区，他们会将其城市面向北风（Boreas）设置。其他一些人则倾向于将其城市朝西布置，因为他们相信在阳光的照射下庄稼会长得更好。此外，历史学家们曾经谈到，在陶鲁斯山下，那些面向东北风

---

i　提尔，古代腓基尼人的首都，位于今黎巴嫩南部的地中海岸边。公元前 11 世纪后是一个繁荣的商业中心，以其紫色染料和华丽丝织品而著称。亚历山大大帝于公元前 332 年围并占攻了提尔，这座城市最终于 1291 年被战争所毁。——译者注

（Aquilo）的地方是更肥沃的，因此也比其他地方更有利于健康。[36]

最后，无论什么时候，若一座城市不得不坐落在群山地区，那么，重要的是要考虑积久不散的厚重雾气，这些山雾会使白昼变得黑暗，天空也总是黯淡而阴郁的——这是在这种地方常常能够见到的一种现象，特别是被一系列较为高大的山脉环绕的时候尤其是这样。要确定什么时候的风，特别是北风，会因过于多而给人造成麻烦，这些风不会造成太大的损害；因为那是北风，按照赫西奥德说法，这种风会令每一个人（特别是老年人）变得迟钝与驼背。[37]

如果在其上有悬崖峭壁，随着太阳的升起而升腾的水雾之气从上向下倾泻，或是（在其下）有阴暗的峡谷，向上涌动着苦涩的空气，这种地方也将是不适合作为一座城市的基址的。一些人建议说，城市的一侧应该与一条沟壑的边缘相邻。但是，有着许多例子，最著名的是托斯卡诺地区的沃尔特拉（Volterra）[i]，这些例子说明几乎没有什么沟壑能够对地震和暴风雨形成天然的阻滞作用：它们会逐渐地崩塌，并将建造在其上的任何东西拖垮。也要明确的一点是，没有任何紧邻的山体可以俯瞰这座城市，这样的山体可能被敌人占领而作为一个基地，从这里对城市发起攻击，或对城市造成伤害；然而，没有哪一个处在低处的平原地区能够为敌人提供遮蔽，以及充分的空间来建立一个防御营地，以用来围城或构成一条攻击的作战队形。

文献中写道，代达罗斯（Daedalus）在一块陡峭的岩石上建立了阿格里真托（Agrigentum）城，这座城池是如此的难于进入，只要有三个人就能够守住[38]——有效的防御，用一小队武装的人就能够同样容易地提供逃脱之径而不会被包围在其中。军事专家们极力称赞的 Cingolum，一座位于皮切努姆（Picenum）[ii]的由拉比努斯（Labienus）[iii]建立的小城[39]；他们这样认为有其诸多的理由，最重要的是这座小城并没有出现几乎所有山顶小城都普遍存在的弊端，即一旦到达山顶，它提供了一块露天而平坦的地表，可以用来进行战斗：在这里，任何入侵者都会被陡峭而高耸的岩石阻挡在外；也没有敌人能够在一次任意的袭击中可以掠夺和损毁周围的村庄；更没有人能够一次围攻所有的出入口；他甚至不能够安全地从一个附近的营地中撤退，或者不能够不冒风险地派人出去筹集粮草、搜集木料和寻找水源。在另外一个方面，这些恰恰成为城里人的优势：在山下所有方向上纵横交错的山岭和沟壑可以使他们突然出击去袭扰敌人，只要一有机会他们就会出其不意地发动一次攻击。马西人的 Bisseium 城[40]也得到了不少的赞誉；坐落在三条河流及其山间谷地的环绕之中，周围是突兀崎岖不能通行的群山，这座小城只有一个狭窄的入口和一条艰难的出入路径，这使得它的敌人不可能包围这座小城，或封锁所有山谷的出入口；然而，这里的市民们却可以非常自由地获得粮草与援军，以及发动针对敌人的突然袭击。关于山地就说这么多吧。

但是，如果你将你的城市布置在一个平原上，跨越一条河，像通常的那样，而那条河

99

---

i　沃尔特拉，意大利托斯卡纳山地中的一座古城，其中有埃特鲁斯坎、罗马、中世纪及文艺复兴时期的大量遗迹。——译者注

ii　皮切努姆，古罗马一个区域的名字，以庞培的出生地而著称。另见于本书第十书第一章。——译者注

iii　拉比努斯（约公元前 100—前 45 年），罗马共和国后期的一位职业军人，于公元前 63 年曾做过护民官。——译者注

流恰好穿过城墙的中间，就要确信这条河流既不是来自南方，也不是流向南方的。在第一种情况下，会有更多的潮湿，而在第二种情况下，则造成更多的寒冷，这是由于河面上带过来的雾气所造成的。但是，如果河流是从城墙外面流过的，就要将周围地区的情况考虑进来；最充分地暴露在风之前的部分应该用一堵墙来加以保护：将河流置于你的身后。除此之外，需要关注的是水手们所持的观点，风很自然地是背向太阳的。自然主义者坚持说，来自东方的微风在早晨是较为纯净的，而在傍晚则变得较为潮湿，而来自西方的风在太阳升起的时候较为厚重，而在太阳落山的时候则较为轻薄。事实上，任何向东流或向西流的河流将不会都是不受人欢迎的，因为随着太阳的上升而吹起的微风既可以将穿越城市的有害烟雾吹散，也会伴随风的到来，而使烟雾有所增加。最终，我主张任何水体的延展，例如一个湖泊，最好是向北，而不是向南伸展，（其结果）是能使这座城市不会处在群山的背阴之处，因为那是最为糟糕的位置。

我将不会重复上面已经提出的其他建议。广为人知的是，南风奥斯特（Auster）天然地是厚重而迟缓的，因此当航行中因沉重的南风而疲惫不堪时，船的吃水会深，就好像它装载了压舱物；另外一个方面，北风（Boreas）似乎会使船与海面都变得轻快许多。但是，无论刮的是什么风，最好是将其保持在海湾之中，而不要让它穿越城市，也不要让它直接冲着城墙吹。

100   那种有着陡峭的河岸和深沉而背阴的石头河床的河流是最要不得的，因为它们会拼命汲取水流，并释放出不健康的空气。此外，同样的情况是，任何一位聪明而有经验的人都会远离沼泽或泥泞而迟滞的湿地。我不需要再复述在这些地方中的大气中流传着的疾病。除了夏季固有的瘟疫之外，还有恶臭、蚊虫，以及其他类似的恶劣寄生虫，即使这些地方看起来似乎是十分清洁和纯净的，它们的种种弊端也不会逃之夭夭，这些弊端在谈到平原地区时已经提到：在冬天它会变得极其寒冷，而在夏天则是极其炎热还夹杂着狂风大作。

最后，要千方百计地防范的是，要确保不要有任何山岭、岩石、湖泊、沼泽、河流、泉水，或别的什么东西，会为敌人提供保护与服务，或者以任何方式对这座城市及其居民造成损害。关于一座城市及其周边地区的选址问题就谈这么多吧。

(59v—61)

第 3 章

可以理解的是，一座城市的外轮廓线，及其各个部分的布置，需要按照其所坐落的位置而有所变化：例如，在山地，很显然的是不可能将城墙设置成为圆形、矩形，或任何你所选择的形状，就像你在一个水平而开敞的平原地区可能做的那样。

古代的建筑师们反对在他们的城墙中有诸多的转角，因为他们觉得这些转角将更有利于敌人的攻击而不利于城内居民的防御，这些转角对于作战机械所造成的伤害缺乏抵抗力。[41]当然，城墙转角可能对攻击造成一些便利，如当布置伏兵或发射矢炮的时候，以及为突击提供机会，也利于撤退。然而，在一些偶然的情况下，这些转角在山顶城市的保卫战中也可能是一个巨大的帮助，例如它们提供了封锁出入口路径的条件。例如，著名的佩鲁贾城的一些区，就如同人的手指一样在各个侧面都突伸到山中；当敌人试图接近其中一个转角之前时，他将很难找到一个充分的空间来发动一次较大规模的攻击，就如同陷入某些要塞的圈套之中，他将不能够抵挡从上面投掷下的武器，以及向他们发起的反攻击。因此，不会有一种可以适用于每一种地形下的城墙布置方式。

最后，古人们坚持说，城市就像是一艘船，不应建造得过于庞大，否则当它空敞的时候会发生摇晃，也不应建造得过于小，否则当它被填满的时候会变得狭窄难忍。但是也有一些人更喜欢拥挤的城市，认为这样的城市会更为安全，其他人则倾向于今后的城市平面，并为拥有更为开敞的空间而感到欣喜，还有一些人可能更关注城市的声望，以及将其名字传给后人。我从古人的记录中了解到太阳之城，是由 Busiris 建造的，它以底比斯而著名，它的周长有 140 个赛跑场的长度[42]，孟菲斯的周回长度为 150 个赛跑场的长度[43]，巴比伦的周长超过 350 个赛跑场长[44]，尼尼微（Nineveh）则有 480 个赛跑场长。[45]在一些情况下，由城墙所环绕的这个区域是如此的好，人们可能在整整一年内都可以从城内获得充足的产品。但是，在这里我宁愿遵循古老的谚语：只当一无所有，储备多多益善。但是，即使在某一方面我是错误的，我也宁愿选择一个可以为越来越多的人口方便地提供食品之地，而不是那种连为既有的市民都不能够提供一种高雅生活的地方。此外，城市应该不仅仅从一种居住的以及其他基本的角度来规划，城市也应该提供愉悦的区域并留出开放的空间，以作为一种装饰，并提供消遣与娱乐之所，以使人们从对市民公务的关注中解脱出来：赛马场、花园、游廊、游泳池，如此等等。

古人，其中如瓦罗[46]和普卢塔克[47]，提到了我们的祖先曾经是按照宗教仪式与习惯而为他们的城市设置城墙的。在一个良辰吉日[48]他们要套上一对公牛与母牛，拉上青铜铧犁，耕出第一条犁沟，这样就确定了城墙的走向。居民中的长者会跟随着犁走，母牛在内侧，公牛在外侧，将连根拔起的草木翻转过来，将犁铧翻起的土块放回犁沟，楔上木桩以防止土块分散。当他们到达应该设门的位置时，他们就用手将犁铧抬起来，以保持大门的门口处没有触动。通过这样一种方式，他们相信这一整个过程以及墙体的结构都是献给神的，只有门口处除外，门口位置是不能直接称作神圣之地的。[49]

哈利卡那索斯（Halicarnassus）[i]的狄奥尼修斯说，在罗穆卢斯的时代有一个习惯，当建造一座城市的时候，长老们要在帐篷前摆上一些牺牲和篝火；然后，他们会让人们通过跨越火苗而为自己赎罪。[50]任何不洁净的人都被认为是不能够参与这样一个仪式的。这就是他们所做之事。

在别的地方，我发现人们的习惯是用白土粉来标志出拟建造城墙的走向线，这种白粉就是人们所知的"纯净物"。当亚历山大建立法罗城的时候，因为找不到这种白土粉，他就用面粉取而代之。[51]这样做给予了占卜者以机会来预测这座城池的未来：通过研究这样做所出现的征兆，即最初几天里白粉的状态，他们加以思考，然后使得他们预言一座城池的命运。

101

---

i　哈利卡那索斯，位于今天土耳其境内小亚细亚西南部爱琴海上的一座希腊古城，公元前 4 世纪，阿米特米西娅王后在这儿为她的丈夫摩索拉斯国王修建了一座雄伟壮观的陵墓，这座陵墓被认为是世界七大奇迹之一。——译者注

埃特鲁斯坎人的宗教仪典书教会了他们如何从一座城市的奠基之日开始，而确定它的未来寿命；这不是通过对天象的审视，如在上面的第二书中已经提到的，而是通过对迹象的检验，以及通过迹象而作出的推断。这就像那些令人质疑的回忆录中所说的："在城市奠基的那一天出生而寿命最长的那位市民逝世的日子，就标志了城市的第一纪。同样地在那个日子诞生的人中最后一位活着的人死去之日，也就标志出了城市第二纪的结束；后来的城市纪年也是这样。由众神所昭显的征兆会告诉人们每一纪是在何时结束的。"[52] 这就是他们所作之事。据说埃特鲁斯坎人能够非常精确地计算出他们的年龄。这就是他们是如何信赖他们的记忆的：前四纪每纪是 100 年，"第五纪是 123 年，第六纪是 119 年，第七纪也是一样，第八纪是恺撒们的时代，第九与第十纪还没有到来。"[53]

他们也认为像这样一些迹象可以使他们洞察未来时代的特征。例如，他们能够预言，罗马将会支配这个世界，因为在罗马城奠基的那一天出生的人中有一个人被赋予了支配这座城市的地位。这个人，我发现，就是努马[i]：普卢塔克回忆说，努马正是出生于城市奠基的那一天，4 月 19 日。[54]

斯巴达人很为他们在自己的城市周围不设城墙而感到骄傲：对他们军队的威力与他们市民的坚强深信不疑，他们认为他们的法律足以保护他们。另外一个方面，埃及人和波斯人认为他们的城市应该用大范围的围墙来防卫。例如，除了其他人之外，尼努斯（Ninus）和塞米勒米斯将他们的城市规划得有足以在城墙顶端容纳两个连接在一起的战车的宽度，而其高度有一百多库比特高。[55] 阿利安回忆说，提尔的城墙有 150 尺高。[56] 很显然，一些人并不满足于有一道城墙：迦太基人（Carthaginians）用了三道墙来环绕他们的城市。希罗多德提到德奥西斯（Deioces）[ii] 将他们在西巴塔那（Cebatana）[iii] 的城市用了七道墙来环绕，尽管它处在很有优势的位置上。[57]

从我们的角度，当我们想到城墙为市民在对抗处于更好位置上的和数量更多的敌人时提供的安全与自由的能力的时候，我们将既不希望那种毫无抵抗能力的祖露的城市，也不希望将所有的希望都放在城墙的结构之上的做法。借用柏拉图[58]的话，我认为，正是人们所期待的某些方面的城市特征，在历史上可能受到征服者的威胁，因为，它无论在公共的，还是私人的生活方面，都不可能将属于天性或人类习性上的占有欲和野心，限制在任何一个理性的极限之内：这就是所有武装侵略的唯一的和最重要的原因。[59] 既然是这样，谁能够否认需要在警戒之上再加警戒，防卫之上再加防卫呢？

至于其他方面，在所有城市中容量最大的城市，如我们在其他地方已经提到的，是圆形的城市；防卫最好的城市，则是被有波浪形凹凸的墙所防御的城市[60]，如耶路撒冷城曾经的样子，按照塔西佗的说法[61]：在城墙凹入的部分，敌人将不能够毫无顾忌地前行，依靠着

---

i　这里可能指的是努马·庞皮利乌斯（Numa Pompilius），其活动时期约在公元前 700 年，是罗马传说中共和国成立前统治罗马的 7 代国王的第二代。约在公元前 715—前 673 年在位，曾创立宗教历法并制定各种宗教制度。——译者注

ii　德奥西斯（公元前 709—前 656 年），米堤亚人最早的国王，曾将 7 个米堤亚部落联合在一起来反对亚述人的统治。——译者注

iii　西巴塔那，米堤亚古国中的一座城市，位于现在伊朗西部的哈麦丹地区。公元前 549 年被居鲁士大帝攻占，后又被亚历山大，以及曾统治叙利亚的塞琉古斯一世及安条克三世所洗劫。——译者注

掩蔽物他也无法怀着侥幸成功的希望来发挥他的战争机械的优势。我们将寻求利用城址本身的特征，正像我们注意到古人的确曾经做过的一样，依赖于城址以及他们自身的必要条件所提供的优势；例如，古代废墟显示，古代拉丁城市安提姆（Antium）ⁱ 为了将海湾拥入怀中，是沿着海岸线延伸的。类似的情况，开罗城是沿着尼罗河河岸伸展的。按照梅加森内斯（Megasthenes）ⁱⁱ，印度城市 Polimbothra，属于 Grasii，有 80 个赛跑场长，15 个赛跑场宽，一直延伸到河流的下游。⁶²据说，巴比伦的城墙是矩形的⁶³，孟菲斯的城墙则是用字母 Δ 的形式建造的。⁶⁴但是简而言之，无论采用什么形式，对于所有城墙的要求都是（按照韦格提乌斯［Vegetius］ⁱⁱⁱ的说法），它的宽度应该足以让两位全副武装的士兵毫无障碍地相互通过，它的高度应该高到足以防止任何人利用梯子攀登而上，它所用的灰泥与结构应该强得足以经受得起战争机械的冲击。因为有两种类型的战争机械：一种是通过猛撞和敲击破坏城墙，另外一种是通过挖掘它的基础来破坏它。依赖于一个壕沟一般说来是一个比城墙更好的防御方法。因为，对于第二种类型的战争机械，城墙就不是值得提倡的方式，除非将其基础落在深水之中或坚硬的岩石之上，对于一个壕沟的要求，既包括宽度，也包括相当的深度。这样就防止了一个"龟行器（tortoise）"，移动的战塔，或任何通过移动而接近的机械；同样，如果遇到了水和岩石，也将阻止了任何期待以挖掘而穿越的企图。军事专家们不赞成究竟是将壕沟灌满水还是将水排干那一种方式更好。然而，他们承认不应该将居民的健康作为最不值得重视的考虑。进一步而言，他们主张一个壕沟应该很容易地清除由发射器造成的残骸碎片，以防止这些残留物被堆积起来，而给敌人造成一条容易通过之路。

第 4 章

（61—62v）

但是，我要回到城墙的主题。这就是古代人介绍的这些城墙是如何被建造的：建造两堵墙，一堵墙在另外一堵墙之内，两者相隔 20 尺。然后用从壕沟中挖出的土填充中心部分，再用木杵将其夯实。城墙应该这样来建造，即从城内的高度，通过一个平缓的类似台阶一样的斜坡，能够直接到达城垛处。⁶⁵其他人主张说，将从壕沟中挖出来的土用于构筑一个环绕城市的壁垒，用一个统一的墙从壕沟的底部筑起，其厚度要足以承载在其上叠压着的土的重量。接着筑造第二堵墙，在朝向城内的方向，比第一堵墙高，其距离足以使作战队列排开，并给予特遣队以足够的空间，令其放开手进行战斗。同样地，应该建立一些横断墙，从外墙延伸到内墙：由这些连接的墙所提供的联系与支持会对主墙有一些限制，也会对这两堵墙抵御其中心的土压力起到加强作用。

除了这些以外，我们还应该称赞那些如此布置的墙，它在下面留出了足够的空间以方

---

i　安提姆，意大利中西部毗邻第勒尼安海的拉丁姆海岸的一座古代沃尔西人建立的古城。——译者注

ii　梅加森内斯（Megasthenes，大约在公元前 350 年—前 290 年），古希腊旅行家与地理学家，生于小亚细亚，曾任叙利亚塞硫古王朝驻印度旃陀罗笈多的孔雀王朝的大使。——译者注

iii　韦格提乌斯（Vegetius），古罗马的军事专家，活跃于公元 4 世纪，曾撰写过西方最具影响力的军事论文，其论述对于中世纪以后的欧洲战略与战术有较大的影响。——译者注

便对残骸的收集而不会令碎屑填满了壕沟，即使这墙渐渐地被战斗的冲力所摧毁。除此之外，我还同意维特鲁威的观点："这就是我所认为的一堵城墙应该如何建造：将烧焦的橄榄木厚木板尽可能多地横铺在墙的宽度方向上，其作用就像是木制的带子一样将墙体两侧的表面拉结在一起，并给予它们永久的支撑。"[66]修昔底德描述了一种类似的墙，曾经被普拉塔恩斯（Plataeans）[i] 人在其被围困于伯罗奔尼撒半岛（Peloponnesians）时作为抵抗设施所使用；在这里，楔入墙中的木料大大加强了砖砌体的强度。[67]

恺撒记录了高卢人用如下方法所建造的几乎所有的墙[68]：连续的直线木桁条被平行而等间距地布置，并将（墙体的）交叉部分拉紧，但是，在这些桁条的空隙之间则用大块的石头填充，这样，桁条与桁条之间并不接触。每一层都是以这样的方式处理的，一直延伸到墙体的高度。其最终的效果看起来是不错的，并且也提供了一种有效的防御手段，因为石头会保护墙体不受火的侵害，木桁条则抵住了战斗中的猛烈冲击。

然而，一些人并不能够充分赞成这种墙体建造方式；他们坚持说石灰和木头在一起不能够持续太久，因为石灰的热量会烧灼木头，而石灰中的盐分也会侵蚀木头。进一步讲，如果这一墙体被战争机械发射的矢炮所撞击，而这一整堵墙是相互连接在一起的，就会像一个整体一样发生震动和摇晃，从而有可能一起倒塌而成为废墟。

但是，在我们看来，这是加强一堵墙以抵御矢炮的最为有效的方法：有着三角形基座的支撑物会沿着墙的走向每10库比特就布置一个，这个支撑物的一个角还朝向了敌人。在各个支撑结构之间还通过发券而构筑了拱券，然后在其上形成了拱顶。在结构之间的凹龛中，是用泥土和麦秸的混合物填充的，然后将其塞满压实。因此，泥土的柔韧会减弱机械的碰撞与冲力。另外，即使机械会连续地冲击，墙体也只是在这里或那里受到减弱，而这些地方会很快地被加以修复。关于这种墙，用有着充分来源的西西里浮石建造而成的会特别的好。在别的地方，石灰华提供了一个并非不适合的浮石或泥土的替代品，同时，石膏也是非常适合的。

最后，无论是什么材料，如果它是暴露在湿气、奥斯特（南）风及夜晚的水汽之下的，就必须要为它覆盖一层石头的保护层。如果壕沟的外沿比周围地面的地势高，并且有斜坡，那将是非常有利的。这样就会造成所有的矢炮都会落在城墙上，而不会飞跃城墙。还有一些人主张抵御矢炮打击的最好方式是将墙体的轮廓线建成锯齿的形状。[69]

我在罗马城中发现了一段墙，是在高度的一半位置上设置了一条步行道，给人以特别深的印象。布置得恰到好处的墙上雉堞使得射手们能够伏击敌人，也允许他能够在匆忙或不经意中移动位置。

城墙应该在每间隔50库比特的距离处，在其侧面布置一座塔，其作用有如那些支撑体。这些塔应该是圆形的，从墙中往外凸出出来，略有一点高，因此，任何人因冒险而过于接近，就会暴露在其侧面的射击范围内而遭到打击；因此，城墙是被这些塔所护卫的，而这些塔也彼此相互护卫。塔朝向城内的一侧，是没有城墙而敞开的，防止敌人进入以后，会有任何为其提供防护的可能发生。

---

i 普拉塔恩斯人，曾与雅典人共同抗击波斯人，并曾建有木制的栅墙。——译者注

塔和城墙的檐口，既起一种装饰的作用，也对其起到加强的作用，以防止敌人使用伸缩的梯子。一些人更喜欢沿着城墙处理成悬崖的样子，特别是在塔的下面，并提供木制的可以启闭的吊桥，这种桥可以为安全着想而迅速地升起，或者在需要的时候而降下使用。

在大门的两侧古人们习惯于设置一组大型的塔，这塔是极其坚固的。这些塔就像双臂一样保护着大门及其入口。

在塔内的地面上，不应该用石头砌筑成拱券的样子，而应该用木制的地板，这样它就能够在需要的时候被揭开或燃烧。要使它敌人占优势的时候容易被拆除，所以不应该用钉子将其钉死。[70]

在这些塔中不应该缺少掩蔽处和凹室，以便在冬天的霜冻中，以及其他恶劣的气候条件下，为卫兵提供保护。如果城垛是突出于城墙之外的，在城垛的下面应该凿洞，通过这些洞口，可以将石头和燃烧的木柴投向敌人，或者，在城门失火的时候，可以向下灌水。他们说，如果大门被皮革和铁包裹起来，这些门就会变得耐火。[71]关于这一主题谈得足够多了。

第 5 章

（62v—63v）

大门的设置将取决于军事通道的数量。当然，一些道路是用于军事用途的，其他一些则不是。在这里我不主张陷到诸如区分为什么 actus 是为牛等牲畜走的，而 iter 是为人走的等问题之中；我将在两种情况下都使用“道路”［通过］这个词。[72]

军事道路应该是能够容纳一支部队和它的行装出发到各个区域去。因此，这些道路必须要比非军事性的道路要很多；我注意到古人通常将这些道路建造得不少于 8 库比特宽。在这些路上要铺得下 12 块石板，在直线路段，一定要有 12 尺宽，而在曲线路段，就要有 16 尺宽。[73]非军事性道路是那些从军事道路支岔出来的道路，或是到一座乡间别墅，或是到一座小城，或是到另外一条军事道路。在乡下是一些牛车道，在城里则是一些窄街小巷。还有一种道路，具有广场的特征[74]——例如，那些打算提供于特殊用途的道路，通常是公共用途，例如那些通往神庙、跑马场和教堂（巴西利卡）的大道。

在乡下的军事道路不应该与城里的道路以同样的方式修造。城外的道路所遵循的规则应该是：它们必须是宽大而开敞的，在所有方向上都要有很好的视野；它们必须是清洁的，没有任何水或碎石；它们也一定不要留给盗匪以隐藏和设置埋伏的余地；这些路不应该有来自各个方向的岔路，以防将这些路暴露在盗匪面前；最后，这些路应该是直的，也应该尽可能地短。最短的路线并不是，如一些人所说的，最直的路线，但是，却是最安全的路线；我倾向于一种稍微长一点的而不是那种不方便的路线。

一些人认为围绕 Privernum[75]的乡间道路是特别安全的，人们喜欢它那深深凹陷的道路，路的入口令人迷惑，路径走向并不清晰，甚至有些危险；高高的路肩没有任何遮挡，使敌人无处藏身。专家的观点认为像这样一种最为安全的路，就像是沿着水平的边缘穿越一个平缓的山丘地带一样。下一个他们所青睐的应该是一种老式的路，那是通过一个升起的路堤直接穿越农田而过（这就是为什么古人称其为"堤防"的原因所在）。[76]当然，一条这种类型的路有很多优势。旅行者沿着这样一条高起的堤路行走会发现令人愉悦的景观，这在辛苦而令人烦恼的旅途中是一点放松；其次，更为重要的是，它将使人能够从很远的地方看到敌人，这使他们能够有时间决定是否通过一种适当的人力组合来摆脱即将来临的危险，或者，如果力量相差悬殊，就赶紧逃跑，免得丢命。这里提到的是一个我所作的关于 Portuensian [i] 之路的一些观察：因为有大量人群和相当数量货物的从埃及、非洲、利比亚、西班牙、德意志、和那些岛屿上来的人汇聚在一起，他们设置了一条双向的道路，在路中间布置了一排石头，有一尺高，就像是一条边界线一样，这样那些到达的人，在一侧行走，而那些返回的人则在另外一侧，因此而防止了任何轻率鲁莽的事故。

那么，一条城外的军事道路应该是这样：清晰、直接，并且十分安全。

当这条路到达一座城市，这是一座有声望和有权势的城市，其街道就比较直，也非常宽阔，以加强它的尊严和权威。但是，一个殖民地，或是一个防御性的城镇，其入口如果不是直接引向城门，而是沿着城墙向左或向右转的，甚至最好直接引到城垛之下，就会比较安全一些。[77]在城内，如果道路不是直的，而是一条河流一样，一会儿转到这儿，一会儿转到那儿，从岸的这边到岸的那边，那将是比较好的。除了这道路较长之外，城市显现的规模也比较大，这无疑对于外观与实际使用都有很大的好处，而这正迎合了诸多变化条件下的种种需求。而且，不是开玩笑地说，来访者每走一步都会看到一个不同的街景，或者说每一座房屋的入口及其视野都直接朝向街道；在别的地方，有太多的开敞区域将是令人厌恶和不利于健康的，而在这里较大的尺度则是受人欢迎的。

据科尼利乌斯（Cornelius）的说法，当尼禄将街道扩大了的时候，罗马城变得燥热，因而也更不利于健康。[78]虽然，在别的地方，在狭窄的街道中，阴影可能变得令人不悦，但是，在这里这样的事情却不会发生；阳光总是铺满了街道，即使在冬天也是一样。虽然没有白昼的光线达不到房间，在夏天它也将总是处在阴影之下。微风也会时时光顾这里；无论风从什么方向吹来，它们将总是会发现一条直的，以及（对于大部分地方）不受阻隔的穿越路径。同样是因为这个原因，风将永远不会是一件令人厌恶之物；它会很快被隔间墙所阻止。而且，如果敌人闯入其中，他将会冒很大的风险，他的前后左右都会暴露无遗。

关于军事道路就谈这么多。非军事道路也是很相类似的，或许除非在这一方面：如果是沿直线建造的，这些道路就会和墙体的转角以及建筑物的各个部分有较好的配称。但是，我注意到古人倾向于为他们在城市中的道路给出一些很难使用的出口，还有一些是死胡同，这样，任何进入其中的入侵者或罪犯就会晕头转向，变得犹豫不决和不知所措，或者，如果他们鼓起勇气继续前行，很快就会发现他们已经陷入危险之中。

同样便利的是建造一些更为狭窄的道路，但却不很长，在第一个交叉路口就结束：这些道路更多地并不是为了给公众提供一个进入纵横交错房屋的公共通道，而是既通过增加其中的光线而为房屋提供便利，也通过对任何敌对力量寻求逃脱的可能加以阻止而为城市提供利益。据库尔提斯的记载，巴比伦是由一些相当隔离的区域组成的，彼此之间没有通

---

i　Portuensian，位于罗马附近的一条道路，通往 Portuensian 门。——译者注

道联系。[79]在另外一个方面，柏拉图主张不仅城内的居住区应该联系在一起，而且，其至住宅的墙体也应该连接在一起，这样就可以使整座城镇形成一个防御墙。[80]

第 6 章　　　　　　　　　　　　　　　　　　　　（63v—67）

街道中一个最为重要的部分是桥梁。不是每一个地方都适合于建造一座桥梁。桥梁最好坐落在每一个人都可以使用的中心位置，而不是放在有一点偏远的孤立角落中，只为少数几个人提供便利；此外，一座桥梁应该坐落在比较容易建造，不会花费巨大造价的地方，同时，应该是在有望保持其永久站立的地方。因而，对河段也必须加以选择，要在那些水不是太深的地方，也不要在河岸太陡峭，河床不平坦或不确定的地方，而应该是在平缓和可靠的地方。那些有漩涡、深渊及断裂的地方和其他一些凶险叵测的地方，尤其是那些河岸有急转弯、形成肘形转折的地方，一定要避开。因为，除了这类河岸必须要避开的一些明显事实之外，树干及其他一些被洪水所连根拔起的植物，将不会十分顺利地随着流水穿过这个肘弯地带，而是会在那里盘旋，相互的堵截，累积而久就会叠成一个巨大的堆积体，集中在桥墩的位置上。桥梁的拱洞口将会被堵塞并渐渐被堵死，直到桥梁被水的压力与冲力所挤压并摧毁。

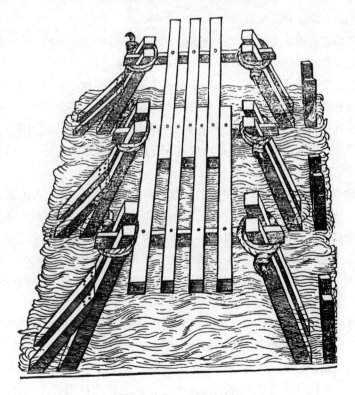

恺撒在莱茵河上架设的桥

108   桥梁既可以是石结构的，也可以是木结构的。我们将首先讨论木构桥梁，因为这样的桥梁比较容易被建造，然后，再继续讨论石构的桥梁。两种桥梁都应该被坚固地建造；因而，一座木构桥梁应该使用大量坚硬的木材加以强固。从整体上而言，要做到这一点的最好办法就是追随恺撒的著名例子，恺撒是按照这样一种方式去建造他自己的桥梁的[81]：他用"一对柱子，有一尺半厚，柱根有一点削尖，其长度是按照河流的深度而变化的；他将这一对柱子以二尺的间隔捆绑在一起。这些木柱被用提升器移入水中，插入水底，并用打桩机将其就位，但不是像柱子一样垂直打插入的，而是与水流的方向之间有一个倾斜的角度。在这一对柱子的对面，还栽有其他一些柱子，并以同样的方式绑在一起，立在下游方向 40 尺远的地方，迎着水流的冲力。在这样的两组柱子之间，按照我们所描述安置就位后，在其上插入木梁来加以连接，梁有两尺厚，梁的长度与树立起来的柱子的连接点的距离相同。[82]一旦这些木梁以这种方式被插入木柱之间，就要在其外侧植入两组支架。这使得这些柱子保持适当的距离，并从相反的方向对柱子起到了支撑作用；这样的结构是如此坚固，以这样一种方式，其作用的方式也是自然的，即水流的力

109 量越大，构件之间的连接也越紧密。在这一结构的顶部，木材的断面是按直角摆放的，然后铺放上一层木方与枝编物。一些木梁有一点细长，但并不是不够结实的，被称作'小支撑'[83]，因为它们被放在了下面，倾斜地顺着水流方向楔入，其作用就像是一根用于支撑的支柱。用同样的方式，再用一些木料放在水流上方一点的地方，以一种保护性的形式，以减少冲击，并对敌人的炮轰及由树干或船等任何可能对桥梁造成的损害加以防范。"关于恺撒的建造方法就谈这么多。

    在这里提到装置在维罗纳的用铁条构筑的鞍形木桥将不会是不恰当的，特别是在这座桥梁上穿越的是四轮货车和客车。

    这里将讨论如何处置石构桥梁，石桥是由如下要素组成的：桥堍、桥墩、桥拱、铺石桥面。桥堍不同于桥墩，因为桥堍必须保持完全稳定，这不仅是为了支撑由桥拱所施加的重量（如桥墩所必须承担的），而且此外还要支撑桥头，并保证桥拱的可靠无疑，以防止它们之间的分离。因此，一段完全由岩石组成的河段应该是优先的选择，因为这样的河段会对桥头提供最可靠的支持。

    桥墩的数量与河流的宽度有关。一个奇数的桥拱数看起来要令人愉快一些，这也有利于桥的强度。因为在水流的中间，是距离河岸最远的，也是有最少约束的，而约束越小，流速也越快，脾气也越暴躁。因此，必须要为它留出一个畅通的通道，这样，对水流的抗争将不会削弱桥墩的强度。桥墩必须放置在水流最为平稳的地方，就像是，水流有点迟滞的地方。淤积的泥沙会告诉我们这个地方在哪里。此外，我们还可以使用如下的方法。

    模仿那些向河流中扔坚果为那些被包围的人提供可以被收集的食品的做法，我们也可以向河中沿着它的宽度方向抛入一些类似的有浮力的材料，要在上游 1500 步远的距离上，最好是选在河水充溢的时候这样做。凡是在所抛撒的物体汇聚得最为紧凑的地方，水流也是最强的；因此，我们应该避免在那里建造桥墩，而应该选择那种所抛撒物体较为分散，其运动速度也较迟缓的地方。

当美尼斯（Menes）[i] 国王计划在孟菲斯建造一座桥梁时，他将尼罗河水的方向转向了山里，当工程完成的时候，他又将河水恢复到原来的流向上。[84] 亚述女王 Nicocris 在为桥梁的建造而准备好了每一件东西之后，令人掘出了一个巨大的湖泊，并将河水导入河中。然后，当湖被注满的时候，她在干涸的河床上建造桥墩。[85]

这是他们采取的方法，而这里是我们如何解决这一问题的。在秋天的时候，那时河面是低的桥墩的基础被放置进一个围堰中。这里是如何建造这座围堰的方式。两排木桩被紧密地树立在一起，像是一个木栅，木桩的顶部露出水面。然后，用枝编材料在其内侧周围遮挡围合，其作用就像是一堵墙一样保护着桥墩。然后，在这些木桩排之间的空隙中用水蕴草和泥浆填充，用力填塞挤压，直到这些泥和草被充分压实到能够阻止水流的滤出。接着，将任何留存在栅栏以内的东西清除，不管是水，还是水下的泥浆、沙石，抑或任何其他可能妨碍这一工程的东西都一样。剩余的工作就如前面所说的那样加以实施了：要掘出一条沟，深可到其坚硬的地基上，或者，更好的方法是，将一头烧焦了的木桩紧紧地楔入地下。

在这段文字中，我记录了建筑师在沿其全长建造桥梁基础时习惯上应该注意的事情。这不是在一个单一的操作中，即用一个栅栏将河水挡在外面，可能完成的，而是要在已经完成事情的基础之上逐步地加以实施。因为，要阻止或容纳整条河流的压力是不可能的。因此，在工程进行之中，一定要留出水沟，以使充溢的水可以泻出。这些水沟可以在河床本身，或者，如果更方便的话，可以用一个木制的构架支撑起一个升高的沟渠管道，沿着这一管道任何溢出的水都可以被排泄出去。

但是，如果你发现这样做太昂贵，为每一座桥墩建造一个基础，向外牵引就像是一艘 Liburnian 长船[86]，在船首和船尾形成尖角，与水流的方向保持一致，分解并减轻水流的冲击。必须牢记在心的是，水对于船尾的损害，比船首的损害要大。这从大水的狂怒更多地发泄在了船尾上而不是船头这一事实上就可以证明；更进一步，在船尾部位，水流看起来就像是在河床上犁了一条沟，而在船头部位，则会是淤泥和沙子积聚的地方。情况就成了这样，船尾一定要具有在整个工程中对水的持续冲击的最强的抵抗能力。为了这样一个目的，确保基础的地基在每一个方向，特别是朝向船尾的方向，都向外延伸，是非常有作用的；这样，即使一些事故造成了基础的一个大的断面损坏或坍塌，它也足以保持（在原位）来承受桥墩的重量。将地基在底部就处理成倾斜的样子也是特别有用的，这样流经的水不会冲击它，而只是轻轻地从其上滑过；无论在什么地方有水流涌泻而下，它都会对河床造成干扰，把水搅浑，将其所搅扰之地的东西裹走，从而造成损害。

我们应该尽可能地建造一座具有相当长度和宽度的桥梁，一座能够天然地阻挡霜冻的石桥，一座不会被水流或任何其他东西轻易削弱或毁坏也不会被荷载所压垮的桥梁。对于连接的部位要慎之又慎，这里的石头应该是齐平的，而且是水平与垂直地排列摆放的，石头的表面是紧紧相接的，在其长度与宽度方向则紧紧地相互咬合在一起，以避免用任何较

110

111

i　美尼斯，埃及统一后的第一代国王，统一了上埃及和下埃及并建立了埃及第一王朝。据说他建立了古埃及城市孟菲斯，此城在亚历山大大帝占领埃及之前一直保持原状，这一地区的遗物中包括大面积的史前坟墓。——译者注

小的石头来填充。要使用大量的黄铜钉和铁箍，其大小与位置应该是使其箍槽凹入与设置不要削弱石头的强度，却要将其紧密地拴固在一起。船首和船尾应该呈一个角度，桥墩的侧面应该有足够的高度，要使它保持在水面以上，即使是在发洪水时也是一样。

桥墩的厚度应该是桥梁高度的四分之一。一些人倾向于将船头和船尾处理成半圆的形状，而不是一个尖角，这是被那更为优雅的曲线所诱惑的结果。虽然，我在前面曾经谈到，半圆形具有与尖角形同样的强度，在这里我仍然主张用尖角，只是不要太尖，以至于稍有碰撞就会造成缺口而损害其外观。然而，我不反对将其处理成一个半圆形的尖头，只要不使它变得过于圆钝而造成对水流速度的阻隔就行。我认为桥墩的正确角度是直角的四分之三，或者，如果你希望小一些，三分之二亦可。关于桥墩就谈到这里了。

如果河岸不能够像人们所期待的那样提供一个天然的支撑，那就要用像在桥墩下面那样的方式增加堆积体，新的用拱券连接的桥墩可以建造在河岸之外，坐落在裸露的地面上，这样，如果当任一河段的河岸被持续的水流所冲垮之时，延伸到岸边地面上的桥梁能够确保不会对道路造成阻隔。

拱顶的部位需要被特别地强固，故而要极其地加强；这里有若干条理由，至少是因为这些部位会受到车辆的连续冲击与摇晃。此外，在偶然的情况下，桥梁也可能需要承载极其巨大的重量，例如阿波罗神的巨大雕像（colossi）[i]、方尖碑等，就像斯科奥鲁斯（Scaurus）牵引着界石穿越时，引起了公共工程承包人对于可能会发生的危险的巨大关注一样。[87]因为这个原因，无论在设计中还是在整个建造过程中都要留出充分的余量，这样桥梁才能够承受来自车辆的反复性和破坏性的冲撞。

铁砧的例子清楚地说明了为什么建造桥梁的石头一定要结实且极其巨大：如果铁砧是巨大而沉重的，它就能够轻易地承受铁锤的敲击。但是，如果它比较轻，那么在铁锤的打击下它就会蹦跳和移动。我们已经提到了拱顶是由拱以及其中的填充物所组成的[88]，最为强固的拱是规则的拱。[89]但是，如果一个完整的拱的曲线太高的话，相对于桥墩的不支，我们应该使用不完全的拱，并将与岸相邻的桥墩给予加强。

最后，无论用作拱顶正面的是什么拱，它都应该是由巨大而十分坚硬的石头所组成的，类似于那些用于桥墩的石头。用于拱的石块应该不会薄于拱弦的十分之一。拱弦本身也不
应该大于桥墩宽度的六倍或小于桥墩宽度的四倍。为了将楔子[90]固定住，应该将一些其强度微不足道的黄铜钉子或箍筋插入其中。然后，拱券最上面的楔子，即人们所熟知的脊楔，应该采用与其他楔子相同的形状，但是，它的头部要大一些，这样，若没有一个打桩设施就不能够将其楔入，而没有一个轻型的捶打机械，也不能够将其就位。这样做的结果，使得拱券下部的其他楔子会连接得更紧密，也能够更坚固地保持其位置。

填充的嵌板应该完全是用尽可能好的石块加工的，并应该有尽可能紧密的连接。但是，如果没有找到提供坚硬石头的来源，倘若拱券的整个拱脊本身及拱脊两侧相邻一排是用坚硬的石头建造的话，除了必不可缺的部分之外，我不反对用稍微脆弱一点的石头来做填充嵌板。

112

---

i　阿波罗神之巨像，于公元前 280 年建造于希腊的罗得岛。——译者注

现在来谈表面的问题。这一部分的操作更多用于道路上而不是用于桥梁上，并且完全依赖于前面一书中所概略谈到的地面铺装的方法。这里的唯一不同是：在一条永久性的道路上，地面一定是要经过强固的、覆盖了一层有一库比特厚的碎石，接着铺一层纯粹从河流或海沙中挖出的石头。然而，对于一座桥梁而言，其地基及基础一定要用累积到与拱券一样的厚度来构成。接着，无论在其顶部是用什么材料砌筑，一定要用石灰来粘结。

此外，其所使用的方法是相同的。两侧应筑造得尽可能坚固，然后，将石头放置在顶部。石块应该既不要太小，也不要太光滑，否则容易被挤出脱落，同样，也不要太大，免得这些石头变得太滑溜，以至于在立足未稳之时就滑倒了。

此外，用于道路表面石头的类型特别重要。想一想蚂蚁甚至可以在燧石上磨出一条蚁径，你可以想象，连续而无休止的牲畜蹄子和车轮所造成的磨损将会是什么结果？在几个地方，特别是沿着 Tiburtine 路，我注意到古人是用燧石铺砌道路的中央部分的，但是，在道路两侧则铺了一层细砂砾。这使得沿着道路两侧的路面不会被车轮碾压而撕裂，而道路的中央也不会因牲畜蹄子的过分踢踏而晃动。在别的地方，特别是在桥梁上，道路中包括沿整个长度升起的石头踏阶，以便为步行者提供一个整齐的铺装，同时，在道路中央则应该适合于车辆与骡马的行走。

一般来说，古人更倾向于用燧石来满足这一用途，在各种类型的燧石中，他们更喜欢用多孔形式的，这并不因为它更坚硬，而是因为在这种石头上走起来不是太滑。然而，任何石头都是可能被应用的，这取决于它的使用特性，而只有最坚硬的石头是用来放在路面上的，因为那里是牲畜要踩踏的地方（牲畜总是踩踏那些平整的石头，而避开那些倾斜的石头）。这应该是用燧石或任何其他石头铺装的，石块的大小约为一库比特宽，且不小于一尺厚。（上部的）表面应该是平而连续的，石头之间没有裂缝，而且路面应该呈一个弧面，以使雨水能够流走。

113

有三种类型的弧面。弧面应该是路中央倾斜（这最适合于宽阔的街道），或向两侧倾斜（这对于狭窄的街道最方便），或直接沿其长度方向倾斜。其选择应该是由如何使排水沟或壕沟能够最好地将水排入海中、湖中，或河中所决定的。正确的坡度是每两个库比特长有半寸的坡度。[91]我注意到习惯于用一个三十分之一的坡度修造（上山的）山路。在一些地方，例如，在一座桥梁的起点，看起来是采用的每一库比特起一掌高的坡度[92]；但是，这是一些很短的路程，这样一个满负荷载的牲畜稍一用力就可以过去。

<h2>第 7 章</h2>

(67—68)

我们将排水沟也作为道路建造的一部分是有两个理由的：排水沟是沿道路中央的下面设置的，它影响了道路的走向，道路的标高，以及道路的排水。因此，排水沟一定要包括在其中。那么什么是一条排水沟，而不是一座桥梁，或是在其宽度方向延展的拱券的较好定义呢？为了什么原因，至此，上面提到的所有有关一座桥梁建造的规则，也应该可以在排水沟的设置中观察得到。

这就是古人似乎是附加在排水之上的重要性，没有其他方面的工作，看起来是花费了如此多的费用与精力。的确，排水沟是罗马城所有工程中最令人惊讶的一部分。

在这里我不需要强调，在维持城市的卫生方面，在建筑物——包括公共建筑与私人建筑——的清洁方面，以及在保持空气的纯净与卫生方面，排水具有多么重要的作用。士麦那城（Smyrna）[i]，特尔伯尼乌斯（Trebonius）曾经被围困在那里直到被多拉比拉（Dolabella）所解救，据说这座城市除了在街道的布置与建筑物的装饰方面十分优美之外，却没有排水沟来收集和排除污水，旅游者看到的是令人厌恶的污秽不堪的情景。[93]托斯卡纳区的锡耶纳的卫生是糟糕的，因为那里没有排水沟。其结果是，不仅是从值夜人工作的开始和结束，当窗外的垃圾箱被清除的时候，整个城镇都充满了臭气，而且在白天的时间也是一样，充满了不洁和令人讨厌的气味。

有两种类型的排水沟。一种是将污水排入河流、湖泊或大海中：我将这种排水方式称作"扩散器"式的。另外一种是"下沉［污物］渗坑"，在这里污水被收集起来，不是四处横流，而是通过沉积渗漏所解决，就像是被大地的内脏所吸收了一样。扩散器的底部应该堆积起来，形成落差坡度，并要坚固，这样污水就能够顺畅地排走；所用的材料应该是在连续的潮湿状态下不会变得糟糕。如果其高度充分高于河流水面高度之上则是最好的，这样它就不会被暴怒的洪水所淹没，或被淤泥所堵塞。对于一个下沉渗坑我们仅仅需要一块露天的土地。在诗人眼里，这被称为"冥府守门狗（Cerberus）[ii]"，而在哲学家看来，这是"众神之狼"，因为它吞没每一件东西，咽下每一件东西。因此污水，以及任何在那里的其他垃圾，将被大地所吸收，所排除，只有较少的含有污秽气味的水汽会被散发出来。

我主张排放小便的排水沟应该离墙体有一定距离，因为阳光的热量可能使其严重地腐化并造成污染。

同时，天然的河流与运河，特别是当它们被用于行船的时候，我觉得，一定要将其按照与道路同样的方式加以处理，因为，一条船无疑可以被看做是一种类型的交通工具；而海洋，在本质上，不就是一条广阔无垠的道路吗？但是，这里不是讨论这个问题的地方：它需要有相当大篇幅的论述。

如果说上面所提出的所有事物对于人的使用都是不充分的，那么，有一些方法和手段可以对其加以补充，以弥补它们的不足：这些将会在适当的地方加以讨论。

(68—69)

第 8 章

现在，如果说有某个城市的部分与我们正在讨论的主题有特别的关系，那它无疑就是

港口。港口可以与一个狭窄的围栏作比较，就像是在赛马场中的一样；它是你旅途的起点，同时，一旦远航完成，也是你退隐休憩之所。其他人可能将港口解释为船舶的停留之地。但是，这不正是你所期待的吗，围护、稳定或包容，很显然，如果它的作用是接纳和保护那些躲避暴风雨的船只，那么，每一座港口的两侧无疑是一定要坚固和高大的。它也一定要为大型的和满负载荷的船只能够方便地进入，并且毫无危险地停泊在那里，提供充分的空间。如果海岸线本身已经提供了这样的便利，你就不需要再有更多的要求了，除非或许有几种可以利用的选择——就像雅典一样，在那里修昔底德声称有三个天然的港口——在那里你将不确定应该选择哪一个港口来建造那些在任何一个港口都需要的建筑物。[94]

但是，很显然，从我们在第一书中所说的，在一些地区并不是所有的风都会刮的，而在其他一些地方，某些类型的风会无休止地给人造成烦恼。因此，我们应该选择一个港口，在这个港口的入口处，所吹的风是柔和而温顺的，而在进入这个港口或离开这个港口之前，需要等待适当的风的时间不会太长。北风（Boreas）被认为是所有风中最平静的；当大海遭受强烈东北风（Aquilo）的袭扰后，一旦风停止了下来，大海很快就会变得平静，但是，若大海遭受的是南风（Auster）的袭扰，那就会在一段时间里不得安宁。

在各种各样的选择中，所选择的地点应该是对船只最为方便的，并且能够为船只提供最充分的机动空间。人们同样期待港口，不仅是在其入口位置，而且在它的腹地，同时，在沿岸的位置上，都要有足够的深度，以便即使在船只满载货物吃水很深的时候还能够停泊这些船只。水底海床最好是清洁的，完全没有杂草，尽管厚实而多节的杂草有时对于安全地抛锚是最为方便的。无论如何，我都主张港口中不应该有任何可能污染空气或损害船只的东西，诸如海藻或海草之类：这些东西有利于木材蛀虫或蚯蚓的滋生，这些虫子会钻入船体，造成一种污秽的恶臭，就像它们在岸边腐烂时发出的气味一样。淡水，如果与海水混合在一起，也可能会变得腐败而污染港口，特别是从山里冲泻下来的雨水。然而，我喜欢那些从附近直接流入的泉水与溪水，可以为出海的船只提供用于储存的纯净淡水。[95]

我也喜欢港湾出口处是畅通无阻、直接和可以信赖的，没有沙洲或其他障碍物，不受敌人或海盗潜藏的伏兵的威胁。我希望要有几个高而明显的峰峦，在上面矗立起高塔，以作为从很遥远的地方就能够识别的众所周知的地标，可以成为船员们在航行中眺望的目标。

在港口中应该建造一座码头和一座桥梁，以使它可能靠近船只进行卸货。古人是用各种方式建造码头和桥梁的，但是，这里不是讨论这一问题的地方。关于其设计可以纳入到港口的维护与防波堤的建造之中，并将会在适当的位置加以讨论。[96]在港口周围也一定要有一个回廊环绕，回廊中要有柱廊和神殿，在那里那些登陆上岸的人们可以受到接待。为船只停泊而用的柱子[97]、钩子和铁环也是不可或缺的，还有大量货栈应该被建造起来以用于重要货物的储存。

高而有着很好防御工事的塔应该矗立在港口入口的位置上，从那里可以眺望和观察接近的帆船，在夜间还可以作为灯塔来为船员们显示入港的路线。塔上的墙垛将会保护邻近的船只，可以从上面在高塔之间扔下链子以对抗敌人的进入。一条军用道路应该从港口延伸到城镇的中心，要与几个居住区之间保持通道，沿着这条道路可以从所有侧面对任何入侵的敌人舰队进行反击。在港口内部应该有一些较小的出口设置在侧面，以便对受损的船只进行修理。一个进一步的相关考虑在这里一定不要被忽略：曾经有过，并一直保持到今天，在一些城市的著名例子中，在它们的港口出入口处是通过水流的变幻莫测来起到一个更好的防卫作用的，这些几乎看不见的暗流只被那些研究过它的人所了解，随时变换着水流的方向。

　　关于公共工程的一般性应用似乎有如此多的问题需要涉及。我们还可以提到拥有大型广场的愿望，（这些广场）在和平时期可以作为交易市场，以及为年轻人所使用的锻炼场所，而在战争时期可以作为存放木料、谷物，以及其他日用品的地方，主要是为了在一个被围困的状态下得以维持。

　　至于神庙、圣地、巴西利卡ⁱ、表演建筑（show buildings[98]）等，都不是属于公共领域的，而是属于一些特定团体，如僧侣或地方官员的领域。因此，这些建筑将在别的章节，在一个适当的地方加以讨论。

---

　　i　巴西利卡（basilica），长方形会堂或圣堂，古人用于审判、集会的长方形建筑物。——译者注

莱昂·巴蒂斯塔·阿尔伯蒂关于建筑艺术论的第五书从这里开始

第五书
个人的建筑

第 1 章

建筑物，包括城市和乡村的建筑，应该如何变化以适应市民和其他居民的种种不同需求，我们在前一书中已经作了说明；我们使人们确信，某些特定的建筑物与作为一个整体的公共建筑是相适应的，其他一些建筑物则是为了社会较高阶层的，而另外一些则是为了较低阶层的。[1] 那些适用于一般公共用途的建筑物已经作了讨论。在这里，在第五书中，我们将考虑在个人的情况下什么是必要的或是被期待的。这是一个庞大而复杂的事情，但是在尝试解答这一问题时，我们将会运用我们的全部能力与精力；在这样做的时候，证明了我们在思考与我们的观点有关的方面时没有忽略任何东西，同样，在修饰我们的观点时比起兑现我们的承诺来，也没有包含更多东西的决心。

让我们从较为尊贵的建筑开始。所有建筑中最为高贵者是被那些具有最高权力与判断力的人所委托建造的建筑：这可能是被几位个人或者仅仅被一个人所委托。那位独自统治其他人的，就是那位应该获得最高荣誉的人。因此，让我们考虑在他这种特殊情况下，什么是适合于他的建筑。首先，重要的是要准确地确立他是什么类型的人：他是那种虔心而诚实地统治着心甘情愿的国民，其动机，更多地是来自他的市民的安全与舒适，而不是他自己的财富的人，还是那种希望左右政治形势，以便他能够甚至以反对他的国民的意愿而维系他的权力的人。每一座建筑物，甚至城市本身，当在那些被称为专制君主的人的统治之下的时候就不一样了，这与那些被他们的民众所授权，像一个权威机构一样行使他们的权力与关切的另外一些人正相反。对于一个国王的城市，能够阻止敌人的攻击就具有了足够的防卫。而对于一个专制君主，他自己的人民可能正是与外部敌人一样的敌对者，因此，他为他的城市设置的防御工事，一定要既能防御外敌，也能防范自己的市民，其防御要塞的布置必须要使他能够接纳外来的增援，甚至他自己的一些人，来反对他们自己的市民。

在前一书中我们讨论了一座城市抵御其敌人的防御工事的方法；现在，让我们考虑防御与抵抗某人自己市民的适当方法。欧里庇得斯（Euripides）[i] 认为普通民众本身就是最强有力的对手，当他们被谎言与欺骗所笼罩的时候，几乎是不可征服的。[2] 开罗[3]是埃及的一座人口如此众多的城市，以至于一天之内就有近千人死去，这被认为是健康与饥饿的原因所致；他们的王子们很谨慎地将这座城市用导水沟渠分开，使它看起来不是一座城市，而是由几座小城连接在一起的。他们的动机，我认为，并不更多地是为了广泛地利用尼罗河水，而是为了降低对任何大规模民众起义的恐惧，并确保任何这一类的动乱可以被轻易地镇压下去；就像是一尊巨像，如果被区分成两个或更多的部分，就会比较容易去把握和运输。

118

罗马人的实践是，决不会派遣一位元老院议员去埃及任殖民地总督，而是向个别区域

---

i　欧里庇得斯，古希腊戏剧家，与索弗克勒斯和艾希鲁斯并称为最伟大的古典悲剧作家。他写了 90 多部悲剧作品，但仅有如《美狄亚，希波吕托斯》和《特洛伊妇女》等 18 部作品流传了下来。——译者注

委派一些具有市民特权阶层等级的人。这样做的原因，按照阿利安的说法，是将革命的风险转移到一位单独的统治者身上了。[4]他们也注意到没有一座城市，当其或是被一条河流，或是被坐落在其中的几座山自然分开的时候，或是如果它部分在山里，部分在平地上时，能够摆脱其内部的冲突的。

划分一座城市的最好方法是在城中建造一堵墙。这堵墙，我认为，应该不是直接地纵贯城市的，而应该是在一个环形中再形成一个环。对于那些富有的市民，在一个较为宽敞的周围环境中会感觉更愉快，也很乐意接受被一堵内墙排除在外的事实，将不会不愿意离开那些货摊和城市中心的作坊，而到市场上去做他的生意；那些下层社会的乌合之众，如泰伦提乌斯（Terence）[i] 在《阉奴》（Gnatho）[ii] 中所称呼他们的，如鸟贩子、屠夫、厨子等[5]，如果他们不与那些重要的市民混杂在一起，就会有较少的危险，也会惹较少的麻烦。

我们在费斯图斯（Festus）[iii] 那里也没有读到与之不同的东西：塞尔维乌斯·图利乌斯（Servius Tullius）[iv] 命令所有的贵族生活在一个任何反叛都会被从一座山顶上立即镇压下去的区域内。[6]

这条内部的墙应该这样布置，要使其与城内的每一个街区发生接触。就像所有其他城市的城墙一样，在这个特殊的例子中也是这样，在结构的所有细部上一定要粗糙而大胆，要有相当的高度以控制任何一座私人住宅的屋顶。最好在两个方向上都设有防卫墙垛和塔楼，或者甚至加一道护城壕，来作为防卫工事，这样就能够在每个方向上对卫兵的哨所提供保护。塔楼的顶部不应该向内侧开敞，而应该完全用墙围绕着。向内侧暴露的部分不应该比向进入一侧的敌人暴露得更多，特别是当其处在俯视一条道路或一座教堂的高大屋顶的时候。我主张除了穿过城墙之外，不设置通向塔楼的通道。从城堡到城墙之间不设出入口，除非在国王允许的地方。沿着城里的道路，不要设置拱廊和塔楼。一定不要有突出的阳台，因为从那里有可能向在街头巡逻的士兵投掷炸弹。简而言之，整座城镇应该被规划得使所有最高的结构物都要归最高权力者所唯一拥有，要使任何人都不可能限制他的人的行动，以及阻止他们在城内的巡逻。这就是一位专制君主的城镇与一位国王的城镇的不同之处。

或许可能还有另外一个不同，自由的人民会发现平原地区是更为便利的，而一位专制君主则认为在山里会更安全。除此之外，由国王和专制君主所居住的建筑物有一些共通的特点，甚至也与普通的私人住宅有某些类似之处，但是，同样有许多不同之处。它们的共同之处需要首先加以讨论，然后再讨论它们各自独特的需求。

这一类的建筑物是为了需要而建造的，就像人们一般所认为的那样；当然，它也包含了一些特定的元素，例如门廊、人行通道、招摇散步的场所（promenades[7]）等，虽然大体

---

i 泰伦提乌斯，生于希腊的古罗马剧作家。身为一位元老院议员的奴隶，被带到罗马并在那里接受教育，后被其主人释放。其喜剧如《福尔弥昂》和《阿德尔菲》以巧妙的幽默和精彩的对话为特征。——译者注

ii Gnatho，字面上有阿谀、谄媚的意思，结合其注，似当译为泰伦提乌斯的剧本之一《阉奴》。——译者注

iii 塞克图斯·庞培乌斯·费斯图斯（Sextus Pompeius Festus，活动于2世纪或3世纪），拉丁文法学家，曾将马库斯·维里乌斯·弗拉库拉的《论词语的含义》缩编成20卷，使其没有失传，并收有不见于别处的其他作者的部分著作。——译者注

iv 塞尔维乌斯·图利乌斯（活动时期公元前578—前534年），传说中罗马的第六代国王，根据财产区分公民为5个等级的《塞尔维乌斯法》归功于他，引入银和青铜铸币也归功于他。——译者注

上便利这一点由于使用与习惯的原因而被看做是不可或缺的。然而，由于我们的建筑理论不要求这一点，我们也将不再将便利与需要区别开来；但是，我们会宣称，在一座住宅中，就像在一座城镇中一样，一些部分是公共的，另外一些部分只局限在少数几个人，还有一些只是为某个单个人的。

第 2 章

(70v—71v)

门廊与前庭不是为仆人准备的，如狄奥多罗斯所认为的[8]，而是为所有等级的市民的，这是我们的建议。在住宅内的廊子、院落、中庭和沙龙（salon，这个词我认为是从动词 saltare，"去跳舞"，来的，因为正是在这里，发生着婚礼和宴会的欢乐场面）[9]倾向于作为大家的一般性使用，而不仅仅是供生活在那里的人所用的。很显然有两种类型的餐室，一种是为自由公民的，一种则是为奴仆们的；然后，分别有为结了婚的妇女、年轻的姑娘及客人所用的卧室，这些几乎都是单间房屋。在第一书中我用一般性术语讨论了这些部分的分布情况。在它们的外部轮廓、数量、大小和位置上，必须按照与它们各自的用途相适应的方式来布置。现在，我们将逐一对它们进行讨论。

入口使得门廊和前庭有尊严。同样，入口也被其所坐落的街道，或者也被入口建造的技艺水平所赋予尊严。在室内，餐厅、储藏间等等应该被适当地布置在使它们的作用恰当发挥的地方，那个地方的气氛应是恰当的，那里应该能接收到适度的阳光与新鲜空气，那里它们应该起到它应该起的作用。这些房间应该是各自分离的，以免客人与仆人之间的过度接触会使前者的高贵、舒适与愉悦受到损害，或使后者的倨傲得以增长。

中庭、沙龙等等应该是以与城市中的市场和公共广场一样的方式与住宅发生联系：它们不应该被隐蔽在一个封闭而不起眼的死角上，而应该十分显眼，与其他房间有轻松的联系。正是在这里布置了楼梯和过道的端头，也是在这里，来访的客人被问候，并受到欢迎。[10]

然后还有，房屋不应该有几个入口，而只能有一个，以防止任何人移动什么东西，或在看门人不知道的情况下进入房间。我们应该避免使窗户和门向外敞开，那里是小偷或（为了那件事）邻居们可能令人生厌地向里窥望，想知道屋里在说些什么或做些什么的地方。埃及人建造他们的私人住宅时都不设可以看到外面的窗子。

120

可能值得设有一个后门，以便于大车或骡马向内运送物品，而不会把主要入口的院落搞得很污秽；也应该有一个更为私密的侧门，只是为住宅的主人单独出入而用，也能使他允许放进秘密的送信人和使者，无论何时偶然事情或境况需要时可以外出，而不使家人察觉。关于这些我没有反对意见。我也建议应该包括只有一家之长知晓的秘密藏身之处，隐蔽的暗室，或隐藏的逃跑通道。在那里他可以在处境艰难的时候存放他的银器和服饰，如果情势变得千钧一发时，甚至可以将自己躲藏其中。大卫[i]的陵墓中有一些

---

i　大卫，以色列的第二位国王，据旧约记载，他以力大和勇猛著称，他杀死了腓力斯巨人哥利亚，并且接任了以色列国王。——译者注

小的洞龛，在这些洞龛中，这位国王将他世代相传的珍宝埋藏得如此巧妙，以至于从来没有人能够发现这些珍宝。而大祭司海尔卡努斯（Hyrcanus）[i] 可以绘出这些洞龛中的一个，根据约瑟夫斯的记载，1300 年以后，用了 3000 金塔兰特（talents）[ii] 赎回了被安条克王朝（Antiochus）[iii] 围困的城市。[11] 从另外一条资料，一些时间以后，希律王（Herod）[iv] 取走了相当数量的金子。

那么，这些是贵族的邸宅与市民个人的住宅之间的相似之处。然而，一位贵族的邸宅与一位市民个人的住宅之间还存在一些本质的不同。因为，贵族的宫殿一定要容纳与居住很大数量的人，它应该有明显与其人数及规模相当的房间。而在一座私人住宅中，通常居住有较少的人数，或者仅仅为几个人所居住，应该拥有优雅的而不是庞大的房间。然后，同样是在前者，即使是在私人居处的地方也一定要有一点宏伟气象，就好像在公共建筑中，若没有一些王室家庭的进入，就不会充满人群一样；而在一所私人住宅中，即使是在公共活动区也最好避免给人一种印象，建造得使其家长能够看得到比其需要看到的更多的东西。

在一个王室家庭中，妻子、丈夫和仆人各自的区域应该划分得十分明确，每一个区域都应该包含他自己的仆役，以及那些使他显得有尊严的东西，以防止任何一个区域仆人数量的变化所造成的混淆；当然这是一个十分困难的目标，在一个屋檐下这尤其是不可能的。因此，每一个区域都应该各有其室，各安其位，生活起居在自己的房屋之中，有自己独立的屋顶。当然，它们应该被一个有屋顶的通道所联系，这样当家庭内的各部分成员或仆人们在匆忙中去完成一件什么事情的时候，看起来就不像是从一个街坊中召集而来的，而像是原本就各就各位的。闲聊的人以及成群的闹哄哄的孩子和女佣们应该与男人们保持相当的距离，就像那些满身污秽的仆人们应该做的一样。

国王用来接待宾客和用餐的房间应该给予最为高贵的配置。这可以通过一个升高的位置和一个可以俯瞰大海、群山，或开阔地景的视野来达到。他的妻子的房间应该与国王的房间完全分离开来，只有那些最为私密的房间和布置有婚床的屋子除外，这些房间应该是两个人所共有的。他们的区域应该从外面的同一个门进来，有一位门卫所看守。在一位国王的宫邸与一位市民私人住宅之间进一步的不同更多地属于后者，将在适当的地方加以讨论。[12]

那些贵族邸宅的另外一个特征是：除了他们那些个人化的私密性要求之外，它们都应该有一个远离军事道路的入口，特别是从一条河流或从海中进入的入口；此外，应该有一个堂皇的接待区，可以作为一个门廊来用，以迎接乘坐马车和骑马的大使和尊贵客人的到来。

---

i 　海尔卡努斯（公元前 175—前 104 年），叙利亚塞琉斯国王安条克七世（公元前 139 或 138—前 129 年）时的大祭司。——译者注

ii 　塔兰特，使用于古代希腊、罗马和中东的一种可变的重量和货币单位。——译者注

iii 　安条克王朝，统治叙利亚的塞琉西王朝（公元前 280—公元 64 年），其最重要的人物是塞琉古斯三世，被称作"大帝"（前 223 年—前 187 年在位），曾征服了小亚细亚大片土地，但在公元前 190 年被罗马人打败。——译者注

iv 　希律，犹太王（公元前 40—公元 4 年），据《新约》讲，他命令杀死伯利恒所有两岁以下的儿童，想借以杀死尚处于襁褓中的耶稣。——译者注

第 3 章

在我看来，应该有屋顶和柱廊，不仅是为了人，也为了牲畜，以保护它们不受日晒雨淋。一座门廊、通道、散步道，或者别的什么，是最适合有一个前庭的，在那里等候那些与国王交谈而归的长者的年轻人们可以练习跳跃、玩球[13]，投掷圆环，以及摔跤。然后，在最隐奥的房间之前应该有一个中庭或厅，在那里他的附庸们可以等待机会与他们的保护人商谈事情，在那里国王可能坐在法官席上，并给出他的判断。[14]然后，应该有一个会议室，在那里长者们可以聚在一起向国王致意，并在被问到的时候，给出他们的观点。

拥有两个这样的房间可能是便利的，一个是为夏天的，另外一个是为冬天的。年老的长者必须要加以重视，关注点应该放在他们的舒适上，这样只要有原因和时间上的需要，就没有什么东西会损害到他们的健康，也不会对他们展开争论和做出决定有些微的妨碍。

我在塞内加（Seneca）[i]那里发现，Graccus[ii]，后来又有利维尤斯·德鲁苏斯（Livius Drusus）追随其后，是第一位并不立刻就将每一个人都看做是观众的人，而是要对人们加以区分，一些人是被私下接待的，一些人是和其他人一起接待的，还有一些人是与全体一起接待的，这样就将亲密的朋友与一般的熟人区了开来。[15]如果你是足够富有的，你可以选择拥有一些不同的门；这些门可以使你将你的来访者从你与其会面的地方引到一个不同的房间，也可以将你不希望见面的人拒之门外，而不会得罪他。

瞭望塔应该突出于建筑物之上，使任何骚乱都比较容易被发觉。

这些是这种建筑一般应该具有的特征。但是，下面是它们之间的不同：一座王室宫殿应该坐落在城市的中央，应该具有容易的入口，应该被加以优雅地装饰了的，雅致而精美，而不是为炫耀与卖弄。但是，一位专制君主的宫殿，就是一座堡垒而不是一所住宅，它应该坐落在既不是城内也不是城外的地方。此外，一座王室宫邸可能坐落在与一个展览场地、一座教堂，或一所贵族的邸宅相邻的地方，而一位专制君主的宫殿应该是在所有侧面上与任何建筑物都相背而设而形同壁垒的。在每一种情况下，一种适当的和有用的指南，这个指南将使建筑拥有尊严，它将以这样一种方式来建造，即，若是一座王室宫邸，不应该建造得过于宏大，以至于不能将任何捣乱的人攘出宫外，或者，如果是一座堡垒，就不要太狭窄，以至于使它更像是一所监狱而不是一位好君主的邸宅。

有一件事一定不要被忽略：一位专制君主会发现把一个秘密的传声管隐藏在房屋的构造之中将是十分有用处的，这样他就能够偷听客人或家庭的谈话。

由于人们期待一座王室宫邸应该几乎在每一个方面与一座堡垒要塞有所不同，当然，在那些最重要的王室宫邸中，宫殿建筑必须与一座要塞相连接，这样在紧急情况下一位国

---

　　i　塞内加，卢西乌斯·安奈乌斯，古罗马斯多葛派哲学家、作家，罗马皇帝尼禄的私人教师，其作品包括关于修辞学和统治方面的论文及戏剧，曾影响了文艺复兴时代的戏剧。——译者注

　　ii　Graccus，不知是否是 Gracchus（格拉古）的另一种拼法。历史上有两位 Gracchus（格拉古），都是生活于公元前160 年至前 120 年左右的人，也都曾做过罗马护民官。——译者注

王将不会没有一座堡垒，而一位专制君主也不会没有一所供他娱乐的宫殿。古人最初为每一座城市设置了一个大本营，以作为灾祸降临之时的退身之路，在那里少女与主妇们的贞洁可以得到保护，神圣之物可以保证不受玷污。的确，Festus 提到在古人那里，大本营是一个神圣的地方，习惯上被称为 *augurialis*[16]，在那里会举行一些由少女们表演的远离众人视线的秘密而不可思议的献祭仪式。这就是为什么没有一座古代大本营中不设置一座神庙建筑的。但是，随着一位专制君主据有了大本营，把一个充满虔诚的宗教之所变成了一个残忍与奢侈之地，把一个逃避灾难的神圣避风港变成了一个苦难与悲痛的肇始之地。

但是，让我们继续下去。紧邻 Hammonii 神殿旁的大本营是被三重墙环绕着的，第一重墙是保护那位专制君主的，第二重墙是保护他的妻子和儿女们的，最外面的一重墙是保护他的扈从们的职守之地的[17]；除了它的粮草储备更多地是为了防御而不是为了攻击之外，这是一个非常好的平面布置。的确，对我来说，正像一位战士在他尽其全力坚决地抵御敌人进攻时不需要为他的英勇无敌而被赞扬一样，人们期待一座大本营应该具有一种能力，不仅要将敌人的进攻拒之门外，也要能将来犯者击退。因此，既准备防御，也准备进攻才是必需的，但是，以这样的一种方式就使人看起来像是你唯一关注的是前者。这一目的可以通过正确地选择基址和设计墙垣而达到。

我注意到一些军事专家对一座大本营是否要尽可能地坚固，应该建造在一个平原地区或是一座小山上，持有一些不同意见。

(72v—73v)

第 4 章

不是每一座山都可以被建造得坚不可摧，也不是每一个平原地区，如果用恰当的方式去建造，都可能轻而易举地被攻破。这一点我同意。当然，关于选址的一整个问题取决于有什么可能的机遇，因此，所有我们所谈及的有关城市的问题都可以同样地应用于大本营中。

无论在哪一种情况下，大本营都一定要有一个畅通无阻的出口通道，通过道路、河流、湖泊，或大海，由这些通道，可以不受阻碍地寻求或接受来自外部的增援与帮助，以便抵御敌人，或在发生反叛与兵变的时候，可以对付自己的民众和士兵。大本营最适当的布置是所有的城墙平面都在一个 O 字形下连接在一起，这些 O 字形依序相接，却并不包围成圈，通过一个巨大的 C 字的弯曲的触角相接，就像这样：

或者从那里几条放射状的墙体向周围发散。这样，这座大本营，如我们刚刚建议的，就既不在城内，也不在城外。但是，如果一个人希望给出一个简要的描述，那么，把它表

123

述为一个有着良好防卫的城市后门应该不会有什么不当。

想想你究竟要做什么——将整个作品放置在制高点上，或将城市封锁起来——大本营应该是具有威慑力的、粗粝而坚如磐石的，易守难攻和不可征服的。一座小而紧凑的大本营比起一座大型的大本营更为安全。前者只需要委托不多的人来驻守，而后者则要求有一大支戍部队；欧里庇得斯通过一位角色的嘴说道："在这挤满了的人群中没有几匹害群之马是不可能的"——因此，在这里把你的信任托付给少数几个人比起冒险依靠有背信者的一大群人要安全得多。大本营的基础一定要牢固地建造在巨大的岩石之上，并且一定要有一个倾斜的表面，这样任何一个搭在其上的梯子都会因弯曲而被削弱，任何登梯而上的敌人都不会躲得过从上面贴着岩壁投滚而下的雷石，从投掷机上发射的火炮不会太猛烈地撞击石壁，而会通过一个角度而反弹出去。

在大本营内侧应该满铺足够宽而厚的石板，要铺两层，甚至有时可以铺到三层，使得那些包围这里的人不可能通过挖掘秘密通道而进来。墙应该是异常地高大而坚固，一直到檐口之下都要极其地厚实，以使其能够有效地抵御投掷机及其发射的火炮的可能冲击，同时要将墙体延伸到梯子可以企及或甚至在堡垒之外尽可能远的地方。至于其他方面，我们关于城墙已经开始的讨论将在随后展开。

对于一座城镇或一座大本营的防御墙而言，很基本的一条就是要十分小心地防止敌人在不受任何惩罚的情况下就能接近。要达到这一目的，可以用一条深而宽的护城壕沟，如前面已经描述过的，并与沿着每一个墩座墙的基础部位布置的射弹孔结合在一起，在这些地方，尽管敌人得到遮盖在其上的盾牌的庇护，却在他不曾防护的位置上受到了攻击。的确，这种防卫方法比起所有其他方法都要好得多。它提供了一个更为安全的点用来打击敌人，将敌人暴露在一个比较近的和更容易击中的范围内进行打击，因为，在这里他很难保护整个身体；如果你的武器没有击中一个敌人，它也会击到另一个敌人，有时甚至一次击中二至三人。换句话说，你不可能不冒任何风险地从上面射击；如果那样的话，你的武器将不会每次都击中敌人，因为敌人能够看到向他们射来之物，只要稍微移动一下，或用一个小小的盾牌就能够加以躲避或遮挡。

如果大本营是设在海边的，就应该沿着海岸线设置树桩和岩石以形成障碍，以防止任何海军的作战机械逼近。如果是在一个平原地区，大本营应该用一个壕沟环绕起来；但是，为了避免空气的污浊，要挖一条沟使之与水源相接。如过是在一座山上，大本营应该通过一道悬崖而加以保护。在可能的地方，这三种手段都可以用上。

凡是弹射器的攻击可能企及的地方应该用一道弯曲的墙加以防护，或者更好的方法是，形成一个像船首一样的尖头。一些军事专家的观点并没有逃脱我的注意，具有很高高度的墙在阻挡飞弹的攻击上作用很小；当墙被摧毁时，墙体的碎片会将壕沟填满，从而为进攻的敌人提供一条便捷的道路。如果我上面的建议得到了重视，这样的事情就不会发生。

回到主题，在大本营中应该建造一座主要的塔；这塔的大部分应该是坚固的，整个塔身也应该是粗壮结实的，在所有的侧面都得到了加强，比起所有其他部分都要高出很多，使人难以接近，只能通过一个可以开闭的吊桥进入。有两种这样的吊桥：一种可以通过升

124

起来而阻断出口，另外一种可以根据使用而伸出或收回。第二种类型的吊桥在常有大风引起灾祸的地方更为适用。任何环绕的塔，若从其上可以向主塔发射飞弹，就应该将其朝向主塔的这一面敞开，或仅仅用很薄的一道墙加以遮护。

（73v—74）

第5章

哨兵的位置和卫兵的岗位应该如此布置，使每一个人都有一个不同的责任区：一些人应该盯着城堡的基础部分，另外一些人则观察城堡的顶部，如此等等。简而言之，入口、出口以及大本营的每一个部分都应该是这样规划和设防的，以使无论来自同一阵线中的反叛者，还是来自敌人的欺骗与暴力，都不会造成伤害性的结果。

为了防止城堡的屋顶在投掷器所投掷的飞弹的重压下造成的坍塌，它们应该建造成尖顶，或者使用粗拙的结构和厚实的梁；在这上面要铺设一个覆盖层，在覆盖层上要有下凹的管槽来排泄雨水，这些管槽的接头不要用石灰或泥来粘结；最后，这些管槽应该用破瓦来铺盖，或者甚至用两库比特深的浮石来铺盖。这种方法可以减少由雨水重量或大火所造成的损害。

125　　简而言之，一座大本营应该像一座小城镇一样来构思和建造。同样的功夫和技能也应该放在它的防御工事上，它也应该装备其他每一样有用的东西。不应该缺水；一定要为军队提供一个驻守之所，随之而来的为武器、粮草、腌肉、醋，以及特别重要的木柴的储藏空间也是必不可少的；在大本营内的主塔，前面已经提到，应该处理得像一座小尺度的大本营一样，大本营中所需要的任何物品在这里也都绝对是不可或缺的。它还应该有它自己的储水池和储藏间，要储备有充分的物资和武器出用于自身的防卫。它应该有一个可以发动攻击的出口，即使对于自己人方面也是一样，不管他们反对与否，通过这个出口还可以接纳所需要的援助。

另外一点一定不要忽略：有一些城堡是被它们自身的地下水道所拯救了的实例，也有一些城镇因其排水道的原因而遭沦陷。两者都可以被用于向外传送情报，但是要特别小心的是一定要确保不能使这一类设施的弊大于利。因此，它们一定要加以小心地布置：它们的路径一定要曲折蜿蜒，并应该深深地藏于地下，这样就不会有携带武器的人可以通过这些通道，也不会有任何人，即使是没有武装的，可以进入城堡之内，除非他被召唤或得到允许。理想情况下，它们应该汇入一些公共的排水沟中，或者，如果更好的话，使其结束在某个荒漠之中，或是某个废弃的沙坑之中，或者是在某个荒僻教堂的墓室或藏骸所之内。

但是，因为在人类的生活中不可能没有生活用品的提供，也要设有一些只有你自己知道的进入城堡中心的秘密入口，万一你被关在城堡之外，通过这里武装人员可以强行进入。在这些入口的结束部位，有一堵隐蔽的墙可能是值得的，这堵墙是用泥土而不是石灰砌筑的。

刚才我们讨论的是一位对一个共同体独立负有全部责任的人所要求必备的事物，无论他是一位国王，抑或是一位专制君主。

第 6 章

现在我们要讨论的是，当控制权不是在一个人手中，而是同时在几个人手中的时候应该需要一些什么的问题。在这里政府的职责或是集体地托付给了一些文职官员，或是分散到了他们中间。共和政体是由神圣（包括神圣的礼拜，这些礼拜是由神职人员主持的）与世俗（包括良好的社会组织，这些组织在内部是由参议员与法官主持的，在外部是由将军和舰队司令主持的）两个部分组成的。上面的每一种人都应该有两个独立类型的住所，一个是为公共事务的，另外一个是他脱离公干时与自己家人起居的场所。

家庭式的住所应该与确定其生活的特征相一致，无论是国王，专制君主，还是一般市民都是如此。总有某种确定的建筑最适合于这个阶级的人。维吉尔（Virgil）明确地谈到了这一点："父亲安喀塞斯（Anchises）[i] 的住所孤独地立在那里，被树林所遮掩。"[18] 他理解作为领导者的公民最好将他们的住宅远离普通的民众和劳动者群众，这既是为了他自己，也是为了他的家庭。这样做的理由之一是生活在开敞的空间、花园和乡村的欢悦之中会令人感到愉快和着迷；此外，这将防止大家庭中活泼好动而不能自立的年轻人过寄生虫生活，还将防止这些年轻人勾引别的妻子引起其丈夫的抱怨；更进一步，这将保护那些赞助人不会因为祝福者无休止地阿谀奉承而受到不适当的干扰。我注意到聪明的贵族们不仅远离群众的生活范围，甚至离开整座城市之外，以避免普通人为了一些琐屑小事而不断造访所带给他的无尽烦恼。如果他们不能够利用那些难得的时机而放松自己或消磨光阴，那么，他们的那些财富还有什么用处呢？

126

但是，无论采取什么形式，处于这种地位上的人的住宅应该包括一个宽敞的接待空间和一条进入室外广场的路径，这条路径要有足够的宽度，不会因为家庭内部的扈从和门客、保镖，以及其他人因急于伴随在他们主人的左右而造成的拥挤，或者那些投机取巧的食客的蜂拥而至所造成的堵塞。

这些高阶层的人是在什么地方从事他们的工作的是很明显的：参议员是在参议院议事厅，法官是在巴西利卡或法庭，军事领导人是在军营中或是在舰队中的舰船上，如此等等。但是，牧师们在什么地方呢？牧师的工作场所不仅是在教堂中，而且也在他所服务的某个军营中；因为，正是牧师，以及那些在其之下负责基督教圣餐管理的人，不得不发动一场道德战胜恶习的激烈而持久的战争（在我们的被称为《教皇》［Pontifex］一书中讨论了这一问题）。

有两种类型的教堂：主教堂，在那里有一位高级教士（great prelate）[19] 庄严地引导着已确定的仪式和圣礼，以及由那些较为次要的牧师们主持的教堂，如在建筑物集中区域小礼拜堂内的礼拜和在乡下进行的讲演。或许最适合主教堂（main temple）[20] 的地方是在一座城

---

i　安喀塞斯，希腊与罗马神话中的人物，埃涅阿斯的父亲，血洗特洛伊时由其子救出。——译者注

镇的中心，但是，如若它远离熙熙攘攘的人群就将会是更为高贵的；设置在一座小山上将更为高贵，尽管在一个平原地区地震时将更为安全。概而言之，一座教堂的理想选址应该是那种使其具有最高的尊严与权威的地方。没有任何不洁净的和猥亵下流的东西，这些东西会令那些来到这里进行祷告的老人、主妇和少女们感到不安，他们会在很近的地方看见这些东西，或者会分散他们对正在进行的宗教仪式的注意力。

从建筑师 Nigrigeneus[21] 所写的关于边界的文章中我了解到古代建筑师认为他们那些众神的住所应该有一个朝向西方的正面，但是后来的许多代人却想完全背离这种宗教习惯，他们将神殿和它的边界朝向大地上初露曦光的方向，以便在太阳从地平线上升起的时候能够看到它。然而，我注意到，那些圣所和礼拜堂，古人们更愿意他们朝向人们通过河流、大海或军用大道到达这里时可以面对的方向。简单地说，它应该被建造得充满了那种精美而雅致的工艺技巧，使那些站立其外者禁不住要进入的诱惑，而在其中流连的人却又眷恋不已久久不愿意离去。

127

一个穹隆式屋顶对于防火将更安全，而一个横梁式屋顶在抗拒地震时将更有弹性；前者会经历更为久远的时间，而后者看起来却更美观大方。

关于教堂与神殿就谈这么多吧。还没有来得及讨论的更多的是它们的装饰部分，而不是它们的使用，那些部分会在别的地方加以论述。小型的教堂和礼拜堂与大型教堂与礼拜堂所遵循的方法是一样的，只是按照它所处位置的重要性与需求而成比例地减少而已。

(75—76)

第 7 章

修道院是宗教性军营的一种形式[22]，在那里有许多人（例如那些将自己的生活奉献给宗教的人，以及那些发过神圣誓言要保持贞洁的人）可以为了一种虔诚和具有美德的生活而聚集在一起。也存在某种僧侣式的营地，在那里学者们运用他们的心灵去追求那些人道的和宗教的研究。因为，如果一位牧师的职责是引导人类成为一种在所有方面都可能是至善至美的存在，那么最好的办法就是通过哲学达到这种境界。当然，两种可以使我们能够在这方面达到成功的人类特质就是美德与真理（前者安抚心灵而驱除焦虑，而后者则向我们揭示并传达了大自然的运转与法则，因而，从无知中释放了知识，从肉体的堕落中解救了灵魂）；然后，通过这样的方式，我们将企及一个得到上帝祝福的存在，一种几乎与神同在的状态。

进一步，人们期待那些具有好品德的人——牧师都如此自命而且人们也期许他们应是这样的人——即他们应该认识自己的使命，奉献他们的精力，承担他们的责任，在他们看来，一个人属于整个人类，他应该通过服务与慷慨来帮助病患、孤寡和贫困之人，使他们从苦难中解脱出来。这里所表述的是牧师以及那些牧师所引导的人们的责任。这显然是一个值得讨论的话题，无论涉及的是高级教士，还是那些较为低级、更应肩负此责任的阶层。

让我们从修道院开始。修道院可以是封闭的——因而其居住者从来不会在公众中出现，也许除非他们进入一座教堂或参加某些仪式时是例外——或是较为开放的，其开放的程度就是并不保持连续的关闭。然后还有，它可以是为男人而设的，也可以是为女人的。对于坐落在一座城市中的女修道院我没有发现这有什么错误，同样，我对于完全坐落在城外的修道院也并不赞赏。虽然这后者的与世隔绝能够确保极少受到干扰，任何为了犯罪目的而希望进入其中的人都会有更多的时间和机会，因为将没有看热闹的人在注意那里，而在前一种情况下，许多目击证人和旁观者的出现会妨碍任何犯罪的发生。在这两种情况中，都应该不仅仅是劝阻修道院中的居住者违反他们的贞洁，而且（更重要的是）要使这种犯罪变得不可能。为了这个原因，所有的入口一定要设有木栅，以防止有人进入，而那些开放的入口一定要有人盯住，这样就没有人能够在那里徘徊而不被引起怀疑的了。一座拥有自己的堡垒与城壕的军营就不需要像这样如此小心地加以防范了，加以设防，如其应该做到的样子，用一堵高而完整的墙，甚至没有一个能够对人的眼睛引起诱惑或使人垂涎欲滴从而使人的意志得以削弱的洞孔穿透，使那些决心过纯洁生活的人们不受到打扰。通过内部一个露天的区域，光线应该被允许进入。环绕这一区域应该布置一个门廊，一条走道，以及那些单人房间、餐厅、会议室和杂物间，就像在一座私人住宅这一样。我也不希望在那里缺少一个宽敞的花园和草坪，这个花园与草坪的作用更多的是使人的心灵得以陶冶而不是为人追逐愉悦的；为了这个原因，将其设置在主要通行路线之外的地方并不是一件失策之举。为男人们的回廊式修道院最好布置在城外：在那里很少会有来访者的干扰，这样他们就能够完全忠实于过一种持续的圣洁生活的誓言，并使心灵保持一种宗教的平和。

128

但是，我也主张在城市内设置一些修道院，无论是为女人的还是为男人的，将其坐落在最为健康的地方，以免身体的赢弱或失眠的困扰使他们不能够全身心地投入，也防止疾病使他们的生活变得比寻常人更尴尬。最后，我所考虑的更重要的一点是，对于任何建造在城外的修道院，要将其布置在有着很好天然屏障的地方，从而使那些窃贼们的偷袭或小股敌人的抢劫变得十分困难；正是因为这一点，最好将这里用一道墙、一座壁垒和一座塔环绕起来，就是要使其圣洁性不受到影响。

为了那些将宗教的职责与高尚艺术的学习结合在一起的修道院规则，修道院应该被设置在，虽然不是恰好在行业的嘈杂与喧闹之中，至少不要离人群聚集处太远的地方，从而可以在世俗事物上，一旦他们有需求的时候，可以有一个较为密切的介入。在关于如此做法的许多理由中，他们自己的人数是相当可观的，而许多其他人也会聚集到这里来聆听布道，或来参加有关宗教事务的讨论；因而这样一座大型的建筑物无疑是必要的。这样一座建筑应该坐落在与公共区域，如剧场、马戏团和广场等，相毗邻的地方，这样人群就会十分高兴地聚集在那里，这与他们自己的消遣是相一致的，这样他们就更容易受到劝诫、忠告，引导他们摒弃恶习而追求美善之德，消除无知而理解高尚之事。

第 8 章　　(76—77)

在古代世界，特别是在希腊，在城市的中心有一座被称为健身房的建筑物，在那里人们能够加入到哲学辩论之中。[23]这座建筑是由一个开有很好的窗户的内部空间组成的，视野

很好，并有一排排排列整齐的座椅；也有一个环绕着一座铺满了绿草和鲜花的院落的柱廊；

129 这样一种配置对于这些人来说是最为适当的，在他们的自身天性中有一种虔诚。在我看来，任何一位对于高尚学习感兴趣的人都应该能够与那些艺术教授们相处始终，十分怡人而又没有令人烦恼或讨厌。

因此，我主张应该有一个柱廊、庭院等，在那里使人没有分心之念。在冬天他们可以享受温和的阳光，在夏天柱廊与庭院中处处都有令人惬意的阴凉与和煦的微风。关于这种建筑物所给予人们的吸引力我们将在适当的地方做更为详尽的讨论。[24]

但是，难道你不希望建立公共的会堂和学校，那些为博学之人和受过教育的人们聚会的地方，并将这些建筑设置在他们都可以平等地进入的地方。任何这样的公共机构都一定要设在远离作坊嘈杂的地方，也要远离有任何污秽气味的地方；要将游手好闲之辈的娱乐消遣摒弃在其外，让这里保持一种有益于严肃的，能够给予人们重要而不同寻常思想的人一种与世隔绝的气氛；这里所能给予人们的更多的是高贵而不是温馨。

让我们继续，牧师们需要的是某种在形式上是变化的和经过了细心规划的地方，以便向贫弱与穷困之人布施虔诚之心；那些孤苦之人和那些患病羸弱之人一定要加以收留并在不同的地方加以照护。然后同样，对于生病的人，既要小心呵护，又要避免在损害了许多更值得关爱的人的前提下将太多的精力放在几位了无希望的病例之上。意大利的一些国王们禁止在他们的城市中有任何衣衫褴褛、四肢不全及那些被称为流浪汉的人挨门挨户地进行乞讨；当他们一到达时就被警告说，他们若没有工作就不能够在城里停留超过三天的时间。因为没有哪位像这样的残缺之人是不能够为社会做出一些贡献的；即使是一位盲人若被雇佣来做绳索也可以是很有益处的。任何一位经受了某种更为严重疾病的人，应该被对到达一个地区之人富有责任的地方官员所分配，并被一些较为低级的神职人员所照护。其结果是他们不必徒劳地向他们虔诚的邻居们去乞讨，城市应该容忍他们令人不愉快的存在。

在托斯卡纳地区，为了保持长期以来就存在的宗教悲悯的地方传统，他们建立起了非常好的医院，是用昂贵的造价建造的，在这些医院中任何一位市民或陌生人都会感觉到，在那里为确保他们健康的条件可谓十全十美。然而，由于病人中可能患有包括那些传染性的疾病，如麻风、瘟疫等，这些疾病可能传播到健康人那里，或相对比较健康的人那里，我主张对这些病人应该设置一些隔离的区域。

古人会将这些建筑物奉献给埃斯科拉庇俄斯和阿波罗、萨卢斯（Salus）[i]，通过他们的技巧与神圣的干涉，他们认为人的健康是能够被恢复并得到保持的；他们将这些医院只建

130 造在健康的地方，那里有和煦的微风与最为纯净的水，这样通过将神圣的助力与地方的福利相结合将能够提高康复的比例。[25]这是非常令人心悦的，因为那些病人无论是被公共机构还是被私人机构所收留，都被安置在了那些健康的地方。或许，这种机构的理想选址应该是干燥的、多石的、不停地有微风吹拂的、不会受到烈日的灼烧的，并以它温和的气候而为人称道，因为湿气会导致腐烂。但是，很显然的是，在每一种事物中，自然物是在适度之中兴旺成长的；具有良好健康且适度者所组成的某种处于不同之极端的结构是为何物呢？

---

i 萨卢斯，罗马神话中司健康、幸福和兴盛的女神。——译者注

其意义总是令人愉悦的。

　　至于其余的部分，那些传染性的病人不仅应该远离城市，而且要与任何公共道路保持距离；所有其他病人可以留在城市内。他们所生活于其中的建筑物应该被区分，并像如下那样加以布置：可以医治的人应该被安排在与那些被认为不必特别地加以治疗，只要小心护理直至命运之神弃他而去的人，如衰老之人和患有精神病的人，分离开来的地方。同时，像在家庭之中一样，最好有一些比其他住宅更加私密的公寓，依赖于治疗的特征和共同居住者的生活方式——这是一个不需要我们加以深究的话题。令人满意的说法是每一座这种类型的建筑物应该按照私人住宅的要求去布置。关于这一主题谈得足够多了；现在让我们按照已经展开的次序把话题转换到剩余的问题上吧。

第 9 章

（77—78）

　　我们在较早的时候说过，共和政体是由两个部分组成的，神圣的部分和世俗的部分。关于神圣部分我们已经论及，当我们讨论元老院和国王的住宅中发布判决令的房间时，在一定程度上，我们对世俗部分也进行了讨论。现在我们将简要地列出那些进一步增加的问题，然后继续讨论军事的和海军营地，最后讨论私人建筑物。

　　最初，古代的元老院成员是在神殿内相会的；后来，这一习惯发展成了在城外的聚会；最后，在一种既要增加尊严又要方便事务的愿望推动下，他们决定建造一座特别使用于这一目的的房屋，这样，那些元老们，因为年长而疲惫不堪，将既不会被长距离的跋涉所阻止，也不会开会地点的诸多不便所妨碍，会议会开得更频繁、停留的时间也将更长。因此，他们将元老院建筑布置在城市的中心，认为这座建筑最好与法庭和神庙相毗邻；这样做不单单是为了允许那些卷入竞选的人和有法律纠纷的人能够更容易地参加会议，而不会干扰他们的热情或职责，而且也能够使元老们本身（因为大多数老人都是特别钟情于宗教的）能够在方便的时候，去参加祈祷并返回，往来于神庙和其工作场所之间而不中断他们的工作。不仅如此，而且那些来自外国的大使和使节们也可以来到那里请求元老们的接见，在他们等待的时候，无论对于客人还是对于城市，最好都要有一些相称的地方来接待他们。

131

　　进一步，在这种类型的公共大厅中，每一个尺寸都要加以斟酌以确保一个市民的团体，在他们出席的时候，可以十分高兴地被接待，并得到尊贵的款待，也能够方便地离开；特别是要确保不缺少通道、光线、露天场所，以及其他这样的便利条件。对于法庭而言，由于它可能需要容纳大量的人进行辩论，其（出入）洞口就一定要比那些在神庙或元老院中的更多，更大，也更显眼才是。然而，进入一座元老院的入口，因其尊贵的原因，也一定要有防御设施；这样做有许多的原因，不仅仅是为了防范人群中的那些不计后果的酒徒之辈，他们会被一些人恶意的企图所煽动，而随意地中断并干扰元老们的工作。这就是为什么一定要设置一个门廊、一个出入口等的主要原因，在那里仆人们、受庇护的人，以及其自家的随员，可能会在某种不可预见的情况下提供保护。

　　这里是另外一个不应该被忽略的考虑：无论在什么地方人们要聆听朗诵、歌唱，或争辩的时候，（石头的）拱形圆顶都将是不适合的，因为它反射声音，反之一个复合的木质顶棚就是合适的了，因为它会引起共鸣。

（78—79）

第10章

当布置一座军事营地的时候，在前面几书中提到的有关城市规划的每一件事情都要加以回忆和考虑。因为一座营地就像是一座城市的雏形；你会发现许多城市是在那些有经验的将军们为军事营地所选的基址上建立起来的。

对于一座军事营地，重要的是了解什么是它必须满足的条件。如果没有突如其来的武装袭击的危险，或者被敌人的数量超过很多，那就不需要建造军事营地，这一工程将会被看做是完全不相关的；因此，敌人的特点一定要考虑进来。敌人可以是有着同样装备的，并且具有同样的数量，或者敌人是更加虎视眈眈的，也更为强大的，或者，敌人可能是较为弱小的。然后，我们建立起了三种类型的军事营地：第一种是临时性的，它可以在需要的时候被移动；它可以被用于对付同样是装备精良的敌人，它的作用部分是保持士兵的安全，部分是等待时机使战斗赢得一个好的结局；第二种类型的军事营地是永久性的，当其计划是骚扰敌人或对退却的敌人设置包围时，要使敌人不要心存侥幸，通过加强了的要塞而对敌人加以限制；然后，或许第三种类型的军事营地是为了用于阻止敌人的进攻，直至敌人在围攻战中变得如此的体力不支而筋疲力尽，以至于他不得不放弃他的计划撤兵而去。[26]

132　　　每一种类型的军事营地都应该被小心地加以规划，重要的是要使所有这些规划都应该有利于使你具有良好的处境与防卫，并有助于抵挡并击溃敌人，这一点要得以保证，而且，同样要确保——要尽最大的可能性——不留给敌人以任何可乘之机，既不能让他用来反击你，也不能让他用来为自己提供舒适与防护。因此，最重要地是选择一个能够提供丰富的粮草与支援的地方，在需要的时候那里很容易聚集并有充分的空间。那里不应该缺水、粮草和木料应该在不远的地方找到；应该有一条为你自己提供撤退的及容易接近敌人的没有阻滞的路径，而每一种可能的陷阱与困难都应该留给你的对手。

我将要使军事营地能够俯瞰整个敌人的区域，这样没有任何调遣可以在未被立即察觉之前就能够尝试或实施。军事营地的基址应该在所有侧面都要用陡峻的斜坡和崎岖的哨壁加以防范，使它不可能被任何大的兵力所包围，防止敌人从任何方向上能有机会在不付出严重代价的情况下可以接近；同样，如果他是逐渐地接近到这个距离的，要防止他们不花代价地将其战争机械运送到这里，并在没有严重伤亡的前提下守住这块地方。如果有任何基址能够满足这些要求，那就利用它。如果不能，就一定要小心地考虑军事营地的类型和位置，使它最适合于你的调兵遣将。对于一个永久性的军事营地，一定要比一个临时性的军事营地有更好的防御设施，若是一个在平原地区的基址，就需要有比在一座山上的基址一个更大的工程和一个更为宏伟的作品。

我们将从临时性的军事营地开始，那的确是最为常见的一种，经常变换营地被认为是为了保持军队的活力。一个可能的问题被提出来了，在规划一个军事营地的时候，是将其设置在自己的区域之内，还是将其设置在敌人的区域中。在色诺芬看来，军事营地的改变会对敌人构成威胁而有利于自己一方。[27]虽然，毫无疑问的是，践踏一块外国的土地可以给予一个人以更大的有勇气的声誉，而停留在自己的土地上则会更安全也更有利。但是，我们应该下决心解决营地和所有占领地区的关系问题，就如同解决大本营与城市的关系一样：它一定要有一条撤退回自己区域的不受阻隔的路径，也要有一条随时准备可以出击到敌人的土地上的路径。

有各种为一座营地进行防御的方法。不列颠人是用树桩来环绕他们的营地，树桩有 10 英尺长，两端都被烧灼并削尖；一端会被插入土中，并向下敲击，另外一端向外伸出，其尖头朝向敌人。[28]高卢人，按照恺撒的说法，习惯于将他们的车辆排列起来，形成一道壁垒来在面对敌人时保护他们自己。[29]库尔提斯回忆说，色雷斯人使用同样的策略来对付亚历山大。[30]内尔维（Nervii）[i] 人习惯于将小树连接起来，然后将一些树枝弯折并捆绑在一起，就像是一道屏障一样，主要是用来抵抗骑兵。[31]阿利安提到了 Nearchus，亚历山大的一个官员，当他航行在印度洋上的时候，是用一道墙来为他的营地进行防御的，形成一道阻挡野蛮人的屏障。[32]

133

至于罗马人，正是他们的实践为每一种机会与时间的不可预见性提供了充分的准备，无论发生了什么事情，都好像百无一失一样。他们所给予他们在军事营地的防御工事中的人的训练就像在其他任何军事操练中的训练一样充分和彻底；他们被灌输的更多的是如何保护他们自己的人，然后才是如何消灭敌人。他们觉得他们在过程中能够抵挡、挫败并击退敌人，而让敌人没有任何便宜可得。为了这个原因，他们运用一切防御方法抓住和利用于他们自己的便利和安全，这些方法既可以从任何地方拷贝而来，抑或可以通过周密计划而来。如果没有高大或崎岖的基址可以依赖，他们就用一个壕沟和城墙而形成一个悬崖，并用木栅和树枝编织物将其结合在一起。

第 11 章

(79—81)

让我们继续讨论罗马人所使用的方法。用来定位我们的营地的基址应该不仅是便利的也是对于我们当前的目标没有再比之更为适合的了。除了我们已经提到过的其他方面的考虑之外，它还应该是干燥的，没有泥泞，也完全不受洪水的影响；它应该是一处既不会对你自己人在任何方面有什么不方便之处，也不会为敌人提供任何微小的保护的地方。在其附近的水应该是没有污染的，而且在不是离得太远的地方一定要有一个健康的水源；如果可能，营地中应该或是包括有纯净的泉水，或者坐落在一些溪流或河流的岸边，但如果不是这样，要确保在附近有一个连续的水源供应，位于能够容易到达的范围内。然后，作为

---

i 　内尔维人，最强的贝尔加伊（荷兰、比利时）人的部落之一，公元前 1 世纪时生活于北高卢地区斯凯尔特河以东地区。——译者注

一个军事营地，对于相对于军队的数量来说，它不应该是很大，否则会使散布在岗哨之间的口令不能够保守秘密，巡逻的卫兵们也不能够不很疲劳地覆盖全部营地；当然，它也不应该过于狭窄和局限以至于士兵们都没有到达其岗位的充分空间。

莱克格斯（Lycurgus）[i] 认为在一座军事营地中转角是没有什么用处的，应该将其营地设置成为圆形，除非在其后方有大山、河流或城墙保护。[33] 其他人则主张用矩形的军事营地，但是营地的选址和外轮廓应该兼顾对时间与地点的考虑，要取决于实际境况，以及敌人是在撤退还是在进攻。

应该要挖出一条壕沟，大到足以需要相当大量的土和枝编物才能够将其填平；或者，甚至更好的情况，是两道壕沟，两者间留出一个空隙。同样，古人出于宗教惯例的考虑会运用一些奇数的量度，壕沟会按照宽为 15 尺深为 9 尺的尺寸来挖凿。壕沟的两侧应该是垂直的，这样从沟底到沟顶就会保持同样的高度。但是，在土质有滑动的地方，沟底要比沟顶略为狭窄一点。在一个平原地带，或是在一个低洼地带，壕沟中应该充满了水，水来自于河流、湖泊或海中。如果没有这种可能，就要用树桩和树干树立起一道如猪鬃一样的尖利屏障，即将其砍削成尖桩的样子[34]，就像是长钉和蒺藜一样[35]满布在沟底。

当壕沟被开挖并完成，应该建造一道壁垒，其厚度足以抵得住一个盾牌（mantelet）[36]，其高度不仅要使抓升钩不能够拉倒墙体，也要使标枪无法扔到威胁战士们的范围内。显然，挖掘壕沟时的土可以用在壁垒的筑造上。对于后者，古人们倾向于用有草皮的土块，是从草地上切割而来的，其根部还连接在一起。其他方法中包括用绿色的柳树枝：这些可以生长的东西，它们的根系会缠绕在一起来对壁垒加以强化。荆棘、树桩、尖篱笆、吊钩等，应该沿着壕沟的内侧边缘和壁垒的外侧扦插，以便阻止敌人的攀爬。在壁垒的顶部应该用一个由坚硬的木桩制成的檐口围绕起来，木桩要插入土中，交叉地相互连接，并被一层柳条编制物和泥土所支撑，其间的空隙是用黏土填实的。在檐口之上，应该树立起尖形的城齿和防御性障碍物。[37]简而言之，这一工程中的每一种装置应该合成为一个整体，并使之很难被破坏、撕裂开或穿越，以提高它为战士们提供的保护与安全性。

沿着壁垒的边缘每 100 尺[38]应该树立起一座炮塔，任何可能会受到攻击的地方的炮塔应该更高一点，也排得更密一点，这样即使敌人已经进入营地内部也仍然能够被击退。帐篷（Praetorium）[39]、帐篷之间通道上的门（porta quintana）[ii]、通往营地道路上的门（porta decumana）[40]及其他一些设施，不论他们所了解的军事营地的行话将之称作什么，都应该把它设置在一个安全的区域，其位置要有利于击退入侵者，方便接收粮草供应，便于重新接纳军队等。

这些量度的应用，如我所建议的，更多的是适合于固定的营地，而不是一个临时性的营地；但是，由于因命运或环境所可能产生的任何意外事件必要考虑进来，它们也应该被应用在临时性的军事营地中，只要它们是可能有所助益的。至于特别建立起来了为了坚持一场围攻战的固定军营，其需求将是与前面提到的一位专制君主的大本营非常相似的，那

---

i 莱克格斯，公元前 9 世纪的斯巴达立法人，被认为是斯巴达法典的创立者。——译者注

ii Quintana，指古罗马两个军团帐篷之间的通道。——译者注

将是市民们所坚决仇视的一个对象；的确，没有什么比将一座大本营保持在眼皮底下，不停地等待着那被压抑的仇恨在它被毁灭时的那一时机所释放出来的围攻形式更为难以让人承受了。这就是为什么，如我们已经提到的，一定要格外当心的是，正是防御本身的有力、强大、坚固和能力挫败和击溃了敌人；并且对于任何进攻或难以应付的包围都将是安全和坚不可摧的。

最后，用于围困和骚扰敌人的军事营地已经被限定了，所有这些营地的尺寸都正如严格观察而得的一样。恰好有一个说法，即在战争中进行围攻的军队中的许多往往会变成被围攻者。为了这个原因，你不应该仅仅是为了占据一块地盘而战斗；你应该注意到不是你把你自己放在防御这个处境上的，而是或由于敌人的狡猾与勇猛，或由于你自己军队的疏忽大意所导致。为了获取阵地，最好是进攻和包围；而为了自卫，就要进行反攻或增强防御。一场进攻战的整个目标就是突破防御工事，进入一座城镇之内。在这里我不准备涉及攀登防御设施的梯子，不论敌人是否在反攻，我也将不讨论井道、可移动的塔、战争用的机械，或利用火、水及任何自然资源来造成某种可能危险的其他方法。这里不是讨论这些问题的地方；我们将在别的地方更为详细地讨论有关战争机械的问题。[41]但是，在这里有一些与之相关的建议：用于防范抛掷弹的保护措施，使用梁、柱、木板、枝编物、绳索、木柴捆，以及填满了羊毛、海草或干草的麻布袋；重要的是把它们竖直地堆在一起，这样它们就悬在边缘之上。为了防止这些东西受到火的燃烧，就要将它们弄湿，最好是用醋和泥浆，并在它们的表面贴上未经烧制的砖坯；在土坯墙的外面要盖上一层表皮以防止它被水冲刷。同样，为了防止这层表皮被突然的打击所撕破扯碎，要用经过浸泡的湿的破旧衣布将其覆盖起来。

为了一些原因，围绕一座城市靠近城墙的位置构筑攻城设施并非失策之举。这些设施的长度越短，战士们也就越容易将其构筑起来；所使用材料的数量越少，费用也就越低；一旦这些设施建造完成，所需要的卫兵也就要少一些。但是，它们不应该是紧挨着城市的边缘，因而使得由于从城墙上投掷炮弹的原因，居民们不能够到达军营中或攻城设施中的士兵们中间。然而，如果被包围的对象拒绝包围圈外面的援军与粮草供应，那么当然，倘若攻击是从任何一个被阻塞或封闭的入口开始的，最有效的方法有如下几个方面：在桥上设置路障；将所有浅滩和道路用横梁和碎石堵塞；用一条水道将所有的池塘、湖泽、湿地与河流连接起来；尝试着抬高水面来淹没那些低洼地区。

对于这些设施一定要加上有效的反攻和自卫的措施。最基本的是在壕沟、壁垒、高塔等处设防，既要在城内突围时依赖这些设施，又要依赖与在周围地区援兵的集结及发起进攻时的某种结合。除此之外，一定要建造堡垒和眺望台，在人与牲畜需要水、木料，或其他物料粮草时，对那些相应的地方，要给予更多的保护、自由，和便利。但是，军队不应该分散得不能够在一个命令下行动，或不能够同仇敌忾地去战斗，乃至不能够团结一致，彼此紧密相助的地步。这里值得回忆一下历史学家阿庇安的备忘录[42]：当屋大维 i 被卢修斯（Lucius）围困在佩鲁贾的时候，他挖了一个直通台伯河的壕沟，有 56 个赛跑场（每个赛

---

i　屋大维，即奥古斯都，罗马帝国的第一任皇帝（公元前 27 年—公元 14 年），尤利乌斯·恺撒的侄孙。公元前 29 年称皇帝，公元前 27 年被授予奥古斯都荣誉称号。——译者注

跑场长 607 英尺——译者注）的长度，宽和深各 30 尺；沿着这条壕沟建造了一道高墙，墙上设置了 1050 个木制塔楼，每座塔楼高 60 尺；这一防御工事是如此宏伟，以至于包围者不能够形成其包围圈而被拒之于外，防止了他们对军队有任何微小的伤害。

136　　　关于陆地上的军事营地就谈这么多，或者还要加上要使基址的选择一定是高贵和显赫的，并使国家的旗帜富有尊严地高高飘扬在那里，以及使宗教仪式可以引发更多的敬畏与尊严，同时，在那里可以方便地召集一场军事法庭会议或战争会议。

（81—82v）

第 12 章

　　或许，有些人不能够接受舰队是一种海上军事营地的说法，而是主张说船的作用只是一头水上的大象，只是以它自己的缰绳模式而被人所掌控的，而军事营地的作用像是一个港口，而不是一艘船。然而，其他一些人则争辩说，船不过是一个可以移动的堡垒。因而，我们将围绕这个问题，简单地说明有两种方法使建筑的理论与艺术可以被应用于他们的船长与水手们的安全与成功，这取决于他们是在追击敌人，还是在进行防御：第一种方法，是在船的装备上，第二种方法，是在港口的防御工事上。

　　首先，一艘船所提供的服务是运送你和你的附属品；其次，它可以提供战时的服务，如果没有危险的话。危险可能是内在的——仿佛船本身所带来的——或是外在的，比如猛烈的暴风、浪涛、岩石、障碍物、沙丘等可能造成的破坏，所有这些都是可能被预见，并且通过航行艺术的实践，并通过有关海岸线和各种风的知识和经验所能避免的。内在的故障可以在船的外轮廓和材料方面得以发现。这些故障一定是可以预防的。

　　所有的木材都是容易开裂的，破碎、下沉或腐烂都应该被避免。铜质的钉子和束带要比铁质的好。最近，在这本书的准备过程中，一艘图拉真（Trajan）[i] 的船的残骸从尼姆湖（Lake Nemi）打捞了起来，这艘船沉没在这里已经有 1300 多年了：我注意到，松木和柏木的耐久性是非常好的。在外面覆盖有两层织物的嵌板，织物是由浸泡了黑色沥青的亚麻组成的，其本身是由一层薄薄的铅板保护着的，并用铜钉将其固定在一起。[43]

　　在建造一艘船的时候，古人使用了鱼的轮廓线；这样鱼的背部就成了船体，鱼的头部成为船头；船舵的作用就好像鱼尾一样，而船的桨和橹就像鱼的骨骼和鱼鳍一样。

　　有两种类型的船：货船和快速帆船。船的长度越长，它把握其进行的过程也越好，特别是在一条直线的情况下；越短，越容易用一支舵来把握其机动。一艘货船的长度最好不少于它的宽度的三倍，而一艘快速帆船的长度不长于它的宽度的九倍。我已经在一本书名为《船》（The Ship）[44]的小书中关于船的设计方面，谈到了船的长度问题；因而，在这里我仅仅是提到那些有所关联的东西。一艘船是由如下部分所组成的：龙骨、船尾、船首、两侧，以及如果你需要的船舵、船帆和其他为航行而必需的索具装备。船的容量将与用水灌进

---

i　图拉真（公元 52？—117 年，罗马皇帝，在位期间为公元 98—117 年），他的统治因大兴土木及对穷人怜悯而闻名，并在罗马留有图拉真纪功柱。——译者注

船舱使其达到所要求的恰当水平线时的水的重量相当。[45]龙骨应该是直的，但是所有其他部 137
分应该塑造成一条曲线的形式。龙骨越宽，可能的荷载也就越大，但是其速度也越慢。一
个伸展的、锥形的龙骨将会增加船的速度，但是，除非你加上压舱物，否则它的稳定性也
将会减少。一个宽的龙骨更适合于较浅的水中，而一个窄的龙骨在外海中航行更安全。一
艘较高的船，它那升起的船舷将会成功地超越汹涌而来的海浪，但是在大风中就会步履维
艰。船首越尖，也就越容易在水中滑过；船尾越细，把握其航线也就越稳。

　　船首和船胸部位一定要坚固，并向外张，因为船帆和船桨是驾驭着船穿越海浪的。然
后，船朝向船尾的地方应该呈锥形，这样它就会平滑地从水上划过去，仿佛就像它自己的
主动的一样。如果有一些附加的方向舵将会改进船行的稳定性，但会限制它的速度。桅杆
的高度应该等于船身的长度。至于其他航海的和军用的附属设施，如船橹、船锚、绳索、
船喙及塔楼、过桥等，我们将忽略这些内容。注意一下悬挂在船舷两侧边缘，或使其竖立
放置的柱子和梁，可以被用于撞击，或用于抵御进攻的防御设施；而升起的桅杆则可以作
为塔来使用；从其上悬出的帆桁和跳板架（gangway）[46]，形成了方便的桥梁。

　　古人会在船首的位置固定一些抓钩（grapnels）[47]；我们自己的水手们学会了如何通过依
靠船首和船尾的桅杆而将一些高耸的塔状物树立起来，用破旧衣服、绳索、麻布袋等，布
置一些防护性的障碍物，拦成由绳索形成的帘网以作为防止任何人攀越登船的有效措施。
而且，在一场战斗中，有可能将船舷部分在一瞬间用长钉变得像鬃毛一样，使敌人会发现
若不受伤害将是寸步难行的；另外一方面，在方便的时候，一旦进攻被阻止住，这些长钉
甚至可以更快地被消除：这是在别的地方已经提到的我们的一个发明。我不希望在这里再
对它做描述：任何有才干的人只需要提醒他一下就行了。我的另外一个发明是通过一个棒
槌的轻轻敲击而令整个甲板坍塌的方法，而且几乎是在转瞬之间，将任何已经登上甲板的
人摔倒在地，同时稍加用力，又会令整个甲板恢复原状。在这里我将不提起我的其他的将
敌船搞沉或将它点燃，使敌船上的船员们陷入一片混乱，将他们推入必死的绝境的发明；
或许将有另外的场合来谈这些。

　　不应该忽略的是，不是到处都适合同样长度、高度和宽度的船。例如，在黑海的岛
上[48]，一座有着巨大外壳的船，需要有一大群船员，一旦风速加大的时候，就会很困难；而
在 Cadiz 的外海的浪涛中，一艘小船也会步履维艰。

　　在海军的事务中包括防御的方法或封锁一座港口的方法。最有效的方法是使用一个伸向
海中的防波堤和一道壁垒、链条，或其他类似的障碍物，如前面一书中已经谈到的。树桩应 138
该夯入地下，并将大石头收集起来形成一道屏障，由厚木板和树枝编织物构成的框架应该用
重物填充并沉入水底。但是，如果这因为所处地方的条件或由于过分昂贵而不可行——例如，
当海床是柔软而泥泞的时候，或当海水太深的时候——使用下面的变通方法：将一排桶绑在
一起，在这些桶上固定一些直的梁和木方，横着将它们连接在一起；在这个筏子上绑上几根
坚硬而锐利的嘴和树桩，就像人们所知道的扁桃体（tonsils）一样，朝向敌人。它们的端部用
铁套上；这些设施将会阻止敌人的任何轻型船只，张满风帆的，冲入其中，或者试图躲闪而
过。要用土来覆盖这筏子，以防止被火烧毁；围绕着筏子是一个树枝编织物和木板制作的栅
栏；在适当的位置上，树立一些木制的塔；要在能够安全地拴牢这些塔，却不会被敌人发现

的地方，用几只锚将其固定起来以抵御海浪的力量，整个工程应该是一个完美的曲线，像一个拱券一样抵御着汹涌而来的海浪；这样一种形式将会使其在与海浪抗衡时得以增加其强度，减少对铁锚和外在支撑物的需求。关于这一问题说得足够多了。

(82v—83v)

第 13 章

现在，由于像这样规模的一个计划需要材料和资金，必须提到地方官员们对于这些问题应负的责任；地方官员中，包括主管财务的官吏、税务官员，以及主管国库财政收入的人[49]，如此等等。这将要求如下一些东西：一座谷仓、一个宝藏库、一个军械库、一个商场以及一个造船所和一个马厩。关于这一主题，似乎可谈得很少，但是，所谈之事都是重要的。

谷仓、宝藏库和军械库当然一定要坐落在中心位置，在城市中最拥挤的地方，在那里会得到最好的保护，并且最容易接近。由于火灾的危险，造船所应该与居住区有相当的隔离。特别重要的是要保证两者间的界墙，沿着建筑物从地面到屋顶之下都是连续而不中断的，以限制火灾的破坏，防止火势沿着屋顶而蔓延。商业中心应该坐落在海岸边，或是在一条河流的口岸上，或者是与一条军事道路相接的地方。造船所应该与一个海湾或一片水池相连接，在那里船队可以靠近码头，可以加以整修，然后再一次送入大海。要确保水是不断流动的。在南风（Auster）刮起的时候，船容易腐烂，在正午的暴晒下船会开裂，但是却会受到正在上升的太阳光线的呵护。

显然，各种各样的谷仓——以及任何其他用于储藏的结构物——都将是喜欢干燥的地方和气候的。但是这些仓库，除了储盐库之外，都将会在我们论及私人建筑时加以更为彻底的讨论，因为这是一种最具通常意义的类别。我将像这样来建造一座储盐库：在地面上铺上一层煤，有一库比特（腕尺）厚，将其压实；在其上洒上沙子，并配以纯黏土，约

139　为三掌厚，然后将其弄平整，再用烧成黑色的砖铺在上面。如果砖的来源不足，就用方形的石块来做墙体内侧的表面，以一种适中密实度的石头即可，既不要用凝灰岩，也不要用很坚硬的岩石；[50]否则就用硬一些的石头。这种铺面应该向墙内伸入一个库比特深；用木头制作墙体的框架，用青铜钉将其钉在一起，或者，使用稳定的、榫接的方式更好。将木框架内的空隙填充起来，再衬上一层芦苇。在木材上面满满地涂上一层用油质的酒糟揉捏的黏土，并混合以金雀花和断碎的灯芯草，一般来说是非常值得的。最后，很显然任何这种类型的公共建筑应该有围墙和塔以防止盗贼、敌人或反叛的市民，以及那些故意破坏者们的偷袭。

现在我似乎是在详细地讨论有关公共工程的主题，虽然一些与文职官员相关联的东西不应该被省略：应该有一个地方可以因为他们的违抗、背叛，或所犯恶行而提交某个人加以审判并给出相应惩罚的地方。这一点一定不要忽略。我发现古人有三种类型的监狱：一种是可以将那些粗野的，没有受过教育的人圈起来，接受那些受过教育的和在高尚艺术方面有经验的教师们的夜间的训练，教给他们有关道德行为和生活方式方面的事物；第二种

是限制那些破产的债务人，以及那些希望通过死板寂寞的监狱生活来纠正他们任性的生活的人；第三种关押那些犯有令人憎恶的罪行的人的，他们与昼日的阳光是不相称的，或者不值得与社会相接触，他们应该很快地经受极刑的惩罚，或者将他们投入黑暗与耻辱之中。无论如何，任何人都认为这最后一种监狱类型，应该是一种地下的房间，就像那些令人恐怖的坟墓一样，应该为这种罪犯设计一种比法律本身所给予的或人的理智所能要求的更为严厉的惩罚。即使是那种（那些已经不可救药的人）因为他们的犯罪而应给予极端惩罚之人，也应该指望诸如公众和国王这样的人，不会有任何怜悯之心。要满足这一点就要使墙体、门窗开口和拱券等工程要强固得足以使任何想逃跑的犯人都极其困难；为了达到必要的厚度、深度和高度，关键是要使用大块的坚硬石头，并用铁和黄铜将其锚固在一起。你也可以用一层衬板，高高的有木栅的窗口，如此等等，虽然即使如此也不能够保证其巨大或强固得足以防止任何人为了自由与安全而逃跑的企图，难道你会在这里给予他们证明自己天生的毅力与机巧究竟有多大的可能机会吗。在我看来，那些认为唯一万无一失的监狱是一位忠于职守的卫兵警觉的双眼的人的话是非常正确的。

　　但是，在所有其他方面，让我们追随古人的习惯与实践。有一点需要提到的是，那些监狱中一定要包括有厕所和壁炉，没有那些令人讨厌的臭味和烟雾。然后，监狱作为一个整体应该像如下这样：在城市中并不荒凉的地方，选择一块安全的空间用地，用一堵高大而坚固的墙环绕着这块地方，没有开口穿过墙体，通过塔可廊子提供供应；在这堵墙与牢房的墙之间有一个三库比特宽的空隙，用于卫兵的夜间巡逻，阻止任何逃跑的图谋。其中央空间一定要像如下一样分划：应该有一个厅，一点也不要令人感到压抑，用来作为集合那些要送出去教他们学会一些技能的人的门廊；在这个厅后面的第一个入口应该是武装的卫兵们的区域，其前有围栏与木栅的保护；接着应该是一个露天的院落，院落两侧各有一个柱廊，包括有许多通向几个牢房的洞口。在这里应该关押的是那些破产者和深陷债务负担的人，不是都关在一起，而是在单独的牢房中。在前面应该是一个更为受到限制的监房区域，在那里关押的是那些被判了轻罪的人。任何被判处最重的罪行的人都应该被关押在最里面的监房区域中。

140

第14章

❧ ⚜ ❧

（83v—84v）

　　现在我来谈谈私人建筑。在较早的时候，我们曾将一所住宅描述为一座微型的城市。[51]因此，关于一座住宅的建造，几乎每一件与城市的建立有关的事情都必须要加以考虑：它应该是非常健康的，它应该提供每一件设施或每一种便利，用以贡献于和平、宁静与文雅而高尚的生活。这些已经在前面的几书中作了充分的论述，尤其是在他们的本质、品质与类型方面。但是，这里我们将从一个不同的视点对它们进行讨论。

　　私人住宅显然首先是为家庭所建造的，以作为一个便利的归依之所。除非家庭中所需要的每一件事物都可以布置在一个屋顶之下，否则是不会足够舒适的。在一座城市中大量的人和事不能够像他们在乡下那样自由地被容纳其中。为什么会这样？在城市建筑中，有一些限制，如界墙（party walls）ⁱ、滴水槽、公共场所、可通行的道路等，妨碍了人们去寻求一种满意的结果。[52]在乡下这些事情不会发生；在那里每一样事物都是更为开放的，而在城市里却都是受到限制的。那么，这是为什么城市里的私人住宅应该明显地区别于乡下的私人住宅的许多原因中的一个。此外，穷人与富有的人将会有不同的需求。对于穷人而言，规定其居所的大小是必要的，而对于富人却很少能够令他们满意，或能够限制住他们的贪欲。但是，在每一个案例中，我们都将给予充分的忠告，适度将是受到鼓励的。

我想我将从较为容易的开始。在乡下有较少的限制，富人们很乐意投入他们的钱财。但是，首先让我们简单地审视一下在乡村别墅的设计方面几个一般性的主张：一种不利的气候和多孔易渗水的土壤[53]是要避免的；建筑物应该保证恰好是建造在乡下的，是在山脚之下，在一个水源充足，阳光充沛的场所，是在一块有益于健康的区域，以及在那个区域中最有益于健康的部分。可以想象，一个严酷而无益于健康的气候条件，不仅会由第一书中所谈到的那些不利因素，而且也会被茂密的森林所导致——特别是那些包含有苦叶子的树木——在那里如果既没有阳光也没有风，空气就将会腐化；另外一个原因可能是贫瘠的或不利于健康的土壤，在那里你唯一能够收获的就是木材。

在我看来，被一位所有者为他的乡村别墅所选的基址对于他在城内的住宅应该是最为便利的。色诺芬主张我们应该能够步行到别墅中去，作为一种锻炼，然后再骑马返回。[54]那么，别墅一定是要坐落在离城市不很远的地方，沿着一条轻松，而不受阻碍的路线，要在一个无论是夏天还是冬天来访的客人和日常用品的供应，通过双脚、马车，或者甚至乘船，都可以到达的地方。当然，如果别墅离得不远，而是与城门近在咫尺，那将会使携妻带子在城市与别墅之间的来往，变得更为容易与便利，只要你想去就去了，没有必要再乔装打扮一番，也不需要吸引什么人的注意。

让别墅坐落在一个当你在早晨外出以及在傍晚返回的时候，都不会有阳光直射你的眼睛的地方将是值得的一个选择。此外，别墅不应该放在某种荒凉的、孤独的和交通阻滞的地方，而应该布置在因其土地肥沃和气候适宜而对其他人也有吸引力的地方，一个物产极其丰富、生活甜蜜而且没有危险的地方。另一方面，任何过于忙碌的地方应该避免，就像那种紧邻一座城镇、一条军事道路或一个吸引了许多船只的港口之类的地方；理想的选址应该是能够享受到上面这些地方的益处，而你的家庭生活却不会因过往熟人的不时造访而感到厌烦。

有风的地方，按照古人的说法，通常是不会生锈的，而潮湿的地方，如山谷之中，以及那些没有微风吹过的地方，常常会有这一类的麻烦产生。我并不总是主张那些一般性的规则，即一座别墅在昼夜初分的时候，一定要能够面对着升起的太阳：关于阳光和微风方面的建议，显然从一个地方到另外一个地方都是不一样的，例如北风（Aquilo）并不总都是轻柔的，而南风也不总都是在任何地方都不利于健康的。的确，医师塞尔苏斯（Cel-

---

i　界墙或共有墙，指建在相邻地产的边界线上，并且由双方所有人共同使用的墙。——译者注

sus）[i] 十分聪明地观察到从海上吹来的风是较为浓重的，而从内陆吹来的风则总是较为轻薄一些。[55]在我看来风是为什么应该回避恰好在山谷之口处选址的原因；因为风是从那种阴冷的地方吹来的，它会非常的冷，或者，如果是从暴露在太多阳光下的平原上吹来的风，又会非常的热。

第 15 章

（84v—85v）

乡间住宅可以分为由那些绅士们[56]居住的和由那些田间的劳作者们居住的，并且可以进一步区分为主要是为使用而建造的和那些倾向于更多地为愉悦而建造的。让我们现在讨论前者，那些基本上与农业相关的房屋。这些房屋不应该离这些财产的管理者太远，这样他就能够经常了解每一块田地在做些什么，以及还有哪些事情没有做。这些特殊建筑物的功能是处理、收集和保存那些从地里收获而来的产品，除非或许你认为这后者（收获物的储存）应该被存放在主人在城里的住宅中而不是放在他在乡下的房屋中。要完成这些工作，将需要一大群人，也要一批工具的储备，最重要的是要有一位勤勉和用心的管家。

古人将农业工人的理想的数量定为 15 个人左右，在冷天的时候，一定要为这些人提供一个取暖的地方，以及因为天气的原因，他们不得不停止工作的时候，要为他们提供一个可以吃东西、休息，以及做一些必要的准备工作的地方。因此，一间大的，有着很好光线的厨房是需要的，这里应该是耐火的，并且装备有一个火炉、壁炉，供水系统和排水系统。在厨房之外应该开一个凹室[57]，在那里身份较高的人可以过夜，在那里可以有一个为白天提供面包、腊肉和猪油的食品贮藏处。其他人应该被分配在他能负起他自己责任的地方，管家则在主要门户处，以防止任何人进入，或在夜间趁他不注意时拿走什么东西，喂马的人在马厩里，这样一旦有事需要随时可以召唤。

关于人力问题就谈这么多。器具方面或者是活物，如四足畜生，或者是非活物，如车辆、工具等。关于后者，要紧邻厨房建造一个大的棚子，用来储存你的大车、耙子、犁铧、套轭、干草篮子等。大棚应该朝南，这样在冬天的时候，家庭中的人们还可以在阳光下享受节日的快乐。你也应该清理出一块露天的地方用于葡萄酒和橄榄汁的压榨，提供一个房间，用于储存桶、篮子、滑轮、绳索、锄头、干草叉等。在大棚的横梁和交叉梁上放置一个柳编床，在上面储存各种支架、棒竿、棍木、木杆、树枝、树叶、为牛准备的草料捆、大麻、粗亚麻，如此等等。[58]

四足畜生有两种：一些是用来干活的，像牛和驮畜类，一些是喂养来为了它们的产品的，像猪、绵羊、山羊，以及所有其他饲养的家畜。让我们首先讨论驮畜，因为它们主要是作为工具而使用的，然后继续讨论饲养的家畜，这是管家管辖范围之内的事情。要确保

---

i　塞尔苏斯（活动时期公元 1 世纪），罗马最伟大的医学作家，写过一部关于农业、军事艺术、修辞学、哲学、法律和医学的百科全书，但只有医学部分保留了下来。他的《医学》一文被认为是最优秀的医学经典著作之一。——译者注

为家养牲畜和马设置的圈厩在冬天不冷，畜栏防护得都很好，要保持草料不要散落。要将草料篮子挂得足够高，使马若要吃草，就要站立起来，伸直脖子，花费一点气力：这样将保证它们的头部保持干燥，而它们的肩胛能够保持灵敏。在另外一个方面，用一点点种子，以确保它们不得不从马槽的底部吃起：这将防止它们狼吞虎咽，或吞咽下太多整个的种子，除了这些之外，这还将能够使它们的肌肉和胸腔更坚韧、更强壮。

142 一定要确保朝向牲畜头部一侧的围栏墙一定不要是潮湿的：马的头骨很细薄，容易受到湿气和寒冷的影响。要小心窗子，不要让它暴露在月光下：月亮会引起白内障以及严重的咳嗽，月光对任何有病的畜生都是有害的。要将牛的草料放在一个较低的地方，这样它们能够卧着咀嚼食物。马在看到火的时候会受到惊吓，而牛在看到光亮的时候，却会更兴奋。如果将一头骡子放在一个燥热而黑暗的地方，它会变得疯狂起来。一些人认为，只要将其头部遮护起来，而身体的其他部位都暴露在空气与寒冷之中，就足以保护一头骡子。要让牛圈中铺上石头地面，以防止它们的蹄子因污物而变得腐烂。至于一个马厩，一定要挖出一道堑壕，然后用栎木或橡木的厚木板将堑壕盖上，以防止地面因为马尿而变得潮湿，也防止马蹄扒地而对地板和蹄子造成的磨损。

(85v—87)

第 16 章

管家或经营人的责任不仅是在作物的收获上，而且，特别是在动物的畜养上：四足动物、禽类、鱼类：这一点我们必须简要地提到。要在干燥的地方为牛建造畜栏，一定不要在湿软地上。清理地面，并使地面有一点轻微的倾斜，使其容易打扫和清洁。让牛栏一半有顶，一半露天。在夜晚的时候，要保证不要使牛暴露在南风（Auster）中，或任何潮湿的微风之下，并不是从任何方向来的风都会造成不适当的麻烦的。要用方形的石块来为兔棚造墙，墙的基础深度要足以到达有水处的标号；然后，用"阳性的"砂子填充地板的范围，在这里或那里留出一些用 Cimolean 黏土[59]堆起的土堆。要在一个院子里为鸡建造一个朝南的鸡棚，撒上大量的灰，在此之上是鸡巢和栖木，鸡群就在栖木上度夜。有人建议说鸡应该圈养在一个大而没有藩篱的鸡舍中，方向朝东。但是，为了鸡的下蛋和孵蛋，如果它们更愉快，它们周围的环境更开敞，母鸡们就会下更多的蛋；蛋会下在阴凉的地方，封闭空间的气味会差一些。

将你的鸽舍设置在近水的地方；要使它明显而适度地高，这样鸽子们，厌倦了高飞，厌倦了展示它们翅膀的训练，也厌倦了拍打翅膀，会很高兴地用舒展的翅膀向地上滑翔。一些人坚持说，当一只鸽子在地上寻找食物时，回到它的小鸽子处的距离与努力越大，喂得它们也越多；这是因为它们的食物，是被鸽子储存在它的喉咙里的，由于时间的耽搁会有一半被消化掉；因此，他们主张鸽房应该选在一个笨拙的地方。也可能有人认为最好使鸽舍远离任何水面，以防止鸽子用它那潮湿的爪子弄凉了鸽子蛋。如果你将一只在笼子中的红隼放在塔楼的一角，这将保护它不受鹰的袭击。如果，在入口处的地下，你埋一只狼的头，撒上一些孜然籽，将其放在一只罐子里，那罐子是开裂的，这样气味就可以散发出来，这将会吸引一些鸽子离开它们先前的住所；而如果你用黏土覆盖了地面，并用人尿反复地浸泡地面，这也将进一步增加飞来鸽子的数量。在窗子的前面有一个石头的壁架，或一个橄榄木的架子，向外伸出一库比特，在这上面那些鸽子会停留在棚舍的外面，从这些架子上，鸽子也可以再一次腾飞起来。 143

　　笼中的小鸟在看得到树和天空的地方会日益消瘦。鸟舍和鸟栏应该放在一个温和的地方；那些不会飞的禽类应该放置在较低的地方，如果不是直接放在地面上的话；而所有其他的鸟类都应该栖息于高高在上的地方。每一种鸟都要用一个架子圈起来，以容纳鸟蛋和雏鸟。在鸟舍的建造中，黏土比石灰好，而石灰又比石膏好。所有的粗糙石头都是有害的；陶器比石灰华好，但使用的陶器不要焙烧过分；白杨木或杉木的木材是最好的。为每一种鸟类制作的栏舍，特别是为鸽子的，一定要明亮、干净，没有污渍；就像是在四足动物时的情况一样，如果它们躺卧的地方不能保持彻底干净，它们的身上就会生疥疮。因此，它们的畜栏应该是用拱顶，墙也应该是完全抹了灰、打磨光，并用大理石贴了面的；每一个孔隙都是仔细地填塞了的，以防止鸟蛋、雏鸟和成年鸟们受到貂鼬、老鼠、蜥蜴，以及其他有害物的搅扰。你也一定要为它们安排啄食和饮水的地方；为此，你应该围绕别墅挖凿一个壕沟，在那里鹅、鸭子、猪和牛可以洗澡和打盹；要确保为它们喂食的槽子里要充满了食料，即使是在雨天和糟糕的天气也是一样。为较小鸟类的围栏中所放置的为它们啄食和饮水的容器是沿墙设一条小沟，以防止小鸟们洒漏或弄脏了食物和水。这些小沟要与外面的管子相连，通过这些管子食物可以被注入。在小沟的中部应该有一个供鸟戏水用的小池，里面要始终保持有清净的水。

　　在白垩土地面上挖一个水池，水池要达到充分的深度，以防止在夏天的日光下水会变得太热，而在冷天时又会结冰。沿着水池的边缘有一些凹洞，在这些洞中鱼儿在受到突然惊吓的时候可以躲避在其中，不会因惊慌而造成的死亡。鱼是靠土壤中的汁液喂养的；燥热会使它们变得迟钝，而冰冻则会冻死它们，但是，它们在中午的阳光下会十分惬意。偶然流入的泥泞的雨水被认为是有益的，虽然紧接在天狼星之后下的雨水不要让它流入池中，因为这时的雨有石灰味，是会杀死鱼儿的；从那之后雨水就很少被允许流入了，由于污秽而有气味的苔藓和叶子污染了水池，使鱼儿变得行动迟缓。重要的是要确保有一个连续不断的来自泉水、河流或湖泊中的水进行的交换。

　　对于由海水灌注的池塘，古人继续给予了如下的重要建议：泥泞的土壤会产出扁平的鱼，比如鳎鱼和牡蛎；其他的海鱼，如真鲷鱼和鲭鱼等是在岩石中间产卵的。[60]最后，在他们看来，最好的水池类型是泻湖，在泻湖中会有一个浪花接着一个浪花，湖中旧有的水永远也不会停顿下来而变得迟滞。他们说，如果水是渐渐地更新的，它变热的也就比较慢。[61] 145
与管家的职责有关的事物就说这么多。

　　勤勉用心一般来说都是受到鼓励的，但是，这一点特别适合于产品与作物的收获与储藏。这些事情将需要一个打谷场，能够晒到太阳并有风吹过，其位置离上面提到的大棚不要太远，这样，如果遇到任何突然的倾盆大雨时，工人们可以很快地将刚刚收获的庄稼捆搬走，将其放在有遮护物的地方。在打谷场上，不要将地面弄得太平，而应该让它有一点倾斜，要把它挖一遍；在此之后要用油质的酒糟洒一遍，使其能够被充分地吸收；接着，彻底地将所有的土块打碎；然后用一个辗子或槌棒将其弄平整，再将其夯实；之后，用油质的酒糟再洒一遍。当其干燥之后，无论是老鼠还是蚂蚁都不可能在那里筑巢，它也不再会变得泥泞，那个地方也不会长草，地面上也不会出现裂缝。[62]黏土会使这一工程变得尤其坚固。关于农业工人的建筑物的问题已经谈得足够多了。

(87—90v)

第 17 章

至于主人，有人坚持说他应该有一个为夏天准备的别墅和另外一个为冬天准备的别墅。这里给出如下的建议：为冬天的别墅，卧室应该朝向冬日太阳升起的方向，餐厅应该在昼夜平分点上时面向落日；与之相反，为夏天的别墅，卧室应该朝向正午的太阳，餐厅应该朝向冬日太阳升起的方向；在春分或秋分时节，应该有一条暴露在正午阳光下的散步小径。[63]因而，我们宁愿这些别墅因其所处地方，按照气候与地区的特征而各不相同，这样就能够将炎热与寒冷，以及将潮湿与干燥加以混合了。

更进一步，我主张将一位绅士的住宅布置在能够显示其尊严的地方，而不是设置在一段特别肥沃的土地上，在那个地方，可以享受到微风、阳光和景色等等方面的所有恩泽。应该很容易就能够从田野中到达那里，为了到访的客人要有一个慷慨的接待面积；它应该在美景环绕之中，并使它自身成为一些城市、城镇、一段海滨，或平原中的一个景观；或者，它应该拥有一些引人注目的山丘或山峦的山峰，令人愉悦的花园，有令人着迷的经常去钓鱼和打猎的地方。

每一所住宅，如我们已经提到的，被区分成为公共的、半私人的和私人的区域。在这些区域中，公共的区域应该模仿一位国王的住宅。在那里应该在大门前有一个大的露天空间，用于车马的疾驰，它的范围尺寸要大于一位年轻人投掷一根标枪或发射一支箭的距离。同样地，在大门以内应该不缺少半私人的空间，步行道、散步的场所、游泳池，一些既有草皮覆盖又有地面铺装的地方，柱廊和半圆形的凉廊，在那里老人们可以聚在暖意洋洋的冬日阳光下进行讨论，节假日一家人可以在那里打发时光，同时，在夏天的时候，那个地方也能够找到令人心悦的纳凉之处。

146
很显然，住宅中的一些地方是归家庭成员所拥有的，其余一些地方则是用于储存供使用的物品的。家庭是由丈夫、妻子、孩子和祖父母们组成的。他们组成了共同生活在一起的家庭，包括办事员、服务员和仆人。任何客人也可以被包括在这个家庭之中。被储藏的物品包括那些最基本的（如食品）日常用品（如服装、武器、书籍）或者甚至还有一匹马。最重要的部分是我们称之为一座住宅的"心脏"部分，你或许可以将"庭院"、"中厅"看做是这一部分[64]；接下来的一个重要部分是餐厅，然后是私人的卧室，以及家庭中的起居室，最后是那些剩余的房间，分别有它们各自的用途。因此，"心脏"部分是住宅的主要部分，其作用就像是一个公共广场，朝向并聚合在这里的是所有其他那些较为次要的房间；它应该包括一个舒适的入口，如果适当的话，这里也可以是露天的，以便于采光。那么，很显然，任何人都宁愿他的住宅的核心部分是一个大方的、开敞的、高尚的和令人瞩目的空间。但是，尽管一些人坚持它们的建筑物中应该有一个核心，其他人则可能会增加到数个之多。这是一些或是完全被高墙，或是被一些高低错落的墙所围合的地方。它们中的一些是有屋顶覆盖的，其他一些被留作了露天，还有一些是部分被屋顶覆盖了，而另外一部分则是露天的；在一些地方，其一侧，或多侧，有时候是在所有四个侧面上，增设了柱廊；一些柱廊是建造在地面上的，其他一些则是建造在拱券形的基础之上的。

在这个问题上，我没有什么更多需要增加的，除了要把每一点考虑都要给予地区、天气、使用与舒适之外——在冰冷的季节要将刺骨的北风（Boreas）与寒气从空气与地面中排除出去，或者在炎热季节要将惹人讨厌的阳光排除出去；要让空中的新鲜空气，以及各个方向上的适量的令人愉快的光线能够进入。要确保（在附近）没有可能释放有毒气体的沼泽地，也没有地势较高的可能产生使空气变得黯淡的薄雾的高地。

在建筑物核心部分的中央应该是有着一个门廊的入口；这里应该是尊贵的，不应该是狭窄的、转弯抹角的或光线黯淡的。应该有一个用作祭祀的小礼拜堂，人们可以直接看得到它，有一个圣坛；任何一位进入的客人都可以在这里许一个友好的愿，家庭的主人回家的时候，可以在这里向神灵祈求能够赐予他的家庭以和平与宁静；然后，在门廊里他可以拥抱任何一位在那里恭候他回家的人，或在做出任何决定之前可以向朋友们加以咨询，以及其他诸如此类之事。

在这里如果设置有玻璃窗、露台和柱廊将会是便利的；除了景观的吸引之外，它们可以根据季节而允许阳光和微风的进入。按照马提雅尔（Martial）[i] 的说法："朝向寒冷的诺图斯风（Notus）[ii] 的玻璃窗令明快的太阳与无瑕的天光穿透了进来。"[65]古人宁愿他们的门廊朝南设置。因为在夏天太阳的行进路线会太高，以至于它的光线不能够进入，而在冬天太阳的行进路线却又会是足够低的。位于南边的山，当从远处看的时候，并不那么令人愉快，因为它那能够被人看到的一侧是处在阴影中的，它们自己本身将会被一个常常出现在那一片天空上的阴霾所遮挡；而且，当接近的时候，那山似乎恰好就在头顶上，它们将那夜晚的霜冻与幽暗凝固在了一起；但是，在所有其他方面这些近在咫尺的山都是更加令人愉快的，也更加有利的，因为它们遮挡住了南风奥斯特（Auster）。一座位于北侧的山，当接近的时候，会反射太阳的光线，并使温度增加；但是，当在一定距离之外，它将是最令人愉快的：洁净的大气，持久地出现在那一片天空上，倾泻而下的明亮阳光使山显出一种令人惊异的亮丽与辉煌。在东侧的山，如果离它较近时，会使黎明变得清冷；相反，在西侧的山，在天将破晓的时候，会抛下一层厚重的晨露。位于东侧或西侧的山，在处于一个中间的距离时，是最令人感觉惬意的。

对于河流也是一样；当离河流太近时会有非常大的不便，而当离河流太远时也不会是令人愉快的。从另外一个方面讲，距离不远不近的大海，会有夹杂着浓厚盐分的微风吹来；而离海近一些，令人讨厌的程度会小一些，这是由于气候中有更多的常量；当从很远的地方观察，大海是非常可爱的，因为它激发起了一种渴望。然而，海所处的方位是重要的：

147

---

i　马提雅尔，罗马诗人，因其警句、诗集而为世人所知。——译者注
ii　Notus（诺图斯），希腊神话中的南风之神，因而这里指南风。见 "*Anemoi*"（测风）。——译者注

如果大海是在南向时，大海将会是燥热的；在东向时，会使湿度增加；在西向时，会产生雾霭；在北向时，会使寒气大增。

餐厅（dining rooms[66]）应该从住宅的核心处进入。按照使用要求，应该有一个用于夏天的餐厅，一个用于冬天的餐厅和一个用于中间季节的餐厅，如果你可以这样说的话。一个夏天使用的餐厅主要的需求是水和绿色；而冬天使用的餐厅，主要的需求是一个壁炉带来的温暖。但两者都更青睐宽敞、愉悦和辉煌。很容易证明古人所使用的烟囱与我们所习惯使用的烟囱是不一样的。有人这样写道："……在屋顶上炊烟缭绕。"[67]在今天的意大利，没有什么地方（除了托斯卡纳地区和阿尔卑斯上南侧的高卢人之外）能够看到从屋顶上伸出的烟囱通道。

在冬天使用的餐厅的拱顶中，按照维特鲁威的说法，是不值得去用优雅的檐口处理加以装饰的，因为这拱顶将会被壁炉中不断的煤烟和烟雾弄得污渍斑斑。[68]的确，人们习惯于将壁炉上面粉刷成为黑色，给人一种印象，这里是已经被烟熏黑了。在别的地方，我还读到，他们往往用了一种被称作"cooked"（木炭）[i] 的木头，这种木头被提纯到了可以在燃烧时不产生烟雾[69]；这就是为什么律师们觉得这个词不应该归在"木头"这个定义之下。[70]从这一点可以推测出他们使用了能够挪动的青铜或铁制的火盆，可以移到任何情境或场合所需要的地方。甚至那些从兵营中出来的那些人，已经被军事生活变得坚强，很少使用壁炉。那些医生们也不赞成我们在一个大火炉前消磨我们的一整个光阴。亚里士多德坚持说，正是寒冷赋予了动物的肉体以坚韧。[71]那些声称理解了这些事物的人都注意到几乎每一位在一个铸造厂工作的人，都有着极其粗糙的、满是皱纹的面容与皮肤；关于这一点他们给出的理由是，脂肪和体液，这两种组成了肉体的物质，是由于寒冷而凝结的，同时也因火而融化，从而蒸发成为水汽。日耳曼人、科尔基（Colchian）[ii] 人和其他一些民族生活在需要用火来与严酷的寒冷抗争的地方，他们使用的是经过加热的房间；这些问题会在适当的地方加以讨论。[72]让我们回到壁炉的话题上吧。

这里是应用于壁炉的规则：它应该是显眼的，应该能够同时令几个人取暖，它应该有充足的光线，但却没有气流调节装置（虽然它必须要有一个出口，以使烟能够排出）。因此，壁炉一定不要被局限在某些角落中，或者深深地凹陷进墙里；同时，它也不应该占有房间中最重要的位置，那个位置应该是客人们的桌子所在的地方。它不应该被客人们误认为是什么出入口；在底部的壁炉口不应该从墙上突出太多。咽喉部位应该是深的，并要有充分的交叉烟道，垂直向上升起直到整个烟囱的出头部分伸到屋顶的最高点；这显然是为了减少火的危险，并避免使屋顶造成对风的遮挡，从而造成空气流和空气漩涡的形成，这种空气流或漩涡可能造成烟雾的阻塞或倒灌。烟雾是自己升腾而起的，靠了它自身正常的热度，但是由于壁炉与火苗的加热，烟的（上升）速度被增加了。一旦在烟囱的咽喉中，烟雾受到了限制，就像是在一根管子中那样，其后还有火苗的推力，它就像在喇叭中发出

---

i   原文是"cooked"，从内容上看，应该是指由干馏木材制成以用作燃料的木炭，另见注70。——译者注
ii   科尔基人，黑海东端高加索南部科尔基斯地区的人，今在格鲁吉亚西部。在希腊神话中，科尔基斯出美狄亚的故乡，阿尔戈英雄的目的地，一块富饶而巫术盛行的地方。科尔基人的人种结构不详。——译者注

的声音一样被挤压了出去。就像在一个喇叭中，当喇叭孔太宽大时，空气就会进入，使声音变得迟滞，烟雾也是这种情况。

烟囱出头的顶部应该被遮盖起来，以防止雨水落入；围绕四周的侧面应该开有出烟口，用一些变截面来加以遮护以防止风的袭击。在变截面与出烟口之间应该有充分的空隙以方便烟的排出。在那些不可能做到这一点的地方，我主张用一个安装在垂直的销子上的我称为"vertula"的物件。这是一个铜制的通风帽，其宽度足以包容烟囱的上口；在这个物件的前面竖立着一个冠状顶饰，其作用就像是一个方向舵，可以将其首尾颠倒以背着风的方向。[73]另外一个便利的方法是安装一个喇叭，是用铜制或是赤陶制的，悬置于烟囱的顶上；这将是一个大而开敞的空腹喇叭，而且应该是颠倒放置的，将其上口放在烟囱的咽喉处，这样从下面的两侧被吸入的烟将会在顶部被推挤出去，尽管有风时也是这样。

餐厅需要一个厨房和一个用于储藏剩余食物，以及餐具和桌布等的食品间。厨房不应该恰好就在客人的眼前，但也不能远到使盘中的菜肴在传递过程中就由热变凉了的地步；那些用餐的地方仅仅需要避开那种令人厌烦的碗碟洗涤处的女仆们，以及盘子与碟子的嘈杂声能够被听到的范围即可。要注意沿着传送菜肴的盘子的路线要有防雨的遮护，没有转弯抹角的角落，不穿越任何黑暗邋遢的地方，所有这些都可能对标准的食品烹饪造成危害。

在餐厅之后是卧室。如同餐厅一样，一座豪华的住宅要为夏天和冬天准备不同的卧室。这令我们想起了卢库勒斯（Lucullus）[i]提出的说法，没有什么生来就是自由人的人能够经受得起比一只鹤或一只燕子更糟糕的命运了。[74]但是，对我们而言，我们仅仅要说的是在每一种情况下，应该采取什么样的好的感觉才是可取的。我回忆起了历史学家阿米利乌斯·普罗布（Aemilius Probo）[ii]所写的文章，在希腊的习惯上，女人上餐桌是不被允许的，除非是在和亲属们一起用餐时，对于住宅中的某些特定部分，习惯上也是这样，在女人们居住的地方，除了那些最亲密的血缘亲属之外，所有的人都是被禁止入内的。[75]当然，在我看来，任何专门为妇女们准备的地方，都应该被处理成就像是奉献给宗教的一样纯洁；我也主张把年轻的姑娘和少女们安排到舒适的房间中，让她们因为受限制而感到沉闷的敏感的心灵放松下来。保姆应该住在能够最有效地监控到每一个人在住宅中都在做些什么的地方。但是，在每一种情况下，我们都应该遵照祖先们的可能习惯而行事。

丈夫和妻子一定要有各自独立的卧室，不仅是为了确保丈夫不会受到即将生育或生病的妻子的干扰，而且也是为了使他们即使是在夏天的时候，只要他们愿意，也能够有一个不受打扰的好的夜间睡眠。每一间房间都应该有其自己的门，再加上一个共用的侧门，以便他们能够在不引人注意的情况下寻找彼此的伴侣。在妻子的卧室之外应该是一个化妆室，而在丈夫的卧室之外，则是一个图书室。祖母，因为担心她的年龄大，需要休息和安静，应该有一个温暖而隐蔽的卧室，远离所有来自家庭内的及外部的喧嚣；最重要的是，在她

---

i　卢库勒斯（公元前 110？—57？年），古罗马将军兼执政官，为人自我放纵，以巨富和举办豪华大宴闻名于史。——译者注

ii　这里不知是指 Aemylio Probo，还是指 4 世纪时的作者 Aemilius Probus。——译者注

的房间中应该享用一个小的壁炉，以及其他令身体和精神感到舒适，对于柔弱的人是基本需求性的东西。在这间房间之外应该是一个保险库；在这里男孩子们和那些年轻的男人们可以过夜，姑娘们和少女们是在化妆间中过夜，紧挨着的是保姆。客人们应该被安排在与住宅中的前庭相接邻的一个区域，那里是来访者更容易到达的地方，也比较少受到家庭中的其他成员的干扰。[76]超过17岁的年轻的男人[77]应该被安排在客人房间的对面，或者至少离他们不远，以鼓励他们相互熟识。在客人的房间之外应该是一个贮藏室，在那里客人们可以存放他们更为个人的或贵重的随身物品，并能够在他需要的时候再取回来。在年轻男人的房间之外应该是一个存放军械的房间。

男管家、佣人和仆人应该和贵族们之间隔离开，分配给他们的住处的装饰和家具要与他们的身份保持一致。女仆和贴身男仆应该被安排在与他们所承担责任的区域足够近的地方，以使他们能够立即听到（主人）的命令，并且能够即刻执行这些命令。男管家应该住在酒窖与食品贮藏室的入口处。负责饲养马的男孩子应该睡在马厩的前面。种马应该与马群分开圈养，应该将它们安置在不会因其气味而令住宅内的任何人感到不适的地方，或不会因它们的彼此争斗而可能造成伤害的地方，以及在那种不会有火灾危险的地方。

150

小麦以及其他谷物会因潮湿而腐烂，因热而变质，因粗加工而破碎，并且因与石灰接触而变成无用之物。因此，无论你倾向于将其贮存在那里，无论是在一个洞窟中，还是在一个井里，是将其放置在木制地板上，还是将其堆在地面上，都要确保那是一个彻底地干燥和干净地方。约瑟夫斯坚持说，在 Siboli 发现了贮藏在地上有一百年仍保存完好的谷粒。[78]一些人具有这样的观点，即如果大麦被存放在一个温暖的地方，它将不会腐烂，虽然在一年之后，它将会迅速地变得恶化。医生们说，如果说潮湿会使肉腐朽，那么实际上正是高温使肉变得腐朽了。如果谷仓的地面是由油质的酒糟以及以金雀花和碾碎了的麦秸为基底的黏土层组成的，谷物会保存得更可靠和更稳定，并且将会保存得更为长久一些，它将不会被象鼻虫所伤害，也不会被蚂蚁所偷窃。

用于贮存谷物的谷仓最好是用未经烘烤过的土坯砌筑的。对于谷物的，甚至水果的仓库而言，北风（Boreas）要比南风（Auster）更好一些；但是，任何从某个潮湿地方吹来的微风都将造成腐烂，并在其中滋生出大量的象鼻虫和蠕虫，而来自任何方向的持续而过量的风都会造成谷物的干枯。至于蔬菜，特别是豆子，要用灰或油质酒糟铺在地板上。要把水果放在一个凉爽的、封闭的房间中的木板上。亚里士多德的观点是，水果如果贮存在充了气的气囊中，能够保持整整一年的时间。[79]空气的运动会毁坏每一样东西；因为这个原因，从任何方向来的微风都应该被避免；的确，据说东北风（Aquilo）总是会将水果吹皱并毁坏。

被认可的葡萄酒酒窖应该是在地下，并且是封闭的，虽然一些葡萄酒在阴暗处会恶化变质。即使是保护得很好的葡萄酒，如果暴露在来自东、南或西方的风中，尤其是在冬天或春天时，也会被毁坏；但是，在天狼星出现时，甚至在刮北风时，会对酒造成干扰；太阳的光线会使酒变得干涸；月光会使酒变得迟滞；移动会使酒产生沉淀并降低酒的滋味。酒对任何气味都很敏感，但是，一种强烈的气味会将酒毁掉或削弱。在干燥、凉爽、稳定的条件下葡萄酒能够保存数年。就像科卢梅拉所说的，"只要是在凉爽的情况下，葡萄酒将会得到完善保存。"[80]因此，应该将酒窖建造在那种坚固的、不会受到车辆的振动的地方。酒窖的墙和窗子应该朝向位于太阳升起的方向与北风的方向之间的地方。要清除所有的污秽的、有肮脏气味的东西，要切断任何潮湿，以及浓重的水蒸气或烟雾和任何有强烈气味的蔬菜，如洋葱、卷心菜、野生的或家种的无花果的来源，并把这些东西很好地隔绝在外。要将你的酒窖的地面铺装的如同你在外表面上可能铺装的那样，要在中心位置留出一个小坑，用以收集从酒缸中渗漏出来的酒。一些人是用灰泥，或是使用建造房屋墙体的技术来制造他们的酒缸的；酒缸越大，葡萄酒也越强烈、越醇厚。

油在温暖的地方会保持得比较好一些；它不喜欢冷的气流，并且会被烟尘和煤烟所毁坏。不洁之物的储存，如肥料，可以被忽略，关于肥料人们说，必须要堆起两个肥料堆，一个是为新鲜肥料堆的，另外一个是为陈旧肥料堆的；肥料在潮湿的地方会发酵，但却会被太阳或风所耗干：只有一点需要说明的是任何易燃物，如干草棚，或任何在外观以及气味上令人不悦之物都应该离远一点，保持相当的距离。用橡木制作的肥料堆不会滋生虫蛇。

我感觉有一种意见在这里不应该被忽略：虽然即使是在庭院中，肥料堆也应该堆放在隐蔽而偏远的地方，要在那种其气味不会影响务农的一家人地方，然而在室内，在主要房间的几乎是我们的卧榻之旁，在那些我们放置其他的洁净之物的地方，我们选择来作为我们的私人厕所、贮藏室，假设的话，最易散发臭味的东西，这可以说没有什么不妥吗？如果一个人病了，使用一个便盆和夜壶，的确会更方便一些；但是，我认为对于那些处在健康状态的人们来说，没有理由会不认为远离任何如此令人讨嫌之物是适当之举。一个人可以看到鸟儿，特别是燕子，在这件事情上的距离，它们会离开以确保它们的巢对于它们的雏鸟是完全清洁的。值得注意的是，大自然教导我们说：即使是羽毛初长的小雏鸟，在它们最初的几天里，一旦它们的成员足够强壮了，也都要到巢外去清空它们的肠胃；此外，为了远离那些污秽之物，它们的父母会在旁边用它们的喙捕捉那些落在半空中的东西，并将其移走。因此，在我看来，大自然如此的教诲是应该被遵循的。

第18章

(90v—92)

有钱人的别墅和城市住宅，与那些有幸拥有一套用于夏季度假的别墅，但却在别的什么地方使用一套城市住宅，以便在更为舒适的条件下度过冬天的人们的情况不一样。通过这种方式他们享受到了可以在城里发现的所有的好处，如光亮、微风、开放的空间，以及风景等等，也享受到了更多城市带来的阴凉以及较为温和的喜悦。所有这些都要求一座城市住宅是在选址的尊贵与有益于健康方面，提供了一种文明的生活所必需的东西。然而，由于可以被允许的空间与光线是有限的，它应该采用一座别墅所拥有的所有那些令人着迷与愉悦的东西。

除了有一个慷慨大方的入口之外，这座入口还应该包括一个门廊、通道、散步之处[81]，以及令人愉快的花园，如此等等。但是，如果基址是过于狭促的，为每位成员的充裕的空间可以由从地面层建造，并增加楼层的数量中获得。在基址的特征允许的地方，应该挖出

151

一个地下室，用于提供液体以及木料，以及类似的服务性用品的储藏；住宅中高贵的楼层应该建造在顶部。然后，依序增加进一步的楼层，就如所需要的，直到家庭中的所有需求都得到了适当满足。基础性的设施应该放在底层，高贵者的房间要放在较为高尚的楼层上。最后，要确保有一些经过深思熟虑的地方用于贮存谷物、水果、工具及家中所有用品。

152

也要包括一个存放宗教物品的房间，以及一个为妇女们梳妆打扮用的房间[82]；要有一个地方来存放那些在节庆日子中使用的东西，以及一个存放男人们在神圣日子里用旧了的礼服的地方；要有一个橱柜用来存放工具和武器，以及一个存放羊毛制造设备的房间，并在别的什么地方有一个存放用于宴会的或用于客人到来时所用用具，以及存放其他为某些特殊场合而准备的物品的房间。那些按月度使用的、按年度使用的，以及每日使用的物品都应该被放在各自不同的地方。重要的是要确保那些不能够被珍藏的东西要放在眼皮底下；那些用得不是很经常的东西就更是这样。因为，任何每日都明显地在眼皮底下的东西，显然较少有可能被窃走的危险。[83]

对于那些卑微的人们，他们自己的房屋应该追随那些有钱人的房子的榜样，要仿效他们的房屋的华丽，只要他们的财力能够做到就行，尽管这种模仿一定会是令人沮丧的，然而，经费上的考虑是不能够以牺牲愉悦为代价的。那么，在他们的城外房屋中，为他们的牛与牲畜们提供的东西应该为他们的妻子提供的东西一样多。他们想要一座鸽子房、一个鱼池，以及诸如此类的东西，而不是像追求有用那样地追求愉悦。然而，这座郊外房屋应该是非常可爱，足以令这个家庭的母亲能够非常欢喜地生活在那里，并且愿意为他们这个家庭的日常维护而细心地打理。也不能够仅仅将有用和效益作为唯一的考虑，因为健康也应该是一个基本的考虑。"只要你有一个机会来变换一下空气，在冬天的时候就这样做，"塞尔苏斯（Celsus）这样劝告我们[84]；在冬天比夏天更能确保较少一点不健康的气候的危害。但是，我们更愿意在夏天时去光顾一座别墅；那么，就要确保这是极其健康的。

在城市中，位于住宅的下部而为房屋所有者提供生计的商店，应该有着比餐厅更好的配备，看起来要更多地与房屋主人的希望与雄心保持一致。如果是在一个交会处，它应该处在转角的位置上，如果是在一个广场上，它应该坐落在广场周围的某一侧，而如果是在一条军事道路上，就要位于一个明显的转弯处；它唯一的关注应该是通过其所陈列的商品来吸引顾客。至于内在的构造，若使用未经烘烤的土坯砖、枝编工艺、黏土、掺有麦秸的泥浆，或木料，将不会是不适宜的；然而，在外表上，一定要考虑到，其周围的邻居们，可能不总都是一些诚实和礼貌的人；因此，墙体应该加强，以能够抵御来自包括人和天气两方面的袭击。相邻的建筑物应该既要留有足够的距离，以允许微风将房屋迅速地吹干，也要挨得足够近，以使其可以用同样的水槽来收集和排除雨水。若是这种类型建筑物的屋顶是相互连接着的，雨水槽本身就应该是相当深的，以确保雨水不会汇聚在一起或发生倒灌，而是沿着最短的可能路线很快地排除。

153

最后，对于那些值得重复的问题，连同第一书中讨论过的那些问题做一个概括。建筑物中的任何一个能够防止火患的，或能够防御气候冲击的，或能够隔绝及远离噪声的部分，都应该是覆盖了拱顶的。更好的方式就是将每一座建筑物的首层用拱顶覆盖，但是其上的楼层则用复合的木材架构，这样将是更为卫生的。那些在黄昏之前都需要光线的部分，例如接待厅、走廊，尤其是图书室，在春分或秋分的时候，应该朝向日落的方向。[85]任何会有虫蛀、发霉、变形或生锈危险的东西，如衣服、书籍、工具、种子及任何形式的食物，都应该被放置在住宅的东侧或南侧。任何由画家、作家或雕塑家所要求的需要有均匀光线的地方，都应该布置在房屋的北侧。最后，要让所有夏季使用的房间都能够面对北风（Boreas）的方向，所有冬季使用的房间都要面向南方；春天和秋天使用的房间要朝向太阳升起的方向；要将盥洗室和春季用餐的房间面向日落的方向。[86]但是，如果不可能按照你的愿望来布置这些房间，那就将最可能的舒适条件留给夏天。在我看来，任何一个要建造房屋的人，如果他有一定的判断力的话，都是为了夏天的使用而建造的；迎合冬天是很容易满足的一件事情：只要关闭所有的门窗并燃起炉火就是了；但是，同炎热作斗争，就要有相当多的事情要做，而且并不总是有很明显的效果的。因此，将你冬天生活的房屋面积，在尺寸上建造得适中一些，在高度上也适当一些，并使之有大小适度的门窗开口；相反的，要尽可能地将你夏天起居生活的全部房间建造得宽敞和通透。这样建造就可以使其能够吸引凉爽的微风，却将阳光及经过阳光暴晒的热风拒之于门外。因为，一座充满了空气的大房间，就像是在一个大盘子中有很多水一样：它变热的过程会非常缓慢。

莱昂·巴蒂斯塔·阿尔伯蒂关于建筑艺术论的第六书从这里开始

第六书
装　饰

第 1 章

房屋外轮廓（lineament）[1]，建造房屋所用的材料，以及工匠的使用；也包括其他一些似乎可能与建筑物的建造有关的事情，既包括公共建筑，也包括私人建筑，既包括神圣建筑，也包括世俗建筑；同样，任何能够保护建筑物防止受到恶劣气候的袭击的，以及任何使得建筑能够与地点、时间、人物，或事物相匹配的事情——在前面的第五书中我们已经讨论了所有这些问题。我们讨论的是如此深入，因而你要检验这些问题，你自己也可能发现它们。我不认为你在处理这类事物上还希望能有更大的应用。上天可以为我作证，在我着手这项工作中，这是一项比我所能够想象的要更劳神费力的事情。在对事物的解释上、术语的发明上，以及材料的把握上，经常遇到的问题令我沮丧，常常会令我试图放弃这一整个计划。在另外一个方面，最初吸引我沉浸于这项工作的那些原因促使我继续回到我正在进行的事情上来，并鼓励我继续深入。令我感到忧伤的是，如此杰出的作者们的那么多的著作都因时间与人事的无情变迁而烟消云散，在如此巨大的灾难中唯一能够存活的几乎只有维特鲁威，一位具有毋庸置疑之经验的作者，虽然其作品遭到了时间的如此侵蚀，其中有许多冗长之处，也有许多缺漏。他所传达给我们的无论如何都是不精确的，在他的语言中，那些拉丁语让我们看起来似乎像是希腊语，而那些希腊语，又令人觉得像是喋喋不休的拉丁语。然而，在这个文本中，他的写作用的既不是拉丁语也不是希腊语，因而，以至于令我们觉得他好像什么也没有写，只是写了一些我们不可能理解的东西。

遗存下来的古代神庙与剧场建筑可以教给我们与任何教授所能够教给我们的同样多的东西[2]，但是，我——不无伤感地——观察到这些建筑物每天都会遭到更多的劫掠。[3] 任何一位恰好要在今天建造房屋的人，都是从当今人的不适当的废话中，而不是从经过检验的和受到更多推荐的方法中，去汲取灵感。没有人会否认，这样做的结果是，我们生活与学习的这一整个部分都可能会消失。

由于事情就是如此发生着的，我情不自禁地长久而反复地思考，在这样一个主题上撰写一部注释或评论，是否不是我的责任所在。因为我探索了这一事物，许多高尚的、有用的，对于人的生存所不可或缺的事情，萦绕在我的心头，我决定在我的写作中不能对这些事情视而不见。进一步，我感觉到，去挽救一个我们精明审慎的祖先如此高度重视的但却快要消失的学科，是任何一位绅士，或任何一位有教养的人的责任所在。

由于我的犹豫不决，是勇往直前还是毅然放弃，我一直徘徊不定，但对于工作的热爱和对于知识的热情最终占了上风；在我感觉心智不济的时候，是我对研究的热情以及对其坚持不懈地应用弥补了这一切。我不放过任何一座引起赞誉的古人的建筑物，无论它可能在什么地方，我立即小心翼翼地对其加以检验，去看一看我能够从中学到一些什么。因此，我决不会停止探索、思考和检验每一件事物，通过线条的描绘来比较这些资料，直到我捕捉到了并充分理解了每一座建筑在创造性与技巧方面所应该给予的贡献；这就是我如何将我对于知识的热情与愉悦释放到写作的辛劳之中的。还对来自如此多样、如此不同，和如此分散的材料进行了比较，也对来自任何作者的正常范围与技能之外的材料进行了比较，以一种礼敬的方式去重读这些材料，以及以一种适当的秩序去加以排列，并加以精确地阐述和理性地解释，当然，所有这些都要有一种比我所能够承认的以及我所具有的都更要大的能力和知识的需求。即使这样也并没有引起我的抱怨，如果我在一般性目标上获得了成功，那就是我将我自己设定为能够使读者信服，因而我希望我所说的话，比起它所显现的雄辩性而言，却是更明白清晰的。那些在这一写作领域有着任何体验的人，对于要做到这一点会有多么的困难，比起那些从来没有冒过这个险的人来说，更是会有切肤之感的。我所写的东西（除非我是错误的）是正确的拉丁文，而且是用的可以令人理解的形式。在后面所剩余的工作中，我们将尽最大的努力继续这样做。

在可以应用于任何建造形式的三个条件中——即我们应该建造得适合于它的用途，在结构上能够持久，在外观上是优美的和令人愉悦的——前两条我们已经做了讨论，剩余的第三条，是所有这三条中最为高贵的，也是最为不可或缺的。

(93—94)

第 2 章

现在，优美和愉悦的外观，如其所被认为的那样，仅仅是从美观与装饰中产生出来的，因为，不可能会有一个人，无论他是多么的暴躁或迟钝，或多么的浅薄或土气，他都不会不被最美丽的东西所吸引，他会牺牲别的东西而去寻求最美好的装饰，他会为不好看的东西而感到恼火，他会避开那些不雅的和低俗的东西，他会觉得一件物体在其装饰方面的任何缺点，都会同样地影响到它的优美和它的高贵。

最为高尚的东西就是美的，因此，这一定是那些不希望自己所拥有之物似乎是令人厌恶的人，所必须要极力去追求的。我们的祖先，那些伟大而审慎的人们，将多么明显的重要性附加在了这高尚之美上，这一点可以从他们对于他们的法律、军队和宗教机构的细心呵护上显示出来——的确，这一整个国家——都应该是被尽量修饰了的；在这些机构的被使用中，可以知道，当然没有它们人们几乎无法生存，如果所有这些机构的壮丽与奢华的装饰被剥夺而去，它们所承担的事务就会显得平淡无奇，甚至有些卑微可怜。当我们凝神注目在那些如天堂中的上帝般令人惊奇的作品时，我们所感佩敬戴的是我们所看到的美，而不是我们所意识到的它们的用途。还需要我作更深入的分析吗？大自然本身，如我们到处都可以看到的，不会停止她每日对美的陶醉——让大自然的花朵那鲜艳的色调来作为我的一个例子吧。

但是，如果这样一种特质是任何地方都会期待的，那么无疑它也不能够在不令那些有经验的和没有经验的人们感到沮丧的同时，而在建筑物中有所缺失。对于一个变形的考虑不周的（ill-considered[4]）石构砌筑物，除了批评它那过于昂贵的造价，并抨击它过于贪婪地堆积石块之外，我们应该作何反应呢？一个俗不可耐的作品造成的过错，仅靠满足需要来弥补就会变得陈腐而没有意义，靠对于便利使用的追求也不会得到应有的回报。

156

　　此外，有一种特别的品质，可以极大地增加一座建筑物的便利，甚至它的生命。难道人们不会声称说，住在经过装饰的墙体之间是更为舒适的而不是受到了忽视的吗？什么样的其他人类艺术可以充分地保护一座建筑物的安全而使其不会受到人类的攻击呢？美甚至可以通过抑制对方的怒火，从而防止对方对这一作品施暴，而影响入侵之敌。因此，我可以大胆地宣称：没有什么其他方法会比起其在形式上的高贵与优雅更能够有效地保护一座建筑物不致受到人类的攻击与伤害了。[5] 所有的关注，所有的勤奋，所有的财务考虑都必须要被引导到确保你所建造之物是有用的、宽敞的，是的——但是也是要经过修饰的和充分优美的，这样，任何看到了这座建筑物的人都不会觉得这里的投资有什么物非所值之处。

　　关于美和装饰的精确的特征，以及它们彼此之间的差异，在我的内心中所显现的或许要比我用词语所能够解释的更为清晰。然而，为了简短起见，让我们对其作出如下定义：美是一个物体内部所有部分之间的充分而合理的和谐，因而，没有什么可以增加的，没有什么可以减少的，也没有什么可以替换的，除非你想使其变得糟糕。[6] 这是一件伟大而神圣的事情；所有我们的技能与智慧的资源都将被调动起来以达成这一目标；很少有人会赞成去制造一个在所有的方面都完美无缺的东西，即使自然本身也做不到。"多么难得见到，"西塞罗在谈及一位演员时说，"真是一位雅典的美少年！"[7] 鉴赏家们发现了他们所期待的形式，然而，这些形式或者在某些方面多了些什么，或者在某些方面少了些什么，因而不能够与美的法则（the laws of beauty）保持一致。在这种情况下，除非我是错误的，通过运用绘画来施加一些装饰，将那些丑陋的部分掩饰一下，或者将那些吸引人的部分加以整理和修饰，这样可以产生一些效果，使那些令人不很愉悦的地方少一点刺目感，而使那些令人愉快的地方更为鲜亮。如果这一点得到承认，那么，装饰可以被定义为是对亮丽之处加以增补，或对美观之处加以补充的一种形式。从这一点出发接踵而来的是，我相信，美是某种内在的特质，你所发现的那些充满于形体之各个部分中的这种特质或是可以被称作美的；而装饰，却不是内在固有的，那是某种配属性的或附加上去的特征。[8]

　　如果同意这一点，我将继续：任何按照如此方式建造，并因此而得到了赞誉的人——就像任何有着良好感觉的人一样——一定会追随一种与之相一致的理论；因为，追随某种一以贯之的理论是真正艺术的一种标志。谁会否认唯有通过艺术才能够达成某种正确而有价值的建筑物？除了这个与美观与装饰有关的特殊部分之外。重中之重的事情就是，一定要依赖于某些确定的和一以贯之方法与艺术，忽视这一点将会是最为愚蠢的做法了。然而，一些人将是不会赞成某些人的观点的，那些人坚持认为美，甚至建筑物的每一个方面，都是由具有相对性的和可能变化的标准所判断的，以至于认为建筑物的形式是可能按照个人的趣味而变化的，因而不必与任何艺术的规则联系在一起的。一种常见的错误就是，这一点，也属于无知的范畴——否认任何他们所不理解的事物的存在。我一直下决心在纠正这个错误；我的意图并不是（因为我需要为此准备详细而充分扩展的论点）要从其起源，从其所赖以发展的原因，以及从其所滋长繁荣的经验，来对艺术进行解释；让我简单地重复我所说过的话，艺术由**偶然**和**观察**（Chance and Observation）[i] 所生育，**由使用和实验**（Use and Experiment）所抚养，而**知识和理智**（Knowledge and Reason）则使其变得成熟。

因此，医学，据人们说，是由上百万人经过了一千多年的时间才发展出来的；航海也是这样，就像几乎所有其他艺术一样，是迈着微小的步伐前进的。

(94—95v)

第 3 章

建筑，就我们所能够从古代历史遗迹中识别出来的而言，可以说，是萌芽于亚洲，在希腊开出了花朵，后来又在意大利结出了她那辉煌的成熟果实。对我来说，事情似乎很像是这样，那些亚洲的国王们，是一些相当富有和悠闲的人，当他们思考起他们的身份，他们的财富，以及他们王位的崇高与伟大的时候[9]，注意到了他们对于更为宏大的屋顶，以及更为崇高的墙垣的需求，因而他们开始寻找和搜集任何有可能应用于这一目的的事物；然后，或者，将他们的建筑物建造得尽可能宏大和辉煌，他们使用了他们所能够找到的最大的树木来建造他们的屋顶，并用了出色的石头来砌筑他们的墙体。他们的建筑物变得既感人又优雅。

那么想一想，正是他们的建筑作品那令人景仰的巨大尺度，一位国王的主要任务之一，就是要建造出某种远远超出那些普通市民能力所及范围的东西，这些国王对于他们作品的巨大与不朽变得沉迷，直到最终他们将这一竞争推向了建造金字塔的荒唐之举。

我相信，在建造方面的经验给予他们一个机会去识别他们的建筑物中的数字、秩序、布置，以及外观形象方面的不同，使得他们可以对彼此加以比较。[10] 以这种方式，他们得以学会了如何去欣赏优雅，并放弃那些设计低劣的东西。

接下来的是希腊，这是一个充满了正直与高尚心灵的国度，他们对于那些属于他们自己的东西会倾心修饰，这一倾向是显而易见的，此外，更重要的是，他们将巨大的关注放在了神庙的建造上。因此，他们开始检验亚述人和埃及人的作品，从这些作品中，他们意识到，在这些事物上，与国王的财富相比较，艺术家们的技艺能够吸引到人们更多的赞誉：因为巨大的作品所需要的仅仅是巨大的财富；赞美之词应该奉献给那些在专家们的眼里看来是无可挑剔的人们。因此，让希腊人感到骄傲的是，无论在他们所从事的任何建造工程中，正是通过匠心独具的创造，使他们超越了那些他们在财富上不可能与之竞争的人们。就像对待其他艺术一样，他们也如此对待建筑，他们在大自然的内部去寻找这艺术，并将其发掘出来，他们开始讨论它，彻底地检验它，并且以极其敏锐与精妙的方式去研究它、估量它。

他们探究了那些受人尊崇的建筑与那些没有受到崇敬的建筑之间的不同，结果却一无所获。他们演示了所有经验的方法，测量和回溯了自然的步伐。在将相同之物与不同之物，以及直线与曲线，光亮与阴影加以混合之后，他们在思考着是否会有第三种组合可能出现，就如同是雄性与雌性结合而产生之物一样，这可以帮助他们达到他们最初的目标。他们继

158

---

[i] 原文首字母为大写，说明作者是要强调这两个词，故中文辞亦对应采用"黑体"，紧随其后的几组词与之相同。——译者注

续在最为微小的细节上考虑每一个独立的部分，右侧与左侧，垂直与水平，近处与远处，都是如何彼此相配称的。他们添加一点，去掉一点，使稍大一些与稍小一些的相适应，使相像的与不像的，或最初的与最后的相适应，直到他们在那些建筑物中建立起了他们所期待的那些能够经受住时代变迁的不同品质，并且建造起了那些除了看起来漂亮之外没有什么更多理由的建筑物。[11]这就是他们的成就。

至于意大利，他们天生的节俭性格促使他们最早就像动物那样建造他们的房屋。[12]以马作为一个例子：他们意识到在这里，每一个成员的形象看起来都能够适合于某种特殊的用途，因而整匹马本身将在这一用途中起到很好的作用。因此，他们发现形式的优美绝不可能与它对使用的适应性孤立开来，或脱离开来。但是，当意大利人获得了对于世界的支配权，他们就如此明显地急于去修饰他们的城市与建筑，恰如希腊人曾经做过的一样，因而一座在 30 年之内可能被认为是整座城市中最好的住宅，却不能够排在前一百位。一个时期，在这一领域中能人荟萃，其数量多得竟令人难以置信，我在阅读中得知，仅仅在罗马受雇的建筑师就有七百之众，这些人的作品很少能够得到充分的赞誉。这个帝国有足够多的资源来提供给任何需要激发起人们的惊讶之感的地方：他们谈到了有那么一位 Tacius 赠予奥斯蒂亚的人民一座浴室建筑，这是一座有着一百根由努米底亚大理石制造的石柱的建筑，而这些石柱却是由他以私人的资金支付的。[13]尽管存在所有这些情况，他们却宁愿用一种传统的节俭来与他们最强有力的国王们的显赫声名相协调，因此，过度节俭并没有降低其实用性，而充裕富有也没有以牺牲其有用性来作为代价，但是，能够与实用保持一致的任何东西都可以被设计来用于提升舒适与优美。

他们持续地保持着对于建筑物的关注与热情，直到他们逐渐对艺术进行了彻底探究，并且直到没有什么有着如此深奥、如此隐蔽或如此奥妙的东西尚未被探测出来、未被描绘出来，或未被发现出来；所有这些都得到了神的帮助，也几乎没有受到来自艺术本身的抵触。因为在意大利人中，建筑艺术很久以来就是一种外来的东西，在埃特鲁斯坎人那里尤其是如此，除了他们国王们的那些不可思议的作品之外，关于这些作品，是我们从阅读中所知道的，如他们的迷宫（labyrinths）和陵寝（sepulchers）[14]，他们从古代埃特鲁斯坎人那里继承了有关神庙建筑物的非常古老而杰出的规则[15]；在我看来，因为在意大利，建筑艺术很久以来都是一种舶来之物，同时也因为对于建筑艺术的期待是如此明显，建筑艺术似乎在这块土地上变得兴盛了起来，因而，意大利人，尽管在其他每一个方面的美德都已经是十分著名的了，而其对于世界的支配是由建筑物的装饰所造成的，却仍然能够给人以更为深刻的印象。因此，建筑艺术将自己屈服于人们的理解与财富之下，认为那些世界的领导者们，所有民族的荣耀，他们作品中的辉煌，若是被人们在每一种其他美德方面的超越所匹敌，那将是一种耻辱。[16]

还需要我提到柱廊、神殿、港口、剧场，以及巨大的浴场吗？这些建筑物给人们带来了如此的惊愕，以至于那些来自国外的建筑师们否认这其中的一些建筑物是能够被建造起来的，尽管他们瞪大了双眼目睹了这一切。我还应该继续吗？他们一丝不苟，甚至将他们的排水沟也建造的精美无比。他们对于装饰有着这样一种鉴赏力，以至于他们沉迷于仅仅为了优雅美观而慷慨地消耗帝国的资源，他们在建筑上的雄心勃勃是完全与这些装饰相匹配的。[17]

因此，透过我们祖先们的例子，以及通过专家们的劝告，和我们自己不断地实践，在

159

关于如何建造超凡出世的建筑物方面，彻底的理解是可能达到的，而通过这样一个理解，那些经过充分证实的原则是可以被演绎出来的；这是一些对于任何急切于——就像我们都应该做的那样——不希望在他所建造的建筑物中出现不适当的做法的人们，所不应该忽略的规则。我们必须把这些确立起来，按照我们自己理解的那样。这些我们必须记录下来，就像我们已经进行的那样，并尽我们的能力作出最好的解释。这些原则或者用于指导整座建筑物的美与装饰，或者与其各个不同部分独立发生关联。[18]前者是从哲学中衍生出来的，并与确立这种艺术的方向及其局限性密切相关；后者来自于我们所谈到的经验，因此可以说，是经过与这种艺术的哲学规则与各阶段过程磨合而成的。这后者有一个更为技术性的特征，因此我将先来讨论这一部分，将前者中那更为一般性的规则留作一个收尾。

(95v—98)

第 4 章

　　在物体的伟大的美与装饰中所发现的愉悦，既是由智力的创造与工作，也是由工匠的双手所产生的，或者它是被自然地渗透到物体本身中去的。智力负责选择、安排、布置，如此等等，这些给予作品以尊严；双手则负责摆放、连接、分割、剪切、磨光，以及诸如此类的工作，这些给予作品以优雅；从大自然中获得的特性是厚重、轻盈、密实、纯粹、持久，以及与之类似之物，这些给予作品以人们的赞美。这三个方面必须按照其各自的使用与作用而应用于建筑物的每一个部分。

　　一座建筑物的各个部分可以用集中方式来加以分类，但是，在这里我们将倾向于在所有建筑物都普遍存在的特征之间，而不是根据每一个别建筑物的不同，来描绘出一些区别。在第一书中，我们确立了每一座建筑物都必须要有一个所处的基址、要有房屋覆盖范围、房屋内部分隔、墙体、屋顶和门窗洞口。[19]在这一点上，这些方面都是协调一致的。它们各自的不同点在于，其中一些是神圣的，一些是世俗的，一些是公共的，另外一些则是作为私人的而计划的，一些是用于需求的，而另外一些则是用于愉悦的，如此等等。我们将从它们的一般性特征开始讨论。

160

　　要了解靠人的双手与智力是如何可能增加房屋所处基址的优美与崇高的，将是一件困难的事情，或许除非去模仿那些在文献中记录着的对于设计奇幻的建筑负有责任的人们是一件有价值之事——这是一些不会招致小心谨慎的人们批评的设计，这些设计为人们提供了其所能够提供的优势，但是却不会得到褒扬，除非在它们需要的时候。事情恰恰就是这样的。谁会去褒奖[20]不知是什么人做的设计呢——无论他是斯塔西克拉蒂斯（Stasicrates）[i]，如普卢塔克所声称的[21]，或者是狄诺克拉底（Dinocrates）[ii]，如维特鲁威所坚持的[22]——是谁建议说要将阿陀斯山雕刻成亚历山大的雕像，并在这座雕像的手上放置一座能够容纳一万

---

　　i　斯塔西克拉蒂斯，古希腊建筑师、雕塑家，曾追随亚历山大征服亚洲，艺术上追求大胆、宏伟、震骇，而非优美、典雅，曾设想将阿陀斯山雕刻成为亚历山大的雕像。——译者注

　　ii　狄诺克拉底（活动时期公元前 4 世纪），又作 Deinocrates，亚历山大时期的希腊著名建筑师，曾拟将一座圣山雕琢成亚历山大坐像，他设计建造了亚历山大新城。——译者注

人的城市的呢?

　　但是,同样地,如尼托克里司 (Nitocris) [i] 女王曾开凿了巨大的壕沟,这条壕沟在幼发拉底河 (Euphrates) [ii] 处转了一个弯,并形成了一个巨大的回环,这样使得它在同一座亚述人的村子的前面,来回绕了三次,如果这条壕沟的深度能够帮助这一基址增强防御,并且其充裕的灌溉使其土壤变得肥沃而丰产[23],女王也不应为其开凿工程而遭到批评。但是,让这种工程作为握有强权的国王们的消遣吧。让他们通过将起连接作用的陆地凿通而将大海与大海连在一起吧;让他们去凿山填谷吧;让他们去创造新的岛屿,并再一次将已有的岛屿与大陆连在一起吧;让他们为后人留下无人能够仿效的壮举,并因此而将他们的名字镌刻在他们子孙的心目中吧。无论在什么情况下,他们的工程越被证明是有用的,他们得到的赞誉也就越多。

　　古人会用宗教的方式来增加一个地方或一片丛林,甚至一整个地区的高贵感。我们读到了整个西西里都是被用来作为给谷神刻瑞斯 (Ceres) [iii] 献祭的地方。[24]但是,让我们绕过这个问题。而那些最令人感觉愉悦的是这个地方的那些令人钦佩的和非同寻常的房屋,这是一些能够为人提供很大便利的非常杰出的建筑;例如,当这里的气候恰好比别的地方温和的时候,而且它还令人难以置信地保持一贯,就像在麦罗埃 (Meroe) [iv] 一样,在那里人们想待多久就能够待多久[25];或者,当这个地方能够提供别的地方所不能提供之物,一些人们所期待的或对人类有益的东西,例如琥珀、肉桂或香脂;或者当这里受到一些超自然自然力的影响时,就像在 Sonus Eubusius 岛上一样,据说,在那里是不会受到任何东西的伤害的。[26]

　　房屋覆盖范围,是某个基址上的特定的一个部分,将会被可能为这个基址提供装饰的所有那些东西所提升起来。[27]然而,自然的优势在房屋覆盖范围内将会比在房屋基址上能够有更为充分地和更为便利现成的体现。在其周围地区可能会有许多不同的吸引人的东西,例如海岬、岩石、高峰、峡谷、洞穴、泉水,以及使其建造在这里比建造在别的地方能够更吸引人的其他理由。也可能会有一些过去时代的地标,记录了一些能够令你的眼睛与心灵产生敬仰的时间和事件。这些我将要忽略;我也不会提到特洛伊所曾经坐落的地方,以及在留克特拉 (Leuctra) [v] 或特拉西梅诺 (Trasimene) 这些浸满了鲜血的地方[28],还有无以数计的其他例子。

　　要想描述人类的智力与双手为这样一个目标提供了些什么将不是一件容易的事情。

---

　　i　尼托克里司 (活动时期在公元前 6 世纪),希腊传说中的巴比伦城女王,据说她使巴比伦附近幼发拉底河的河道变曲,并修建了人工湖。其子拉比奈托斯为新巴比伦的末代国王。——译者注

　　ii　幼发拉底河,西亚地区的一条河流,流程约为 2735 公里 (1700 英里),发源于土耳其中部,流经叙利亚,在伊拉克境内与底格里斯河汇合而形成了阿拉伯河,其流域是古代美索不达米亚文明繁荣的重要发祥地。——译者注

　　iii　刻瑞斯,古罗马的谷物女神,司掌粮食作物的生长。她有时单独受崇拜,有时与土地女神忒耳斯一同受崇拜。——译者注

　　iv　麦罗埃 (公元前 4 世纪—公元 325 年) 位于北非埃塞俄比亚地区的一个古代城市与国家,在 320—350 年被阿克苏姆国王艾伊札尼斯的远征军所灭。与其关联最为密切的是古埃及的努比亚国与尼罗河东岸的古代城市库施。——译者注

　　v　留克特拉,古希腊的一个村庄,位于底比斯西南部。底比斯人曾在这里重创斯巴达人 (公元前 371 年)。——译者注

我将忽略一些更为明显的例子，例如通过海路由远至狄俄墨得斯（Diomede）[i] 岛运送而来的东方的悬铃木（plane tree）[ii]，这用来装饰一个房屋覆盖范围[29]，或者被一些伟大的人物树立起来的柱子和方尖碑，或者为了子孙的崇敬而种植的树木，如由尼普顿神（Neptune，罗马神话中的海神——译者注）和墨丘利神（Mercury，罗马神话中的众神使者——译者注）种植的橄榄树，这些树木很久以来就树立在雅典卫城之上。[30]我也将不会谈到那些保存了很多年代，由我们的祖先留传给他们的后裔们的东西，如哈利勒（Hebron）[iii] 的笃香木（terebinth tree）[iv]，据说，这从创世之初一直传到了历史学家约瑟夫斯所在的时代。[31]

　　将一个地方变得更为高尚的一个最为适当的办法就是通过一种好的审美品位以及有独创性的措施，如禁止任何男性进入波纳·迪阿（Bona Dea）[v] 的神庙的法律[32]，或在狄安娜的神殿前使用贵族式的门廊[33]；类似的情况，如在塔纳格拉（Tanagra）[vi] 是不允许女性进入优诺斯特乌斯（Eunostus）[vii] 的树林中的[34]，也不允许女性进入耶路撒冷神殿的内部[35]；在Panthia 有一眼泉水，除了祭司们之外那里的水是不允许人们洗沐的，而祭司也只能将其用于准备祭祀用的牺牲；在多里奥拉（Doliola）[viii] 的最高贵的罗马人下水道（Roman Cloaca Maxima）中，是禁止任何人吐唾沫的，因为那里埋藏着国王庞皮利乌斯（Pompilius）[ix] 的尸骨。[36]在许多祈祷堂中可以发现禁止妓女进入的碑刻。[37]除非光着脚，否则没有人被允许进入位于克利特岛的狄安娜神庙[38]，也没有女奴隶可以被允许进入玛图塔（Matuta）[x] 的神殿。[39]使者是不被允许进入位于罗得岛的Oridio 神殿[40]，也不允许长笛演奏者进入位于提奈多斯（Tenedos）[xi] 的Tennes 神殿。[41]没有人可以在没有为其奉献上牺牲之前就离开拉菲斯迪安（Laphystian）[xii] 的朱庇特神殿。[42]没有人可以将常青藤带进雅典的雅典娜神殿，或是带进底比斯的维纳斯神殿中。在供奉福纳斯（Faunus）[xiii] 的神庙中，是不可以有人提起"葡萄酒"

　　i　狄俄墨得斯，希腊传说中特洛伊战争80艘希腊战船的统帅和最受尊敬的领袖之一，狄俄墨得斯群岛，位于阿普利亚外海上，是狄俄墨得斯的同伴阿佛洛狄忒被变成鸟以后所居住的地方。——译者注
　　ii　墨丘利神，各路神灵的使者，其本身是商业、旅行及盗窃的守护神铃木，属乔木，有球形果实簇和常成薄片状脱落的外侧树皮。——译者注
　　iii　哈利勒（现称希伯伦），位于耶路撒冷西南偏南的一座城市，世界上最古老城市之一，是亚伯拉罕的家乡，在一段时期内一点曾是以色列大卫王的都城。据旧约圣经记载，这里也是埋葬亚伯拉罕和萨拉的地方。——译者注
　　iv　笃香木，一种矮的地中海树木（黄连木属），可为鞣制制革材料和松节油的原料。——译者注
　　v　波纳·迪阿，Bona Dea 字面上的意思是"善良的女神"，古罗马神话中丰产、治疗之神及处女与妇女的保护神。——译者注
　　vi　塔纳格拉，希腊中东部一座古城，位于比奥底亚地区东部。斯巴达人于公元前457年在这里击败了雅典军队。——译者注
　　vii　优诺斯特乌斯，古希腊神话中的磨坊女神，在埃塞俄比亚的塔纳湖旁有她的圣林及其神殿，那里是不允许妇女接近的。——译者注
　　viii　多里奥拉，古代地名，按照瓦罗的说法，努马·庞皮利乌斯曾将圣物埋藏在那里。——译者注
　　ix　努马·庞皮利乌斯（活动时期约公元前700年），罗马传说中共和国之前统治罗马的7代国王的第二代，曾创立宗教立法，和制定各种宗教制度。——译者注
　　x　玛图塔，罗马地方女神，后来渐与罗马黎明女神奥罗拉和希腊黎明女神厄俄斯等同。——译者注
　　xi　特洛伊附近的一座岛，现在土耳其境内。——译者注
　　xii　拉菲斯迪安，古地名，因那里有宙斯的神殿和朱庇特的神殿而著称，具体位置不详，距离史书上记载的拉菲斯迪乌斯山（Mount Laphystius）不远。——译者注
　　xiii　福纳斯，罗马神话中司畜牧农林之神。——译者注

这个词的。[43]还有一条规则，那就是罗马的雅努利斯（Janualis）[i] 门在战争期间是不允许关闭的，同样，在和平时期两面神雅努斯（Janus）[ii] 神殿的门也是不允许开启的[44]；而罗马人却宁愿女神霍拉（Hora）[iii] 的神殿之门一直是保持着开启状态的。[45]

如果我们追随这个例子，那么令任何妇女进入殉道者的忠烈祠，或任何男人进入那些女性圣徒的神殿都是非法的，就可能是适当的了。也有其他一些条件，是人的聪明才智可以利用来大大地增加其高贵感的；其中的一些，虽然我们从阅读中知道了，如果我们不能够在我们自己的时代发现与之类似的事情，我们就很难相信之。一些人坚持说，人类艺术可以使得拜占庭的蛇不去伤害任何人，也可以使寒鸦（jackdaw）[iv] 在室内不会飞起来；在那不勒斯周围从来不会听到蟋蟀的声音[46]，而在克利特岛也没有见过[47]猫头鹰，没有任何鸟类曾经搅扰过在博里斯特纳（Boristene）[v] 岛上的阿喀琉斯（Achilles）[vi] 的神庙[48]，而在罗马的波利乌姆（Boarium）[vii] 广场，没有苍蝇或狗曾经进入过赫拉克勒斯（Hercules）的神殿之中。[49]在我们自己的时代，人们一直在说，没有哪一种两翼昆虫曾经飞进过威尼斯监察官所在的公共宫殿中；在托莱多（Toledo）[viii]，只有一种昆虫能够飞到公共屠宰场中去，但它可以通过它的白颜色而被辨别出来。

许多这样的例子这记录了下来，但是回顾它们要花费太多的时间。我也没有足够的把握去说明它们是由人工所造之物，还是自然的结果，例如，造成下面这些东西的原因是什么？月桂树据说是从本都（Pontus）[ix] 国王 Bibrias 的坟墓中生长出来的；如果在船的甲板上掐下一枝小嫩芽，你就会一直觉得不舒服，直到你将其扔掉为止。[50]雨水从来也滴不到位于帕弗斯（Paphos）[x] 的维纳斯神庙中的圣坛之上；在特洛伊，如果任何被献祭的物品留在了密涅瓦（Minerva）[xi] 神像旁，这些祭品不会腐烂；如果在 Anteus 的坟墓中挖一个洞，老天就会不停地下雨，直到将这个洞补上为之。一些人坚持说这些事情的效果可能是通过一种久已失传的技术所达到的，是基于一种对那些天文学家们声称是可以理解的小雕像所做的操控而实现的。

162

---

i　雅努利斯门，位于罗马城卡比托奈山丘上的最陡峭部分，以罗马门神雅努斯的名字而命名。——译者注

ii　雅努斯，罗马神话中的两面神，即古罗马人的门神，它被描绘为具有分别朝向内外两个方向的两张面孔。——译者注

iii　霍拉，复数为霍莉（Horae），希腊与罗马神话中的时序女神，专司四季、时间、正义和秩序，在雅典只有两位司春和夏的神，后来的神话中分为分别司四季的各个部分，甚至一天中的 12 个相等部分，每一部分都用霍拉的名字。——译者注

iv　寒鸦，又称鹡哥，是欧亚地区的一种乌鸦，为小乌鸦属。——译者注

v　博里斯特纳，1 世纪之前位于黑海北部的一座城市，也有说在克里米亚半岛（Crimea）上。——译者注

vi　阿喀琉斯，荷马史诗《伊利亚特》中的英雄，珀琉斯和忒弥斯之子，曾杀死赫克托耳。——译者注

vii　波利乌姆广场，古代罗马城的牲畜交易市场，位于台伯河边的平坦地段，是古罗马城最早的市集广场。——译者注

viii　托莱多，西班牙中部与塔哥斯河相邻的一座城市，位于马德里西南偏南部。公元前 193 年陷落到罗马人手中，后来成为西哥特王国的首都（534—712 年）。后来曾作为摩尔人的首都（712—1031 年）。——译者注

ix　本都，古代安纳托利亚东北部与黑海毗邻的地区。公元前 4 世纪末亚历山大征服此地区后建立本都王国。本都王国鼎盛时期，其扩张计划与罗马发生冲突，公元前 63～前 62 年并入罗马帝国。——译者注

x　帕弗斯，是希腊爱与美女神阿芙罗狄蒂的神秘出生之地，现在塞浦路斯境内。——译者注

xi　密涅瓦，古罗马神话中掌管智慧、发明、艺术和技术、工艺等的女神。——译者注

我回忆起了我所读到的阿波罗尼奥斯（Apollonius）[i]的生活，在这里巫师们在巴比伦皇家会堂的屋顶上安置了4只金鸟，他们称这几只鸟是上帝的舌头；他们说，这几只金鸟具有使众人的心灵顺从于国王的意志的能力。[51]即使是像约瑟夫斯这样严肃的作者，也声称说他亲眼见到了以利亚撒（Eleazar）[ii]，他在韦斯巴芗及其儿子们的面前，通过将一个环放在一位疯子的鼻子上，在急忙地为这位疯子进行治疗。[52]他也声称说，所罗门（Solomon）[iii]曾经编排出一条咒语用于减少疾病。[53]按照优西比乌斯·庞菲利乌斯的说法，埃及的塞拉皮斯（Serapis）[iv]，我们称之为普路托（Pluto）[v]，曾经发布了一个符号用来驱逐那些魔鬼，并告诉人们它们是如何变换了动物的形象来戏弄人类的。[54]塞尔维乌斯也说过，人们习惯于背诵一些魔幻的咒语来保护他们自己不会遭受厄运，这样他们就不会死去，除非这些魔咒被取消。[55]如果这些故事是真的，我就很容易地被引导着去相信我在普卢塔克那里发现的一则故事：据说在皮勒内（Pellene）[vi]有一座雕像，如果它被一位祭司抬出神殿之外，无论它的面部朝向哪里，都将使每一样东西充满了恐惧与忧虑，因为没有一双眼睛能够毫无畏惧地直接面对它。[56]但是，这些奇闻轶事都已经包含在娱乐之中了。

让我们继续。至于使一个房屋覆盖范围变得高贵起来的一般性方法，例如测量选址、建立沟渠堤坝、地面找平、整合形体，如此等等，这些在前面的第一书和第三书中都可以找到，这里我没有更多可以说的。要想有最伟大的高贵感，那么，这个房屋覆盖范围，如我们前面已经提到的，就一定要极其干燥、极其平整、极其坚固，并且要对其所提供的服务用途非常适宜和便利；使用一些材料可能非常有助于其外表：这一点我们将在后面，在讨论到墙体的时候，再加以讨论。柏拉图也曾给出过一些有用的建议：一个重要的名称将会使一个地方具有伟大的高尚感与权威性。[57]哈德良皇帝认为这一点是得到了一些重要名字的证明的，例如 Licus、Canopeius、Achademia 和滕比谷（Tempe）[vii]，在这里他还举了他自己的 Tiburtine 别墅的例子。[58]

第 5 章

关于分隔问题，其大部分，已经在第一书中被加以了讨论，但是，在这里我们将对其

---

i 阿波罗尼奥斯，古代希腊与罗马有几位名叫阿波罗尼奥斯的人，分别是诗人、数学家、雕刻家及毕达哥拉斯学派的人物，据索引这里是一位名叫阿波罗尼奥斯·莫龙（Apollonius Molon）的人，是一位希腊修辞学家，大约活跃于公元前70年。——译者注

ii 以利亚撒，圣经中的人物，是《旧约》中摩西的兄长，并帮助摩西引导希伯来人逃出埃及的以色列第一祭司长亚伦的儿子与继承人。——译者注

iii 所罗门（公元前？—前932），以色列国王，在位期间，注重发展贸易，以武力维持其统治，并使以色列达到鼎盛状态，他因其智慧而著称，并曾建造了位于耶路撒冷的所罗门圣殿。——译者注

iv 塞拉皮斯，古埃及的冥界之神，在古希腊和古罗马也普遍受到崇拜。——译者注

v 普路托，罗马神话中的死亡之神及冥界的统治者。——译者注

vi 皮勒内，亚该亚最靠东的12座城市之一，在 Sicyonia 的边境附近，位于一座小山上。——译者注

vii 滕比谷，希腊东北部位于奥林匹斯山和奥萨山之间的山谷。在古代具有十分重要的战略意义，以其多石的风景而著称。——译者注

再一次加以总结。[59]在每一个物件的主要装饰方面，它们都应该是远离不适宜、不体面的。因此，房屋分隔，其适宜的做法应该是既不要是大起大落的，也不要是令人混淆的，不要显得杂乱无章，也不要使其彼此没有关联，更不要使用彼此不协调的部件组成；它应该是由那些既不是太多，也不是太小，更不是太大，也不是太不和谐或是太粗俗的部件所构成的，这些部件也不应该，比如说，仿佛是与物件的其他部分没有连接或彼此远离的。但是，从其特征来说，其有用性，以及使用的方法，每一个物件都应该是如此定义的，在其秩序、数量、尺寸、排列和形式上，都是如此准确的，因而其作品中的每一个单独的部件都将被认为是由需求所确定的，是非常舒适的，也是与其余的部分有着令人愉悦的和谐[60]感的。如果房屋的分隔完全满足这些条件，那么，令人愉快的和优美的装饰就会找到其适当的位置，并将会突显出来；但是，如果不是这样的，那么作品就将无疑是不能够保持任何高贵感的。因此，各个部件的完整的组合，一定是要经过认真思考的，是如此完美地与其需求和便利方面的需要相一致的，以至于这一个，或那一个部分，其各自独立的部件，不应该比其所在位置的适当性，即将其布置在这里或那里，透过一个特殊的秩序、位置、连接、排列和配置，能够给出更多的愉悦感。

在墙体和屋顶的装饰中，你应该使其丰富的房间展现出由自然、艺术技巧、工匠的勤勉，与知识的力量所赋予的不同寻常的特征。但是，你有办法去模仿古代的 Osyris [i] 吗，据说，他曾建造了两座金殿，一座献给了天国的朱庇特，另外一座献给了地上的皇帝[61]；或者你有可能将一块大的人们难以置信的石头砌筑到一个结构物中吗，例如由塞米勒米斯从阿拉伯半岛开采的石头，其高宽的尺寸都有 20 库比特，而其长度有 150 库比特[62]；或者，如果你恰好就有如此大的这样一块石头，你能够用它完成整个工程的一个完整的断面吗，例如人们所报告的在埃及的拉托纳神殿，其前面的宽度为 40 库比特，是从一块完整的石头中雕琢出来的，并且用了另外一块类似的石头来做屋顶[63]；当然，所有这些东西都使得作品令人印象更加深刻；特别是如果石头是从海外运来的，是经过了一条困难的路径运送而来的，如由希罗多德所描述过的石头，这块石头其前部的长度有 20 库比特，而其高度有 15 库比特，是从远在 Sais [ii] 的大象城（city of Elephanta）[iii] 托拽而来的，这是一个需要 20 天旅程的距离。[64]如果一块本身是值得尊敬的石头被放置在了一个高贵的、重要的位置之上，将会大大地提高装饰的效果。在埃及的切米斯（Chemmis）[iv] 岛上有一座神殿，其所以著名，与其说其屋顶是由一整块石头建成的，不如说这样巨大的一块石头是如何放置在如此高的墙体之上的。[65]一块珍贵的和精美的石头也可以增加装饰的效果，例如据传说，尼禄皇帝曾经用大理石在他的金屋中建造了一座好运之殿[66]，纯净、白洁、透明，以至于即使在所有的门都被关闭之后，光线也似乎能够被诱入到室内。

164

---

i　Osyris，不详其所指的历史人物。——译者注

ii　Sais，不详其所指的历史地区。——译者注

iii　由索引可知，这座城市其实为 Elephantine（埃勒分蒂尼），是埃及东南部的一个岛，位于尼罗河上，在第一大瀑布下。古代时是保卫埃及南部边疆的军事要塞。——译者注

iv　切米斯岛，据鲍姆伯努斯·梅拉的说法，这是古埃及的一个飘移岛，在这座上有阿波罗的一个圣林及一座神殿。——译者注

　　简而言之，所有这些东西都将有所贡献。但是，无论它们是些什么，如果不将它们通过一种精确把握的秩序与量度加以精确地组织在一起，它们看起来都将是毫无价值的。每一种个别的部件都必须按照其数量而加以摆布[67]，用这样一种方法，使偶数与偶数，右与左，上与下，都彼此平衡，没有什么可能干扰到其排列与秩序的东西会被引入其中，每一样东西都是以精确的角度和以成比例的线条摆放着的。

　　可以观察到的一点是，一件普通的材料，若是加以巧妙地处理，将会比一件高贵的材料，但却是用一种杂乱无章的方式堆砌在那里的，要更为优美。在雅典有一道墙，据修昔底德的描述，是在急急忙忙中建立起来的，甚至使用了从坟墓中攫取的雕像[68]；但是，谁会认为这是优美的呢，仅仅因为它是用破裂的雕像建造的吗？另外一个方面，在古代的乡村建筑中，可以看到一些令人愉悦的墙体，那是随意建造起来的，使用的是小块的、不规则的石头，用平整的排列方式，将黑色与白色交叉相间，这样就给予了这个作品以一种谦卑的尺度，谁能对它挑剔些什么呢。但是，或许这里更多的是与被称作墙体的表层部分，而不是与作为一个整体的墙体的建造相关联的。我们来做一个结论：所有的材料都应该是这样处理的，在视觉上没有一个预先设定的目标之前，什么东西都不要开始；除非是按照一定规则开始建造，否则什么也不要往上叠加；在没有以最大的细心与关注而达成完美的效果之前，没有什么东西可以被认为是完成了的。

　　但是，除了柱子之外，对于一个墙体或屋顶（特别是穹隆式屋顶），其主要的装饰应该是其表层。这一表层可以采用许多形式：白色的灰泥，素平的或有浮雕的，经过绘制的表面，镶嵌的面板，锦砖饰面，玻璃饰面，或者是所有这些做法的混合。

(99—100v)

第 6 章

　　我们现在将要讨论这些表层的形式，并描述它们是如何被应用的。但是首先，因为我们已经提到了巨大石块的搬运，在这里来描述这样巨大的体块是如何可能被运送，并被放置在一个困难的位置上，似乎是一个明智之举。普卢塔克谈到，阿基米德（Archimedes）[i]曾经拉拽了一个装满了荷载的商用运输车穿过在锡拉库扎的广场中央，就好像用缰绳来牵引一只动物一样[69]：一个伟大的数学发明！但是，我们只考虑什么是适合于我们的需求的；最后我们将明确几点，以使任何有知识的人都能够对整个事情有自己清晰的理解。

　　我在普林尼那里读到，一座方尖碑沿着从尼罗河上开挖的运河，通过满载着砖的船，从 Foci 被运送到了底比斯，那些砖后来被卸载了，以便能够容纳准备运送的石头的重量。[70]我在历史学家阿米亚努斯·马尔塞林努斯那里读到，一座方尖碑从尼罗河上用了有 300 个桨

---

　　i　阿基米德，古希腊数学家、工程师及物理学家，是古代最为重要的智慧人物之一，他发现了不同几何形体的面积和体积公式，将几何学应用于流体静力学和机械学，并设计了许多灵巧装置，如阿基米德螺旋泵，及发现了水的浮力原理。——译者注

櫓的船来运送，然后再从城外第三个里程碑的地方用滚筒来拉，穿过了 Ostian[i] 门，进入了 165 马克西姆竞技场（Circus Maximus）；要将其树立起来，需要几千人，整个竞技场中也充满了有着极高的梁架和数不胜数的绳索的机械。[71]我们也可以在维特鲁威那里读到，Chresiphones 和 Methagenes，父亲和儿子，使用了一种基于古人在水平表面上使用的滚筒的发明，运送柱子和梁到以弗所。在这些石头的每一端，都有长铁棍被用铅所固定住，并且向外伸出来，以形成轮轴；在每一端都有轮子被装配在这些轮轴上，这些轮子大得足以使石头能够自由地悬挂在上面；这样，他们[72]只要推动轮子就可以了。据说，当埃及的 Cherrenis 建造一座金字塔的时候，那是一个有 6 个赛跑场高的工程，他用土堆起了斜坡，并在斜坡上面拖运巨大的石块。[73]希罗多德写道，当拉斯米塔（Rasmita）的儿子克娄巴（Cleopa）建造一座金字塔的时候，他动用了几十万人辛苦劳作了几年，他在外部留出了台阶，因而使巨大的石头能够通过短的支架和适当的机械来加以移动。[74]据记载，在别的地方，下面的方法也被用来在高大的柱子顶端安放巨大的石梁：在石梁的下面，在每一侧以垂直的角度放置两条枕木，恰好在其长度的一半位置上。然后将装满了砂子的篮子悬挂在梁的一端，砂篮的重量使得梁的另外一端（这一端没有任何障碍）向上升起，使得较近的一根枕木摆脱了重压。然后，他们将篮子移到了另外一端，一旦这根枕木被支撑了起来，并且交替地压低和进一步地以其下面更大的空隙支撑起侧面，他们成功地将这块石头提升了起来，仿佛石头自身是自愿的一样。[75]我们已经简单地描述了这些例子，我们将把它们更多地留给作者们自己所作的更充分的解释。

最后，如我们已经进行的，因而我们将简单地做几个有关的观察。从我这一方面，我将毫不犹豫地解释为什么重量具有自然的倾向去不停地向下压，顽固地将它们自己倾向于较低的方向，拒绝所有向上抬升它们的企图，除非有一个更大的重量或相反的力量，否则就固执于它们的位置上而决不退让。我也将不讨论各种类型的运动——承载、拉动、推动，如此等等。这些问题将在别的地方做更为充分的讨论。

我们相信，事实上没有一个方向比起向下来更容易形成一个重力倾向，向下是与重力自己的意愿相一致的，比起向上来没有什么更大的困难，而向上是它所自然抵触的；存在一个第三种运动形式，恰好位于两者之间，这种形式或许包含了两者的特点，这是一种一个物体既不会自愿的，也不会抵触的运动，这就是它沿着一条平滑而没有障碍的表面被拖拽着移动。所有其他的运动都相应的比较容易或比较困难一些，这取决于它们是更接近第一种，还是更接近第二种运动方式。

至于那种使极大的重量可能被移动的方法，大自然自身似乎以许多种方式作了显示。任何人都可以注意到，何以任何一个被施加在矗立起来的柱子之上的重力，只要用一个 166 很小的推力就可以使它倾覆，而当它开始倾倒时，没有什么力量可以完全阻止它。同样明显的是，那些圆形的柱子，也包括那些圆形的轮子，以及任何可以转动的东西，都能够被轻易地移动，而且一旦它们被置于一个运动的状态，就很难去使其停止；如果你尝试着，在没有使其滚动起来的情况下去拖拽这些物体，那同样也是不容易的。非常沉重

---

i　此门的地点与位置不详，根据上下文来看，似乎是指古罗马城中的一扇门。——译者注

的船，如果它保持不变，可以在平静的水面上轻轻拉动而被拖走；但是，猛地一击，无论多么突然和有力，却将不会移动它们；而一些物体却可能需要很大的力量去撼动他们，并通过突然而反复的打击而使它们移动；沉重的物体可以在冰面上被拖着移动而没有什么阻力；我们也观察到任何东西当其被悬挂在一条很长的绳索上的时候可以很容易地被移动一个相当的距离。这些方法是值得牢记在心并且加以模仿；因而让我们简单地讨论它们。

一件重物的底部一定是完全坚固和平整的。其底部越宽大，对于地表面的损害也会越小；而其底部越窄小，也越容易移动，但是却也容易划破并损害地面。如果重物的基底有任何凸出之物，这些凸起就会像爪子一样抓进土中，并造成阻力。如果地面是光滑、坚硬、水平和连续的，并且是不会塌陷的，如果没有升起，也没有障碍物，那么这件重物无疑将找不到任何与其运动相逆的东西，除了它自身对于静止状态的天然爱好，以及它那迟缓和郁闷的性格之外。也许正是出于对基底的类似考虑和上面提到的种种现象的一个更为深入的检验，阿基米德提示说，给他一个足够大的体块作为支点，他就当然地能够扭动这个世界。[76]

为了对重物的基底与地面作以准备，这里是达到理想结果的最好办法：梁应该被放平，要有足够的数量、厚度，以及相对于其尺寸大小的强度；这些梁应该紧密的放在一起，要紧固、水平，它们的表面是光滑的，没有空隙。在这个重物与地面之间应该有一些滑润剂，以使移动的路径变得光滑。滑润剂可以是肥皂、动物脂油、油的渣滓，或者甚至可能是一团潮湿的黏土。另外一种滑润的方法是在底部沿着与移动方向相垂直的角度放置滚筒。然而，如果有太多的滚筒，它们将很难保持平行，也难与你所需要的方向保持一致：这一点绝对是基本的，为了防止重物被损害或擦伤，或偏向一侧，那些滚筒一定要协调一致地实施它们的任务。使用较少的数量，它们可能会变得负担过重，甚至出现破裂，而一旦出现破裂，就又成了一个障碍；如此，则它们之间的那条接触线，或是其下的地表面，或是其上的重物基底，将会使基底变得固定和阻滞，就像一个尖锐的楔子一样楔入了土中。一个滚筒显然是由几个相同的圆彼此连接在了一起；因为，数学家们将会声称说，一条直线不可能与一个圆有超过一个点的接触，我们可以将一个滚筒的接触点称作是一条线，整个圆柱体的重量都落在了这条线上。这些困难可以通过选择一种有足够密度的材料，或使用一种平置的直角方形来确保其接触线与拟移动的方向呈垂直的角度。

167

（100v—102）

第 7 章

除了上面所谈的这些之外，还有另外一些工具因其用途而被推荐使用，如轮子、滑轮组、螺旋及杠杆：我们必须详细地讨论它们；

轮子与滚筒是完全相类似的：它们的重量总是垂直地落在一个单一的点上。但是有一点不同：滚筒在其运动过程中是不会受到限制的，而轮子则会受到其轮轴摩擦力的阻滞。在一个轮子上有三个部分：圆周，或一个圆环的最外缘，中心的轮轴，固定轮轴的圆，那就像一个手镯一样的物件。这个物件有些人称之为轮轴的极，但是我们如果允许的话，将称其为轴环（axecla），因为在一些机械中它是保持静止的，而在其他一些机械中它却是可以转动的。如果轮子有一个很粗的轮轴，它将转动得十分困难，但如果是一个细的轮轴，它将不能够承担太多的荷载。如果轮子的外圆周太小，如我们已经对滚筒所谈过的同样的问题就会发生，它会变得黏滞在地面上；如果它太大，它就会在两个方向上摇晃，如果你想向左或向右转，它将变得很难控制。如果轴环太松，其（合成的）摩擦会造成阻塞；而如果太紧，它将很难被转动。在轮轴与轴环之间必须要有一些润滑油，因为它们的反作用力与重物的基底和地面之间的反作用力是一样的。滚筒和轮子应该是由榆木或冬青木制作的，而轮轴则是用冬青木、山茱萸木，或者若更好的话用铁来制作；制作轮环的最好材料是掺入了三分之一锡的青铜。

滑轮是一种小的轮子。杠杆的作用就像是轮辐与轮子的关系一样。但是任何这一类的东西——无论它是巨大的踏车，这种轮子是由有一群人从内部用他们的脚来转动的，以及绞盘、螺旋、滑轮等，抑或是任何这一类的工具——所有这些都是基于平衡的原理之上的。据说，为什么墨丘利神被看做是神圣的，其主要原因，是他那清晰可辨和可以理解的能力，他只使用语言，而不诉诸任何手势。我担心我不能做到这一点，虽然我将试图尽我的能力去做得最好。我开始讨论这些事情，不是作为一名数学家，而是作为一名工匠，倾向于讨论那些不比纯粹的需求更多的东西。

举一个容易的例子，想象一下你在手中握着一把矛。在这个矛上，我想让你标志出三个位置，我将这些位置称之为点：在每一个端头，即在尖端和尾端，各有一个点，第三个点是在绑带处，顺着中间的位置。点与点之间的距离，是从绑带到每个端点，我称其为半径。我不想对所有这一切作出评判；在实际经验中将会变得清晰。如果绑带拴在了这件武器的中间，并且尾部和铁的尖头有着同样的重量，那么，很显然标枪的这两个端点的重力将彼此相抵以保持水平。但是，如果铁头的一端重一点，其尾部就将向上翘；但是，如果168绑带沿着标枪被移到了距离较重的一端更近的位置上，两端的重量将立刻变得平衡了。从这一点，长度较大一端与较小一端的半径比，与较重一端与较轻一端的重量比将是相等的。

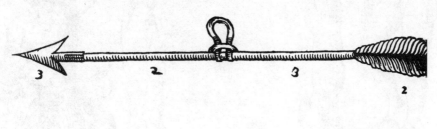

两支具有可选择支点的箭：杠杆作用

那些研究了这些事物的人确立了不相等的半径与不相等的重量之间可以是平衡的，提供了许多个重物在其右侧与其左侧相等时的比例。[77]例如，如果铁矛头一端的重量重三个单位，而其尾部重两个单位，那么，从绑带到铁矛头的比率一定要在长度上是两个单位，而其尾部的长度比率是三个单位。因此，在一端的 5 与另外一端的 5 是相对应的，作为它们半径与重量的积是相等的，它们保持了平衡和水平；如果数字是不相应的，较大一侧的和将会占上风。

我也将要提到如果在绑带两侧的半径倾向于有相等的距离，它们的端点，当其在运动中时，将会在空中描绘出两个相等的圆环；但是，如果半径是不相等的，它们所描绘出的圆环也是不等的。

轮子是由圆环组成的，我们已经提到了这一点。因此，如果两个相邻接的轮子被固定在一个轮轴上，以同样的动作进行移动，因而，当一个轮子移动时，另外一个就不可能停止，而当其中一个静止时，另外一个也不可能移动，两者间的力可以通过考虑每一个轮子半径的长度而计算出来。[78]应该注意到的是，半径的长度是从轮轴的中心计算的。如果这一点能够被充分理解，我们关于这种机械的整个理论的研究，特别是有关轮子与杠杆的研究，可以说是不言而喻的。

通过一根单一的绳索来支撑整个重量

通过双线或多线绳索和滑轮来支撑重量

　　关于滑轮组，我们必须要再谈得深入一点。因为绳索是从滑轮中穿过的，而滑轮就是它们自己内部之物，两者的作用如同地面一样；在这里的移动是中间类型的，关于这种运动，我们将其描述为是介乎最困难的与最容易的之间：它既不向上移动，也不向下移动，而是连续地绕着其中心转动。　　169

　　为了使这一点变得比较容易理解，我们以一尊重 1000 磅的雕像为例。假如这尊雕像被悬挂在一棵树干上，用一根绳索拴住，显然，这根简单的绳索承担了全部 1000 磅的重量。我们拴一个滑轮在这个雕像上，将悬挂雕像的绳索穿过滑轮，并再一次将其绑在树干上，这样，它再一次被悬挂了起来。显然，雕像的重量现在是从两段绳索上悬挂着的，处在中间的滑轮平衡地支撑着它。让我们继续：再在树干上加上另外一个滑轮，并再一次令绳索穿过它。我问你这个问题：穿过滑轮而向下折的那一段绳索承载了多少重量？500 磅，你回答说。那么在这第二个滑轮上的那根绳索难道除了承担它自身的重量之外，　　170
不能再施加更大的重量了吗？当然，它将承担 500 磅的重量。我需要继续深入。我想我已经令人满意地证明了这个重物的重量是被两个滑轮分担了的，因此，将大的重量可以被一个较小的重量所移动。无论什么时候，这个滑轮组被以这种方式成倍地增加了，其所承担的重量也就被减半了。从这一点，随之而来的是，当滑轮的数量增加的时候，这个重物，仿佛就是，被减少了和被分散了。因而它变得容易被移动了，尽管需要用更长一些的绳索来拖拽。

第 8 章　　　　　　　　　　　　　　　　　　　　(102—103v)

　　我们已经讨论了轮子、滑轮和杠杆。现在我希望您了解由若干个环组成的螺旋，其功能是支撑重物。如果这些环是完整的圆圈，这样就将一个环的开始部分切断并连接到另外一个环的结束部分，然后很显然，任何通过这个环而移动的重物就既不会向上，也不会向　　171
下，而是在一个单一的平面上在圆环中移动。因而，一个杠杆可以被用来强迫重物顺着倾斜的环移动。再一次，如果这些环有一个短的圆周，比较接近轴心，那么当然这个重物就可以用一个较短的杠杆和较小的气力来被移动。

　　这里我不能够回避一些我不希望招致评论的东西。如果你成功地使一个重物的基底——只要是一位工匠的双手和技能可以做到的——不再比一个点更大，并且能够推着它沿着一个坚固的表面移动，而没有因其移动而以任何方式接触地面，那么我敢说，你将有能力移动一艘阿基米德的船，或者表演出任何你所希望演示的类似绝技。[79]但是，把这个问题搁置一边吧。

　　上面所谈到的每一种装置，其本身在移动重物方面都是非常有效的。但是，如果将它们　　172
组合在一起，它们就会有令人惊讶的效果。人们发现德国各地的年轻人都会穿着底部有一个薄而非常直的铁制刀片的鞋在冰面上玩耍：只要轻轻一推，他们就以一种甚至是最快的鸟也不能与之相比的速度滑过冰的表面。[80]由于重物也可以如此的被拖拽、被推进，或被携带，因此它可能在保证那些重物在被用绳索拉拽，被杠杆推进，或被轮子承载，以及类似的情况下

通过三线绳索和两个滑轮，并将一根线固定在地面上，来支撑重量

可能是有用的。这些装置是如何被结合在一起使用的这一点是明显的。但是，使用任何一种这样的装置，总是一定要有一些物体，一些非常坚硬和牢固的物体，起作用就好像是这个装置的稳定的锚一样，围绕着这个锚，每一样其他东西都在移动。如果这个重物是被拖拽的，一定总是要有一些其他更重的重物，通过它使这个机械的各个环节变得更为可靠。如果没有这样一个现成的重物，就用一个坚实的，有三个库比特长的铁桩深深地楔入坚硬的土地中，并在其周围交叉放置一些厚木板来强固它。你的滑车或绞盘的链条必须绑在从地面上突出出来的铁桩的端头。然而，如果这里的土壤是砂质的，就要放置一根极长的梁，以形成一个表面，然后在一端将链条紧紧地绑缚其上，就像你在铁桩上所做的那样。

我应该提到某种那些没有经验的人不会相信的事情，除非他们具有充分的理解力。在一个水平的平原上拖拽两件重物要比拖拽一件更为容易一些。这就是为什么。将第一件重物沿着一个为其铺置的表面移动到其尽端，然后用楔子将这件重物锚固，这样它就变得稳固了；一旦它被以这种方式固定了下来，就在其上附加一个机械，这样就可以向前拖拽第二件重物。因此，移动中的重物可以沿着相同的表面被拉动，就好像是被与它相同的，但却被锚固的重物所拉着行进的一样。

　　如果要将一件重物提升起来，最为容易的方法是用一根梁，或一根非常强劲的桅杆。我们将其以如下方式树立起来：将桅杆的根部紧紧地绑缚在一个木桩，或是其他稳固的物体上。在桅杆的顶部至少拴三条绳索，然后将绳索延伸，一条朝右，一条朝左，第三条沿着梁或桅杆的长度方向。然后，在距桅杆根部有一定距离的地方，将一组滑轮或绞盘稳固地固定在地面上，并通过滑轮或绞盘来拉动第三条绳索。由于绳索从头到尾都被拉紧了，桅杆也将被拉得将自身抬升了起来。然后，用两根绳索就像缰绳一样绑在桅杆的两端，我们控制住桅杆，这样它就以我们所选择的任何角度或重物位置所需要的任何方向而被斜倚着树立起来。两条侧面的绳索一定要在每一侧以如下的方式加以拴固，因为不再有更大的现成重物来为其提供保障了。挖一个深深的，方形的孔洞；在孔洞的中央放置一根树干；在这根树干上系上绳索，这样，它们就有一种从地面向外拔的力；在树干的顶部横放一块木板；然后，将孔洞用土填实，并将其压紧；如果你把填土弄得潮湿一些，就会有更强的稳固性。至于其他的部分，按照我们在平坦表面所给出的建议进行：将滑车绑缚在梁和重物本身的端头，在根部固定一个绞盘，或其他类似的机械，这种机械是依据杠杆原理而制作的。

173

　　有一点是基本的，当使用任何这类机械时，要观察如下的规则：当移动巨大的重物时，不要使用太小或太脆弱的机械。所用绳索、撬棍和任何其他来移动重物的东西，其长度就意味着脆弱的程度，因为长天生就与细弱联系在一起，而粗厚则是从简短中衍生出来的。如果那绳索过细，它的强度可以通过滑轮的使用而得以加倍。如果绳索太粗，使用较大的滑轮来防止绳子被较小滑轮的边棱部分所割断。轮轴应该是铁的，在粗细方面应该不小于滑轮半径的六分之一，并且不大于其直径的八分之一。

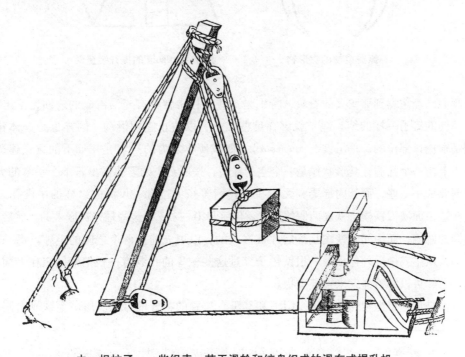

由一根柱子，一些绳索，若干滑轮和绞盘组成的滑车式提升机

　　如果绳索是潮湿的，就能够起到防止因摩擦或运动而产生的燃火的保护作用；在滑轮
中它也会变得更好，较少受到磨损的可能。为了这样一个用途，使用醋要比使用水更好，
而使用盐水要比使用含有硫磺的水更好。[81]若将绳索放在清水中浸泡后，再放在阳光下加热，
绳索将会很快腐烂。将绳索扭成股比将其打成结要更安全一些。始终要小心的是不要将绳
索与绳索垂直交叉地绑在一起。古人习惯于将他们绳索的第一个结绑在铁棒上来加以保护。
为了抬升重物，特别是石头，他们使用铁制的钳状物。这些钳形物的形状被制成像字母 X
的样子，两个较短的臂向内叉，以形成一个像螃蟹的爪子一样的形式来抓取重物。它们的
174　顶端附有两个环，通过这两个环，绳子可以穿过并加以绑缚，因而，当绳子被拉紧的时候，
钳形物就会紧紧地抓住物体。

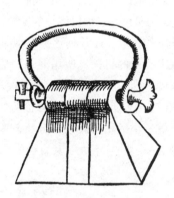

抓提重物的钳形物　　　　　　　用于 impleola 的提升装置

　　我们已经注意到那些大的石块，特别是这些石柱常常具有光洁滑润的表面，留出一些
向外凸伸的钉子一样的结。绳子就绑在这些结上，以防止它们滑动。同样也是一体化的，
特别是在檐口部位的，是吊楔 i [*impleola*]（如我所称之为的）[82]，是用如下的方式建造的。
在石头上凿一个孔洞，其形状像是一个空的钱包，按照石头的需要做出若干个手掌的大小，
其口部要窄小一些，而其内部要宽大一些（我们曾经见过有一尺深的这样的吊楔孔）。然
后，在这里面灌入铁楔，铁楔两侧的形状就像字母 D 一样[83]；这些是先被嵌入的，然后就填
充吊楔的两侧，而中间的铁楔是最后才被嵌入的，以填充前面两个之间的空隙。每一个铁
楔的耳朵从空穴中向外伸出。一根铁销子穿过这些械耳的孔洞将一根把柄固定在上面，在
把柄之上，可以绑缚绳索来拖拽重物。
175　　　下面是如何将绳索绑在柱子、门框和其竖直放置的物件的方法。用一个铁或木制的支

---

　　i 吊楔，或称起重爪，是燕尾形铁棒，由几部分构成，是可以拼拢嵌进一块巨石上的燕尾形榫眼，由此可通过一个
起吊装置举起大石。——译者注

柱，其强度与大小要与石头的大小相匹配。然后，在一个适当的地方，围绕柱子将其绑缚在上面，从而能够将柱子抓紧；然后通过一些长而细的楔子，使用一个轻的木槌，将其楔入而绷紧；最后，在这根支柱上绑一根绳子作吊索。用这种方法，既不会使石头因吊楔而留下疤痕，也不会使紧系的绳索伤害到石头的边棱。进一步来讲，这种捆绑物体的方式，比起任何其他的方式来，更为直截了当，更便于实践，也更为可靠。

在别的地方我们将更为充分地讨论与这种设施有关的问题。但是，在这里我们仅仅需要考虑这种机械是作为一种拥有双手的极其强壮的动物形式，一种几乎可以像我们自己一样来移动重物的动物。因此，这些机械一定会有更多同样的肢体、肌肉，在我们需要压或推或拉或承托的时候，会用到它们。这里有一个忠告：无论何时你打算移动一件巨大的重物，最好要逐渐地接近这个任务，要小心谨慎，要因时因地，由于有各种不可预料的和无法挽回的意外和危险，会时时困扰着这件工作，甚至连那些有经验的人也难以预料。如果你按照你的计划去实施并获得了成功，你也不会因为你的能力而受到多少尊敬而赞扬，但是，如果一旦失败，对于你的鲁莽的轻蔑和谴责则会接踵而至。关于这一问题就谈这么多了；现在我将转向表层的主题。

第 9 章

（103v—105）

对于每一个表层，你必须要使用至少三层抹灰。[84]第一层的作用是紧紧地抓住表面，并且将所有其他用于墙体的附加的抹灰黏结在其上；最外面一层抹灰层的作用是展示出表层的魅力、色彩与线条；其他那些处于中间的抹灰层，其作用是弥补和防止另外两层灰泥的任何不足与缺失。这是一些可能发生的缺陷。如果最后，最外层的抹灰层，可以说，对墙体的约束太强，就像第一层所做的那样，它那强烈与显眼在其干燥的过程中将会产生一些裂缝。然而，如果第一层抹灰太过精细，就像最外面一层所应该做到的那样，它将不能够有效地紧紧抓住墙面，并且将脱落下来。

所施加的抹灰层数越多，表面越平滑，它们持续的时间就越久。我注意到一些古人曾经加到了9层灰泥。在这些灰层中的第一层总是最为粗糙的，是用采石场的砂子和砖制成的，将其碾压得不要太精细，而是留下一些颗粒；其厚度可以是从一指厚到一掌厚而变化的。对于中间一层的抹灰，用河砂会更好一些，因为这种砂子较少开裂；它们也一定是很粗糙的，否则，进一步的抹灰层将不能够黏结上。最后一层抹灰应该像大理石一样微微地发亮：为了这一点，要用精美的经过碾碎的白石，而不是用砂子。这最后一层仅仅需要有半指的厚度，若再厚一点，它就变得很难干燥。我注意到，因为经济的原因，一些人将最外面的一层表皮弄得不比制鞋的皮子更厚。中间一层抹灰层的厚度，应该按照它们是更接近里层，还是更接近外层而有所不同的。

一些来自山里的石头，你可以发现其纹理是半透明的，像雪花石膏一样；它们既不是大理石，也不是石膏，而是介乎两者之间的东西，天然的非常脆弱。如果这种石头被碾碎，并取代砂子而被掺在灰泥中，就会有令人着迷的光点在微微地闪动，好像白色大理石一样。

176

在墙上常常可以看到钉子，用来抓牢表层。时间证明黄铜钉子为最好。但是，取而代之的方法是，人们不用钉子，而是在墙上弄出一些微小的孔洞，在每一道工序的连接处，用木制的槌棒楔入一些燧石的碎片，这样它们会微微地向外突出。

墙面越新或越粗糙，灰泥就会黏结得越牢固。因此，如果你在涂抹第一层灰泥时，无论如何使它薄一些，在建造的过程中，当这层抹灰仍然保持新鲜时，它将会对任何附加的抹灰层提供一个快速而耐久的黏结。对于所有表层工作的最好时间是在南风奥斯特刮起来之后；而当北风刮起来的时候[85]，以及在一个特别冷或特别热的时期，特别是最后一层抹灰会很快地起泡。

表层可以或者是涂抹上去的，或者是粘贴上去的。石膏和石灰是涂抹上去的。但是，石膏可以被应用于极其干燥的地方：在旧的墙体上可以发现，潮湿对于所有形式的表层都是有害的。石头、玻璃，以及类似的东西是贴上去的。这里是一些被涂抹上去的表层类型：白色灰泥、浮雕作品和壁画。这里是一些粘贴上去的表层类型：嵌版、细木镶嵌的装饰图案，以及锦砖。我们先来讨论涂抹的工艺。

石灰是像这样准备的。它应该在纯净的水中浸泡，要使它在一个有盖的池子中经过一个较长的时间使其浸软；然后用一个泥铲将它剁碎，像木头一样。如果在这个过程中泥铲不再碰到颗粒，这显示石灰被完全浸泡软了。石灰被认为需要三个月的时间才能够变得充分成熟。完美的情况下，石灰应该是很稠而且极其具有黏性的；因为，如果泥铲一拿出来就变干了，这显示石灰还很疲弱，不够潮湿。当砂子或其他经过碾碎的材料被加进去的时候，要用十足的气力反反复复地搅动它；然后，再将其翻搅一遍，直到它出现了泡沫。对于外层的抹灰，古人使用了一个白，用来捣烂石灰，并调和灰浆，这样在抹灰的时候，它将不会粘贴在泥铲上。

当这层灰泥变干但仍然新鲜的时候，抹上第二层灰泥；要小心各层灰泥均匀地干燥。这些灰泥层应该通过一个轻的捣棒和棍子碾压而使其变得牢固。[86]如果最后一层纯灰浆的抹灰层被小心地加以摩压，它将会变得光亮如镜子一样。而如果当它相当干燥的时候，用通过一点点油而融化了的蜡和乳香，并通过从火炉中所取的尚在燃烧着的灰烬加热后加以涂抹，这样，那些混合物就被吸收，这样就会达到一种比大理石还要好的光泽感。在我们的经验中，在这种类型的表层中，如果在抹灰的过程中，一旦裂缝出现，你就用一个木槿束，或是用一个细茎针茅草制的扫帚加以拂拭，裂缝就有可能避免。

如果你是在天狼星的时期，或者在某个炎热的地方涂抹这层灰泥，拍打一些旧绳子，并将其剪成小段，然后将其掺入灰泥中。如果当你在打磨时，你轻轻地喷洒一点用热水溶解了的白色肥皂，那么就会获得一个良好的光洁度；如果它被浸泡得过度，它就会变得黯淡。

用模子将浮雕附加上去是容易的。模子是通过在一个雕塑上灌注液体状的石膏而复制的。当浮雕干燥了之后，如果用上面描述的混合方式加以处理，它的表面就可以像是大理石一样。有两种类型的浮雕：一种是向外凸出的，另外一种则比较浅而平。第一种，高浮雕，一面直墙上并不是不适合的，而在一个穹隆式顶棚下第二种，浅浮雕，却是更为适当的。因为如果前者是悬挂的，那么它的重量可能很容易造成它分离而掉落下来，从而将任何在其中的人置于危险的境地。在那些可能有许多灰尘的地方，我力劝你最好使用平而浅的浮雕，从檐口到顶棚，都不要突出出来，使它们比较容易擦拭与清洁。

　　当表层还在潮湿状态或当它干燥以后，可以对其进行描绘。对于壁画，任何自然的材料，如从石头、土壤、矿物等东西中提取出来的，都将是适合的。但是所有的人工颜料，特别是那些不能够放在火前面的颜料，将需要一个完全干燥的表面，这种颜料拒斥石灰，也讨厌月光和南风。[87]最近人们发现，亚麻子油将对你所希望应用的任何颜料，在任何有害的气候或空气下，都能够起到保护作用，它使得你所涂抹了的墙体始终保持干燥，不会有任何潮气。[88]然而，我注意到，在古代舰船的船首是用糊在其上的液状的蜡来加以装饰的。我们注意到像宝石一样的物质，出自蜡或白色的沥青，如果我的判断是正确的话，被应用在了古代建筑物的墙面上；这种东西随着时间而变得坚硬，因而无论是火还是水都奈何它不得；你可能将其描述为像是熔化了的玻璃。我们也看到过，在墙体仍然是清新的时候，用乳白色的石灰花被来粘贴出特别像玻璃一样的色彩。这一主题就谈这么多吧。

第 10 章

（105—106）

　　镶嵌的表层，无论是素平的还是经过雕刻的，都是以同样的方法加以应用的。古人在切割和打磨他们的大理石时耐心和细致的程度是相当不同寻常的。的确，我注意到长 4 个库比特多，宽 2 个库比特，而其厚度不足半指的大理石嵌版，沿着一条起伏的线粘结，并使其接缝不大看得出来。

　　按照普林尼的说法，在切割大理石时，古人倾向于用埃塞俄比亚砂，印度砂在其次；埃及砂虽然比我们的好一些，但也被认为是太软了。据说，古人常常使用一种在亚得里亚（Adriatic）砂质海岸上找到的特殊的沙子。[89]我们从波佐利的海岸边发现并搜集到的一种砂子最适合于这种用途。在任何激流险滩处找到的尖利的砂子也都是可以用的。但是，其颗粒越粗糙，其切割得越宽，而其划刻得也越深；反之，其琢磨得越轻，打磨得也就越光滑。打磨是先用一种粗齿锉，但是面层处理时则是轻轻地研磨而不是咬锉了。人们建议用底巴德（Thebaid）[i] 砂来擦摩和抛光大理石。磨刀石（Whetstone）也是被建议来使用的。有一种被称为金刚砂的石头，它的粉末是首屈一指的。浮石（Pumice）[ii] 在最后的抛光中是有用的。[90]也同样是最为有用的是从燃烧过的锡、燃烧过的白铅中剩余的渣滓，特别是从硅藻土（Tripoli）[iii] 中提取的白垩粉，以及任何其他这一类的材料，将其研磨成极细微的颗粒，不比微粒更大，却仍然保持着能够使用的状态。

　　178

　　为了将断面较厚的嵌版固定住，就要将钉子或向外伸出的大理石抓钩固定在墙体上，然后直接将嵌版镶贴上去；但是对于较薄的嵌版，在抹完了第二道灰泥之后，不用石灰，而是

---

　　i　底巴德，古埃及地名，包括上埃及最南边的 13 个省。也有说在罗马人统治时期，将埃及分为四个省，即上埃及、下埃及，和上底巴德和下底巴德。——译者注

　　ii　浮石，或称轻石，一种在固体状时用作研磨物，且粉状时用作磨光物和研磨物的轻多孔火山岩石。——译者注

　　iii　硅藻土，一种含有硅藻土或砂藻土或已风化的石粉末的黑硅土的脆而轻的硅沉积岩，可用作研磨剂和抛光剂。——译者注

用一种由熔化的蜡、沥青、树脂、乳香，或任何其他胶黏性的物质混合而成的东西来涂抹，然后，慢慢地将嵌板加热，以防止它被突然放置在火焰的高热上而发生断裂。当嵌接入嵌版时，如果连接的点和线能够形成一个协调的整体，那么，这将是值得肯定的。纹理与纹理、颜色与颜色，以及类似的东西，都一定要彼此相接，这样，它们就能够彼此映衬。我曾经对古人的在这方面的精致与巧妙印象深刻，为什么他们将接近人的视线的部分打磨得最为光洁亮丽，而他们对安置得较远的，或较高的那些嵌版，却花费了较少的气力。而且常常是，在那些即使是最刁钻的观察者的眼睛都很少注意的地方，他们几乎完全不进行打磨。

细木镶嵌装饰工艺与锦砖是类似的，在这里，它们都是用各种颜色的石头、玻璃，或贝壳，按照一种适当的模式排列而成，来模仿一幅画。据说尼禄是第一位将珍珠之母加以切割并用于表层的。[91]它们的不同在于，在细木镶嵌装饰工艺中，我们镶嵌的嵌块要尽可能地大，反之，在锦砖工艺中，是将不大于一个豆粒的微小的立方体[92]嵌入其中。这些小方块越小，就越能够散射出它们杰出的光彩，就像光是从不同方向的锦砖表面反射出来的。它们还有一点不同就是，细木镶嵌更适合用一种混合的树脂来安装，而石灰再混合以经过仔细研磨的石灰华，则更适合于锦砖。

一些人建议说，在粘贴锦砖时，石灰应该反复地在热水中浸泡，去除任何含盐的成分，并使它变得柔软和黏稠。我曾经看到过一些极其坚硬的石头，被用在一个轮子上的经过打磨的细木镶嵌装饰上。而锦砖有可能镶嵌在玻璃上，是用铅来作为一种灰浆，这比任何形式的玻璃都更优美。

几乎所有我们已经讨论过的表层抹灰，都同样可以用铺装的方法，这是一个我们曾经允诺要讨论的话题；唯一例外是，对于后者而言，绘画与浮雕是不能够被应用的，除非你将其看做是上油漆一样，用着色的灰泥造成不同的明暗阴影，并将其涂抹在有大理石边棱的底子上，来制作一幅画。其色彩可能是那些经过燃烧的红赭石、砖、燧石、碎铁屑等。被铺装的东西是以这种方式被嵌入的，一旦它变干燥，就应该出如下的方式加以打磨。用一块燧石，或者，更好的话，一块有一个平底的重 5 磅的物体，用一根绳子在铺装层上前后拉动，最初喷洒一些粗糙的砂子和水；连续的打磨直到它变得完全光滑了，并且要使这个镶嵌块的线条与边棱都完全匹配了才算达到了目标。如果这个铺装块表层罩了一层油脂，尤其是亚麻子油，就将能够获得一个像玻璃一样的面层。油料的渣滓也可以造成一个好的表层；水也同样非常有用，要用不含石灰的水，并且反复在表层上喷洒。

179

在上面所描述的所有表层处理中，要避免过分经常地，或过分紧凑地，抑或以一种杂乱无章的组合方式，来使用相同的色彩和形状；块与块之间的空隙也应该避免；每一种东西都是经过妥当安排的，也是彼此配合的十分精确的[93]，这样整个作品的所有部分都会同样显得完美无缺。

(106v—107)

第 11 章

房屋的屋顶，它那屋顶桁架、圆顶拱券以及暴露在天空之下的外表皮，也有它令人着

迷和使人陶醉的地方。在阿格里帕的门廊中，仍然有保留到今天的由长 40 尺的青铜梁构成的桁架：你不知道还有什么比这一工程那昂贵的造价或建造者的聪明智慧更能令人敬佩的了。[94]我们已经提到了，在以弗所的狄安娜神庙有一个用雪松制作的屋顶，已经矗立了许多年了。[95]普林尼回忆起，在征服了埃及国王塞索斯特里斯（Sesostris）[i] 之后，科尔奇斯（Colchis）[ii] 的国王萨劳西斯（Salauces）[iii] 用金子和银子来制作他的房梁。[96]也有一些神殿的屋顶是用大理石版制造的，例如耶路撒冷神殿那巨大的、闪烁着光耀的白色屋顶，据说，从遥远的地方看起来，它就像是一座覆盖着白雪的山顶。[97]在罗马的主神殿（Capitol）[iv] 的屋顶上，卡图卢斯（Catulus）[v] 是第一位使用了镀金的青铜瓦的人[98]；我也发现后来在罗马的万神庙也是用镀金的青铜瓦覆盖的[99]；圣彼得大教堂曾经是由教皇奥诺利耳斯（Honorius）[vi] 用青铜版完全覆盖了的，在他所在的时代，穆罕默德在埃及和利比亚建立了一个新的宗教。德国人则是用釉面砖来制造反光的效果的。

　　铅是到处都可以使用的；这是一种很耐久的材料，在外观上又特别令人愉悦，而且也不是特别昂贵。但是，它有如下一些不足之处：当它被用在水泥的表面时，其下面不通风，如果在太阳的热量下，在其上的小鹅卵石就会变得非常热，它本身也会因为变得太热而熔化。有一个实验可以证实这一现象：一个铅制的花瓶，放在火焰上，在其中注满了水，是不会熔化的；但是，扔进一个鹅卵石，在与石子接触的地方，铅就会立即熔化，并且形成一个孔洞。另外一个缺点是，它很容易被风揭起来，除非用许多很结实的物件将其固定起来。同样，它也会被石灰中的盐分所侵削和蚀刻，因而把它用于木制工程上将是比较安全的，它可以使其不用担心火的侵袭；但是，在这里再一次提到钉子，特别是铁钉子，它有一个缺点就是可能比石子更容易变得很热，或者，它会被铁锈所腐蚀。嵌入拱顶中的抓钩或钉子应该是用铅制作的，并用烧红的铁将其焊接在屋顶的瓦板上。这一工程应该是以一层薄薄的柳木灰，将其弄湿后，并混合以白色的黏土，以作为铺底。青铜钉子不会变得那么热，也较少受到生锈的侵扰。

　　铅也会受到鸟粪的损害；因此，要确保没有可以供鸟类方便地立足和栖息的木杆；作为可供选择的办法之一，可以将容易积鸟粪的表面面层做厚一些。按照优西比乌斯（Eusebius）的记载，在所罗门圣殿（the temple of Solomon）[vii] 之上延伸着一些链子，其上悬挂有 400 个青铜铃铛，铃铛发出的声响会将鸟群吓跑。[100]180

　　屋顶的其余部分可以用诸如三角形山花墙、屋檐和转角等作为装饰。这些可以用球体、

　　i　埃及历史上有三位塞索斯特里斯，分别是塞索斯特里斯一世（公元前 20 世纪）、二世（前 19 世纪）、三世（前 19 世纪），这里不知是指哪一位。——译者注
　　ii　科尔奇斯，高加索山脉南面靠近黑海的一个古老地区，据说是杰森寻找金羊毛传奇中的地方。——译者注
　　iii　萨劳西斯，古代科尔奇斯的一位国王，据说藏有大量黄金，他曾征服埃及国王塞索斯特里斯，并用金子来制作他宫殿中的橼子和房梁。——译者注
　　iv　指古罗马的主神殿，丘比特神殿。——译者注
　　v　罗马历史上有三位卡图卢斯，一位生活于公元前 3 世纪，做过罗马统帅，另外两位是分别生活于公元前 210—前 60 年的罗马政治家卡图卢斯，与生活于公元前？—前 86 年的罗马将军、演说家及诗人卡图卢斯。这里不清楚是指哪一位卡图卢斯。——译者注
　　vi　奥诺利耳斯，教皇（1061—1064 年在位）。——译者注
　　vii　所罗门圣殿，指由古代以色列国王所罗门在耶路撒冷所建造的圣殿。——译者注

花环、雕像、战车等来加以配合，这些我们将逐一地在适当的位置加以讨论。关于这一整个装饰，我想不起更进一步的评述与意见了，除非每一个能够被应用于某个适当地方的问题，因而，将其放在本书中别的地方讨论。

(107—108)

第 12 章

开口是一种可以给予作品以巨大愉悦感与高尚感的装饰；但是，它们也引出了许多严重的困难，这些困难只有用最为细心的技巧与相当客观的费用才有可能克服。开口要求要有巨大尺寸的石块、充分合理的结构、相等的尺度、优雅的外观及不同寻常的材料——这些特性很难在同时建立起来；它们也不可能在没有经过事先的周密思考就被搬运、被放置、被加工或被完整地组合在一起。如果你听建筑师们的话，如西塞罗所说的，你可能会认为没有一棵柱子能够被非常垂直地矗立起来。[101]在用于门窗洞口的情况下，这不仅在强度方面，而且在外观方面，都是一些非常基本的问题。也还有其他一些令人感觉麻烦的东西；然而，我们一定要尽我们最大的能力去加以处理。

其实，开口是一种出人的形式；然而，有时在一堵墙的后面是另外一堵墙，就像在衣服外面有一层毛皮一样，一种开口的形成不是连续串通的，而是通过介于其间的墙体而有所障碍的：因此，将其称为"假开口"并不是不适当的。这种装饰，像所有其他装饰一样，最初是由木匠们，以作为某种对作品有所加强却又能够降低造价的手段而发明出来的；石匠们模仿了这种做法，从而，使他们的作品也变得相当优美了。

任何这种开口，若将其骨架[102]完全用一块石头来制作就会更加优美。稍居其次者是所有部件都不留任何接缝地组合在一起的做法。

古代人将非常巨大的石头树立起来，用于柱子和其他骨架[103]，甚至用于那些假开口，并且是在建造墙体的其他部分以前，就把这些巨石放置在它们的基础之上：一个非常聪明的步骤；因为这样机械会受到较少的限制，这使得它比较容易能够达到直立起来的目标。这就是如何将一棵柱子垂直地树立起来的方法：在基础上，以及在柱子的底部与顶部标志出圆心；在基础的中心用铅固定一个铁钉；在柱子的底部中心凿出一个洞，洞的深度应该足以能够与基础上伸出的铁钉相吻合；在这个机械的顶端标志出基础中心点之上与之垂直的一个点。将这些事情完成之后，以其底部的中心点垂直地摆放，再将柱子上部的柱身定位，就不是一件困难的事情了。

通过对古代建筑作品的观察，我了解到了一些更为精美的大理石的品种，在使用了与为使木头变得平整的而使用的同样的工具时，它可以更为平滑。人们也同样观察到古人是将粗糙状态的石头砌置到位的，只是沿着石头与石头相接的顶部与边棱部位加以打磨而使其光滑；然后，当工程建造完成之后，他们再将仍然粗糙的任何表面部分加以打磨，令其光滑。这样做的理由，我相信，是考虑到机械可能造成的危险，尽可能减少因冒险而造成的费用代价。因为，如果一个经过打磨，完全光洁的石块不小心被损坏了，其损失将比未经打磨的石块的损失要大。除了这些之外，他们也非常小心地考虑了季节问题，在这方面，

181

182

向外凸出其直径的一半的嵌入式柱子

在某一季节中去进行建造，而在另外的季节中进行装饰与打磨。

有两种虚假的开口。一种是在墙体上的部分，因而一部分向内缩进，而一部分则向墙外凸伸。另外一种是将其柱子完全独立于墙体之外，就像是一个门廊的柱子一样。因而，前者被称为"嵌入式的"[104]，而后者则被称为"分离式的"。在嵌入式的假开口中，柱子或是圆形的，或是矩形的。圆形的柱子向外凸出的部分，既不要大于，也不要小于其半径；矩形柱子的向外凸出的部分，不要大于其宽度的四分之一，也不要小于其宽度的六分之一。至于分离式的，柱子决不要向外离开其整个基础一又四分之一倍的距离，也不要小于柱子与基础尺寸之和的距离。然而，对于那种将柱子立在一又四分之一倍基础的距离之外的情况，一定要在墙上相应的有一个嵌入式的矩形柱子。对于分离式的情形，没有一根连续的梁穿过墙体的整个表面，而是在直角转折处被中断，直接摆放在柱子之上，因而，在那一点上，从墙上突出的最短的梁的梁端，伸出来与每一根柱子的柱头相交。同样，其他部分的梁也都是围绕着这些分离式柱子的柱头布置的。然而，对于那些嵌入式的开口，如果你愿意的话，你可以或者使用一根连续的梁，或者用一个沿着建筑物整个长度布置的不中断的檐口，或者，按照分离式柱子上的布置方式，使梁向外伸出，再折返回来。

我们［现在］已经讨论了那些与所有建筑物一般性部分都有关联的装饰问题。而那些与之不同的问题则要放在下一书中再加以讨论，目前的这一书已经足够长了。然而，由于在这一书中，我们已经使自己认真地检验了任何与前面所提到的装饰有关的所有问题，没有什么有用的东西可能被忽略掉。

183

有直线式柱顶线盘的壁柱

有关节式柱顶线盘的壁柱：凸出部分不多于其宽度的四分之一，
也不少于其宽度的六分之一

第 13 章

在整个建筑艺术中，柱子无疑是基本的装饰；它可以以组合的方式来设置，以装饰一个门廊、墙体，或其他开口形式，它也不是不能够独立地矗立在那里的。它也可以被用来修饰交叉路口、剧场、广场；它可以呈托一个奖杯；或者它也可以被处理成一座纪念碑的样子。它具有优美感，它赋予高贵感。古人究竟花费了多少金钱来将他们的柱子制作得尽可能优美高雅并不是一件容易描述的事情。的确，一些不满足于那些用帕罗斯岛（Parian）[i] 的，或努米底亚的大理石，或雪花石膏（alabaster）[ii] 石，以及其他形式的大理石制作柱子的人，将委托那些著名的雕刻家们来在这些柱子上雕刻各种图形与雕像；据说，在以

184

以其基础的宽度（与墙）分离开的柱子

---

[i]　帕罗斯岛白色大理石，属于或是直接在帕罗斯岛采掘的一种在古代制作雕像的有很高价值的白色半透明大理石。——译者注

[ii]　雪花石膏石，一种半透明的、白色或浅色的纹理细密的，或有时带有条纹的坚硬大理石。——译者注

弗所的狄安娜神殿中就有超过 120 根这样的柱子。其他一些柱子则被加上了青铜制作的基础和柱头，如那位打败了佩尔修斯（Perseus）[i] 的奥克塔维厄斯（Octavius）在罗马统治时期所建造的双门廊。[105] 还有其他一些人完全用青铜来制作柱子，或在柱子上镀上银子。但是，让我们不要在这些事情上徘徊不前。

185　　　柱子一定是圆形的和可以转动的。我读到了有两位建筑师，两位叫做西奥多鲁斯（Theodorus）和托鲁斯（Tholus）的人，在他们位于利姆诺斯岛（Lemnos）[ii] 的工场中建造了一系列轮子，在轮子上能够悬挂上一些柱子，这些柱子是如此良好地平衡的，以至于它们可以被一位儿童所转动。[106] 但是，这是一个希腊故事。

以相应的壁柱和关节式柱顶线盘（与墙）分离开的柱子

---

i　佩尔修斯（约公元前 212—约前 165 年），马其顿末代国王（公元前 179—前 168 年），他原来想称雄希腊，最后被罗马人打败，并在被囚禁中度过了余生。——译者注

ii　利姆诺斯岛，希腊东北部的一个岛屿，位于爱琴海中，远离土耳其海岸，莱斯博斯岛的西北方向。古时曾被希腊人占领，该岛后来相继为波斯人、罗马人、拜占庭人和奥斯曼土耳其人占据。1913 年成为现代希腊的一部分。——译者注

一件与我们的讨论有关的事情是去确定在一棵柱子上哪一条是最长的线——亦即，轴线和轮廓线；最短的线则是在不同位置上的环绕这棵柱子的各个圆环的直径。这些圆环中最为重要的是水平的表面，位于柱顶的和位于柱底的那两个面，也就是我们所知道的端面。[107]轴线是从柱子顶端圆环的中心到柱子底面圆环的中心，穿过柱心核而延伸的一条直线；这也可以被称作穿过柱子中心的垂线。所有这些圆环的中心都落在这根轴线上。轮廓线是连接了从顶端圆环上的最外圈到与之相对应的底端圆环上的最外圈上相对应的点，即所有穿越柱中心线的直径的两个端点之间所画的连线；因此，这条线不是像轴线那样的一条单一的直线，而是由许多线所组成的，一些是直线，一些是曲线，如我们在后面将要解释的。

为了分别对圆环加以测定，我们沿着柱子在其上取了五个不同的点。这些点是：柱凸、柱缩，以及柱腹。[108]有两个柱凸点，一个在柱子的顶端，一个在柱子的底端，这样称呼它们，是因为它们与柱子的其余部分相比是向外突出，凸显出来的。柱缩点，也有两个，与柱凸点紧相毗邻，也位于柱顶与柱底，它们被这样称呼是因为那两个凸出的部分向柱身以内回缩进去了。柱腹的直径位于柱子中点之下的部位，这样称呼是因为柱子在这里似乎是向外鼓出来了。然后，再来看，两个柱凸点的不同在于，位于柱底的那个是由一个窄饰带[109]组成的，并且有一条曲线从这条窄饰带延入柱身；而位于柱身顶部的那个柱凸，除了有一个窄饰带与一个倾斜的曲线外，还有一个项圈 i（collar）。[110]

我曾经告诉人们，我希望能够使我的拉丁文尽可能清晰，因而也容易被理解。因此，当其在当前的使用中不很确切的时候，一些词汇，就一定要被发明出来；而将它们从熟悉的事物中引出来是最好的。我们托斯卡诺人将少女们绑在她们的头发上加以装点的窄带子叫做头带；因此，如果可以的话，让我们将柱子端头环绕的扁而突出的像一个圆环一样的线条叫做"窄饰带"。但是，位于柱顶并与窄饰带相毗邻的那个圆环，它像一个螺旋的绳索一样将柱身的顶端箍住了，让我们将其称为"项圈"吧。

最后，这里是如何确定轮廓线的方法。在一个延展的铺装地面上，或是在一面平整的墙壁上，即人们所知道的"摹图"，画出一条直线，直线的长度与拟制作的柱子长度相等，这根柱子现在已经由工匠们从采石场上凿挖了出来：这条线被称作轴线。然后，我们将轴线，按照由准备建造的建筑作品和柱子类型（关于这一点我们将会在适当的地方加以讨论）所确定的设计，划分为一些固定的部分。在底部的横切面的直径一定要与这些部分截面是呈比例的，我们将其用一条短线在轴线底端以直接相交的方式标志出来。我们将这条直径划分为二十四个部分；并将一个部分确定为窄饰带的高度，用一条细线在图中将其标出来。然后，取直径的二十四分之三，在沿着轴线的那个高度上，定出下一个凹进点的中心，通过这个中心画一条与基底平行的线。那么，这里就是那个柱底凹入处的直径，其长度比柱子的基底直径短七分之一。在标志出这两条线，或这两条直径，即柱底凹入处的直径，和柱

---

i　或可译作"凸圆线脚"。但从上下文及附图看，这里是指位于窄饰带与凸圆线脚之间的一个略微凸出的细箍圈，与我们习惯上所称的西方柱顶的凸圆线脚的所指不尽相同，故这里将其直译为"项圈"。——译者注

187　底窄饰带的直径之后，我们从柱底凹入处的端点到窄饰
带的端点画出一条曲线，令其以尽可能柔和与优美的曲

188　线向柱子中轴线的方向弯曲。这条曲线应该从一个四分
之一的圆开始，它的半径等于窄饰带的高度。然后，我
们将整条轴线的长度划分为七个相等的部分，用点将区
分处标志出来。然后，在从底数第四个点上，我将其确
定为柱腹的中心点，穿过这一点画出一条直径，它的长
度与柱底部柱底凹入处的直径长度是相等的。

　　然后，柱顶部的柱缩与柱凸是由如下方式所确定的：
按照柱子的大小尺寸（这是一个需要在适当地方讨论的
话题），柱顶圆环的直径长度是从柱子底部凹入处的直径
推算出来的，在轴线顶部的图形中将其标志出来。在画
好这条线后，我们将这条直径划分为十二个部分，其中
的一部分是柱顶向外突出的项圈与窄饰带的宽度之和，
以项圈占其三分之二，余下的部分为窄饰带来计算。在
这个凸出的部分之下是柱缩部分，它的中心点与柱顶凸
出部分圆环的中心点的距离为十二分之一点五，它的直
径要比柱子凸出部分最大处的直径小九分之一。之后，
画一条与柱底处的那条曲线相类似的曲线。

　　最后，当柱凸、柱缩、倾斜的曲线和柱腹的直径都
被加在了摹图之上，再画两根直线，一根从柱顶凹入线
的端头，并且相类似地，从柱底凹入线的端头，将两根
线都引到标志着柱腹直径的两个端点。然后，依照上面
的引导，那条称作轮廓的线就可以被绘出来了。沿着这
条线，一条薄的模板就可以被形成，运用这个模板，工匠们可以获得并确定柱子的正确形
状和精确的轮廓。如果柱子是适当无误的，那么，柱身的基础就应该是与从柱顶圆环的中
心点向下的连续垂直线相垂直的。

　　上面所谈的这些并不是由古人发现，并在某些文字中流传下来的，而是我们自己通过
对于那些最优秀的建筑师的作品加以细心和勤奋的观察之后所注意到的。接下来的，主要
是与外观轮廓有关的规则；这一点是最为重要的，可以给予画家们以极大的愉悦感。

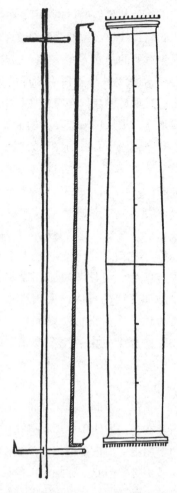

确定一根柱子之凸肚部分的方法

莱昂·巴蒂斯塔·阿尔伯蒂关于建筑艺术论的第七书从这里开始

第七书
神圣建筑的装饰

第 1 章

　　我们已经注意到，建筑艺术是由不同部分组成的，其中的一些部分——例如房屋覆盖范围（area）[1]、屋顶等——对于所有结构而言，无论它们是什么类型的，都是共同具有的，而另外一些部分，各建筑物都是各不相同的。对于我们所考虑的第一种范畴，装饰与我们的目标有着广泛的关联。现在，让我们讨论第二个范畴。我们的质询将证明它是如此的有价值，甚至那些画家，那些对于愉悦感有着最为精确的追求者们，也不能够没有它；也将能证明的是，它是如此的令人愉快——说简单一点——你读了它以后是不会感到后悔的。

　　但是，我希望如果这个新的论点被以一个新的开场白而引入，你将不会不赞成。从对组成整个主题的各个部分的表达、描述和解释开始，我们将尽可能清晰地深化我们的观点。[2] 一座由青铜、金子和银子混合而制作的雕像，其各种成分的重量是与铸造它的人有所关联的，而雕塑家所关心的是外部轮廓，以及可能有其他一些不同方面的关注；以同样的方式，我们将把建筑艺术划分为一些不同的方面，以建立一个清晰和适当的次序，通过这个次序，来安排与处理那些相关的思考。现在，我们将描述房屋分隔，这一点比起房屋的使用与强度来，更能够为给予一座建筑物的愉悦与华丽作出贡献[3]；虽然这些方面的品质与一个人被发现他是否期待些什么有着如此密切的联系，而其他一些方面则将不会要求与这种期待与认同相契合。

　　建筑物或是公共的，或是私人的；公共建筑与私人建筑又都可以被进一步地再细分为神圣的和世俗的建筑。我们先来讨论公共建筑。

　　古人是通过宏大的宗教仪式[4]来为他们城市的城墙奠基的，并且将这一仪式献给某位神灵以获得其保护。他们认为政府是不可能制定出办法来阻止由于人与人之间的暴力与背叛的结果而引发的变迁的；他们将一座城市与一艘漂泊在大海之上，由于它的公民的疏忽或它的邻居的妒忌，而不断地暴露在事故与危险之下的船只加以比较。在我想象中，这一点就是为什么在传说中，萨杜恩出于对人类事物的关心，曾经指令那些英雄们和半神半人的小神灵们运用他们的聪明和智慧来保护每一座城市[5]；因为，为了我们的安全，我们不仅仅依赖于城墙，也依赖于众神的帮助。据说，萨杜恩这样做是因为它意识到，就像我们将一只牧羊犬而不是一头牛放进一个羊群中一样，与其他生命种群相类似，在聪明才智与道德贞操方面远为高尚的人[6]，应该被放在领导人类群体的位置上。这就是为什么会将城墙奉献给神灵的原因所在。其他的人将这归于伟大而善良的上帝的深谋远虑，上帝不仅为每一个个体的灵魂，也为许多国家安排了护卫的神灵。[7]因此，城墙被认为是特别神圣的，因为它既被用来团结，也被用来保护城内的公民；当一座城市处在一个被围困被攻掠的境地时，古人们就会用一种神圣的咒语来呼唤这座城市的保护神，这样他们可能就不会不情愿地迁移了，以免出现对于这个地方的宗教有所冒犯的举动。[8]

　　谁能够将神庙不是看做神圣之物，而是看做别的什么东西的呢？关于这一点有许多的原因，并不仅仅是因为神庙是人类向神的赐予表示感谢或向神礼拜的地方，这些对于神来说都是当之无愧的。这种虔敬是达成公正的一个最为重要的部分，谁能够否认公正本身就是一个神圣的天赐之物？有一种更为深层次的公正，与如上所说有密切的关联，并且具有特别的重要性；这也是一种非常取悦神灵的事情，因此，也是最为神圣之事：这意味着，通过这件事情，即通过将每一点公正分配到他应得的每一个赏罚之上，使人们能够达到和平与宁静的境地。为了这个原因，大教堂，这里是分发与实行公正的地方，也成为我们心目中的神圣之所。[9]

至于作为高尚事物的纪念性建筑物，是在将人们的记忆传递给他们的子孙后代，这些建筑物就是完全依赖于公正与宗教的，除非我是错误的。因此，我们将要把城墙、神殿、教堂和纪念性建筑物放在一起进行讨论；但是，在开始接触这个问题之前，我们不可避免地要对城市本身做一点简单的，但却不是不重要的评论。

如果将建筑物做适当的布置与排列，那么，城市的覆盖范围，以及它周围的区域，将会得到大大的提升。柏拉图主张将城市中心及其周围的乡村划分成为 12 个区域[10]，每一个区域有它自己的神殿与礼拜堂。[11]对于我们来说，我们还希望将十字路口的神坛、为普通事物作出评判的法庭、驻防的要塞、赛马场和娱乐场，以及其他类似的设施包括进来，并在周围的乡下地区为它们提供充分的空间以保证这些设施的繁荣兴旺。

一些城市是大的，而另外一些，如城堡和小型要塞，则是小的。古代的作者们有一个观点，因为位于平原地区的城市，一定都是在大洪水之后建立起来的，所以它们不够古老，因而也不特别重要。无论如何，为了优美和舒适起见，一个平坦而开敞的基址更适合于一座城市，而转弯抹角和难以接近的地形则适合于一座城堡。从另外一个方面来看，它们需要一些特别增加的品质：为了卫生起见，我则希望将任何一个平坦的基址稍微抬高一些，而为了道路和房屋的设置，我也希望在一块山地基址上选择一块平坦的高地。西塞罗似乎更喜欢加普亚而不是罗马，因为它不是位于丘陵之间，也不会被河谷所打断，而是平坦而舒展的。[12]为什么亚历山大没有在法罗岛上建造一座城市[13]——尽管这是一块便于设防，也十分便利的基址——因为他意识到了那里将没有足够的空间加以扩展。[14]

在这里还有另外一件事情一定不要忘记，市民的财富是区分一座城市等级的重要标志。

191

我们从阅读中知道了，当提格兰（Tigranes）[i][15]建立了提格拉诺塞塔（Tigranocerta）城时[16]，他强迫大量最为高贵或最为富有的人，带上他们的所有财产定居在那里，并且发布命令威胁说，如果发现有任何东西没有随身带去，就将会被没收充公。[17]但是，任何邻居，或者甚至是外国人，如果他知道能有什么地方可以使他获得一种健康而幸福的生活，他就可以以一位诚实和具有良好品质的公民的身份，按照自己的意愿去选择。

对于任何城市而言，为其增添光彩的基本要点在于它的选址、规划、组成方式，以及它的道路、广场和个体建筑物的排列布置：每一样东西都必须是经过适当规划并按照其用途、重要性和便利性而布置的。因为，若没有秩序，也就不可能有任何宽敞、优雅或高贵

---

i　提格兰大帝（约公元前 140—约前 55 年），亚美尼亚国王。其在位期间国势昌隆，建立了新王都提格拉诺塞塔，曾自称"万王之王"，后在罗马的攻势下投降，并作为罗马的藩王继续统治了 10 年。——译者注

的东西出现。

按照柏拉图的说法，在一个精神健全和秩序良好的国家，法律将禁止任何外国奢侈品的进口，以防止任何人在 40 岁之前移居国外[18]；任何因为接受教育而进入这座城市的外人，在他被灌输了高尚的知识之后应该立即返回他的家乡。这是因为与任何类型的外国人接触都会使它的居民渐渐地忘却他们祖先节俭的生活，并对他们的传统习惯渐渐地滋生怨气，这种怨气本身就是对这座城市的一个巨大损害。按照普卢塔克的说法，埃庇丹努姆（Epidamnium）[i] 人的长者们意识到与伊利里亚人（Illyrians）的贸易接触，将会使他们的居民变得腐败；并且特别要警惕的是道德的颓废有可能带来革命，作为一种预防，他们在每一年，都要选择他们中间的一位最严肃也最谨慎的公民，到伊利里亚（Illyria）[ii] 去，以代表其他人，并按照这些人各自不同的要求，进行贸易谈判与接触。[19]简而言之，任何有经验的人都同意，最好要采取每一种预防的措施，以防止由于与外国人的接触而使这个国家变得腐败。然而，我并不认为我们应该追随那些排斥每一种陌生人的人的做法。

在希腊有一个古代的习惯，在那些并不属于同一个联盟的，但无论如何又并不是彼此不友好的国家之间，如果一个人携带武器穿越另外一个国家的领土，他将不会被允许进入到城市当中，同样，他也不会被不友好地驱赶走；而是在离城市边限不远的一个区域，建立起一个可以提供各种生活必需品的市场[20]，既保证每一位新来的人都能够找到所有他们需要的生活用品，同时，公民们也不需要为他们的安全而担心。就个人而言，我宁愿接受迦太基人的做法：他们并不是不接纳外国人，但他们不会给予这些外国人以与他们自己公民相同的特权；他们允许外国人从特定的入口进入市场，但是，不允许他们看到这座城市中的更多的私密部分，诸如造船所等等之类的地方。

留心这个已有的例子，我们应该将城市划分为一些不同的区域，因而不仅外国人被隔离在一些适合于他们的，并且不会对本国的公民带来什么不方便之处的地方，而且，市民本身也按照他们各自的职业和等级，而被分划在一些适当的和方便的区域中。

192

如果各种各样的工场都被明确地划分在经过精确选择的各个区域中，将会大大地提高一座城市的吸引力。银匠、画家和宝石匠应该在广场上，然后，与他们相邻的是香料商店、服装商店，以及，简单说，所有那些可能被认为是更为体面的店铺。任何污秽的和令人生厌的东西（特别是那种臭烘烘的制革场）应该放在城北郊区有相当距离的地方，因为风是很少从这个方向吹过来的，而当这种风刮起来时，风势往往是如此强烈，只会很快地将那些气味刮走，而不会带着气味在那里徘徊。一些人可能会主张贵族们的住宅区应该与普通人的任何污染物保持相当的距离。其他一些人则希望这个城市中的每一个区域都是有着很

---

i　埃庇丹努姆，古希腊地名，曾被普卢塔克、阿尔伯蒂及后来的莎士比亚提到，疑为即是位于今阿尔巴尼亚的地拉那以西亚得里亚海岸的公元前 7 世纪由希腊人创建的埃庇丹努斯港。——译者注

ii　伊利里亚，古代沿巴尔干半岛亚德里亚海岸的一个地区。在史前时期由一个说印欧语的民族占据。公元前 35—前 33 年，罗马人最终征服了伊利里亚人，将该地称为伊利里肯省。拿破仑时期重新恢复了伊利里亚这个名称（1809—1815 年），称它为伊利里亚省。1816 至 1849 年在作为奥地利一部分的伊利里亚王国中，这个名字得到了保留。——译者注

好配置的，因而，每一个区域都应该包含有它基本的需求所必备的条件；因此，将一些普通零售商和其他一些商店与那些最重要公民的住宅混合在一起布置也应该是可以接受的。关于这个主题就谈这么多了。很显然的是，实用要求一个方面的事物，而尊贵则要求另外一个方面的事物。让我们回到我们的讨论中来。

(112—113)

第 2 章

　　古代人，特别是埃特鲁斯坎人更喜欢使用大块、方整的石头来砌筑他们的城墙，就像雅典人在听了西米斯托可斯（Themistocles）ⁱ 的建议后，在比雷埃夫斯所做的那样。²¹ 在托斯卡诺和维尔翁布里亚（Vilumbria）ⁱⁱ，以及在赫尔尼基人（Hernicians）ⁱⁱⁱ 要塞的范围内，可以看到古代的城市是用巨大的不规则的石块砌筑的²²；我非常赞成这种结构形式：它弥漫着某种古代严酷条件下的粗糙的氛围，这对于一座城市也是一种装饰。这就是我关于如何建造城墙的看法，敌人可能会被它的外观所吓倒，并且撤退，因为他的自信心被摧毁了。

　　如果沿着这座城墙有一个宽阔的、有着陡峭侧壁的壕沟——就像在巴比伦的壕沟，据说有 50 个皇家库比特宽，并有超过 100 个皇家库比特深²³——将会为这座城市增加相当的庄严感。城墙的高度和厚度也能够增加庄严感，就像据说是由尼努斯、塞米勒米斯、提格兰以及其他许多具有雄才大略的人物所建造的城墙工程一样。

　　沿着罗马的城墙，我们看到了塔楼和人行道，人行道的铺装用的是马赛克的图案，而城墙则用了最漂亮的表层。但是，不是每一种处理方式都是适合于每一座城市的。使用精致的檐口和表层的做法并不适合于一座城墙：取檐口而代之的，应该是一排向外凸出的大石头，比起其余的部分稍微光滑一些，将其水平放置着；不用表层，而仍然能够保存一个粗糙、简朴和几乎是险峻的外观，为了取代城墙的表层，我就要使石头沿着其边棱和转角处紧密地挤压在一起，以至于没有一点空隙可以损坏其效果。这一点在多立克式规则中得到了最好的体现，亚里士多德曾经引过一句话来描述他对于这种规则应该是什么样的一个解释²⁴；多立克式规则是一种灵活加以引导的规则。当使用极其坚硬的石块时，由于这种石块就很难塑造形状，要将大量的劳力和金钱花费在依据于它们并不方整的形式，只要什么地方能够适合它们，就随其所宜地布置它们。将石块来回摆布直到找到一个适当的位置是一件极其耗费劳力的工作；因而使用了这种灵活的规则，将一个石块的边棱和侧面包裹起来，在其上连接另外一块石头；因而，这就有如使用了一个具有某种倾向性的规则，在嵌入一块新的石头之前，先量好石块之间既有的空隙，再来选择放在什么地方最能够增加它的强度。

193

---

　　i　西米斯托可斯（公元前 527? —460?），一位古代雅典的军事和政治领导者，在劝说雅典人建立了一支海军后，他领导新航队在塞拉米斯战役中（公元前 480 年）战胜了波斯人。——译者注

　　ii　维尔翁布里亚，或称海上的翁布里亚，位于亚平宁山与埃特鲁斯坎海之间。——译者注

　　iii　赫尔尼基人，意大利古代民族，领土在今拉丁姆境内富奇内湖与特雷鲁斯河之间。公元前 486 年，赫尔尼基人与罗马人订盟，势力相当，后双方决裂，被罗马人占领，赫尔尼基人渐渐融为拉丁人。——译者注

　　然后，为了激发起较大的尊崇，我主张有一条开放的道路来标志出城市的界限[25]，这条道路要一直通到城墙前，我要将其奉献给全体国民的自由；在这里没有人可以挖壕沟、建城墙或种栽植篱笆或种树。

　　现在我们来谈神庙。第一位在意大利建立了神庙的，我发现，是两面神雅努斯；这就是为什么古人在贡献祭品前，总是要向雅努斯神说几句祈祷的话。[26]其他人坚持说，第一座神庙是由克里特岛的朱庇特所建立的。[27]因而，在所有那些被礼拜的神明之中，它被认为是最为重要的。然后，再一次，在腓尼基，有一位叫做乌索（Uso）的人据说是首先为火神和风神树立了雕像，并且为它们建造了一座神庙。[28]其他的记载中谈到，在任何一座城市存在之前，狄奥尼修斯都会为他所建立的每一座城镇赐予一座神庙，以及一套他在印度远征期间所制定的宗教仪式[29]；其他人坚持说，在亚该亚，Cecropus 是第一位为 Ops 建造了神庙的人[30]，而阿卡迪亚人（Arcadians）[i] 则是最早为主神朱庇特建造神庙的人。[31]据说伊希斯（Isis）[ii]（也被称作是立法女神，是第一个不朽法典的制定者）是第一位以她的双亲，朱庇特与朱诺（Juno[iii]）的名誉建造神庙的，并为其指定祭司。[32]

　　在所举每一个例子中，神庙中包括了一些什么，经过了许多代的传承之后，是完全不清楚的。就我个人而言，我很容易地就能够相信，它可能与雅典卫城的情形[33]，或者是与罗马的朱庇特主神殿的情形是相类似的。[34]即使是在城市变得繁荣之时，这些神殿还是用麦秸和芦苇来覆盖屋顶[35]，这一点是建立在对古代人节俭的传统持赞成的态度的重要基础之上的。但是，随着国王和其他公民变得日益富裕起来，以规模宏大的建筑物来为他们的城市与他们的名字赋予尊严的尝试，使世俗人类的住宅因其美丽而受到比众神的殿堂更高的赞誉，似乎变成一件令人感到可耻的事情；很快，事情就发展到，即使是在国王努马那最卑微的城镇中，也要为一座神殿的建造而花费 4000 磅的银子。[36]对于这一点我表示强烈的赞同，因为他这样做既满足了对城市的尊严需求，也满足了对众神尊崇的需求，是众神赐予了我们一切。

　　然而，一些人徒有虚名的人有着这样一种观点，即神明们是不需要神殿的。据说，这就是那些劝说薛西斯一世（Xerxes）[iv]烧毁希腊神庙的人的观点，这种观点的基础是，神是不应该用墙包围起来的，而应该使每一样东西都露天放置，这样，整个世界都可以做众神的殿堂。[37]但是，让我们回到我们的观点上来吧。

第 3 章

　　没有建筑物的哪一个方面能够比建造和装饰一座神庙要求有更多的创造、谨慎、刻苦

---

　　i　阿卡迪亚人，指古代希腊阿卡迪亚地区的居民。——译者注
　　ii　伊希斯，古代埃及神话中专司生育与繁殖的女神，是冥神奥西里斯的妹妹和妻子。——译者注
　　iii　朱诺，罗马万神庙中最为主要的女神，是朱庇特的妻子，亦是其姐姐，主司婚姻和妇女的安康。——译者注
　　iv　薛西斯一世，又称薛西斯大帝（公元前 486—前 465 年），是大流士一世之子和继承人，以其于公元前 480 年横越赫勒斯滂（达达尼尔海峡）大举入侵希腊而著称，曾占领阿提卡，洗劫雅典城，后在萨拉米斯海战中败北后退回亚洲。于公元前 465 年死于一场宫廷阴谋。——译者注

和勤奋了。我不需要提到，一座保持很好和装饰很好的神庙，显然是一座城市最大的和最为重要的装饰；因为众神显然是将神庙作为它们的住所了。既然我们要将国王和来访的著名人物的住所加以装饰，并且布置得金碧辉煌，那么，如果我们希望神明们留意于我们的祭品，并且能够聆听到我们的祈祷和哀求的话，为什么我们不能为不朽的神明们这样做呢？但是，虽然人类对神明们如此虔诚地顶礼膜拜，但是，众神却对这些凡胎肉身们几乎漠不关心——它们只是在纯净的心灵与神圣的祈祷中独往独来。毫无疑问的是，一座神庙能够令人奇妙地愉悦人们的心灵，使人的心灵沉浸在优雅和崇敬之中，从而大大地激发了人们的内心的虔诚之情。在古代，即使在神的殿堂中人多得已是摩肩接踵，一个人也似乎只是充满了虔诚与笃敬。

这就是为什么我希望除了令神庙如此漂亮之外，没有什么更好的礼敬方式可能被创造出来了；我要用一切手段将神庙的各个部分装点起来，这样任何进入神庙的人会因为对所有高贵事物的崇敬而起敬畏之心，当他看到这毫无疑问地是一个与上帝的所在名副其实的地方时，就会情不自禁地惊呼起来。[38]

根据斯特拉博的记载，米利都人曾经建造了一座如此大的神庙，以至于它从来没有被覆盖上屋顶——这一点我并不赞成。[39]萨摩斯岛上的居民自夸说，他们拥有所有神庙中最为巨大的一座神庙。[40]我并不反对一座神庙可以建造到不能继续再扩大的地步，但是，它必须是有可能加以装饰的。装饰从来不可能完成：即使是在一座小型神庙中，也总有一些东西被遗漏了，似乎，有可能或应该加上去些什么的东西。在我看来，我希望神庙建筑不要比一座城市所对它要求的规模更大；一座巨大而张扬的屋顶，在我看来是一种令人不快的东西。

但是，我发现在一座神庙中，最为令人渴望了解的，以你在那里所看到的东西为据，是究竟是艺术家的才华与灵巧，还是市民们的积极与热忱，在聚集这样一件稀世珍宝方面，更值得受到人们的赞誉；抑或是建筑物的优美感和适用性，还是它的耐久性，具有更高的价值，这些都的确是非常令人难以确定的。这最后一项，也是其他建筑物中，既包括公共建筑，也包括私人建筑，都必须加以反复强调和充分考虑的品质；但是，特别是在一座神庙建筑中，因为，在神庙中所包含的投资，一定要尽可能地加以保护，以防止任何意外的毁坏。此外，在我们的观点中，年代将会赋予一座神殿建筑以相当大的权威性，就像装饰可能给予它高贵的尊严一样。

遵循埃特鲁斯坎人的知识体系[41]，古人被劝告说，每一个地方并不一定都适合每一位神明。那些赞助了和平、善良与高贵艺术的神明们，应该将它们的神庙坐落在城墙的护卫之内；但是，那些煽动起了感官的欢悦，彼此的冲突，以及大火的神明们——维纳斯、战神和伍尔坎神（Vulcan）ⁱ——就应该被排除在外。[42]维斯塔神、朱庇特神和密涅瓦神，柏拉图称这些神是城市的保卫者，它们应该被安置在城市的中心，或是在城堡之中[43]；还有雅典娜、工艺女神、墨丘利神，这是商人们在每年的五月所祭祀的神，和伊希斯神都被设置在广场上；尼普顿神殿被建在海岸边，而雅努斯神庙则被建在一些高山之上。他们将献给医

195

    ⅰ 伍尔坎，罗马神话中的火与锻冶之神。——译者注

药与康复之神埃斯科拉庇俄斯的神庙建在台伯河的一个岛上，认为水是病人的基本需求之一[44]；在别的地方，按照普卢塔克的说法，这座神庙一般应该是建造在城市之外的，因为那里的空气更为健康一些。[45]

此外，他们认为不同神灵的殿堂应该采取不同的式样[46]：那些献给太阳神的，以及 Father Liber[47]的神庙应该是一个完美的圆形；而按照瓦罗的说法，朱庇特的神殿应该具有一个通透的屋顶，因为，正是它催促了每一样物体发芽的。[48]灶神维斯塔的神殿，他们认为它是与大地密切相关的，他们将它的神庙造成一个球体的样子。[49]为其他一些天国的神灵建造的建筑物，他们将其抬高到地面以上，而为那些冥界的神灵建造的房子，他们则将其建造在地面以下，而为那些大地上的神灵的殿堂，则被建造在一个介乎两者之间的平面之上。

他们也为不同形式的神庙发展出了，如我所解释的，不同的祭祀类型：一些人是在祭坛上洒血，另外一些人以葡萄酒和肉为祭品，其他一些人则每天改变祭典仪式。在罗马颁布的有关死亡之后的法律（Lex Postumia）中规定不准将酒浇洒在葬礼的火堆上；这是为什么呢？据说，古人是将牛奶，而不是葡萄酒，用于他们的祭神仪式的。[50]Hyperborea 的大洋岛首府[51]，那里被认为是拉托纳（Latona）[i][52]的出生之地，是献给阿波罗神的；这里的每一个人都会弹奏西塔拉琴（cithara）[ii]，因为他们每天都通过唱赞美歌而向他们的神祈祷。[53]我在哲学家泰奥弗拉斯托斯那里读到，（科林斯）地峡地区的习惯是向海神尼普顿和太阳各祭献一只蚂蚁。在埃及，除了在城市中进行祈祷之外，用任何其他形式来安抚神灵都是不合法的。这就是为什么所有献给农神萨杜恩或冥神塞拉皮斯的神殿，这是一些需要拿牛作为祭献品的神，都要建造在城市之外的地方。

然而，我们的人民，是将所有的祭献场所都使用了巴西利卡的形式，这既是因为人们最初是将私人的巴西利卡用作会议和聚集之所，同时也是因为在巴西利卡中的法官席前有一个被抬高了的位置，可以被用作祭坛，围绕着祭坛是一个为唱诗班准备的完美空间：巴西利卡的其余部分，例如中厅和门廊，可以被到这里来聚会的人用作环绕走动或参加祭典仪式的空间。此外，在一个木构架屋顶的巴西利卡中，一位正在布道的牧师的声音要比在一座穹窿屋顶的神殿中，能够更容易被清晰地听到。但是，关于这一点在别的地方也谈到了。[54]

我们一直在谈论的是，那些献给维纳斯、狄安娜、缪斯（Muses）[iii]、宁芙女神（Nymphs）[iv]，以及其他一些较为秀美的女神们的神殿，一定要体现出少女的苗条和年轻人那种如花似玉般温柔亲切的感觉，这是非常贴切的；而献给赫拉克勒斯和战神玛尔斯，以及其他一些大神的建筑物，一定要通过它们那板着面孔的严肃感来为它们注入一种权威性，而不是通过它们的优美雅致来取悦（那些祈祷者）。[55]最后，你应该将神庙坐落在一个繁忙

---

i　拉托纳，希腊神话中的勒托（Leto）的罗马名称，古典神话中的一个提坦，是科俄斯和福柏的女儿，阿波罗神和阿尔忒弥斯女神的母亲。——译者注

ii　西塔拉琴，一种类似竖琴的古代乐器。——译者注

iii　缪斯，希腊神话中的艺术与科学女神，是宙斯和记忆女神的九个女儿，其中每一位女神掌管着不同的文艺或者科学。——译者注

iv　宁芙女神，希腊与罗马神话中以美丽女子形象出现，有时化身为树、水和山等自然之物的小女神。——译者注

的、众所周知的，以及——如其所是——令人仰慕的地方，要摒除任何凡俗而渎神的污染之物；为了这个目的，应该将其安置在一个宏大而高贵的广场上，周围环绕着宽阔的街道，或者，如果更好的话，环绕一些尊贵的广场，这样它就可以在每一个方向上都能够被完美地观察到。

196
《(114v—115v)》

第 4 章

所有的神殿都是由一个门廊，以及，在内侧，一个内殿（*cella*）所组成的；但是它们的不同点在于，一些神殿是圆形的，一些是矩形的，还有一些是多边形的。[56] 很显然的是，在所有那些受大自然的影响而流行的、产生的或创造的万物中，大自然所青睐的主要是圆形。还需要我提到地球、星辰、动物，以及动物的巢穴，等等事物，所有这些她都是将其创造为圆环的形式吗？我们注意到大自然也喜欢六边形的形式。例如蜜蜂、大黄蜂和每一种昆虫都学会了完全以六边形的形式来筑造它们蜂房的单元。

圆形平面是由圆环所限定的。[57] 在几乎所有四边形的神殿中，我们的祖先都是将其（平面的）长度定为其宽度的一倍半。一些神殿的长度是其宽度的一又三分之一倍，另外一些神殿的长度是其宽度的两倍。在一个四边形的平面中，如果各边的转角不是准确的直角形，那将是一个相当大的失误。

对于多边形平面，古人愿意使用六边形、八边形，或者甚至十边形。所有这些平面的转角都一定是被一个圆周所外接环绕的。[58] 此外，这些多边形可以通过一个圆环而精确地划分出来。因为以圆环直径的一半可以给出六边形（这是被圆相外接的）的边长。如果你从六边形的中心点到每一侧的中点画一条直线，对于如何构造一个十二边形就是很显然的了。从一个十二边形，可以很明显地知道如何推出一个八边形，或者，甚至一个四边形。当然，还有一个更好的方法来构造一个八边形：画出一个等边形，一个各边呈直角相交的四边形[59]，在每一个角之间画一条对角线；然后，从每一个交点上[60]画一个弧，弧的半径将对角线分成了两半，并在每一侧将四边形的边切去；然后，用线将由弧线所形成的两根短线连在一起，就变成了八边形的边。我们也可以用一个圆环来确定一个十边形：我们画出一个圆环，并使其两条对角线垂直相交，将每半个对角线分成两个相等的部分，从这个等分点我们画一条直线，斜向与另外一条对角线的顶点相连。那么，如果你从这条线上减去直径的四分之一长，所余的距离将等于十边形的一个边的长度。[61]

一些神殿中被加上了法官席[62]，有时候很多，有时候又很少。在一个四边形的神殿中，有一个几乎不变的位置是设在较远的一端，正好与门相对，这里对于任何一位进入其中的人而言都是直接而明显的。使用一个矩形的平面，当其长度是其宽度的两倍时，沿着一侧设置的法官席看起来最好；在每一侧最好只设有一个法官席，但是，如果需要设得更多，那么，在数量上一定要是奇数。[63] 在圆形平面的情况下，同样，在多边形平面的情况下，可以方便地增加若干个法官席，这取决于侧边的数量，或者，在每一侧应该有一个法官席，或者它们是交替布置的，一边有一个，相邻的一边没有。圆形的平面可以方便地容纳六个或者甚至八个法官席。对于多边形平面，一定要确保每一个角大大小和形状上都是相同的。

　　然后，法官席本身（的平面）可以是矩形的，也可以是半圆形的。但是，如果仅仅有 197
一个法官席，位于神殿的端头位置，最好应该将其设置成半圆形的；第二种选择可以是一
个四边形的；但是，在有一系列法官席的地方，而且又紧挨在一起，如果，在平面上，将
他们交替着设置成为四边形和半圆形的，并将彼此都相应的抬高一些，那么，它们看起来
就是更为令人感到愉悦的了。

　　法官席的开口应该像这样来处理：在一个矩形平面中，在只有一个法官席的地方，将
神殿的宽度分成四份，那么，法官席开口的大小就取其中的两份；还有一种选择，如果需
要一个更为宽敞的空间，就将其宽度分为六份，而将法官席开口的宽度定为四份。这将使
得装饰（例如柱子）、窗子等能够方便地设置到其各自的位置上。当围绕平面设有几个法官
席时，如果你愿意，你可以将那些沿着侧面布置的与主法官席一样深。但是，为了崇高的
需要，我主张要将主要法官席比其他的法官席大十二分之一。这也可以应用于四边形的平
面中，在这种情况下，对于主要法官席可以允许有相等的侧边，但是，如果是这样时，其
余的法官席就一定要有一个从右到左是其深度两倍的宽度。[64]

　　让墙体的坚实部分，即建筑物的骨骼部分，在一座神殿中，这些部分分离出了与法官
席的各种开口——不要有一个地方的宽度小于其开口宽度的五分之一，也不要有一个地方
的宽度大于其开口宽度的三分之一，或者，在你希望有一个特殊的封闭感的地方，不要大
于其开口宽度的一半。对于一个圆形平面，如果其法官席是六个时，处理成一个交替布置
的插入式剖面——也就是说，墙体的骨骼，即墙体的坚实部分——相当于开口尺寸的一半；
但是，如果有八个开口，那么，特别是在一座大型的殿堂中，要使其宽度与法官席的开口
宽度相等；然而，如果有较多的侧面，就将其宽度设定为法官席开口宽度的三分之一。

　　在这里和那里还有一些神殿，遵循古代埃特鲁斯坎人习惯，沿着两侧墙体上设有一些
小型的礼拜堂。这些神殿是以如下方式布置的：在平面上，它们的长度，被分成了六份，
比其宽度长出一份。一个门廊，其作用是进入神殿的前厅，取其长度的两份；剩余的部分
被分成三份，给出了侧面三个礼拜堂每一个的宽度。然后，将神殿的宽度划分为十份，其
中三份给予右侧的礼拜堂，左边的情况也一样，余下的四份作为中心的内殿。神殿的端头，
以及在每一侧的位于中间的那个礼拜堂中均有一个法官席。从法官席至两侧礼拜堂之间开
口的墙体宽度，是两者间空隙距离的五分之一。[65]

第 5 章 (115v—117)

　　关于室内就谈这么多。对于一个矩形平面的神殿，柱廊可以加在前侧，也可以同时加
在前侧与后侧，或者可以用柱廊将整个内殿环绕起来。但是凡在一个有法官席突伸出来的
地方，就不应该有柱廊。

　　在一座矩形平面神殿前面的柱廊，其长度一定不要比神殿的整个宽度短，其宽度不要 198
超过（神殿）长度的三分之一长。沿着两侧的柱廊应该有与内墙等距布置的柱子。那些布

置在后面的柱廊，按照各自的爱好，取任何一种形式。

圆形平面的神殿，应该是在用一个柱廊将其完全环绕起来，或者是仅在正前方布置一个柱廊。在任何一种情况下，其宽度应该按照矩形平面神殿的宽度来推算。但是，位于前部的柱廊一定总是要按矩形布置的：柱廊的长度或是应该等于整个室内的宽度，或者是在八分之一至四分之一弱之间。

——在——[66]神殿的阶梯有100步踏阶。希伯来人有一个祖先传下来的法律说，"有并且只有一个原则，即圣城，在一个适当、便利的基址上；在那里建造一座神殿，有一座圣坛，那石头的圣坛不是用手建造的，而且一经建成，就是白色而发着光耀的；登上神殿不需要从踏阶上走过；因为你是一个人，你有一般人的感觉和平常的事务，你献身于宗教，并被唯一神所呵护与护佑。"[67]对于这两点我都持不同意见：第一点是不切实际的和不方便的，特别是对那些经常要求助于神殿的人们，例如那些老年人和那些体弱多病的人；而第二点则大大地降低了神殿的威严感。我也看到了一些神圣建筑物的例子，是在我们的时代之前不很久的时候建造的，在那里入口的地平面被抬高了几步，然后，再降下同样的步数，就到达了神殿的地面上；我不想说这是一个可笑的设计，但是，我却不能够理解它的目的。

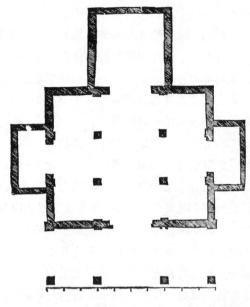

由科西莫·巴托利（Cosimo Bartoli）解释的
阿尔伯蒂的埃特鲁斯坎的神殿

在我看来，被门廊所占据的空间，甚至一整座神殿，都应该被抬到比城市的地面高的位置：这将会给予它一个较为强烈的崇高气氛。更进一步，就像头部、足部一样，的确在一个动物的身体上，任何一个部分都是一定与所有其余的部分彼此对应的，在一座建筑物中，特别是在一座神殿中也是一样，整体的各个部分一定是如此组成的，即它们都是彼此相对应的，任何一个部分，它独自地立在那里，可以提供所有其余部分的尺寸。[68]因此我发现在古代几乎所有最好的建筑师都是从神殿的宽度推算出房屋基座的高度的，他们将基座的高度设定为房屋宽度的六分之一。对于较大型的神殿，一些人主张定为七分之一，而对于特大型的殿堂，则用九分之一。[69]

门廊，按照它的定义，只是由一堵连续的、完整的墙组成的，其余的侧面则穿凿有开口。必须要考虑你需要哪一种开口。有两种类型的柱廊，一种是柱子排列得不是很密，其间留出了较大的空间，一种是柱子比较紧密地排列在一起，彼此之间较为狭窄。两者各有其不足之处：有较大空间的柱子，其柱间的间距是如此之大，以至于它们不能够用一根中间不间断的梁来跨越；然而，在一棵柱子上坐落一个拱，将不那么令人愉悦。对于较为紧密的空间，其空隙的狭窄会限制人们的行动，阻挡人们的视线，也会将光线遮挡在外。这就是为什么一个第三种的，处于两者之间的类型发展了起来，这种类型的柱廊拥有优雅

（elegance），避免了那些不利的因素，满足了便利的需求，与其他类型相比更为可取。[70]

对于这三个方面，我们已经能够满意了；但是，艺术家的巧妙匠思又进一步增加了两个方面。在我看来，下面就是他们如何演化而来的：当柱子的数量相对于房屋覆盖范围的大小来看被证明是不够充分的时候，他们倾向于放弃那一完美而折中的处理，而稍稍让位于更为宽敞的空间；而当柱子比所需要的要多的时候，他们决定将柱子排列得适当紧凑一些。因此，有五种程度的空间，我们可以将这五种空间按如下方式称谓：宽敞的、紧凑的、优雅的、适度宽敞的、适度紧凑的。我将进一步推测，由于石材长度的不足，可能会强迫建筑师降低柱子的高度；他采用了这些柱子，但是却意识到其结果是缺乏优美感，他将这些柱子放了在基座的顶上，从而给予作品以正确的高度。通过对各种作品的测量与观察得以确定的是，除非在其高度和粗细上是基于一些确定的规则的，否则一个柱廊的柱子是不会令人感到优美的。

在这些规则中，他们给出了如下的建议。柱子之间的空隙应该是奇数，柱子的数量总是偶数；使中央的开口，正与门相对应，比其余的开口更为开敞一些；如果柱子之间的间距不得不比较狭窄的时候，就要将柱子制作得稍细一些；而在间距较大的地方，使用较粗的柱子。因此，柱子的粗细是受柱子之间的间距所限制的，而柱子之间的间距通常又是由柱子按照如下的规则所确定的：在"紧凑型"列柱中，柱子之间的间距应该不小于柱子粗细的一倍半；在"宽敞型"列柱中，柱子之间的间距应该不大于柱子粗细的三又八分之三倍；在"优雅型"柱列中，柱子之间的间距应该是柱子粗细的二又四分之一倍；在"适度紧凑型"柱列中，是两倍，而在"适度宽敞型"柱列中，是三倍。在一排柱子中央的开口处，其间距应该比其余的柱间距宽出四分之一。那么，这就是他们的建议。[71]

然而，通过对古代建筑物的亲自测量，我们注意到中央开口并不总是遵循这些规则。对于"宽敞型"柱列，没有哪位好的建筑师是将其宽度宽出四分之一；大多数人是将其宽度宽出十二分之一——这是一个聪明的做法，因为一根过于修长的梁将不能够承担其自身的重量，并且会出现断裂。中央开口的宽度常常比其余柱间距宽出六分之一，而宽出七分之一的情况也不少见，特别是在"优雅型"柱列中。

200

第 6 章

（117—118）

一旦确定了柱子的间距，就可以将柱子树立起来以支撑屋顶。在树立起一个柱子和树立起一个墙墩，以及用一个拱形结构来跨越一个开口，并用一根梁来跨越这个开口，两者之间有相当大的不同。拱和墙墩对于剧场建筑是适当的，即使是在一座巴西利卡中，拱也并没有什么不适当之处；但是，在一座神殿建筑，一件最为尊贵的作品中，除了横梁式结构的柱廊之外，再没有找到别的样子。关于这一点我们现在将要谈到。

柱子的式样是由如下方式组成的：柱子底座，在底座之上是柱基；柱基之上是柱子，接着是柱头，然后是梁，在梁的上皮，是椽子，椽头或是被截断，或是隐藏在楣板之后；最后，在特别靠上的部位是檐口。

201 我觉得我们应该从柱头开始，这是一个变化最大的构件。在这里我请求那些誊写我们的这本著作的人不要用数目字来记录数字，而是要写上它们完整的名称；例如，十二、二十、四十，等等，而不是 XⅡ、XX、和 XL。[72]这就是**需要**[i]，是它引导我们要将一个柱头放在柱子的顶端，起到联结木制的梁的基础的作用；最初，它只是一个没有定形的粗粗砍斫而成的方木块。是多朗（Doron）[73]的居民们（如果我们在每一件事情上都相信希腊人的话）最早把它放在了车床上，将它弄成了像是放在一个方形盖子之下的圆盘的样子；因为这样似乎过于狭扁了一些，他们又将它的脖子稍稍地拉长了一些。爱奥尼亚人，看到了多立克式的作品，在柱头上造出了他们所喜欢的圆盘，但这不是那种光秃秃的盘子，也不是那种颈箍圈式的连接方式；于是，他们为树加上了树皮，在两侧将其覆盖起来并形成一个螺旋形，来遮挡圆盘的边缘。科林斯人则步了卡利马丘斯（Callimachus）[ii]的后尘；他宁愿将一个盖满了树叶与花瓣的比较高的花瓶放在一个低矮的圆盘上，这是一种他曾经在一个女孩子的墓地旁见到过的枝叶丛生的形象。因此，三种类型的柱头被确立了起来，并且具体地体现为有经验的建筑师们的语汇：多立克——虽然我发现这是一种在古代埃特鲁斯坎就已经在使用的——多立克柱式，然后，爱奥尼柱式和科林斯柱式。[74]

对于这件事情的原因，你是怎样看待的呢？一个人到处都会碰到许多不同的柱式，是由那些抱定了决心要有一些新的发现的人们，经过了巨大努力和细心研究之后的作品。虽然，这些作品中还没有一件能够与既有的先例相比，除了那些柱头之外——为了将其与所有从外国引进的形式相区别——我们将其称之为"意大利式"的。它将科林斯柱式的欢快与爱奥尼柱式的愉悦结合在了一起，它不是用手柄，而是用了悬挂的涡形花样；其效果是优雅的，十分值得赞美。[75]

如果要使柱子能够为建筑物赋予优雅的品质，它们应该被以如下方式把握：多立克式柱头所要求的柱子，其柱底的粗细应该是柱底至柱顶高度的七分之一；爱奥尼式柱头，其柱底的粗细是整个高度的九分之一；科林斯柱式的柱子粗细是其柱高的八分之一。

对于每一种类型柱子的柱基，他们觉得，应该具有相同的高度，但却要有不同的外部轮廓。不仅是这样：他们也应该在几乎所有部分都具有不同的外部轮廓，虽然从总体上看，这些柱子都应该是相似的。如在上一书中我们已经提到的，爱奥尼亚人、多立安人和科林斯人都喜欢他们柱子那相同的外部轮廓线。他们的柱子还有一点更进一步的相似之处，在这些柱子中，就像在大自然中一样，树干的顶部总是要比树干的根部细一些。一些人坚持说，柱子的底部粗细应该是柱子顶部粗细的一又四分之一倍。另外一些人意识到，实物会显得小一些，当物体离人的眼睛越远，感觉决定了在一个高柱子的顶端，其粗细不应该削减到像一根短柱子一样的粗细，因而要用到如下的规则。

当一根柱子为十五[iii]尺高时，其柱底的直径应该分为六份，其中的五份可作为柱顶的直径；但是，对于那些其高度在十五尺至二十尺之间的柱子，他们觉得其柱子顶部的轴径应

---

i　英文原文在这里用的是 Necessity，其首字母为大写，故这里用黑体字以与原文对应一致。——译者注

ii　卡利马丘斯，公元前 5 世纪时人，古希腊雕塑家，他设计的科林斯柱式享有盛誉。——译者注

iii　这里不用阿拉伯数字，是为了与其本文上文中特别提出的"不要用数目字来记录数字，而是要写上它们完整的名称"要求相一致，以下同。——译者注

该是柱底直径的十三分之十一；对于那些其高度在二十尺至三十尺之间的柱子，其柱顶直 202
径是柱底直径的七分之六；而那些高达四十尺的柱子，则为十四分之十三；最后，对于那
些高达五十尺的柱子，其柱顶直径是柱底直径的八分之七。此后，当柱子的高度增加时，
相同的递进方式应该应用于如何计算柱顶宽度的增加方面。那么，在这些方面，所有的柱
式都相契一致了；虽然我们通过测量我们自己的建筑作品已经发现，拉丁人并不总是精确
地遵循这些规则。[76]

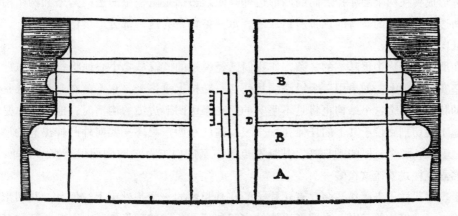

多立克式基础：**A**：方形底座，**B**：圆环花托，**D**：小圆凸线，中间有凹形边饰

第 7 章

（118—120）

在前面的一书中，我们讨论了柱子的外部轮廓；在这里我将再一次谈起这一问题，并
从一个不同的，但却同样是很有作用的视点，对它们进行观察。在我们祖先在他们的公共
建筑中普遍使用的主要柱子体系之外，我将选择一个其尺寸既不是很大也不是很小，而是
介乎其中的例子：我将其长度定在三十尺。将其最大处的直径分为九个等份，将其顶部向
外突出部分的直径定为八份，使其比率为九比八，称之为 *sexquioctave*。柱子的底部比其最
大处的直径向回缩，我采用了同样的比率，九比八；其上部向外突出部分最大处直径与上
部向回缩处直径的比率，我定为八比七，即 *sexquiseptima*。

现在我来谈谈那些外部轮廓彼此不同的部分。柱基是由方石盘 [i]（die）[77]、圆环托、凹
形边饰所组成的。方石盘是位于底部的一个四方形构件，这样称呼是因为它在每一侧都有
一个面。圆环托是两个构成了柱基部分的厚厚的颈箍圈，一个在柱子本身的根部，另外一
个在方石盘的顶上。凹形边饰是一个圆环形向内缩进的部分，就像在一个滑轮的轮子上一
样，被夹在两个圆环托的中间。[78]

所有这些部分的大小尺寸都是从柱子基底的直径，并按照最早由多立安人所建立的规

────────────────────

　　i　指柱基中的方形底座，英文中的 die 中有"骰子"的意思，意为一个立方体形，阿尔伯蒂的原意中又有"宽"的
意思，而且这里特用了 die，而不是用 plinth（方形底座），所以这里译做"方石盘"。——译者注

203　则中推算出来的。他们将柱基的高度定为直径的一半。方石盘的宽度，在每一侧的尺寸都应该是不大于柱子直径的一倍半，也不小于柱子直径的一又三分之一倍。然后，柱基的高度就被分为了三个部分，一部分是由方石盘的厚度所占有的。因此，柱基的厚度是方石盘厚度的三倍，而方石盘的宽度是柱基厚度的三倍。除了方石盘之外，柱基剩余的部分，再被分成了四份，其最上的一份由上部的圆环托的厚度所拥有。然后将位于基底的方石盘与柱基顶部的圆环托之间所剩余的距离，再分成两半，下一半给了下部的圆环托，上部向内凹进形成夹在两个圆环托之间的凹形边饰。凹形边饰是由一个凹进的沟槽和两个沿着沟槽的两边旋转而成的薄薄的饰带所组成的。每一条饰带为这一部分厚度的七分之一；所余的部分向内凹进。

　　在所有建筑物中很基本的一条，如我们已经说过的，就是要小心地将每一件东西落在一个坚实的基础上。如果用一个铅锤线从任何石结构上垂下来，它不落在空气中或是处在悬空的状态，那么这个结构也将是不坚实的。在雕琢凹形边饰的沟槽时，他们也总是小心翼翼地不要切割到位于其上的任何在垂直线以内的东西。圆环托要向外凸伸出它的厚度的八分之五长；那个较厚的圆环托，其最宽点要与基础内方石盘的侧面保持在一条垂线上。关于多立克柱式就谈这么多。

　　爱奥尼式柱子坐落在与多立克式柱子的柱基相像的一个基础层上，但是，其凹形边饰的数量多了一倍，并且在两个凹形边饰的中间加了两个薄的环形饰带。因此，其柱基的高度被定为与柱底直径的一半相等；这个高度被分成了四份，其中的一份构成了方石盘的厚度，而它的宽度是十一份。那么，柱基高度与宽度的比率是四比十一。一旦方石盘被确定了下来，再将高度的其余部分分成七份，将两份给予下部的圆环托；然后，将圆环托与方石盘之间所余下的空隙进一步分成三份，顶部的一份给予上部的圆环托，余下的两份给予两个凹形边饰和两个环形饰带，并将其夹在两个圆环托之间。

　　确定凹形边饰与环形饰带的方法如下：将圆环托之间的空隙分成七份，其中每个环形饰带各占一份，其余五份在两个凹形边饰之间作等分。圆环托的向外凸伸与多立克柱式一样，并且形成了两个凹形边饰的沟槽，它们不能够被切割到比其上所置物体垂直线以内的位置上。人们将薄饰带的厚度定为凹形边饰的八分之一。

　　一些人用了另外一种方式：除了方石盘之外，将柱基的厚度分为十六份，称作模数；其中的四份被下面的圆环托所占有，三份被上面的圆环托所占有，三份半给予下面的凹形边饰，上面的凹形边饰也是一样，并将两分给予处在中间的两个环形饰带。那么，关于爱奥尼式柱子就是这些了。

204　科林斯式柱子坐落在与爱奥尼式和多立克式柱子的柱基都相像的基础之上，两种情况都得到了普遍使用；事实上除了在柱头上之外，它们没有在柱子系统上增加任何东西。在埃特鲁斯坎人那里，据说，是将其柱基基底的石盘制成圆形而不是方形的；至今我们还没有在古代建筑中找到一例这样的柱基，虽然我们注意到在圆形神殿中，在那些环绕着神殿的柱廊中，古人通常是给柱基设置一个连续的柱底石盘，就像一个连续而不中断的方形柱脚石台，用了与一个方石盘相等的高度。这样做的原因，在我想象中，是由于他们意识到方形与圆环平面不能够很好地结合在一起。我们也注意到，一些人将圆柱顶板布置为朝向神殿的中心部位；如果他们在柱基中也做了与之相同的处理，其结果，或许并不会遭到拒绝，然而，却不会是完全令人满意的。[79]

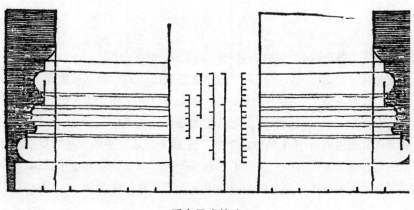

爱奥尼式基础

为了清楚起见，这里我要说点稍稍离题的话。[80]下面是一些装饰作品的简单的线条：扁突横线脚、檐顶板、凸圆线脚、串珠饰、沟槽、波形线脚，以及喉头线脚等。所有这些线条都是向外凸出的，但是每一个都有其不同的轮廓线。扁突横线脚有一个像字母 L 形的轮廓；它类似于薄饰带，只是稍微宽一点。檐顶板是一个特别明显的扁突横线脚。凸圆线脚，我几乎想试着将其称为藤条线脚，因为它既充分延展，又紧紧缠绕；它的外部轮廓线像是将字母 L 压在了字母 C 之上，如同这个样子：

205

串珠饰是一个小的圆凸形装饰线脚。字母 C，如果翻转过来，并将字母 L 压在其上，像这个样子：

就形成了一个沟槽。但是如果将字母 L 压在字母 S 之上，像这个样：

这被称为是一个喉头线脚[81]，因为它很像一个男人的喉头部位。然而，如果在字母 L 之下附加一个翻转的 S，像这个样子：

这被称为是一个波形线脚[82]，因为它与一条波形的曲线相似。

同样，这些装饰线条也可以或是素平的，或是有浮雕的。扁突横线脚上可以雕刻上海贝壳、螺旋饰，或者甚至是一些文字；在檐顶板上可以有一些齿形装饰，这些齿形装饰的高度是檐顶板厚度的一半，齿形装饰之间的空隙是齿之宽度的三分之二。圆凸形圆饰上刻有鸟蛋，或者有时也用树叶与花瓣加以装饰；鸟蛋有时是完整的，有时则沿着顶部切平。在串珠饰上则刻有珠子，就像被一条绳子串起来一样。喉头线脚和波形线脚除了树叶雕刻外，是不用别的什么东西覆盖其上的。薄饰带，无论其在什么位置上，则总是保持素平的状态。

如果两个装饰线脚相毗邻，上面一个总是向外突出的多一些。薄饰带是用来将两个装饰线脚彼此分离开来的；它们也为装饰线脚提供了一个边沿（这个边沿就是每一个装饰线脚之外轮廓线的顶部）。此外，它们那打磨光滑的表面也为浮雕的纹理提供了一个反衬。这些薄饰带的宽度，除了波形线脚之外，是与之相邻的装饰线脚宽度的六分之一，无论这些线脚上雕刻的是齿形装饰还是鸟蛋雕刻装饰，而与波形线脚相邻接，则是其宽度的三分之一。

(120—121v)

第 8 章

现在我们回到柱头这一主题上来。多立克式柱子给予它的柱头以与柱基相同的高度，并且将其分为三份，第一份由柱顶板所占有，第二份是凸圆饰，第三份，即最后一份，是由柱头的颈箍圈所拥有的，这个颈箍圈位于凸圆饰之下。

柱顶板的宽度与深度是柱子基底部位直径的一又十二分之一倍。柱顶板包括一个边棱和一个方石盘。边棱是由一个喉头线脚形成的，并取了柱顶板厚度的五分之二。其上凸形圆饰的边缘与柱顶板的尽端相接。围绕着凸形圆饰的底部有三条薄薄的环或是一条喉头线脚，起到一种装饰作用，其厚度不大于柱顶板总高度的三分之一。颈箍圈（柱头的底部），就像在所有柱头中的情形一样，不会比柱子本身更粗。

在另外的情形下——如我们在古代建筑物的外部轮廓中所观察到的——多立克式柱头的高度是柱子基底直径的四分之三，整个柱头的高度被分成了十一份，其中的四份分给了柱顶板，同时也给了凸形圆饰，而将三份给了颈箍圈。然后，将柱顶板分为两份，上面一份是一个喉头线脚，底下是一个饰带；然后，也将凸形圆饰分成两份，底下的一份或是用一个环，或是用一个喉头线脚，使其环绕着喉头线脚的底部。在颈箍圈上所附着的是浮雕而成的玫瑰花和叶子。关于多立克柱式就谈这么多。[83]

206

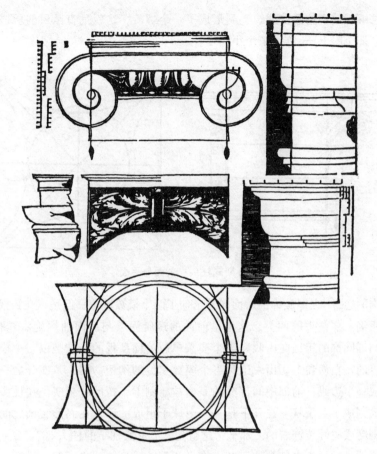

左：爱奥尼式柱头——前面、侧面和平面

右：多立克式柱头——双向有变异的

　　我们将按如下的方法形成爱奥尼式柱子的柱头：柱头的总高度应该是柱子基底直径的一半。将其高度分成十九个模数单位。将柱顶板用三个模数单位，螺旋饰的涡卷形装饰用四个模数单位，六份给了凸形圆饰，余下的六份给了螺旋饰的底部，在这里是向两侧悬出的，并与涡卷融为一体。柱顶板的宽度与深度应该是柱子顶部的柱身直径。涡卷的深度，从柱头的前部到柱头的后部，与柱顶板相等。横向的涡卷向两侧悬出，形成一个贝壳形的螺旋饰悬挂在那里。位于右侧的螺旋形的中心点[84]距离与之相对应的左侧的中心点是二十二个模数单位，而距离柱顶板的顶部是十二个模数单位。

　　这里是如何形成一个螺旋饰。围绕中心点画出一个半径为一个模数单位的小圆环。在这个圆环的顶部做出一个标志，而在其底部做出另外一个标志。然后将你的圆规的固定端置于上面的标志上，而用其自由端从涡卷与柱顶板相切处，绘出一个完整的半圆使其旋转到柱头的端点，并使其准确地落在小圆的圆心之下。在那一点上收回圆规，以最初那个小圆环底下的标志为固定脚来绘图；然后，将自由端从刚才已经画到的上面的凸形圆饰的上缘继续绘出那条未完成的曲线，通过两个不等的半圆形成一根单一的、连续的曲线。然后，

207

以同样的方法继续绘制这条曲线，直到形成了一个螺旋，这就是直至目前所描绘的那条曲线，又回到了那个眼上[85]，亦即那个小圆环。[86]

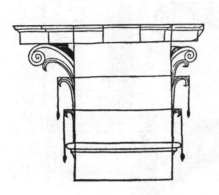
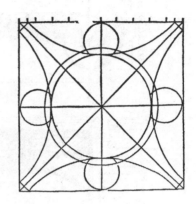

科林斯式柱头：剖面与平面

凸形圆饰的边缘[87]在螺旋饰的后面向外延伸了两个模数单位；但是，在其根部它与柱子的顶部一样粗细。在柱头的两侧，这里是前面的螺旋涡卷与后面的螺旋涡卷相接的地方，其方法是以凸形圆饰的粗细向内收紧半个模数单位。柱顶板的装饰是以一个模数单位的喉头线脚为边界的。在涡卷上切出一道深半个模数单位的沟槽，用一条四分之一个模数单位宽的带子形成一个边缘；前部中间部分的表面被雕刻上了树叶和果实。在柱头前面的凸形圆饰部分被雕刻成了鸟蛋状，在其下是一个由珠子组成的环。在涡形装饰之间的侧面收缩部位，是用刻度或树叶装饰着的。那么，这就是爱奥尼式柱子的柱头。

208

科林斯式柱子的柱头高度与柱子基底直径相等，并且被分成了七个模数单位。柱顶板取了一个模数单位，其余的部分被花瓶饰所拥有，花瓶饰的基底与柱子的顶部有同样的粗细，没有凸出物，花瓶饰的上部边缘与柱子的基底有同样的粗细。

科林斯式柱头　　　　　　　　　　　意大利式（组合式）柱头

　　柱顶板的宽度为十个模数单位，但在每个角上被削去了半个模数单位。所有其他柱式柱头的圆柱顶板都是由直线组成的；而科林斯柱式柱头的圆柱顶板是向内弯曲，直到其宽窄与花瓶饰基底的宽度相同时为止。柱顶板的装饰边取了其高度的三分之一，而其外轮廓是与柱子顶端的柱身轮廓一致的。

　　花瓶饰是由一条饰带与一个半圆饰所组成的箍，在其上覆盖了两排以浮雕的形式突出出来的互相交搭的树叶饰；每一排包括了八片树叶。第一排是两个模数单位高，第二排也是一样。余下的空间是被从叶子上萌生出并直抵花瓶饰的完整高度上的叶茎所占有。这些叶茎在数量上有十六个；其中的四个是柱头的每一侧伸展开的，两个从右侧同一个节上伸出，两个从左侧同一个节上伸出；两个尽端的叶茎以一种螺旋的形式挂在柱顶板转角的下面，而居中的两个也呈卷曲的样子，因而它们的端点在中心汇接。在这居中的两个芽茎之间明显地从花瓶中伸出来了一朵花，一直伸到柱顶板的上缘。花瓶的边缘，在可以看到而没有被叶茎所覆盖的地方，有一个模数单位厚。每一片叶子应该分为五个，或者，可能是七个叶瓣。叶子的顶端向外悬挂出半个模数单位。与所有其他雕刻一样，深深刻入的轮廓线可以为柱头叶饰增加很大的诱人魅力。那么，这些就是科林斯式柱头的柱头。

209

　　意大利人在他们自己的柱头上组合进了所有从其他树上发现的装饰；他们在花瓶、柱顶板、树叶和花饰上使用了与科林斯柱式相同的设计；但是在芽茎上，他们用了叶柄，其高度为两个完整的模数单位，在柱顶板的四个角的每一个角下伸出来。此外，柱头前部的平展部分使用的是从爱奥尼柱式上取来的装饰，是在叶柄的涡卷中伸出芽茎，而在花瓶的边缘，像凸形圆饰一样，雕刻有鸟蛋，在下面排列了一串珠子。

　　关于上面的这些还有许多其他的变化，柱头可以是由不同的轮廓线组成的，柱头上的各种元素可以被放大或缩减；然而，那些做法都没有得到有学问的人们的认可。

　　关于柱头就谈这么多了，除非或许还会谈到在实际情况下所包含的一些东西，在柱头的柱顶板之上，有另外一个小的方形柱顶板，被隐藏在结构的后面。这给予柱头下部以较多的喘气的缝隙，使得其主梁显得不那么压抑；在建造的过程中，它能够对作品中更为优美和细致的部分起到保护作用。

210

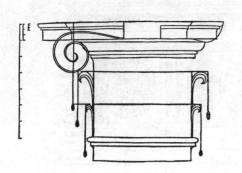

组合式柱头：剖面与平面

第 9 章

　　梁（beam）[88]是坐落在柱头的上端的，一旦它们被安置到位，在梁的上皮要放置横梁、木板和其他造成了屋顶的部件。在所有这些方面，特别是，爱奥尼柱式与多立克柱式有相当大的不同，虽然在一些特定的方面它们都是一致的。例如，梁的式样一般都是在其下皮有一个不比柱子顶端的直径更宽的梁腹，而梁的上皮表面的宽度与柱子基底的直径相同。

211　　　我们将顶上的这个部分称为"檐口"，在椽子之上突出出来。对于向外突出部分的一般性规则在这里也都可以应用，如任何从墙体向外伸出的断面的距离都必须等于它的高度。

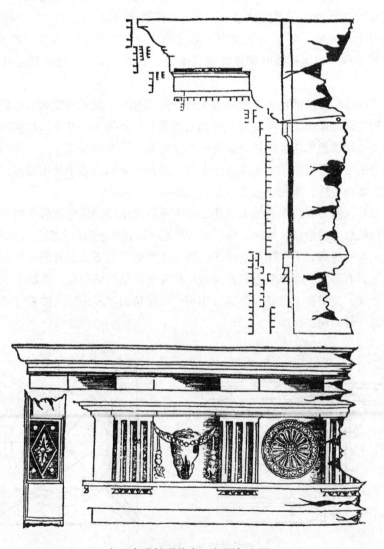

多立克式柱顶线盘：剖面与立面

檐口也应该被做成向前倾斜的样子，倾斜出其高度的十二分之一，因为人们意识到，如果将它垂直放置，它就会给人以向后倾斜的感觉。[89]

这里我重复我的要求——我最强烈地坚持要这样做——为了减少错误，那些转录这部书的人，应该用上面我们已经提到的全称来记录所有的数据，而不要用数字。[90]

多立安人将他们的梁的宽度至少制作成其柱子基底直径的一半。他们在梁上做了三条饰带；在上面那条饰带之下，贴上了三条短的板条；在每一条板条的内侧是六根固定用的钉子，用来将横梁固定在其位上，横梁是从墙上向外伸出到板条的位置上的：很显然，这种装置的目的是防止它们向内滑动。梁的总高被分为十二个单位，从这个单位可以推算出下面所描述的构件的所有量度。最下面的一条饰带是四个单位高，中间的一条，与之相邻，是六个单位，最上面的一条，取了余下的两个单位。在这中间的六个单位的饰带中，一个单位被附加的板条所占用，另外的则被其下所固定钉子所占有。板条在长度上是六个单位的两倍。在板条端头之间的空隙是二十减去两个单位宽。在梁上放置有横梁，横梁的端头被切成直角，并且向外伸出半个单位。这些横梁的宽度等于梁的厚度，而其高度是梁的厚度的一半，或者是九个单位的两倍。[91]在横梁的上皮切割出了三道直的凹槽，是用直角切割的，以相等的距离，彼此间留出一个单位的间隔。在每一个侧面的边棱上斜切出半个单位的深度。在更为优雅的作品中，这些横梁之间的空隙是被一些平板（tablets）[92]所填补了的，其高度与宽度是相等的。横梁是垂直地放在每一根梁的梁体之上的。横梁的两个面从平板向外伸出了半个单位；同时，平板与梁下面最低处的饰带是齐平的。在这些平板中被雕刻上了小牛头[93]、圆盘饰[94]、玫瑰形圆花饰等。每一道横梁与平板，有一个高度为两个单位的横线条作为其边界。

在这一层的上面有一块厚木板，两个单位厚，它的外轮廓与那些沟槽一样。在其厚度上铺了一个面层（pavement）[95]——如我可能描述它的——有三个单位宽，它的装饰是用一些小的鸟蛋，除非我是错误的，以石头为基础，用抹灰泥的方式将其突出出来。在厚木板上放置的是飞檐托块，与横梁有同等的宽度与"面层"有同样的厚度，在每一道横梁之上放置的那个飞檐托块，向外伸出十二个单位，垂直地切到水平面上。飞檐托块是以一个有四分之三个单位厚的沟槽为边界的。在其下面，在飞檐托块之间，雕刻有玫瑰形圆花饰和叶形状饰图案。

在飞檐托块的上面坐落着檐口，有四个单位高。这与一个水槽为边缘而形成了一个横线条。水槽有一个半单位高。如果这座建筑有一个三角形山花墙，檐口的每一层都要在这个山花墙上重复，在每一层中，每一个个别的构件都应该以正确的角度来进行安置，并与其他沿着垂直方向设置的构件准确地排列在一起。然而，三角山花与檐口上部的不同在于，在一个三角山花的顶部总是有一个波形的边缘，在多立克柱式的情况下有四个单位高，其作用一个滴水板；但是，只有在其上没有三角山花墙的情况下，才会在一个檐口中包含有一个滴水板。但是，在后面还会更多地谈到三角山花墙。关于多立克式的情况就谈这么多。[96]

爱奥尼人并不是轻率地决定增加梁的厚度与柱子的高度，这是一条同样可能很好地应用于多立克柱式中的原则。因此，他们定下了如下的规则：对于高度为 20 尺的柱子，其梁的高度应该是柱子高度的十三分之一；对于那些高达二十五尺的柱子，梁的高度为十二分之一；然后，对于高达三十尺的柱子，梁的高度应该是这一高度的十一分之一；这一同样的方法可以应用于其他情况的计算中。[97]

除了一个边棱之外，爱奥尼柱式中的梁也应该包括三个饰带。它的高度应该被分为九份，而边棱的高度取其两份。边棱的轮廓线应该是一个水槽。然后，在这个边棱下面的那部分被进一步分成十二个单位，其中的三个单位给了最下面的饰带，四个单位是中间饰带的，余下的五个单位留给顶上的饰带，直接连接到边棱之下。有时饰带也有一个边棱，有时则没有。如果这个边棱，它可以是一个波形装饰，取了饰带高度的五分之一，或者是一个半圆珠饰，取其高度的七分之一。在古代的建筑作品中可以发现一些例子，其轮廓线可以是从任何别的什么地方借用来的，或是一些其他风格的一个混合物；其效果却是相当值得肯定的。然而，最常见的一种样式似乎是在一根梁上有不超过两条的饰带：换句话说，在多立克柱式的梁上，如我所解释的，没有板条和钉子。下面是它如何组成的：梁的整体厚度被分为九个单位，其中的一又三分之二个单位被给予了边棱。中间的饰带取了三又三分之一个单位，底下的一条饰带取了所余的两个单位。[98]梁顶的边棱的上一半是由一个沟槽和一个饰带组成的，而其下一半则是由一个圆凸形装饰线脚所组成。在圆凸形线脚之下，中间的那条饰带用一个半圆珠饰作为它的边棱，取了其深度的八分之一，最下面的那条饰带以一个喉头线脚为边棱，取了其深度的三分之一。

在梁的上皮放置着横梁；但是，横梁的端头是看不见的，就像是在多立克柱式中的情况一样：它们被垂直地切断，与梁齐平，形成了一个连续的面板，我将其称之为"高贵的饰带（royal fascia）[99]"。这条饰带的深度等于其下梁的厚度。在饰带上有一些雕刻，规则地间隔雕琢有花瓶和献祭用的物品或小牛头；在这些牛头的角上，悬挂有由苹果或其他水果组成的花环。在这条高贵的饰带之上，是一个由喉头线脚所组成的边棱，其高度不大于四个单位，也不小于三个单位。

在这一层的上面放一些板，其作用有如一个梁腹[100]；这些板向外伸出形成一个深度不小于三个单位的台阶。有时会在上面雕刻有齿状的装饰，看起来就像切割的木支架，有时会留下一些连续而不间断的随便什么雕刻性装饰。在这个支架一样的东西上或是有一个上面已经提到的梁腹，或是一个横托架，其上伸出的是飞檐托块；这个横托架向外伸出三个单位，并在上面雕刻有小的鸟蛋；在其上安置飞檐托块，这些托块被一些板状的饰带所遮护并作为其背景。在前面的饰带有四个单位高，在下面的饰带则是六个半单位深。紧接在飞檐托块的上面的是滴水槽，有两个单位厚，并用一个喉头线脚和一个圆凸形线脚作装饰。在顶部是一个波形线脚，有三个，或者，如果你愿意的话，四个单位厚。沿着这个滴水槽，

214　无论在爱奥尼柱式，还是在多立克柱式中，都会雕刻一些狮子头[101]，从中吐出可能收集到的任何雨水。他们非常小心地防止在室内或在人可能进入神殿的地方，有水的泻入，因为这个原因，在位于一个开口之上的任何头形雕饰的口部都是被封起来的。

科林斯人在梁和任何其他屋顶构架方面没有作出新的贡献，如果我的判断是正确的，除了不在上面覆盖飞檐托块和方形木板，像在多立克柱式中那样，而是将这些部分裸露出来，并将其切割成一个波形线脚；飞檐托块之间的空隙是等距离地布置的，并从墙体上向外突出。此外，科林斯人多是追随了爱奥尼亚人的做法的。关于柱子的横梁式结构体系就

215

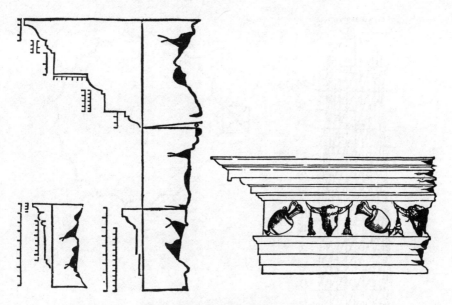

爱奥尼式柱顶线盘：剖面与立面

　　谈这么多；后面，在我们讨论巴西利卡的时候，我们将讨论拱形结构体系。

　　还有一些特定的与这些柱子体系有关的事情一定不要忽略。例如，首先，很显然的是柱子如果是在露天的情况下，比起其在封闭的空间中似乎显得要细一些；其次，凹槽的数量可以增加柱子在外观上的粗细。因为这个原因，对于在一个转角上的柱子，这里给出如下的建议：将这根柱子制作得粗一些，或者令这根柱子的凹槽多一些，因为那些转角柱子 **216** 是立在露天中的，看起来比其他柱子会细一些。[102]

科林斯式柱顶线盘：剖面与立面

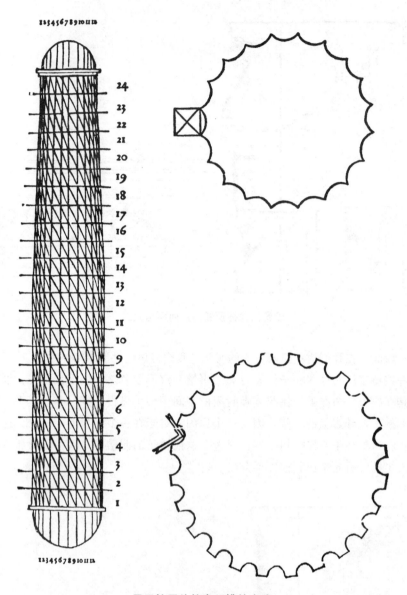

用于柱子外轮廓凹槽的方法

在柱子上的沟槽可以是直线，也可以是螺旋线。在多立克式柱子中，沟槽是沿着柱子直上直下的，并被建筑师们称之为"凹槽"（flutes）[103]，在多立克式柱了中有二十条这样的凹槽。在其他柱式中有二十四条；这些柱式的凹槽是被窄带子彼此分离开的，一条带子的宽度不大于凹槽宽度的三分之一，也不小于凹槽宽度的四分之一。凹槽本身有一个半圆形的轮廓线。换句话说，多立克柱式是没有窄带子的：它的凹槽很简单，有时是直线，更经常的情况是不大于一个四分之一圆的圆弧的凹槽，圆弧的交点沿着一条连续的边缘线。沿着柱子底部三分之一的凹槽几乎总是被一个凸圆线脚装饰所填充，以保护柱子不要受到破坏或损伤。当凹槽从顶到底一直贯通时，它们使柱子看起来更明显地粗一点。

217

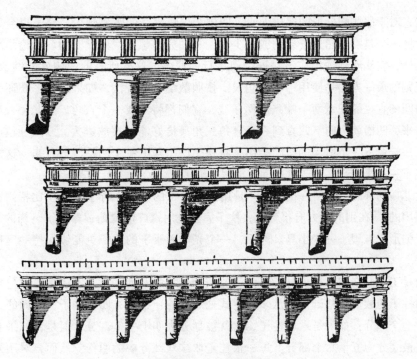

各种多立克式的柱子间距

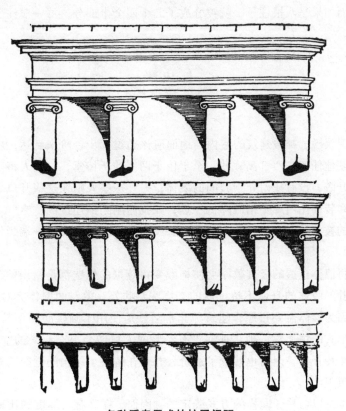

各种爱奥尼式的柱子间距

但是，对于那些螺旋形的凹槽而言，凹槽线偏离垂线的距离越少，柱子也会显得越粗一些。凹槽不会是沿着超过三条的或是少于一条的完整螺旋线而展开的。无论是采取什么形式的凹槽，它从底到顶都应该是连续而平行的线条，这样所有的凹槽就能够取得一致。使凹槽规则的最好方法是使用一个三角尺。按照数学家的说法，如果从一个圆环上的任意一个点向圆的直径的任意两个端点画两条线，它们都将形成一个直角。因此，一旦脊棱被标志了出来，凹槽就会向下凹直到一个直角三角尺恰好能够被放进去。[104]对于所有的凹槽，需要在每一端留下一个适当的空隙，用来将这个凹槽与下一个凹槽区分开来，这样就围着柱子形成了一些窄饰带。关于这个问题谈得足够多了。

218　在孟菲斯的神殿周围——据说——是用阿波罗神的巨像，有十二个库比特高，来取代柱子的使用的。[105]在别的地方有报告说，柱子完全是用螺旋形的葡萄藤叶子装饰的，并在上面以浮雕的形式点缀了一些小鸟。然而，一个光滑而素平的柱子更能够保持一座神殿的庄严与肃穆。

下面是工匠们在确定柱子时特别使用的一个尺寸的罗列。这一方法是以被包含在建筑作品中的柱子的数量为基础的。从多立克式柱子开始：如果有四根柱子，前面的立面被划分为二十七个部分；如果是六根柱子，它就被划分为四十一个部分；但是，如果有八根柱子，它将被划分为五十六个部分。每一根柱子取这些部分中的两份。然而，对于爱奥尼柱式，如果有四根柱子，前面的立面就被分成了十一个部分；如果是六根柱子，就被分成了十八个部分；而如果是八根柱子，就被分成了二十四个半部分；每一根柱子取这些部分中的一份。[106]

（124v—126）

第 10 章

有一些人建议说，神殿建筑的室内与地面应该通过几步台阶来到达，用于祭祀的祭坛应该建造得比其他任何东西都高一些。至于位于两翼的祈祷堂，一些人将其入口和开口留得相当自由和开敞，没有任何介于其间的墙体；另外一些人则在这些开口之间布置一组柱

219　子，它们的梁和装饰比门廊要稍微降低一点，如我们刚刚描述过的，檐口之上所余的空间是用雕像和大的枝状烛台来填充的；也有一些人则是将其用一堵从一端延伸到另外一端的墙封起来。

任何认为将墙体建造的极其敦厚会使神殿变得尊贵的想法都是错误的。因为，谁会对于具有极其臃肿的肢体的身体不持批评的态度呢？此外，敦厚的墙体会对光照造成限制。在万神庙中，因为墙体需要很厚，建筑师非常巧妙地使用了圆拱肋而不是别的什么东西，并且拒绝任何形式的填充物。他将那些没有经验的人可能会填充起来的空间利用了起来，将其处理成壁龛和开口，因而也减少了造价，并且在解决了结构问题的同时，也使得建筑作品变得优雅美观。[107]

墙体的厚度是以与柱子同样的方式确定的，因而，在高度与厚度的比率方面墙与柱子一定是相同的。我注意到古人习惯于将他们神殿的墙体按其前部宽度的十二分之一设定——或者，在他们希望建造得特别强固的建筑作品的墙体处，则设计成其前部宽度的九分之一。

对于一个圆形的神殿，其室内的墙体，当墙的上端直抵拱顶时，其高度不会少于这个圆形的直径的一半；一般的情况下，可以达到三分之二，有时可以达到四分之三。但是，最有经验的建筑师将会把这座神殿的房屋覆盖范围划分为四个部分，并且将这些长度中的一个垂直地向上延伸，以给出室内的墙体高度，其比率可以说是十一比四。[108]这种方法也常常用于矩形的建筑物中，或者是神殿建筑，或者是其他的拱顶建筑形式中。

但是，当在每一侧的墙体上接上了侧翼的祈祷堂时，有时这些墙体的高度会被提升到与房屋覆盖范围的宽度相等的高度，因而，其室内可能显得更为空敞。然而，对于一个圆形的建筑物，其室内与室外的墙体可能不在一个相同的高度上；在室内，墙体的高度在拱顶处就终止了，而在室外，它会继续向上一直延伸到房檐处高度的水平。在这个断面上，如果屋顶有一个台阶状的轮廓的话，其室外应该升高到从墙上的起拱点处所测量的拱顶高度的三分之一处，或者，如果屋顶是直的，并呈斜坡状时，可以到其一半处。神殿的墙体最好是用砖建造的，但这些砖墙应该有一些装饰的形式加以美化。[109]

对于如何装饰一座神圣建筑物人们在观点上存在着一些不同。在西兹克乌斯的一座礼拜堂的墙体是用抛光的大理石做装饰的，并在连接点上使用了纯金。[110]菲迪亚斯的兄弟将一种金黄色的黏土与牛奶作为灰泥，用在了位于艾丽斯城（Elis）[i]的密涅瓦神殿中。[111]埃及的国王围绕 Osimandia 神殿，那里埋葬的是朱庇特的情妇，用了一圈金饰，一个就有整整一库比特厚，一圈有 365 个，一个代表一年中的一天。[112]

这是一种观点；其他人采取了不同的路线。西塞罗追随了柏拉图的教诲，他主张公民应该受到法律的约束，在他们神殿的装饰上，应该拒绝任何多变（variety[113]）和轻浮的东西，而将纯净看得比任何其他东西都更有价值。"虽然如此"，他接着说，"让我们使其拥有一些高贵的东西。"[114]

在他们对于色彩的选择上，我能够很容易地相信，在他们的那种生活方式中，纯净和简单将是最能够令天上的众神感到愉悦的；一座神殿中不应该包括有任何会使人们的思想从宗教的沉思转移到世俗的欲望与欢快之中的东西。然而，在我看来，对于一座神殿就像对待其他公共建筑一样，不应该提供给它任何会令其肃穆感减弱的东西，努力尝试着将一座建筑物的墙体、屋顶与地面处理得巧妙和优美，并且使它们尽可能耐久，是一件极其值得赞美的事情。

因为这个原因，面对所有未暴露的室内部分，最便利的方法就是使用大理石和玻璃，或是采用镶嵌板的方式，或是采用马赛克镶嵌工艺的形式；在室外部分，为了保持与古代习惯的一致，人们倾向于面对的是具有浮雕的灰泥粉刷；在每一种情况中，都要极其小心地将嵌板和浮雕设置在恰当和适宜的位置上。例如，门廊是一个非常适合于放置纪念伟大事件画面的地方。在一座神殿中，我喜欢分离的有绘画的嵌板，而不是直接将画面绘制在

墙面上的做法，虽然我更喜欢浮雕，而不是绘画，除非是像独裁者恺撒从 Venus Genetrix [i] 神殿中获得的那两幅价值有 80 个塔兰特（talents）[ii] 的绘画。[115]当我看到一幅好的绘画的时候（绘制一幅糟糕的画面无异于玷污了一面墙），那种喜悦的心情就像是我读到了一个美好的故事。两者都是画家的作品：一种是用言语来绘画，另外一种则是用他的画笔在为我们讲故事。他们还有一些其他方面的共同点：两者都需要有伟大的天分和超人的勤奋。

我主张在神殿的墙上或地面上不要有任何没有哲学品位的东西。我发现在朱庇特主神殿中所设置的青铜牌匾，其上镌刻的是管理这个帝国的法律；当这座神殿被烧毁之后，韦斯巴芗皇帝将其中的三千条恢复了出来。[116]据记载得洛斯的阿波罗神殿的门槛上雕刻着指导人们如何准备用来应对每一种毒药的草药及其治疗方法的格言。但是，在我们看来，任何公开展示的建议都应该是能够引导我们怎样使我们自己变得更公正、更谦虚和更节俭，并用每一种美德来充实我们，使我们能够更容易地被天上的众神所接受；应该有这样一些格言，"以你所希望展现于人的方式来把握你的行为"，以及 "如果你希望被爱，那么就去爱别人"，如此等等。我极力赞成用音乐化和几何化的线条和形式来作为道路铺装的图案模式，这样人们的心灵从每一个侧面都可以获得激励。

古人会使用珍贵的物品来装饰他们的神殿和门廊；例如将从印度带回来的蚂蚁角用在赫拉克勒斯神殿中[117]，或者韦斯巴芗将肉桂的花冠堆放在朱庇特主神殿中，或者奥古斯塔（Augusta）[iii] 将肉桂树巨大的根放在位于帕拉廷山（Palatine）[iv] 上主神殿中的一个金盘子中。[118]在埃托利亚（Aetolia）[v]，一个被腓力（Philip）[vi] 放置垃圾的地方，在 Thermus[vii] 的神殿的门廊，据说是用超过了一万五千副的铠甲和超过了两千尊的雕像来装饰的；按照波利比奥斯（Polybius）[viii] 的说法[119]，所有这些都被菲利普摧毁了，只有那些有着某个神的名字或形象的除外。在这些事物中，差异性可能恰好与数量具有同等的价值。在西西里一些人用盐来制作他们的雕像：索里纳斯（Solinus）是我们在这一方面的权威。[120]普林尼提到。玻璃也曾经被用过。当然，无论因为它们是天然的材料，还是因为它们的独一无二，这些稀世珍宝一类的东西都是值得人们给予极大赞美的。但是，在别的地方则是以雕像装饰的。

柱子或者可以被加在墙上，或者被嵌入一个开口中，但是其所使用的方法与一个门廊中

---

i　公元前 46 年，尤利乌斯·恺撒建造了一座 Venus Genetrix 神殿，这座以维纳斯（Venus）的名字冠名的神殿与一般的维纳斯神殿是什么关系，不十分清楚，一说是希腊美与爱之神阿芙罗狄蒂的神殿。——译者注

ii　塔兰特，使用于古代希腊、罗马和中东地区的一种可变的重量和货币单位。——译者注

iii　奥古斯塔，这里可能是指罗马皇帝屋大维的妻子利维娅·德鲁西拉，又名尤利娅·奥古斯塔（公元前 58 年　前 29 年），原嫁尼禄，后屋大维强迫她与尼禄离婚，与他结合。屋大维死后，他害死许多争夺王位的对手，使她儿子提比略登上皇位。在她孙子在位时，她被神化。——译者注

iv　帕拉廷，古罗马城七座山中最重要的一座山。——译者注

v　埃托利亚，希腊中部一个古老的地区，位于科林斯湾及卡莱敦（佩特雷）的北部。公元前 290 年埃托利亚联盟成立，并在希腊历史上具有重大的意义，这一军事联盟在 3 世纪被亚加亚人打败。——译者注

vi　历史上有多位腓力，包括曾管辖以色列北部、黎巴嫩和叙利亚南部的希律大帝之子腓力（公元前 20—公元 34 年），和亚历山大大帝的父亲马其顿国王腓力，还有耶稣十二使徒之一的腓力，在圣经《新约》中，他曾负责五千人的饮食，这里的腓力究竟是指哪一位不详，以上文中的埃托利亚所在位置，疑为马其顿的腓力。——译者注

vii　Thermus，地名，其地理位置不详。——译者注

viii　波利比奥斯，古希腊历史学家，在他所写的四十卷的罗马历史中，现在仅存其中的五本。——译者注

的方法不一样。我注意到在大型的神殿建筑中，或许因为柱子不能够与这座建筑巨大的尺度相对应，拱顶的拱形被延伸到了一个总高[121]为其半径的一又三分之一倍的高度；这样反而产生了更为优美的效果，因为升起得更高，这个拱顶也更轻盈，更从容，如其所是的样子。

这里有另外一点，我觉得，不应该被忽略：在拱顶中，拱形的起拱点一定要比半径低一些，至少低到相当于檐口突出的那一部分那样多，这样，就可以使起拱点隐藏在站在神殿中的人看不到的地方。

第 11 章

为了崇高，也为了持久，我认为一座神殿的屋顶应该是穹隆形的。我不知道为什么，然而，很少有一座著名的神殿被发现是没有遭遇过损失惨重的大火的。我读到了康比斯（Cambyses）[i]烧毁了埃及的每一座神庙，将金子和装饰物运到了波斯波利斯（Persepolis）[ii]。[122]优西比乌斯谈到，德尔斐的神谕处曾经被色雷斯人烧毁了三次[123]；在希罗多德那里也有记录说，当又有一次由于自己的原因而导致火灾的时候，阿美西斯（Amasis）[124]重建了它。[125]在别的地方也有人写道，神谕处是被佛勒古阿斯（Phlegyas）[iii]烧毁的[126]，大约是在菲尼克斯（Phoenix）为他的公民发明了字母表的时候，而在罗马国王塞尔维乌斯·图利乌斯死前的几年，在小居鲁士（Cyrus）[iv]统治的时期，又有一次被火烧毁；最后，在大约是那些知识渊博的发明家和学者，如卡塔路斯（Catullus）[v]、萨卢斯特（Sallust）和瓦罗出生的年代，它再一次在火焰中灰飞烟灭。亚马孙（Amazons）[vi]在 Silvius Postumius[vii]统治时期，烧毁了位于以弗所的神殿；大约在苏格拉底在雅典喝下他的毒药的那个时期，它又再一次被烧毁。我们读到了在阿戈斯（Argos）[viii]城[127]的一座神殿就是在柏拉图在雅典出生的那一年被火焚毁的，当时正是塔奎（Tarquin）在作罗马的国王。[128]还需要我再谈起耶路撒冷的神圣的门廊吗？或者谈起在米利都（Miletus）[ix]的密涅瓦神殿吗？抑或是在亚历山大的塞拉皮斯神殿吗？以及在罗马的万神庙、维斯塔神殿或阿波罗神殿吗？据来自女巫预言家（Sibyl-

---

i　康比斯，波斯国王（529 至 522 年在位），他曾将波斯人的统治扩张到尼罗河流域。——译者注

ii　波斯波利斯，古代波斯的一座城市，位于伊朗的西南部，今天的设拉子东北。它是大流士一世和他的胜利者们举行庆典的首都。其废墟包括大流士和色雷斯的宫殿，以及亚历山大大帝藏宝的城堡。——译者注

iii　希腊神话中的战神阿瑞斯与阿波罗的祭司之女欧律塞伊斯的儿子，拉庇泰王伊克西翁的父亲，他自己也曾做过拉庇泰人的国王，曾因神强奸了他的女儿，一怒之下烧毁了阿波罗神殿。——译者注

iv　小居鲁士，波斯王子，曾率领庞大的希腊军队进攻其兄阿尔塔薛西斯二世。在色诺芬尼所著的《远征记》中描述了其战败和死亡之后的撤退。——译者注

v　卡塔路斯，盖厄斯·瓦勒里乌斯（公元前84？—前54？年），古罗马抒情诗人，以其写给"丽斯比雅"的爱情诗而闻名，丽斯比雅是古罗马的贵妇，真名为克洛狄亚。——译者注

vi　亚马孙，希腊神话中传说曾居住在黑海边的女战士族中的一员。——译者注

vii　Silvius Postumius，特洛伊战争中的勇士埃涅阿斯的侄子，在位 37 年。——译者注

viii　阿戈斯，古希腊的一个城邦，位于伯罗奔尼撒半岛东北部，靠近阿尔戈利斯湾上方。早在青铜器时代早期就开始有人居住，在斯巴达变得兴盛之前，这里是古希腊最为强盛的城邦之一。——译者注

ix　米利都，小亚细亚西部的一座爱奥尼亚古城，位于今土耳其境内。公元前 1000 年被希腊人占领，成为重要的贸易中心与殖民定居地，同时也是繁荣的文化中心。在基督教兴起早期该城因港口淤泥塞而衰落。——译者注

line）的韵文[129]中的记录，这些神殿也都曾被烧毁过。几乎每一座神庙都可能被声称说曾经
遭受过这样一些类似的灾难。狄奥多罗斯写道，在他的那个时代，唯一的一座没有受到伤
害而被保留下来的神殿是位于 Eryx 城中的献给维纳斯的神殿。[130]

恺撒坚持说，当他进攻亚历山大城的时候，是拱形屋顶拯救了这座城市免受大火的
焚毁。[131]有一些装饰特别适合于穹隆屋顶。在他们的球形穹隆中，古代建筑师借用了银器
匠人制作的用于祭祀的银碗中的装饰。在桶形的和十字交叉的拱顶中，他们将通常在床
罩上看到的装饰图案模式复制在其上。因而，拱顶中可以看到矩形的、八角形的和其他
通过圆形和放射线而形成的等角形和等边形的图案模式，产生了好的不能再好的优美
效果。

这里我将提到在许多建筑物中，包括万神庙中，发现的方格式顶棚，无疑这是一种
装饰拱形屋顶的极好方式，但是，这也是一种其建造方式在文献中没有被记录下来并传
递给我们的装饰方法。我们已经发展出了自己的一套方法，这套方法要求较少的劳工和
较低的造价：拟建造的方格式顶棚模式的轮廓线，无论是方形的、六边形的，或八边形
的，都被直接绘制在支撑的构架上；然后将拱顶中的下凹部分，用未加烧制的砖坯和黏
土，而不是用石灰，将其填充到一个水平上。一旦这些堆起的垛子，比如说，沿着拱顶
模架的背部堆筑了起来，就在其顶上用砖和石灰建造拱顶，要用较粗的和更为安全的断
面来全面而极其小心地将那些更为狭窄而较细的部分加强并连接在一起。一旦拱顶合龙，
也就是在支撑的拱形构架被拆除的时候，最初堆筑到位的黏土垛子就会从拱顶的坚固结
构上被剥离出来。因而，无论你所要求的是什么样的拱顶类型，这种方法都可以被用来
将其实现。[132]

回到我们的讨论中来。我被瓦罗所给予我们的有关拱顶的描绘所深深地打动了——[133]，
这个拱顶被加以了描绘而展现为天空的样子；其中也包含了一个可以移动的星辰，闪烁的
星光标志出了一天的时间和室外来风的方向。[134]我为这样一些装置而感到欣喜。

一个三角形山花墙据说也能够给予一座建筑作品以如此多的崇高感，以至于被认为即
使不是为了主神朱庇特那如天堂一般的神殿，也不能够没有这个山花，尽管那个地方从来
不下雨。这里就是一个三角形山花墙是如何被结合到一个屋顶上去的。在顶点之上的部分
（亦即，上顶端的脊点）取其在檐口位置上所测得的立面宽度的不多于四分之一，也不少于
五分之一的高度。用来放置雕像的基座，被设置在上顶端的脊点上及两侧的檐口端点处。
位于檐口转角处的雕像其高度应该与包括高饰带在内的整个檐口的高度相等。位于山花墙
脊点中心的雕像应该比位于两端转角处的雕像要高出八分之一的高度。

据说，Buccides 是将红黏土制的装饰性石膏面像引入到屋顶外侧瓦当上的第一人[135]；后
来，像所有屋瓦一样，这些面像也都是用大理石制作的了。

223
（127—129）

第 12 章

❦

一座神殿的窗子开口应该有一个适度的大小尺寸，并且应该设置在高处，在那里人们

透过它除了看到天空之外，什么也看不到，这样它就将不会把参加宗教仪式的人们沉湎于神圣事务中的心灵转移开了。敬畏之心是自然地通过由黑暗而形成的在内心发生的一种崇拜的感觉中产生出来的；庄严与权威中总是会包含一些冷峻的东西。更为甚者，是火焰，它将在一座神殿中被点燃，在宗教礼拜仪式中，火是最为神圣的装饰物，如果在太多的光线之下，它会显得微弱而黯淡。

当然，为了这个原因，古人通常是满足于用一个门道作为唯一的开口。但是，在我看来，我宁愿将一座神殿的出入口处理得十分明亮，并且使室内和内殿部分不会过于昏暗。然而，我将会把圣坛设置在一个高贵庄严的地方，而不是一个优美雅致的地方。回到我们有关为光线设置的开口的话题上来吧。

让我们回味一下较早的时候我们说了些什么，即开口是由空洞、边框柱和横楣所组成的。古人决不会将他们的门窗洞口处理成四边形以外的什么形式。首先让我们来讨论门。所有那些最好的建筑师，无论是爱奥尼亚人、多立安人或科林斯人，都会将门框柱的顶端比其底端窄十四分之一。门楣和门框柱的顶端应该有同样的宽窄，两者的装饰线脚应该有同样的剖面轮廓；它们之间的连接点应该精确地相互适应；在门顶上的檐口部位，位于门楣之上，应该与门廊处的柱子顶部的柱头有同样的高度。每一个人都可以观察到我所描述的规则。

但是，在其他方面，它们却有着很大的不同。多立安人是将整个高度分成了十三份，而门洞口的高度取了其中的十份，这一高度被古人称之为"一光（a light）"，其宽度为五份，而其门框柱为一份。这就是多立安人的做法。爱奥尼亚人将同样的整体高度，这一高度与其柱子的柱头顶部一样高，划分为十五份，门洞的高度取其十二份，宽度为六份，而门框柱为一份。科林斯人将其分为十七份，其中的七份给予门洞的宽度，进光口的高度是宽度的两倍，门两侧的门框柱是门口宽度的七分之一。在每一种情况下，门的框架的所有侧面，都是从横梁中求得它的形状的。[136]

在这里，除非是我弄错了，爱奥尼亚人倾向于使用他们自己的标准横梁，并用三条饰带加以装饰，多立安人则有他们自己的，他们减少了一些板条（battens）和钉子状饰物（nails）。[137]至于门楣的装饰，一般情况下，每一种都是依据于檐口的雅致程度。但是，多立安人的横梁不会用它们的三个凹槽来表现十字交叉梁的暴露的端点[138]；反之，他们使用了一个高饰带，其厚度与门框的一个旁柱相等。在其上他们加了一个喉头线脚作为边界，其上是一个简单的檐凸，用来作为一个挡墙，在上面有一排小的鸟蛋，然后用飞檐托块来覆盖其自身的边缘，并在顶上用了一个波形线脚；每一个构件的尺寸都是从上面的有关多立克式的柱上横梁中所列的规则中推算出来的。

另外一个方面，爱奥尼亚人，不用高饰带，而是用了由多叶的小枝组成的花环所充满的，并被带子连在一起的一条饰带；它的厚度相当于横梁的三分之二。在这条饰带的上面是一个边沿，齿状装饰，一排小的鸟蛋，一条由飞檐托块组成的厚的带子，上面覆盖有一条饰带，饰带的前面有它自己的边沿，并且在其顶部，是一个波形线脚。在上部和两侧门框柱上，以及在被覆盖的飞檐托块的厚带子上，也都包括了一些小小的向外凸出的耳朵，这是我对它们的称呼，因为它们很像那些有着敏锐感觉和敏感听觉的经过训练的狗的耳朵。226

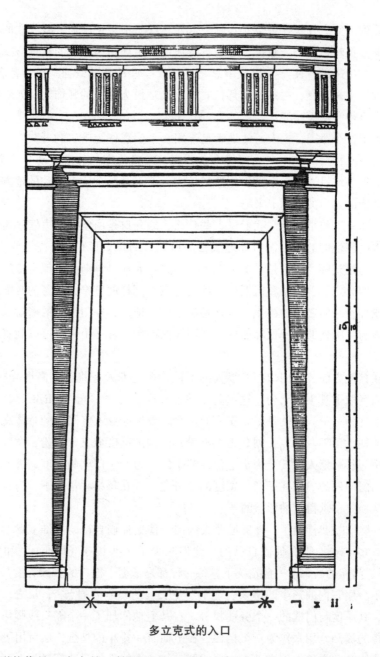

多立克式的入口

这些耳朵的形状像是一个大的，扩展了的 S 形，它的端点以一个涡形的形式而向内弯曲，就像这样：

在顶部，它们的厚度等于（叶子）饰带的宽度，在底部，则减少了四分之一的厚度。[139]

爱奥尼式的入口

耳朵形装饰沿着纵长的方向而向下垂，直到开口上方的高度。

　　在他们的门上科林斯人借用了其柱廊上的布置方法。他们的门，特别是如果不关闭的门（在这件事情上我们不需要重复）是用了如下一样的一个小门廊来装饰的：一旦门柱和横梁被建造了起来，各有一根柱子，有时是独立式的，有时是列入门中的，会加在门的两侧。柱子的基础是离得足够远的，从而完全将门的框架包容其中。柱子的长度，包括其柱头的完整长度，应该等于门洞开口的从底部右侧到顶部左侧的对角线的长度。在这两根柱子上放置有梁、饰带、檐口和山墙式门楣，使用的是与在前面适当的地方已经描述过的门廊相同的方法。

　　与在梁上所使用一些成型的方法不同，一些人用檐口式线脚来装饰门的旁柱，因而会增加门洞开口的大小尺寸——特别是在其窗子方面，比起一座神殿的庄严肃穆来，会有更多一些细部，以与一座私人住宅的纤细风格保持一致。对于较大的神殿门道，特别是如果这个门道是唯一的一个开口的话，门洞开口的高度就会被分成三个三份。上面的一个三份被用作一个窗子，是用一个青铜格栅所装饰的；余下的部分是被两个门扇所占用了。

把握这两个门扇也有一些规则。其重要的零件是铰叶。这种铰叶可以采取两种形式：可以或者将门用铁销悬挂起来，并沿着一侧将其钩住，或者在位于门之一角的枢纽中使门固定或转动。将一座神殿的门托付给一个枢纽要比将其挂在一个由销子组成的铰叶系统上会更安全，因为，为了持久起见，门必须是用青铜制作的，因而，它会极其沉重。

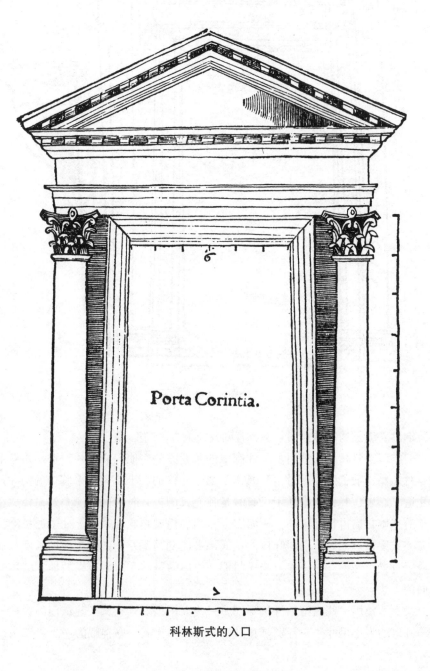

科林斯式的入口

　　在这里我并不是说门应该像那些我们在历史学家和诗人的文字中所读到的那个样子，是用金子、象牙和浮雕所组成的如此沉重之物，以至于只有用一群人的力量才能够将其开启，并且会发出极大的吱吱作响的声音。我极力主张神殿的门应该是很容易就能够打开和关闭的。

　　因此，门枢的根部端头应该坐落在一个由铜和锡混合而制成的孔窝中。这个孔窝和与附接在门上的门枢的端头都被掏挖去了一部分，因而两者都是凹入的，像是玻璃鱼缸形一样，可以在两者之间包容一个铁制的球，那是一个非常圆润而光滑的球。在门的上端，即在门枢的上部端头，应该有一个端头接合套筒，围绕着这个门轴，也应该有一个自由移动的铁垫圈，垫圈的每一侧都应该被抛光。这是为了确保门不会变得僵涩，而是在需要的时候，只要轻轻一推，就能够使它转动。

228

　　每一堵门应该有两个彼此向相反方向开启的门扇；这两个门扇的厚度应该是其宽度的十二分之一。它们的装饰应该由门桄组成——你喜欢有多少，就有多少，两条、三条，或者甚至一条——用在表面，并环绕着边缘部分设置；当有两条门桄时，一条应该叠压在另外一条的上面，就像是一步踏阶一样，但是，总体上这些边桄所占的尺寸，不应该多于门的宽度的四分之一，也不应该少于门的宽度的六分之一。在顶上的那条应该是比下面那条的宽度宽出五分之一。当有三条边桄时，它们应该从爱奥尼式建筑的横梁中寻取它们的轮廓线。但是，当只有一条门桄时，它应该有一个相当于介乎门的宽度的五分之一与七分之一之间的宽度。门内侧饰带的边缘应该是一个喉头线脚。

　　门的长度方向应该用横档加以分割，其上部的那一段应该据有整个高度的五分之二。[140]

　　一座神殿的窗子有着与门一样的装饰方式；但是，因为窗子所据有的是墙体的上半部分，直接位于拱顶之下，窗子在其转角处的空洞部分的曲线应该与其上的拱顶曲线相吻合，因而，其结果是，在拱顶下面的部分也与门呈相反的处理方式：它们的宽度是其高度的两倍。窗子的总宽度是由两根柱子，以与门廊中的窗子同样的设计而加以细分的，尽管在这里，柱子几乎总是矩形的。[141]

　　那些壁龛，其中包含有绘画与雕像，是从门中获得它们的轮廓线的。它们也应该据有墙体高度的三分之一。

　　为神殿提供了光线的窗子，应该不是用门扇，而是或用固定的半透明的雪花石膏薄片，或是用了青铜或大理石的格子，以将冰霜与寒风拒之于室外。在后一种情形下，那些空隙是被填充了的，不是用易碎的玻璃，而是用透明的石头，主要是从西班牙的塞戈维亚（Segovia）[i] 城，或是从高卢人（阿尔卑斯山脉南侧）的博洛尼亚进口而来的。这些是极其纯的石膏制成的透明薄片，在尺寸上很少有大于一尺的，并且有一种不会随时间衰减的自然特征。[142]

---

　　i　塞戈维亚，西班牙中部的一座城市，位于马德里西北偏北方向，是一个重要的古罗马城镇。在 714 年到 1079 年曾不时地被摩尔人占领。该市罗马时期的水道桥（公元 1 或 2 世纪）仍能使用。——译者注

（129—130v）

第 13 章

在神殿建筑的设计处理中，下面一个应该要考虑的问题是，在什么地方设置用于祭献的神坛，才能够给予它以最为强烈的崇高感：当然，理想的位置是在法官席的前面。古人将他们的神坛定为六尺高，十二尺宽；在神坛的顶上会设置一座雕像。另外，在神殿周围设置更多的祭献用神坛是否是适当的，我将这个问题留给其他的人来做决定。

229　　　在古代，在我们的原始时代，那些善良人们的习惯是聚集在一起分享一顿公共的餐食。在一个宴席中，他们不是去填充他们的肚子，而是通过他们的交流而表现得很谦卑，同时是通过一种声音的引导而填充他们的心灵，因而，当他们回到家中的时候，都变得更为趋向于美德了。一旦最为贫乏的那一部分被人们所品尝，而不是被吞噬，那么，在这就如同神圣事务中的一场演说与布道一样。每一个人都以一种对于美德的热爱和对于共同获得拯救的关注而变得心潮澎湃。最后，他们会在中央留下一些祭品，每一个人都是按照他自己的意愿，就如同是为了以一种向那些值得被奉献的人提供虔敬与捐助而献出的税金一样。这些会由主教[143]向穷困的人们进行分发。每一样东西都是这样一种方式加以分享的，就好像是在彼此相爱的兄弟之间一样。

后来，随着国王们允许这些聚会变得公开，人们与最初的习惯几乎没有什么背离，除非是集会的规模在增加，而祭献的规模却在减少。在神父们的通篇解说词中，以及那些日子的主教们布道时那口才雄辩的说教的记录，都为我们保存了下来。那里应该有一个独立的圣坛，在这个圣坛上，每一天不会有超过一次的祭献需要被庆祝。

下面所谈的是我们自己时代的实践，关于这一点，我只是希望一些举足轻重的人物们应该思考一下对它进行适当的改革。我是怀着对我们主教毕恭毕敬的心情这样说的，他为了保护这些圣坛的崇高性，即使在一年的节庆日子里几乎都不允许民众们看它们一次，并且在圣坛周围填满了东西，甚至……我不想再说更多的了。让我作一个简单的声明，在人类的世界上，没有什么比祭献牺牲更崇高、更神圣的事物可以被发现，甚至可以被想象了。我将不考虑那些试图贬低这一伟大事物的人，而是将他们也看做容易成就的，具有良好判断力的人。[144]

对于一个祭坛，还有另外一些种类的装饰方法，以及一些建筑师们应该掌握的装饰神殿建筑的更为深入的手法，还没有被确定下来。你可能会问，什么将会是更为美丽的呢：一片游戏的场地，充满了愉快的年轻人；一片舒展的海面，上面满是摇曳的船帆；一片平阔的原野，里面充满了军队和他们那凯旋的旗帜；一座广场，其中挤满了身着市民服装的长者；如此等等；或者，一个被明亮的光所照耀所充满的神殿？但是，我希望对于一座神殿的采光应该有一些庄严和权威的东西，这是在我们今日所使用的那些细小而闪烁的烛光中所缺少的异乎寻常的崇高与权威感。我不否认，这些烛光，当其被以某种范式的样子加以排列的时候，例如，沿着檐口线来排列，也有它那某种令人感动的地方；但是，我更喜欢古人的那种用相当大的灯盏来布置蜡烛的实践做法，那烛光中燃烧的是香气四溢的光焰。

这种枝状大烛台应该在长度方向上被分为七份。其中的两份应该被基座所占有，这个基座是三角形的，并且——其纵向比横向要宽一些，并且——[145]其底部比顶部也要宽一些。这个枝状大烛台的主干是用一系列盘子抬升起来的，一个盘子叠在另外一个盘子之上，这些盘子是用来承接滴落的蜡烛滴的。在顶端放一盏灯，其中充溢着树脂和散发着芬芳的木头。根据记录，在罗马的那些大教堂中，在每一个节庆的日子里，由国王们所要求的由公共费用所支出的要燃烧的香脂的量是五百八十磅。

关于枝状大烛台就谈这么多。现在我来谈另外一个能够为一座神殿创造极好装饰效果的物品。我们在阅读中知道，古阿斯（Gyges）[146]为德尔斐的阿波罗神准备了六个重 30000 磅的坚实的双耳喷口杯作为礼物[147]；在德尔斐有许多坚实的金质和银质的花瓶，每一个花瓶都有六个双耳陶瓶的容量。在工匠的技能与发明方面的某些价值要比金子本身的价值更高。据说，在萨摩斯岛的朱诺神殿中，有一个铁制的双耳杯，其价值主要是在其浮雕上；这只杯子曾经被斯巴达人作为礼物送给了克罗伊斯（Croesus）[i] [148]，这个双耳杯大得足以容纳三百个双耳陶瓶。[149]我也发现萨摩斯岛上的居民曾经送给德尔斐一个大铁锅作为礼物，在这个大铁锅上以极其娴熟的技术雕刻了许多动物的头；这个大铁锅是由使用跪姿的高度为七个库比特的阿波罗神像支撑着的。另外一个十分著名的故事，是由埃及的 Sanniticus 为神牛埃皮斯（Apis）[ii] 建造的神殿：这座神殿是被许多柱子和各种各样的浮雕所装饰着的，其中有一座神牛埃皮斯的雕像，它通过不停地旋转而使其头部始终朝向太阳。[150]更为令人惊异的说法还有，在以弗所的狄安娜神殿中，爱神丘比特的弓箭是悬在空中的，没有任何东西来支撑它们。

对于这种事物，我几乎无话可说，只有将它们分别放在各自的适当位置上，在这些地方，才能够显示出它们的高贵，从而赢得人们的赞美。

第 14 章

（130v—131v）

有一点是非常清楚的，即巴西利卡的最初功能是提供一个可以遮风避雨的集会场所，在那里国王们会聚在一起来宣告他们的裁决。一个法官席被加在了那里，以赋予它以更强的高贵感。当主要的围护墙体提供的空间太局促的时候，为了增加空间，就在每一侧加上了柱廊，并且向内开敞；先是一组单柱廊，然后又加成双柱廊。其他人还进一步地增加了一个过道，与法官席横向相接：我们将这个过道称之为"causidiciary"（耳堂），这里是演说者和辩护者施展其才华的地方。在这里两个中殿连接在一起以形成一个与字母 T 相类似的形状。[151]后来将会出现的是，为了那些仆人们，还要在外侧再进一步地增加柱廊。因而，巴西利卡是由中殿和柱廊所组成的。

---

i　克罗伊斯，吕底亚王国的末代国王（公元前 560—前 546 年），他的王国在他的统治期间曾一度兴盛，后被居鲁士率领的波斯军队攻占。——译者注

ii　埃皮斯，古埃及人信奉为神的化身的公牛。——译者注

因为巴西利卡具有神殿的特征，它将采用相当多适合于它的装饰做法；但是，在这样做的时候，它将会给予人们以某种印象，即巴西利卡是在模仿，而不是在超越神殿建筑。像神殿一样，巴西利卡应该被设置在一个墩座上，但是，墩座的高度应该要（比神殿的墩座）低八分之一[152]，以与它那较低的宗教阶层相一致。所有它那些其他的装饰应该比神殿的装饰更缺少沉重感。在巴西利卡与神殿之间的一个进一步的不同是，由于前者中那些参加诉讼的几乎狂躁的人群，以及由于需要朗读和记录文件，就应该有清晰的通道和光照良好的开口。如果一个巴西利卡的平面，能够使任何进入其中来寻找一位捐助人，或一位顾客的人，在一瞥之中就能够

232 发现他们在哪里的话，那将是应该受到赞美的。为了这个理由，柱子应该离得更宽一些；理想的情况下，这些柱子上应该是用拱形梁的，虽然横梁式结构的形式也是可以接受的。[153]

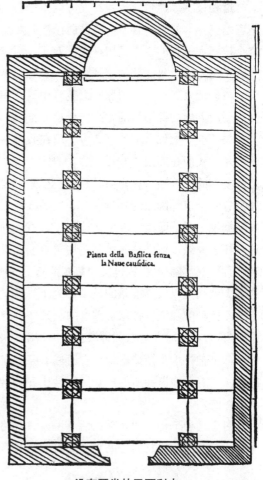

Pianta della Basilica senza la Naue causidica.

没有耳堂的巴西利卡

因此，巴西利卡可以被描述为一种宽敞的，相当开放的通道，被覆盖了屋顶，并用向内开敞的柱廊来围绕。对于任何没有柱廊的建筑，可以被认为更像是元老院议事厅，而不像是巴西利卡，这又是一种建筑类型，我们将在适当的地方会对其加以讨论。[154]

巴西利卡应该有一个其长度是其宽度两倍的平面（plan）[155]。它也应该有一个中央内殿与一个开放的和没有受到阻碍的耳堂。如果没有这样一个耳堂，而是只在每一侧简单地增

234 加了柱廊，那么，它应该以如下的方式进行布置：将平面的宽度分为九份，其中的五份是被安排作为中央的内殿的，为每一侧的柱廊各是两份。其长度也分为九份，其中的一份是由法官席的凹室的进深所占有，两份是由其在口部的凹室的宽度所占有。

如果，除了柱廊之外，还另外有一个耳堂，那么平面的宽度就要被分为四份，两份是由中央内殿所占有的，每一个柱廊再各占有一份。而其长度则是按如下方式划分的：法官席的凹室的进深采用了整个长度的十二分之一，它的开口的宽度是十二分之二点五；耳堂的宽度应该取平面长度的六分之一。

然而，如果既有耳堂，又有两侧的柱廊，其宽度应该被分为十份，其中的四份是被其中央内殿所占据的，三份是归右侧的柱廊所有，三份是归左侧的柱廊所有，每一个独立的柱廊拥有其空间的一半。其长度被分成了二十份，一份半是由法官席上的凹室所拥有，三

中殿内立面，有两层叠置的柱式，多立克式和爱奥尼式

又三分之一份是由开口的宽度所拥有。而耳堂所拥有的不超过三个完整的部分。

巴西利卡的墙体不需要像神殿的墙体那样厚，因为它们没有支撑拱顶，而是仅仅支撑了梁和屋顶的排雨水沟槽。因此，它们的厚度只需要有其高度的二十分之一。正面墙体的高度应该是其宽度的一倍半，决不能再高了。[156]

墩柱应该被加在中殿转角处的墙上，与柱子呈一条线，墩柱的厚度不要小于墙厚的两倍，也不要大于墙厚的三倍。有时候，为了更进一步地进行加固，会再额外增加一个墩柱，处在每两根柱子的中间；其宽度应该是一根柱子的三倍，最大的情况下，是四倍。这里的柱廊不需要像在一座神殿中那样庄严肃穆。因而，它可以按照如下的方式加以修改，特别是如果在横梁结构中：对于科林斯柱式，其厚度可以减少十二分之一；爱奥尼柱式可以减少十分之一；多立克柱式则可以减少九分之一。在所组成的每一种其他构件中——柱头、梁、饰带、檐口，如此等等——则应与神殿采取相同的规则。[157]

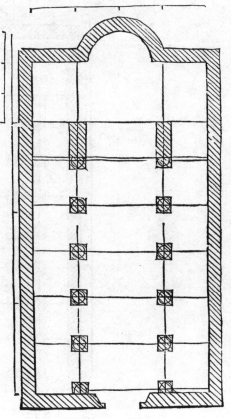

236

有耳堂的巴西利卡

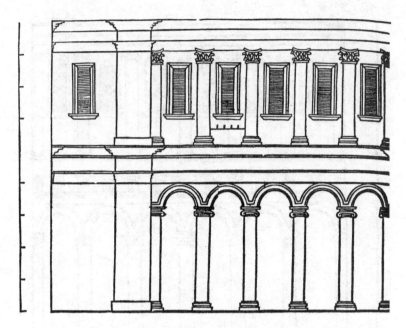

中殿内立面，有两层叠置的柱式，爱奥尼式和科林斯式

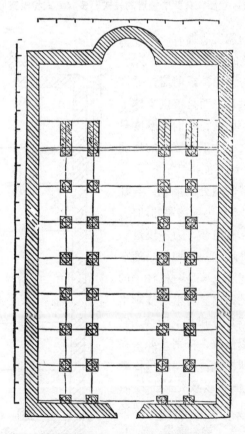

有双柱廊和耳堂的巴西利卡平面

第 15 章

对于起拱的列柱，则需要用矩形的柱子。用圆形柱子的建筑作品将会是有缺陷的，因为拱券的起拱点不能够完全地被柱子的实体所支撑，平面中那些落在圆形以外但却可以被方形所包括进来的部分无处立足而只有落在空气上了。为了弥补这一点，在柱子的顶端，古代那些有经验的建筑师们会加上一个方形的底座，其高度或者是柱子直径的四分之一，或者是五分之一，并取了一个喉头线脚的外轮廓线。这个附加的方形构件的基础取了柱子断面中最大限度的宽度为边长，而其上部向外突出的部分的宽度等于它本身的总体高度：这就对拱券的每一侧和每一角都给予了一个更为便利和更为安全的基座。

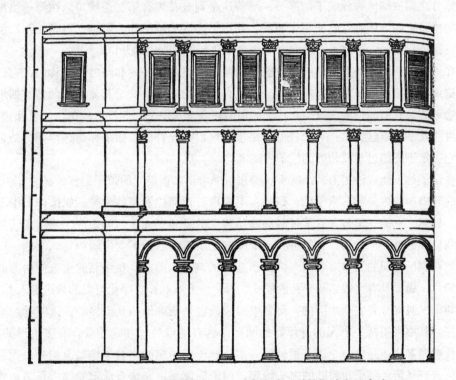

中殿内立面，有三层叠置的柱式，爱奥尼式、科林斯式和组合式

拱券式的列柱与横梁式的列柱有着同样多的变化形式。其空间可以是"疏朗的"、"紧凑的"等。在紧凑型的空间中，柱子之间的空隙的高度为其宽度一半的七倍；而在疏朗型的空间中，其高度等于其宽度的三分之五；在不是很疏朗的空间中，其宽度是其高度的一半；在不是很紧凑的空间中，其宽度是其高度的三分之一。

237

在别的地方，我们已经描述了一种作为曲梁形式的拱券。因此，依照拱券所依赖以起拱发券的柱子，那些适合于梁的[158]装饰，也都同样能够应用于拱券。无论什么人，若他希望建筑物是特别华丽的，都将会在拱券的顶上沿着整座墙的长度，加上一些直线，以表现出一根梁、饰带和檐口，这可以被认为是适合于这样一个高度的列柱的。[159]但是，由于在一座巴西利卡中，在其周围既有单柱廊式，也有双柱廊式的，柱子和拱券上部檐口的位置也一定是不一样的。对于单柱廊式的，檐口部分要向上到了墙体的九分之五以上，或者高到了七分之四以上；但是，对于双柱廊式的，檐口部分是在不少于整个墙体高度的三分之一，或不多于整个墙体高度八分之三的状况上。

然后，既是为了装饰，也是为了使用起见，又有一组柱子，最好是矩形的[160]，可以被加在墙体上，在最初的檐口的上部，并在第一组柱子上面的垂直中线上。除了保持拱肋的强度，并且增加作品的崇高感之外，这样做也会相当程度地帮助减少墙体的重量和造价；向外突出的柱廊也可能会被加在这第二组列柱之上，如果建筑作品的类型有所需要的话。

具有双柱廊的巴西利卡可以有三重列柱，一个在另外一个之上，中间是地板和顶棚，而具有单柱廊的巴西利卡仅仅有两重列柱。当有三重列柱时，在最低那一列柱子和顶棚的连接部分之间的墙体被分成了两部分，顺着这个划分布置有第二组檐口。在第一组檐口与第二组檐口之间墙体是连续而不中断的，并用了内嵌的护壁作为装饰，但是在第二组檐口与第三组檐口之间，则穿了一些洞口用作窗子和其他采光用的开口。

在一座巴西利卡的上部列柱的空隙间的窗子应该是统一的和与之相配称的，它们的宽度不应该小于这些柱子之间空隙的四分之三，它们的高度最好是其宽度的两倍。如果窗子是四边形的，它们的过梁应该是与柱子的顶端在一个水平上，而没有柱头，如果起拱的话，它们可能几乎可以触到梁；一个较低的拱也是可以被允许的，如果你是这样期待的话，但是，它一定不能超过与其相邻的柱子的高度。

在窗子的下面应该用由一个喉头线脚和一个由小鸟蛋组成的带子组成的护栏作为边界。窗子的开口中应该是装有格子的，但是，不要用石膏那样发亮的材料，如像神殿中所用的那种。显然，它们一定包含有某种能够遮挡苦涩的风和令人厌烦的寒冷，并防止任何伤害的东西。在另外一个方面，它们也必须要能够提供连续的和不受阻隔的空气流通，以防止由无数双脚所搅起的灰尘对眼睛与肺部所造成的刺激。因此，我强烈的主张使用薄的青铜片或铅片，做成具有无数细小穿孔的模式，以允许光线和能够净化空气的微风进入。

如果拱腹部分是完全水平的，而其中的嵌板也是精确地相互衔接的，顶棚看起来就会非常好。其中将包括一个大的有浮雕的圆环，具有适当的尺寸，并混合有多边形的模式。每一种造型都应该是被一个模子所分隔开的，模子的轮廓线来自于檐口上的一个元素，特别是包含有鸟蛋、浆果和树叶的喉头线脚。模子应该是用装饰有珠宝的饰带作为边缘，形成一个高尚的和明显的突出物，在它们之间包含有华丽的树叶和叶形装饰板的形式；中空的部分本身应该是优雅和漂亮的，并通过画家们的巧妙匠心而加以装点。

普林尼提到了一种胶粘剂，称作"leucophoron"，用于将金子粘结在木头上。它是以如下方式准备的：将六磅来自本都的 sinoper（赭石）与十磅的干净黄黏土混合；然后搅入一些希腊蜂蜜。在使用之前，这种混合物要放置整整十二天。[161]还有一种液体状的乳香，是用亚麻籽油和厄尔巴岛（Elban）[i] 的赭石制作的，这被证明是完全去除不掉的。

---

i 厄尔巴岛，意大利西岸的一个岛屿，位于埃特鲁斯坎海，在意大利半岛和科西嘉岛之间。——译者注

一座巴西利卡的门的高度是由其柱廊的高度所控制的。如果有一个柱廊附加在了外侧，起到了一个门廊的作用，它将有与其内侧同样的高度与宽度。门的开口、旁柱等等，都取自神殿之门的相应部位的比例；但是，巴西利卡并没有重要到一定要用青铜门的地步：因而，它们应该是用柏木、雪松或者类似的木料制作的，并用青铜门钉加以装饰。整个结构在组装在一起的时候，应该着眼于坚固和耐久，而不仅仅是美观。或者，如果不只是要一个高精度的细木镶嵌工艺，而是在对绘画的模仿方面有一个更大的要求，就应该用浅浮雕的做法，这样就提供了一种不太容易遭到损坏的装饰方法。

圆形的巴西利卡也一直在被建造。在这里中央空间的高度等于整座建筑物的宽度。然后，同样的原则也可以用于那些使用了柱廊、列柱、门、窗子等的多边形的巴西利卡。关于这个问题就谈这么多。

第16章

（133—135）

现在我们来讨论纪念性建筑物的主题。比起直到目前为止我们有关数字量度方面的那些讨论来说，这个问题可能将会使我们的观点，多少要少一点枯燥感，而多一点趣味性。当然，我也要试图尽可能地简明和扼要。

当我们的祖先赶走了他们的敌人，并运用武力拓展了他们的帝国的疆域时候，他们会树立起一些标志物，来记录他们获取胜利的过程，并将他们在战斗中获得的领土做上标记，以期能够与他们邻邦的土地相识别。因而，诸如立柱、圆柱及其他一些类似的东西，其最初的目的就是用来作为边界的标志物。在此之后，作为一种感谢神灵赐予的形式，他们开始将他们的战利品的一部分献祭给众神，并运用宗教的仪式来作为一种表达他们的兴奋心情的公共方式。这样就产生了祭坛、祈祷堂和其他一些具有类似用途的结构物。他们也决定将他们未来的名誉纳入考虑的范围，要努力让全人类都对他们的外貌与他们的美德有所了解。这也就引发了对战利品、雕像、碑铭、胜利纪念雕饰和其他形式的展示方法的发明，来庆祝他们所获得的荣耀。这种展示的形式渐渐地不仅被那些以某种方式曾经服务于他们国家的人们所接受，也被那些富有的人和幸运的人所采纳，只要他们有办法做到这一点就行。

但是，有不同的方法被选择来达到这一目标。莱伯神（Father Liber）[162]使用了由石头组成的边界标志，以较频繁的间隔设立，并用高大的树木，在树干上用常春藤作冠，以标志出他进入印度进行远征的范围。[163]在 Lysimachia[164]有一个巨大的祭坛，是由阿尔戈英雄（Argonauts）[i]们在他们的远征中树立起来的。在本都附近的 Hipparis 河的岸边，帕萨尼亚斯

239

---

i　阿尔戈英雄，希腊传说中同伊阿宋（Jason）一道乘快船阿尔戈号去取金羊毛的 50 位英雄中的任何一位。——译者注

（Pausanias）[i] 树立起了一个青铜碗，有六寸厚，具有六百个双耳土罐的容量。[165]亚历山大在大海对面的阿尔刻特斯（Alcestes）河上，用巨大的方形石块建造了十二个祭坛[166]，并在塔奈斯（Tanais）[167]河畔建造了一堵可以环绕由他的军营所占据的所有土地的墙垣，这是一个有 60 个赛跑场的长度的工程。当大流士在 Artesroe 河的 Odrisi 的土地上搭造营地的时候，他命令每一名战士投掷一块石头到一个石堆上，这样当许多代以后的人们看到这个石堆，他们就会为有如此数量多的石头和如此大体量的石堆而感到惊奇。[168]而当塞索斯特里斯出征的时候，他会以那些曾经像个人一样地对他进行过抵抗的人的名义，树立起一些有着华丽题铭的柱子，而对于那些没有经过任何抵抗就投降的人，他却不会这样做，他还留下了一些石头的纪念碑和柱子，上面雕刻有与他有着私人关系的女人。[169]伊阿宋（Jason）[ii] 则在他行进中所穿越的每一个地区，会建立起一座神殿；[170]而这些神殿又都被帕蒙尼翁（Parmenion）所摧毁了[171]，因而，在这些地方除了亚历山大的名字之外，就不会再有别人的名字会得到赞美。

那么，这就成为每一次出征时的一个传统；一旦取得了胜利并确立了和平，其他纪念碑也就接踵而来。被斯巴达人使用过的镣铐会被悬挂在劳作者的雅典娜[172]的神庙中。不仅被 Phymius 国王抓住并用来杀死 Inachians[iii] 国王的石头被 Eviani 人藏在了他们的神殿中，而且他们甚至还像是对待一位神灵一样来向这块石头进行祈祷。[173]在 Eginitae[174] 人的神殿中，他们把从敌人那里缴获的战船的喙形船首（beaks）[iv] 作为他们神庙中的献祭品。奥古斯都模仿了这一做法，在征服了埃及人之后，他在埃及人战船的铁嘴外面建造了四根立柱；图密善（Domitian）[v] 后来将这些柱子与喙形船首转运到了主神殿中，尤利乌斯·恺撒在一次战胜迦太基人的海战胜利之后，又增加了两根柱子，一根是在演讲台（rostrum）[vi] 前，另外一根是在元老院议事厅的前面。[175]还需要我在这里讨论在历史学家的著作中所提到的有关塔、神殿、方尖碑、金字塔等方面的资料吗？

240

这些著作中可谓是激情洋溢，成为一种自吹自擂的手段，直到渐渐地有一些人为了保护他们的家庭，或是为了在他们的子孙中英名永存，他们建造了完整的城市。亚历山大在那些他以他自己的名字建立的城市之外，只是有一个例外，就是建造了一座被称作 Bucephala 的城市，用来纪念他的战马。然而，在我看来，在米特拉达梯仓皇逃跑之后，庞培在位于小亚细亚的恰好是他取得胜利的那个地方建立的 Nicepolis[vii] 城是一座远为适当的多的城

---

i 帕萨尼亚斯，希腊地理学家和历史学家，著有《希腊志》，这是一本关于古希腊地志和历史的十分有价值的著作。——译者注

ii 伊阿宋，美狄亚（希腊神话中科尔喀斯国王之女，以巫术著称并曾帮助取得金羊毛，Medea）的丈夫，夺取金羊毛的阿尔戈英雄们的首领。——译者注

iii Inachians，不清楚这个词在这里指的是某一种人，还是某一地名。——译者注

iv 铁嘴，欧洲古代战舰船头上突出的金属或包有金属的铁嘴撞角。——译者注

v 图密善，罗马皇帝（公元 81—96 年）以其暴戾统治导致在他的皇后和廷臣默许下而被刺杀。——译者注

vi 古罗马演讲台，古罗马广场上用作公开演讲并装饰有从被俘战船上取下的喙形船首的高台。——译者注

vii Nicepolis，除了这里提到这是一座由庞培在小亚细亚建立的城市外，没有更具体的描述，其位置不详。——译者注

市。但是，塞琉古（Seleucus）[i][176]却超过了他们，如后来所看到的，他以他妻子的名字命名了三座名叫阿帕米亚（Apamia）的城市，以他母亲的名字命名了5座莱奥迪西城（Laodicia），用他自己的名字命名了9座塞琉卡城（Seleuca），并以他父亲的名字命名了10座安提俄克亚城（Antiochia）。

另外一些人确保了他们名字的永垂不朽，倒不是通过他们那巨大的财富，而是通过某种他们所开创的东西。恺撒用在他获胜时所戴的月桂树花冠的果实中种植了一棵树，他将这棵树又献给了未来的胜利。在叙利亚的阿斯卡勒姆（Ascalum）有一座著名的神殿，其中有一尊 Dercetis 的雕像[177]，用的是人面鱼身的形象，因为正是在那里他将自己投入了一个水池中；而且，对于叙利亚人来说，这个水池中的鱼是被禁止食用的。[178]在 Mutinii 的福西诺（Fucino）湖人们以蛇的形象为美狄亚·安吉斯特斯（Medea Angistes）塑造了一座雕像，因为她从蛇的危险境地中救出了他们。[179]这就像是被赫拉克勒斯杀死的九头蛇怪（Hydra）[ii]，或是爱莪（Io）[iii]，或是勒纳（Lerna）之兽[180]，以及在早期诗歌的诗句中所描述的种种动物；我是非常赞成这样一些创造的，这其中负载了一些道德的信息——例如，在 Simandis[181]的坟墓中的那些雕刻，在其中有一位被穿着神圣长袍的官员们所围绕着的法官；在这些官员们的脖子上挂着并垂到胸前的是"真理"的形象，它的眼睛闭着，而它的头却似乎在低垂着；在中心的位置是一堆书，上面铭刻有一句座右铭，"这里是治疗心灵的真理之药。"[182]

但是，除非我是错的，所有装饰中最为伟大的装饰就是雕像。雕像既可以在神圣建筑中，也可以在世俗建筑中，既可以在公共建筑中，也可以在私人建筑中，起到装饰的作用，并且能够为某一位人物或某一个事件提供一个极好的记忆。无论这种做法可以实际地归之于哪一位杰出天才的名下，雕像都会被看做是伴随着宗教而兴起的，并且据说是由埃特鲁斯坎人所发明的。一些人相信罗得岛的 Telchines 是最早从事神像雕琢的人；这些雕像是被奉献给一些神秘的礼拜仪式的，从而又引出了云、雨等，可以按照需要而表现为不同的动物形式。[183]卡德摩斯（Cadmus）[iv]，Agenor 的儿子，是第一位在神殿中为一位神灵雕琢并祭献一座雕像的希腊人。按照亚里士多德的说法，在雅典的广场上最早树立的是 Hermodorus 的和 Aristogiton 的雕像，是他们最早从暴政中拯救了这座城市。[184]历史学家阿利安回忆说，在波斯国王薛西斯一世将这些雕像掠到苏萨（Susa）[v]以后，是亚历山大又将这些雕像带回了雅典。[185]罗马据说有如此多的雕像，以至于有一种说法是，在罗马城中还包含有另外一个由雕像组成的人口群。古代埃及国王 Rapsinates 用石头雕琢了伍尔坎的雕像，有 25 库比特高。[186]另外一位埃及人，Sosostris 为他自己和他的妻子雕琢了有 32 库比特高的雕像。[187]在孟菲斯，阿美西斯有一尊长 47 尺的雕像，是按照他自己的形象雕琢的；在这座雕像的基座上

---

i　塞琉古一世，公元前 358 或 354—前 281 年，亚历山大大帝的将军，曾为巴比伦总督，后创立塞琉西大帝国。塞琉古二世（Seleucus Callinicus），公元前 246—前 225 年在位，其母亲是莱奥迪西。这里似乎是说塞琉古二世，但其尾注却注释为塞琉古一世（Seleucus Nicator），原因不明。——译者注

ii　九头蛇怪，希腊神话中被赫拉克勒斯所杀死的一个多头怪物。——译者注

iii　爱莪，希腊神话中主神宙斯的情人，后被宙斯的妻子赫拉施法而变为了母牛。——译者注

iv　卡德摩斯，希腊神话中的腓尼基王子，他杀死了一条龙并将其牙齿撒落在地上，在掉落龙牙的地方突然出现一队人马，互相厮打，直到仅剩五人幸存。卡德摩斯同这五个人一起建立了底比斯城。——译者注

v　苏萨，伊朗西南部的一个城市遗址，曾是埃兰王国以及小居鲁士统治下的波斯帝国的首都。——译者注

还包含有另外两个雕像，有 20 尺高。[188]在 Simandis 的坟墓中，有三尊主神朱庇特的雕像，是由门农（Memnon）[i] 从一整块石头中雕琢出来的非同寻常的雕像；其中的一尊像是坐姿，这尊雕像是如此巨大，仅其足部就有超过 7 个库比特的高度；除了工匠娴熟的技巧与石头的巨大尺寸外，更为令人不可思议的是在这样巨大的一块石头上，居然没有一丝瑕疵和裂缝。[189]后来，当没有石头能够满足他们所雕刻对象的大小尺寸时，他们开始用青铜来铸造高达 100 库比特的雕像。但是，塞米勒米斯超越了每一位人：因为缺乏适当的石头，同时也因为她急于拥有一座超越青铜所能够铸造的能力的巨大尺度的雕像，她在米堤亚（Media）[ii] 的一座大山的岩石中，将她自己，以及上百位在她面前恭恭敬敬地奉献礼物的人物，雕琢成一座有 17 个赛跑场（stades）高的巨大雕像，并称作 Badistanus。[190]

　　在雕像这个话题中，我觉得我几乎不应该忽略狄奥多罗斯（Diodorus）关于埃及雕刻家所说过的一些话，虽然他们在不同的地方，使用不同的石材来进行工作，他们的技巧是如此娴熟和精致，因而他们能够把一座雕像的接口处理得如此完美，以至于像是在一个地方，并出自一位艺术家之手的作品。在萨摩斯岛的皮提亚阿波罗神庙中的著名雕像中，据说是使用了令人惊异的技术，这座雕像的一半是由 Thellesius 雕琢的，而另外一半则是由西奥多鲁斯在以弗所完成的。[191]

　　在这些奇闻轶事中包括了一些纯粹娱乐的成分：尽管其中负载了一些与当前的讨论特别有所关联的东西，我却宁愿将这些内容放在下一书的上下文中再加以讨论，在下一书中，我们将讨论有关私人建筑遗迹方面的话题，这将是一个与这些奇闻更为密切相关的主题。对于一位个别的公民而言，甚至那些贵族们也是一样，即使他们难以在所花费的数量上超越那些奇闻轶事，即使他们为了贪图荣誉而消耗自身，他们也都会急切地利用每一个机会来为他们的名字上涂抹上光泽，因而，他们也将不会剩余什么多余的经费，来提供他们所期待的东西；但他们将利用他们所拥有的资源，在艺术家的能力，以及他们的想象力的范围之内，做出任何可能的尝试。因此，我相信在他们与那些伟大国王们，在其设计的优美程度方面，以及在他们作品的适当性方面的竞争中，他们并没有被远远地抛在后面。这样一个话题将会被保留到下一书中；我保证这将会给予读者以极大的愉悦。让我们首先不要忽略这样一个相关的说明。

（135—136）

第 17 章

　　还有一些人坚持说在一座神殿中不应该包含有雕像。据说，国王努马是一位毕达哥拉斯（Pythagoras）[iii] 的追随者，禁止在神殿中出现任何偶像物。[192]也同样是因为这个原因，塞

---

　　　i　门农，希腊神话中的埃塞俄比亚之王，为阿喀琉斯所杀，并被宙斯赐予永生。——译者注

　　　ii　米堤亚，亚洲西南部的一个古国，位于今天伊朗的西北处。这里的居民曾为一个说印欧语的部落。于公元前 550 年被居鲁士大帝征服，从而被其并入波斯帝国之中。——译者注

　　　iii　毕达哥拉斯，古希腊哲学家和数学家，在意大利南部创立学派，强调对音乐和谐及几何学的研究。他证明了毕达哥拉斯定理的广泛有效性并被认为是世界上第一位真正的数学家。——译者注

内加也嘲笑了他自己和他的公民同胞们，他说："我们就像是一群孩子在耍玩偶的游戏。"然而，在我们的长老们的引导下，并诉诸理智，我们认为，没有什么人会被如此误导以至于意识不到，众神应该是在我们的心中，而不是在眼中，被形象化的。很显然，即使是在最为轻微的程度上，也没有什么形式，在模仿或是表现这种伟大事物方面，是能够永远成功的。如果没有什么由人的手所制作的物品能够达成这一目标，那么，他们就认为，最好是每一个人都按照他自己的能力与想象力，在他的心目中，为万事万物中那些最为重要而至高无上的事物，那些神圣的至能至智，塑造一个印象。以这种方式对他的至高无上的名称的崇敬之感就都是更为自发地产生的了。

其他人有不同的想法；他们坚持说，给予众神以人的形象与样子将是合理而谨慎的：如果所显现的雕像造成了使无知者们相信，正如他们已经接近的事物那样，他们也将会接近众神本身，这就将使他们更容易把他们的心灵从生活的堕落中摆脱出来。仍然还有其他一些人觉得，那些值得人类赞美的事物，以及那些值得像众神一样被人们铭记在心之人的肖像，应该在神圣的场所中被树立起来并得到展示，因而未来的许多代人，在表达他们的崇敬之心的时候，他们对于荣誉的强烈憧憬，就会被激发起来去追随这样的例子。

但是，特别是在一座神殿中，雕像的类型、位置、空间和材料都是特别重要的。例如，我觉得公园中的那些荒谬可笑的稻草人式的神像，就很难得到人们的欣赏；那些在柱廊中可以看到的武士们的雕像，以及类似的情况，也都是一样；而任何被放置在空间狭小或地位压抑的地方的雕像，也不会得到人们的崇敬。首先应该解决好的是材料问题，接下来就应该是其余的问题了。[193]

按照普卢塔克说法，雕像最初是由木料制作的，如得洛斯岛的阿波罗雕像，以及在Populonia[i] 城中的主神朱庇特的雕像，是用葡萄木雕刻的，据说许多年都是保存得完好无缺的[194]，而位于以弗所的狄安娜雕像，据一些人说是用黑檀木制作的，而 Mutianus[195]却声称那是用葡萄木制作的。[196]Peras，那位建造了 Argolica 的神殿，并将他的女儿作为神殿的女主祭司的人，拥有一座用梨树的树干雕琢而成的主神朱庇特的雕像。[197]

一些人不主张在众神的雕像中使用石头，因为这是一种坚硬的和令人感觉冷冰冰的材料。金子和银子也是同样被拒绝的，因为这些材料是从那些贫瘠的不毛之地和令人感觉不幸的土中发现的，同时这两种材料有一种苍白的色调。"那里站立着朱庇特，"诗文中说，"在他那狭窄的住所中几乎没有遮掩，而在他的右手中握着一枚陶制的霹雳。"[198]在埃及一些人相信神是由火构成的，它生活在闪烁缥缈的火焰之中，从而不可能被人的感觉所捕捉到；因为这个原因，他们更倾向于使他们的众神雕像是像水晶一样的质料。其他一些人则认为黑石才是最好的材料，因为这种材料的颜色是无法被领会的；还有一些人则主张用金子，因为金子是与天上的群星相配称的。

就我自己来说，还不确定什么材料对于众神的雕像而言是最好的。也许可以说，它们应该是由最高贵的材料所制成的，而稀缺又是最为接近高贵的一种特性。当然，我没有主张用盐来制作这些雕像，就像索里纳斯所描述的在西西里岛上的一种习惯那样[199]，也不主张

---

i　Populonia，位于意大利托斯卡纳区里窝那（Livorno）省的一个地名。——译者注

242

243 用玻璃来制作，例如——普林尼所提到的例子[200]；同样地，我也没有主张用实体的金子和银子来制作雕像——这也并不是因为我赞成那种认为这两种材料是从贫瘠的土地中发掘出来的，而且它们有一种苍白的色调，因而拒绝对它们的使用的观点。我的观点会受到许多因素的影响，而并不仅仅是因为深信从宗教崇拜的名义出发，任何一个可能代表一位神灵而被礼拜的对象，都应该尽可能与这一神灵相像。为了这个理由，我觉得它们应该是由人类之手所能够制作的最为持久，也最为永垂不朽之物才是。那么，我对自己发问说，为什么那种旧有，即在某个场所中的一幅神的画像，比起恰好就坐在他身边的同样一尊神灵的雕像来说，能够有更多的祈祷者，并能获得更多他们所奉献的正直而洁净的祭品的信仰，仍然是那样普遍呢？更进一步，你将会发现，如果任何雕像，曾经是一尊相当受人崇敬的对象，一旦被移动到了别的地方，人们就会觉得它光晕已减，对它的信仰也会因之褪色，不再向它奉献他们的祭品。因而，每一尊雕像都应该是被分派了属于它自己的高贵位置，并且应该在那里得到保持。

他们说，在人类的记忆中，没有哪件优美的作品曾经是用金子制作而成的：就好像这位金属之中的国王拒绝让那些工匠们的手来拿捏它一样。如果真是这样，金子就不应该被用来制作那些我们希望其拥有辉煌的神灵们的雕像。此外，如果它是用金子制作的，它也将会成为一件充满诱惑之物，与其说人们会去偷盗它那金制的胡须，还不如说他们会将整尊神像彻底熔化。

如果不说那非常令人着迷的纯净的大理石的坦率与正直，那么，我最喜欢的就是青铜了。使用青铜材料的主要优势之一就是它的耐久性，当然，这也造成了这种青铜雕像，比如，当它遭到破坏时，已超越了可能因为再次利用而将其熔化所引起的财务动机，就会令人产生一些亵渎与不敬的感觉。因为这样就会将这尊雕像或是用锤棒敲打成型，或是将其浇铸成像是一层薄皮一样的东西。

有人写道——有一尊象牙雕像——被制作得如此巨大以至于很难适合于被放置在神殿的屋顶之下。[201]对此我无法表示赞赏；因为雕像的尺寸大小一定是要适当的，它的形式也应是在某个轮廓之内，其中的各个部分是经过排列部署的。于是，这些伟大神灵的严肃冷峻的面容，伴随它那胡子和眉毛，可能不会与女孩子们那柔和的外观能够很好地相配称。同样，这些雕像的稀有与罕见，更增加了人们对它们的崇敬，除非我们是一群白痴。

理想的情况下，在一个圣坛上应该有两尊雕像，当然不应该多于三尊；其他的雕像可以在壁龛中找到适当的位置。每一位神灵或英雄的雕像，我主张，应该有一种姿势和服装，由此而尽艺术家之可能，来传达他的生活与习惯。在这里我的意思并不是说，它们应该像摔跤选手或演员一样摆出一种什么姿态，以取得一些人的赞赏，我认为它们应该用整个身体外观上的一种表现，来传达一种神的优美与威严，因而它们似乎是在点头或是做出一个手势，以对那些接近它的人给予某种回应，从而使人看起来像是对那些祈祷者与恳求者的一种接受。

那么，这是适合于在一座神殿中的雕像类型；其他类型的雕像则应该是布置在剧场和其他一些世俗建筑物之中的。

莱昂·巴蒂斯塔·阿尔伯蒂关于建筑艺术论的第八书从这里开始

第八书
世俗性公共建筑的装饰

第 1 章

我们已经注意到在建筑艺术中装饰应用的重要性。[1] 十分清楚的是，每一座建筑物不会要求有相同的装饰。对于神圣建筑，特别是公共性的神圣建筑，一定会将每一种艺术和行业都应用来将其装点得尽可能绚丽优美：神圣艺术一定是为神而布置与装配的，而世俗艺术则仅仅是为人而安排的。由于这后者有较少的崇高性，它应该让位于前者，当然，以其自身的装饰细部，这些世俗建筑也仍然可以是很高尚的。

在前一书中我们已经讨论了对于神圣性的公共建筑，什么是适合的。现在留给我们的问题是，如何处理世俗性的公共建筑。因而，我们将描述每一种情况下的适当的装饰。

道路，如我已经解释过的，基本上属于某种的公共性的设施，在道路中，它被设计成为既便利于居住者，也便利于来访者。但是，因为有两种用于行旅的路径，一种是通过陆地，另外一种是通过海洋，我们必须对这两种情况都加以讨论。如果你愿意的话，请回忆一下我们在较早阶段在军事性道路与非军事性道路之间所做出的区分。[2] 这里可以更进一步做出次一级的区分，即区分为城市道路与农村道路。

沿着一条路线的田野乡村，在相当程度上可以被看做是一条军事道路的装饰，它提供给人们的是一个有着良好管理的和成熟耕作的土地，其中充满了乡间别墅和小旅社，以及无穷无尽吸引人的东西；现在让我们来看一看海洋，看一看山区，看一看湖泊、河流或溪流，看一看在炙热的烈日下烘烤着的岩石与平原，看一看树林与山谷。如果道路既不是很陡峭，也不是很曲折，更没有受到阻隔，而是像其本来的样子起伏回旋，蜿蜒平展（level）[3]，轮廓清晰，它也将可以是一种装饰。

的确，在多大的范围上古人还没有达成这样的目标？我不需要再提到他们那坚硬的燧石道路，那是用大量的石块筑造的，向外延伸了上百里（miles）[i] 远。阿庇安大道是从罗马铺砌到了布林迪西（Brindisi）[ii]。沿着这条军事大道，可以看到各种各样的例子，如被穿透的岩石，被开凿的山体，被挖掘的小山，被填平的沟谷——那些耗费了令人不可思议的金钱与超乎寻常的劳动力的工程；很显然，每一项工程都不仅提供了使用上的便利，也提供了装饰。

更进一步，如果旅行者常常遇到一些能够引发他们交谈的话题的事物，特别是如果这是一些有关高尚事物的话题，那么，这就是一个具有最伟大的崇高感的装饰。如拉贝里乌斯（Laberius）[iii] 所说的，"在你的身旁有一位机智而诙谐的同伴，那么走起路来就如同骑马一样轻松自如。"[4] 当然，交谈更多地是为了减轻旅途的烦恼。对于古人的种种习惯我总是会

ⅰ　这里应该是指古罗马里，一里约为一千个两步。——译者注

ⅱ　布林迪西，意大利南部的一座城市，位于意大利东南港市巴里（Bari）东南的亚得里亚海岸。是古代贸易的中心之一，与地中海东部地区有贸易往来，中世纪时这里是十字军登陆的地方。——译者注

ⅲ　拉贝里乌斯（约公元前105—前43年），罗马剧作家，骑士，其文字刻薄，有42个滑稽剧的部分内容保存了下来。——译者注

给予更多的尊重，在这里我还发现了对他们进行赞美的进一步理由（虽然，我发现他们所主要关注的并不是使旅游者感到轻松，而是某种截然不同的东西，关于这一点我们现在就将讲到）：在《十二铜表法》（Twelve Tables）[i] 中有一条法律是这样规定的："没有人可以在城市之中被埋葬或是被焚化。"[5] 此外，一项由元老院颁布的古代法令规定，没有什么人的遗体可以在城墙以内被埋葬，除非那些维斯塔处女（Vestal Virgins）[ii] 的，或那些皇帝们的（他们是受到法律豁免的）。[6] 按照普卢塔克的说法，瓦勒里（Valerii）和法布里蒂（Fabritii）被授予了可以在广场（Forum）上被埋葬的特权；他们的子孙可以将其遗体停放在那里，但是，一旦火把被举起的时候，他们就要将其移走，因此，这意味着特权虽然赋予了他们，但是，他们却并不愿意由他们自己享有这特权。[7] 因而，古人们将会为他们的家族墓地选择一个适当而醒目的道路边上的用地；他们会以尽他们的资源以及艺术家之手的所能而加以的装饰，去努力地装点这块墓地。其结果是，他们的墓地是以最为精致的设计而建造的[8]；他们的墓地中将不会缺少柱子；坟墓的护壁与铺砌上会闪烁着微光；墓地中会用雕像、浮雕和镶嵌的面板，而使其显得华丽与辉煌，并会用由青铜或大理石塑造的雅致的半身像来加以标识。

这些审慎而严谨的人，以及他们的实践，究竟对国家本身，以及对某种道德行为的标准，提供了多少贡献，其实是一个不需要我来特别加以关注的话题。只是当这个问题与我们的观点有所关联的时候，我才会涉及它。那么，你的观点是什么呢？一位沿着阿庇安大道或是其他一些军事道路行走的旅行者，当他们注意到那琳琅满目的墓碑时，或当他最初于偶然间看到了这一处墓地，接着是那一处，然后是另外一处，然后又是更多的一处，所有这些都是经过了灿烂而绚丽的装饰的，并且是可以让人们辨认出那些著名人物的名字和他们的身份的，难道他不会感受到巨大的愉悦吗？难道所有这些过往历史的墓碑不能够提供给我们无数的机遇，令我们回忆起那些伟大人物的功勋，从而激发起一种既能够使这一旅行变得轻松，也能够提高这座城市的声誉的对话吗？

然而，这还只是一个次一层次的考虑；更为重要的是，他们对于国家和公民的繁荣与福祉的关注。按照历史学家阿庇安的观点，那些富有的人所给出的反对《土地法》（Lex Agraria）[9] 的主要理由之一是，他们认为这项法律的一种亵渎就是将他们祖先的坟墓转移到了其他的人的手中。[10] 如果我们好好地想象一下，通过这样一次慈善之举，一次虔诚的表示，一次宗教的仪式的遵守，把它转交了出去，而不是给了他们的子孙，有多少遗产会被糟蹋和毁坏？此外，这些坟墓给予了城市和家族的名称以某种装饰，不断的鼓舞其他人来仿效那些最为著名的人们的美德（virtues[11]）。最后，如果你曾经恰好目击了一位入侵者洗劫了你的先祖的坟墓，你的反应应该是什么样子呢？谁能够会是如此悠闲慵懒或怯弱无能，以至于不会立即在胸中燃烧起渴望为国家、为荣誉而复仇的怒火？一旦这种轻辱感，以及这种虔诚感和羞耻感被引发了起来，会在心中激发起一种什么样的

---

i 十二铜表法，指古罗马最早编纂的法典，传统上被认为是在公元前 451～前 450 年制定的。据说这是按照平民的要求制定的，罗马人把《十二铜表法》奉为法律的一个主要渊源。——译者注

ii 维斯塔处女，古罗马时在维斯塔神庙中照料圣火的妇女之一。她们作为维斯塔的祭司，并在她们服侍于神的时期内过着独身生活。——译者注

力量呢！

　　关于这一方面，古人们早已经受到了称颂。然而，我还不想对我们自己的那种在城市之内布置神圣公墓的习惯提出批评，这样就可以使尸体不用被带进神殿之中，那里是元老们和地方官员们聚集在圣坛的面前进行祈祷的地方，而偶然间这些尸体会导致某种引发瘟疫的腐烂的气体，从而玷污了祭品的纯洁。[12]但是，对尸体进行火葬的实践将会为人们带来多么大的便利呢！[13]

246

第 2 章

(137v—140)

　　这里我们可以提出几条对于坟墓的规则而言似乎是必不可少的建议。由于这些墓地与宗教的联系，它们几乎可以被看做是公共工程。如律法文字中我们所读到的，"无论在什么地方，有一具死人的尸体被埋葬，这个地方就被认为是神圣的了。"[14]同样地，我们也坚持有关墓地的法律应该纳入宗教的条目之下。因为，宗教必须先于任何其他事物而加以考虑，我认为尽管在事实上这些是属于私人权力范围之内的事情，我应该在讨论公共与世俗建筑之前，就对这些事物先行加以分析。

　　几乎没有哪一个种族是如此野蛮以至于会觉得不需要有埋葬之所；只有一个例外，那就是来自远东印度的一个被称作 Ictophagi 的国家[15]：据说，他们习惯于将他们中的死人遗体扔到海中，并坚持说，无论这些尸体是被土地，还是被水或是火所吞噬，其结果都是一样的。[16]阿尔巴尼亚人也是一样，他们认为对于他们的死者表示出关切是错误的。[17]塞巴人像是对待废弃物一样对待他们死者的尸体，他们甚至将他们国王的遗体抛进粪堆之中。[18]那些史前的穴居人（Troglodytes）习惯于把他们死者的尸体随便地捆绑起来，将他们的脖子与双脚捆在一起，以嘲笑和戏谑的方式将他们运走；然后将他们埋在没有经过事先思考的地方，并将一只山羊的角放在他的坟头上。[19]但是，没有任何一位有人性的人会对这样一些习俗表示赞同。

　　在埃及与希腊的一些地方，墓碑不仅是为死者而建的，也是为了他的朋友们的记忆而建的，所献给他的赞誉之词几乎是无可挑剔的。在印度的一个部落，我觉得特别值得注意；他们坚持认为所有人中最伟大的墓碑应该是为了纪念一位保护了他们的子孙的人，他们在他们那些最为杰出的公民的葬礼上所奉献的，除了充满颂扬之词的赞歌之外别无一物。然而，我觉得这也是为了那些坚持遗体一定要妥善地加以对待的人而举行的。更进一步，坟墓将是为了使他们的子孙清晰地保持一个名字的记忆的有效方法。[20]

　　我们的祖先习惯于为那些受到尊敬的人，或那些以其生活或生命为代价来证明了他的杰出贡献赢得了整个国民的感谢的人，用公共经费树立雕像和墓碑，以此来鼓舞其他人向往这荣誉。墓碑或许比起雕像来说要用得不那么普遍，因为人们意识到随着季节和时代的变迁，它们会变得越来越糟。然而，按照西塞罗的说法，矗立在一个特定地方的一通墓碑，它的神圣与尊严是不可能被消除或毁灭的：随着任何别的什么东西日益变得黯然失色，墓碑的神圣却随着岁月的变迁而与日俱增。[21]

墓碑是用于祭祀的，如果我没有弄错的话，以确保那些人们对于他的纪念已经被托付给了可以信赖的结构物和土地的人，能够得到宗教的，以及对神灵畏惧感的保护，即使是人类的手也奈何它不得。因此，在《十二铜表法》中规定，禁止因为任何其他用途而为一座墓地设置门廊或入口。[22]这里存在着一条进一步的法律，对于任何冒犯一座坟墓，或涂抹及损坏一座墓地的墓碑柱的人，要给予严厉的惩罚。[23]

简而言之，对于墓地的尊重是一切文明民族的习惯。雅典人就有这种对于墓地的崇敬感，任何一位指挥官如果没有能够为在他的战争中死去的人建立墓地来给予其荣誉的话，那么他就会被判处死刑。在希伯来人那里有一条律法规定，禁止人们将任何敌人的尸体不加掩埋地暴露在外。如果我是离题太远了，那么我更多想添加的就是葬礼和墓地的类型，例如关于西徐亚人（Scythians）[i] 的传说，他们，为了标志出一种荣誉，会在宴席上吃掉他们死者的尸身[24]；或者，还有其他的人，在他们死后，会让狗将他们吞食掉。但是，关于这一话题谈得足够多了。

几乎任何一位人，在涉及一个国家的法律的合法性与完整性的时候，都会特别关注那些有关确保避免奢华的葬礼和墓地的内容。在皮塔科斯（Pittacus）[ii] 的法律中的一条中，要对在一个坟丘之上树立的一根小而临时性的立柱加以限制，其高度不能超过三个库比特。[25]他们认为在一个环境下，即自然使得每一个人都是平等的，富有的人不应该有什么不同之处，而平头百姓与富有阶层一样，应该完全用相同的方法加以对待，这样才是公平的。因而，在古代的时候，他们只是用土来掩埋的：他们认为这样做是正确的，因为这尸体，被放进了土地之中，好像，就是在其母亲的子宫之中。他们颁布了一条法令说，没有人可以建造一个比用十个人花费三天的时间所建造的更为精美的墓地。但是，没有一个国家能够比埃及人在他们的墓地上花费更多的精力：他们坚持认为，那些将住宅建造得不适当地奢华的人是错误的——因为它们的，居住者的生命是如此短暂——他们会将钱花费在墓地上，那里才是他们可以永久停留的地方。

对我来说，似乎非常像是在遥远的古代，人们第一次开始通过一块石头，或者很可能，如柏拉图在他的《法律篇》（Laws）中所主张的，是用一棵树，来为埋葬有一个人的尸体的地方做出标志的实践[26]；后来，它演变成为一种在其上，或在其周围建造一些什么东西的习惯，以防止动物们的扒刨会将死者的遗骸拱出地面。当同样的季节来临，乡间的田野上再一次充满了鲜花或有着茂密的庄稼的时候，而这也恰逢他们亲人和朋友从他们的生活中离开的时候，他们的心中无疑地会对他们所爱的人充满了思念与忧伤；他们会立刻回忆起这些逝去的人所说过的话，或做过的事情，然后，就会重访那个地方，并会尽他们可能的方式来表达敬意并寄托对死者的哀思。或许这就是一种习惯是如何发展出来的，特别是在希腊变得很常见的，即要在坟墓上要献上一个与其名誉相称的祭祀

---

i　西徐亚人，又称斯基泰人。公元前 9 世纪，西徐亚人生活在阿尔泰以东地区，因周宣王对猃狁人（古匈奴人）用兵，或因为当时大旱的气候，迫使其西迁渐至西波斯地区，公元前 625 年，西徐亚人侵入叙利亚，其势力范围甚至达到埃及。后来与其他民族融合而成安息人。公元前 4—前 2 世纪，西徐亚王国被入侵的萨尔马特人推翻。——译者注

ii　皮塔科斯（约公元前 650—约前 570 年），古希腊政治家"七贤"之一，公元前 590 年米蒂利尼人选他作独裁官，连任 10 年。——译者注

礼仪。在这里，如修昔底德所谈到的，他们要身着仪式的衣袍聚集在一起，献上当年收获的第一批水果。[27]这样，其虔诚与宗教的意义已经附在了这一仪式上，因此，这一仪式也会在公共场合进行表演。其结果是——这里要继续我的思索——除了是覆盖了墓穴，并且仅仅是树立起一个坟丘或一根小小的立柱之外，他们也开始建造圣祠，给予这祭祀仪式以一个高贵的场所，并使人们确信，他们的的确确是值得受到人们的尊敬的，他们自始至终都是端庄大方的。

但是，古人们会为这些坟墓选择不同的基址。按照大祭司们的法律，在一个公共场所树立一座坟墓是不被允许的。柏拉图的观点是，没有一个人，无论他是活着的，或是已经死去，可以对其他的人造成某种厌烦与妨害；因此，他主张说，埋葬之所所应托付之地不仅应该选择在城市之外，也应该是相当的贫瘠不毛之地。[28]一些人追随了这一观点，他们为墓地分派了一个特殊的地方，远在野外荒郊之地，与人们的汇聚之所具有相当的距离；我非常赞成这样一种做法。

另外一方面，一些人会将他们死者的尸体保存在家里，用石膏或盐将尸体包裹起来。Mycerinus，埃及的国王，将他死去的女儿尸体装入一个木制的公牛内，并将其放置在宫殿中他的身旁；他命令那些主持神秘事务的人每天都用一个神圣的牺牲[29]向她进行祭献。[30]塞尔维乌斯则谈到，古人习惯于在十分显眼的高耸的山顶上为他们最杰出的人，以及那些高贵的公民们选择墓址。[31]在历史学家斯特拉博的时代，亚历山大港的人们将会保留一些用围墙围绕起来的花园来埋葬他们的死者。[32]更为晚近的时候，我们自己的神父们往往会在他们的主要神殿旁边附加一些小礼拜堂来包容一些墓冢。在整个拉丁姆可以看到一些家族的坟墓，是挖进了土中，坟墓的墙壁是用连在一起的一个个装有被火化尸体的骨灰罐组成的；上面也有一些为面包师、理发师、厨师、男性按摩师，以及家族中的其他成员而题写的碑铭。为了对母亲有一种安慰，藏有婴儿尸骨的骨灰罐也往往会包含这些孩子们的一个形象，是用石膏制作的。那些祖先的形象，特别是当他们是自由民时，则会用大理石来雕制。这就是他们的情形。

但是，无论人们选择了什么样的埋葬尸体的习惯，只要是在一些具有伟大的高尚感的地方给出了死者的名字以提供给人们以一种记忆的，我们就不应该对其进行苛责。

最后，在这样一种纪念物中愉悦感是隐藏于作品及其题铭的形式之中的。要说明什么样的建筑形式才是古人认为最适合于一座墓地的，并不是一件很容易的事情。罗马的奥古斯都的陵墓是用方形的大理石块砌筑的，并用常绿树为其遮阴；在陵墓的顶上站立着一尊奥古斯都的雕像。[33]在离卡马尼亚（Carmania）不远的 Tyrina 岛上，有 Erythras 的陵寝[34]，那是一座巨大的土堆，上面种满了棕榈树。[35]Sacae 的女王 Zarina 的陵墓，是由一个三角形的金字塔，上面站立了一尊金色的巨像。[36]Artachaes，一位薛西斯一世时的将军的坟墓，是由整支军队用土堆积建造起来的。[37]

然而，在我看来，在每一个例子中，其主要的目标就是要提供一个与任何其他东西不一样的设计——这里并不是在批评其他人的作品，而是要通过一种具有新奇感的创造而吸引人们的注意。随着坟墓建筑越来越多地被应用并变得普及，新的设计也在不断地被创造之中，一直到再也没有什么从来也没有被人应用过的和精致到完美无瑕的设计，被进一步地创造出来；每一个例子都应该被受到称赞。然而，如果我们对这一整个事情加以检验，我们会注意到，有时候人们会倾向于比仅仅修饰那些埋藏了尸体的那个部分要做得更多，有时甚至还会更进一步，并且尝试着为墓志铭和纪念碑建造一个漂亮的底座。因而，一些人会满足于一个简单的大理石包装，或者会在坟墓的顶部加上一个小龛室，以表达这个场所所要求的神圣感；其他人则愿意加上一根立柱、一座金字塔、一个堆石冢或类似的大型结构，其主要功能不是保护遗体，而是为其子孙们保留下姓名。

我们已经提到，在特洛亚特（Troad）的阿苏斯（Assos）[i] 有一块被称作食肉石（Sarcophagon）的石头，这种石头能够很快地消解尸体[38]；那些用碎石构筑的或组成的土基能够很快地将任何湿气吸收掉。但是，我将不在这些小事情上离题太远。

(140—142v)

第 3 章

现在，虽然我们对古人的埋葬之所可能已经有了基本的了解，我还注意到其中一些是由小礼拜堂组成的，一些是由金字塔组成的，一些是由立柱组成的，另外一些则是由其他不同的结构组成的，例如锥形的石冢等。我觉得我们必须要对它们中的每一个逐一地进行讨论；让我们从礼拜堂开始。

我主张将这些礼拜堂就像它们是小型神殿那样地去建造。如果这些建筑的外轮廓是与任何其他建筑类型结合而成的，并给予它们以既优美又持久的效果，我也是不反对的。因为存在着被偷盗的危险，那些纪念性建筑往往都倾向于要保持永久，但它应该是用高贵的材料建造呢，还是用廉价的材料建造，这一点还不是十分清楚。然而，它的装饰却当然应该是令人愉悦的，并且，如我们已经提到的，在保护一件物体，并为子孙们永久地将其保留方面，没有什么更为有效的手段。[39]

那些伟大的皇帝如 C·恺撒 [ii] 和克劳狄乌斯的曾经无疑是极其辉煌的陵墓[40]，现在已经看不到什么尚存之物了，今日所剩余的只是几块方形的石头，有两个库比特长短的大小，在石头上还记着他们的名字。而且，如果不是我弄错了的话，他们的名字原本是刻在大型石块上的，这些大块石头也已经遗失很久了，与其余的装饰部分一起，早已被人攫取或打碎了。在别的地方，人们可能会发现，古人的坟墓是没有人会去冒犯的，因为这些坟墓是用表面为方形的小石块（*opus reticulatum*）[41]或是那些不能够用于任何其他用途的石头建造的；因此，它们能够毫无困难地抵挡那些贪婪之手的攫取。我觉得，在这里我们能够学习到的一课就是，对于任何人如果他希望他的财产真正能够保持永久的话，那么他的那些财产就应当是用石头建造的，这些石头既不脆弱，但也不是如此精美雅致，因而它将能够

---

i　阿苏斯（Assus，希腊语作 Assos）古希腊特洛亚特的城市。在今土耳其西北部沿海，曾先后被波斯人和雅典人统治。后落入亚历山大，及罗马人之手。亚里士多德曾来此城创办一所柏拉图学园。——译者注

ii　这里不知是否是指克利斯普斯·恺撒（Crispus Caesar，? —326 年），君士坦丁大帝的长子，曾被其父授予凯撒称号，并有兼领高卢的虚衔。后被其父秘密处死。——译者注

很便捷地获得或者可以被很容易地移动。

　　然而，在这些事情上我总是觉得，即使是在个人的建筑中，当高尚的问题要被考虑的
时候，一定要把握一种大小量度的感觉，那么这样，即使是国王也会因其在花费上的过于
大手大脚而遭到批评。当然，我憎恶那种由埃及人为他们自己建造的巨大无比的建筑
物——这些建筑也会遭到众神们自己的厌弃，因为没有一位神灵会将自己埋藏在这样奢侈
华丽的坟墓之中。有些人可能会赞美我们自己的埃特鲁斯坎人，他们在这些作品上的富丽
堂皇几乎可以和埃及人相匹敌；特别是波森纳（Porsenna）[i]，他在离克鲁西乌姆（Clusi-
um）城很近的地方[42]，用方形的石块为他自己建造了一座陵墓，这座陵墓的基座有 50 尺
高，其中包含了一个完全无法通过的迷宫；在这座陵墓的顶端，坐落着 5 座金字塔，每个
转角有一座，中心有一座，每一座金字塔的基底都有 75 尺宽；在每一座金字塔的顶端都立
着一个青铜制的球体，在这些青铜球上用链条悬挂上一些钟铎；每当它们被风所摇曳的时
候，钟铎的鸣响声会传播得很远。在这些球体之上，还树立了四个更高的金字塔，其高度
有 100 尺，在这些金字塔顶上还有其他一些东西，这座建筑的非同寻常不仅仅因为它们各
个部分的尺寸巨大，还因为它们那外部的轮廓。[43]如此巨大的建筑作品，却没有任何实际的
用途，是决不会得到我的充分认同的。

　　波斯国王小居鲁士的陵墓是一直受到人们称赞的，它所体现的适度思想对于那些巨大作
品的所有铺张奢侈的做法而言，都是可以借鉴的。他在帕萨加第（Pasargadae）[ii 44]用方形石头
为他自己建造的具有拱形屋顶的归去之所，用了一个很小的只有两尺宽的入口。在其内部，
小居鲁士的遗体被放置在一个与国王相适合的金制的瓮中。这个小小的墓室周围是一个果园，
其中种植着各种不同的水果树；在所有这些之外，环绕着的是一个水源充沛的绿色草地，到
处都充满了玫瑰和数不尽的花朵；到处都充满了芬芳、愉悦与沁人心脾的感觉。与这样一个
配置相一致，在那里有一个题铭，"我是小居鲁士，康比斯的儿子，是他，你将回忆起来，建
立了波斯帝国。然而，他什么也没有赐给我，只有这个小小的归宿是属于我的。"[45]

　　但是，现在我回到金字塔这个主题。一些人可能会将他们的金字塔建造成三角形的，
但是，一般说来它们是四边形的。它们的高度应该与其宽度完全相等。如果一些人将一座
金字塔设计成为其侧面永远不会因为阳光而产生阴影，那是要得到夸奖的。几乎所有的金
字塔都是用方块的石头建造的，但是，也有一些是用砖头建造的。

　　柱子也可以作为一种结构构件——例如那些在建筑物中通常使用的一样——或者，当
其尺寸使得这些柱子对于民用建筑而言过于庞大时，那么，就被设计成纯粹是标志物，或
是作为留给子孙们的纪念物。那么，让我们讨论第二种类型。

　　这种类型的柱子是由如下的部分所组成的：踏步，其作用是一个墩墙和基础，直接从
地面上升起来；一个四边形的墩座（dado）[46]坐落在这些墩墙和基础之上，然后，在其上部
还有另外一些，并不比第一层小；第三层是柱子的基础，然后是柱子本身，接着在其顶上是

---

　　i　波森纳（Porsenna），公元前 6 世纪人，埃特鲁斯坎的克鲁西乌姆（Clusium）的国王，后成为古罗马人的家庭保
护神。——译者注
　　ii　帕萨加第，古代波斯波利斯东北部的一座废城，曾是居鲁士帝国的首都，据说是由居鲁士于公元前 550 年建成
的。——译者注

251   柱头，最后是一尊雕像坐落在方形底座上。有时候用一种骰子一样的东西插入到第一层与第二层墩子之间，以增加其高度，并使这件作品更为优美。

就像在一座神殿中的柱子一样，所有这些部分的轮廓线都是从柱底的直径推算而来的。然而，在这里如果这件作品特别的大，基础只有一个座盘装饰，而不是几个，就像在其他类型的柱子中一样。基础的高度被分成了五份，其中的两份是被这层座盘装饰所占了，三份则被骰子式的部分所占据。这层骰子式的部分其宽度和深度应该等于柱子直径的四分之五。

基础所坐落其上的墩子应该是由这些部分所组成的：沿着其顶部，就像在这种结构的每一个其他部分一样，会突出一个边沿；在其底部有一个柱脚石，就如我所称之为的，因为它与柱脚石很相似；这样一条带状的装饰是由一个花环、一个波形线脚，或喉头线脚所组成的，可以作为不论哪个部分的基础来使用。但是，在这里我必须就墩子说几句，这是一个在上一书中被忽略了，并且有意保存到现在才加以讨论的话题。

我曾经提到，在最初的时候，人们认为柱子需要被一道低矮的墙所支撑。[47]然后，当这道墙被建造完成后，使穿越通过这里变得较少受到局限就变成人们所期待的事情了，并且每一样处在中间的东西都被移走了，只留下了柱子之下的用来作为柱子的基础以支撑柱子重量所必需的那部分墙体。我们将这部分保留下来的墙体称作墩座。沿着这道低矮墙体的顶部装饰的是一个有喉头线脚、波形线脚或其他某种类似形式的边沿。柱脚部分又在柱基处重复了这些装饰。因此，两种构件都保留在了墩座中；这一边沿部分相当于墩座高度的或是五分之一，或是六分之一，而墩座的宽度应该不小于柱子基底的宽度，因而使坐落在其上的任何东西都丝毫不能有被落空的地方。为了使工程得到加强，一些人还会将矮墙在厚度上增加骰子石宽度的八分之一。最后，这道墩座的高度，去除了边沿和柱脚，将或是等于墩座的宽度，或是略大出五分之一。那么，这些就是我们在最好的建筑师的作品中所发现的矮墙和墩座的比例。

现在我回到柱子这个主题上来。在柱子的基础之下是一个墩座，墩座的尺寸，如我们已经说明的，是与基础的尺寸有关联的。这个墩座应该有一个由完整的檐口所组成的边沿，一般都是爱奥尼式风格的。爱奥尼式的檐口，你将会回想起来，是由如下这些轮廓线所组成的：在其基底有一个喉头线脚，接着是一个花环，然后是一个凸圆线脚装饰，在这之后是悬挂着的多立克式飞檐托块，最后，在最顶部，是一个波形线脚。环绕着基底，对墩座起着一个柱脚作用的部分，是一个喉头线脚、一个半圆饰和一个顺序颠倒的窄饰带。在这一部分下面的这第二个墩座是由同样的轮廓线所组成的，因而在其上所筑造的任何东西都没有丝毫悬空的部分。在这个墩座与地面本身之间升起了三或五步高度与宽度不同的踏步。这些踏步的总高度尺寸不应该比直接置于其上的墩座的四分之一多，也不应该比其六分之一少。这个较低的墩座应该包括一个门道，门道用的或是多立克式，或是爱奥尼式的装饰，

252   如在神殿一节中已经描述过的。另外一个在顶上的墩座被雕刻有题铭，并刻有高高堆积的战利品。如果在这两层墩座之间再插入什么东西的话，那么它应当是其宽度的三分之一高，这个空隙应该用浮雕式的人物形象所充满，例如对诸如胜利女神、光荣之神、命运女神、财富之神等众神的赞美与欢呼。一些浮雕形象应该用青铜材料来镶嵌于上层墩座的正面。

一旦墩座与基础完成了，柱子应该被放置在其上。柱子应该有一个七倍于其直径的高

纪念柱的底座

度。如果柱子非常粗大，柱身的顶部应该比底部细不足十分之一；对于较小柱子的例子，在前一书中可以看到已经给出的规则。一些人建造的柱子高达一百尺，完全用浮雕的形象与历史的场景包裹了起来。一个螺旋楼梯将会穿过它的中心，一直盘旋到顶上。像这样一些柱子将会被给予一个多立克的风格，但是在这根柱子的圆柱顶板顶端没有附加一个柱顶圈。较小的柱子有一根梁，一些饰带和檐口，它们的装饰在每一侧都是平衡的，但是，在较大的柱子上，这些构件就省略了，因为缺少有足够尺寸的石材，也很难将其砌筑到柱顶之上去。

　　在每一种情况下，要在顶上添加一些东西，用来作为雕像的基座。这个基座可以恰好是一个方形的墩台，因而，它的转角不应该延伸到柱子的实体之后，但是，如果是圆形的，那么，它要被包括在其上面的方形轮廓线以内。雕像的大小尺寸应该是柱子的三分之一。关于柱子就说这么多。

254

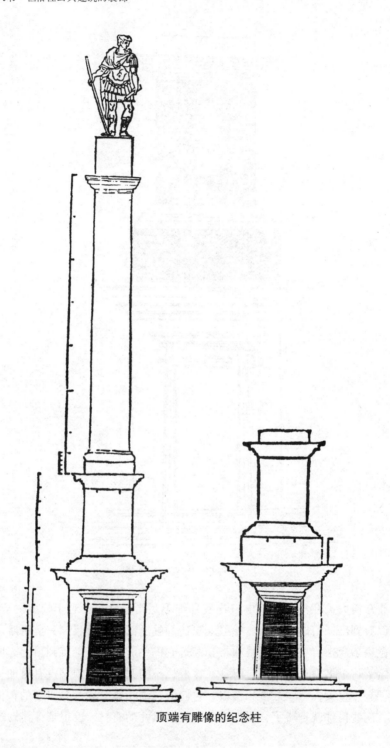

顶端有雕像的纪念柱

　　至于陵墓（moles）[48]，古人们习惯于用如下方法来绘出陵墓的轮廓线：首先，就像在一座神殿中一样，一个四边形的覆盖范围（area）会被抬升起来。[49]然后，会砌筑一道墙体，墙的高度不小于这个四边形覆盖范围长度的六分之一，也不大于其长度的四分之一。只在其顶部和底部，以及在转角的部位，或是在那些从墙体上凸出出来的嵌入式柱式部分的组

255

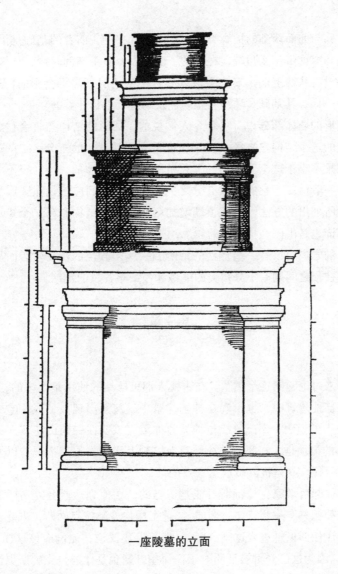

一座陵墓的立面

成物中，添加了装饰。

　　如果柱子只是添加在转角部分，墙体的高度，去除了基础上的踏阶的高度，应该被分为四份，其中的三份应该被柱子所占用，完全是被柱子的基础和柱头所占用的，顶上的一份则被所剩余的装饰占用，那就是梁、饰带和檐口。这个柱顶部分本身应该被分为十六份，其中的梁，以及类似饰带之类的部分，应该占有五份，而檐口及檐口上的波形线脚，应该占六份。同时，在梁和墩座墙之间的部分应该被分为二十五份，其中的三份被柱头所占用，而两份被基础占用；柱头与基础之间余下的部分被柱身的长度所充满。在转角处的柱子应该总是四边形的。其基础应该形成一个单一的凸圆线脚，并占有其高度的一半。这里并不用一条窄饰带，柱子底部的外形应该有与柱身顶部相同的轮廓线。在这种结构中，柱子的宽度应该是其高度的四分之一。

　　但是，当墙体被柱廊所覆盖的时候，那些位于转角上的柱子就拥有一个相当于其长度六分之一的宽度；其他那些沿着墙的柱子，与柱子上的装饰，都是从神殿的轮廓线中沿用而来的。这种柱廊与前面谈到的柱廊类型的不同之处在于，前者的基础是沿着柱底布置的，而柱子的柱顶圈和窄饰带位于顶端，在梁的下面，沿着整个墙的长度，从转角延伸到转角；这种做法在那些没有从墙上凸出来许多嵌入式柱子的情况下是不会用的，虽然有时候，就像在一座神殿中一样，其基础是环绕着整座建筑物连续地延伸着的。

在这个四边形的墙体部分中，一个令人愉悦的，圆形的结构物将会被建造，升起一个不小于已经落位的这个结构之直径的一半，也不大于其直径的三分之二的高度。这个圆形结构的宽度应该是不小于这个四边形的覆盖范围的最大尺寸的一半，也不大于这一最大尺寸的六分之五；一般情况下它应该取五分之三。然后，它们应该是在圆形与矩形之间交替变化，按照如上所列出的方法，在其顶端增加第二个圆形结构和第二个矩形结构，直到抵达第四层。其装饰也是由已经描述过的轮廓线所组成的。

在陵墓自身的之内应该有一些轻松的踏阶和一些宗教性的祈祷堂，而从墙上升起的则应该是柱廊，在柱子之间则有十分精美的雕像和仔细布置过的题铭。

（142v—143v）

第 4 章

现在让我们来讨论题铭这个主题。在古代人那里题铭的使用是很多的，变化也很丰富。题铭不仅出现在墓地建筑中，也出现在神圣建筑中，甚至出现在私人住宅中。按照西马库斯（Symmachus）ⁱ 的说法，奉献给一位神灵的神殿应该要在三角山花墙上刻上这位神灵的名字。⁵⁰我们自己的习惯是，在我们的礼拜堂上铭刻上详细的捐献情况，以及这座礼拜堂被开始用于祭祀的年代。我是极其赞成这一点的。

在这里我们提起哲学家克拉特斯可能是适当的，在他到达西兹克乌斯的时候，发现所有的私人住宅上都铭刻有一些诗句，例如，"这里居住着赫拉克勒斯，朱庇特之子，一位伟大的力士；不能让任何鬼魅进入这座房屋，"他笑着建议说，他们应该这样写，"这里居住的是穷困之人，"因为这已经都被证明对于任何魑魅魍魉是比赫拉克勒斯更快捷和更有效的威慑。⁵¹

题铭应该或是书写出来的——这些被称作铭文——或者是由浮雕和符号性标志组成。柏拉图主张在一座坟墓上可以铭写的不应超过四个诗节。⁵²并且——他说⁵³，"简短，在柱子的上半部，你的诗句被阅读，读诗的人也不停脚步。"显然，冗长之诗在这里是完全令人厌恶的——比任何其他地方都更甚之。但是，题铭也应该略有一些长度，使人读起来优雅而有内涵，其内容可以是虔诚、怜悯和优美之灵感的来源，是一种阅读的愉悦，一种背诵和记忆的乐趣所在。Omenea 热情地赞美说："正是残酷的命运令我们改变我们的生活，我亲爱的 Omenea，我会为了您而放弃我自己的一切；现在我已一无所有，只能遁走于光亮与天

---

i　西方历史上有几位西马库斯，一位是罗马政治家、演说家和作家（约345—约402 年），一位是罗马元老（？—524 年），另外一位是罗马教皇（？—514 年，在位时间498—514 年）。这里不知道是指哪一位，但可能性比较大的应是指作家西马库斯（Symmachus, Quintus Aurelius）。——译者注

空，以不逢其时的离世而逝来随你越过那进入冥府之河（Styx）ⁱ。"⁵⁴另外一个人读道，"不要让人为我举行葬礼，因为我将活在有学问的人们的口碑相传之中。"⁵⁵在那些战死在舍茅普利（Thermopylae）ⁱⁱ的人们的坟墓上斯巴达人题写上了下面的铭文："陌生人，告诉那些斯巴达人，遵循他们的命令，我们躺卧在这里。"⁵⁶我们也不应该因为其引人瞩目的智慧而忽视一个墓志铭，例如："喂，过路人，这里躺着一对并不争吵的丈夫和妻子。我们是谁呢，你会问。——我没有张口说话。——但是，我将会告诉你！他是胡说八道的 Belbus，而我是 Brebia，就是那位他称作 Peppa 的人。——喔，太太，难道死亡也不能停止你那无聊的絮叨吗？"这样的诗句是令人愉快的。

我们的祖先会将他们所写的文字用青铜镶贴在大理石上。埃及人使用了如下的符号语言：一位神是由一只眼睛所代表的，大自然则用秃鹫表示，一位国王用一只蜜蜂代表，时间则用一个圆环代表，表示和平的是一头公牛，如此等等。他们坚持认为如果一个民族只知道他自己民族的文字符号系统，那么，渐渐地所有有关它的知识都将会遗失——就像在我们自己的埃特鲁斯坎所发生的：我们在那些城市废墟中出土坟墓，以及埃特鲁斯坎各处的葬礼中所看到的，是用了一种对埃特鲁斯坎人而言是普遍熟悉的符号系统；它们的字母看起来不像是希腊字母，或者甚至不像是拉丁字母，然而没有一个人能够理解它们的意思。埃及人声称，同样的情况也发生在所有别的符号系统中，而他们所使用的写作方法能够被全世界的专家们很容易地理解，只有在他们那里，高尚的事物才能够被交流。

许多人追随了这样一种先例，为他们的坟墓加上了各种各样的雕刻。一根柱子被树立在了犬儒学派（Cynic）ⁱⁱⁱ的第欧根尼（Diogenes）^{iv}的墓地上⁵⁷，在柱子上立着一只狗，是用帕罗斯岛的大理石雕制的。⁵⁸阿尔皮鲁姆（Arpinum）^v的西塞罗夸口说，在锡拉库扎他重新发现了长期被人忽略的阿基米德的坟墓，这座坟墓被淹没在荆棘丛中，即使连当地人都不知道。他的假定是依据于一座雕塑，由一个圆柱体和一个小球体所组成，这种形式他曾在一些凸柱中注意到过。⁵⁹在埃及国王 Simandis 的坟墓中有一尊他母亲的雕像，是用一块有二十库比特高的石头中雕琢出来的；她是通过戴有三重王冠来表现的，以显示她既是女儿和妻子，也是一位国王的母亲的身份。⁶⁰在亚述国王 Sardanapallus⁶¹的坟墓上有一尊雕像，似乎是在欢快地拍着他的双手；下面有这样的题铭："我是在同一天建造了塔尔苏斯（Tarsus）^{vi}和 Archileus⁶²的；而你，我的客人，吃着、喝着，充满了欢乐；因为没有任何其他人类的事物值得我这样做，这样拍手欢呼。"⁶³这样的题铭和浮雕在别的地方也很常见。

我们自己的拉丁祖先选择了通过雕刻历史事实的方式来表现他们最著名人物的丰功伟

257

---

i　冥河，希腊神话中冥府的五条河中的一条，死者的灵魂渡过这条河进入冥府。——译者注

ii　舍茅普利，：希腊中东部的一个狭窄的通道，是公元前 480 年希腊的斯巴达人与波斯人奋战并失败之处。——译者注

iii　犬儒学派，古代希腊哲学学派，认为美德是唯一善的东西，而自制是获得美德的唯一方法。——译者注

iv　第欧根尼，希腊哲学犬儒学派奠基人，强调自我控制和推崇善行。据说他曾提着灯在雅典大街漫步寻找诚实的人。——译者注

v　阿尔皮鲁姆，今日意大利的阿尔皮诺。——译者注

vi　塔尔苏斯，土耳其中南部一城市，位于塔尔苏斯河畔，距离地中海仅 20 公里，公元前 67 年被并入罗马统治下的西利西亚（Cilicia）行省。后来成为东罗马帝国的主要城市之一。圣·保罗就出生在这里。——译者注

绩。这样就促使立柱、凯旋门和柱廊被建造了起来，并以绘画和雕刻的历史事实包裹于其上。但是，我则主张这种纪念性建筑只用来记录最为重要和最有影响力的事件。关于这个问题就谈这么多。

我们已经讨论了陆地上的道路问题。任何有关陆地上的道路的建议，都可以同样地应用于水路之中。但是，由于瞭望塔对于海上航运，以及对于一些陆地道路都是一个基本需求，在下一节我们一定要论及这个问题。

(143v—145)

第 5 章

如果将其坐落在一个适当的位置上，并且以适当的线路来建造，瞭望塔能够提供一个非常杰出的装饰；如果将其紧密而成组地设置在一起，它们就会从很远的地方给予人们以难忘的视觉印象。当然，对于两百年以前即使是在最小的城镇中也要建造高塔的那种狂热流行的风潮我是不能够赞同的。看起来似乎是如果没有一座塔的话，这个家族就像没有了头领似的；其结果是，塔的森林在各个地方如雨后春笋一般的冒了出来。[64]一些人认为，可能是星辰的运动影响了人们的内心活动。正是因为如此，在三四百年之前，风行的是对宗教如此浓烈的情感，以至于人们认为似乎人生来除了建造宗教建筑物之外，就几乎无事可做了。这里只给出一个例子：我们做过计算，现在，在罗马就有超过两千五百座宗教建筑物，尽管其中的一半多都成了废墟。[65]那么，现在我们看到的，整个意大利不都是在为复兴这些建筑而争先恐后吗？有多少城市，在我们还是孩子的时候所看到的都是用木头建造起来的，现在已经几乎都变成了大理石的？

我还是回到瞭望塔这个主题上吧。这里，我将不提到由希罗多德所给予的建造在巴比伦的神殿中心的瞭望塔的描述，其基座横切的大小尺寸就有整整一个赛跑场（stade）大，并且是由八层组成的，一层叠在另外一层之上。[66]对于这样一种类型的瞭望塔的建造我将是赞成的：那些垂直地堆叠在一起的塔层既要是优美的，又要是坚固的；在这些塔层之间横向设置的拱顶，要确保墙体是完美地交接在一起的。

一座瞭望塔的平面可以是四边形的，也可以是圆形的。在每一种情况下，其高度都必须是其宽度的某一个比例。四边形的塔是两者中较为细长的，应该有一个相当于其高度六分之一的宽度；应该使圆形塔的直径相当于其高度的四分之一。如果这是一座非常矮而敦实的塔，那么四边形塔的宽度就不应该大于其高度的四分之一，而圆形塔的高度应该是其直径的三倍。一道在高度上达到四十个库比特的墙体，其墙厚至少必须要有四尺厚；而一堵高达五十库比特的墙体，必须要有五尺厚；六十库比特高的墙，要有六尺厚；如此等等，按照同样的级差递增。[67]

现在，这些就是一座朴素、简单的瞭望塔的规则。但是，一些瞭望塔会在半空中的外侧增加一个独立式柱子支撑的外廊；其他一些瞭望塔会沿着其外围建造一个螺旋形的柱廊。一些人会用柱廊环绕着塔，就像是檐口一样，都是在半空之中；而其他人则会用雕刻的动物将其完全包裹起来。在每一种情况下，建造柱廊的方法与任何其他公共建筑中建造柱廊

258

的方法没有什么不同，尽管因为考虑到结构的重量，它可以被建造得稍微细一些。[68]

　　但是，任何塔在抵御天气的影响方面都应该是绝对安全的，其外观也应该是完全令人愉悦的，在一个四边形平面的塔顶之上，必须要坐落一个圆形的塔层，而在一个圆形塔的顶端要接一个四边形的塔层，按照柱子的规则，每一层应该是逐渐减小的。现在我将要描述，就我们目前所涉及的，什么才是最为漂亮的塔的形式。

　　首先，要从地面上建造起一个四边形的基础。这个基础取了这座建筑从顶到底的整个高度的十分之一。基础的宽度应该取这一高度的四分之一。然后，嵌入式的柱子沿着基础的每一侧应用在墙体上，两根柱子位于中间，而每一转角有一根柱子，每一根柱子都以其适当的装饰而被区分开来，就像前面刚刚就坟墓建筑中所规定的办法一样。在这个基础的顶部坐落了一种四边形平面的小房间这个房间的宽度两倍于基础的高度，并且等于房间自身的高度；依靠着这个房间，我们可以用为神殿所规定的同样的规则来设置柱子。然后，

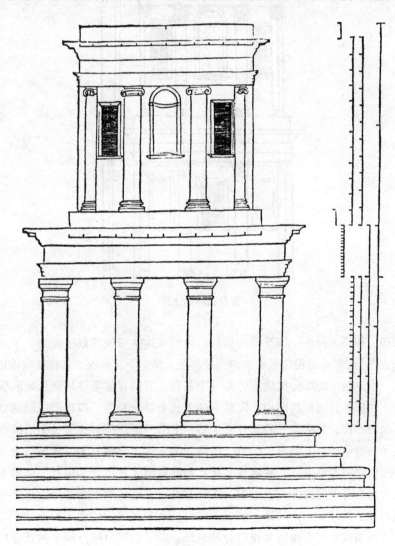

塔形结构的较低层

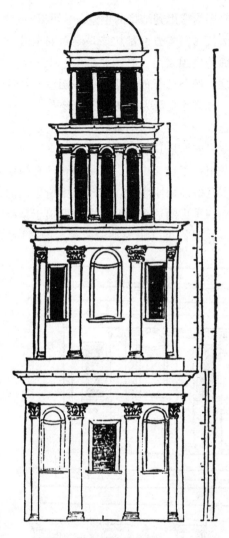

塔形结构的上层

在第三、第四，和第五层是一些圆形的房间；我们将这些房间的数字定为三个，并且称呼它们为"节点"，这些房间很像是藤条的连接部位。每一个这样的节的高度应该比其宽度超出十二分之一，这超出的部分被确定为是一个基台。节的宽度明显地是从最底层的直接坐落在基础之上的那个四边形房间中，以如下的方式推算出来的：四边形房间的宽度被分成为十二份，减去一份，并将余下的部分给予第一个节。同样地将这第一个节的直径分为十二份，取其十一份给予其上的第二个节。用同样的方式，使第三个节比第二个节细十一分之一。这一逐渐缩减的结果，这座建筑底部基础的宽窄体量比起其顶部的体量要粗出四分之一，这与大多数有学问的古人所主张的正好相合。在这些节上要添加上不多于八根，也不少于六根的柱子及柱子上的装饰。然后，在每一个节或房间的适当的地方，应该加上窗子或凹龛，以及与这些窗子和凹龛相适合的装饰。窗子的洞口部分所取的宽度应该不多于柱子之间间距的一半。在这第三个节的上面（前面已经提到）坐落着第六层，即最上面一

259

层；这一层应该是四边形的。这一层的高度与其宽度应该不大于最上面这个节的直径的三分之二。[69]它的装饰应该完全是由贴附在墩墙之上的支撑拱顶的多角形柱子所组成的。它也应该有梁、柱头及其他这一类的装饰。穿过这个结构的中央，一个中心位置上，应该有一个开敞的洞口，有一个第七层，即最后一层[70]，由一个圆形的柱廊组成，并在每一个方向开口，它的柱子是简单朴素的，而且是独立式的。包括装饰在内的柱子的高度应该等于这一层的房屋覆盖范围的直径，而其直径本身是其下面房间宽度的四分之三。这个圆形的柱廊有一个球形的屋顶。[71]

260

对于直线式和四边形的房间的外部转角，都要加上顶饰（crests）[72]；这些顶饰，以及它的檐口、饰带和梁，应该设置在柱顶线盘之下的标高处。在底部的基础之上的最初的四边形房间的中心空间拥有它的整个外部尺寸的八分之五。[73]

在古人中受到青睐的一件作品是在法罗岛（Faro）[74]由托勒密（Ptolemy）[i] 国王建造的；他命令在这座高大的瞭望塔的顶端点燃明快的火焰，以帮助船只的夜间航行；这些火焰是移动的，并且处在不停顿的变动之中，因而从十分遥远的地方，它们的火光将不会被误解为是星光。此外，能够指示出风的方向，太阳的角度和每日的时间的可动的标盘，也是非常有用的。[75]关于这个主题，就谈这么多。

261

第 6 章

(145—148)

下面我们必须要进入城市了。然而，在城市的内部与外部，当然都是有道路的，例如那些引导到神殿、巴西利卡和表演性建筑物（show buildings）之中的道路[76]，这些道路比起它们自然应起的作用来说，具有更大的重要性。因此，我们必须首先讨论这些问题。

我从阅读中知道赫利奥盖巴勒斯用马其顿的石头和斑岩来铺装所有那些较宽阔的和较为重要的街道。[77]历史学家们对在埃及城市布巴斯提斯（Bubastis）[ii] 的通往神殿的道路赞美有加：这条道路直接穿越广场而过，是用非常精美的石头铺砌的；它有四个 plectra 宽，并在每一侧都有成排的大树。[78]Aristeus 谈到，有一条窄而优美的道路穿过了耶路撒冷城，为那些年老的人和其他重要的市民提供了一个更为高尚而有品格的道路；然而，它们的主要用途是保护那些神圣之物在搬载过程之中不要与世俗的东西相接触。[79]另外一个用于节庆的道路见于柏拉图的描述，这条路从克诺索斯（Knossos）[iii] 穿越了一个柏树林[80]到达朱庇特的洞

---

i　托勒密王朝是由马其顿国王统治的埃及王朝（公元前 323—30 年），托勒密国王包括托勒密一世（公元前 367？—前 283？年），他是亚历山大大帝军队中的一位将军，并继他之后成为埃及的统治者（公元前 323—前 285 年）；最后一位国王是托勒密十五世（公元前 47—前 30 年），他和他的母亲克利奥帕特拉共同执政（公元前 44—前 30 年）。这里不知道是指哪一位国王。——译者注

ii　布巴斯提斯，位于埃及东北部尼罗河三角洲的一座古城，曾是祭拜猫头神巴斯特的宗教中心。——译者注

iii　克诺索斯，克里特北部的一个古城，位于现在的伊腊克林附近。青铜时代文明的中心，公元前 2000 年至 1400 年曾很繁盛，是代达罗斯迷宫和米诺斯国王宫殿传说的所在地。——译者注

穴和圣殿。[81]我发现在罗马有两条这种类型的道路值得受到最大的钦佩:一条是从远至圣保罗大教堂的大门开始的,其距离大约有五个赛跑场长,另外一条是从圣彼得大教堂的桥那里开始的;后者的长度为 2500 尺,是由一个用大理石柱子并有铅屋顶覆盖的廊子所遮护的。[82]对于这样一种路而言,这是一个相当适合的装饰形式。但是,我要回到军用道路这个主题上来。

可以说,一条道路的终点,或界标点,无论是在城里,还是在城外,都是一座门,那么,除非我是错误的,一条海上路线的终点就是一个港口。当然,这提供了一条非陆路的路线,例如一个人所描述的埃及的底比斯的一条路线,这条路线允许国王在市民们不知情的情况下派遣他的军队;或是我在拉丁姆的 Penestrum(普拉奈斯特)发现的数量很多的隧道,是使用了令人惊异的技巧从山顶开凿到平原地带的,据说,马略(Marius)[i] 就是在陷入重围之时,而死在其中的一条隧道之中的。[83]在《阿波罗尼奥斯生平》(Life of Apollonius)[ii] 一文中,我发现了有关值得回忆的一条道路的描述:一位被称作 Meda[84] 的巴比伦人在一个河床的下面建造了一条宽阔的石头和沥青的道路;这使得她能够从她的宫殿走到她在河对岸的她的另外一所住所中去而不会弄湿她的脚。[85]但是,希腊的历史学家们可能并不总是都那么令人信服的。[86]

我回到我们的讨论上来。一座门可以以同样的方式而被装饰成为一座凯旋门;这将是一个很快就要讨论的主题。对于一个海港来说,其装饰就是由围绕着它而布置的一个用粗糙的石头砌筑的基础及一个大大方方的内部空间的柱廊,和一座显眼的、熙来攘往和壮丽而辉煌的神殿所组成的;这座神殿应该坐落在一个宽阔的广场上,并且,在港口自身的入口处应该是一些诸如阿波罗神巨像一样的东西,在这方面有几个例子,著名者如罗得岛[87]的,以及由希律王所建造的三处——[88]据说还有更大的。在历史学家的著作中有个著名的记述,是在萨摩斯岛建造的一个筑有防波堤的海港;据说这个海港有 20 个寻(fathoms)[iii] 深,并向海中延伸了有两个赛跑场长的距离。[89]这些就应该是有关一个海港的装饰;但是这些建筑物必须是用非常杰出的技术来建造的,并且不使用普通的材料。

除了适当地铺装和彻底地清洁之外,在一座城市中的道路也应该是用有着同样外部轮廓的柱廊优美地连成一线的,而住宅也要顺着线路和高度而和其相配称。需要特别通过装饰而加以区别的道路是如下这些:桥梁、交叉路口、广场及表演性建筑物。[90]因为一个广场也是一个放大了的交叉路口,而一个表演场地却只是由一些台阶环绕着的广场。

因此,我将从桥梁开始,桥梁是道路中最为重要的部分。桥梁是由桥墩、拱券和桥面组成的。桥梁中更多的组成部分包括桥梁的中间部分,那里是牛马穿行的地方,其两侧都要加以铺装,那里是市民可以走过的地方,在每一侧还要有边饰。一些桥梁甚至还有屋顶

262

---

i 盖厄斯·马略(公元前 155?—前 86 年),罗马将军和政治家,七次被选为执政官,他改革了军队,但在与其政治对手苏拉的内战中遭到惨败。——译者注

ii 阿波罗尼奥斯(约公元前 285 年—?),古希腊诗人、语法学家,因为在亚历山大朗诵《阿尔戈船英雄记》失败,遂隐居罗得岛,并受到欢迎。后返回亚历山大并被任命为图书馆馆长。——译者注

iii 寻,长度单位,一寻相当于 6 英尺(1.83 米),主要用于测量水的深度。——译者注

覆盖，就像在罗马的哈德良桥一样，那是所有桥梁中最为漂亮的一座——是一件令人难忘之作，可谓天设地造：即使是它那我可以称为残骸的景观，也会令我充满敬意。它那屋顶的梁是由四十二根大理石柱子支撑着的；这座桥是用青铜包裹的，并且有着令人惊叹的装饰。[91]

我们应该以建造一条宽阔的道路同样的方法来建造桥梁。要使桥墩有一个恰当的数量和大小尺寸，并且要使桥墩的宽度相当于其跨度的三分之一。桥墩要像一个船头那样迎着水流向前伸出，比桥体的宽度增加出一半；这样一个船头的形式一定要高出于洪水的水平高度以上。[92]这些桥墩也应该有一个船尾的造型；当然，若将这船尾形式处理得不很尖锐，就好像很生硬而迟钝的样子，将是一种错误的作法。要使桥墩的墩头和墩尾两部分都能有继续向上的支撑力是应该得到肯定的，这样就使桥墩的两侧得到了加强；桥墩的基础应该不大于其宽度的三分之二。桥洞开口的拱券一定要使其起拱部分完全脱离开水面。这些拱券应该从爱奥尼式的梁，或者更好的是，从多立克式的梁中取其轮廓线。在一座大型的桥梁中，拱券洞口应该取不超过其总跨度的十五分之一。在桥栏方面，作为一个加固措施，应该水平并呈线状地建造一个方形的台座式边缘；如果需要的话，这些台座也可以用于作为支撑屋顶的柱子的基础。桥栏的这一高度，包括台柱和边缘，应该有四尺。方形台座之间的空隙应该用栏杆来填补。应该在沿着整个桥栏的长度上，以一个喉头线脚，或者甚至一个波形线脚，用来作为台座和栏杆的边缘。台石的基础应该与这个边缘相一致。在道路的中心部分与边缘部分之间应该有一个专门为妇女和步行的人准备的铺装，要比起中心的路面高出一到两步台阶，为了牲畜的原因，桥中心应该是用燧石铺砌的。要使柱子的高度连同其装饰等于桥身的宽度。

交叉路口和广场只是在尺寸大小上有所不同。事实上，交叉路口就是一个小型的广场。柏拉图主张在每一个交叉路口都应该有一个空间，保姆和孩子们有时候能够在那里相遇，并聚在一起。我相信这样做的目的不仅仅是在新鲜的空气中锻炼孩子们，也是在鼓励保姆们通过将他们暴露在众多好奇的观察者们的眼前而表现得优雅，使他们少一些邋遢感，因为他们也急于获得人们的赞许。一座优美的柱廊的出现，在这座柱廊下，年长的人们可以（徜徉其中）或坐在那里，打个盹或谈谈生意，这对于交叉路口或广场无疑是一种装饰。此外，年长者的出现，会对年轻人是一个约束，因为他们在露天玩耍和运动的时候，对于因为他们这个年龄的不成熟而做出的不礼貌和调皮滑稽之事有一个限制。

一座广场可以用于作为金钱或蔬菜、家畜或木材，如此等等的交易市场；每一种类型的广场应该在城市内部获得一个自己的场地，并具有它自己独特的装饰。但是，金钱市场（currency market）应该是最为壮丽辉煌的。

希腊人会将他们的广场建造成为方形；他们会用一个宽敞的双重柱廊来环绕这些广场，并用柱子和石头的梁来加以装饰；在上层他们会设置一个走廊。[93]在意大利这里，我们的广场有一个相当于其长度三分之二的宽度；并且因为它们很久以来都有作为好斗者的一个表演场所的传统，它们柱廊的柱子就会分布得比较稀疏。金钱交易的商铺会将这些柱廊连接起来，在其上部，在柱顶线盘的顶上，应该是阳台和用于公共税收的库房。关于过去的习

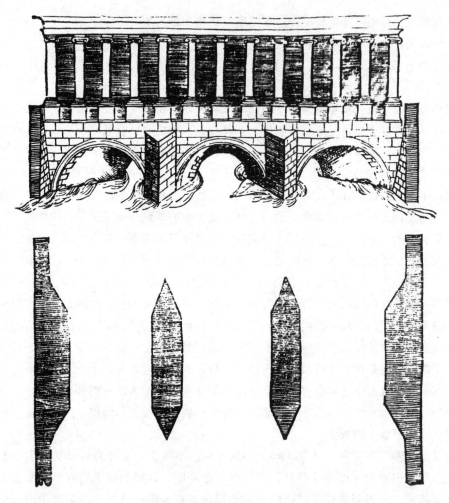

有廊屋的桥梁

惯就谈这么多。

今天，我们倾向于将一个广场的覆盖范围[94]建造成一对方形的形式；柱廊和其他环绕的建筑物的尺寸一定要与露天空间的大小尺寸严格地相关联，这样才会看起来既不会因为周围的建筑物太低矮而显得太空阔，也不会因为周围的建筑物都层层相叠紧密包裹而显得过于狭促。理想的屋顶高度应该是相当于广场宽度的三分之一和最少七分之二之间的比例。我将会给出柱廊一个基础，其高度相当于柱廊宽度的五分之一；柱廊的深度应该等于柱子的高度。[95]柱廊的轮廓线应该与巴西利卡的轮廓线相一致，虽然在这里，檐口、窄饰带和梁合在一起，应该取柱子高度的五分之一。但是，如果你希望在第一排柱子之上，还有第二排柱子，它们的柱径和高度应该减小四分之一，在上层柱子的下面应该有一道台石，像是一个基础一样，台石的高度相当于下面基础高度的一半。

但是，对于广场或交叉路口，最大的装饰应该是在每一条路的路口有一个拱形结构。因为拱形结构是一个持续开敞的门。它的发明我归因于那些拓展了帝国领土的人；按照塔西佗的说法，它们是那些传统上被认为是为这座城市边界的扩展作出了贡献的人[96]；因此，

265

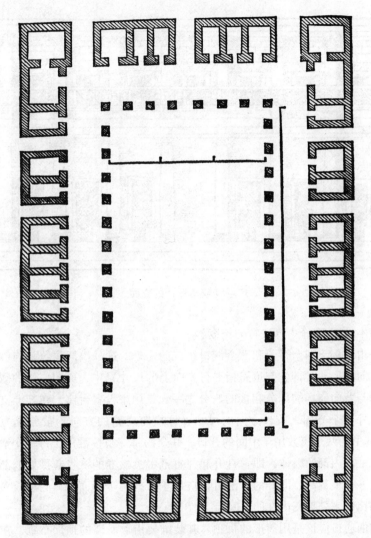

广场（或市场）的平面

据说就是克劳狄乌斯。[97]随着城市在规模上的增大，人们决定为了实际的用途而保留旧有的城门，其中的原因之一或许是为了提供一个进一步的安全措施，以防止在灾难不幸来临之际，能够阻止敌人的入侵。随后，从敌人那里俘获的战利品和代表胜利的军旗应该被汇聚在各个门的位置上，这是因为这些门是一些繁忙的场所。因此，在实践中，人们发展了用题铭、雕像和历史故事来装饰拱门的做法。

　　最为适合建造一座拱门的地方是在一条道路与一个广场或市场相交汇的点上，特别是如果这是一条皇家（royal）大道（这个词我用来指在一座城市中最为重要的道路）的话。一座拱门，与一座桥梁并没有什么不同，它包括有三条小的通道，一条中央的为战士们通过的道路，在每一侧各有一条路，是为那些回到祖国向众神表示敬意的凯旋之师的人们的母亲和与之相伴的家庭成员们，来向他们的英雄欢呼和庆祝而准备的。在建造一座拱门的时候，它在与道路平行方向上的尺寸应该相当于其从左向右的道路横断方向上的尺寸的一

266

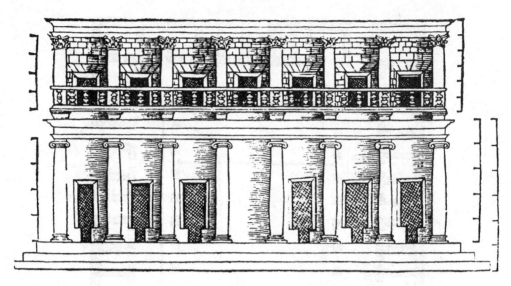

广场（或市场）的立面

半；后者应该不大于 50 个 [i] 库比特的长度。

　　除了它是由不多于四个墩子和三个洞口组成的之外，这种拱门建筑是与桥梁非常类似的。在较短方向的尺寸（即它与道路相平行方向上的尺寸）中，面向广场的侧面部分相接的八分之一和与背向广场的部分相接的八分之一，是用来设置台座，在其上支撑用于拱门的柱子的。另外一个方向，较长方向的尺寸（即横跨道路的方向）被分成为了八个模数（modules），其中的两个模数用于中间的开口，其余的每一个模数用于每一个墩座和两侧的开口。墩座中最靠内部的墙体，即垂直升起并直抵中央拱券的拱身起拱处的部分，应该是取二又三分之一个模数高。同样的方法可以应用于另外两个侧面开口的承重墩墙：它们应该运用同样的比例来处理其内在的空间。

　　供人穿越的通道应该是用筒形的拱顶。其装饰要沿着墩墙的顶部布置，在拱券和拱顶之下应该使用取自多立克柱式的做法；但是，不用那种钟形圆饰和圆柱顶板的做法，而代之以一个向外突出的科林斯式的或爱奥尼式的檐口，在檐口之下，像是一个脖颈一样，有一条素平的饰带，在这条饰带之下，也就像是在一根柱子的顶端一样，是一个柱顶项圈和一个窄饰带。这些装饰的总高度取了这个墩墙高度的九分之一。这第九份被进一步分为了更小的九份，其中顶上的五份是被檐口所占用的，三份被檐壁楣子所用，一份给了柱顶项圈和窄饰带。那根弯梁或拱券，即朝向前面的那一根，应该取门洞开口深度的不少于十二分之一也不多于十分之一的比例。

　　应用于每一个墩墙正面中心部位的柱子应该是标准的和不被嵌入墙中的；柱子的建造应该使其柱身的顶部与门洞开口的最高点在一个水平高度上，虽然他们的总体长度应该等于中央开口的宽度。在柱子的下面应该坐落着基础、台座和柱脚石；在柱子的上部

是柱头，它是（爱奥尼式）或科林斯式的，在柱头之上，是梁、饰带和檐口，也是爱奥尼式或科林斯式的。每一个部分都应该给予适当的轮廓线，这一点我们已经在较早的时候讨论过了。

凯旋门：平面与立面

在柱子的上面又升起了一段附加的墙，对整件作品增加的高度相当于从基础的底部到这座拱门檐口最上面一条线之间距离的一半。[98]将墙体的这部分增加出来的高度段再分为十一份，将顶上的一份给予一个简单的檐口，在这个檐口之下没有任何饰带或梁，而将其底下的一份半被一个台石所占用，台石的装饰是一个波形线脚，这条线脚占了其高度的三分之一。雕像最好是被树立在梁的两端，梁在那里向外伸出并将柱子包含在内；这些雕像应该是独立站立的，并且应该坐落在其厚度等于柱子的基底的一个台座之上。雕像，以及台座的整体高度应该取这段墙的高度的十一分之八。沿着这座建筑物的上部边缘，特别是朝向广场的一面，应该树立起四马的战车、较大尺寸的雕像、动物的雕刻，以及与之类似的东西。它们是直接被一个用作柱脚台石的矮墙所支撑着的；这个矮墙的高度应该是直接在其下面之连续檐口高度的三倍。立在最高处的雕像的高度，不应该小于位于柱子之上的第一组雕像高度的六分之一，也不要大于其高度的九分之二。

在墙的正面，可以用方形的或圆形的嵌板，在其上加上题铭和雕刻的历史故事（historiae）[99]。在通道之内，在支撑中央拱顶的墙的一半的位置上应该做出标志；标志最好应该置于那条线之上，较低的那部分是不适合的，因为那里有防止溅污的墙裙。

为了防止受到车轮轮轴的冲击，墩墙应该由一个高台阶支撑，起的是一个台石的作用，其高度应该是不大于一个半库比特；应该用一个倒转的喉头线脚斜切在这里；这条线脚应该取台石高度的四分之一。关于这些也足够了。

(148—152v)

第 7 章

现在我来谈谈娱乐性建筑物。[100]人们说埃庇米尼得斯（Epimenides）[101]（他沉睡了 57 年——在一座坟墓中）对那些在雅典建造了运动场的市民们进行指责，他说："你们没有意识到，这个地方将会造成什么样的危险：当你明白了这一点的时候，你会将它拆毁，甚至用你的牙齿去撕咬。"[102]我也不敢因为他们那经过深思熟虑之后而对使用娱乐建筑所作的谴责而对主教大人或任何其他道学先生们提出批评。摩西（Moses）[i]因为第一次在斋戒日将他的整个民族汇聚在一座神殿中，并且带领他们一起在规定的时间中庆祝丰收，因而受到了人们的称赞。他的目的，我猜想，可能只是通过将人们汇聚在一起进行宗教活动而教化人们的心灵，并且使人们更愿意接受友善相处所带来的益处。因此，在我的心目中，我们的祖先在他们的城市中建立娱乐性建筑，除了欢宴或娱乐之外，还有同样多功能方面的理由。的确，如果我们考虑事物过于细心，我们就常常会发现有理由为那些曾经如此辉煌而适用的建筑物现在已经变得陈旧不堪而感到遗憾。因为一些娱乐性建筑物迎合的是闲暇而平和的消遣性活动，而其他一些建筑物则是用于商业和军事训练目的的；很显然前者是会激发智慧的能量和精神的能力的，而后者在发展身体和灵魂的刚毅与坚强方面是非常有效的。因而，在这两者之中，都存在有某种确定而必然的方式，

---

i　摩西，《旧约》中希伯莱人的先知和立法者，曾率领以色列人逃出埃及。——译者注

以提高祖国的福康与荣誉。

据说生活在极其艰苦和严峻之中的阿卡迪亚人发明了游戏，以作为锤炼他们公民心灵的一种手段；当他们放弃了游戏的时候，他们变得如此笨拙与粗俗，按照波利比奥斯的说法，他们受到了整个希腊人的蔑视。[103] 然而，游戏的传统是非常古老的，它们的起源被归之于许多发明者。据说是狄俄尼索斯（Dionysus）[i] 第一个将舞蹈和游戏介绍给了人们。我发现赫拉克勒斯是论辩的发明者。[104] 奥林匹克比赛[ii] 据说就是由埃托利亚人和 Epians[iii] 人在他们回到了特洛伊以后构想与发明出来的。[105] 在希腊第一位将合唱引入到悲剧之中的狄俄尼索斯[106] 也被认为是娱乐场所的奠基人之一。[107] 在意大利 L. Nummius[108] 则被认为是在凯旋之时，举行戏剧表演游戏的第一人，那是在尼禄成为皇帝之前两百年的时候。[109] 演员们从埃特鲁斯坎移居到了城市之中，马术比赛也从提尔被介绍了进来，几乎每一种其他类型的游戏都是从亚细亚引入到意大利来的。

我会非常容易地相信，在过去那美好的日子里，当雅努斯的形象出现在硬币上的时候，人们就可以看到在山毛榉树和榆树下展开的游戏了。"你，罗穆卢斯"，奥维德唱道，"第一次扰乱了这些游戏，那是在萨宾人的掠夺慰藉了你们那些孤寂之人的时候。那时候，在大理石剧场的上部没有悬挂遮雨的顶篷，也没有用番红花的粉末喷洒变红的舞台；那里，简单地布置的，是林木繁茂的帕拉廷山所带来的树叶和花瓣；整个舞台上并没有用什么人工的技艺。草皮覆盖的台阶上坐着观众，他们那蓬乱的头发上漫不经心地戴着用树叶编织的花环。"[110] 但是，Iolaus，Ipsicles 的儿子，据说是他第一次将阶梯式的座位席介绍了进来，当时他在撒丁（Sardinia）小岛上，从赫拉克勒斯那里接受了悲剧（Thespiadae）。[111]

本来，按照习惯，剧场是用木头建造的。这就是为什么庞培因其为娱乐性场地使用了永久性的，而不是像从前那样，用暂时性的阶梯，来提供为座椅而受到了批评。逐渐地，城市中包括了三座大型剧场，几座圆形竞技场（其中的一座可以容纳二十万名观众），并且，这也是所有剧场中最大的一座，即马克西姆圆形竞技场（Circus Maximus）；每一座剧场都是用方形的石块建造的，并拥有华丽的大理石柱子。并且更进一步，还不仅仅满足于这一点，他们甚至用大理石、玻璃和数量令人不可思议地多的雕像来装备了临时性的娱乐建筑。直到在由屋大维所发动的战争中被烧为灰烬之前，具有最大容量的娱乐性建筑物是在高卢的布雷森蒂亚（Placentia）。[112] 但是，关于这个问题你谈得足够多了。

娱乐性建筑物既能够满足闲暇，也能够满足运动。与闲暇活动相联系的，被区分为如诗歌、音乐和演出；有如战争的竞赛由摔跤、拳击、古罗马式拳击（cestus）[113]、投掷标枪、战车比赛，以及任何可以为武装格斗做准备的方式，例如柏拉图建议，为了城市的荣誉和国家的良好状态等那些非同寻常的利益，每年应该举行的这样一些活动。[114]

---

i　狄俄尼索斯，希腊与罗马神话中的酒神，也是宗教狂欢中庆祝大自然的权力与丰产之神，在罗马神话中也被称作巴克斯（Bacchus）。——译者注

ii　泛希腊奥林匹克竞赛大会，是古希腊为对奥林匹亚的宙斯神表示尊敬而在奥林匹亚平原上举行的泛希腊竞赛节日，内容包括体育比赛、唱诗赛和跳舞比赛，第一次竞赛大会是在公元前 776 年举行的，一直延续到公元后 293 年。——译者注

iii　原文为"by the Aetolians and the Epians"，应是指两种人，但据英译者，Epians 可能是某个人名（Epeus）之误写，故又像是指具体的人，这里存疑。——译者注

这些要求不同的建筑物，每一种都有不同的名称。那些在其中有诗歌朗诵、喜剧、悲剧等发生的建筑物，我们称之为剧场，以将它们与其他建筑物加以区别；那些在其中有贵族青年们用战车（由两或四匹马为一组）进行练习的场所我们称之为竞技场；而那些在其中有人与栏槛之中的野兽进行格斗的地方我们称之为圆形角斗场。

270　　几乎所有的娱乐性建筑物，其形状都像是一个做好了战斗准备的中心阵列，两翼伸展的军队，它们是由一个中心性的范围[115]组成的，在那里有演员、拳击手、战车驭手，以及类似的表演，而在那里的阶梯上是观众们坐的地方。然而，每一种之间的彼此不同是在它们房屋覆盖范围的轮廓线上的差异。任何其形状像是一个下弦月的，我们称其为剧场。但是，若其两侧向外伸展而形成一个椭圆形的，那么这种建筑物应该被称为是一座竞技场，因为在竞技场中有为两或四匹马的小组准备的环形跑道，以使他们举行朝向终点的比赛。在这里若是使用从运河或输水道中引入的水，就可以举行海战表演。一些人坚持说，古人将这些建筑物称为竞技场是因为他们习惯于在战场上和水上实践这种运动。[116]据说，这些运动的发明者们就是某位 Monagus，是来自位于亚细亚的艾丽斯城的。[117]当两个剧场被面对面地连接在一起的时候，由此而形成的围合性空间我们称之为"下沉式竞技场（pit）[118]"，建筑物本身被称为"圆形竞技场（amphitheater）"。

首先，要为一个表演场地选择一个完全健康的用地，避免有刺目的风尘、阳光的暴晒，以及其他令人讨厌的东西，如我们在第一书中已经讨论过的。特别是剧场，一定要很好地防护阳光的暴晒，因为那里是平民们在每年八月的时候来聆听诗歌朗诵，来寻找一块阴凉的地方，并寻求一种在心灵上轻松愉悦的地方。对于人的身体而言，集中在一座建筑物中承受太阳光线的烘烤，一旦人的心情受到了伤害，很容易生病。座位席也必须是醒目的，不能有任何遮蔽与晦暗。[119]那里也应该有一个柱廊，附在建筑物上或与之相紧邻，一旦突然发生大雨或雷暴，观众们就可以在那里躲避。[120]柏拉图更倾向于剧场在城市之内，而竞技场则在城外。

剧场是一个清晰的露天的范围所组成的，其周围环绕着阶梯式的座位，在口部有一个升起的舞台，在那里每一件与叙述性事物有关的事情在发生着，而在其顶部，是一个覆盖着屋顶的柱廊来将扩散的声音加以集中，以使其更洪亮。希腊剧场在其舞台的大小尺寸上与拉丁剧场是不相同的：希腊剧场要求一个较小的舞台，因为合唱队和戏剧性的舞蹈是在剧场的中心部位演出的，而我们则倾向于一个较大的舞台，因为在我们的舞台上，什么表演都会进行。

一个共有的特征是，所有的剧场都是以一个半圆形的房屋覆盖范围为基础的，并将其两侧向外伸展；但是一些剧场是由直线组成的，其他一些剧场则是曲线的。在使用直线的地方，直线是连续而平行的，直到各增加出一个为其直径四分之一的半圆来形成两翼。而在使用曲线的地方，他们描绘了一个完整的圆环，并将整个圆环的四分之一部分去除，将留下的其余部分用来作为剧场。[121]

一旦覆盖范围的大小长宽得到了确定，台阶式的座位也就可以被布置下来了。首先，他们要决定他们所希望的台阶有多高，以及在台阶的基础部分他们确定了在底部能够容纳

271　　的空间的大小。大多数的剧场，其高度是与其中心范围的宽度相等的。因为众所周知的是，

一座较为低矮的剧场，其声音会被衰减并散失掉，而在非常高的剧场中，声音会发生再次回响而让人很难捕捉到。但是，一些较好的建筑师将其剧场的高度处理成是其中心范围宽度的五分之四。阶梯式座位的高度决不要低于整座建筑物高度的一半，也不要高于整个建筑物高度的三分之二。台阶本身的高度应该取台阶自身深度的四分之二或五分之二。[122]

现在我们将要描述什么是我们所认为的十分完美的和令人满意的剧场形式。从阶梯在外部（即指包裹了最上面一排座位的墙体）的基础到半圆的中心的距离应该是中心范围之半径的一又三分之一倍。阶梯不是从中心范围水平高度上开始的；而是从这个高度到第一步阶梯（亦即最下面的一步阶梯）有一道墙升起。在一座大的剧场中，这道墙的高度是中心范围之半径的九分之一，而在一座小的剧场中，它的高度至少是七尺。

这些阶梯的高度是一尺半，深度是二尺半。在阶梯的下面布置着拱顶的通道，所有的通道都是相类似的，大小尺寸也比较适中，但是一些通道是通向中心范围的，一些则是可以登上最高处的阶梯的；通道的数量与大小取决于剧场的大小规模。其中的七道通道应该是主要通道，可以引导到中心区域，而且相当畅通；它们的入口设置应该有一个相等的间隔。一个与半圆圆周的中心相连接的通道，应该是比其他通道更为宽敞通达的：我们将这个通道称之为"贵宾"出入口，因为这条通道导向了"王者"大道；在直径的最右端还有一个类似的出入口，在最左端则是另外一个出入口。然后，在半圆形的每一侧有两个位于中间的通道，同样，在这些通道之间还各有一个出入口，这些出入口的大小尺寸与数量取决于剧场的大小规模。

在大型剧场中，古人将座位分为了三层，并用一个比其余的台阶宽两倍的台子作为彼此的边界；这个将上层与下层分离开来的台子就像是在其中插入的一条走道。通往这些间歇处，如我所称呼它们的，是有拱顶的从下层座位通往上层座位的楼梯。我注意到在一些剧场中，那些杰出的建筑师和有经验的工匠们确保在主要通道的每一侧加上一个内部的楼梯；这是一个连续的踏阶，为那些比较急迫和比较敏捷的人提供了一个较为陡峻而快捷的上下通道，其他的人则可以比较从容地上下，通过间歇处和楼梯平台，使那些夫人们和老年人缓慢地向上登攀，并在登攀的过程中有所休息。关于座位排列就说这么多。

最后，在剧场的入口处应该会有一个升起的空间，在那里演员们可以进行表演。不论在什么地方的一些当地习惯中，若将老年人和地方官员的座位与众人的座位分离开，那么，就会设置一个比较尊贵的地方，如在中心范围内设置一个有着精美装饰的座席，舞台应该是相当大的，足以包容那些演员、乐师和合唱队。这个舞台可以延伸到半圆的中心，应该被升高五尺，给予在地平面高度上的元老院议员们观看演员们每一个姿态的一个非常好的视角。但是，无论在什么地方，若其地方习惯中不是将那些杰出公民的座位布置在中心范围之内，而是将这个地方完全保留给舞蹈者和演出者，那么舞台就将是较为局限的，但是有时这个舞台会升到六个库比特的高度。[123]

在每一种情况下，这个部分都应该用柱子和柱顶线盘加以装饰，一个在另外一个之上，就像在一座住宅中一样。要在适当的地方加上入口和门，位于中间的一个像是一个"王室的"门，它应该从神殿中采用其装饰，而其他相临近的门，则提供演员根据演出的需要而出入和上下舞台的路径。[124]在一座剧场中会表演三种类型的戏剧：悲剧，叙述专

273

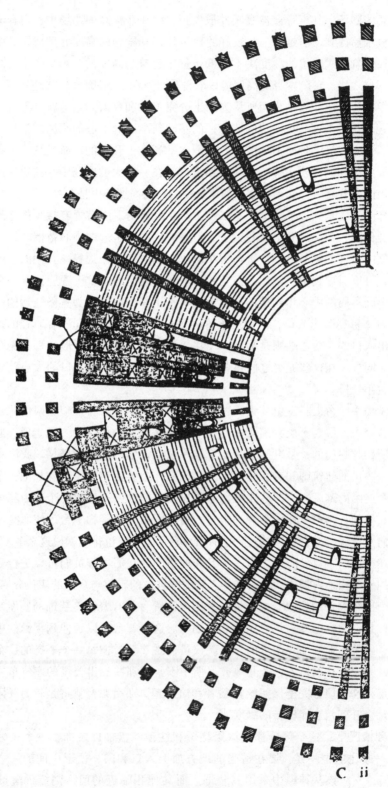

C ii

剧场的平面

职君主所遭的厄运；喜剧，展开一个家庭中的主人的关切与忧虑；以及讽刺剧，为乡间生活的愉悦与田园生活的浪漫而讴歌。因此，应该有可以旋转的机械，能够瞬时出现一个绘画的背景幕，或是按照戏剧的类型与表扬中的情节需要而展现一个中庭、一座住宅，或者甚至一片森林。那么，这些就是有关覆盖范围、座席排位，以及戏剧艺术家们的舞台等问题。[125]

我们已经提到，一个剧场最重要的部分之一就是柱廊，这是发明了用于增大说话的声音以及其他声音的装置。柱廊应该被设置在顶部的座席排上，使用一个其柱廊朝向剧场中心范围开口。这是我们现在必须要讨论的。

他们从哲学家那里知道了，空气一旦被说话声所撞击或使声音被扩散，就会形成像是水面被某个物体突然的一击所造成的圆环一样的波形运动；他们认识到，就像在七弦琴（lyre）[126]的，或在一条山谷的内部，特别是在一条森林之谷中，如果扩大了扰动的范围，声音或说话声会变得更加洪亮和清晰，这就是说，声音的波在向外运动时遇到了一些障碍和阻止的时候，会将声音反弹回来，就像一个球从一堵墙上反弹回来一样，从而会浓缩或增强这些声音的范围。[127]

这就是最初促使人们将他们的剧场建造成圆环形的原因所在。另外，允许声音没有障碍而自由地向剧场顶部扩散，声音扩散到了阶梯之外，因而它们的外部边缘都排上了座位。在阶梯的顶端，他们加上了一个柱廊，一个特别有用的装置，它如我们已经提到的朝向剧场的中心范围；柱廊的前部保持开敞，但是，沿着柱廊的后部却完全用墙围绕了起来。

那么，作为一种基本的形式，他们将柱廊放置在一个沿周长环绕的墙上；这道墙起到了用于限制声音的球体向外扩张的作用，在柱廊中的较为密集的空气得到了缓冲和加强，而不是完全地被反射了出去。此外，为了给剧场加一个屋顶，他们会增加一个临时性的雨棚，这个雨棚不仅提供了遮阴的作用，也对音响有所改善；雨棚将会与闪烁的星星为伴，一旦将其拴紧或将其伸展开，就会为整个中心范围，也包括为座席排和观众们提供遮阴的作用。

这个柱廊被要求建造的要相当精巧。它是从其下面被另外一个柱廊和一个向剧场外开敞的门廊所支撑着的。在大型剧场中，这些柱廊可能是双重的，以保护那些在其下面行走的人，并防止猛烈的风将雨水或恶劣天气带进建筑物中来。这些开口以及这些支撑上部柱廊的第一层柱廊并不像那些我们为一座神殿或巴西利卡所描述的柱廊，而是用粗拙的墙体坚实地建造起来的，它们的外轮廓线是从凯旋门中所采用的。那么，首先我们必须论及那些处在较低处的柱廊，这是为上层的柱廊服务的。

这些柱廊的开口应该是被布置在与每一个引导向剧场中心范围的通道正相对应的位置上。这些开口一定要与按照固定的标准而设置的下一层次的开口相连接。所有的开口，应该在高度、宽度，以及它们的轮廓线和装饰上彼此相互配称。也应该有一个沿着柱廊的长度方向布置的通道，通道的宽度等于柱子之间的间距。而且，墩柱本身应该墙体，其厚度是开口宽度的一半。最后，柱子应该是独立支撑的，就像是在一座凯旋门中的柱子一样，但却是嵌入墙中的，贴附在每一个墩柱垛墙之中央的正面，并被一个相当于柱廊高度六分之一的台座所支撑。装饰的其余部分是从神庙中借鉴来的。其高度，包括其装饰到柱子和

274

檐口的高度，应该是其内部那些座席排的垂直高度尺寸的一半。

因此，有两排外部的柱廊：第二排的拱顶直抵上一排座位席的顶部；柱廊的地板落在剧场的内部——这里，如我们已经提到的，面对中心范围——应该也是在这一标高水平上。剧场的中心范围应该从马的蹄印形式上采取其轮廓线。

一旦做到了这一点，最上面的柱廊就被建造在了顶部。这个柱廊的立面和柱廊内将不能够从外部接收到光线，就像那些我们已经描述的在下面的情况一样，但是，那些正面的而不是朝向剧场中心范围则是可以（接受光线）的，如我们已经提到过的。这样一种做法防止了声音的逃逸，将声音压缩，并使其增强；因此，我们将称这种设计做法为围墙式的。

这个围墙有一个相当于外面的第一排柱廊高度之一半的三倍的高度。它应该是由如下的部分所组成的：一道支撑着柱子的墙体，我们将这道墙称为柱基；在一座大型剧场中，柱基应该取不多于三分之一的高度，而在一座小型剧场中，则应不少于其围墙总高度的四分之一。柱子应该站立在这道墙上，它们的高度，包括它们的基础和柱头，等于围墙总高度的一半。在这些柱子之上应该有装饰，并有另外一道墙体部分，像是在一座巴西利卡中一样，这一部分取了周围墙总高度中所剩余的六分之一。

这里的柱子是独立支撑的，它们的轮廓线是从巴西利卡中采用来的。在数量上这些柱子应该与外部柱廊上的嵌入式柱子相对应，它们应该以相同的半径来排列。"半径"是我用来标识从剧场的中心到每一棵外部柱子之间的直线距离的一个术语。支撑着围墙上的柱子的墙体被看做是柱基；沿着这个柱基有与其下面进入剧场的通道垂直排列的开口；在像这些地方一样适当的位置上，在相等的间隔下，可以形成一些凹龛，在这些地方，如果你愿意的话，可以悬挂一些倒置的花瓶，这样当声音传递到这里并且碰撞上这些花瓶的时候就可以使声音的共鸣得到改善。这里我不倾向于深入到维特鲁威的理论之中去，基于一种在音乐中的划分，从他所推演的他用来环绕着剧场布置花瓶的方法，可以反射出主音、中音和高音，以及合奏的声音[128]；这是一种很容易被充分描述的效果，但是只有那些亲身经验了的人才知道如何达到这一点。然而，我们也不能忽略，亚里士多德也深信不疑的是，任何空的容器或井都会改变声音的共鸣效果。[129]

我们再转回到围墙的柱廊上来。这个柱廊的后面是没有开口的；柱廊将整个墙体部分都包裹了进来，以防止任何到达这里的声音会逸出；就像在外墙上的装饰一样，那道面对你来的方向的墙体，会被加上嵌入式的柱子，并在数量、大小、垂直向的分布等方面与其下柱廊中的列柱线相对应。

从我们已经谈到的这些事情来看，一座大型的剧场与一座小型的剧场之间的不同是明显的。前者在其基础之上，有一个双层的外部柱廊，而后者则仅有一个单柱廊；同样前者总是有两个外柱廊的水平高度，而后者可能会有第三个水平高度。[130]另外一个不同是在一些小型剧场中没有加入内部的柱廊：围墙只是由墙体和檐口组成的，因而增强声音的任务并不是像在一个较大的剧场中那样留给了拥有其柱廊的围墙，而是留给了檐口。在大型剧场中，最上面的柱廊有时是双重的。

最后，剧场中所有暴露的表面应该被给予一个保护性的抹灰外表层，并且要有一个雨落口上，这样所有的雨水都会流向台阶处。任何被收集起来的雨水都应该在墙角处被汇入

剧场的外立面

到下水道中，再流入隐蔽的通往隐秘的排水道的管道中去。围绕着屋顶部分，在剧场外部檐口处应该是安装飞檐托块和薄石板；在这些地方，作为一种公共比赛中的装饰，可以立起一些桅杆，用以接收和把握那些用来拉紧覆盖在顶部的遮阳篷的绳索。[131]

为了使这样一个巨大体量的结构体在其整体高度上被树立起来，有必要确保它的墙体是厚得足以承载荷载的。因此，第一层柱廊的外墙一定要有一个相当于其总体高度十五分之一的厚度。用一个双重的柱廊，这道在两个柱廊之间布置，并将一个柱廊与另外一个柱廊分离开来的墙体，应该有一个比外墙薄四分之一的厚度。此外，任何一个在上面升起的

278

剧场的剖面

墙体都应该有一个比在其下的墙体厚度略小十二分之一的厚度。

(152v—154v)

第 8 章

关于这一点就谈这么多。我们已经讨论了剧场,下面我们将要讨论竞技场和圆形角斗场。所有这种类型的建筑物都是从剧场演化而来的:一座竞技场不是别的什么,而是将一座剧场的两翼沿着平行线向外延伸，虽然其特征并不需要再增加一个柱廊；同时，一个圆形角斗场是由两座剧场组成的，它们的座席排连接成为一个连续的圆环。它们的不同之处在于，剧场是一座半圆形式的角斗场；另外一个不同在于，圆形角斗场的中心范围（area）是非常空旷的，没有任何舞台。在其他每一个方面，它们都是相似的，特别是它们的座席排、柱廊、通道，如此等等。

我们认为，圆形角斗场最初是为狩猎而建造的；这就是为什么人们决定要将其建造成圆形的，这样那些野生的畜类，就被用圈套引诱到那里，进入其中就没有角落可以躲藏了，因而会比较容易被猎人们所激怒。在这里人是被允许用一些不同寻常的技术来与最凶猛的野兽进行搏斗的：一些人使用竿子支撑着跳入空中，以躲避直冲而来的公牛；其他人则穿上用坚韧的藤编织的铠甲，这使得他们能够承受得住熊爪的抓挠；另外一些人，会藏在一个带孔的笼子里，通过不时地旋转来戏弄狮子；别人则依靠斗篷和铁棒来挑逗狮子；简而言之，如果任何人发明了某种有独创性的欺骗野兽的方法，或是具有某种不同寻常的心灵与身体的强劲力量，他将将冒险进入到这中心区域，以寻求荣誉与奖励。我也发现，在剧场和圆形角斗场中，那些皇帝君主们习惯于向人群投掷苹果，同时会释放一些小鸟，以这种方式来在那些争抢这些东西的人们之间煽动起幼稚的争吵。

虽然被两个连接在一起的剧场所包围，圆形角斗场的中心范围并没有像它应该的那样被拉长，两个剧场被延伸的两臂在这个作品中合为一体；有一点是，其宽度是按照一套方法从其长度中推算出来的。一些我们的祖先是将其宽度定为长度的八分之七，还有一些人定为四分之三。其他方面，就用了与剧场相同的规则：包括了两个柱廊，一个是沿着剧场的外部设置的，另外一个则置于最上一排座位排的顶上，并将其当做围墙来处理。

我们再来讨论竞技场的问题。竞技场，正如人们所说的那样，是以天国为基础的：它有十二个入口大门，这是天国的大厦所用的数字[132]；有七棵转弯用的柱子，这是行星的数量；在东端和西端结束处的柱子，其远达的距离足以供两或四匹马的小组环绕着竞技场中央空间进行比赛，就像太阳和月亮穿越黄道十二宫的追逐一样；从每日时间的数量上，它有二十四个出发的围栏；类似的情况还有，竞赛者被分成了四组，每一组都穿戴上它自己运动色彩（的服饰），绿色是为春天的，这是一年中充满绿意的季节，粉红色是为如火一般的夏日的空气的，白色是为枯萎衰败的秋季的，而黑色是为黯淡的冬季的。[133]

不像圆形角斗场那样，一座竞技场的中心范围并不是空的，它也不会像一座剧场那样用一个舞台来充满；但是会沿着将其宽度区分为两个车道（也就是说，两个相等的部分）的那条线的长度方向，在适当的位置上树立那些转弯用的柱子的：围绕着这些柱子，那些比赛者，即由人或两匹马组成的小组，来展开他们的回绕比赛。有三棵主要的转弯用的柱子，中央的一棵最为重要；这柱子是四边形的，很高大，稍微地有一些收分，这就是为什么它被称作一个方尖碑。其余的两根转折性的柱子，或是用巨像或是用石头的舰首所组成的，舰首形式的鸟喙是直向上冲刺的 i，并按照艺术家的想象，形成优美和迷人的造型。

279

---

i　古代希腊或罗马的战船，其船首部分往往造成鸟喙的样子，以形成一定的撞击力。——译者注

在这几棵柱子之间，一些柱子或转弯用的柱子会被插入其中，在每一侧有两根。

我从历史学家们那里发现，罗马的马克西姆斯竞技场（Circus Maximus）有三个露天体育场的长度，并且有一个露天体育场的宽度。[134]到了现在它已经变得是如此荒芜，以至于无法向我们提供它最初外观的最起码印象。但是，通过测量其他类似的作品，我发现古人习惯于给予中心范围一个不少于六十库比特的宽度和一个相当于其宽度距离七倍之多的长度。[135]其宽度再被用一条沿着长度方向展开的线划分为两个相等的等分，在这条线上树立着转折性的柱子。这一长度本身又被划分为七个部分，其中的一部分是被曲线所占用，在那里参加比赛者要在最后一棵转折柱那里，从右手那一道直接转入了左手一道。剩余的转折性柱子，是沿着它的长度方向排列的，将会占有其总长度的七分之五。一种柱脚台座的形式，至少有六尺高，会在柱子与柱子之间延伸，在其每一侧做了两个直线式的划分，这样任何马匹，在它自己，及或是作为一个小组而参加竞赛时，即使偏离了它的路线，它也不可能横穿过去。竞技场将会在每一侧用座位的长排来形成一条线，这条座席排线将会拥有不多于中心范围之总宽度的五分之一，也不少于其六分之一的宽度；并且，就像在一座圆形角斗场中一样，这些座席排会坐落在一个基础之上，以保护观看者们不会受到任何野兽伤害的危险。

也可以包括进公共建筑的是阅兵场[136]，在这里年轻人可以玩球[137]，跳高，或者练习军事格斗；另外一个方面，同样也是在这里，老年人可以举行娱乐活动，在其中徘徊漫步，或者，如果身体比较弱，也可以用一把椅子抬着他走动。"在露天进行锻炼，"那位自然主义者塞尔苏斯（Celsus）说道，"比起在遮蔽物下进行锻炼要更好些"。但是，为了便利起见，在遮蔽物下也是能够进行锻炼的，可以加进柱廊来将中心范围完全围绕起来。中心范围本身有时也是用大理石或锦砖所铺砌的，而有时则会表现为一片绿色的景象[138]，其中种植有番樱桃 [i]、杜松[ii]、柑橘[iii]，以及柏树[iv] 等。

这样一座建筑是在三个侧面被一个非常宽的，简单的柱廊所衔接着的，柱廊的宽度比一个在广场上的柱廊宽度大出九分之二。在第四个侧面，即那个朝南的侧面，有一个双重的柱廊，这个柱廊是相当宽敞的。沿着它的立面是一些多立克式柱子，这些柱子的高度是与柱廊的宽度相关联的。人们建议说，那些内柱，即从内部与外廊相分离开的柱子，其高度应该比主要柱子高出五分之一，其功能是支撑屋脊，并形成屋顶的坡度。此外，这些柱子必须是爱奥尼式的，因而自然地要比多立克式柱子高一些。但是，在我看来没有理由说明为什么两侧的顶棚不能够是平的：平的顶棚无疑使其更为优美。

两种柱廊中柱子的粗细都是由如下方式确定的：对于多立克式柱，柱子基底的直径应

---

i 番樱桃，桃金娘科植物，属常绿灌木或树的一种，尤指香桃木，是一种原产于地中海地区和西亚的芳香类灌木，有粉色或白色的花和深蓝色的浆果，而且作为一种树篱植物而被广泛栽培。——译者注

ii 杜松，刺柏属丛木或桧属的常青乔木或灌木，有针状或鳞状的尖叶和气味芳香、色泽蓝灰、形状像浆果、并含有种子的球果。——译者注

iii 柑橘属果树，一种柑橘属的常绿、带刺的灌木，例如葡萄柚、柠檬或柑橘，原产于南亚和东南亚，有坚韧、芳香、具有一小叶的复叶，因其结硬皮、芳香、多汁的可食用果实而得到广泛栽植。——译者注

iv 柏树，一种柏木属常绿树或灌木，原产于欧亚大陆和北美洲，长有成鳞片状的对生叶和木质球果。——译者注

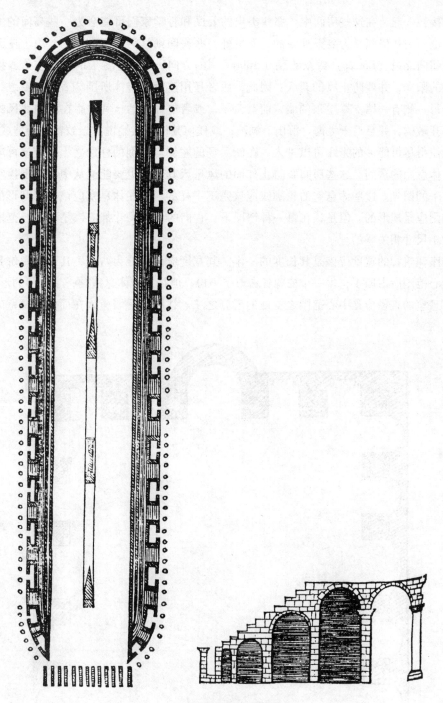

竞技场的平面与剖面

该是柱子总高的十五分之二，这包括柱子完整的柱头和基础部分；但是，对于爱奥尼和科林斯式的柱子，柱子基底的直径应该取柱身总高的十六分之三。除了这些之外，它们的尺寸与一座神殿中的柱子的尺寸是一样的。这个柱廊的外墙应该与贵宾们休息所使用的房间完全连接在一起，在这些房间中，那些杰出的公民和哲学家们可能会为一些高尚的主题而引起争论。一些房间是为夏天准备的，而另外一些房间则是为冬天准备的。用于夏天的房间应该朝向北风（Boreas）或东北风（Aquilo）[139]的方向，而用于冬天的房间应该要接纳令人愉快的阳光，并要防止风的袭入；因此，后者是用连续的墙体所围绕着的，反之，前者则是在每一侧有一堵支撑屋顶的墙，而其窗子，或者更好的话，其柱廊在朝向北风的方向应该是开敞的，并且对于大海、群山、湖泊，或任何其他令人愉悦的景致都不会造成阻挡，这样也使得尽可能多的光线可以进入。在阅兵场的左侧与右侧的柱廊之上，应该再增加另外一些休息用的房间，这些房间要防止外面的风进入其中，也要能够从中心范围接收到早晨或下午的阳光。这些休息室的轮廓线应该是不一样的。一些休息室应该是半圆形的，另外一些则应是矩形的，但是，在每一种情况下，它们的大小尺寸都应该是与中心范围和柱廊的大小尺寸相关联的。

　　整座建筑物的宽度应该是其长度的一半。其宽度应该被分为八份，其中的六份是被露天的中心范围所占取了，每一个柱廊各占取了一份。但是，当休息室是一个半圆的形状时，这些休息室的直径应是中心范围之宽度的五分之二。柱廊的后墙应该在面向休息室的方向

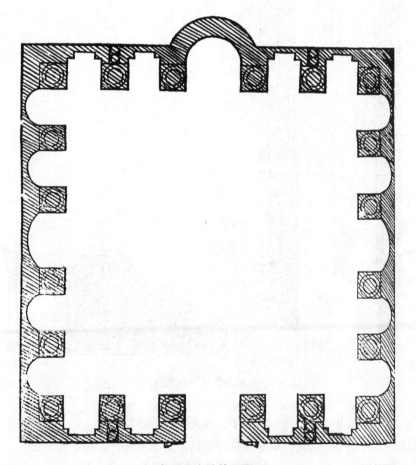

祭司元老院的平面

上打开。在一座大型的建筑中，这些半圆形休息室的高度应该与其宽度的尺寸是相同的；但是，在一些小型的建筑中，其高度应该取其宽度的至少四分之五。在柱廊的屋顶上方，沿着半圆形休息室的正面，会将窗子突出出来，以使半圆形的内部能够接收到阳光，并使光线充满这个地方。然而，如果这些休息室是四边形的，它们的宽度应该是柱廊宽度的两倍，而其长度又是其宽度的两倍。（在长度方面，我的意思是沿着柱廊的尺寸，要使任何进入休息室的人，都是从右向左走的……）[140]

　　应该被包括在公共建筑中的还有在较低层次的法庭前为诉讼而用的柱廊；这种建筑应该以如下方式来建造。它的大小尺寸应该取决于所处城镇及地方的重要性，但是，不应该太小。柱廊应该与一排连续的房间相连接，在这些房间中会有一些诸如决定由谁来参加主持审判等有所关联的事务。

　　至此所讨论的建筑物是那些在我看来似乎是特殊的公共性建筑：贵族和平民们会经常而自由地在那里相会。但是，一些公共建筑的存在，如议会、元老院，以及参议院议事厅等，都是一些只对地位显赫的公民，以及那些参与了公共事务的人们开放的。这些是下面必须讨论的问题。

第 9 章

（154v—156）

　　按照柏拉图的说法，公民议会应该是在神殿中举行的。在罗马有一些特殊的场所是专门用于公民议会的。在 Ceraumnia[141] 有一个树木繁茂的小树林是奉献给主神朱庇特的，那里是亚该亚人相聚在一起讨论国家事务的地方。其他几个国家的人会在他们的中央广场举行会议。罗马人被允许只能是在经过占卜而被验证了的地方召集他们的元老院会议；一般来说，他们会在一座神殿中举行会议。后来他们有了他们自己的元老院。按照瓦罗的说法，有两种类型的元老院，一种是祭司们主持宗教事务的地方，另外一种则是参议院议员们管理人间事务的地方。[142] 我不能够确定地描绘出它们的各自特征，但是，我可以充分地假设前者更像是一座神殿，而后者则像是一座巴西利卡。

　　因此，祭司们所用的元老院应该是拱形屋顶的，而参议院议事厅则应该是桁架式的屋顶。在每一种情况中，提供咨询的人会被用话语来加以提问，因此声音的问题一定要加以考虑。那么，就应该有一些装置来阻止声音向过高处扩散，特别是在一个拱形屋顶的情况下，以防止造成过于刺耳的回声。因此可以主要以实践的理由而在墙上加上檐口，这同时也无疑对优美作出了贡献。在对古人作品的观察中，我注意到，元老院建筑的平面应该是四边形的。[143]

　　当屋顶是拱顶形式时，升起到屋顶处的墙体的高度比其立面的宽度小七分之一。所使用的拱顶的类型是桶式拱券。在与入口正相对应的位置布置的是法官席，其拱矢（sagitta）的长度是其弦长的四分之一。开门的洞口占取了立面的七分之一。大约在墙身向上八分之五的位置上，一条带有饰带的檐口，以及梁和柱子，凸出了墙面；柱子的数量或多或少，这取决于是需要紧凑的还是需要宽敞的空间；柱廊筑造的方式取自神殿的门廊。在右侧与

282

283

284

285

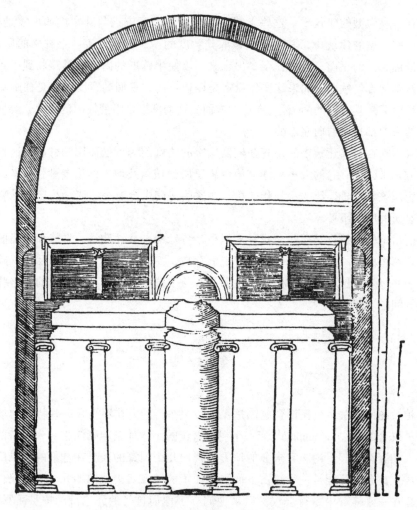

祭司元老院的剖面：拱形顶棚

左侧墙体的檐口之上，雕像或其他宗教题材的内容会被分布在壁龛之中。沿着建筑的正立面，在与壁龛相同的高度上，会有窗子开启，窗子的宽度是其高度的两倍，并用两根细长的圆柱插入其中来支撑楣梁。这就是大祭司们的元老院法庭。

参议院议事厅应该采用如下的做法。其房屋覆盖范围的宽度应该是其长度的三分之二；它的高度，以直抵屋顶处的梁的标高计，应该等于其房屋覆盖范围宽度的一又四分之一倍。沿着墙以如下的方式添加檐口。将直抵屋顶桁架的墙体高度分为九份，其中的一份被一道坚实的墙体段所占取，其作用相当于一个柱脚台座或一条墩座墙，在其上坐落着柱子。这段坚实的墙体是从阶梯形基础的上皮开始砌筑的。然后，再将上面所余的部分分成为七份，其中的四份是被第一排柱廊所占取。在这排柱廊的顶上再加上第二排柱，同时添加上去的还有一道高贵的饰带及与饰带所配套的装饰。第一和第二排柱廊都应该有其自身的基础、柱头、檐口等诸如此类的东西，也就是那些我们前面曾经为巴西利卡所描述的东西。要使其左右两侧墙体空档的数量为奇数，而且不要多于五。那些空

286

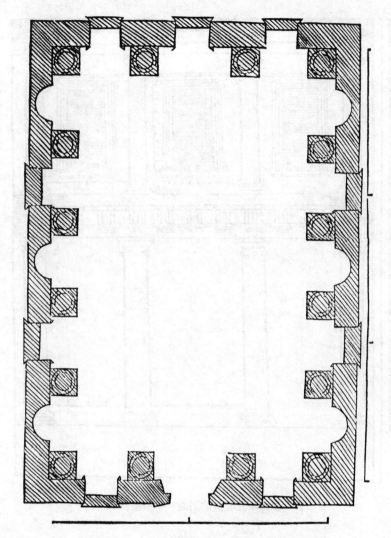

参议院元老院的平面

档的大小应该都是相等的。沿正立面应该有不多于三个的空当，中间一个空档应该比其余的空档宽出四分之一。在中间檐口之上的柱子或飞檐托块之间的每一个空隙中都应该有一个窗子：这种类型的议事厅一定要有很好的光照。在窗子之下应该有一道矮墙，就像前面在有关巴西利卡的描述中多谈到的。装饰着立面的上半部的窗子应该比相邻的柱子略高一些，这不包括柱子的柱头部分。窗子开口的高度分为十一份，而其宽度取其七份的大小。

　　但是，如果你希望省去柱子而在它们的柱头部位代之以飞檐托块，你应该使用与在爱奥尼式的门中所使用的同样的外轮廓线。在这里，就像在别的地方一样，应该悬出一些"小耳朵"，以为下一步的设计所使用。要使飞檐托块的宽度，与一个柱廊内的柱身顶部的直径相同，这其中不包括柱顶项圈和顶部饰带的尺寸。它所悬挂的深度应该等于一个科林斯式柱头在不包括其圆柱顶板时的高度。向外突出的飞檐托块不应该超过主梁的上皮。

参议院元老院的剖面：平顶顶棚

　　在许多的地方都会有这样一些东西，它在需求或愉悦之外，还能产生出一种对于城市的装饰，并使得城市显得非常高贵。据说，在离柏拉图学园（Academy）[144]不远的地方有一个最美的小树林是献给众神的；苏拉将这片树林砍倒用来建造一个防御壁垒靠抵抗雅典人。[145]亚历山大·塞维鲁（Alexander Severus）[i]在他的浴场旁边种植了一片树林，并在安东尼亚（Antonian）的浴场边又增加了几个精美的水池。[146]在 Zelo 取得了战胜 Charchedonians 的胜利之后，Agrigentines 建造了一个有七个赛跑场长，二十个库比特深的水池，通过这个水池，他们甚至能够获取税收。[147]我记得我曾读到——在提沃利（Tivoli）[ii]有一个著名的公

共图书馆。雅典的庇西特拉图（Pisistratus）[i] [148]是第一位将书本变成公众可以触摸的人；薛西斯一世将他搜集的所有东西都搬到了波斯，但是，塞琉古又将它们归还了回来。[149]托勒密王朝的那些埃及国王们，有一个包括有七十万册书的图书馆。[150]但是，为什么奇迹发生在公共建筑中呢？我在戈耳迪安（Gordians）的图书馆中发现有六万两千册书。[151]在老底嘉城（Laodicea）[ii]附近的乡下一个著名的医学学校是由宙克西斯（Zeuxis）[iii]在复仇女神（Nemesis）的神殿中建立起来的。[152]阿庇安写道，在迦太基有为三百头大象和四千匹马准备的圈厩，还有一个可容二百二十只船的港口，一个军械库，一个谷仓和一些储存和保持军队供应的场所。[153]太阳之城，也就是人们所知道的底比斯城，有一百个公共用的马厩，每一个马厩都大得足以圈养两百匹马。在 Propontis[154] 的 Cyzicus 岛，有两个港口，在两个港口之间有一个造船所，那里能够为两百艘船只提供遮蔽。比雷埃夫斯的港口中包括有著名的菲罗（Philo）[155]设计的军械库和一个可以容纳四百艘船的壮丽港口。狄奥尼修斯（Dionysius）在锡拉库扎的港口中建造了一座造船所，其中包含有一百六十座建筑物，每一座建筑物中都能够容纳两艘船，并且有一座军械库，可以在几天之内装备起多于十二万个盾牌和无以数计的刀剑。斯巴达人在 Gythium 的海军基地，其大小超过了一百四十个大型露天运动场的长度。[156]这些是我在不同国家发现的各种不同的建筑作品。至于应该是怎样成为那个样子的，我没有什么特别的东西可以说，除了说任何具有实用性的东西都应该遵循私人的建筑规则，而任何你希望使其变得高尚的或具有装饰性的东西都应该从公共建筑中的规则中推演而来之外。

有一点不能忽略的是：对于任何的图书馆基本的装饰都将是对珍稀书本、绘画的，更重要的是对来自那些古代学者们的书本与绘画的大量收藏。拥有一些数学的手段，如据说是由波塞多尼奥斯（Possidonius）[iv]所推导出来的，七颗行星是在如何遵循着它们自己的轨道的；或者是据说由阿利斯塔克（Aristarchus）[v]在一块金属板上铭刻出来的整个世界的以及各个行省的地图，也是一种装饰。[157]提比略非常正确地建议说，一个图书馆中应该包括有古代诗人们的雕像。[158]

我似乎已经讨论了与公共建筑中的装饰有关的几乎每一件事物。我们已经讨论了神圣建筑，我们也讨论了世俗建筑，我们讨论了神殿、柱廊、巴西利卡、纪念性建筑物、道路、港口、交叉路口、广场、桥梁、拱门、剧场、赛马场、元老院、休息室、阅兵场，以及诸如此类的东西；除了浴场之外，没有剩下什么可以被加以考虑的事情了。

---

i　庇西特拉图，一位雅典暴君（公元前 560—前 527 年），但以其鼓励体育竞赛和对文学的贡献而闻名。——译者注

ii　老底嘉城，小亚细亚半岛西部一古城市，现在位于土耳其西部。由塞琉古于公元前 3 世纪兴建，是从东方通往早期基督教中心的商路之间繁荣的罗马集市。——译者注

iii　宙克西斯（5 公元前世纪），古希腊画家，最早使用明暗法绘画的雅典人之一，实现了迄今在希腊绘画艺术史上最早的现实主义手法。——译者注

iv　波塞多尼奥斯（约公元前 135—约前 51 年），又拼作 Posidonius 或 Poseidonius，希腊斯多葛学派哲学家，罗马政治家西塞罗曾在他指导下学习，他则称西塞罗为友。——译者注

v　阿利斯塔克（萨摩斯的），约公元前 310—前 230 年，古希腊天文学家，认为地球有自转和绕日公转的第一人，因而曾被控"渎神"，现存唯一著作是一篇题为《论日月的大小和距离》的短文。——译者注

（156—157v）

第 10 章

一些人一直轻视浴场，声称说浴场会将人们的身体变弱；另外一些人却是如此的赞美浴场，以至于他们一天要有几次洗浴。回到古代世界，我们自己的医生们用令人难以相信的费用，建造了无数的浴场，使得人们得以洗浴并关护自己的身体。例如，赫利奥盖巴勒斯在几个地方建造了浴场；但是，每当他在那个地方洗浴了一次之后，他就将那里的浴场拆除，以免他变得过于依赖洗浴。[159]

我仍然不很确定的是，浴场是应该被看做是私人建筑，还是应该被看做公共建筑。但是，很清楚的是，只要人们能够识别，它们就是两者的一个混合物。它们之中包括了许多从私人建筑中演化而来的要素，也还有许多来自公共建筑的要素。因为一座浴场建筑要求有一个非常大的房屋覆盖范围，它应该坐落在城市中的某个既不是十分繁忙，也不是特别偏僻的地方；因为老人和妇女们必须要到那里去洗浴。

浴场建筑是由露天空间所包围着的，而那些露天空间是被一堵并不是很低的墙所围绕着的；进入这一空间的入口仅仅是在一个确定而适当的地点设置的。在中间，就像在一座住宅的中心一样，有一座中庭，用屋顶覆盖，十分空阔，也很宏伟；在中庭之外是房间，这些房间的轮廓线是从埃特鲁斯坎人的神殿中选取的，就像我们已经描述过的。[160]进入这个中庭的入口要穿过一个主要的门廊，门廊的正立面是朝向南面的。（因此，任何从门廊进入

289
的人都是面朝北的。）出了这个主门廊，是一个进一步的更为紧凑的前厅，或许将其称为一个通道更为合适，它导向了那个前面已经谈到了的巨大中庭。出了中庭向北，有一个敞亮大方的出口，可以进入到巨大的露天空间中去。就在这个露天空间的尽端，在其左侧与右侧，有一座很大的非常宏阔开敞的柱廊，而且，紧挨着这个柱廊的后面，就横卧着一个冷冰冰的浴池。

让我们回到主要的中庭吧。在这个中庭的最右边，在朝东的方向，有一条用拱顶覆盖的通道，有着适度的开敞，并且非常宽大；这是为房间所提供的通道，每一侧有三个房间，两边彼此配称。然后，这个通道导向了一个由柱廊所环绕的露天的建筑范围：这个范围我用了一个术语叫做室内运动场（xystus）。[161]出了这个室内运动场，从与入口直接相对的柱廊到通道处，在其后部有一个相当大的休息室。在这个可以面对正午阳光的柱廊中，包括有与上面提到的相同的冷水浴池。此外，

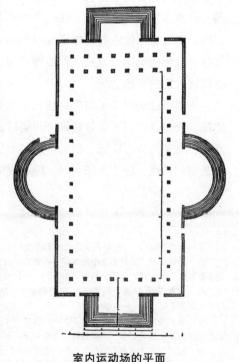

室内运动场的平面

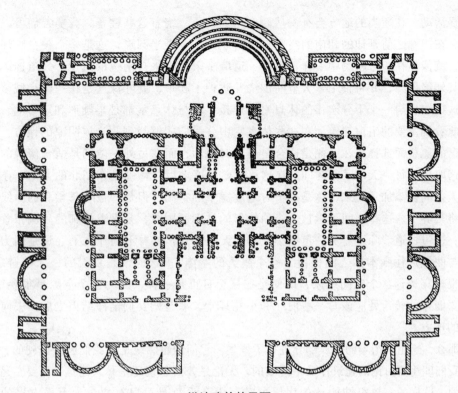

浴池建筑的平面

从这个柱廊到大的露天范围是与一系列不同的房间连接在一起的。在与其正好相对的柱廊的后面，有一个热水浴池，这个浴池的窗子是可以接收到中午的阳光的。在那些位于柱廊转角处的适当位置上，有室内运动场（*xysti*）、较小型的前厅等，这是为那些进出围绕着浴场建筑的室外空间而设置的。那么，这应该是一些在中庭的右侧接续布置的房间；在左侧，朝向西方的位置，是完全与此相对应的：有一个通道，辅有三个与其相称的房间，然后同样地是一个露天的范围，以及几个室内运动场和与其配套的柱廊、休息室，以及位于转角处的前厅。

让我们回到整座建筑物的主要门廊中来，这里，如我们已经提到的，是面向南方的。在其右侧，沿着一个向东延伸的线，是一些休息室，数量是三个，以及在左面的另外三个休息室，那是沿着一条向西延伸的线布置的；前者是为妇女们使用的，而后者则是为男人们使用的。第一个房间是用来存放他们的衣服的，第二个房间则是他们用来涂抹油脂或软膏的地方，第三个房间是他们进行清洗的地方。有时为了空间的需要，还会加上第四个房间：这可能是一个为他们的那些仍然穿着衣服的佣人及其他同伴们而准备的接待室。这些浴场的单元都可以透过朝南的大窗子而接收到阳光。

这些单元和房间之间被描述为从中庭通往有门廊的室内运动场覆盖范围的主要通道的两翼。在那里是一个露天的空间，这个空间也可以为将通道与中庭联系在一起的内部房间的南侧提供光线。

这一整组建筑群，如我所说，是被一个极大的露天空间环绕着的，能够容纳甚至举

290

行竞赛活动。在适当的地方会有一些转向用的柱子，绕着这些柱子，竞赛者们可以进行比赛。在门廊之前延伸的朝南的空间，向南展开了一个半圆形；这是一个被台阶环绕的地方，就像是在一个剧场中一样，也有一道墙来阻挡住来自南边的风尘。一道连续的墙围绕其外缘展开，并将整个露天空间围绕并防护了起来，就好像这是在一座小城镇中一样。这道墙也与一个十分宏伟的休息室相连接，墙与休息室都是半圆形和矩形的，并可以由此看到主要的浴池建筑。在这些休息室中公民们能够找到阳光或阴凉的地方，以他们自己的愿望而选择，在一侧是适合早晨的时间的，而在另外一侧则是适合傍晚的时间的，这取决于每一天的某个时间。在这道主要的墙之后，特别是在朝北的方向，还有一个露天空间被添加了进来，这是一个有适度宽窄的空间，但是却被一条柔和的曲线所拉长并将其界定。这些空间可以被一个曲线形的柱廊所围绕，并沿着柱廊的后侧布置了一道墙；透过这道墙除了看见一道细小狭窄的天空之外，就看不到什么了（那是因为在边界墙与曲线形柱廊本体之间保留了一个露天的空隙）。这应该是夏天的一个逃避之所：阳光很难穿透到这个空间中来，即使是在夏至日也是一样，因为这个空隙是很狭窄的。在主要墙体的转角处应该有一些前厅和小礼拜堂，那是妇女们洁净结束之后，去向众神倾诉的地方。

那么，这里对浴场的组成部分进行了概述。它们的轮廓线是从我们已经提到的，以及那些我们即将要讨论的建筑作品中提取的，无论是公共建筑还是私人建筑，只要它是更为适合的。这样的一整组结构体的房屋覆盖范围几乎总是可以有超过十万平方尺的大小规模。[162]

莱昂·巴蒂斯塔·阿尔伯蒂关于建筑艺术论的第九书从这里开始

第九书
私人建筑的装饰

第 1 章

　　我们应该记得，私人建筑可能既会是在城里的，也会是在乡下的；在这些建筑中，一些是生活境况不太好的人的，而一些则是富人们的。我们将讨论这两种情况下，各自是如何装饰的。但是，让我们先确定一下，我们没有忽略什么与我们的讨论有关的东西。

　　我注意到，我们祖先中那些最谨慎也最谦虚的人们在建筑事务中，就像在其他事务，包括公共的与私人的事务中一样，也是非常主张节约和俭省的，并且认为公民中所有的浪费现象都是应该被预防和制止的，并且为此目的而颁布了极其严厉有效和连续持久的警告和法律。因而，柏拉图在他的论文中对于那些致力于这些法令颁布的人提出了赞扬，在别处我们已经提到，没有什么人能够绘制出一幅比起他的祖先们在其神殿中所供奉的更为辉煌的画面；在神殿中是禁止用超过一幅的绘画来装点的，这样一幅画面一位画家在一天的时间内就可以完成。[1] 同样，众神的雕像也是只能够用木头和石头而不是别的什么东西来雕斫，青铜和铁都要被保留下来以用于战争的器械。狄摩西尼（Demosthenes）[i] 把对于古代雅典人的种种做事方式看得远比与他同时代人的做法要高。"公共建筑"，他说，"在他们留给我们的东西中，特别是他们的神殿建筑，是如此丰富、华丽和高贵，以至于没有什么别的地方所遗留给我们的东西能够超越他们。并且，他们也在他们的私人建筑物中表现了如此的谦逊之风，以至于在那些甚至是最为杰出的公民的建筑物与那些最为普通的人的建筑物之间也几乎没有什么不同。他们这样做所带来的荣耀，可以克服人类之间的嫉妒之心。"[2] 然而，并不是他们通过艺术家的手为他们的城市所带来的荣耀超越了他们伟大功绩的声望，因而更值得受到斯巴达人的称赞；那赞美是因为那些不是用建筑物而是用英勇无畏来装饰了他们城市的人们。[3] 在斯巴达，在由莱克格斯所制定的法律中，若不是用斧子建造的屋顶就将会是被禁止的，或者必须要用锯而不是别的什么工具来制作一道门。[4] 当阿格西劳斯（Agesilaus）[ii] 注意到——在亚细亚他们是将他们住宅的梁制作成了方形的时候，他感到可笑，并且质询他们，如果那树木是生长成了方形的，他们会不会制作成一个什么圆形的东西呢。[5] 他是对的：他们的祖先诚实地说过，一座房屋应该是为了便利，而不是为了美丽和令人愉悦而建造的。在恺撒的时代，日耳曼人非常小心地，特别是在乡下，不要建造任何非常精巧完美的东西，因为他们担心由于对其他人的财产的嫉妒而激发的争吵和纠纷。[6] 瓦勒里乌斯（Valerius）[iii] 在罗马有一所住宅，就高居于埃斯奎利诺山（Es-

---

　　i　狄摩西尼（公元前384—前322年），希腊演说家，他以《强烈抨击》一书而成名，其中囊括了他勉励雅典市民起来反抗马其顿国王腓力二世的一系列演讲。——译者注

　　ii　阿格西劳斯二世（约公元前444—前360年），斯巴达国王，他即位时，斯巴达已经打败了雅典，他正在小亚细亚与波斯作战。公元前371年阿格西劳斯二世突然袭击底比斯，导致斯巴达惨败，标志斯巴达霸权的结束，并标志了底比斯称霸希腊的时代开始。——译者注

　　iii　瓦勒里乌斯（活动于公元前500年前后），古罗马执政官，挽救罗马共和国的英雄人物，罗马人对他极为敬爱，尊其为"爱民者"（Publicola），又称Poplicola。——译者注

quiline)ⁱ 上，但是，为了防止遭到嫉妒，他将这座房屋推倒，并且在平地上重新建造了它。[7]

后代中那些最好的人在公共与私人建筑中是仍然恪守了这种节俭思想的，因而使得这种美好习惯的坚持得以可能。后来，随着帝国的扩张，挥霍无度几乎支配了每一个人（屋大维是一个例外，他对于在建筑中过分的铺张浪费是如此的憎恶，以至于将一座建造得过于奢华的别墅拆除了）[8]，同样地，我再一次强调，奢侈与浪费也在左右着城市，以至于，例如，戈尔狄安（Gordian）ⁱⁱ 家族在通往普拉奈斯特（Praeneste）ⁱⁱⁱ 的路上所建造的一座房屋竟然用了两百根柱子，所有这些柱子都有着同样的大小与风格，这些柱子，就像——人们所回忆的，50 根是努米底亚的大理石，50 根是克劳狄人（Claudian）^{iv} 的大理石，50 根是 Simidian 大理石，还有 50 根是 Tistean 大理石。[9]好一个卢克莱修（Lucretius）^v 式的故事？"围绕着房屋的是年轻人的金色雕像；每一个人都在他的右手上举着一个燃烧的火把来照亮那暗夜中的盛宴。"[10]

为什么会列举出这些？通过例子反复地说我前面已经说过的一些事情，因而使每一件事情在对它进行回味的时候，对于它本身的重要性而言都是最好的。如果你希望得到我的建议，我则宁愿希望那些富人们的私人住宅应该期待那些可能对这些住宅的装饰有贡献的事物，而不是以任何方式来用更为适度与节约（的思想）对他们的奢侈豪华进行谴责。然而，向子孙后代们昭显某种既有智慧又有能力与权势的声望是一件普遍被接受的动力（为了这个理由，如修昔底德所说，我们建造了伟大的工程，因而在我们后代的眼中也就显得伟大）[11]；同样地，为了要将任何个人展示给世人，我们要像那些名门望族和那些杰出国家一样对我们的房屋进行装饰（谁会否认这是一位良好公民的责任与义务呢？）。为了这两个方面的理由，我们宁愿将那些特别公共的部分，或那些主要用来欢迎宾客的部分，如正立面、前厅等诸如此类的部分，尽可能处理得漂亮。尽管，我可以想象，任何铺张浪费都会受到责难，而且我觉得那些花费了太多的钱在建筑物的体量上却无力去装饰它们的人比起那些在装饰上稍微多花费了一些的人更应该受到谴责。

因此，我的结论是，任何希望正确地理解真实的和正确的建筑装饰的人都必须认识到，装饰之基本构成与产生并非由于财富的堆积，而是由于智巧的展露。我坚定地相信，任何一位明智的人都不会想去设计一座与其他人截然不同的私人住宅，而是非常小心地不要因为过分的奢侈或炫耀而引起人们的嫉妒。另外一方面，没有一位有判断力的人希望在他的工匠的技能上，或他的策略与判断所获得的赞誉上，能够被任何其他人所超越；其结果是，

i　埃斯奎利诺山，古罗马城传说中的七座山之一，尼禄的金房子和图拉真的住宅就在该处，古罗马的公共热水浴池也在那里。——译者注

ii　戈尔狄安，罗马皇帝之名，分别为戈尔狄安一世（238 年在位仅三周），戈尔狄安二世（238 年与父亲同登帝位，在位三周），戈尔狄安三世（238—244 年在位）。——译者注

iii　普拉奈斯特，古代拉丁姆王国的城市名，位于罗马以东的东南方向 23 千米处，亚平宁山的一个山侧脊处。——译者注

iv　克劳狄人，是古罗马人的一支望族。——译者注

v　卢克莱修（公元前 99？—前 55 年），古罗马哲学家和诗人。他的《论物之本性》是一首为了将人们从迷信和对不可知的恐惧中解放出来而试图用科学词汇解释宇宙的长诗。——译者注

对于正面轮廓（lineaments）[12]所进行的整体的分割与划分将会引起相当的赞誉，这一点本身就是装饰的基本和主要的形式。让我们回到主题上吧。

国王的宫殿，在一个自由城市中，则是任何具有元老院议员资格的人，如执政官或领事的住宅，应该是第一个你希望将其变得最为漂亮的建筑物。我们已经讨论了应当如何适当地装饰这些建筑的公共部分。现在，我们将会来表述对于仅仅限于私人使用的那一部分应如何来加以装饰。我将会按照其重要性而给予每一座住宅一个高贵而辉煌的前厅。在这个前厅之后应该是一个有着很好光照的柱廊；那里不应该缺乏露天空间应有的高尚与华丽。简而言之，要尽可能地使每一个贡献于高尚与辉煌的元素都应该追随公共建筑的范例；但是，这些元素应该被把握在这样一个尺度上，即它们看起来只是为了寻求愉悦而不是为了任何形式的炫耀。就像在前一书，在有关公共建筑物的讨论中，（我们所曾经说过的）只要是合理的，在高贵性方面，世俗之物就应该让位于神圣之物，因而在装饰的精致性或数量上，私人建筑应该使它们自身很容易地被公共建筑所超越。[13]它们不应该指望使用青铜门——就像被列入在 Carvillo 的罪行中的一样[14]——或是象牙雕刻的大门；也不应该有闪烁着大量金子或玻璃的顶棚；不应该用 Hymettian 的或帕罗斯的大理石将每一个地方都弄得光耀四溢：这种东西是用于神殿建筑中的。但是，在私人住宅中，适度的材料应该被运用得优美典雅，而优美的材料则应该被使用得适度谦和。柏木、松木或黄杨木应该是充足的。表面的铺装应该是普通的白色灰泥，并用简单的壁画加以装饰。檐口应该是用卢纳（Luna）[i] 石，或者使用石灰华石也会更好。[15]

这并不是说凡是过于精美的材料都应该被完全拒绝或排斥；但是他们应该节俭地被用于最能显示其高贵性的地方，就像是将宝石镶在王冠上一样。如果我对这一整个问题做一个总结，我将会说神圣的建筑应该这样设计，即没有任何可能进一步提高其雄伟与尊严的东西，或者没有可能对其美观引起更进一步赞美之物可以添加其上[16]；从另外一个方面讲，私人建筑必须要这样处理，它似乎不可能再去掉一点什么，因为每一个部分都各以一种伟大的尊严而被放置在了一起。对于其他建筑，也就是说，那些世俗的公共建筑，我觉得，应该放在上面两者之间的一个位置上。

因此，在私人建筑物的装饰方面，就要提倡最为严格的限制，尽管一个特定的许可常常是可能的。例如，与公共建筑中所允许的严格要求来比较，整个柱身可能是太细长，太臃肿，或是也许收缩得有点过分了，当然，它应该是在没有瑕疵或未遭人抨击的情况下，提供出一个不难看也不扭曲的作品。的确，有时候它可能是略略偏离一点高贵感或其外轮廓的计算规则反而更为令人愉悦一些，而这样的做法在公共建筑中却是不被允许的。在那些更有想象力的建筑师的实践中，在一间餐厅入口的门柱旁放置一些站立的硕大奴隶雕像，并使它们用其头部来支撑门楣，又是多么令人着迷呢[17]；或者把那些柱子，特别是公园柱廊中的柱子，做成像树干的样子，将其树节削除掉，并将树枝拴成捆，将柱身弯成涡卷，或将棕榈叶编成辫子，并雕刻出花瓣、小鸟和沟槽[18]，或者在需要将作品表现得十分粗野的地方，甚至使用四方形的柱子，并在柱子的两侧辅以半柱[19]；至于柱头，他们可以在上面放置

---

i　卢纳，古罗马神话中的月亮女神，这里指一种石头的名称。——译者注

挂满了葡萄和水果串的篮子，或是在其树干的顶部伸出了新的枝杈的棕榈树，或是一群蛇以各种姿态缠在一起，或是拍打着双翅的鹰，或是头上满是扭在一起的蛇的蛇发女怪，以及其他类似的例子，因其过于冗长就不再描述了。

294

在这样做的时候，艺术家必须尽其可能地通过对线条和转角的把握来守护每一部分的高尚形式，就像他不希望使其作品的各个组成部分脱离了适当的优美与和谐（*concinnitas*）[20]一样，而似乎是要用一种可爱的恶作剧来娱乐其观察者——或者，更好的是，通过他的创造性的巧思来使观察者感到愉悦。因为餐厅、走廊和会客室既可以是公共的，也可以是完全封闭和彻底私人化的，而前者则应该将法庭的华丽与城市的壮观结合在一起，提供一个不是特别使人不愉快的，在一定程度上可以与个人审美趣味相契合的更为私人化的例子。

(159v—160v)

第 2 章

因为一些私人住宅是在城市中，而另外一些则在城外，让我们来考虑某种适合于每一种情况的装饰。除了在较早的几书中已经提到的一些不同外[21]，在一座城市住宅和一座乡村别墅之间还有一点进一步的不同：一座城市住宅的装饰在特征上应该是非常有节制的，而在一所乡村别墅中，是更能够吸引人和更可以令人愉悦的。另外一个不同是，在一座城市住宅中，邻居房屋的边界会施加很多限制，而在一座乡村别墅中，就可以更加自由地来进行处理。[22]在房屋的根基部分一定要小心，不要使其向外突出到与邻居的建筑物所要求的相互协调的程度之外[23]；而一个柱廊的宽度是被与之相邻的墙体的线所限制着的。在罗马一道墙体的厚度和高度不是由某个人的意见所决定的，因为有一条古代的法律将厚度限制在了——。因为担心坍塌的危险，尤利乌斯·恺撒要确保在城市内部没有墙可以高过——。[24]一座乡村别墅则没有这些法律的限制。巴比伦的居民们为他们能够在四层的房屋中生活而感到荣耀。[25]雄辩家阿里斯提得斯（Elius Aristides）[i]在他的献给罗马的赞美讲话中，注意到可能在大型建筑物的屋顶之上建造巨大建筑之时，感受到了如何的震骇——的确令人赞叹[26]；虽然他事实上所称赞的是人口的规模，而不是建造的方法。据说提示在其住宅的高度上超过了罗马；这就是为什么它会在此前发生的一次地震中被完全摧毁。[27]

如果没有很多向上或向下的需求，那么一座建筑物就会获得舒适，或者更多的是获得愉悦。那些认为楼梯会打断一座建筑物的人的说法是很正确的；我注意到古人们是如何努力地去避免这样一些障碍。但是，在一座乡村别墅中，没有必要在一层之上再加上一层。较大的开阔性允许乡村别墅可以拥有一个最为适合的空间分布，从一部分引导到另外一部分，所有部分都在相同的水平高度上；在一座城市中发现这一特点我也是很高兴的，只要它是可能的。

有一种类型的私人建筑将一座城市住宅的高贵与一座乡村别墅的愉悦结合在了一

---

i 历史上有几位阿里斯提得斯，如雅典政治家，提洛同盟（公元前 478 年）开创人阿里斯提得斯，和活动于公元 2 世纪的雅典哲学家，早期基督教护教士之一的阿里斯提得斯，这里可能是指后者。——译者注

起——这是在前面几书中忽略了的话题，现在补救尚不为晚。这就是郊外的园宅（*hor-tus*）[28]，这是某种我觉得无论如何也一定不要忽略的东西。讨论都将是比较简短的——我非常关注的是它应该是简短的——如果由我来对这两种建筑的各种需求综合在一起加以处理的话。但是，首先对郊区园宅（*hortus*）本身有几点看法要在这里提出来。

在古人中有一种说法："任何一位买了农场的人应该卖掉他在城里的住宅。"还有，"如果你的心被拴在了城市生活之中，你就不再需要有乡村的事务。"关于这一点，他们的意思或许是，一座郊区园宅是某种最好的解答方案。医生们劝告我们要去呼吸尽可能清洁与纯净的空气；这种空气，我不否认，可以在一个孤零零的山顶别墅中找到。在另外一个方面，都市、市民贸易都要求家庭的长者要经常地去光顾广场、法庭和神殿。要比较容易地做到这一点，你就需要在城里有一座住宅；然而，一种情形可能对于生意上的事情不那么方便，而另外一种情形则会有害健康。一般人习惯于转换宿营的地方，以免臭味变得不能容忍。那么，你能期待一座城市如何呢，到处都是多少世纪累积起来的令人烦恼的垃圾堆？事情就是如此，所有的建筑物都是为了实际地应用的，我将郊区园宅看做是最重要，也是最健康的：它不会妨碍你在城里的生意往来，它也不会因空气的污秽不洁而给人造成麻烦。[29]

西塞罗指责阿提库斯（Atticus）[i] 在某个繁忙热闹的地方获得了一座郊区园宅。[30]然而，我并不想如此的繁忙，这样可能就不会在没有经过适当地着装打扮之后就来到门口。让它具有在泰伦提乌斯（Terence）吹嘘的特征中所具有的优势，"我将永远不会对乡下和城市感到厌烦。"[31]也正像马提雅尔非常巧妙地所说的：

> 在乡下的时间如何打发？
> 这个问题的答案简单：
> 我吃我喝，我唱我乐，
> 我洗衣，我用餐，我歇息。偶尔我也
> 向太阳发问（*Phoebus quiz*），
> 和缪斯们快活。[32]

既能够离城市很近，又能够很容易抽身去做你自己想做之事，两者兼而有之是非常有利的。一个接近一座城镇的地方，有着明晰的道路和令人愉快的周围环境，将是最受欢迎的。在这里的一座建筑物，如果它向每一位离开这座城市的人表现出一个令人高兴的完整的外观，那是最吸引人的，就像它会吸引那些期待到这里的来访者一样。因此，我会将这座建筑建造得稍微欢快一些；而且我也会将通向这座建筑物的道路缓缓地抬高，使他们在完整地浏览这里的郊野景色时并没有意识到自己已经登上了多么高。鲜花烂漫的草地，阳

---

i 阿提库斯（公元前109—前32年），罗马骑士，伊壁鸠鲁的信徒和文艺赞助者，与西塞罗过从甚密。原名提图斯·庞波尼乌斯，公元前88年因逃避内战而逃往雅典，因长期居住在雅典，及对希腊文学和语言的深入了解而改名为阿提库斯。——译者注

光灿烂的草坪，阴凉飒爽的树林，清澈的泉水，潺潺的溪流，静谧的池塘，以及其他一些我们已经描述过的一所别墅所应有的基本东西——为了使其能够既令人愉悦又使人便利，这些事物中没有什么是应该被忽略的。

更进一步，无论是什么样的建筑物，我当然要使整座建筑的外观和举止，在每一个侧面都是明快和引人注目的，因为这样会增加它的优美。它将能从令人欢快的天空中接收到更多的明亮，更多的阳光，以及健康和煦的风。我将不会使它被任何因其黯淡的阴影而造成遮蔽的东西所俯瞰。让每一样东西都在来访者的面前充满了笑容，并在他到来之际向他表示致意。而一旦他进入其中，就会被充溢其中的欢快与辉煌所吸引，使他不能确定是停留在那儿还是继续前行才是更令人愉快的。然后，让他穿过那些四边形的房屋范围（are-ae[33]）而进入圆形的范围，再从圆形的范围而回到四边形的范围，然后又来到了那些既不是完整的圆形也不是四边形的房屋范围中。你不需要攀登楼梯就能够进入房屋内部的"核心部位（bosom）[34]"；你有可能沿着平坦的地面，或是在一个合理的标高变化范围内，穿越住宅中那些最为隐秘的房间。

（160v—162）

第 3 章

因为建筑的一个部分与另外一个部分，在其特征上以及在其外观上，会有很大的不同，我觉得接下来我们对所有这些在较早的时候提到了的但至此尚未解决的事物必须做出检验。对于某些特定的部分，倘若其能够适当地满足使用要求，那你是否将其处理成为圆形还是矩形的问题与其就几乎没有什么关联了；然而，它们的大小和位置却极其重要。一些部分必须是大的，例如住宅中的"核心部位"，而其他部分却要求一个较小的房屋覆盖范围[35]，例如储藏室，以及所有内部房间；而另外一些则具有某种适中的大小，例如餐厅和前厅。我们已经讨论了对住宅中每一部分的适当安排。我不需要讨论它们在覆盖范围方面各自的不同点了，因为这种不同主要依赖于个人的选择以及习惯上的地方差异。

古人习惯于在他们的住宅中加上一个门廊或是一个厅；并不总是由直线组成的，反而有时候是曲线的，就像一座剧场一样。在离开门廊之后他们会加上一个前厅，几乎总是一个圆形的厅。[36]然后，将会有一个通往房屋核心部分的通道，其他部分已经在与其相关的地方加以讨论了，它们的轮廓特征则因为太啰嗦而无法详述了。然而，下面的这些意见，将可能会有一些用处。

如果这座建筑的房屋覆盖范围是圆形的，那么应该按照一座神殿的外轮廓来处理，唯一的不同是其墙体应该比神殿的墙体高；关于这一点的理由你很快就会看到。[37]如果房屋覆盖范围是四边形的，那么它与我们为神圣建筑和公共性的世俗建筑所给出的描述就有一些不同了，但是与元老院和法庭在某些方面仍有一些共同的东西。按照长期的一般性实践，我们的祖先习惯于给予中庭一个相当于其长度的三分之二的宽度，或是一个相当于其宽度的三分之五或五分之七的长度。在每一种情况中，古人似乎都是将墙体升高到一个相当于其房屋覆盖范围之长度的三分之四的高度。[38]从我们自己对他们作品的测绘，我们已经确立了一个四边形的房屋覆盖范围其对于墙体高度的要求依赖于屋顶是拱形的还是木造结构的。同样，在大型建筑物和相当小的建筑物之间也将是很不相同的，因为一座建筑与另外一座建筑之间，从视线的中心到可以看到的最高点的距离是不同的。[39]但是将这个问题暂时放下来吧。

　　房屋覆盖范围的大小是由屋顶决定的，而屋顶的大小是由对梁所要求的跨越长度所决定的。当一个屋顶被中间的柱子和屋架所支撑的时候，可以被称作是中等大小的。

　　除了我们已经提到的那些之外，在线条与线条之间，有许多其他相当和谐（highly suitable）[40]的尺寸和关系，在这里我们将试图对此加以尽可能简洁和清晰地描述。如果房屋覆盖范围的长度是宽度的两倍，用一个木造的屋顶，其高度将会是宽度的一倍半。而用拱形屋顶，墙体的高度等于在其宽度上再加上三分之一。关于中等大小的屋顶就谈这么多吧。

　　在一座大型的建筑物中，如果屋顶是拱顶形的，（一间房屋）从顶到底的高度将是其宽度四分之一的五倍，如果这个屋顶是木造结构的，就是其宽度的五分之一的七倍。但是，如果这个屋顶是木造结构的，而房屋覆盖范围的长度是宽度的三倍，则使其高度比其宽度大出四分之三；如果长度是宽度的四倍，那么，在木造结构屋顶的情况下，其墙体的高度将取其长度的一半；而在拱形屋顶的情况下，取其宽度的四分之七。如果其长度是宽度的六倍，就取同样的比例，除非它是五分之一而不是六分之一多。对于拱形屋顶，如果房屋覆盖范围是等边的，在其高度与宽度之间的比率与当其长度是其宽度的三倍时是相同的，但是，在横梁式结构的屋顶中，其高度与其宽度保持了相同。[41]

　　对于那些有着更大房屋覆盖范围的房间，其高度可以被缩减，因而其宽度会比其高度多出四分之一。在其长度比其宽度大出九分之一的情况下，其高度也同样比其宽度大出九分之一，但是，这只限于横梁式结构的情况之下。当屋顶是木造结构，而其长度是宽度的四又三分之一倍时，要将墙升高到比其宽度多六分之一的高度；但是，如果是拱形屋顶，就要再将高度增加至相当于其宽度再加上其长度的六分之一。对于木造结构屋顶的情况，当长度是高度的一倍半时，高度等于其宽度再大出七分之一；然而，对于拱形屋顶，要在其高度上再加上较大尺寸中的较长线段的七分之一。最后，如果线条之间的关系是，一条线等于5而另外一条线等于7，或是一条线等于3而另外一条线等于5，以及诸如此类的情况，由于地方的局限，创意的不同，或所要求的装饰方法，使得其高度相当于这两条线条尺寸之和的一半。[42]

　　还有一些别的东西我不应该在这里忽略：中庭的长度一定不要超过其宽度的两倍；也不要使一个画室的宽度小于其长度的三分之二。对于一个门廊而言，其长度与宽度之间应该有一个三、四，等等的比率，可是不能大于六。在墙中应有一个可以用于作门或窗子的洞口。窗子洞口的数量在沿着墙体的宽度方向（其宽度自然比其长度要短）不应该多于一个。这个洞口也应该有一个比其宽度大的高度，或者有一个比其高度大的宽度，后者的情况就是人们所知道的"卧式"窗。当其宽度比较窄的时候，那么，就好像是在一扇门中一样，将这个洞口，从右向左，不多于窗间墙宽度的三分之一，也不少于这一宽度的四分之一。也要令洞口本身的基座不大于地板以上墙体总高度的九分之四，也不小于这一墙体高度的九分之二。洞口的高度应该是其宽度的一倍半。这些是其宽度小于其高度的洞口的比例。但是，如果其洞口从右到左是比较宽的，而从顶到底比较矮，那就使其洞口的宽度不小于整个墙面宽度的一半，也不大于墙面宽度的三分之二。同样，它的高度应该是其宽度的一半，或者是那一尺寸的三分之二。可以添加上两根细柱来支撑这个窗子的过梁。[43]

如果在一个较长的墙面上设置了窗子，它们应该是较为频繁的，其数量是奇数。我注意到，古人宁愿将其设置为三个。让它以如下的方式设置：将整个墙的长度分为不多于七也不少于五个部分；取其中的三份，给予每一份为一个窗子。将洞口的高度取为其宽度的四分之七或五分之九。但是，如果需要更多的窗子，那么，就将这个部分设想成为一个门廊的特征，它们的尺寸大小应该是从门廊中（特别是从一座剧场的门廊中）借用来的，就如同在前面适当的地方所描述过的一样。[44]

要使这里的门的洞口与前面所描述的一座元老院或法庭的那些门的洞口一样。[45]

将窗子洞口的装饰处理成为科林斯式的，而将主要入口处理成爱奥尼式的，至于餐厅、会客室等诸如此类房间的门，处理成多立克式的。

关于线条就谈这么多，只要它们与我们的用途是有所关联的。

(162—164)

第 4 章

有一些特定的装饰你可能希望应用在私人建筑物中，而使其不会被忽略。古人习惯于用方形的和圆形的迷宫图案来装饰他们柱廊的地面，在这些图案上年轻人可以玩耍。[46]我们已经看到地板上描绘着攀爬的植物，它们的藤蔓在周围卷曲着；卧室的地板上可以看到模仿大理石马赛克图案地毯；其他地方则点缀着花环和树枝。Sosus 曾经因为他把一个在帕加马的地板铺装成残羹剩饭样子的图案而受到称赞[47]——如此一件作品，真是这样（ye gods）[48]！这对于一间餐厅来说，并不是不适合的。在我看来，阿格里帕用陶制品来覆盖他的地板是正确的。[49]

299   奢侈铺张是我所厌恶的。对于任何综合了独创、优美和智慧的东西我都是非常喜欢的。对于一面墙体的表面铺饰是不会有什么突出的东西比起石头柱廊的表现更为令人感到愉悦或吸引人的了。提图斯把他习惯于在其中散步的柱廊用腓尼基石加以镶嵌，这种石头经过抛光之后就像镜子一样可以反射出每一样东西。[50]皇帝安东尼努斯·卡拉卡拉（Antoninus Caracalla）[i] 将一个柱廊绘上了表现他父亲的成就与胜利的画面[51]；就如塞佛留斯（Severus）[ii]，也是一样[52]；而阿加索克利斯（Agathocles）[iii] 没有去显示他父亲的成就，而是显示他自己的

---

i   卡拉卡拉，罗马皇帝（211—217 年），原名巴西安努斯（196 年以前），又称马可·安东尼努斯（196—198 年），曾着迷地试图效仿亚历山大大帝。他的主要成就是在罗马兴修大型浴池和 212 年发布敕令，给予帝国内所有自由民以罗马公民权。然而，由于他对帝国的残暴的统治，于 217 年被暗杀。——译者注

ii   历史上有几位叫塞佛留斯的人，其中两位是罗马皇帝，这里是指塞佛留斯·亚历山大（208—235 年，222—235 年在位），他在位期间由其祖母和母亲掌握大权，由 16 位元老组成的委员会摄政。在与日耳曼人交战中，他听取其母意见以大量财物给日耳曼人而换取和约，引起部下大哗，235 年初，母子二人被士兵杀死。——译者注

iii   阿加索克利斯（公元前 361—前 289 年），西西里人，服役军中，崇尚希腊文化，因企图推翻执政寡头而两度被逐，后引兵回来，放逐与杀害了一万名公民，成为叙拉古的僭主，后自立为西西里王，称王之后在叙拉古兴修了许多公共建筑物。——译者注

功绩。[53]在波斯一条古代法律规定，除了那些被国王所杀死的野兽之外，禁止描绘和雕刻任何东西。的确，在一座柱廊或一个餐厅中最适合的就是描绘或雕塑一些表现公民英勇事迹的场景及肖像，或值得记忆的事件等等。当恺撒（C. Caesar）在他所扩展了的整个国土的那些柱廊中建立雕像的时候，他的那些做法以遍及各地的欢呼雀跃而获得了人们的接受。[54]我也赞成所有这些，但是，我不会将一面墙被雕塑和浮雕淹没于其中，也不会用历史故事（historiae）将其填充得满满当当。[55]最显著的就是宝石，特别是珍珠，如果将它们过于紧密地串接在一起，那将会感觉多么索然无味。因此，为了这个理由，我会将石头结构以一种适当而高尚的方式来沿墙布置，在那里放置绘画，也放置那些如庞培在他的凯旋门中所放置的青铜嵌版，其中描写的是他在陆地和海洋中的丰功伟绩。[56]或者，更好的方式，我宁愿表现诗人们从事道德引导的故事，就像代达罗斯在库迈（Cumae）[i]的神殿的门上所描绘的，表现正在向上腾飞中的伊卡洛斯（Icarus）[ii]的故事。[57]

因为绘画，就像诗歌一样，能够涉及各种事物——其中一些绘画或诗歌描述了伟大国王那些值得纪念的功绩，也有其他一些描写简单的农夫生活——第一种的情况，描写的是最高贵的事物，也将适合于那些公共建筑或最杰出个人的建筑物；而第二种情况将适合于公民私人的墙面装饰；而最后那些特别适合于园宅的，是所有描绘中最为令人心情愉快的。[58]当看到令人愉快的景观或港湾，以及捕鱼、狩猎、洗浴的景致，或是进行乡村运动和鲜花烂漫、枝繁叶茂的景色时候，我们会感到特别的高兴。值得提到的是皇帝屋大维，他搜集了那些大型动物的珍贵和硕大骨头，作为他自己住宅的装饰。[59]

对于那些洞穴和窟室古人们习惯于用一种小的浮石碎片，或是被奥维德称为"活浮石"的石灰华泡沫，故意弄成一种粗糙的饰面。[60]我们也看到用绿赭石色来模仿洞窟中有须的苔藓。我们曾经在洞窟中看到某些东西，会给予我们很大的愉悦：在那里会有一股清泉涌出，它的表面是由各种海贝壳和牡蛎制成的，一些是颠倒放置的，另外一些张开了口，按照它们各自不同的颜色而布置成了令人着迷的样子。

凡是男人和女人们在一起的地方，最好是只悬挂那些有着高尚而英俊形象的男人们的肖像画；因为，他们说这样可以对那些母亲们在生儿育女方面有巨大的影响，也会影响他们未来子孙的形象。泉水和溪流的绘画可以对热病症状有相当的好处。对于这一点是有可能进行检验的：如果某一个夜晚你在躺在床上不能入睡，你在你的心中想象你所曾经看到过的最为清纯的泉水和溪流，因失眠而引起的燥热感会立即消失，你会很快沉入最为甜蜜的梦乡。

300

应该使园林中充满了令人愉快的花木和一个花园柱廊，在这里你能够享受到阳光与阴凉。也应该有一些真正用于节日欢庆的空间；小溪流从几个出乎意料的地方喷涌而出。散步的小径要与常绿的花木排成一线。在一个有遮蔽物的地方种植一些黄杨木的树篱；这种树篱在露天的、有风的，特别是有海浪飞溅的地方，会受到伤害和损耗。一些人在充满阳

---

i 库迈，意大利中南部的一座古城，该城创建于公元前 750 年，是意大利境内最早的希腊殖民地，位于现在的那不勒斯附近。公元前 2 世纪后采用了罗马文化并随着邻近城市的兴起而逐渐衰落。——译者注

ii 伊卡洛斯，代达罗斯的儿子，他乘着他父亲做的人工翅膀逃离克里特时，由于离太阳太近以致粘翅膀用的蜡熔化了，而掉进了爱琴海。——译者注

光的地方种植番樱桃，并声称它在夏天会生长繁茂，虽然泰奥弗拉斯托斯坚持说番樱桃、月桂树和常春藤更喜欢阴凉；按照这种说法，他建议说这些植物应该密植在一起来相互遮挡阳光的燥热。[61]所以，在常春藤旁不能够缺少柏树的遮挡。此外，圆形、半圆形，以及其他一些几何形状因其能够通过树枝的弯曲和缠绕，而由月桂属树木、柑橘类植物和刺柏类灌木所塑造成型，是植物塑造中所受到青睐的形式。阿格里真托的 Phiteon[62] 在他自己的私人住宅中有三百个石造的花瓶，每一个花瓶都有一百个双耳陶瓶的容量；这种花瓶会在喷泉的前面创造出一个很好的花园装饰。至于葡萄树，古人们会将它们用来覆盖花园的散步小路，是用大理石柱子支撑着的，柱子的粗细是其高度的十分之一，而其装饰是科林斯式的。成排的树木应该以梅花形 [i]（quincunx）[63]的形式排布，就像其表现的式样一样，是在相等的间隔上用了相互配称的角度。要使园林中的绿色中点缀有一些珍稀的花草和一些有医疗价值的草木。我们的祖先们会在花园的地面上通过用黄杨木或充满芬芳的花草来书写他们主人的名字以取悦于主人，这是多么令人着迷的习惯！至于树篱，则使用将玫瑰和榛树、石榴缠绕在一起的方式。就像诗歌中所写的，"灌木丛簇拥着山茱萸和李子树，橡树和冬青为奶牛产出了无尽的食物，还为主人遮阴。"[64]但是这些，或许是更适合于商业性的农场，而不是花园。尽管他们给出了德谟克利特的观点，我却不赞成那种认为用石头或石造的墙体来环绕它的花园是愚蠢的做法的人的说法：因为对于那些荒唐和鲁莽的玩闹嬉耍一定要有所防范。[65]至于在花园中布置一般性的雕像我并不是不赞成的，只要它们不是低俗淫秽的就行。那么，有关园林的应该就是这些了。

在一座城市住宅的内部，例如画室和餐厅，应该是不比乡村住宅中更缺乏欢快气氛的；但是在其室外部分，例如在柱廊和门廊部分，就不应该是如此轻佻以至于会出现对高尚产生遮掩的某种感觉。最高等级公民的柱廊应该是用横梁式结构建造的，而那些普通人的柱廊则是拱券形的；两者都倾向于使用穹隆式屋顶。对于落在柱子上的梁和檐口的装饰应该采用柱廊高度的四分之一。如果在第一排之上还有第二排柱子，它的高度应该少四分之一。如果有第三排柱子，它的高度应该是比下面柱子的高度少五分之一。在每一种情况下，其台座和柱基的高度都应该是它所承托的柱子高度的四分之一。但是，当只需有一排柱子时，它应该遵循具有世俗性公共建筑的方法。

一座私人住宅的三角山花墙在任何情况下都不应该仿效一座神殿所具有的庄严与雄伟。然而，其门廊本身则是可以通过使其立面微微抬高一些，或是通过给予一个庄严高尚的三角山花而使其显得高贵。所剩余部分的墙体可以通过在其顶部的每一侧微微突出一个雕像的底座（acroteria[66]）来加上一个帽冠。这个墙顶雕像底座高高地站立在（屋顶之上），特别是在每一个主要的转角位置上，则会增加优雅的感觉。我并不赞成在私人住宅上加塔楼和城垛之类的东西；这一类的元素对于和平的公民和秩序良好的国家而言是不相关的：它们更多地属于暴君，在那里这些东西暗示了某种恐惧和怨恨的倾向。沿着建筑物前部设置的阳台，倘若它们不是特别大而浪费，或是丑陋的话，可以说是一个令人喜爱的添加物。

301

---

i 梅花形五点排列，是将五个物体分别安排在一个长方形或正方形的四个边角和一个中心的形式。——译者注

第 5 章

（164—167）

现在我来谈谈我们一直许诺要谈的事情：每一种美和装饰[67]所构成之物；或者，将事情说得更清晰一些，由每一种美的规则所产生之物。这是一个极其困难的问题；因为无论是怎样的一个实体，都是从所有各个部分的特征与数字中筛选和荟萃而来的，或是从确定的和不变的方法中推演而来的，或是以这样一种方式将几种要素按照某种真实而一致的协调与和谐——这的确是某种我们所苦苦寻求之物——联系和捆绑到一个单一的组合或形体之中的，然而，如其所是的那样，这实体无疑是一定要与构成或混合出这一实体的所有那些元素来分享某些力和精髓。因为，否则它们之间的不和谐和差异就会造成冲突和不统一。这种研究和选择的工作，从任何方面来看，都既不是显而易见的，也不是直截了当的，但是，以一种最为暧昧的和与主题密切关联的方式，这一问题即将要被讨论；因为建筑艺术是由许许多多的部分所组成的，其中的每一种，如你已经看到的，都要求要有相当多样性的装饰来使其变得高贵。然而，我们将竭尽我们的所能来解决这一问题，就像我们已经在努力所做的一样。我们将不会询问诸如如何能够透过那么多的部分来获得对于事物之整体的一言中的之解释，但是，我们会将自己限定在一些相关的问题上，我们将从观察是什么以其独有的特性而产生了美。

古代那些伟大的专家，如我们较早时候所提到的，告诉我们说，一座建筑物非常像一个动物，并且，对于大自然，当我们要描绘它的时候，一定要进行模仿。那么，让我们来探讨一下，为什么大自然所产生的一些形体可以被称作是美的，而其他一些则不那么美，还有一些甚至是丑陋的。显然，在那些我们认为是美的形体中，在它们之间并不是没有什么不同之处的；事实上，准确地说，在它们那些最不相同的地方，我们观察到它们是被一种品质所浸透或是被留下了烙印，无论它们彼此是如何不同，透过这种品质，我们都将它们看做是优美的。让我给出你一个例子：一位男士可能宁愿喜欢一位苗条而温和的姑娘；然而，在一出喜剧中，一个姑娘的性格超群出众是因为她更为圆润，也更为体态丰满[68]；或许，你可能宁愿你的妻子既不要显得有点病态的瘦削苗条，也不要像村中的一位悍妇那样粗胳膊粗腿，而是那种像是在某个人身上增加上一点，或是在另外一个人身上减少了一点，却也无损于她的高贵与雅致那样。然而，无论二者中你选择哪一种，你都将不会再考虑其余那些不吸引人的和没有价值的部分了。但是，是什么导致我们宁愿要这一种而不是其余那些特质的呢，我将不再寻根究底。

当你对美做出某种判断的时候，你所依赖的不会仅仅是想象，而是在你心中所产生的一种推理能力的运筹帷幄。这是很清楚的，因为在第一眼并没有产生不愉快和讨厌的情况下，没有人能够将某物看成是不体面的、畸形的，或是令人厌恶的。[69]是什么在心中引起或激发了这样一种感觉，我们将不会穷根究底，但是我们会将我们的思考限定在那些与我们的观点相关联的某些明显地表现了自身东西上。因为在一座建筑物的形式或形体（figure）[70]中，潜藏着某种可能令心灵激动，并且会立即被心灵所意识到的某种天然的杰出和完美。[71]

302

我自己就相信，形式的高贵感、优美感，以及其他一些特质都依赖于这一点，而一旦将某种东西被移走或改变，这些特质本身也就会被削弱和衰减。只要我们对于这一点是确信不移的，那么就不需要花费太多时间来讨论，在这个形式中或是形体中，是什么可能被移除了，被放大了，或被改变了。因为每一个物体都是由一些固定的和独立的部分组合成为一个整体的；如果这些被移除了、放大了、减小了，或是被转换到了某个不适当的地方，这样一个原本给予形体以适宜的外观的特定组合就会被扰乱。

我们不必再将问题追溯得更为深远了，从这里我们就可以得出结论，构成我们所追寻的这一整个理论的三个主要成分是数字和那种我们可以称其为外形的东西，以及位置。但是，在这三个成分的组合与联系之中引发出了一个进一步的品质，在这个品质中美在昭显着它的全部面目：关于这一品质我们给出的术语是和谐（concinnitas[72]）；这个品质我们认为是通过种种的优美与壮丽而滋生出来的。和谐的任务和目标是将那些其特征彼此相差很大的各个部分，按照一些精确的规则而组合在一起，这样它们在外观上就是彼此相应的了。

那就是为什么当心灵被所看到的或所听到的，以及任何其他方式所触及的时候，和谐就立即会被意识到。我们的特征就是期待最好的，并且使我们的愉悦依靠这和谐。[73]既不是事物的一个整体，也不是它的各个部分使得和谐能够像它在大自然本身中那样得以产生；因此，我可以将其称为灵感和理性的结合。它有一个很宽泛的范围，在这个范围中它可以锤炼并繁衍它自身——它贯穿和支配了人的整个生命，它塑造了整个大自然。大自然所产生的每一件事物都是被和谐的法则所规范了的，她主要所关注的问题是，无论她创造出了什么，那都将是绝对完美的。若没有和谐（concinnitas）这一点就很难达到了，因为能够为协调一致起决定作用的那些部分就会被丢失掉。关于这些就谈这么多吧。

如果这一点能够被接受，让我们得出如下的结论。美是在一个物体内部的各个部分之间，按照一个确定的数量、外观和位置，由大自然中那绝对的和根本性的规则，即和谐所规定的一致与协调的形式。这就是建筑艺术的主要目的，是她所具有的高贵、妩媚、权威和价值连城的源泉所在。

所有我们已经说过的这些，都是我们的祖先通过对大自然本身的观察而学习到的；因此他们毫不怀疑地认为，如果他们忽略了这些，他们将不可能获得对于使其建筑作品得到赞誉与荣誉有所助益的东西了；他们不是没有理由宣称，作为一切形式的完美创造者，大自然就是他们的典范。而且同样，以最为彻底的勤奋，他们寻找到了大自然在创造万物的时候所使用的规则，并且将这些规则转换成为建造的方法。通过对大自然中的那些用于整体的模式，以及用于每一个别部分的模式的研究，他们理解了在这些事物最原初（origins）[74]的阶段，其形体并不是由一些相等的部分组成的，其结果是一些是细长的，一些是肥胖的，而另外一些则介乎两者之间；在观察了一座建筑物与另外一座建筑物在建造目的与使用倾向方面的巨大不同之后，如我们在较早的几书中所已经注意到的，他们得出结论说，即使具有同样的意义，每一种情况也都会有不同的处理。

追循着大自然本身的例子，他们也创造了三种不同的方式（ways）[75]来装饰一座房屋，这些方式的名称是从那些更为青睐其中的某一种而不是另外一种的，或者甚至是发明了其中一种的国家的名字中来的，如人们所说的那样。一种是较为丰满的，更具实践性和持久性的：他们将其称为多立克式。另外一种是较为细长的，充满了妩媚之感：他们将其称为科林斯式。那种位于两者之间的，就像是由这两者所一起组合而成的，他们称其为爱奥尼式；他们将其整体的形体设计了出来。当他们观察到上面提到的三种元素，即数字、外形和位置中的每一种，在美的创造中所作出的贡献时，他们建立了如何使用它们的规则，他们研究了自然的作品，根据他们的观点，在我看来，有如下一些原则。

他们认识到数字既有奇数也有偶数；他们将两种情况都使用了，但是，在一些地方使用的是偶数，而在其他地方使用的是奇数。根据从大自然中获取的例证，他们从来不会将建筑物的骨骼（bones）[76]，也就是柱子、转角等，设置成奇数的——因为你们不会发现一只动物会以奇数的肢体来站立或行走。相反，他们从来不以偶数的方式来开启洞口；这也是他们渐渐地从大自然中学习而来的：大自然为动物赋予了耳朵、眼睛和鼻孔，都是在每一侧相配称的，但是，在中心部位，单独而明显的地方，大自然为其设置了嘴。

304

在奇数与偶数方面，其中一些在大自然中是更为经常地被发现的，并且特别受到了博学之人的青睐；这些在建筑师们组合他们建筑物的各个部分时被得到了应用，主要是因为这些数字有一些特质，将其区别为最为高贵的那一部分。所有哲学家都同意大自然是由许许多多的"三"这个数字所构成的。至于数字"五"，当我考虑到许多富于变化和令人愉悦的事物，它们或者本身与这个数字有关，或者是被包含有这个数字的东西所创造出来的——例如人类的手——将其称之为神奇之事我不认为有什么不妥，它恰恰是奉献给艺术之神的，特别是奉献给墨丘利神的。至于数字"七"，很清楚的是，世上万物的伟大创造者，上帝，对于这个数字特别喜爱，应用这个数字他创造了七颗行星在天空中巡行，他也以这一数字来规范人，他最钟爱的造物，即人的受精、形成、青春期、成熟期等，所有这些阶段，他将其控制在可以简化为七的范围内。按照亚里士多德的说法，当一个孩子出生的时候，古人在七天内将不会给予他一个名字，因为直到这时人们还不能够确定他是否能够成活下来。不论是在子宫中的精子还是新出生的孩子，在最初的七天中都处在严重的危险之中。另外一个常见的奇数是九，那是有远见的大自然在天空中所设置的球体的数目。然后，同样，物理学家们都同意在大自然中的许多最重要的东西都是以九分之一这个分数为基础的。每年的太阳活动周期的九分之一是大约四十天，这一时间的长度，按照希波克拉底，那是胎儿在子宫中成形所需要的时间。我们注意到，作为一种规则，从一种严重的病症中恢复过来需要四十天。如果所孕的是一个男孩，那么，月经是在受孕后四十天才会停止，如果一个男孩降生，在孩子降生后大约相同的时间才会再来月经。在最初的四十天内，你将不会看到醒着的孩子会笑还是会哭，虽然他在睡着了的时候是既会笑也会哭的——他们是这样说的。关于奇数就说这么多吧。

至于偶数，一些哲学家坚持说四重性是献给神的，最庄严的誓言应该以"四"为基础。[77]六重性是一个极其罕见的被称为"完美"的数，因为它是所有整因子数之和。[78]很清楚的是，八重性在大自然中施加了巨大的影响。那些在第八个月出生的人将不可能存活，如我们所观察的，除非是在埃及。[79]他们也说过，一位怀孕的妇女如果在她八个月孕期时流产生下了一个死胎，她自己很快也会死去。如果一位母亲与一位男人在第八个月时有了一个孩子，这个孩子将会是充满了浓稠的黏液，并会在浑身上下没有一个地方不留下令人恶心的疮疤。亚里士多德认为"十"是所有数字中最为完美的一个数字；或许，如一些人所解释的，因为它的平方等于四个连续数的立方。[80]

建筑师们广泛地使用了这些数字；而且，特别是在神殿之中，他们使用的偶数没有超过十的，在洞口开启的情况下，也不用大于九的奇数。下面我们应该讨论外形问题了。

305 对我们来说，外形是对于定义大小尺寸的诸线条的一个当然的呼应；一个尺寸是长度，另外一个尺寸是宽度，第三个尺寸是高度。确定外形的方法，最好是从那些大自然向我们所赐予的使她自身在我们目睹和检验的时候所观察所崇敬之物中获取而来的。我再一次赞同毕达哥拉斯的看法：确定无疑的是，大自然在整体上是和谐一致的。这就是事情的出发点。

非常相同的数字造成了声音所具有的和谐，令耳朵感到愉悦，也能够使我们的眼睛和心灵充满了美好的愉快之感。因此，从已经彻底检验了这些数字的音乐家那里，或从那些大自然展示了她那明显和高贵的品质的物体中，外形探究的完整方法就可以衍生而出了。但是，对于这个主题的论述，不会详细到超过与建筑师业务相关联的部分。因此让我们忽略那些与一个单音或四度音阶的转换有关的东西；所有与我们的建筑作品有关的那些部分如下。

我们将和谐定义为如同可以令耳朵感到愉悦的声音的调和一致。声音可以是低音调的或是高音调的。一个声音的音调较低，发出这个音调的弦线也就比较长；而音调较高，弦线也就比较短。从这些声音之间不同的对比中所出现的不同的和音，古人们将其分类成为数字和与弦的谐音之间的关系。弦的谐音的名称如下：五度音程（*diapente*）[81]，也被称为一倍半音（*sesquialtera*）[82]；四度音程（*diatesseron*）[83]，也被称作一又三分之一音（*sesquitertia*）[84]；然后是全谐和音（*diapason*）[85]，这是一个双音；以及一倍半个八度音（*diapason diapente*）[86]，这是一个三度音；以及两倍的八度音[87]，这被称作是一个四节拍音。在这些之上，他们又加上了调和音（*tonus*）[88]，这也被称为是一又八分之一音（*sesquioctavus*）[89]在上面提到的这些和弦的关系是如下所述的。之所以被称呼为一倍半音，是因为其较长的弦的长度是较短弦长度的一倍半。被古人所用的"sesqui"这个前缀，我们可以以其意思而解释为"和另一个"，如在一倍半音这个词中一样。因此，较长的弦应该给予数字"三"，而较短的弦应该给予数字"二"。术语一又三分之一音是在长弦的长度是短弦长度的一又三分之一倍的时候所使用的；因此，较长的弦被给予了数字"四"，而较短的弦是数字"三"。在和音中，将全协和音称为一个数是另一个数的两倍，例如二对于一，或一对于一半；在三度音中，三对于一，或一对于三分之一；在四度音中，同样，四对一，或一对四分之一。那么，总结一下，音乐的数字是一、二、三和四；也会有调和音，如我提到的，那是在较长的弦比较短的弦长了八分之一的时候。

建筑师以最为便利的可能性方式应用了所有这些数字：他们成双成对地应用它们，就像布置一个广场、一个场所，或一个露天的空间一样，在那里仅仅需要考虑两个向度的尺寸，宽和长；他们也在三个向度中使用了它们，如在一个公共的休息室中、在元老院中、在大厅中等，当宽度与长度发生关联时，他们希望其高度与长和宽都具有和谐一致的关系。

第 6 章

　　现在我们必须涉及这样一些事物。从房屋覆盖范围[90]开始，因为它是由两个向度所决定的：一个房屋覆盖范围可以是短浅的、宽广的或是适中大小的。[91]所有这些尺寸中其各个边长都相等，并且各个角也都是以直角相交的四边形是其中最短浅的。[92]在这个之外，就是三比二（sesquialtera）的情况，而另外一个短浅的覆盖范围是一又三分之一音。[93]因此，这三个我们称为"简单的"关系，都是应用于短浅的覆盖范围。也有三个适用于覆盖范围为适中大小的关系，其中最重要的一个是二两倍的，接着是一个由两倍的三比二组合而成的关系。这后者是由如下方式组成的：先建立一个较小尺寸的覆盖范围——例如，四——确立起第一个三比二，将其长度定为六；在此之上再加上另外一个，令其长度为九。这样，这个长度是其宽度的两倍，又加了一个双重的音符。[94]另外一个适中的覆盖范围是双倍的一又三分之一音，是用完全相同的方式确立的；这产生了一个宽度为九和长度为十六的关系。因此，其长边是短边长度的两倍，再减去一个音符。[95]对于一个较为宽大的覆盖范围使用如下的方法：或是将一个双倍的方形被一个三比二所扩大而变成了一个三，或是双倍被一个一又三分之一音所扩大，因而使其比例为三比八；二者择一，所选择的尺寸应该是使其比例为一比四。

　　我们已经讨论了较为短浅的房屋覆盖范围，或是用相等的尺寸，或是用了一个比例，也就是说，二比三或三比四；我们也已经讨论了适中大小的房屋覆盖范围，在那些一个尺寸是另外一个尺寸的两倍的地方或是那些其比例是，比如说，四比九或九比十六。最后，我们提到了扩展的房屋覆盖范围，其比例为一比三，一比四，或，比如说，三比八。

　　当在三个向度上进行工作时，我们应该综合一般性的尺寸，比如，身体的尺寸，其数字本身自然就是和谐的，或某些从别的地方选择而来的某种确定的和真实的方法。天然就是和谐的数字包括那些从像双倍、三倍、四倍，等等比例情况下获得的比率。因为，一个双倍的比例，可以通过从一个单一数，再加上一个三比二，然后和一个一又三分之一音而构成，就如在下面的例子中一样：使尺寸较短一边的双倍为二；在此之上加一个三比二来产生一个三；在三上加上一个一又三分之一音，产生了一个四，它本身又是最初的二的两倍。

　　作为一种选择，令较短的尺寸为三；通过一个一又三分之一音将其扩大而产生四；加上一个三比二；因此，你有了六，这是最初的三的两倍。类似的情况，一个三倍的数，可以由一个双倍的数加上一个三比二而形成。令这里的这个较短的尺寸为二；将其两倍而变成四；在这个数上加一个三比二的比率而变成六，它就是最初之数二的三倍。作为选择它可以由如下方式产生。使较短的尺寸数为二，取其三比二的比率，使其变为三；然后，将这个三变为两倍：你现在有了六，这是较短尺寸的三倍。四倍的情况可以被一个类似的扩大方式而形成，通过加上一个三比二，然后再加一个一又三分之一音而达到两倍。这可以通过一个两倍的两倍来达到，如人们所知道的两倍的八度音，是以如下的方法。使较短的尺寸是二；将这个数两倍化来得到一个全协和音，它有一个四比二的比例；再将其两倍化，

来产生一个两倍的八度音，它有一个八比二的比例。四倍也可以通过在两倍之上加上一个
三比二和一个一又三分之一音而构成。如何达成这一点很快就能够变得很清楚。为了清楚
起见，例如，取数字"二"；通过加上一个三比二的比，使其变成三，接着，又在此基础上
加上一个一又三分之一音而变成四；然后，将这个四双倍化而产生八。作为选择，取数字
"三"，通过将其双倍，你得到了六；再加上一半，你就有了九；在此基础上加上一个三分
之一，产生了十二，这是较短尺寸三这个数的四倍。

　　我们所回顾的这些数字并不是被建筑师随便地和不加区别地使用的，而是按照一种谐
和的关系所用的。例如，任何人希望以一个长度建造一个环绕某一房屋平面[96]的墙体，比如
说，这一长度的两倍将不使用"三"的比例，而仅仅用由双倍来构成的数。同样的情况，
在一个长度是宽度的三倍的房屋范围，同样的比例被用来形成三倍，同样的情况也出现在
四倍时，在这里除了它自身的比例之外，没有其他的比例在被使用。因此，在三个向度中，
无论什么数字最适合于建筑作品，其判断都是从上面所罗列的情况中得出的。

　　在各个向度尺寸的建立中，有某些自然性的关系不能够像那些数字那样被确定，但是
却可以从根和幂（roots and powers）中获得。[97]根是一个平方数的一方，它们的幂等于那个
平方的覆盖范围。立方体是平方的一个凸起。一个最初的立方体，它的根是一，是被用来
献给上帝的，因为一的立方仍然是一；更进一步，据说这是一个特别稳定的实体，它的每
一个面都是同样可靠和稳固的。然而，如果这个"一"不是一个实际的数字，而是数字的
源头，它既从其自身中导出，又被包含在其自身之中，或许我们可以将这两个数称为初数。
以它作为根你产生了一个数字为"四"的覆盖范围，这个范围，如果向上凸出一个等于一
侧的高度，就会形成一个数字为"八"的立方体。从这个立方体导出了求外形的规则。首
先，它提供了立方体的侧边，被称作立方体的根，这个根产生出了一个数字为"四"的覆
盖范围，和数字为"八"的完整的立方体。由此，从覆盖范围的一个角到与之相对的一个
角我们得出了一条连线，这条直线将正方形分成了两个相等的部分，因为这个原因，这条
线被称作直径。[98]关于这条线的许多价值还不知道，但是，很显然的是它是"八"的平方
根。然后，有一个立方体的直径，这个数字我们确定地知道是"十二"的平方根。[99]最后，
有一条直角三角形的线[100]它的两个短边是通过一个直角连接在一起的，一个是"四"的平
方根，另外一个是"十二"的平方根。第三条和最长的一条线，即正对着直角的那条线，
是"十六"的平方根。[101]因此，正如我们已经讨论过的，这些是那些数字与我们所用于确定
这个直径的其他量之间的一些自然的关系。每一个都可以以其最短的线来用作一个覆盖范
围的宽度，而以其最长的线作为这一范围的长度，并以居中的那条线作为这一范围的高度。
但是，有时候这些是可以加以调整来适应于建筑物的。

　　除了从协调和形体中之外，三个向度的外形轮廓的构成规则也可以从其他来源中推导
出来；有关这些我们现在有必要加以讨论。可能有几种三向度尺寸组合的方法是特别适合
的；这些方法不仅可以从音乐和几何中，而且也可以从算术中推导出来，对此我们现在要
加以检验。哲学家们将其称为"居中的（means）"。[102]关于这些组合的规则是很多，也是有
很大差别的，但是聪明人使用三种主要的方法，他们的目标是去发现，所给出的两个数，
一个适中的数，将会以一种确定的规则来对应于另外两个数，或者，通过一组关系以另外

一种方式来确定它。

在这样一种考察中，有三向度的尺寸可以提供我们考虑。一种被称作是最长的，另外一种是最短的；第三种，一个适中长短的，与前两者有一种一般性的关系，这就是位于中间的这个数与其他两个数之间的关系。这三种方法主要是被哲学家们所青睐的，所发现最容易的是他们称之为算术的方法。一旦两个极端的数字被确定，例如，最长的数字是"八"，而最短者，比如说，是"四"，将两者加在一起，就产生了"十二"；将其分为两个部分，并取其中的一个部分：它的值将是"六"。这个数字被称为是算术平均数（arithmetical mean），与两个极端的数，"四"和"八"，是等距的。

另外一种中间数是几何的，它是以如下方式获得的。举个例子，比如说，令最短的向度尺寸为四，最长的向度尺寸为九。把两者相乘在一起产生了三十六，它的根，如人们所称之的（那就是，侧边的尺寸产生了一个相等大小的正方形），充满了一个为三十六的覆盖范围。因而，它的平方根是六；因为六将会给出一个三十六的覆盖范围。这一几何的[103]中间数是非常难以以数字的方式确定的，虽然它可以很容易地通过线的应用而发现；这是一个不需要我在这里讨论的话题。

第三种中间数，被称为"音乐的"，比算术的略有一点困难，但却能够为其完整地定义数字。在这里最短的与最长的向度尺寸之间的比例与最短的和适中的向度尺寸之间的比例是相同的，同样，适中的和最长的向度尺寸之间也与之是相同的，就像在下面的例子中一样。令较短的数字为三十，较长的数字为六十；一个数是另外一个数的两倍。在两倍数中取最小的可能数：第一个是一，另外一个是二；将两者加在一起而得到了三。然后取最长的数六十和最短的数三十两者之间的差，并将其分为三个相等的部分；这三个部分中的每一个都将是十；然后将其中一个数加在较短的那个数上；这使它等于四十。这就是我们所期待的音乐的中间数，它与最大数之间的距离是它与最短数之间距离的两倍，这是一个和我们所举例的这两个最大与最小之极端数之间的比例相同的一个比例。

通过使用像这样的一些中间数，无论是在整座建筑物中，还是在建筑物的局部，建筑师都得到了许多值得注意的结果，逐一提起这些就会太冗长了。他们主要是在建立垂直向度的尺寸中使用这些结果的。

309

第 7 章

(169v—170)

古人按照人体的不同变化将柱子区分为三种，而对这些柱子形状与尺寸大小的确定是非常值得去了解的。当人们在考虑人的身体的时候，他们决定参照人体的形象来制作柱子。他们测量了人的尺寸，发现人体的宽度，从一侧到另一侧，是其高度的六分之一，而其厚度，从肚脐到腰，是人体高度的十分之一。我们那些宗教文献的阐释者们也注意到了这一点，并且判断说，为大洪水而建造的方舟也是以人体的轮廓数字为基础的。[104]

古人很可能是以这样一些尺寸来建造他们的柱子的，将一些柱子建造成其基础的六倍，其他一些柱子是其基础的十倍。但是，那些自然的感觉，那些心灵中天生就有的东西，会使得我们，如我们已经提到的，去察觉和谐[105]所给予他们的暗示，那既不是某一根很粗的柱子，也不是一根细长的柱子所恰好适当的，因此，他们对两者都加以拒绝。他们的结论是，要在这两种极端的情况之间来进行选择。因此，他们首先求助于算术，将两者相加，然后将其和再分为两半；通过这样一种方式，他们找到了一个介乎六与十这两个数字之间的中间数八。[106]这使得他们十分高兴，他们制作了一个八倍于其柱基宽度的柱子，并称之为爱奥尼式柱子。

多立克式风格的柱子[107]，适合于矮胖式的建筑物，他们以与爱奥尼式相同的方式确立了这种柱子。他们取了前面两个数中较小的一个数，即六，再加上爱奥尼所使用的那个适中的数，那就是八；加在一起的和是十四。他们将这个数分为两半，就产生了七。他们将这个数用于多立克式柱子，将柱子的基底宽度定为柱身长度的七分之一。同样，他们确定了更为细长的变化形式，就是那种被称为科林斯式的柱子，那是通过在最长的那个数上加上爱奥尼的中间数，然后将两者的和再分两半：爱奥尼的数字是八，最长的那个数是十，两者加在一起是十八，它的一半是九。因此，他们将科林斯式柱子的长度定为其柱基部位直径的九倍，爱奥尼是八倍，而多立克是七倍。关于这个问题，就谈这么多。

下面我们必须讨论布置的问题。[108]布置涉及各个部分的所处位置。这是一个当其处理得很糟糕的时候，比对其有所理解并知道如何去做的时候，更容易被感觉得到的问题。因为，在很大程度上它依赖于对已经深入人心的对人们对于大自然的判断，并且也在很大程度上是依赖于外形轮廓的一般性规则。[109]因而，当这个问题一旦被涉及，这就是一些相关联的范畴。

当一座建筑物中即使是最小的部分都被布置在其适当的位置上的时候，它们增加了建筑物的美感；但是，当某些位置摆放得比较奇怪，有点卑微，或有一些不适当之处，如果这是一座优美的建筑，那这些部分就会令其减色，而如果这是任何别的什么样的东西，那么这些部分就会使其变得一团糟。让我们来看一看大自然自身的作品：如果在一只小狗头上顶着的是一头驴的耳朵，或者如果什么人有一只大脚，或一只大手，而另外一只却很小，他看起来会是畸形的。甚至，如果一头家畜，有一只眼睛是蓝色的，而另外一只眼是黑色的，它看起来就不像了：右边应该与左边完全相称，这是再自然不过的事情了。

因此，我们必须要极其小心地确保即使是最微小的元素也应该这样来处理，即在它们的标高、分布、数量、形状和外观上，其右侧应该与左侧相配称，其顶部应该与底部相配称，彼此相邻的部位应该相配称，彼此相等的部分也应该相配称，它们是它们所归属于的那个形体的一个部分。即使是浮雕和嵌板，以及任何其他的装饰物，都一定要如此布置，既要使它们出现在各自自然的和相适合的位置上，就好像是一对双胞胎一样。古人在那些彼此相平衡的部分之上附上了如此的价值，他们甚至试图将他们的大理石板在数量、质量、形状、位置和色彩上彼此精确地相配称。

我一直是古人的一种特殊习惯的崇拜者，在这种习惯中，他们展示了他们杰出的才能：运用雕刻，特别是在他们神殿的山花部位，他们小心翼翼地确保那些在一侧的雕刻，与那些在相反一侧的雕刻，无论在其外形上，还是在其材料上，都没有些微不同。我们看到了两匹马和四匹马的战车，马、指挥官和他们的副手们的雕刻，彼此之间是如此相似，以至于我们可以声称在这里大自然本身已经被超越了；因为即使是大自然的作品中，我们也没有看到一个人的鼻子与另外一个人的鼻子是如此的一致。

因此，关于美的特征，美所组成的那些部分，以及我们的祖先们所使用的那些数字，和那些外形轮廓的布置，我们已经说的足够多了。

第 8 章

(170v—172)

下面我将提出一个简要的但却是重要的建议，这不仅是一个可以用于一件建筑作品的装饰和美观上的，也可以用于贯通于建筑物之各个部分的整体艺术之上的规则。这也满足了我们所提出的一个许诺，即以一种结语的方式来对事物做出一个总结。首先，因为我们已经说到，任何畸形的错误都应该要极力地被避免，让我们考虑到可能是最糟糕的情况。错误可能既是归因于智力和感觉，如判断和选择的，也是归因于双手，比如由工匠们所造成的。智力和判断所造成的错误和失误是既先于它们的特征也先于它们的时机的，一旦造成了这样的错误，比起其他的错误就更是远非容易能够去加以矫正。因此，让我们从这一类的情况开始。

选择一个不健康的、麻烦不断的、贫瘠的、充满晦气的、晦暗的，或有明显或潜在的瘟疫与问题折磨人的地方，那将是一个错误。对一个房屋覆盖范围强加一个不适当或不匹配的外形轮廓也是一个错误；将一些相互之间不协调的东西强拉在一起，而这些东西对于居住者的需求与便利没有任何增益；或者你不用足够的尊严来满足个人的需求，或满足整个家庭的，包括儿子们、仆人们、保姆们、姑娘们，既包括城里的，也包括乡下的——以及任何客人和他们的随从们的需求；如果你造成了比需求更宽敞或更狭促，或过于暴露或过于隐蔽，或过于紧密或过于松散，或过于繁多或过于稀少的东西；如果没有躲避炎热和寒冷的地方；或者如果没有一个人们在健康的状态时可以娱乐与休闲的公寓，或是那些能够为贫苦之人和孱弱之人躲避季节与气候的困扰而提供保护的地方；或者如果对于来自人的或突然事件的袭击缺乏充分保护和防御；或者如果一堵墙过于单薄以至于不能够承载它自身的重量或支撑屋顶，或过于厚重而超过了所要求的强度；或者如果屋顶的檐口——如果我们可以这样看的话——彼此都不能够相互配称，以及一些墙内的构件会部分地超越其范围，或者如果这些檐口被处理的过高或过低；或者如果窗子是如此开敞，甚而使得暴烈的风、令人厌恶的寒冷，刺目的阳光，或者，另外一个方面，窗子是如此狭窄，以至于产生了令人憎恶的幽暗与阴沉；或者如果门窗洞口超出墙体骨架的正常界线；或者如果出入口的过道被扭曲，以及如果有任何污秽的或猥亵的东西对人造成侵犯；或者如果有任何其他在前面几书中已经描述过的（被忽略了的）事物。

让我们继续，装饰中的错误，大多数情况下与大自然作品中的情形是相同的，即那些从任何一个方面来看是扭曲的、矮小的、过分的，或畸形的东西都必须要避免。因为，如果在大自然中这些东西会被遭到谴责，并被看做是丑陋的，那么建筑师以一种不合时宜的方式将其作为了建筑的组成部分，又该当何而论呢？在这里"部分"意味着具有某种确定形式的元素，例如线条、转角、表面，在其数量、大小、位置上的没有经过深思熟虑的彼此配称、平衡与组合。若是一个人不受环境的约束，建造了一堵墙，像是一条蠕虫一样，一会儿在这儿，一会儿在那儿，没有任何秩序，没有任何条理，一些部分长，一些部分短，转角彼此不相等，组合的形式不伦不类，特别是如果房屋覆盖范围在一侧是圆钝的，而在另外一侧则是尖锐的，它的规则是混淆的，它的秩序是混乱的，没有一个经过预先的思考或仔细的计划，那么谁将不会严厉地对其进行谴责呢？

312   如果一座建筑是以这样一种方式建造的，即它是从一个很好的基础上建造起来的，因而在可能有装饰需求的地方，若不能够通过任何一种优雅装饰的增加来使其得以提炼的话，那也将是一个错误；就像那些认为墙体的唯一作用是支撑屋顶的人所想象的那样，认为运用高尚的柱子、雄伟的雕像、优美的绘画，以及辉煌的面层处理，并以一种适当的和与众不同的方式对墙体加以装饰是一件不必要的事情一样。如果你能够以相同的造价使得每一种东西都更优美、更漂亮，然而你却不竭尽全力地去实现它，那么，另外一个与之相关的错误也就产生出来了。

关于一座建筑物的外观与轮廓，存在着一种激励人心的天然的卓越与完美；一旦它出现，就立即会被人们所意识到，但是如果它不出现，则会成为人们更大的期待。[110]人们的眼睛对于美与和谐有着一种天然的贪婪，在这件事物上就显得特别挑剔与吹毛求疵。我也不知道为什么他们在要求那些未曾出现的东西方面，比起他们对那些已经出现的东西的欣赏方面，显得更为急切。因为，他们是在不断地寻求着那些可能会增加对象的优美与辉煌的东西，而如果无论是什么人，他那最实用、最有见识，也最勤奋的可以被预见与实施的判断能力，在一个作品的技巧、劳作和完美性方面的体现并不明显，那会令人十分烦恼。的确，有时候他们会发现，去解释究竟是什么令我们不愉快，几乎是一件不可能的事情，除了这样一个事实，即在专注于美的时候，我们没有办法来满足我们那超乎寻常的期待。

考虑到所有这些，毫无疑问，我们的责任是尽我们最大的热情、专注与勤奋，将我们所要建造的建筑物，特别是那些每一个人都希望它被建造的有品格、有尊严的建筑物，使其有尽可能绚丽与精美的装饰。[111]在这一类的建筑物中，包括有公共建筑，特别是那些神圣建筑：因为没有人能够允许它们是赤裸而没有装饰的。

然而，对于一座私人建筑物，添加上原本是适合于公共建筑物的装饰，或者另外一个方面，将原本是适合于一座私人建筑物的装饰，尤其是当这一装饰是这一类装饰中最为繁缛而令人生厌的，将其应用在公共建筑物上，也是一种错误；如果它是不能够持久的，也是一样，例如用可溶解的，或易腐蚀的、易朽烂的材料在公共建筑物上绘制图画的做法——因为公共建筑应该是不可能被毁坏的。

我们所看到的一个特别糟糕的错误，是由那些无能之辈所造成的，那就是在没有用绘画与雕像将其覆盖或填满之前，他们几乎不能够开始一座建筑作品的创造；其结果是，那些脆弱的细部甚至在工程还没有完成之前，就已经遭到了损毁。这样的作品应该是裸露地建造的，之后再给它添加外衣；请将装饰放在最后吧；只有当你有机会和条件便利地去做这一切而没有任何形式的妨碍时，你才会去做这件事情。

　　但是，我将要使你所应用的装饰，其中的绝大部分，作为许多具有中等技能的双手所能够做的工作。如果希望有更为优美或精致的需求，例如那些菲迪亚斯（Phidias）[i] 或宙克西斯的雕像和碑刻，以及那些其本身就是不同寻常的东西，就要将其放置在不同寻常的和格调高尚的地方。我并不赞美 Deioces，那位米堤亚人的著名国王，他将埃克巴塔那城用七道颜色不同的城墙环绕起来；其中一些是紫色的，意向性用银色覆盖，还有一些甚至是用金色覆盖的。[112] 我也对卡利古拉（Caligula）表示蔑视，他有一个大理石的马厩和一个象牙制作的马槽。[113] 尼禄建造的所有房屋都用了金子来覆盖，并用宝石来加以装饰。[114] 更为令人不可容忍的是，埃利奥加巴鲁斯（Eliogabalus）[ii] 用金子来点缀他的步行道，并且因为他不能够用琥珀来做到这一点而感到悲伤。[115] 如此的炫耀财富，如此的疯癫愚顽，是要遭到谴责的：人类的辛劳与汗水被投放在了那些既没有什么特别的用途，也没有任何结构的作用的东西之上，对于这样一种独出心裁的做法是没有什么值得赞美的高尚之处，也没有任何值得认可的令人着迷的创造。

　　因此，为了避免这样一些缺陷，我必须一而再，再而三地催促你，在开始着手工作之前，你要自己好好地掂量一下整件事情，并要与那些有经验的咨询者们进行讨论。运用成比例的模型，要两次、三次、四次、七次……直到十次地反复检验你所计划建造之物的每一个部分，要在过程中不时地停下来，从房屋基础直到最上面的屋瓦，包括隐蔽的与暴露的、大的与小的，其中没有什么东西是未经过你的深思熟虑、已获解决和最终决定了的，是彻底的和详细的，是最为漂亮的，并且是最有效地满足位置、秩序和数字方面的要求的。[116]

第 9 章

（172—173）

　　一位谨慎的人应该像这样行事：在开始一件事情的时候，他应该是有所预防和小心谨慎的；他应该对于他所拟建造房屋的土地的特征和强度加以研究；他应该从古人的建筑物中，同时也要从那些本土的实践与习俗中学习，气候是什么样的，使用什么材料——石头、沙子、石灰和木料，当地的或进口的——应该是一些能够抵御天气影响的材料。他应该确立基础和房屋根部，以及结构开始的地方的宽度与深度。然后，转向墙体，他应该了解（墙体的）表皮、填充物、粘结物和骨骼的必要的大小尺寸与特征。他也应该斟酌开口、屋顶、表层铺装、室外铺地，以及室内工程等方面所需要的材料。他应该对设施运送的位置、路径和方法，做出计划，对包含有害物和令人不悦的浪费加以预防，要用排水沟来排除雨水，要开挖深壕来保持房屋覆盖范围的干燥，并对潮湿采取预防的措施；他也要采取一些措施来抵制和克服由倾斜的岩石、撞击的巨浪和强劲的大风所推力、冲力和破坏力。简而

---

　　i　菲迪亚斯，古希腊时期的雅典雕塑家，曾监管帕提农神庙的工作，他在奥林匹亚创作的宙斯雕像是世界七大奇观之一。——译者注

　　ii　埃利奥加巴鲁斯（又作 Heliogabalus ［赫利奥盖巴勒斯］），见第二书译者注。——译者注

言之，他要检验每一件事情，不要留下任何没有量度和规则的形式。虽然，这样一种预先考虑的关注点似乎主要是在结构与使用方面，但也几乎包括了所有那些如果被忽略就可能会导致相当程度的扭曲与变形的方面。

下面一些经过深思熟虑的想法会最大限度地对装饰增加优雅效果。首先，装饰的方法应该是精确的和没有妨碍的。装饰物不要过于紧密地挤压在一起，好像要堆成一堆的样子；它应该是以一种方式而相当适合、恰如其分和十分贴切地安排与布置的，因而任何改变都令人感觉是在扰乱它那令人愉悦的和谐。进而言之，要确定这座建筑中没有哪一个部分是被忽略了的或在手工工艺方面是被忽略或有所欠缺的；但是，我也不会将装饰中每一件东西都处理得同样绚丽和丰富——变化与数量一样都是很有用的。要在最隆重的位置上布置一些最突出的特征，其他位置则是处在较少优雅的位置，还有另外一些则是一些不怎么重要的部分。在这里你应该将那些没有价值的与那些贵重的或那些大的与那些微不足道的，以及那些紧密与狭窄的与那些发散与宽阔的部分混淆在一起；但是，在重要性上有所变化的部件，并不一定与在特征上可能有着某种精巧对比的部分是相类似的，因而一些部分展示了厚重与雄伟，而另外一部分则表现了愉悦与欢庆。

所有部分都应该以这样一种方式和秩序来组合，即它们不仅彼此争先恐后地要使作品变得更为高贵，而且其一部分若仅以其自身则不能够存在，若没有其他部分也不能够保持它的高尚品质。有些事情或也有所助益，包括将一些部分处理得似乎漫不经心，这样就使得那些经过精细处理的部分通过对比的方式而显得更为精美。在每一种情况下，都要确保有关外部轮廓的规则没有被颠覆，如我曾经提到的，如果将多立克式与科林斯式，爱奥尼式和多立克式，诸如此类，混淆在一起，这种（颠覆的）情况是有可能发生的。

每一个故事都各有其适当的部分，不要不分青红皂白地分散在这里或那里，而是要以它们各自适当的位置来布置。中心的元素应该坐落在中心位置上，那些与中心等距离的部分应该是相互平衡的。简而言之，每一件东西都应该是有所量度、相互关联，由线条和转角组合、联系、连接和结合在一起的——这并不是偶然的，而是依据了精确与清晰的方法的；因而，一个人的视线可以自由而平稳地沿着檐口滑动，穿过凹入的部分，并掠过建筑物的整个室内和室外的表面，它那每一点令人欣喜的部分都被那些相互类似和相互对比的部分所增强；因而，任何一个人当他看到了这些时，就会想象他决不会被这一景色所满足，但却会以赞美之心而反复地观赏，当他离去之时也会回过头来再多看一眼；然而，不管搜寻了多么久，他都不能够在整个建筑作品中发现任何不协调或不适宜的部分，或没有将其每一个部件和尺寸都贡献于壮观与优美的部分。

像这样一些问题应该通过模型的使用而被反映和争论；这些模型应该不仅用于开始的阶段，也用于建造的过程中，因而在这些模型的引导下，为了在工程开始后能够避免任何犹豫、变化或修正，我们可以事先决定什么是必需的，并且做好准备，因而我们可以形成一个简明的对整体的完整画面，以便使那些适当和有用的材料可以被生产、贮备和随时准备投入使用。这是建筑师必须用他的智慧与判断来加以考虑的事情。

我不需要重复工匠方面的错误；但是要确定工人们能够恰当地使用铅垂线、准绳线、直尺和三角板。在适当的季节中建造，而在不适当的季节中则使工程中止和延期；使用那些纯粹的、未受损害的、未掺杂质的、坚硬的、质量上乘的、便利的、适当的和粗实的材料，将这些材料用在适当的地方，并以垂直的、水平的，或倾斜的方式将其安放好，材料的表面应该是暴露的或被覆盖的，要顺其自然，并按其各自所要求的方式来使用。

第 10 章

(173—175)

如果建筑师希望在建筑作品的计划、准备和实施方面取得适当的和专业性的成功，那么，就有相当多需要考虑的事项一定不要忽略。对于其任务特征他必须要深思熟虑，他应该采用什么技能，他希望给予人以什么样的印象；他必须计算工程的大小，以及他将会获得多少赞美、报酬、感谢，甚至名誉，或者相反，如果他从事的是某种他缺乏足够经验、不够谨慎或考虑不周的事情，他将受到多么大的羞辱和憎恨，以及在他做了那耗费巨大而又无益之事之后，他将留给他的家人与同事们多少辩解、多少证据、多少专利去经历一场法庭证言。

建筑是一件多么伟大的事情，不是每一个人都能够胜任的。他必须具有最强的能力、最充溢的热情、最高水平的学识、最丰富的经验，并且，最重要的是，要严肃认真，要做出准确无误的判断和建议，这样他才似乎能够证明他自己可以被称为是一名建筑师。在建筑艺术中最伟大的荣耀是，他对于什么是适当得体的具有一种良好的感觉。因为建造是一需求；而便利地建造则是需求与实用的产物；但是，建造某种因其壮丽而受到赞誉，然而却并未因其节俭而受到摒弃的东西，那仅仅是属于一位有经验、有智慧，经过深思熟虑的艺术家的事情。

此外，要建造一些看起来是便于使用的东西，而且，无疑是一个能够满足使用并按照计划所建造的东西，那是一件甚至不需要建筑师的匠人们的工作。但是，在内心之中预想与决定，并且对某些在其每一个环节上都是完美和完全的事情做出判断，正是我们所寻求的这样一种内心活动的成果。他必须要通过他的智慧来创造，通过他的经验来认识，通过他的判断来选择，通过他的深思熟虑来组合架构，通过他的技能来实现他所从事之事。我认为这每一个环节都是基于一种审慎和成熟的反应。但是，至于其他方面的美德，我并不期待他有比任何别的人对于任何一个职业形式所赋予的那些人类天性，如敦厚、谦虚、诚实会有更多的东西；因为在我看来，任何缺少这样一些品质的人甚至都不配被称作是一个人。但是，最重要的是，他一定要避免任何轻率、固执、炫耀或冒昧，并且要避免任何可能使他的良好愿望落空，并在他的同胞们之中激起某种憎恶之心的事情。

最后，我主张要使他与那些勤学好问之人采取相同的路径，在那些人那里，在阅读或检验了每一位曾经撰写了某件与他所感兴趣的主题相关的事情的作者，包括好的与差的文章之前，他是不会感到满意的。同样，无论在什么地方有一件作品得到了普遍的赞同，他都应该以极大的耐心去对它进行观察和检验，用绘图的方式将它记录下来，记下它的数字，为其制作模型并作为范例；他应该检验和研究其柱式、位置、类型及每一部件的数量，特别是在那些最宏伟和最重要建筑物中，建筑师所运用的那些东西，我们可以推测，那些建筑师都是一些异乎寻常之人，在这些建筑物中，他们对于如此巨大的一笔花费竟然把握得游刃有余。然而，对于一件真正的成就而言，他不应该在其作品中起码的大小尺寸上出现错误（如某些人所说的，这是一项巨大的冒险，是承建者的风险）[117]；但是，首先他必须要检查每一座建筑物，发现其中可能包含的珍奇和精美的技巧，那是一些经过深思熟虑的隐秘的艺术规则或一些不同寻常的发明创造的结果；他应该在他的实践中，对于任何从整体而言不是那么优美的东西或是不值得因其独创性而令人感到钦佩的东西，要采取不赞同的态度；他应该在任何地方发现他所满意的东西，他应该接纳它，并且拷贝它；抑或任何他认为能够大大地加以提炼的东西，他应该使用他的技能和想象力去加以修改和纠正；或是另外一些不那么太糟糕的东西，他应该通过他的努力，尽其最大的能力，去加以改进。

建筑师应该通过对于高尚艺术的急切与充满活力的兴趣而不断地努力去实践和改进他的能力；在这样一条路上，他应该在他心中收集和储存任何值得记忆的东西，既包括那些散落和分布得很广泛的东西，也包括那些在大自然最细微隐秘处所隐藏的东西，这些东西可能赋予他的作品以令人瞩目的声誉和荣耀。他应该非常乐意去展示一些可能会令我们觉得感到钦佩的他自己所发明与创造的东西；例如那位没有使用任何金属工具就建造了一座神圣建筑的人的精巧创作[118]；或者是被运送到罗马的巨像，被悬挂在一个竖直的位置上，一次安装作业——另外一个有趣的事实——在这次施工作业中动用了二十四头大象；或者那位能够为一座迷宫或一座神殿的建造而从一个采石场上用令人惊异的技术切割石头的人，或者任何的可能转换成为出乎意料用途的其他东西。

他们说尼禄所雇佣的建筑师是如此的挥霍，以至于他们认为没有什么东西他们不能够突破人类能力所能够承受的极限。我对他们是不赞同的，我更多地倾向于一些人所给予我的印象，即他总是把对于任何事物的基本关注点都放在对其用途及其节俭方面。即使为了装饰的效果他不得不做了每一件事情，然而他也将以这样一种方式来布置这座建筑物，亦即你不能够否认实用是一种基本的动力。而且我赞成任何将古代建筑那些既有规则具体化的新发明，也赞成那些现代发明的新创造。

因此，在任何他以他的知识能够对其做出一些值得赞美的贡献的事情上，他都会通过其实践和经验而发展他的能力；他不认为他的唯一职责就是拥有那些若他不具备它，就不能够声称自己是什么人的那样一种技能，但是他应该使自己获得对于所有高尚艺术的理解与欣赏能力，只要这些艺术与之有所关联，他的理解是如此深入和如此适用，以至于在这一领域中他已不再需要任何进一步的知识；他一定不要放弃自己的学习，也不要将知识的应用束之高阁，直到他感觉他与那些值得获得最高荣誉的人已经非常接近了的时候。他将不会使自己感到满足，除非他拥有了每一种可以使艺术和技能都眷顾于他的本领，并且最大限度地将每一件事物都汲取进他的能力之中，从而使他为此而获得最高程度的赞誉。

艺术中那些实用的，甚至是必不可少的东西中，对于建筑师而言就是绘画与数学。我并不关注他是否还精通任何别的什么东西。我将不听从那些认为建筑师，由于那些诸如对水的容纳、对边界线的建立和对建造意图的表达，以及在建造的过程中都会面对的许多其他法律的强制性，都必须加以面对，他也应该是一位法律方面专家的人的主张。我也不要求他只是因为最好要将图书馆面对北风（Boreas），或者最好将浴池面对落日，而对于星辰有什么精确的理解。[119]我也不认为因为他必须要在一座剧场之中放置一些能产生共鸣的花瓶，他就应该是一位音乐家；他也不需要是一位雄辩家，以在他所计划要做的事情上去说服他的客户。我们需要他有洞察力、有经验、有智慧，并且在所讨论的事物方面是勤勉用心的，他将会对这些事物给出一个清晰明白的说明，以及精确的和见多识广的计算结果，这才是他的讲演术中最为重要的东西。

然而，他不应该是不善言辞的，也不应该是对声音的和谐毫无感觉的；他不会在公共土地上，或是在另外一个人所拥有的地界上去建造，那就足够了；他不会阻塞光线；他不会将手伸到诸如从屋檐上掉下的雨滴、河流水道、可通行的权利等领域，除非在有此类条款要求的地方；他对于风，包括风的方向、风的名称，都有相当充分的知识[120]；同样，我将不会抨击那些追求更好教育的人。但是，他应该不比那些蔑视音符与尺寸的诗人更远离绘画和数学。我也不能够想象一个受到局限的知识对于他们是充足的。

但是，我能够就这一点谈论我自己：我常常在内心中想象那些在当时似乎是非常值得称道的建筑；但是，当我将这些建筑转换成绘画的时候，我在一些特别的部位发现了几个错误，这使我感到了最大的欣喜，这是一些非常严肃的错误；再一次，当我回到画面上来，测量了那些尺寸，我认识到我的轻率与疏忽，并为此后悔不已；最后，当我从绘图而转向模型时，我时而会注意到在一些个别的部分，甚至在数字上，还有进一步的错误。尽管如此，我将不会期待他在他的绘画方面是一位宙克西斯，或在他的算术方面是一位尼科马科斯（Nichomachus）[i][121]，或者是几何学领域的一位阿基米德。只要他对于我们所描写的那些绘画元素有一个把握就足够了[122]；他对于实用方面的数学有足够的知识，对于角度、数字和线条有经过深思熟虑的应用，例如在形体与表面的重量与尺寸之主题下的讨论，一些人将此称为 *podismata* 和 *embata*。[123]如果他能够将热情和勤奋与和这些艺术有关的知识结合在一起，这位建筑师就会获得人们的喜爱，获得财富，也为他的子孙获得了声望与荣耀。

第 11 章

318

(175—175v)

在这里对建筑师的一点建议也不应该被忽略。不要为每一位告诉你他准备要建造房屋的人，如那些浅薄的人所做的，那是一些为了贪图名誉而大肆挥霍的人，提供你的服务。我在想你最好要耐心等待，直到有人三顾茅庐之时；人们必须向你显示出他们是否希望将你的主张付诸实践的信心。如果我将我那有价值的和有实用性的设计计划向一些粗陋无知的人做了解释，然而却得不到任何报偿的时候，我能够获得什么呢？如果你从我的经验中得到了一些利益，而这节约了你的物质花费，并为你的舒适与愉悦做出了真正的贡献，那么，看在老天爷的份上，我就不值得有一个物质回报吗？一位聪明的人会保持矜持；将你

---

i 尼科马科斯（活动时期约公元 100 年），新毕达哥拉斯学派哲学家和数学家，著有《算术引论》，被视为权威典籍。还著有《数的神学》，但只有片断存留。西方古代还有一位尼科马科斯，活动时期为公元前 4 世纪，是一位希腊画家。维特鲁威的著作中曾经提到他，但从上下文看，应该是指前者。——译者注

那善意的主张与优美的设计（drawings[124]）保存好，等待那些真正需要它们的人的到来。

如果你打算指导和实施这一工程，你就将很难避免成为所有其他人，既包括那些缺乏经验的人，也包括那些疏忽大意的人，所犯错误和失误的唯一责任人。这样一件工作需要有热忱洋溢、思虑审慎和一丝不苟的办事人员[125]，以他们的勤奋、切实可行，以及经常不断地出面来监督那些必要的工作环节。

无论在什么地方只要有可能，我也要小心应对那些重要的人物，包括那些慷慨的捐资人和那些热心于这件事情的人：一位不具备令人尊敬之地位的客户，他那工程的价值是要大打折扣的。你想过吗，这些杰出人物的声望有多么大，你将宁愿为谁来提供你的服务，并奉献你的声誉呢？至于我自己，我是一位——除了这一事实，即如果我们紧步有钱人的后尘，而不是依据于事实来进行判断的话，几乎我们中的每一个人都会被认为是更为明智和有着更好主意的人——那些有钱人希望建筑师对于所有工程建造中所必需的东西都是能够信手拈来，并且是用之不竭的。常常发生的情况是，那些拥有较少手段的人，不仅不大能够，也不大愿意来这样做。此外，很显然的是，到目前为止，在其工匠技能、设计水平和艺术家的专注程度都不相伯仲的两座建筑物中，那座以更为精美的和更为贵重的材料所构成的建筑物将会显得更为优美。

最后，我主张你绝不要因为贪图荣誉而强迫你匆忙着手进行任何非同寻常的和没有先例的事情。要充分意识到，对每一件事情在最小的细节上都必须要加以掂量和斟酌。因为，要通过其他人的双手来实现在你心目中所构想的东西，是一件非常辛苦的事情；谁会像你所一厢情愿的那样，对于别人的抱怨毫无察觉，却总是采纳那些花费别人钱财的主张呢？

我将力劝你要完全避免那些几乎在每一项主要工程中都会如此经常地造成严重的和备受责难的失误的那些一般性错误；总会有一些人在批评、教导、指引你的生活、你的技能，以及你的方法与实践。人类生命的短暂以及建筑作品的尺度，使得很少有任何大型的建筑物是由那开始这一工程的同一个人来最终完成。同时我们，这些具有革新精神的建筑师所遵循的，是要竭尽全力地为有所变化与创新而努力，并且为这种创新而感到骄傲，其结果是，一些东西有了好的开端，而另外一些东西则是误入歧途和南辕北辙的。我觉得作者最初的意向，那个经过深思熟虑的产物，必须要加以支持。即使你做了长时间的和彻底的检验，那些开启这个工程的人的一些动机可能是你所不了解的，而你却要公正地看待这件事。

最后，我力劝你在没有得到那些最伟大的专家的咨询，或者如果更好的话，得到他们指导的情况下，一定不要着手开始某一件事情；这将不仅对建造的过程有所帮助，也会对你本人有所帮助，以使你避免受到批评者的攻击。

我们已经谈到了公共的，也谈到了私人的建筑物，谈到了神圣的和世俗的建筑物，谈到了那些为了使用、高贵或愉悦而建造的建筑物。现在所留给我们的问题是，思考一下由于建筑师的缺乏经验或疏忽大意所造成的，或是由时间或人，或一些不幸的和不可预见的偶然事故所造成了损害而导致的缺失，如何才是可以被纠正或弥补的。要善待这些研究，善待这些有学问的人！

第十书
建筑物的修复问题

第 1 章

　　如果我们讨论有关建筑物的错误以及如何纠正这些错误的问题，首先应该考虑的是这些可能被人类的手来加以改正的错误的特征与类型；就像医生所坚持认为的，一旦疾病被诊断出来，它就能够被顺利地治愈。

　　那些既包括在公共建筑也包括在私人建筑中的错误，一些是整体性的和本身固有的，如其所是，是由建筑师的责任所造成的，而另外一些错误的结果却是由于外部的影响所造成的；这些错误可以被进一步地区分为那些可能被艺术的或独创的形式所改善的错误，或是那些无可补救的错误。那些由建筑师的责任所造成的错误，我们在前面几书中已经做了陈述，几乎是直截了当地将它们指出来的。一些是由心灵造成的错误，另外一些则是由手所造成的。心灵造成的错误是被转移、被分散，或令人迷惑的选择、分隔、布置和外形[1]；由手造成的错误则是粗心大意地或马马虎虎地准备、贮藏、堆垛、粘结，诸如此类——这是一些很容易由疏忽与粗心所造成的错误。

　　我认为那些由外部的影响所造成的错误数量多得几乎是数不胜数，变化形式也不胜枚举。人们常说的"时间可以克服一切"多少涉及了其中的一些；老年人的活力是危险的，也是强有力的；身体是不能够阻挡大自然的规律的，生老病死是无可避免的；一些人甚至认为，即使是天上的那些人也会死去，因为它们是一个生命体。我们感受到了太阳的灼热或阴暗的冰冷；我们感觉到了寒冰与朔风的强大力量。即使是最坚硬的燧石，将这样巨大的力量强加其上也会造成破碎与断裂；巨大的风暴也能够从最高的悬崖峭壁上将巨大的岩石撕裂开来或抛洒出去，这样它们就能够顺着山体的大部分而坠落下来。因而，就产生了人为造成的危险。请上帝帮助我，当我认可了那些疏忽大意之事，或者说得更加粗率一点，因其高贵性而免遭野蛮人和愤怒敌人摧毁的那些事物由于他们的贪婪而变成了废墟的时候，我也不能容忍；或者，那些所向披靡、破坏一切的瞬间，可能会很容易地变成了永久性的象征。此外，还有一些由大火、闪电、地震和波涛与洪水的打击等经常发生的事件，以及如此多的由大自然的巨大之力所可能造成的那些没有规律可循的、不可预知的和令人不可思议的事情，所有这些都会损坏或颠覆一位建筑师那些甚至是最为精心构思的设计作品。

　　按照柏拉图的说法，亚特兰蒂斯（Atlantis）[i] 岛消失了，这是一个不比伊庇鲁斯小的岛屿。[2] 我们从历史学家那里得知，布拉（Bura）是被淹没的，Helides 则被波涛席卷而去[3]；沼泽地特利托尼斯（Tritonis）[ii] 是在一瞬间就完全消失了的[4]；而在另外一个方面，在靠近阿

---

　　i　亚特兰蒂斯，大西洋中一座传说中的岛屿，位于直布罗陀西部，柏拉图声称在这个岛在一场地震中沉入海底。——译者注

　　ii　特利托尼斯（Tritonis），位于北非利比亚的一个湖泊，是希腊神话中的人身鱼尾的海神特赖登（Triton）出生的湖泊。——译者注

戈斯的斯廷法罗斯（Stymphalian）ⁱ 沼泽则是在没有任何预先警觉的情况下就被洪水淹没了⁵；在 Theramene 一座岛屿却突然出现了，同时出现的还有温泉；在 Therasia 和 Thera 之间

321 突然爆发的一场大火，有整整四天在蒸烤整个大海，使海水变得热烫；然后，有一座十二个赛跑场（stade）大的岛屿突然出现了，在这个小岛上，罗得岛人为他们的守护神海神尼普顿建造了一座神殿⁶；在别的地方繁殖了那么多的老鼠，以至于会有瘟疫接踵而至⁷；来自西班牙的大使们曾经被送到元老院以寻求如何防止来自野兔的伤害。⁸ 在一本名为 *Theogenius* 的小书中，我们收集了许多其他类似的故事。⁹

但是，并不是所有由外部产生的错误都是不可挽回的；也并不是由建筑师所造成的每一个错误都有可能得到补救。那些从根本上被误解了的建筑物以及那些从屋顶到基础都被彻底扭曲了的建筑物是不能够使其恢复正常的。一座建筑物，若不改变它的每一条线就能够改进它，那么对于这座建筑最好的修复方法就是将它拆除，为创造某个新的东西提供条件。但是，我将不再继续讨论这个问题。

现在让我们转到这些结构上来，这是靠人的双手可以改进的事物，让我们从公共建筑开始。那些最大和最开阔的东西就是城市，或者，如果它能够被以另外一种方式来表达的话，那么莫如说，是城市的区域。在一个区域中，一位粗心大意的建筑师将会发现一座城市可能遭受如下一些可以被纠正的错误。在抵御敌人的入侵时它可能不是足够安全的，它也可能处在一个粗劣和不健康的气候之下，或者它可能不足以提供出满足基本需求的充分补充。让我们讨论这些问题。

从吕底亚（Lydia）ⁱⁱ 到西里西亚（Cilicia）ⁱⁱⁱ 的道路被群山如此紧密地围合在一起，以至于你可以认为这条道路倾向于作为进入这个区域的一个大门。在通过处的一个出入口部，在那个被希腊人称为 Pylae 的地方，有另外一条路，可以被三位武装人员所守卫，这条通道常常被从山底蜿蜒流出溪流所冲毁。¹⁰ 在皮切努姆（Picenum）^{iv} 有一条类似的通道，它更以弗索姆布隆内（Fossombrone）^v 而为人们所知¹¹，在别的地方还有许多其他通道。但是，如你所期待的那样，接近这里的道路天然地有着如此好的防卫条件，这在其他地方是找不到的。

然而，以这样一种方式来模仿自然似乎是可能的，的确就像那些谨慎的古人们所经常做的那样。为了在一个区域筑造抵御敌人入侵的防御工事，他们会采取如下一些预防的措施。在这里我将简要地重复从那些最著名的国王们的传记中所摘取的几个相关的内容。阿

---

i　斯廷法罗斯（Stymphalian）沼泽地，在希腊神话中，这个湖中的有一种食人的鸟怪，英雄赫拉克勒斯的第六项任务就是射杀斯廷法罗斯沼泽地鸟怪。——译者注

ii　吕底亚，小亚细亚中西部的一个古国，濒临爱琴海，位于今日土耳其的西北部，以其首都萨第斯而著称。——译者注

iii　西里西亚，位于地中海沿岸的托鲁斯山脉南部，即小亚细亚东南的一个古老地区，曾被亚历山大征服，后成为罗马帝国的一部分。——译者注

iv　皮切努姆（Picenum），古罗马时的意大利地名，庞培的出生地。另见于本书第四书第二章。——译者注

v　意大利乌尔比诺（Urbino）佩扎罗（Pesaro）的一个地区名。——译者注

尔塔薛西斯（Artaxerxes）[i] 沿着幼发拉底河挖了一条 60 尺宽 10 里长的壕沟以保护他自己免受敌人的侵害。在罗马皇帝中，哈德良在不列颠岛上建造了一座长 80 里的长城以将野蛮人抵御在罗马的土地之外；在这同一座岛屿上，安东尼努斯·庇护（Antonius Pius）[ii] 建造了一堵用草皮覆盖的墙；在他之后塞维鲁挖掘了一条 122 里长的沟渠，这条沟渠将这个岛从一个大海分离到另外一个大海中。[12]在马尔吉亚纳（Margiana）[iii]，印度的一个地区中，安条克一世[iv] 围绕着一块地，在这里他通过一道 1500 个赛跑场长的城墙而建立了安条克城。[13]塞索斯西斯（Seososis）在面对阿拉伯半岛的埃及一侧建造了一道从培琉喜阿姆（Pelusium）[v] 到被人们称作是底比斯的太阳之城的长墙，穿越了沙漠地带，也有 1500 个赛跑场的长度。[14]奈里托斯（Neritos）山是曾经与 Leucadia 连在一起的，但是，当由大海穿越而切割成一个地峡后，它变成了一个岛。[15]此外，哈尔基斯人和波提尔人（Boetians）在急流海峡（Euripus）上建造了的一条防御土墙，以将埃维厄岛（Euboea）和波提尔（Boetia）[vi] 连接在一起，这样他们就能够相互支持。[16]沿着阿姆河（Oxus）[vii]，亚历山大建造了六座彼此距离很近的城市，这样一旦发生了敌人突然的入侵威胁，他们彼此的救援就可以一呼即应。[17]"提尔西斯"（Tyrses）是一个用于那些高墙壁垒式防御要塞的名称，很像是一个城堡，通常是用于防止敌人的入侵。[18]波斯人在底格里斯河（Tigris）[viii] 上建造了一些拦河坝将河流阻断，并且防止任何有敌对意图的船只逆流而上；亚历山大摧毁了这些大坝，并且说这都是一些胆怯之人的做法，他鼓舞人们要相信自己的勇气和自己的力量。[19]一些地区被洪水冲没，使得这些地区很像是阿拉伯半岛一样，他们说，这些地区依赖幼发拉底河所造成的湿地与沼泽，很好地防御了敌人的入侵。这些是有关一个地区用于抵御敌人之防御工事的一些论述。同样是这些方法也可以用于使敌人的区域更易于遭受攻击。

由于那些影响气候的因素很难把握，我们要在适当的地方详细讨论这些问题。如果将它们加以比较，你会发现它们总是可以纳入到如下的范畴之中：或是阳光过于刺目，而阴影也很强烈，或是风很强烈，或是地面上散发着有害的气体，或是会造成一些麻烦的特别的气候。

---

i　Artaxerxes 是波斯名称 Artaxšacā 的一个误写。指几位波斯国王阿尔塔薛西斯一世（？—公元前 425 年）、二世（公元前 5 世纪末—前 4 世纪初）、三世（？—公元前 338 年），这里不知是指哪一位。——译者注

ii　安东尼努斯·庇护（86—161 年），罗马皇帝（138—161 年在位），性格温和，富有才干，原籍高卢，父亲和祖父都任过执政官，138 年被哈德良收为义子，并指定为皇位继承人，即位后曾平定不列颠罗马占领区的叛乱，142 年在哈德良长城以北另筑了一道横贯苏格兰南部长达 58 公里的安东尼墙。——译者注

iii　Margiana，古代大夏国的马尔戈亚那，约公元前 300 年时，是阿契美尼德的总督辖地，位于 Murghab 河畔（古希腊人称 Margos 河）。——译者注

iv　安条克一世（公元前 324—前 262 或 261 年），叙利亚塞琉西王国国王，是塞琉古王国缔造者塞琉古一世之子，公元前 281 年继位，曾保护爱奥尼亚各城邦免受高卢人的蹂躏，并在伊朗修建了一些城市以防止安息人威胁王国的东陲。在与帕加马王国的战争中战败后不久死去。——译者注

v　培琉喜阿姆，古埃及城市，在尼罗河最东的入海口处。《圣经》中称之为"埃及要塞"。在罗马时期，这里是通往红海大道上的一个驿站。——译者注

vi　波提尔，古希腊地名，是一个平原地区，位于古希腊多个城邦国家的交汇点上。——译者注

vii　奥克瑟斯·阿姆河，亚洲中部的一条河流，流程约 2574 公里，向西北流经阿富汗边界注入咸海南部。在古代，阿姆河在波斯历史和亚历山大大帝的战役中起过重要作用。——译者注

viii　底格里斯河，亚洲西南部的一条发源于土耳其东部的流程约 1850 公里的河流，向东南方向贯穿伊拉克汇入幼发拉底河，在古代这是一条重要的运输线。——译者注

　　或者可以这样认为——通过人的力量来改善气候——这几乎是不可能的；除非有一种与人们所说的神的安抚或神预先告知的——例如曾经被治愈的最严酷的瘟疫——相契合之事——这时就像是一颗钉子被一位执政官所摆弄那样。应该有一些手段来保护那些居住在一座城镇或乡村别墅的人不受阳光和风的侵扰；虽然我们知道没有人能够拥有一个感到满意的完整的地方，我却不相信这一点，在整体上来说，由风所带来的问题，诸如从地面上升起的有害的潮气，无论在何时出现都可以得到补救。然而，我不再需要继续这个问题，即它究竟是由于阳光之力还是由于其内部最深处的热的积聚，大地是以两种方式呼气的：从蒸发物中被托到大气之中并被冷气将其转变成为雨或雪，或者是通过一种被认为是能够产生风的干燥的灰尘。[20]所有我们所了解的这两种情况都是从大地上散发出来的。就好像是从动物的身体里呼出的气体一样，我们可以对呼出这些气体的身体情况加以检验——从一个有病的躯体中呼出的是污秽之气，而从一个清洁的身体中呼出的是芳香之气，如此等等（有时候很明显的是，虽然汗水和呼吸本身一点儿也不糟，但却会被外衣的气味和污秽的气味所污染）——这样的情况也会在大地上发生；对于任何地方，既没有很好地得到水的浸润，也不是足够干燥，而是泥泞的，或是介乎两者之间的，就会因为许多原因而散发出遭受污染的和有害的气体和湿气。

　　在深海里那令人感觉寒冷的，以及在别的地方的那些微微发热的海浪，也与这一主题有所关联。他们说，关于这一点的理由是太阳的热是不能够深入或穿透这样一种深度的，就像从火中取出的一个燃烧着的，发红的热铁被投入一点点油中时，就会立即散发出辛辣的烟雾，但是若将它浸入大量的油中，它就会熄灭而散发不出任何东西。[21]

　　但是，让我们以我们一开始就表达出来的简短性而回到这个主题上来。塞尔维乌斯写到了一次瘟疫，是在临近一个变得干燥的沼泽地附近的某个城镇中发生的，阿波罗，在人们询问的时候，劝告说沼泽地一定要彻底排干。[22]在滕比谷曾经有一个迟滞的湖泊，赫拉克勒斯通过挖掘一道运河而将其排干了，据说，他在水向外涌出的地方烧死了九头蛇怪，也毁坏了相邻的城镇；这样，一旦多余的湿气被排干了，地面变得坚硬，那些泉水喷涌的开口也就被封闭了。[23]尼罗河水一旦泛滥得比通常多，就会留下许多深陷泥沼之中的不同动物的尸体；而当土地变得干燥了，这些动物尸体也腐烂了，造成了普遍的瘟疫。按照斯特拉博的记载，在阿尔戈奥（Argeo）山麓的马扎卡（Mazaca）[i]城有丰富的好水；但是，如果在夏天时，水没有地方流泻，使得空气变得很不卫生，并且容易引起瘟疫。[24]在利比亚的北部，以及同样的情况，如在埃塞俄比亚，那里从来不会下雨，其结果是，那里的湖泊常常会变得干涸而成为泥泞之地；这就引起了成群的蝗虫和其他类似动物的大量出现，这是一些在腐烂的尸体上繁殖的动物。[25]

　　为了防止这种恶臭和腐烂的情况，赫拉克勒斯的两种补救之法是可能被方便地利用的：挖掘一个运河以防止水淤积并玷污土地，然后将其暴露在阳光之下（因为这就是为什么我们解释的赫拉克勒斯使用了火）。用石头、土或砂石来填充它也会是有所帮助的。简单地用河沙来填充那些由迟滞的水所造成的凹坑的方法，在一些适当的地方也是可以用的。[26]斯特

---

　　i　马扎卡，位于今土耳其中东部的小亚细亚卡帕多西亚的一个城市。——译者注

拉博写道，在他的那个时代，拉文纳常常受到海水泛滥的影响，但是，尽管这样造成了很糟糕的气味，但空气却并非是不健康的[27]；这一点是非同寻常的，除非——像他们在谈到威尼托的时候所说的情况——那是因为这个地区周围的沼泽地不断地受到了风和海洋活动的扰动。他们说同样的情况也恰好发生在亚历山大城，虽然，尼罗河夏天泛滥的洪水会清除掉那些不利的东西。[28]

因此，是大自然在告诉我们应该做些什么。我们应该或者使土地变得完全干燥，或者将其沉入一条河流或大海之中，或者，最后，向下挖掘到有水源的地方。关于这些就说这么多吧。

第 2 章

(178—179v)

下面我们应该留下一些时间来讨论基本的生活需求。这些需求是什么，我还不必详细地去加以叙述。这些是明显的：食品、服装、遮蔽物，以及最重要的水。米利都的泰勒斯（Thales）[i] 坚持说水是组成万物的基础，是人类社会的发生器。[29]阿里斯托布鲁斯（Aristobolus）[ii] 说到了这一点——那是在他看到有一千多个村庄因为印度河[iii] 的改道而被放弃了的时候说的。[30]我自己将不会否认，对于动物来说，水是生命的一种食物和能量之源。那么，植物是什么呢？人类所使用的其他东西是些什么呢？我相信如果没有水，在大地上的所有生长物及其繁殖物，都将一无所存。人们防止沿着幼发拉底河去放牧牛羊，因为那里丰腴的草地使牛羊变得过于肥胖；这都归结于那里的过于潮湿。活跃在海里的那些动物其形体是那样巨大，主要原因也正在于在水里可以发现无穷无尽的食物。色诺芬回忆说，作为一种荣誉的标志，拉哥尼亚人的（Laconian）[iv] 的国王被允许在其宫室的大门之前有一个水池。[31]在结婚仪式上，在洗礼仪式中，以及在几乎所有神圣的仪典中，在古人们的习惯中都是要使用水。

所有这些都显示了我们的祖先对于水附加了怎样的重要性。在人们从来不认为水是用之不竭，除非每一种用途都要求有充裕而极其丰富的水的时候，谁能够否认，提供丰富的水，可以使人类享用无尽、受益无穷呢？那么，让我们开始，关于水，因为——正如人们所说的——水的使用既会有利于健康，也会有害于健康。

325 [right margin]

324 [right margin]

i　泰勒斯（公元前 624？—546？年），古希腊哲学家、数学家、天文学家，被认为是希腊"七贤"之一，是几何学和抽象天文学的奠基人，他认为物质由水组成。——译者注

ii　阿里斯托布鲁斯，历史上有两位阿里斯托布鲁斯，都是希腊化的犹太国王。一位是阿里斯托布鲁斯一世（？—公元前 103 年），另一位是阿里斯托布鲁斯二世（？—公元前 49 年），后者是末代犹太国王，在庞培征服犹太后，他因欲恢复权力而被作为俘虏送到罗马，直至去世。据索引，这里指的是 Paneas 的阿里斯托布鲁斯，是一位希腊化时期的犹太哲学家，不知是否是上述二者中的一位。——译者注

iii　印度河，印度西北部的一条河流，发源于西藏西南部，流程约 3057 公里，向西北流经印度北部，折向西南方向流经巴基斯坦后注入阿拉伯海。约公元前 2500 年至 1500 年，这条河的河谷曾出现过一个高度发达的人类文明。——译者注

iv　拉哥尼亚，古希腊南部的一个地区，位于伯罗奔尼撒东南部。在公元前 3 世纪和 2 世纪之间的第二次亚该亚联盟崛起之前，这里一直处于斯巴达人的统治之下。——译者注

　　马萨格泰人（Massagetae）通过从阿拉斯（Araxes）ⁱ河上开挖了几条运河而灌溉了一个区域。[32]因为巴比伦是建造在干旱地区的，底格里斯河和幼发拉底河的河水，就被通过运河引到了那里。塞米勒米斯通过开凿了一条宽 15 尺的沟槽穿越了一座高 25 个赛跑场高的大山而将水引到了埃克巴塔那城。阿拉伯半岛的一位国王将水从 Corys 河引到了一个干旱而贫瘠的不毛之地，他在那里等待着国王康比斯，那是沿着一条导水的沟渠，如果我们相信希罗多德所记录的每一件事情的话，水渠是用公牛的皮所制成的。[33]在萨摩斯岛的那些引人注目的工程中，特别引起人们景仰的是一条长 70 个赛跑场长的沟渠，这条沟渠穿越了一座高度为 150（orgias）ⁱⁱ个张开两臂之长度的大山。[34]同样也受到人们尊敬的是迈加拉（Megara）ⁱⁱⁱ运河，那是一个将泉水引入到城市之中的有 20 尺深的工程。但是，在我的心目中，罗马城在其工程的尺度上，在其设计的精巧性上，以及在其传输的水量上，都是可以超越所有其他例子的。

　　河流与泉水并不总是可以用来提供水源的。亚历山大令人沿着波斯海岸挖井，来为他的舰队提供水源。按照阿庇安（Appian）的说法，当汉尼拔被小西庇阿（Scipio）^{iv}挤压在距离乌西拉（Ucilla）城不远的田野中间的时候，因为那里没有水，他通过凿井来为他的军队供水。[35]此外，不是人们所找到的所有的水都是适合于人们使用的：除了这样一些事实，如水可能是热的或是冷的，是甜的、是酸的，或是苦的，是清澈见底的，或是泥泞浑浊的，是黏滞的，是油腻的，或是呈墨黑色的，那种可以将任何浸入其中的东西僵化，或是那种其所流经之处部分是明澈的，部分是汹涌的，以及那种在同一个水道中，在一个地方水是甜的，而在另外一个地方则是咸的或苦涩的，还有其他一些在水的质量和特征方面的值得注意的变化，这些特征可能是有利于人的健康的，也可能是有害于人的健康的。因此，让我们谈论一些有关水之奇妙特性的有趣事情吧。

325　　在亚美尼亚的阿尔西诺伊（Arsinoe）水会令在其水中洗涤的任何布料上都造成孔洞。[36]在卡马里纳（Camarina）^v的狄安娜泉中的水是不会同葡萄酒混合在一起的。[37]在加拉曼特人的国家的德布里（Debri）^{vi}城有一个溪流，溪中的水在白天是冷的，而在夜间却是热的。[38]在塞杰斯塔（Segesta）^{vii}的一条河流，Helbesus 河上，在河道流经的半途之中其水会突然变得温热。[39]在伊庇鲁斯有一眼圣泉，在这眼泉的泉水中任何发亮的东西都会变得黯然失色，

---

　　i　阿拉斯河（或阿拉塞斯河），发源于土耳其东北部的一条河流，流程约 965 公里，大致沿土耳其—独联体国家，及独联体国家—伊朗边界向东流。——译者注

　　ii　Orgias，疑为 orgyas（张开臂的长度）之误，这里按后一词解。——译者注

　　iii　迈加拉，希腊中东部的一座古城，是位于萨罗尼克湾及科林斯湾之间的多立安人的小城邦，从公元前 8 世纪至 5 世纪是一个繁荣的海运中心。——译者注

　　iv　小西庇阿（公元前 185?—前 129 年），罗马将军和政治家，曾在第三次布匿战争中最终摧毁迦太基人（前 146 年）。——译者注

　　v　卡马里纳，古代西西里的城市名，位于西西里岛的南岸，在距离格拉城（Gela）东南约 27 千米的地方，初建于公元前 599 年。——译者注

　　vi　德布里是苏丹南部的一个少数民族，讲尼罗—撒哈拉语，这一民族的名称可能是从这座城市的名字沿用下来的，其位置可能是在埃塞俄比亚北部靠红海的厄立特里亚地区。——译者注

　　vii　塞杰斯塔，西西里岛西北部的一座古城，位于今阿尔卡莫附近。曾是特洛伊人的殖民地，在公元前 400 年之后成为迦太基人的保护地，公元 1 世纪时衰落。——译者注

而任何黯淡的东西都会被点燃。[40]在 Eleusis 有一眼泉，是以一种很像是长笛一样的声音喷射而出的。[41]那些徘徊的动物在印度河中饮水时会导致河水变色。[42]类似的情况是，在红海岸边有一眼泉，若这里的泉水被绵羊所饮用，饮了泉水的羊的毛会立刻向后翻转。[43]靠近老底嘉城附近那些特别的泉水的任何四足动物都被认为生下来就是黄颜色的。[44]如果一头畜生饮用了加达拉（Gadara）[i]附近乡村中的水，就会掉毛并患家畜鼓胀症。在赫卡尼亚海（Hyrca-nian Sea）边一个湖，会造成任何在这个湖中洗衣服的人长一种疮，而这种疮只能用油才能治愈。苏萨地区的水会导致牙齿脱落。[45]在戈洛尼安（Gelonian）[ii]的池塘旁有一眼泉的水会造成不育，而另外一眼泉却会促成多产；[46]而在希俄斯岛上还有一眼泉会诱使人变得愚蠢[47]；另外还有一个地方——无论是饮用了那里的水，还是仅仅品尝了一下，都会使人大笑而致死，而另外一眼泉——任何在这眼泉水中洗东西的人都会死去。[48]在阿卡迪亚的诺纳克利斯（Nonacris）[iii]有另外一种类型的水，如果其中不包含任何可能导致金属容器变得不可使用的腐蚀性物质的话，那它就是完全纯净的。[49]另外一个方面，在波佐利、锡耶纳、沃尔特拉和博洛尼亚以及穿越意大利的其他那些著名地区，都有一些可以促进人体健康的水。但是，更为令人惊奇的是人们所说的科西嘉的水：那里的水能够恢复和矫正断裂的骨头，并能够为毒性最大的剧毒物提供一种解毒的功能。[50]还有一些水——它会激发人的灵感和人的深谋远虑。类似的情况是在科西嘉有一眼泉，对于人的眼睛大有好处；而且，如果一个小偷信誓旦旦地否认他的罪行，那么让他在那里洗他的眼，他的眼睛就会变瞎。[51]关于这个问题谈得太多了。最后，在许多地方发现的水都不是完全纯净的，甚至是不纯净的。这就是为什么整个阿普利亚地区的人们的习惯都是用蓄水池来储存雨水的原因所在。

第 3 章

（179v—180v）

关于水有四种操作方式：找水、凿渠、选址、贮存。这些我们都要涉及。但是，在此之前我们必须关于水的一般性使用做一些介绍。

我相信水只能够被贮存在容器之中；我赞成由于这个理由一些人坚持认为的海是一个巨大的容器的说法，这些人通过类推的方法将河流解释为是一个被大大拉长了的容器。它们之间的不同，是因为在后者的情况下，水是自己流动和运动的，并没有给予任何外部的力量，而在第一种情况下，如果它不遭到风力的搅扰的话，水将很容易地保持平静。在这里我不希望追溯那些哲学问题，比如水流向大海是否是为了寻求一块停留之地，是否是月亮的光线在控制着海水的潮涨潮落：这样一些问题与我们的讨论是没有关系的。更重要的是，我们不要忽略我们自己的双眼可以看到的东西：水的特性是倾向于向下流动；它绝不

---

i　加达拉，巴勒斯坦的一座古城，位于加利利海东南方，是德卡波利斯的希腊城市之一。——译者注

ii　戈洛尼安（Gelonian），原指意大利西西里港城锡拉库扎的一个王朝的名字，公元前 466 年灭亡，这里所指的池塘（pond）不知是否与这个王朝有所关联，存疑。——译者注

iii　诺纳克利斯（Nonacris），古希腊神话中阿卡迪亚地区的一座城镇，其名称从阿卡迪亚早期国王 Lycaon 的妻子的名字而来，神话中将这座城镇及泉水与水中仙女宁芙（nymph）联系在一起。——译者注

允许在它本身之下有空气的存在；它讨厌任何比它轻或比它重的物体与它混合在一起；它
会渗入它所注入的任何容器中的每一个空隙；你所给予它的强迫力越大，它的斗争与反抗
也就越倔犟；它不会静止在那里直至达成某种平息的状态，而是会尽其所能地加以奋争；
只有当它发现它的水平与它的容量一致时才会休止；它不齿于与任何别的东西联合；它的
上表面总是与它的边沿和外缘保持绝对的水平。

我回忆起了别的一些普卢塔克有关水这个主题的论述。他提出了一个问题，如果在地
上挖一个洞，水是否会像是一个伤口处的血一样涌出来，或是像一个正在哺乳的乳房一样
渗透出来。一些人坚持说，永久性的泉水是不会一倾而出的，就像是在一些容器中保存着
一样，但是无论它们在那里出现，它们都会从空气中持续地产生出来——然而这不是任何
类型的空气，而是那种适合于转换成水蒸气的空气；大地，特别是群山，其作用就像是一
个多孔而渗水的海绵，在任何被空气吸收的地方，就会因为寒冷和挤压而被浓缩；关于这
一点有无数的迹象加以证明，不算很小的一个事实是，大河的起源，或者人们是这样认为
的，是来自大山之中。其他人不会充分接受这一点。他们宣称说，有许多并不是很小的河
流，包括皮拉摩斯河（Pyramus，这甚至是一条适于航行的河流），水源不是从一座大山中，
而是从一块平地的中央流出的。因为这个理由，那种认为大地从雨水中吸收了潮气，而雨
水，因为它的重量和清净，穿透并渗漏进任何孔隙之中的观点，更是似是而非的；因为在
那些很少下雨的地方，看起来似乎完全没有水。据说利比亚这个地方的名字就是从 Lipygia[52]
（缺少雨水之地）这个词来的，因为在那里很少下雨，其结果是，这是一个缺水的国家。谁
能够否认在一个雨水最为充沛的地方，河流也是最丰富的呢？

在这一主题方面，应该注意到的一点是，当一个人挖掘一口井的时候，他在达到河流
的水平之前是不会找到水的。在埃特鲁斯坎的山巅城市 Volsconium[53] 他们挖掘了一口非常深
的井——在向下开挖了 220 尺深之前他们都没有找到一点水的脉络——直到在与山外涌出
泉水的位置相同的水平高度上他们才发现了水。你会发现这将是在从山顶上开井的情形下
不变的规则。

我们知道一块海绵是会吸收空气中的潮气的；这将会提供一个测度风和空气中的干燥
或潮湿程度的一个尺度。我不会否认夜晚的露水是有可能被干燥的土地所汲取，并被它自
身的一致性所吸收，从而很容易地变成了可以流动的。然而，我也不能确保我的真正观点
应该落在什么地方：我发现在这一主题上，在不同的作者那里可以发现许多不同的观点，
任何人检验这样一个问题时，都将会遇到许多不同的经验。

人们同意泉水常常在地震的时候会突然喷涌出来，或者与它们自身相一致，然后保持
相当长时间的喷涌；它们可以在不同的时间就衰减了，一些泉水是在夏天消失，而另外一
些则是在冬天；而在它们变得干燥之后，它们又会再次喷涌出许多水；泉水并不是限定在
土地上的，而新鲜的淡水甚至可以在大海的中间涌出。据说水也可以来源于植物之中：在
多岛屿的海上（archipelago）有一个岛叫幸运岛（Fortunate Isles）[54]，那里的藤条长得和树一
样高；从那些黑色的藤条中会压榨出一些苦涩的汁液。而从那些白色的藤条那里，会渗漏
出一些非常好喝的纯净的水。斯特拉博，一位相当严肃的作者，讲述了一个 Armenian 山中
的不同寻常的故事：他声称曾经看到了一些虫子一样的动物是在充满了非常好喝的液体之

中孵化出来的。[55]在菲耶索莱（Fiesole）[i]，以及在 Urbino，只要你一挖，就能找到水，尽管事实上这是一座位于山巅的城市：这是因为土地是岩石的，石头受到了泥土的挤压。也有一些土块在其内部的缝隙中包含有一些最纯净的水泡。

从这一点上可以推测出，大自然并不是可以完全被轻而易举地理解的，而是复杂和令人困惑的。

第 4 章

（180v—182）

我回到主题上来。有一些迹象可以发现隐藏的水。这些迹象可以从你正在寻找水源的田野的形状和大地的特征来获得；如果一个人运用他的智慧，还有其他一些发现水源的方法。这就是大自然，即在任何充满了盘旋扭曲的山谷或岩洞的地方，似乎就有可能存在一个储水的容器。在另外那些有太多阳光的地方，就会有比较少的水，或者甚至没有水可能会被发现，因为太阳的光线会将所有的湿气蒸发掉；如果是在平地上找到的水源，那么这水就可能是凝重、缓滞和有咸卤味的。在一座大山的北麓，凡是在有浓重阴影的地方，总是能够找到水。在那些长时期被雪所覆盖的山中总是充满了潮湿之气。我注意到在那些其山顶上有平坦的草场的地方是决不会缺水的。你会发现实际上每一条河流都是发源于一些类似这样的地方。我也注意到泉水总是仅仅在那些在其下或周围有着很好的和很坚实的土质的地方，或是在其上有一片平坦的土地的地方发现，或者是在其上覆盖有薄而松散的土壤的地方发现；如果你考虑到这样一个事实，你就会意识到水出现的地方就好像是从包容它的那个容器的侧面通过一个裂开的口子而溢出来的。因此，在密实的土壤中只有很少的一点水，那一点水也仅仅存留在上部，而比较松散的土壤也比较潮湿，并且只在其底部存留有水。

按照普林尼的说法，当树林被砍伐之后，有时候会有泉水冒出来。Flavius 报告说，当摩西穿越沙漠，并因为干渴而面临垂死的边缘的时候，他是通过观察那些有着长草的土壤的地方寻找到了水的脉络。[56]而阿米利乌斯（Aemilius）[ii] 率领他的军队在离奥林匹斯山不远的地方因为缺水而遇到了极大的困难，他在树木最绿的地方扎下了营。[57]有一次，一位年轻的妇女向那些正在找水的士兵们指示了一条靠近科拉狄安大道（Collatian Way）的水脉，然后，他们通过挖掘找到了一眼水量非常充沛的泉眼；他们在泉眼旁建造了一座小礼拜堂，并且在其中绘制了图画来纪念这一事件。[58]

如果地面上很容易留下脚印或粘脚，这表明下面有水。另外一种地面以下有水的标志是，如果有植物生长或非常茂盛，那里就像是有水，并且是水在滋养着这些植物，例如柳

328

---

i   菲耶索莱，位于意大利中部的一小镇。主要是一个旅游中心，在一个能俯瞰亚诺河和佛罗伦萨城的小山上建有别墅和花园。——译者注

ii   阿米利乌斯·保罗斯（Aemilius Paulus），约公元前229—前160年，罗马将军，在彼得那战役的大捷结束了第三次马其顿战争。曾任执政官，后任监察官。——译者注

树、灯芯草、芦苇、常青藤，以及其他一些若没有很充沛的水的滋养就不会长得很大的植物。[59]按照科卢梅拉的说法，凡是在那些长满了树叶茂密的葡萄藤，或者特别是像低矮的老树、三叶草、荆棘丛的地方，都会是有很好的土壤和新鲜的水脉的地方。[60]类似的情况，在一个青蛙或蚯蚓很多、蚊子和小咬在空中乱舞的地方，标志出在这些成群浮动的蚊虫的下方就会有水出现。

　　这些就是调查这一类事情的有创见性的方法。那些最终达成其目的的人们观察了大地的，特别是大山的完整外壳，那是由像纸一样的底层组成的，一些地方比较密实，一些地方比较稀松，一些地方比较厚重，一些地方比较轻薄。他们注意到，在大山里，这些地层是一层覆盖着一层地堆积叠压起来的；因此，在外面这些土层及其连接部分从右到左都是呈水平方向的，但是，在其内部这些地层是朝向大山的中心倾斜的，因而整个外部的表面也都是同样倾斜的，虽然这些倾斜线并不是连续的和不间断的。大约在每一百尺的地方，地层会突然被一条斜线所切断，从而形成一些台阶；然后，以一种类似的分层方式，地层在连续的台阶处继续延伸，从山体的每一侧向山体的中心倾斜。

　　一旦他们注意到这一点，那些内行人中的足智多谋者就会很快地意识到，无论是上升还是像雨一样地向下降，水都是在不同的地层或岩层之间的空隙中汇聚的，从而使得大山的内部十分潮湿。因此，他们得出结论说，通过向山体中钻孔，他们就将能够找到隐藏的水，特别是在下坡的地方那些各层之间的线相互交汇的地方；最明显之处是在山体相互连接的关节点上，一个与另外一个相接，就会形成一些凹陷的孔穴。

　　更进一步，他们按照其容纳和产生水的能力，确定了不同的地层。[61]几乎没有红色的岩石中是不包含有水的，尽管这具有某种欺骗性，因为通常在这种岩石中水会沿着石头脉络之间的孔隙而溜走；燧石是极其潮湿和坚硬的，而在一座山的山脚下，在那些有裂缝和非常陡地方，在那些燧石上一定是有水的。薄的土层也会涌出许多的水，虽然这种水的味道很差；粗糙的砂石及其变体，也就是人们所知道的像红玉一样的砂石，是那种可信赖的连续而健康的水之源泉；相反的情况的确是黏土：由于具有很高的密度，它本身是不含水的，虽然它可以留住任何来自别的地方的水；从沙子中找到的水是很稀少的，且泥泞而浅薄；陶土中的水很稀薄，但是却比别的地方的水要来得纯净；石灰华中的水是比较冰冷的；黑色岩石中的水则更为清澈；在沙砾石中，如果它是松散的，你不能够确保一定能够找到水，但是在紧凑的沙砾石中，如果你开始往下挖了，未必你不会找到一些水；在上面的两种情况下，你找到的水的味道都是不错的。

寻找地下泉水的方法

另外一种确定地面以下的水脉分布位置的方法是手到擒来的。它是按照如下方法去寻找的。在一个晴朗早晨的拂晓时刻，以下巴贴地的方式俯卧下来；然后探究你周围最近距离的地方。在你看到水蒸气在空气中呈现烟雾状态的地方，就像是一个人在寒冷冬天呼出的气体，你知道在这里你就能够找到水。[62] 但是，为了更确定一些，你就在那里挖一个沟槽，沟槽的宽度与深度均为四个库比特；大约在太阳就要落山的时候，放一块刚刚从窑中取出的陶片，或是一绺刚刚剪下的羊毛，或是一个没有经过焙烧的陶土罐，或是黄铜罐，口朝上并且涂上油脂；将其放在盖在沟槽的木板上，并用土覆盖在上面。接下来的一天，如果陶片变得重了一些，羊毛变得发潮，或陶器被弄湿了，或者如果水滴粘附在罐子上，或者你再一次将留在罐内的灯点燃，它消耗更少的油，或者在那里点燃的一点火光引起了许多的烟雾，那么，这里一定是有水的。

什么季节是最适合做这些试验的，并没有得到充分的解释，虽然在一些作者那里，我读到了如下的一些话：当天狼星显露的时候，土地和动物的身体变得十分潮湿，因而，那时树木的树皮之下会产生很多树液；在这同一个时期，人会遭受泻肚之苦，身体内过分的湿气也常常会导致发烧；同样也是在这一时期，会有比平时多的水出现。泰奥弗拉斯托斯将这一点归结于南风奥斯特（Auster）吹拂的原因，而这天然就是一种既潮湿又有雾气的风。[63] 亚里士多德坚持说，大地上散发的水蒸气是由在大地内部激起的内部之火的压力所造成的。[64] 如果事情是这样的，对此进行检验的最好时机应该是在这些内火最强的时候，或者是在多余潮气的最小压力之下时，或者是在大地本身不是太干燥和内火太旺的时候。如果所选地方是干燥的，我自己宁愿选择春天，如果是在一个多荫的地方，就选择秋天。

有这些迹象所鼓励，那么，让我们就开始挖吧。

第 5 章

有两种挖掘之道：竖直向的井的挖掘和在长向延伸的运河的挖掘。挖掘一口井总是一件充满风险之事：糟糕的气体可能会溢出，或者井的侧壁可能会坍塌。在古代，被宣判有忤逆之罪的奴隶们，会被送到金属矿洞中去，在那里他们会因为一些致命的气体而很快死去。对付这些气体，我们被告知英格兰采取如下的一些预防措施。要保持空气的通畅，并处于不停的运动之中，并且要使用灯，这样如果恰好有任何轻薄的气体时，灯火就会将其燃烧掉，但是，如果这种气体过于浓密时，挖掘者就有可能及时逃离而保护他们自己不受有害气体的伤害：因为当这种气体越来越多的时候，就有可能使灯火熄灭。但是，如果有任何浓重和持久不断的气体时，他们劝告我们要向左右两侧挖通风口，使有害气体能够自由地排放出去。[65]

为了对付坍塌的危险，要按如下方法构筑你的工程。在地面标高处，在你准备建造你的井的地方，放置一个大理石的或其他一些非常坚固的材料制作的檐口，其宽度应与你计划挖凿的井的宽度相同。这一檐口一定会被用作你的工程的基础。[66] 在这个基础之上筑造起有三个库比特高的井壁，并使井壁渐渐干燥。一旦井壁干燥了，就挖掘井壁的内侧，将所有的土都掘运出来。结果，你挖得越多，这个墙形结构也就沉降得越多，越来越向下。然后，随着洞口与结构一起逐渐被扩大，你会很安全地到达你所期待的深度。一些人倾向于不用抹灰的方法，这样就不会阻碍水的脉络。其他人建议用三重的墙，以便使渗入到井底的水得到净化。

　　井的选址是特别重要的。大地是由不同的地层组成的，一层在另外一层之上，有时候雨水被积聚在接近表层土之下的第一层密实的土层之上。由于这一层的水是不纯净的，我们不应使用这里的水。另外一个方面，有时候当水被找到，如果你试图再做进一步的挖掘时，它会在你的眼前消失而找不到了。这是因为你所挖掘的是容纳水的那个土层的底部。由于这个原因，一些人宁愿将井的基础按照如下的方式进行处理：如果这些井是用桶的形式来构造的，他们用一个两重木制的环与嵌板组成的墙连接在一起作为所开挖井的内壁，允许在两者之间有一个厚度为一库比特的空隙将这两层分离开；在这个空隙之中，他们灌注了一些粗糙的沙砾混合物，或者如果更好的话，用一些燧石和大理石的碎片，并将其与石灰混合在一起；他们为这两层衬里的工程留出了六个月的时间来干燥和硬化。这样就使其成为一个完全的容器，透过这个井的基础，并从别的不知道的什么地方，那些最轻的和最纯净的水会涌出和流入。

　　如果你要制作一个管道，采取同样的预防措施来防止那些气体，如我们在讨论开挖时已经提到的。为了防止它的坍塌，管道的顶部应该用支撑物，甚至用拱券来进行加固。沿着管道应该有一些通风孔，一些是垂直的，另外一些是呈一个角度的——部分是为了防止有害气体的集聚，但是，主要地是为了露出一个较为清晰的路径，以便建造时在挖掘与切削过程中，某些东西要被搬运出来。

　　当你寻找水的时候，如果地面不是较原来越潮湿，而你使用工具向下的挖掘也不是越来越容易的话，那么你想发现些什么的希望就会要落空了。

331
（182v—186）

第 6 章

　　一旦找到了水，我就不主张将水做区别性的使用；但是，由于一座城市需要有大量的水，不仅要作为饮用水，也要作为洗涤之用，以及作为花园、制革和漂洗、排水之用，并且——这一点非常重要——在突然发生火灾的情况下，最好应该储存有饮用水，其余的水则应按照需求来分配。

　　泰奥弗拉斯托斯坚持说，冬天越冷，对于植物的生长就越有利。[67] 很显然的是，那些泥泞和浑浊的水，特别是如果它从肥沃的土壤上流经而来的，就会使土地变得肥沃。马并不喜欢非常清澈的水；反而有些黏稠和温热的水会使马变得更为肥壮。漂洗工非常喜欢那些硬质的水。从一些医师们那里我听说，水在两个方面对于人类生命的保护是必不可少的——水能够平息干渴，也能够充当一种运输的装置来将人从食物中获取的营养物输送到血管之中，在血管中，这种汁液在被输送到各个器官中之前，会被净化并被加热。他们将干渴称为是对液体的一种渴望，特别是对凉爽液体的渴望。而冷水，特别是在进餐之后喝冷水，据推测是有利于加强胃的健康的，但是如果稍微有一些过于冷的话，就会引发一种像是痉挛一样的恍惚感，导致肠胃辘辘作响，并使神经发颤，以其生冷性而压抑消化的过程。

阿姆河，据说——，对于饮用是非常不健康的，因为这条河的水总是处于汹涌澎湃的状态。[68]罗马人会被一种由不协调的气候，夜间从河流中升腾起的水汽，以及下午的风等所引起的严重热症所折磨；在整个夏天，在每天的第九个小时[69]，这时的身体是处在最热的状态，那边突然吹过一股令人打战的凉风，使得血管都变得麻木。但是，在我看来，台伯河，以它那经常变得浑浊的水，这几乎是每一个人都在饮用的水，是造成人们发热和其他糟糕的疾病的主要原因。在这一点上，我应该提到的是，古代的医师们在处方中用由海葱（squill）[i]制成的醋和轻泻剂，以作为治愈罗马人热症的一种疗法。[70]让我们回到我们的论点上来。

让我们探究一下什么是最好类型的水。塞尔苏斯，一位医师，认为最轻的水是雨水，次轻的是泉水，第三是河水，第四是井水，排在最后的是融化了的雪水或冰水。[71]较重的水仍然是湖水，但是所有水中最为糟糕的是沼泽中的水。马扎卡城，位于阿尔戈山的山脚之下，那里的水是丰富的，而且这里的水在其他方面也都很好；但是，在夏天的时候，由于没有地方排放，这里的水会变得不利于健康，并且很容易致病。[72]

所有的专家们都持有这样一种观点，即水以其独有的特征，并不是一种混合的物体，而是一种简单的元素，这种元素既是冰凉的，又是潮湿的。那么，最好的水，我们可以认为这种水的特征是，既不包含什么异质之物，也不包含什么坏东西。因为这个原因，除非它是非常纯净，没有被任何黏滞性的元素所污染，在味道与气味上没有什么不适之处的，否则通过使内部的呼吸管道窒息，也就是说，使血管变得浑浊，使精神以及生命的支柱变得沉闷，它无疑将是非常有害于健康的。因此我们说：因为雨水是由最好的水蒸气组成的，这使得雨水在被贮存的时候不会因为日益腐败而有臭味，从而变得黏稠和造成阻滞等，而遭受诸如这一种常见的弊病，当然会被称为是最好的水。一些人相信，这是因为雨水是来自如此多的不同地方的混合物，例如来自有各种泉水注入其中的大海之中，并被吸收进云层之中去；因而，没有什么东西是比那些由不同元素组成并混合在一起东西是更现成，也更倾向于变得腐败的了[73]；那种（例如）由几种不同的葡萄混合在一起的汁液是不耐久的。在希伯来人那里有一种古老的法律，没有人能够去播撒那些没有经过选择，或不属于同一种类的种子，这反映了大自然非常憎恶那种由不同元素所组成的混合物。而那些追随亚里士多德的人有不同的观点，他们相信水蒸气是从大地上被托到天空中的一个冰冷的区域，这种寒冷首先将它们挤压成为一种雾的形式，然后它们以雨滴的形式落了下来。[74]

按照泰奥弗拉斯托斯的说法，人工培植的树木比野生的树木更易于生病：后者是更坚韧也更粗野的，因而对于外部的影响有一种更强的抵抗力，反之，纤弱的前者则抵抗力很弱，因为它们被训练得既屈从又温顺。[75]同样的情况也可以用来说水：你若将水处理得越纯

332

---

i　海葱，产于欧亚大陆和非洲的一种鳞茎状的植物，有细长的叶子和铃状呈蓝色、白色或粉红色的花朵，这种植物鳞茎的鳞片经过晒干，可用做治疗心脏病的刺激物、祛痰剂和利尿剂。——译者注

净（我们使用泰奥弗拉斯托斯的话），它就越容易受到感染。因此，他们说被火煮沸了的或变温了的水会更快地变冷，也会更快地被再一次加热。但是，关于雨水已经谈得足够多了。

作为第二种选择，谁会不是更喜欢泉水呢？但是，那些更喜欢河水而不是泉水的人不赞成这一观点：我们怎么描述一条河流呢，难道不是由几条泉水汇入了一条沟渠之中的吗，它的水不是因为阳光、运动和风而变得更为成熟吗？他们认为一口井也是一眼泉，只不过是更深一些而已。但是，如果我们不否认阳光的射线会改进水质，那么很明显的是，井水是更为糙砺冰冷的；除非我们接受这一点，即在大地的内部是存在着某种炽烈的活力的，这种活力将地下的水加热。井水，按照亚里士多德的观点，是在夏天的正午之后被烤热的。[76]其他人则坚持说，在夏天井水其实是并不冷的，虽然相对于燥热的空气，它看起来是那样的冰凉。并且，与人们所熟悉的观点相反，值得注意的是，刚刚从水中抽出的玻璃上留不下水滴，除非玻璃不是被充分抛光的，或是被涂上了一些油脂。

现在，作为每一种事物存在的首要原则，有两条，热和冷，这些原则被持毕达哥拉斯学说的人称作是雄性的。热的特征和力量是穿透、溶解、分解、移动和吸收湿气；而冷的特征与力量是挤压、紧缩、硬结和固化。在一定程度上，特别是对于水，倘若两者是极端的，并且是足够连续的，冷和热就都有相同的效果；那就是，这两者都是以同样的速率消耗着那些纤弱的部分，这导致了干燥和枯萎——因此，我们说树木既是被热，也是被冷所消耗的，因为当那些更为纤弱的部分被霜冻和阳光所消耗和摧毁的时候，我们注意到树木会变得粗糙和枯干。因此，以同样的方式，阳光使水变得黏滞，而霜冻使水呈像灰一样的样子。

在那些最好的水中还有某些进一步的不同。对于那些来自天空的水来说，季节、每日时间、雨的类型，以及在收集水时风的方向，对于水所储存的位置和储存时间的持久，都是特别重要的。在冬至日之后下的雨被认为是最重的。在冬天所收集的水被认为比夏天收集的水要甜一些。在天狼星出现之后立刻下的雨是苦的，并且是不健康的，因为它包含了燃烧过的土的微粒；据说土也是有一些苦的，那是因为同样的原因，即土是被阳光烧烤过的。因此一些人宁愿从屋顶上而不是从地面上收集水，并且认为如果从屋顶上收集的水被任何更早的雨水所冲淡了的，那么这种雨水就是不健康的。

用古迦太基语（Punic）写作的博物学家们声称，在夏季落下的雨水，特别是在雷雨天下的雨是不纯净，也是不健康的，因为其中含有盐分。泰奥弗拉斯托斯认为夜间所下雨的雨水要比白天所下雨的雨水好一些。[77]其中在东北风（Aquilo）刮来的时候所下的雨水被认为是最健康的水。科卢梅拉声称，如果是被陶管引入到了一个有顶盖的蓄水池中的雨水，那么这种水是不会变质的，因为当水处于露天的状态，并暴露在阳光下的时候，就有可能受到感染。[78]如果将水贮存在一个木制的容器中，水就会变得有所欠缺。

泉水中也有各种各样的不同。希波克拉底认为那些来自山麓小丘的山脚下的泉水是最好的。[79]就泉水而言，古人是将那些朝向北方的，或在春分或秋分时节朝向太阳升起方向的最好的泉水首先贮存起来的；他们被朝向南方的泉水放在最后来贮存。他们认为排在最好之次的是朝向冬天落日方向的泉水；他们也并不完全拒绝那些朝西方向的泉水。

通常在任何地方从一种凝重露水的湿气中都能够产生很好的水。露水只会在那些平静、纯洁和气候温和的地方才会降落。泰奥弗拉斯托斯认为水会受到土壤的影响，就像每一种葡萄或树木的果实都是由滋养了它的土以及任何与它的根部相接触的东西所赋予其味道的。[80]古人坚持说有多少种葡萄酒，世界上就有多少个种植葡萄树的国家。帕多瓦葡萄酒，按照普林尼的说法，味道很像柳木，这是因为那里的人是从柳树中培植葡萄树的。[81]加图（Cato）告诉了我们用菟葵[i]草处理葡萄树的方法，那就是在挖掘土的时候，将其根打成捆摆放，以形成一个比较安全的宽松环境。[82]这就是为什么古人更喜欢那些从粗糙的岩石中喷涌出来的而不是从泥土中渗透出来的水。但是，他们认为最好的水是从地面上流出的涓涓细流，如果在它变得浑浊之前在一个水池中将其与水混合在一起，而一旦你停止搅动，水就立即会变得清澈，并使所剩余的水在色彩、滋味和气味上并不是完全不纯净的。因为同样的理由，科卢梅拉认为最好的水是穿过岩石翻滚向前的水，因为这样的水是不会受到任何外来杂质的污染的。[83]

334

　　但是我并不推荐所有从岩石中汹涌而过的水。若沿着一个有着很深的处在阴影中的堤岸的隐蔽的渠道流过，水会慢慢地变得腐败；而如果它沿着一个露天的河道流动，那么我赞同亚里士多德的观点：太阳所发出的热将会消耗水中较轻的部分，而使留下的部分变得厚重。

　　许多作者更喜欢尼罗河而不是别的什么河，是有如下的原因的：尼罗河有一个很长的流经路线；河水所切割的土地是十分清洁的，没有受到腐烂物质的影响，也没有受到任何有害液体的污染；它是向北流动的；它的河道是充满的并且是清晰的。的确，不能够否认的是，有一个漫长而缓慢的流经路程的水会被流动的过程变得温和，被流动过程本身所提炼，从而得到净化，并在它那缓缓向前的过程中将所有的污秽之物都抛在了后面。

　　此外，古人也都同意不仅是水，如我们已经提到的，呈现了包容着这些水的像那母亲的衣襟一样的土地的特征，而且它也可以因流经这土地而受到土壤的影响，甚至会被它所冲刷的植物的汁液所影响。关于这一点的主要原因并不是因为当它流经而过的时候造成了直接的接触，而是因为这些汁液与生长着那些能够引起瘟疫的植物的土地混合在了一起。因而有了一种说法，一种坏的植物会使水变得不健康。有时候，你会发现雨水中有一种糟糕的气味，或者甚至有一点苦的味道。他们说，这是由在湿气最初蒸发的地方所引发的一些感染造成的。他们也说土地的汁液，当经过了一个自然的消化与成熟的过程之后，使得每一样与它们混合的东西变得发甜，而那些未曾经过消化的则保持着苦的滋味。

　　那些向北流动的水受到青睐是因为这些水是比较凉的，因为它们逃避了太阳光线的照射，虽有光照却并未受到阳光的烧灼。相反的情况发生在那些向南流的河；这就好像它们是把自己抛向了火焰之中。亚里士多德这样谈到了北风[84]，它是寒冷的，它使与形体天然地组合在一起的炽热的精神变得迟钝，它强迫那精神变得向内收敛，决不能释放出来，而使那水变得温热；当然，这种精神是被太阳的热力所消耗殆尽的。

　　被加了顶盖的水井和泉眼是不会散发出水蒸气的，所以塞尔维乌斯报告了专家们的劝告。[85]关于这一点的理由是，最细微的散发物是不能够刺破、穿透或清除那些由墙体和屋顶

---

i　菟葵，藜芦属植物，尤指产于北美的美国白藜芦，具有宽大的叶子和绿色的花朵，产生一种有毒的生物碱，可入药。——译者注

所包容的密实而厚重的空气的；而在露天的情况下井水和泉水更为自由地呼吸着，它被发散，并被净化。这就是为什么人们更喜欢露天的井而不是那些在被覆盖在建筑物中的井。此外，水井有着与泉水几乎完全相同的必需条件。

井与泉是有所关联的，只是在它们的流淌方式上有所不同而已，虽然你发现一口井的水脉会有极其丰富的水源并不是一件罕见之事；他们说没有一个连续的水源可能是静止不动的（停滞的水是不健康的，无论它是在哪里被发现的）。事实上，如果你每一个小时从一口井中引出大量的水，它就完全会像一口深深的泉眼一样。从另外一个方面，如果泉水不能够喷涌而是静静地流淌，它也就更像是一口浅浅的井，而不像是一眼泉。一些人认为，如果不是受到了附近某些河流或洪流的影响，如他们所表述的，就绝不会有任何水是持续流淌的和不间断的。我自己也赞同这一点。

律师们对于湖泊与池塘做了一个区分，一个湖泊中的水是会不断地得到补充的，而一个池塘的水则是季节性的，在冬季水是收集来的。[86]存在有三种湖泊：第一种我称之为固定的湖泊，满足于它自己的水，并且从来不会溢流出来；第二种湖泊会连续不断地流出水来，从而形成了一条河流；第三种则是从各种源头来接收水，然后再流注到一条河中。第一种具有一个池塘的特征，第二种像是一眼泉，而第三种，除非我是错误的，更像是一条在其一点上拓宽了的河流。因此，我就不需要再重复我们有关泉水与河流的那些话了。[87]

下面还应该增加的是：每一种水，如果将其覆盖起来，将会是比较冰凉而清澈的，但是，却比暴露在阳光下的那些水更要凛冽；另外一方面，任何被过多的阳光所暴晒的水会变得卤化和迟滞。在两种情况中，其深度都会是一个优势：在后者情况下，这会有助于阻止炎炎烈日的熏烤，而在前者情况下，则会保持水的冰冷彻骨。

最后，水池并不总被认为是在各个方面都应加以贬抑之物；因为凡是在鳗鱼十分多的地方，那里的水就被认为并不是都不可用的。最糟糕的一种迟滞的水，据说是那种支持水蛭生存的水；在这种水的水面上会有一层浮渣；这种水会散发出一种令人作呕的臭气；这里的水在颜色上是发黑的或是呈铅色的；这种水即使在被注入一个容器中之后也仍然保持黏滞状态；这是一种黏糊糊的、厚重的或迟滞的水；或者，当你用这种水洗手时，会需要很长时间才能干。

将所有那些我们有关水的话题做一个总结：它应该是非常轻的、清澈的、美好的和清洁的。关于这一点，还应该加上那些我们在第一书中所略微谈到的那些评论意见。[88]另外一种关于水的有用的测试，就是检验那些在那里喝了水或洗了澡的牛，是否在几个月之后会变得四肢粗壮，整体状态非常好，并观察它们肝脏的状况，以确认它们是否是健康的，这会从另外一个方面验证我们的要求。因为他们说，所有那些有害的东西都是随着时间的逝去而显现的，最糟糕的情况是在最后才能够觉察到的。[89]

(186—189)

第 7 章

一旦水被发现，水的质量也得到了证实，就必须要制定一些规则，以便以最好的方法

来输送它，并以最为适当的方式来使用它。有两种输送水的方法：或是沿着一条水道通过沟渠的方式，或是将其压入输水管道之中。在每一种情况中，除非水所要被输送的地方比起它的起始点要低，否则它是不会移动的。但是，在一条沟渠中间的水有一点不同，即水总是向低处流的，反之，管道中的水在其流动的过程中，可能有一个部分是向上流的。关于这一点我们必须要讨论一下；但是首先有一些与之相关的考虑应该被提到。 336

那些曾经研究过这一类事情的人声称，大地是球状的，虽然大地上相当大的一部分是被山峦之类的皱褶所覆盖，而大地的很大一部分是被大海所覆盖的；然而，在如此大的一个球体上，这样的粗糙部分是很难被注意的：这就像是一个鸡蛋，虽然不是很平滑，而它表面的凸起比起它那周围的尺寸来说，似乎是细小而微不足道的。众所周知的是，地球是——有多少个赛跑场的周长[90]；然而，没有一座山或海被发现是拥有一个其高度或深度超过15000个库比特的，只有高加索山脉是一个例外，这座山的顶峰是一直能够被阳光所照射到的，直到夜晚第三个小时的时候为止。[91]Cillene 山在阿卡迪亚地区是最高的[92]，它的高度据说不超过20个赛跑场的长度。而大海在他们看来，应该被看做是一个被轻轻地泼洒上去的水，就像是在一个苹果之上的夏天的露水。

一些人开玩笑说，世界的创造者将大海的低凹处作为塑造大山的最初模子。在这一主题上，几何学家们又说，如果一条与地球相切的直线，在接触点上延伸 1 里（英里）[i]，在其端点这条线与地球圆周的距离将不会超过 10 寸[ii]；因此，在一条渠道中的水将是不会流动的，而是会停滞在那里，除非它能够从被切换的最初点开始的每 8 个赛跑场的距离中它能向下降低整整一尺。（律师们称这一点为 incile，"泄水口"[93]，在这个由岩石或大地所造成的切口之后，使得水能够流动。）但是，在一段每 8 个赛跑场的落差超过 6 尺的地方，被认为对于船只来说，水的流速是过快的。[94]

为了发现是否这个面就是所挖之渠道从泄水口处降落的面，以及其范围有多大，一件仪器，和一个有用的方法就被发明了出来。那些工匠中的生手会在沟渠里放置一个球来确定这件事情；如果这个球转动，他就认为其降落的程度是足够的。[95]而那些专家们则会用一个水平尺，一个三角板，以及任何其他这样一类仪器来确定一个直角。这种技术看起来似乎不那么明显，但是我将仅仅对这一技术加以解释，因为至此为止，这是与之充分关联的。这其中包括进行一个确定的观察，我们将之称为若干个"点"。

在一个其水流的流动是平静和清澈的地方，有两种方法来取水平。树立起固定的木杆，以标志出或短，或长的间隔距离。较近的间隔之尽端点，视线偏离地球表面曲线的距离较少；但是，如果它们之间相隔得较远，地球的弯曲也越多，大地将会出现与水平面相倾斜的面。以这种方法可以观察到在每一里（英里）距离中有一寸（英寸）的落差。

但是，如果这个地方是不平坦的，也不清晰，被隆起的土墩所打断，就有两种方法来测量它：一个人从泄水口处建立起水平点，另外一个人从出口处。所谓"出口处"我指的 337

---

i　原文是"mile"，可直译作"英里"，但当时的意大利似乎还不应该会用英里这个词，且"mile"在拉丁文中是一罗马里的意思，因此，这里译作"里"，但其长度应该是一罗马里，即一千个两步。若以英里计算，当约为 1609 米。——译者注

ii　原文是"inches"，应为英寸，同上原因，这里译作寸。——译者注

是所预想之水的目的地，在这里水将被流泻出来用于某种特殊的用途。这些高度是经过一步一步的测量步骤所建立起来的。我称其为一步一步地，是因为这很像是我们登临神殿的踏阶一样。其中的一步是从观察者的眼睛到相同高度的一个点的视觉连线，这一条线是通过一个水平尺和一个三角板所确定的；另外一条线是垂直地从观察者的眼睛到他的脚下。运用这些步骤可以标识出一个高度和另外一个高度之间在垂直方向的差别，或取泄水口处的垂直高度，或取出口处的垂直高度。

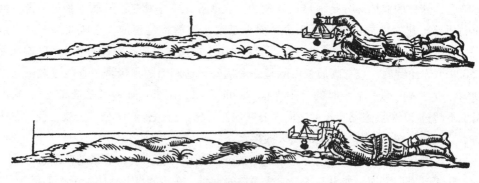

计算高度的方法

另外一种方法是从泄水口向造成阻隔的隆起处的顶端引一条线，从这里再进一步引一条线到出水口；它们各自的角度大小是由几何规则所确定的。但是，这种方法是很难把握的，在实践中也并不那么可靠：在一个很大距离的范围内，因观察者的眼睛在角度测量中出现的任何错误，无论多么小，其结果都将会是大相径庭的。

循着同样的原则，有一种装置，对这种装置我们现在将加以描述，这提供了一个确立方向的非常有效的手段，这对于将水通过开凿并穿越一座山而导入一个城镇是非常需要的。其做法如下所述。

在山顶上，在那个既可以看到泄水口，也可以看到出水口的地方，在一个水平的表面上，一个直径为 10 尺的圆环内，做出一个标志：这个圆环被称作地平。在这个圆环的中心放置一根立杆，这样这根立杆可以竖直地立起来。这样做了之后，这一工作的指导者会绕着圆环的外围走，直到发现他的视线所在的位置，当他朝向一条渠道之两端中的一端观察的时候，使这一点本身与位于中间的杆子的根部在一条线上。在圆环形的地平上建立并标志出这一点之后，工匠会将这条线的方向描绘在圆环之上，这样这条线就在两侧切割了这个圆环的圆周。这一条线显然是这个圆环的直径，因为它是直接穿越中心，并在两侧切割了这个圆环的圆周。如果这条线沿着一条直线从视点向前延伸，一端会落在泄水口上，而另外一端会落在出水口上，这条路径会显示出水流的路线是直线状的；如果它不与泄水口与出水口相交汇，而这条直径与泄水口的连线与其和出水口的连线不在一个方向上，那么这两条线在中心立杆处的相互交叉点将会显示出它们在方向上的不同。这个圆环对于标志出或绘制出一座城镇或一个省的地图是非常有用的，它也可以用于标出地下的管道，但是这一点会在别处谈到。[96]

338

Method for measuring levels.

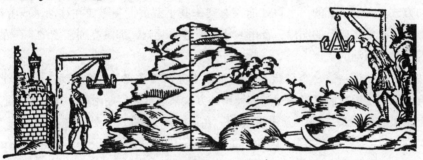

上：测量水平的方法
下：测量水平的方法

　　不论水流渠道的大小如何，也不论它是一条用于饮用水的小渠道，或是一条用于船舶行驶的大通道，都可以使用相同的知识。但是，其建造方法却是按照水的体积之或大或小而有所变化的。因此，让我们回到饮用水这个话题上，一些方面我们已经开始涉及，然后，在适当的时候，再来讨论船舶航行用水的问题。

　　一条水流通道或是凿挖或是构筑而成。有两种沟渠，一种是在乡间平地上流经而过的，另外一种则是穿过一座山岭的中心而来的，可将之称作隧道。在每一种情况中，无论你在什么地方发现石头、石灰华、密实的黏土，或任何其他不能透水的材料，你都将不需要再去构筑什么东西了；但是，若什么地方的基底或侧墙是不坚固的，那么一些石筑工程就是必不可少的了。在地面以下穿行的渠道也可以纳入到上面所列的规则之中。在隧道中，每一百尺应该设一个通风井，凡是在土质不够强固的地方，这些通风井的侧壁都应该被加固。[97]

　　在马西人的国家，在福西诺（Fucino）[i] 湖的出水口处，我们看到了用烧制的砖非常精

339

细地建造的井，具有一个不可思议的深度。[98]在罗马城建立之后的第 441 年，在城内还仍然没有一条输水管；后来高架的输水道被引进了。[99]因而，据说是在某一个时间——在罗马有了输水管，因而使每一座住宅都有了充分的水供应。[100]然而，最初他们是在地下建造他们的输水管的。这样做有一些优点：这些管道被隐藏了起来，因而能够更好地得到保护而不受伤害；这些地下输水道，既没有霜冻的影响，也没有炎热之害，其所提供的水是最受欢迎的，也是凉爽的；它还不会轻易地被敌人的行动所切断。后来，为了令人愉悦起见，他们开始用拱券结构来建造，为了给他们花园中的喷泉提供跳跃喷涌的水源，（这种结构）在一些地方达到了 120 尺高，其延伸的长度有 60 里（英里）长。也有其他一些优点：在特拉斯台沃（Trastevere）[i]，以及在别的地方，他们是通过一种输水管的方式来碾磨他们的谷物的（当这一输水管被敌人摧毁之后，他们借助于在台伯河的筏子上碾磨谷物）[101]；同样，由于有了大量使用水的手段，城市在其外观上和特征上变得更为清洁和更为纯净。建筑师也增加了通过能够了解其时间及其天气的方法而服务于市民的机械装置，运用的是最为令人愉悦的运动方式：在输水管的出水口处能够看到一些小型黄铜制雕像在移动，或者是一些代表了比赛的或凯旋之盛况的图像；音乐的器具能够被听到，那洪亮而甜蜜的声音的和谐[102]，是被水的力量所驱动的。[103]

这些人工的渠道是被一个稍微有一点厚的拱券所覆盖的，以防止水受到阳光的加热，在其内侧表面则是用我们已经描述过的铺砌的方式来进行表层贴附的，其厚度不小于 6 寸。

人工水渠的部分是按如下方式建造的。在 incile，或泄水口处，是一个被称作隔离片（septum）的栅栏，或者称作泄水闸的出口；然后，沿着它的长度方向插入一个 castella，或蓄水池；在这里会遇到一段抬高的地面，一个高侧壁水渠（specus）或是挖掘一个蓄水池；在出水口的尽端，有一个水口（calix），或是一个水龙头，被附加于其上。这是有关这些输水道的一般说法[104]：一条输水道是一个延长的空洞；隔离片（septa）被放置在泄水口（incile）处以控制水的流动；castella 是一些进行公共水分配的蓄水池；而高侧壁水渠（specus）是一个有很深的岸的地方，在那里水看起来是在下面；水口（calix）是一条水道的终端，水是从那里被流注出来的。

所有这些都必须是用坚固的石材建造的，用了一个十分稳固的基础和一个十分优质的可以信赖的表面铺装。在泄水口的出口处应该有一个门径，这里在需要限制过多的流水，或是为了允许对任何垮塌的侧壁进行修复而不至于受到水的妨碍的时候，是可以被关闭的。在其下面要固定一个黄铜的格栅，以便在水流入时，将所有那些叶子、树枝和其他一些碎片清理出来。

在离开泄水闸有 100 库比特远的地方应该有一个蓄水池，再往前 100 库比特还应该有另外一个蓄水池，并插入一个地下蓄水池，这个蓄水池有 20 尺宽，30 尺长，并且比渠道的底平面深 15 尺。这是为了使得任何滑入水中的泥土能够在水流中找到一个静止的地方沉淀下来而使水立即得到澄清，从而使向渠道之下游流的水变得纯净。

---

i 特拉斯台沃（Trastevere），罗马台伯河西岸偏南的一个区域，其名称来自 "trans Tiberim"，意思是 "在台伯河之外"，后来被纳入了城市之中。——译者注

　　按照水流的速率和泄水口的管道大小，水口（*calix*）控制了水向外流泻的量。水的提供越迅速或越充足，水的流程中的阻滞越小，以及水的压力越大时，水的流泻量就越大；反之，如果水流是缓滞的，其流泄的量也就会减少。如果令管道呈水平与直线状时，流泻的量会有所增加。众所周知的是，供水流通的管道会被所通过的水所损耗，因此可以说，没有什么金属能够比金子有更强的抵抗力了。关于水通过开凿的和人工的管道而流通的问题就谈这么多吧。

　　水也可以通过铅管，或者，更好的话，通过陶管所传输；因为医生们坚持说，铅会引起肠胃的腹泻；黄铜有同样的缺陷。专家告诉我们，无论我们吃什么或喝什么，如果将其贮存在陶制的器皿中，其味道就会好得多，这说明了水以及大地上的其他产品所停留的天然之地，无疑还应该是泥土本身。木质的管道也会渐渐地给予水以一种令人不愉快的颜色与气味。管道应该是非常结实的。黄铜的器皿会造成象皮病 [i] [105]、癌症及肝和脾发生紊乱等症。

　　管道的内部直径应该不小于其管壁厚度的四倍。管道与管道之间应该用适当的接头接续在一起。它们应该被涂上用油掺和的生石灰，并用一个强固的保护性外套来给以加强，并进一步地通过一个沉重的石结构来给以支撑，特别是在水流转弯的地方，或者是在经过一个下沉之后，又向上升起的地方，或是因为一个弯曲处的收缩而造成水流逆转的地方。因为管道在水的压力，以及在水流的重力下，会很快地被毁坏或破裂。为了避免这一危险，专家们使用粗拙的石头，特别是用一种红色的石头，并为此目的而在其上钻了一个洞。我们已经看到了一些这样的大理石块，长有 12 尺多，在其上有一个一掌宽的洞，从顶上钻到底；通过一种推测，并且对石头本身斑纹的研究，我们猜想，这是通过使用黄铜的管子和砂石并加以旋转而制成的。

　　为了避免任何破裂的危险，减缓水流的速度，不是用急（sharp）[106] 弯，而是用比较和缓的弯，这样水可以一会儿向右转，一会儿向左转，一会儿向上转，一会儿向下转。在这样一种形式的泄水口上或者可以加上一个蓄水池，这样可以使水得到净化，并且可以更容易地确定任何有毛病并需要修理之处在什么地方。蓄水池不应该设置在一条山谷的底部，也不要在有水上升的压力的地方，而是应该在连续保持水平的地方。[107]

341

　　如果有必要将输水管道穿过一个水池或湖泊，那么，这就是如何用较少的费用来做到这一点的问题。用一些橡木，在其长度方向上凿出一些沟槽，用石灰将其固定下来，并用黄铜制的箍将其箍紧；这样做了之后，用一个筏子沿着直线穿越湖泊，按照如下的方式将柱子的端头连接并捆绑在一起。用一些铅管，与输水管道有同样的厚度，其长度应该足以使其在所需要的地方能够得到适当的弯曲。将这些管子（如果我可以这样称呼之）插入到输水管道中，以用油掺和的石灰涂抹这些管道，并用青铜扣将其固定；像这样将柱子连接在一起，将它们放置在筏子的上面，直到将它们从岸的这一边延伸到那一边，并将这一工程的两端都放在两岸干燥的土地上。然后，在绳子的帮助下，从湖泊中最深的地方开始，

---

　　i　象皮病，一种慢性病，通常是在皮肤或皮下组织中出现，尤其是在大腿和外生殖器的皮肤或皮下组织中出现的一种疾病，病因由于淋巴腺受阻。——译者注

将木制的柱子放在下面，并结合那些相应的固定件，渐进而平稳地将管道固定在湖上。以这样一种方法，那些铅管可以按照需要来加以弯曲，而那些柱式结构物也能平稳地树立在湖泊的底部。[108]

一旦管道准备就绪，在你第一次将其放入水中的时候，在里面嵌入一些灰，这样就会使那些可能不会充分塞住的接口处有一些灰泥浆填塞。[109]要将其慢慢地放入水中，这样它就不会涌出，并在管道中积存空气。当像这样被攫取的空气，被强迫地进入一个狭窄通道的时候，可以十分显然地看出，大自然是多么的有力量。我被一些医师们告知，一些人的胫骨就是由被积入其中的空气的爆炸所粉碎的。通过在两个水柱之间设置一个空气袋，水利工程师们可以强迫水从一个器皿中跳跃出来。

(189—190v)

第 8 章

现在我们来谈谈蓄水池。一座蓄水池是一个大型的容器，而不是像一个 *castellum* [i] 那样的东西。因此，它的底床和它所有的侧壁都必须是紧凑的、坚固的和硬实的。有两种蓄水池：一种是为饮用水而准备的，另外一种则是为了诸如灭火等其他方式的使用。前者，为了保持与古代传统将银器称为 *escarium*（食用的器皿）保持一致，我们将称之为 *potorium*（饮用水的储水器）[110]；后者，因为它只能用于为不同的用途而储存水，并且是按照它的容量来加以判断的，我们将其称为一个 *capaquia*（控水器）。对于用于饮用水的蓄水池，特别重要的是，其中的水必须是纯净的。两种蓄水池都必须要注意的是，要正确地将水导入、贮存和因其使用而向外排放。

显然，不能够用导管来将河水——或泉水传输到蓄水池中；同样十分常见的实际做法是从屋顶上或院落中收集雨水。[111]给我印象最深的是，一位从一座山顶上向外伸出的裸露的岩石上切割出了一个 10 尺深的储水库的建筑师的天才，这个水库就像是一个圆形的王冠一样，将所有落在这个裸露的山巅上的雨水都收集了起来。在较低的地方，在山下的一块平地上，他用砖和石灰建造了一个控水器，有 30 尺深，长和宽是 40 尺，并向每一侧都开放；他沿着一条地下的管道将上面水库的水输送到这里，水库要比这个控水器的顶盖要高出许多。

如果你用一层尖利的砂石或经过认真冲洗的坚硬的河砂覆盖在你的蓄水池的池底，或者，如果更好的话，将其铺到一定的厚度——比如说，3 尺厚——它将能够提供纯净、天然而新鲜的水；这一垫层越厚，水也就越清澈。

蓄水池有时候会出现渗漏，这是因为那个控水器建造得太马虎，或是出现了裂缝。有时候水本身会变得污秽。此外，毫无疑问的是，很难将水保持并控制在一堵墙的后面，除非这墙的结构十分强固，特别是如果它是被用"普通的"粘结方式建造的。最重要的是，在将任何水灌入其中之前，应该使这一结构变得完全干燥；因为水的重量会施加压力，汗

342

---

i   *Castellum*，应是 *castella* 的单数形式，其中含有城堡的意思，但这里应是一种蓄水设施。——译者注

水是从潮湿的地方来的，而一旦它找到一个缝隙，就会努力寻求一条途径，直到它能够顺利排出为止，这条途径就好像一个管道一样。古人会在墙体之外加上几层抹灰的外衣，以作为一种保护，特别是在转角的部位，也会用一层精细而实用的大理石表皮作为衬里。但是，没有什么方法比在蓄水池的墙与沟渠的侧面之间塞满一层彻底捣烂的黏土能够更方便地填塞上一个漏洞。我主张用于这一做法的黏土一定要是绝对干燥的，并且要是研成粉末的。

一些人的观点是，如果一个玻璃器皿中填满了食盐，然后用石灰和油掺和的糊状物将其很好地封了，这样就没有水能够进入其中，然后将其悬挂在蓄水池的中央，这样水就决不会随着时间的逝去而变得腐败。别的人还会在其中加上水银。还有一些人认为如果你用酸涩的醋灌满一个新的陶罐，并将其封好，如上面所描述过的，然后将其插入水中，它将很快去除任何黏液。他们说，蓄水池和井是可以通过在其中放入一些小鱼而被净化的：因为鱼被认为能够吃掉那些黏液和有土腥味的湿气。

关于水的效果，有一种古老的地表生成说（Epigenes），当水一旦变得污秽，将会逐渐地被净化，并得到恢复，在此之后水将不再会变得污秽。[112] 当水已经开始变得污秽，如果猛烈地搅动它，并且反复地使水移动和被扰动，就会消除其中的臭味。人们都知道的是，同样的事情也会发生在发霉的葡萄酒上，类似的情况还有油。按照约瑟夫斯的说法，当摩西到达一个贫瘠的地方之时，那里除了一口有着苦涩和污秽之水的井之外，别无所有，他命令将水汲取出来；在这样做了之后，士兵们以这种方式摇动与搅动水，直到它变得能够饮用了为止。[113] 当然，通过煮沸或蒸馏也将会净化水。他们说如果将大麦粉加进水中，而大麦粉是含氮的，并且是苦的，这样经过两个小时，水就会变甜，并且变得能够被饮用了。

但是，为了使你的饮用水蓄水池里的水得到净化，就要用你自己的墙在一个方便的位置上建造一个独立的小井，它的基础要比蓄水池的基础略低一些。在朝向蓄水池的一面应该有一个小小的开口，这个开口是用海绵或浮石塞住的，这样所有从蓄水池里流进井中的水就都会被经过过滤，水中的浮垢也都会被消除。在西班牙的塔拉戈纳（Tarragona）[i] 发现了一种有着特别好的毛孔的白色的浮石，经过这种浮石过滤过的水会变得非常清澈。另外一种过滤的方法是使用一个遍体都穿满了很多孔的容器，然后用河砂将其充满，这样水就会被迫地透过这些细砂而得到了过滤。在博洛尼亚发现了一种黄色的、砂质的石灰华，当水滴透过这种石头而滴落之后，会变得非常纯净。

一些人会用海水来制作面包，而这比任何其他东西都更容易引起疾病；然而，我们刚刚提到的那些过滤方法是如此有效，以至于即使是这样的水也会被处理得很健康。海水，索里纳斯（Solinus）宣称说，当经过了黏土的过滤之后，会变得新鲜。[114] 而且，广为人知的是，盐分是可以通过在来自一条溪流中的细砂中反复地过滤而被去除掉的。如果你在海水中浸泡一个封得很好的陶罐，它将会被新鲜的淡水所充满。而在这个话题方面，我们将要

343

---

i　塔拉戈纳，西班牙东北部的一座城市，位于地中海沿岸，在巴塞罗那西南偏西的位置。公元前 3 世纪以后成为罗马统治下的西班牙的一个重要城镇。在公元 714 年，该城落入摩尔人之手。——译者注

提到的是，如果你用一根杏木在任何浑浊的尼罗河水的水面边缘上进行摩擦，这水都会立即变得清洁。关于这一点就谈这么多吧。

当管道开始被泥土所堵塞之时，插入一个绑在一根长而细的绳子之上的五倍子（gall-nut）或软木球。当这个球落到底端的时候，在细线上再绑上一根较粗的线，然后再绑上用西班牙灌木枝制作的绳索。然后，当你拉着这个绳索向上或向下移动时，就能够将管道中的任何堵塞物清除掉。

（190v—191）

第9章

现在让我们转到别的话题上来。我们已经提到，一个国家的人民是需要食物与衣服的，而这是由农业耕作所提供的，这是一门我们还没有涉及与关注的艺术；但是，有时候建筑师也可能为农夫们提供一些服务，比如当一块土地因为过于干燥或被过于充裕的水所浸泡而不适合于耕种的时候。对于这样一些事物加以简单地讨论将会是有用的。

这里是如何在一块潮湿的草地上种植葡萄树的例子。挖出一些直而平行的沟渠，沿着从东到西的方向设置；使这些沟渠尽可能地深一些，有9尺宽，并有15尺的间隔；将挖出的土堆积在两条沟渠之间的地面上，并将其弄成一个能够面对正午的阳光的斜坡面。这些人工的小丘将会对葡萄树起到保护作用，并使它果实更为丰满。

另外一个方面，这里是如何在一块干燥的山坡上终止葡萄树的做法。在偏上一些的地方挖出一道长的沟渠，不是让它倾斜，而是令它平整，它的边缘部分是水平且平展的。将附近的泉水引入到这条沟渠中。水应该是溢出沟渠的侧面，但要是连续而平稳的，从而浇灌了位于下方的田地。在维罗纳附近的乡下，那里的田野里满是圆形的石头，此外，还都是裸露的，并且完全是贫瘠的，他们设法在一些地方用草皮来覆盖地面，并且通过使用大范围的灌溉系统而使其生长出令人愉悦的草地。

在沼泽地上种植树木，先要用犁将地翻一遍，将所有的草根都翻掉；然后在太阳升起的时候，播撒橡树子。这些种子会使这个地方长满了树木，而这些树木将会把许多多余的湿气都消除掉。然后，随着树木根部的生长，那些树枝和树叶会在地面上堆积起来，地面的标高也会慢慢地得到抬升。而如果你用浑浊的水来浇灌这个地方，就将会留下一层沉淀下来的堆积物。但这在别的地方也谈到了。

然而，如果这个区域受到了太多由水引起的麻烦，如我们在高卢[115]，或沿着波河[i]或在威尼斯等地方所见到的，有几种因素需要加以考虑：问题可能是在水的体积，水的流动，或者两者都有。我们将简单地围绕这个问题谈一谈。

克劳狄乌斯在一座山中用 Fucino 的湖水穿了一个隧道，把多余的水排放进了 Ripis 河中。[116]登塔图斯（M. Curius），或许因为相同的原因，将 Veline 湖的水分流了出来，并使其

---

i　波河，意大利北部的一条河流，流程约652公里，大致向东流入亚得里亚海。——译者注

流向了纳尔（Nar）河。[117]同样，内米湖水通过凿通一座山而被引到了劳伦图姆（Laurentum）[i]湖中，因而，通过排水而在内米湖的下方形成了一些令人愉悦的花园和果实丰满的小树林。[118]恺撒计划在 Ilerda 开挖许多沟渠，这样就可以分流出 Sicoris 河的部分水。[119]蜿蜒流淌的埃西曼图斯（Ethymantus）河是因为被当地人灌溉他们的土地而变得如此枯竭的，这使得它流入海的部分甚至没有一个名称。[120]按照优特罗比乌斯（Eutropius）[121]的说法，小居鲁士将恒河水分出了几条运河，它们的数量有 460 条之多，这些运河大大地降低了其水面的标高，以至于有时候趟过这条河流都不会湿鞋。在萨迪斯（Sardis）[ii]的阿利亚特（Alyattes）[iii]的墓，有一个主要由女性奴隶建造的工程，这个 Colous 人工湖的被开挖是用来接纳洪水的。[122]Moeris 在美索不达米亚一座城市的上方挖凿了一个湖，这个湖的周长有 360 个赛跑场长，50 个库比特深，以在尼罗河爆发大洪水时用来控制尼罗河的水。[123]除了用筑堤来容纳幼发拉底河的水之外，还要防止它冲毁城市中的房屋，因而增加了几个湖泊，用来吸纳暴烈的河水。他们还开挖了几个巨大的深坑，坑里那平稳而宁静的水，也能够起到阻止水流向前推进的作用。[124]

我们已经讨论了水流过多的问题，也特别讨论了那些因为水的运动而造成的伤害问题。而任何我们还没有覆盖进来的问题，将在我们讨论河流与大海的时候会简单地谈及。

<h1 style="text-align:center">第 10 章</h1>

(191—193)

下面我们将要考虑一下怎样才能够最好地从国外进口那些人们不能够在他们自己的土地上获得的必要用品的问题。为了这个目的，离不开公路和道路的使用；这些公路和道路一定要能够做到诸如，无论何时只要有需求，就要能够容易而便捷地运送那些必需品。

有两种公路——如我们在讨论这一话题时已经提到的——陆路的和水路的。为了防止公路被污物搞得乱七八糟，或被大车所毁坏，除了通过铺垫的方式而将其抬高，这一点我们在别的地方已经做了建议，还要确保道路尽可能暴露在阳光与风之下，并要有尽可能少的阴影遮挡。有一条道路穿过了拉文纳附近的森林，这条道路曾经处于一种糟糕的状态，但是，最近经过将其路面拓宽，并砍去了一些树木而令更多的阳光进入，而使其变得非常令人愉悦。值得注意的是，在那些被路两侧树木遮挡在阴影中的道路路面会干燥得比较慢，其结果是使得路上留下了许多牛蹄的坑窝，这些坑窝又被雨水充满，从而形成了许多更大的污泥坑。

345

---

　　i　劳伦图姆，古代拉丁古国拉丁姆的一座古城，位于奥斯蒂亚（Ostia）与拉维尼乌姆（Lavinium）之间，罗马作者认为这里是古拉丁姆最初的首都。——译者注

　　ii　萨迪斯，小亚细亚西部的一座古城，位于今日土耳其伊兹密尔的东北部，作为吕底亚的首都，该城从公元前 650 至前 550 年一直是小亚细亚的政治与文化中心，在罗马与拜占庭时代，这里仍是一座重要城市，直到 1402 年被帖木儿汗所摧毁。——译者注

　　iii　阿利亚特（？—公元前约 560 年），吕底亚国王（约公元前 619—前 560 年在位），创建了强大但短暂的吕底亚帝国，即位不久即开始了连续 5 年的征战。希罗多德的著作中有关他的陵墓记载，此墓至今仍存，在吕底亚首都萨迪斯遗址以北。——译者注

　　有两种水上的通路：一种是可以把握与控制的——如河流和运河——而另外一种——如海洋——则是不可控制的。对我来说，一条河流是有可能犯与一个容器同样的错误的：它的河床或侧壁可能是不适当、不稳固或不相配称的。为船只的运输而需要的水量是很大的；因此，除非河水是被强固的河堤所包容，否则就会冲毁河堤，并淹没整个乡村地区，同时也会破坏了陆路上的交通。而如果河床的起伏过于陡高，那么水流当然会非常的强烈，从而使任何船只都无法溯流而上。更糟糕的是，如果河床是高低不平的，或者是出现隆起的，就有可能出现阻滞。当将一根方尖碑从埃及运送到罗马的时候，人们发现在台伯河上航行比起在尼罗河上来说，要更容易一些，因为，虽然后者显然有着更大的宽度，前者则是更深一些。[125]虽然，对于航行来说，水的深度比水的体积更为重要，然而，宽度也是必须要考虑的问题，因为河的两岸会减缓河水的流速。

　　当河床是不很坚实的时候，河岸也很难说是强固的。河床总是会被削弱的，除非（如我们关于建筑物的基础所曾经建议的）河床是坚固得足以甚至对一件铁制工具也能够抵御。如果河岸是由黏土组成的，或者如果河水是沿着一个平坦的平原地带，或是通过一块布满了松散的鹅卵石的地段，那么这河岸就是非常不可靠的。当河岸不是很坚固的时候，河中的水道就会被来自建筑物的枝杈或碎石所阻挡；树干和石头会在横跨河流宽度的方向上形成障碍。所有河岸中最为薄弱的和最不能够令人信赖的是由洪水的冲刷而形成的堤岸。在这些河岸中最为薄弱的部分接踵而至的情况是，在 Meander 河和幼发拉底河的例子中，在前者其河流是流经松软的土地，每天都会造成许多新的水湾[126]，而在幼发拉底河的河道中，河流常常会被垮塌的河岸所阻隔。[127]

　　古人解决河岸中的这些问题的主要方式就是筑堤。这些河堤是按照与其他构筑物相似的方法建造的。线路的确定以及工程如何建造，并如何加固等，都是一些极其重要的事情。如果堤岸是一条与水流平行的直线，水流就不会对堤岸造成伤害；但是，当河流的流向与其堤岸交叉相遇时，如果河岸太脆弱，就会被摧毁，而如果河岸太低，就从堤岸的上部漫过去。如果堤岸没有被摧毁，河床也会因积累过多的沉积物而被渐渐地抬升起来，河道也会变得膨胀，就像是为了要阻止一场进攻一样，将它所运送并且不能够运送得更远之物堆积在那里，河流也将会选择一条不同的路线。如果河流的水量及强度摧毁了河岸，河水就会像我们已经描述的那样：它会从任何孔隙中渗透出去，会将其中的空气挤出，并在它流经的地方裹走任何东西随着它渐渐地减弱其势头，一些沉重的东西，或不易移动之物就会被它所抛弃。因而在将洪水泄入田野之中的裂口位置上，会发现那里堆积了厚厚的粗劣的砂石，但是，在这之后，所积存之物的土质就比较轻，也比较泥泞了。但是，堆积物如果越积越多并超过了河岸，湍急的水流之力就会撞击土壤，搅动它，并将一些东西裹挟而走，直到在基底上形成一个窟窿，从而将河堤破坏，并造成河堤的垮塌。

　　如果水流既不是平行于河岸，也不是与河岸横直相交，而是在一个转弯处与之相遇的，按照河流的弯度以及河面的宽度，它会向两侧同样地施加压力，并产生相同的消耗，两岸都受到了碰撞与冲刷。一个转弯就像是一个横置在那里的障碍物，因而不得不抵挡同样的冲击，就好像与水流横切相交的河岸所要承受的冲击一样，它也会被它所受到的激流的冲刷所侵蚀——所有这些中更为暴烈和危险的，也更为湍急而汹涌的，可以说，是水流漩涡

346

的湍流。

因为漩涡，水的涡流，就像是一个钻一样，没有什么东西可以阻挡，不论它有多么坚硬。值得注意的是，在石桥之下游的河床是怎样被掏挖并变深的；同样的情况，在一个狭窄的河段上，河岸会由窄而变宽形成一个开口，就像水是溢出来而翻滚向前的，它会毁坏或消耗横亘在它前面的河岸与河床的任何部分。我敢说，在罗马的哈德良桥[128]是由人类所曾经建造之工程中最为坚固的；然而，洪水将它损耗到了这样一种状态，以至于我怀疑它是否还能够挺更长的时间了。许多年以来，由洪水从地上裹挟而来的大大小小的树枝，挤压着桥墩，阻塞了大部分拱券。这引起了水面的升高，然后从一个高度上向下冲，形成了一些令人忧虑的漩涡，而这种漩涡会破坏桥墩向前突出的部分，并危害到整个结构体。关于河岸就说这么多吧。

现在讨论河床问题。希罗多德写道，在美索不达米亚地区幼发拉底河的流速太快，尼托克里司通过使河水的流线弯曲和曲折而使水流的速度减缓。[129]应该增加的一点是，水流越缓慢，河床也就越耐久。这就好像一个人从陡峭的山上走下来，他不是径直而下的，而是一会儿向右转，一会儿向左转。十分明显的是，一条河流的速度取决于它的河道的坡度。

无论河水是过快还是过慢，都将是不太便利的：前者会造成河岸的坍塌，后者则将会造成杂草丛生，并会结成冰面。为了减少河流的宽度，可以抬升河面的水平高度，而若挖掘河床，则会使河水变深。疏浚河道、移除障碍物，以及对河道进行清除的装置，几乎都有相同的规则和目的，这一点我们将在后面讨论。但是，如果下游流入海中的河床不是有着均匀向下的坡度，那么河道疏浚也是徒劳无益的。

347

第 11 章

(193—194v)

现在我来谈谈运河的问题。人们所期待的运河既不应该是缺水的，也不应该有什么东西妨碍它正常的功能。有两种方法来确保前者：其一是在另外的地方有一个充分的水源渠道，其二是一旦有了水，就要对其加以保存。（水流渠道应该按照上面所罗列的方式来加以挖掘。）但是，要防止任何对其使用的妨害，我们应该既小心又勤快，以确保水通常是清洁的，所有积存物都会经常地被清理掉。

运河往往被人们描述为是睡眠状态的河流；它们具有与河流一样的需求。特别是它们需要一个结实的、坚硬的河床与河岸，这样没有任何已经在运河中的水会被吸收或被渗漏掉。运河的深度应该比其宽度大，这不仅是为了船舶的航行，也是为了减少太阳引起的蒸发，并抑制野草的生长。

因为幼发拉底河的河床是非常高的，从幼发拉底河到底格里斯河开挖了数量很多的运河。[130]在高卢地区，在环绕波河下游和阿迪杰河（Adige）[i]周围整个意大利部分都是被运河

---

i　阿迪杰河，意大利东北部的一条河流，发源于阿尔卑斯山，全长 410 公里，先向南流而后折向东，在威尼斯湾汇入亚得里亚海。——译者注

所灌溉的：这一点之所以可能，是因为这里的土地平坦。按照狄奥多罗斯的说法，当托勒密希望在尼罗河上行船时，他开挖了一条运河，然后，当他航行通过之后，再将这条运河填埋回去。[131]

对于那些缺陷有一些补救措施：约束、清理和关闭。一条河流是由人工的堤岸所约束的。堤岸的岸线应该是逐渐而不是突然地变得狭窄的。当水从一个较为狭窄的河道进入较为开敞的河道的时候，不要突然就将其放开，而是将河道延长，这样河流就会逐渐地拓展并且恢复到它最初的宽度，因而河道的突然被放开就不会导致令人感到麻烦的涡流或漩涡。

梅拉斯（Melas）河曾经是流入幼发拉底河中的。或许是国王 Artanatrix 为了贪图名誉而堵塞了其入口，而使洪水淹没了周围的田野。但是，在这件事发生后不久，堰塞湖中大量的水溃坝而出，形成的涡流是如此多而湍急，将大片田野托拽而走，损毁了加拉提亚和弗里吉亚（Phrygia）[i] 的很大一部分地区。罗马元老院因为他的这一傲慢行为而处罚了这个人 30 塔兰特（talent）[ii] 的罚金。[132]关于这一主题，我们还读到了另外一个故事。当伊菲克拉特斯（Iphicrates）[iii] 围攻斯提姆法鲁斯（Stymphalus）[iv] 的时候，他试图使用大量的棉纱布来阻挡埃拉西努斯（Erasinus）[v] 河的河水，这条河的河水流入了一座大山之中，并在阿戈斯又再度浮现了出来；但是大神朱庇特劝阻他放弃了这一企图。[133]

从所有这些事实之中可以得出如下的建议：要使河岸尽可能坚固。坚固之目标的实现，是由坚硬的材料，建造的方法，以及岸体的大小所达成的。在水漫过河岸的地方，不要将其外侧处理成垂直状的，而应使其呈缓坡状，这样河水就会平滑地流下去，而不会造成哪怕是最小的漩涡。但是，如果在水跌落的地方开始将地面冲击成坑，就要将这坑立即填补上，不要用细小的石块，而是要用大块的、坚硬的、耐久的，带有棱角的石块来填充。在水跌落到地面上之前，用打成捆状的灌木丛来阻隔和减弱落水的冲力将是有所帮助的。

在罗马我们看到了台伯河的很大一部分是用坚固的石筑工程来加以约束的。塞米勒米斯不满足于用砖来筑堤，而是用了一层厚 4 个库比特的沥青覆盖在堤岸上；不仅如此，她还通过几个赛跑场的结构而将水面提升到了城墙的高度[134]，但是，这都是一些国王们的工程。我们应该对土质的堤岸感到满足，例如由尼托克里司和亚述人所建造的泥土的堤岸。[135]或者像那些我们在高卢所看到的堤岸，在那里大河看起来像是悬在半空中的，这样在一些地方堤岸是位于村舍的屋顶之上的。在那里只有桥梁是需要用石头来加强的。当建造堤岸的时候，一些人宁愿用从草地上挖的草来覆盖在岸上；我自己也喜欢这样的做法，因为扭结交错在一起的草根会将土层结合在一起，就像是将它们紧紧地挤压在一起的。的确，整个河岸的组成部分，特别是那些被水冲刷的部分，应该被加固得紧凑到难以渗透和坚固耐

---

i　弗里吉亚，小亚细亚中部一个古代地区，位于今土耳其中部，公元前 1200 年起有人定居，公元前 8 世纪到 6 世纪繁荣一时，之后又先后受到吕底亚、波斯、希腊、罗马和拜占庭的统治。——译者注

ii　塔兰特，使用于古代希腊、罗马和中东地区的一种可变的重量和货币单位。——译者注

iii　伊菲克拉特斯（约公元前 418—约前 353 年），雅典名将，在科林斯战争（公元前 395—前 387 年）中巧妙运用轻盾兵，全歼一营斯巴达甲兵。——译者注

iv　斯提姆法鲁斯，是位于阿卡狄亚（Arcadia）东北方向的一座城市，是由希腊神话中 Elatus 和 Laodice 的儿子斯提姆法鲁斯所建立的。——译者注

v　埃拉西努斯河，又称阿尔西努斯（Arsinus）河，其位置不详。——译者注

久的地步。一些人是用柳条枝编的辫子来覆盖；这当然是更为强固的，但是，其特征是时间较短暂。枝条很容易腐朽，在枝条糟朽的地方水会渗漏出去，并且会进一步地穿透，直到增加其通道的尺寸，并扩展其过水的槽床。但是，如果所用的枝条是绿色的时候，就会少一些危险。

一些人种植柳树、接骨木（elder）[i]、白杨木和其他亲水的树木，沿着河岸密集地排列种植。这样有其优越之处，但是也会存在有我们关于柳树所说的缺陷。树干会不时地变得有病；在死去的枯树中会产生孔道和空洞。其他一些人——在这方面我自己更倾向于上面的那些方法——是用矮树丛和各种各样亲水的植物来连接河岸的，这些植物的根比他们的枝更粗劣；在所有这些中最值得注意的是恺尔特甘松、灯芯草、芦苇及最重要的柳树。这最后一种树有一个大而延伸宽广的根系，并向外散布了长而粗的根须，而柳树的树枝是轻而柔韧的，随着波涛荡漾却不会造成任何阻滞；更进一步，它还有另外一个优点，就是这种树特别贪水，它会在水线以下不断地延伸。

凡是在堤岸与水流方向相平行的地方，它的河岸应该是相当裸露和清晰的，因而没有什么东西能够阻碍水的平滑流动。为了在河岸面对一段弯曲的河段的地方使堤岸得以加强，就用厚木板对其进行加固。如果需要用一个水坝来整体上控制和把握河流的力量，那么在夏天的时候，当水位较低，河道祖露时，用一些非常长而粗糙的圆木，通过将其紧紧地扣在一起并捆绑牢固而制作出一个筏子；将这个筏子横跨在河床上，阻挡住河水的流动；向河床中插入尖锐的木桩，深到其土质可以允许的深度，用一些特殊的孔洞，将木桩与筏子捆绑在一起；当筏子变得可靠时，交错放置一些横梁；在这样一个沉箱结构之上堆积起石头的防波堤，用石灰将其粘结在一起，或者——在经费不允许这样做的地方——用一些缠绕在一起的刺柏属灌木枝来加以固定。这样，河水就会被这样一个沉箱结构之纯粹的重量与强度而阻止住。如果任何漩涡会造成对结构破坏的威胁，这些漩涡实际上却是一种帮助，并有其优势；因为这些漩涡的效果是挤压并向下拖曳这些材料的重量，这样它反而坐落得更为坚实。然而，如果河水总是高涨的，不可能建造这样一种筏子，我们将使用在我们讨论有关建造桥梁墩座的主题时所谈到的那种技术。

349

第12章

（194v—197）

海岸也可以通过人工的堤岸来给以加强，但与河岸却是不同种类的堤岸。因为一条河流的水所造成的伤害与海洋的波浪所造成的伤害是不相同的。

他们说大海的自然状态是静止的和安静的，但是，在风的压力下，它会被扰动，或有突然的动荡，从而产生冲向海岸的波涛。在它所经过的路上会遇到一些障碍，特别是一些坚硬的和崎岖不平的东西，海浪就会用尽全力向其冲去，而当它们被拒绝的时候，就会跳跃起来，并崩落下来；因而，当它们从高处跌落下来的时候，会扰动土地，并随着它冲击

---

　　i　接骨木，一种接骨木属的灌木或小树，开大团小白花，结红色或黑紫色类似浆果的果实。——译者注

和摧毁它所遇到的任何东西，会造成持续的伤害。在悬崖峭壁根基部分所发现的海水的深度可以证明这一点。

但是，如果因为海滩的缘故，海涛呈现为轻松而平缓的坡，那暴烈的大海发现没有什么东西来阻止它狂怒的膨胀，它的进攻就被断绝了，它自己又会退回来。它的波涛也得到了抑制；在这样一场骚动之中，不论是什么样的砂石它都会裹挟起来，并将其运走，然后将其抛撒留弃在一个平静的地方。其结果是，任何这样的海岸线延伸都可以引起人们的注意，虽然是从一个卑下的平地开始，它渐渐地会延伸到海里去。而在大海与一些隆起的岬角相交汇的地方，就会出现一个弯曲的小水湾或大海湾，水流会迅速地沿着海岸线冲去，然后又向自身倒流回来；其结果是，在许多像这样延伸的海岸线中，长长的水流渠道会被开凿出来。

其他人声称说，大海是自然地呼与吸的，并且加以评论说，没有人可以使一个人断气，除非他自己的运数已尽[136]，这仿佛证明了在我们人类生命和大海的精神与运动之间存在着某种一致的和相互关联的东西。关于这一点谈得太多了。

最后，很显然的是，大海中的潮涨与潮落，从一个地方到另外一个地方是不相同的。在哈尔基斯每天有 6 次潮汐的变化。[137]而在拜占庭海潮却是不变化的，除非当它从黑海流进马尔马拉海的时候。大海的特征是，不论它从河流中拣拾到了什么，它都不停地将其抛弃在海岸边上。因为任何被扰动并裹挟而去的东西，在它找到任何一个休憩的地方的时候都会被积存起来。

350　　　但是，因为我们注意到了被抛到了几乎每一个海岸之上的砂堆，这里涉及一点我们从哲学家那里学到的东西应该是有用的。我们已经提到[138]沙子是从泥土中形成的，这些泥土是被太阳所压缩的，后来只是由于热而被粉碎成了小的颗粒。据说石头是由海水所产生的。他们争辩说，海水被太阳和运动所加热，变得干燥，然后通过将其较轻的部分变干了，从而变得较为厚重，并且达到了充分的厚度，当海水变得几乎干涸的时候，它形成了含有沥青和煤的非常黏稠的硬壳。后来当这个硬壳被打破，其碎片被进一步的运动所分散，直到它们相互碰撞，堆聚在一起形成了一个像海绵体一样的物质；然后，这些球体被运送到了海岸边上，它们在那里捡拾起了那些被搅动起来并黏附在它们之上的沙子；这些东西在太阳与盐分的作用下，开始凝结并变干，从而变得越来越稠密，渐渐地它们被硬化而变成了石头。这就是有关石头的理论。

然而，我们注意到，海岸总是被河流的入海口所扩展，尤其是这条河流是一条穿过了可溶解的土壤的河，或是有几条溪流汇流在这条河中的时候。河流在其两侧积聚了大量的沙堆和小鹅卵石，从而拓展了河流入海口处的海岸。希斯特（Hyster），科尔基斯的法斯伊斯（Phasis）[i][139]，在其他实例中，尼罗河更是一个特别的例子，为这一点提供了证据。古代人称埃及是尼罗河的故乡[140]，并且坚持说，大海曾经扩展到了 Pelusium 沼泽地中。他们也说，相当一部分西里西亚平原地带是由河流所增加出来的。[141]亚里士多德主张说，大自然是处在不断地变化之中的，在未来的某个时候，大海和山脉可能会互换位置。这里是一首诗：

---

　　i 法斯伊斯河，在西格鲁吉亚地区现代被称为利昂尼（Rioni）河。——译者注

时间曾将万物从泥土中抛洒向光明

时间也会埋葬，无论它曾是何等的辉煌，

并将它重新送回到阴暗之中。[142]

我回到我们的讨论之中。波涛有一个特征，当它们遇到横在前面的一个障碍时，它们会以狂怒来撞击它，并向上飞腾，但是，当它们向后退的时候，会挖掘更多的砂石，并摔落得更深。比较起那些除了柔软与平缓的海滩之外，海浪没有遇到什么阻碍的地方，在岩石与峭壁之下的海水就远为深沉得多，因为在那里海浪被撞得粉碎，这一点从中看得很明显。

事情就是这样，要想抑制大海的愤怒与威力，就需要有最伟大的勤勉奋发与最充分的小心谨慎。因为大海常常会击碎所有的人类作品与艺术，但却并不能够那么容易地被人类的努力所征服。因此，求助于某种如我们为桥梁所设定的堤岸将会是有用的。[143]

但是，如果需要向大海中延伸进一条防波堤以保护海港，我们应该从干燥的土地上开始我们的工程，然后逐渐地将工程推进到大海之中。我们要当心，最重要的是要把这条防波堤建造在坚实的土地上；当你要建造它的时候，要用巨大的石头堆筑起的大型的石堆，并用一个有坡度的墙面来面对海浪，这样当海浪涌来的时候，它们的愤怒，宛如被平息了一样，会发现没有什么东西需要尽它们的全力去撞击了，它们平稳地滑落回去，而不是猛地摔落下来。在向回退的时候，它们遇到了正汹涌而来的波浪，从而也削弱了这些波浪的冲击锋芒。[144]

河流的入海口似乎具有与海港相同的性质，那些港口中，人们为船只设立了躲避暴风雨港湾。我们应该确保，这些港湾强固的足以抵挡大海的波涛。正如普罗佩提乌斯（Propertius）[i] 所说的：

征服或被征服，

这就是爱的轮子碾压的车辙。[145]

这句话恰好可以用在这里；因为河流的入海口或者是不断地被愤怒的大海所淹没，并被大海的砂石所阻塞，抑或是被持续不断的和难以控制的冲击本身来证明大海的不可战胜。因此，如果有充分的水，人们宁愿提供给河流以两种不同的通道，使其流入大海之中。这样，不仅可以在风向变化的时候令船舶比较容易接近，而且，如果其中的一个通道被倾盆暴雨所阻隔，或者可能被狂暴的奥斯特风（Auster）所冲击[146]，入海口的水流不会涌起波涛来淹没土地，而是使它通过自己那个未受阻塞的出口而汇入大海。关于这一点就谈这么多吧。

让我们转到一条水道的清洁问题上来吧。当台伯河中充满了垃圾的时候，恺撒为清理这条河流下了很大的气力。在离这条河不远的地方，包括城内和城外，仍然保留了很大范围的用于制陶场的山地，从河里一直能够清理出陶器。[147]我不想回忆起我曾经读到的他所使

───────────

i　普罗佩提乌斯，塞克斯都，（公元前 50？—前 15？年），古罗马哀歌诗人，现存作品中包括为他的旧情人所唱的挽歌《辛西娅》等。——译者注

用过的方法，他是通过如此急速的溪流而清除了那么多的东西，但是，我想象一定是使用了围堰的方法，将水阻挡在外面，一旦水被抽空，就可以清除那里的障碍物了。

这种围堰是按照如下方式筑造的。用一些方形的柱子，在柱子的每一侧从顶到底都开有凹槽，槽有4寸深，其厚度与用在这一工程中的嵌板的厚度相同；使所有的嵌板都具有相同的长度与宽度。当柱子就位，并被充分地固定之后，从顶上向下插入嵌板，让这些嵌板沿着凹槽向下滑。这种结构一般被称为"水力缓冲器"。然后从顶部向再下插入更多的嵌板，将这些嵌板楔入其中，这样它们就可以紧密地固定在一起。然后，在适当的地方，设置水调节筏、汲水器、虹吸管、水簸箕，以及任何其他用于移动水的器具[148]，要雇佣大量的工人，不要让他们停止工作，直到将围堰中的水抽干为止。如果有任何泄漏，要用破旧衣服立即将其堵住。这样工程就可以按照我们所期望的继续下去。

在这种围堰与我们较早时候所描述的桥梁的建造之间有一个不同：后者必须是稳定而耐久的，能够站立到桥墩被建造起来，其上部结构得以被安装就位时为止；而前者却仅仅是一个临时性的结构，当泥沙被清空之后，这一结构也必须要被移走，并运送到别的地方。但是，我要劝告你的是，无论你是使用围堰还是通过改变河水的流向来实施这样一个过程，都不要试图在一个地方抵御河流的整个力量，而是要一步一步地将工程进行下去。

任何倾向于抵抗水的力量与威势的工程，若以一个拱券的形式，并转过来以其拱背部位来抵御水流的压力的时候，将会有一个较大的抵抗力。如果你挖掘了一条溪流，通过放置一个屏障横跨在溪流上，强迫水位上升并使水上涨，这将确保当水溢出顶部并向下泄流的时候，会在水道上造成一道隆起的脊。相反的，你将下游的水位定得越低，上游朝向翘曲处的河床就会被挖掘得更深；因为当水向下落的时候，会持续地搅动并带走泥土。

一条河流或运河可以通过引导牛进入其中而加以清理，方法如下。用坝将水挡住，使水位升高；然后驱使这些牲口用不断的和兴奋的运动而搅动起泥土；突然将水坝放开。这样洪流一泻而下，会将所有污垢之物裹挟而走。如果一个障碍物被掩埋或固定在河流中，一个好的想法是——与工人们所熟知的那些标准方法不一样——将一条驳船装载满，并将其绑缚在那个障碍物上，即无论是树桩或是别的什么需要被彻底移除的东西上；然后将驳船卸载。当驳船变得轻了，它会浮起来，将任何绑缚在其上的东西连根拔起。当这只驳船浮起的时候，像一把钥匙一样不停地转动船桨将会是有用的。在普拉奈斯特周围，我们注意到，一种潮湿的黏土，人使用双手握住一根木棍或一支剑插入泥土中一个库比特的深度也是很难做到的；但是当你拖曳的时候，如果你向前、向后地扭动它，就好像你在钻一个洞一样，就会比较容易地将其松动。在热那亚一块卧在水面之下的岩石阻塞住了海港的出入口。最近，一位身材和技能都不同寻常的年轻人将其移走了，从而将出入口拓宽了。谣言中传说，这个人几乎能够在水下待一个小时而不露出水面换一口气。

用防水油布包裹的采牡蛎的网从河床上挖掘泥浆；当你向前拖网的时候，网中会被充满。在海水比较浅的地方，你也可以用一种被称作*palatia*的工具来挖掘淤泥。[149]使用两只条双桡纵帆船。在一条船的船尾设置一个轮轴，在这个轮轴上有一个很长的柱状枢轴，像是一个平衡用的臂膀。在其远离船的一端的上方绑上一个三尺宽、六尺深的挖掘铲。工人将这个铲子降插入到水中，铲起淤泥，将泥扔进另外一条船中，为了这个目的，这条船要顺着船身排列在一旁。也有许多基于这同一原理的其他有用的机械，但是，一一描述它们要花费太多的时间。关于这个问题就谈这么多。

我们换到围堰的方法上来。水的流动可以用水闸或门来切断。在每一种情况下，围堰的侧壁要处理得像一座桥梁的桥墩一样坚固。水闸门的重量，应是可以通过像一个钟表一样转动一个有齿的齿轮而被升起，又不会对工人造成危险，并将其锁定在实施这一任务的第二个齿轮的那些齿上。

但是，所有这一切中最为方便的是防潮水闸，这是在一个围绕垂直轴旋转的中心处用了一个固定的铰链。在这个铰链上绑缚一个宽的矩形大门。就像在一条货船上的方形船帆一样，它的两臂既能够转向船头，也能够转向船尾；但是，闸门的两臂不应该是相同的，一个应该比另外一个窄三寸，这样就可以使一位孩子也能够将其打开，并且能够再一次严丝合缝地合上，因为那杠杆在较大一端的作用力也较大。

为了将河流阻塞，需要用两个屏障，在两个彼此分离的相隔距离足以容纳一条船的长度上来封闭这条河流，因此，如果这条船上升，一旦它到达封闭点，较低处的闸门就会被关闭，而较高处的闸门就会被打开；或者，如果它下降，较低处的闸门就会被打开，而较高处的闸门就会被关闭；以这样一种方法，当水下泄的时候，船被带到了下游，而其余的水则会被较高处的屏障所容纳。

关于道路的设置我有一个建议（这并不是重复我在别的地方已经说过的话）：在一座城镇中，允许在道路的表面堆积垃圾的坏习惯必须要加以避免；反之，应该将垃圾用车拉走，并将路面弄平，要保持对路面的清扫和清洁，这样，城市中的住宅街区和开放空间就不会因为垃圾的积聚而被埋没。

第 13 章

（197—198v）

现在我将尽可能简单地讨论一下其他较不重要的补救方法。在一些地方，所引入的水变得比较热一些，而其余的水则变得比较凉一些。在靠近塞萨利（Thessaly）[i] 的 Larisa 地区，土地被呆滞的水所覆盖；这使得这里的空气变得浓郁和厚重。一旦水被排除，而土地被变得干燥，这一地区会变得如此寒冷，以至于曾经在那里一度十分繁盛的橄榄树都不再能够存活下去了。[150] 相反的事情发生在菲利皮（Philippi）[ii]：在那里，按照泰奥弗拉斯托斯的说法，当水被排干而土地变得干燥之后，天气反而变得不那么冷了。[151]

人们说空气的纯净或不纯净对于这些现象是负有责任的：对于浓厚的空气，这一点是有争论的，比起轻薄的空气，移动起来更为困难，但却能够将热和冷保持较长的时间，而轻薄的空气，随时都会变凉，也对阳光反应得更快。据说在那些未经开垦的和被人们所忽

---

i　塞萨利，希腊中东部的一个地区，位于屏达思山和爱琴海之间。公元前 1000 年之前始建，公元前 6 世纪时，其势力达到了鼎盛，但很快就因其内乱而趋于衰败。——译者注

ii　菲利皮，希腊马其顿地区中北部的一座古镇，濒临爱琴海。公元前 42 年，安东尼和屋大维在这个地方打败了布鲁图和恺撒。现称菲利普阿。——译者注

略的土地之上，存在一种浓密和不健康的空气。

此外，在树木生长茂密，无论阳光与风都不能够穿透其中的地方，那里的空气是很糟糕的。在阿佛纳斯湖（Lake Avernus）[i]附近的那些洞穴就是被一片森林所环绕着的，这是一座如此浓密的森林，以至于其中散发出的硫磺气味会杀死进入其狭窄空间中的任何鸟类；但是，通过砍树的方法，恺撒将那个地方变得健康了。[152]

354
托斯卡纳海滨城市里窝那（Livorno）[ii]的居民们曾经饱受在天狼星出现时期严重热症的折磨。在他们建造了一堵墙来防范大海之后，他们的健康就得到了改善；但是，后来当他们将海水引入他们的护城河中，以加强其防御能力的时候，他们又再一次遭到疾病的威胁。瓦罗报告说，当他在科孚岛（Corfu）[iii]扎营的时候，他的许多士兵们都死于疾病，他通过将所有朝南的窗子都保持关闭，从而救了他属下们的命。[153]著名的威尼斯城镇慕拉诺（Murano）[iv]很少受到瘟疫的影响，虽然它的相邻城市威尼斯常常遭受瘟疫的严重威胁。这应归功于那里的许多玻璃作坊；因为这无疑会使那里的空气大大地受到火的净化。那些有毒之物惧怕火，这一点可以从如下的事实证明，那些中毒动物的尸体不像其他尸体那样会招引蛆虫。有毒之物的特点是摧毁并彻底消灭整个生命之力；但是，如果它们的身体被闪电所击中，尸体上就会滋生蛆虫，因为它们身上的毒素已经被火所消除。在死尸上繁衍的蛆虫是由大自然中的某种热力产生的液状物所滋养的，在这里这种液状物被火所结合在了一起；而通过压抑火来使它熄灭，正是这种毒物的特性，但是那些压抑火的毒物，其自身也丧失了它自己的毒力。

假设你发现了某种有毒的药草，特别是海葱，这是可以汲取坏营养物的好植物，它们习惯于从土壤中吸取这类东西，而这些东西会使我们的食物变得腐朽。一个小树林，特别是苹果树林，还可以被用来遮蔽你的住宅免受不健康的风的袭扰；因为你所接收的空气会受到曾为其遮阴的树叶的很大影响。含有松脂的树据说对于任何患肺病的人，或任何长期患病正在慢慢恢复之中的人非常有益。那些叶子发苦的树其效果相反，它会使得空气变得不健康。

同样，在那些低洼地、沼泽地和充满潮湿的地方，使其变得明亮而通风将会是有利的；这样将能够确保那些糟糕的气味，以及那些从这个地方生长起来的有毒的动物会很快被干燥和风所消除和消灭。在亚历山大有一个地方，被用来堆放城市中的废物和垃圾。这里渐渐地堆了如此大的一座山，甚至变成了一个地标，可以被船员们用来作为寻找进入港口的路径的标志。但是，若将这样填充低洼地区和下沉地区的做法变成一种合法的强制性做法将会带来多么大的便利。在威尼斯，在我们自己的时代，他们用城市中的垃圾来填埋沼泽地——这一点我是赞同的。希罗多德告诉我们，那些生活在埃及的沼泽地上的人，在高塔上消耗他们夜晚的时间，以避免那些小昆虫和蚊子的叮咬。[154]在波河的费拉拉，在城市中很

---

　　i　阿佛纳斯，意大利港市那不勒斯附近由死火山口形成的一个小臭水湖，据古代神话中的传说，这里是地狱的入口。——译者注

　　ii　里窝那，意大利西部的一座港市，或可译作利伏诺。——译者注

　　iii　科孚岛，希腊爱奥尼亚群岛中的一个岛屿，约公元前700年时开始有人定居，在1864年割让给希腊前先后曾被罗马、拜占庭、西西里、威尼斯和大列颠统治过。——译者注

　　iv　慕拉诺，属意大利威尼斯近郊地区，位于威尼斯泻湖的五个小岛上。以其可以追溯到13世纪晚期的玻璃制造业而闻名。——译者注

少会有蚊虫出现；但是，在城外，对于没有习惯于蚊虫叮咬的人，却是不可忍受的。人们认为，这些蚊虫是从城里由大量的烟和火驱赶到这里来的。在那些阴凉、寒冷或是有风的地方，特别是如果在窗子特别高的地方，是找不到苍蝇的；一些人说，在埋有一只狼的尾巴的地方，苍蝇是绝不会进来的，而且同样，如果在任何地方挂有海葱，就会使任何有毒的动物躲避开。

我们的祖先会使用许多方法来抵御热；这些方法之中，我很喜欢他们那种在地下的柱廊和拱顶建筑，这种建筑只从屋顶上接收光线。古人也很喜欢那种有着大型窗户的厅堂（倘若它们不是朝南布置的话），这种窗子能够从被遮盖的地方接收到阴凉的空气。Metel-lus，奥古斯都的妹妹奥克塔维亚（Octavia）的儿子，在广场上设了一顶帆布的遮阳篷，这样人们就既可以去做自己的生意，又不会损害他们健康。[155]

但是，比起阴影来说，空气是一种更为有效的变得凉爽的方法；例如你会发现在一个空间之上悬挂一块帆布就可以在一定范围内保持有微风。普林尼回忆说，在一座住宅内部有一些阴凉的地方是很普通的事情，虽然他并没有描绘什么是他所喜欢的地方[156]；不论他们的趋向是什么，大自然都将会提供最好的范例。我们注意到当我们张开我们的嘴打哈欠的时候，我们呼出的空气是热的；但是，当我们闭住嘴唇向外吹气的时候，我们的吹出的气就变得凉了。因而，在一座建筑物中也是一样，当空气到达一个露天的地方，特别是一个暴露在阳光之下的地方的时候，空气就变得发热；但是，如果空气穿过一个更为局限的和阴凉的通道的时候，空气（的流动）会变得比较快也比较凉。如果热水通过一个穿越冷水的管道，水就会变冷。这样的情况对于空气也同样是真实的。常常会问起的问题是，为什么那些在太阳下走动的人要比那些坐在那里的人变得比较不容易被晒黑。回答是简单的：空气被我们的运动所搅扰，太阳光线的力得到了削减。

再一次，为了使阴影处变得更凉爽，有用的方法之一是在一个屋顶之上再覆盖起第二个屋顶，并在墙外再立起第二道墙；两者的空隙越大，阴影中也将会越凉爽。用这种方式所遮蔽或保护的任何地方，都会变得比较不那么热。因为这个空隙几乎具有与同样厚度的墙相同的效果；并且，它甚至还具一点优势，因为一堵墙反而会保持热，从而较缓慢地吸收冷气，而在如我们所描述的双层墙中，则会保持一个均匀的温度。无论在什么地方，若太阳之热变得令人讨厌的时候，一道浮石的墙将不会吸收太多的热，也不会将其保持得太久。

如果一道通向一间房屋的门有两重的门扇，这样，一重向内开启，而另外一重向外开启，在两者之间有一个库比特的空隙，那么，不论你在室内说些什么，在室外都不可能被偷听得到。

第 14 章

(198v—199)

如果要在某个非常寒冷的地方建造房屋，我们就离不开火。有一些不同的取暖方法，但是，最方便的就是明亮而开敞的壁炉：冒着烟的火，圆拱形的炉灶都会污染空气，呛得

我们眼睛流泪，也遮挡了我们的视线。

此外，他们说，在壁炉旁与老年人聊天，光线中那特别的影像，活跃的火苗中那光焰，都是一种令人感到愉悦的同伴。在火上方的烟囱的中央与胸部相对的地方应该有一个横向的金属通风口，当所有的烟都排干净了，煤变得发热，并发出光亮时，可以将这个通风孔翻转过来，或关闭，这样这个通风口将不会使任何外部的气流进入室内。

356　　燧石墙和大理石墙都是凉而潮湿的；这种石头的冰凉特性会使空气压缩，使空气变得湿润。石灰华和砖是更为便利的材料，这两种材料是完全干燥的。任何人如若他睡眠所用的房屋是新而潮湿的，特别是，如果这房屋的顶棚是拱顶式的，他将会遭受疼痛和发烧，以及黏膜炎等病症的折磨。甚至在有些情况下，人们会因此而使其眼睛失明；也有一些人会因此而使其肌肉变得发硬，其他一些人会因而失去其心智与理性，变得发疯。要使这样的房屋尽快变得干燥，要留出一些开敞的孔洞，使风能够有一个穿越的通道。

最为健康的墙体类型是那种用没有经过焙烧，但却经过了两年时间干燥的土坯。用石膏抹的灰会使空气变得厚重，而使其伤害肺部和大脑。如果你为你的墙体镶上木制的嵌板，特别是用杉木或甚至白杨木，都会使这个地方变得更为健康，冬天比较暖和，夏天也不会太热；但是，这样也可能会引起老鼠或臭虫之类令人讨厌的烦恼之事。为了防止出现这样的事情，用芦苇秆将缝隙填充成线，堵塞住这些害虫的所有隐藏之地，并封闭其退路。为了这样一个目的，一种由毛发并掺有油渣的黏土泥浆，是非常有效的；因为任何在腐朽之物中寄生的动物都完全是讨厌油的。

(199—200)

第15章

因为我们已经着手开展了有关这一问题的讨论，那么，重复一下我们所曾经阅读过的一些非常严肃的作者的几个观点可能是有所帮助的。一个人应该确保在任何建筑物中都是没有有害之物的。奥伊塔（Oeta）[157]的居民们要为赫拉克勒斯奉献牺牲，因为他使他们不受蚊虫的侵害；米洛斯岛人也这样做，因为他使他们的葡萄树摆脱了毛虫的侵害。伊奥利亚人（Aeolians）[i]是要给阿波罗奉献牺牲的，因为阿波罗消灭了他们之中的鼠疫。这些都是带给了人们巨大利益的事情，虽然并没有任何记载来说明他们是如何做到这一点的。

在别的地方我读到了如下的故事：亚述人是通过在门楣之上悬挂燃烧过的拌有洋葱的肺脏和海葱来驱赶那些有毒的动物的。[158]按照亚里士多德的说法，用芸香（rue）[ii]的气味可以驱赶房屋中的蛇。[159]如果你在一个罐子中留下一些肉，它将会吸引大量的虫子，那么你就可以将这些虫子捕捉而消灭。如果在蚁丘上放置一些硫磺和野牛至（oregano）[iii]，你就能够

ⅰ　伊奥利亚人，居住在希腊中部的古代希腊人之一支，曾于公元前 1100 年左右占领了伊奥利亚和莱斯博斯岛。——译者注

ⅱ　芸香，一种生长于亚洲西南部或地中海沿岸的芸香属植物，尤指装饰用的臭芸香，具有羽状复叶，能生产出一种作为药用的刺激性的挥发油。——译者注

ⅲ　牛至，欧亚大陆一种多年生唇形科草本植物（牛至属），长有芳香并可用于烹调的叶子。——译者注

消除蚂蚁。萨比努斯·泰洛（Sabinus Tyro）[i] 在他的一封给米西纳斯信中写道，如果用海中的泥浆或灰烬将蚂蚁的洞口封死，就会将这些蚂蚁杀死。[160]普林尼宣称说，用向日葵之类的药草，也可以很有效地为它们治愈[161]；其他人认为，这些蚂蚁也不喜欢被浸泡过的柔软砖块中的水分。

古代人坚持说，特定的动物和特定的事物彼此之间有某种自然的彼此厌恶，这样，其中一种动物或事物就会摧毁和消灭另外一种动物和事物。因此，鼬鼠闻到烤猫的气味就会逃跑，蛇则害怕豹子的气味。他们说如果一条水蛭牢固地粘贴在了人的肢体上的时候，只要你拿一只臭虫放在它的头部，它就会松开而掉落下来。在另外一个方面，灼烧水蛭的烟味也会将那些隐藏在最隐蔽地方的臭虫驱赶出来并将其逐走。索里纳斯宣称说，在不列颠的萨尼特岛（Isle of Thanet）[ii] 喷撒尘土会很快地将蛇驱赶走[162]；历史学家们坚持说，有几个其他地方的土壤，比较著名的是伊维萨岛（Ibiza）[iii] 上的土，也具有相同的效果。[163]加利昂（Galeon）是加拉曼特的一个岛，那里的土壤既能杀死蛇，也能杀死蝎子。[164]斯特拉博坚持说，在利比亚，人们在睡觉之前，都要用蒜摩擦他们的床腿部位，因为他们害怕蝎子的蜇咬。[165]

在如何消灭臭虫方面，沙瑟奈（Sasernae）给了我们如下一些建议："在水中浸泡一根野黄瓜；在你所希望的地方泼洒一些这种水，就没有臭虫可以接近了。另外一种方法是，在你的床上涂抹一些掺有醋的公牛胆汁。"[166]另外一些人告诉我们用葡萄酒的酒糟来填充那些缝隙。"圣栎树的根，"普林尼说，"对于蝎子是致命的"[167]；用灰来对付这样一些有毒的动物，特别是蛇，也是非常有效的[168]；蛇也从来不会躲藏在蕨类植物中间。燃烧女人的头发或是山羊或牡鹿的角，以及雪松木的锯末、白松香（Galbanum）[169]的凝汁、柳树、绿色的常青藤、杜松等，也都可以将毒蛇驱赶走；任何一个人，若用杜松子摩擦自己，在防止蛇咬方面是相当安全的。一种被称作 *haxum* 的药草的气味会使角蝰蛇（asp）[iv] 陶醉，使它们昏昏欲睡，并能使它们睡着。[170]

在涉及羽衣甘蓝（colewort）[v] 的时候，人们劝告我们说，要在花园内的一根柱子上放置一头母马的头颅。蝙蝠厌恶棕榈树。将已经老了的花朵煮了以后的水洒在不论什么地方，都会杀死任何种类的苍蝇，虽然用藜芦（hellebore）[vi] 效果会更快一些；那种黑色品种的，若将其煮沸，也能够杀死苍蝇。如果你在一间房屋中埋了一只狗的牙齿，同时埋的还有狗

---

i　萨比努斯·泰洛，一部园艺学论著的作者，他将该书献给了贺拉斯和维吉尔的赞助人，古罗马政治家，一位热心的园艺爱好者，米西纳斯。——译者注

ii　萨尼特岛，英格兰东南部位于北海与大陆之间被斯通河湾分隔的一个半岛。——译者注

iii　伊维萨岛，巴利阿里群岛中的一个属于西班牙岛，位于地中海西部，在马略卡岛的西南方。这个岛吸引着游客和艺术家，岛上有罗马人、腓尼基人和迦太基人的遗迹。——译者注

iv　角蝰蛇，一种小毒蛇，产于非洲、亚洲和欧洲，如小眼镜蛇，或有角的蝰蛇。——译者注

v　羽衣甘蓝或无头甘蓝，十字花科的一种可食用植物（花椰菜的变种，羽衣甘蓝），生有展开的皱形叶和没形成密集的叶球。——译者注

vi　藜芦属植物，各种藜芦属植物的任何一种，尤指产于北美的美国白藜芦，具有宽大的叶子和绿色的花朵，产生一种有毒的生物碱，可以入药。——译者注

尾巴和狗爪子，人们说你就不会受到苍蝇的困扰了。大狼蛛（tarantula）[i] 不能忍受藏红花（saffron）[ii] 的气味。燃烧羽扇豆属植物（lupine）[iii] 的烟，可以杀死蚊虫。老鼠是可以被乌头（aconite）[iv] 的气味所杀死的，不论离得有多么远。无论老鼠还是臭虫都害怕硫酸盐的气味。

如果你将一些药西瓜的混合物或海蓟（sea thistle）[v] 泼洒在某个地方，那里的跳蚤就会消失。[171] 如果你洒一些山羊血，跳蚤就会在这周围聚集起来；但是，它们却会被卷心菜的气味所吓跑，而用夹竹桃的气味来驱赶跳蚤会更有效。如果你在地板的周围放上一些宽而平的器皿，这将是为那些跳得太远的跳蚤所设的简易陷阱。蒿草（wormwood）[vi]、八角，或双子柏（savin）[vii] 的气味，可以驱赶蛾子与蛀虫；人们说，倘若你将这些东西挂在绳子上，衣服就不会受到这些虫子的伤害。

但是，关于这个话题我们已经说得足够多了——的确，或许这已经比一位严肃的读者所认为是适当的要多一些了。但是，如果我们所说的这些多少能够在一些地方帮助你摆脱了有害物的袭扰，你将会原谅我们的；虽然，在与那种年年都会出现，令人不胜烦恼的害虫害物的斗争中，似乎没有办法获得完全的满意。

(200—201v)

第 16 章

现在我回到我们的讨论上来。值得注意的是，如果你用一幅毛织的挂毯覆盖在你的墙上，会使你的房间变得暖和一些，而如果是用亚麻的挂毯，就会使房间变得稍凉一些。如果地板比较潮湿，就挖一些排水沟或沟槽，并在其中填上浮石或沙砾，以防止潮气所造成的腐败。然后，在地面上覆盖上 1 尺深的煤，并在表面覆盖一层粗砂，或者，如果更好的话，用一些赤土陶管，在其上再覆盖室内地板。

如果空气能够在地板下流通，那将具有很大的优势。要想抵御太阳的燥热和冬日的磨难，如果使地面保持干燥而不是潮湿，那将会是非常有效的。将餐厅室内的房屋覆盖范围（area）[172] 向下挖掘 12 尺深，然后用木板将其覆盖上；如果你用一个表层铺在上面，将使得

358

---

i　大狼蛛，一种产于欧洲南部的大型的狼蛛（舞蛛，毒蜘蛛属），过去曾被认为是导致蜘蛛舞蹈症的原因。——译者注

ii　藏红花，番红花属，原产于东半球的一种球茎植物，有橘黄色的花柱，柱头上有紫色或白色的花，干的柱头，可用作给食物添色及烹调香料和染料。——译者注

iii　羽扇豆属植物，一种豆科植物，有掌状复叶和颜色各异的呈穗状花序排列的花朵。——译者注

iv　乌头，一种毛茛属多年生草本植物，通常是有毒的，有管状的根，掌状裂叶，开有蓝色或白色冠状萼片的花，其根可以提炼出强心止痛剂。——译者注

v　蓟，指包括菊科蓟属，飞廉属或大翅蓟属的众多草本植物，长有刺状叶和由刺状苞片围绕的五颜六色的花头。——译者注

vi　蒿草，一种蒿属的芳香植物，特别是原产于欧洲的洋艾，可以提炼出一种用于酿制艾酒的苦汁，并可以给某些酒类作调味品。——译者注

vii　又称叉子圆柏或新疆圆柏，是一种常绿欧亚灌木（刺柏属），生有蓝褐色结种子的松塔，幼根分泌的油曾经可以作为药用。——译者注

其内的空气比你能够想象的还要凉，因而，使你的脚即使是在穿鞋的情况下也会保持凉爽，在这个基础之上，除了木板之外，不应该再有别的东西。餐厅的顶棚应该是拱券式的；这样，你将会感觉到在这里冬天是多么的暖和，而夏天又是多么的凉爽。

如果你被某种不方便的事情所困扰，关于这一点，某个讽刺文学作品中的一位角色曾经抱怨过[173]，为什么你的睡眠会被穿过狭窄街道的大车声所搅扰，街道转弯处那些赶牲口的人在呵斥牲口停下来的时候那粗俗的叫骂声（当他病卧在床榻之上的时候，这一切是如此的令人烦恼与无奈），我们从小普林尼在他的一封关于如何防止这种袭扰的信中引取一段他的劝告。"要加上一间夜晚睡眠用的卧室，在那里你将感觉不到仆人们的声音，听不到大海那低沉的波涛声，也感受不到愤怒的暴风雨，轰鸣的雷电，或者甚至感受不到白昼的日光，除非将窗子打开，这样一间舒适的小巢该是多么的幽深和隐秘。这样做的道理是，这间房屋的墙体和花园被一个廊道分离开了，有一个介乎两者之间的空间将所有这些声音都吸收了。"[174]

现在我来谈谈墙体的问题。墙体对于如下的一些故障是负有责任的：墙体可能会破裂，它也可能会坍塌，墙体的骨骼可能出现断裂，或者它也可能会出现偏离垂直状态的倾斜。这些错误中的每一种都有其不同的原因，同样，也有其不同的补救措施。其中的一些原因是明显的，但是，另外一些原因却不那么清晰，直到危险出现之前，你并不总是十分清楚你应该做些什么。其他一些失误则并不都是完全隐蔽的，尽管人们对自己的闲散懒惰所造成之危害的认可程度并不及事实上所发生的那么多。

明显的失误是，举一个例子，若墙体过于单薄，或当墙体没有得到适当的连接，或墙体上开满了危险的洞口，或者，同样，当墙体骨骼（bones）[175]的强度不足以承受天气的袭击时。那些隐蔽的或不可预见的错误如下所列：地震、雷电，以及地基上种种天然的不一致。但是，造成建筑物各个部分的危险的主要原因，是人类的粗心大意与漠不关心。

野无花果树（fig）[i]，一位作者说，就像是对墙体的沉默一击；很难相信我所看到的，在墙体连接处生长的那棵小小树根的力量和杠杆作用，就能够将那些巨大的石头移动或劈开。如果什么人在这些树还年轻而稚嫩的时候将其拔除，那将会使这项工程省去很多麻烦。

我完全赞同古人使用公共开支雇用工人团体来看护和维持公共工程。阿格里帕为了这一目标任用了250个人，而恺撒则为此任用了460个人。[176]他们将会在紧贴输水沟渠超过15尺的范围内进行铺装，这样就没有树木的根可以生长并减弱拱券或其侧壁。这是一条基本原则，也被那些私人个体在他希望建造一个特别耐久的建筑物的地方所遵循：在他们墓地的纪念碑上，会记录下这块土地被挖空的范围；有时候是15尺，而有时候是20尺。 **359**

但是，不再重复我说过的话了，一个充分生长的树木是可以被杀死并消除的，因此他们说，如果在太阳进入天狼星的时候将其砍至一尺，或如果将被称为石油的油脂与硫磺的粉末混合在一起，注入树心的一个洞中；抑或是，用燃烧过的豆荚的灰烬充分地加以泼洒。按照科卢梅拉的说法，连根拔起一棵树，将在钩吻叶芹（hemlock）[ii]的汁液中浸泡过一整

---

i　无花果树，一种桑科榕属的树木或灌木，尤指普通无花果，原产于地中海地区。——译者注

ii　钩吻叶芹，毒芹属植物，几种毒芹属及铁杉属植物中有毒植物中的一种，从中可以制取毒药。——译者注

天的羽扇豆的花撒在树根上。[177]索里纳斯坚持说，一棵树若是接触了女人月经的血，它的叶子就会掉光[178]；其他人还认为这棵树将会死去。按照普林尼的说法，一棵树如果接触到了海防风草（sea parsnip）[i]的根部也会死去。[179]现在，我要回到我们前面讨论的话题中去。

如果墙体过于单薄，或是在旧有墙体之上再附加一个新的断面，并使其成为一体，或者，如果要节约开支的话，只建造墙体的骨架，也就是，壁柱、柱子和梁。下面是如何在一个断面之上添加另外一个断面的方法：在那堵旧墙的几个地方插入一些小的用粗糙石头所制作的搭钩；这些加固件会在新墙砌筑的时候凸伸到新墙之中，其作用就好像是将两层皮紧抓在一起的钳子。新墙部分不要用别的什么材料，只是用普通的砖砌筑。

这里是如何在一堵墙上添加一个壁柱的方法。在旧墙上用红粉笔标志出它的拟建宽度。然后，从基础部分开始，在墙上切开一条沟槽，沟槽的宽度比在墙上用粉笔所画的线略宽一点。沟槽不需要切得太深。然后，非常小心地用几皮水平的方形石块将沟槽填充起来。以这种方法，在粉笔线以内所余的墙体截面被柱子的厚度所钳制，故而墙体也得到了加强。然后向上，使用与壁柱基础部分相同的技术，添加剩余的截面直至工程的顶部。关于单薄的墙体就谈这么多。

在连接不够的地方，使用铁，或者，若更完美的话，用铜制的接口，但是，要确保墙体的骨骼部分不会受到伤害或减弱。

如果恰好土层有一些滑动，它就会挤压在墙体的一侧，并产生潮湿，按照所需要的宽度挖掘一个与墙面平行的沟槽；在沟槽中砌筑一些半圆拱券来支撑所滑落下来的土的重量，在拱券上留下一些经常性的出口，通过这些出口，使水可以渗漏出来并排走。另外一种方法是，沿着地面放置一些柱子，柱子的一端会对被土的重量挤压弯曲的墙体加以支撑和限制。将这些柱子与另外一些横向的柱子拉结在一起，在其顶部堆上土。这样做的好处是，在木质构件失去其强度时，土质的堆垛会起到一个加固的作用。

360

（201v—203v）

第 17 章

我现在来谈谈那些不可预见的失误，但是，一旦这些失误发生了是有可能将其修复的。一堵墙体上的裂缝，以及墙体偏离垂直的位置，有时候可能是由拱顶所造成的——这可能是由于这堵墙或是被拱券向外推压，或是不能够承受不平衡的荷载所致；这其中基础几乎总是负有责任的。因而，可以做一些检查，以确定这些错误是否是由基础或别的什么地方的问题造成的。

我将从一堵墙上的裂缝开始。出现失误的这一侧可以由裂缝向上延伸时的方向转折上显示出来。如果裂缝完全没有方向的转折，而是继续垂直向上，一直蔓延到墙顶，我们将能在每一侧观察到石筑工程的砌筑程序。如果它们在任一侧出现了水平的分离，这将表明

---

i   防风草，或称欧洲防风草，及欧洲萝卜、欧洲防风根等，是一种有强烈气味的植物，因其长有长而白且可食用的肉根而被栽培，这里的海防风草不知是一种什么植物。——译者注

在那一侧的基础部分有一个薄弱点。然而，如果墙体在顶部是相当完好的，只是在底部有几条裂缝延伸，这些裂缝的端点在向上延伸的过程中交汇在一起，这显示了墙体的转角部分是坚固的，而错误出现在位于中间的基础上。但是，如果仅有一个这样的裂缝，裂缝在墙体的顶部开裂得越宽，在转角部位的运动也就越大。

当需要对基础部分进行修复的时候，要沿着这道墙体挖掘一个坑，坑的大小是由工程的大小以及土壤的坚实程度所决定的，但是其深度一定要达到结实的土层上。一旦你达到了墙体的底部，用一些"普通的"石头将墙底处塞满，并使其变得坚实。当这部分石头变得坚实了，在沿着墙的另外一个地方挖一个类似的坑，以同样的方式来支撑墙体，并使它固定下来。以这种方式来延伸这道沟壕，你就能够使整道墙体的基础部分得到加固。

但是，如果地面不如你所希望的那么坚实的话，就在墙的两侧基础部分各挖一个坑，要离墙角不要太远——也就是，在屋顶覆盖之下的那部分房屋范围，以及相反的没有受到屋顶覆盖的那一部分，即室外那一部分的范围；向地面下敲入树桩，在树桩的顶部沿着墙的长度方向放置一些特别强劲的柱子。在此之后，靠着墙基部分，放置一些较厚的，而且也较强劲的梁，这样这些梁落在了柱子之上，并以梁背来支撑着上部的墙体，就像是一座桥梁或一个轭状横担一样。

在所有那些我们上面所描述过的修复工程中，要小心的是，不要在任何老旧的构架之上添加上某种其所施加的荷载不可能使这一构架长时间承受的东西；因为整个墙体的体块将会直接地依靠在最为薄弱的部位之上。

但是，如果基础与墙体中心部位的断面被移动了，而上部的断面仍然保持完整，在墙体的表面上用红粉笔按所需要的大小标志出一个拱券的位置——也就是说，这个拱券的大小要足以包括已经移动了的那一整个部分。然后，从拱券的每一端开始，在墙上挖出一个洞，洞口的大小不要比拱券石的大小更大，这块石头我们在较早的时候是将其看做是一个楔子的；然后，在由拱心至圆环半径在一条直线的位置上插入这样的一个楔子。在这之后，在旁边再开挖出另外一个洞，并且用类似的楔子将其填充起来；以这样的方式继续下去，直到将整个拱券砌筑完成。这就是如何在没有危险的情况下来达成这一修复过程的。

361

如果一根柱子或一个骨骼受到了伤害，这里是如何修复它的方法。用一个经过设计并专门用于这一用途的石膏支墩所支撑的很强劲的灰泥和空心砖的拱券支撑住梁，这样新的补救性的拱券恰好填充了旧有的洞口；这一施工过程一定要进行得很迅速，而不要有任何的中断。石膏在干燥之后会自然地膨胀。因此，新的拱券被抬举了起来——尽其可能地——旧墙或拱顶的荷载坐落在新拱券的两肩上。在完成了这些准备工作之后，撤除受损的柱子，用一根好柱子将其更换。

如果你倾向于用木构件来支撑这一结构，并用支柱来将其抬升，就在其下插入一根平衡臂，在其长臂上用砂袋来添加荷载。这一结构被逐渐而平稳地抬升了起来，没有受到任何摇动。如果墙体偏离了垂直线，就要树立一个可以绑缚在墙体之上的柱子系统。在每一个这样的柱子之上绑缚一个很强劲的木构支撑物，以其底端放置在墙上。然后，用杠杆或小的楔子逐渐地增加在墙体上的压力。通过以这种方式来分布荷载，墙体会逐渐地恢复到垂直的状态。如果不可能做到这一点，就在坚硬的地面上放置木制的斜撑，用树脂和油在上面加以涂抹，以防止木头与石灰粘在一起；然后建造一个方形石头的扶壁，这样就使其包裹住了用树脂涂抹过的斜撑。

如果一座巨大雕像或一座小礼拜堂的基础恰好是在一个方向上发生了沉降，你就应该或是将沉降的那一部分抬升起来，或是将升高的那一部分下沉下来。这两项任务中的每一项都是令人望而生畏的。首先，用一些柱子，以及所有捆绑的方法来对基础以及任何可能因为移动而遭破碎或散落的东西加以限制或进行彻底地保护。一种便利的捆绑方法是使用一个被楔子紧固了的支撑结构，通过插入一根梁而将其撬起来，这个支撑结构就是前面我们所称之为的平衡臂。[180]你可以通过逐渐地扩大一个沟槽而降低它，方法如下：从那一侧的中间开始，在基础之最低的一角，开挖一个不是很宽的洞口，但其深度要足以容纳一层人们所需要的坚实的"普通"石筑工程。不要用这种下层的土壤将这个洞口完全填充起来，而是留出一个几掌宽的空隙，在这个空隙中，你可以用一个坚实而有力的楔子将这个空隙紧密地塞住。使用同样的技术来挖掘这座礼拜堂的你希望使其降低一些的那整个一侧。当这样做将整个重量承担了起来的时候，有效而小心地将那些楔子去除，这样就使倾斜的墙体恢复到真正垂直的位置上了。之后，你还可以通过在楔子之间再加进一些作为楔子而用的坚硬石头的方式，而将这些空隙加固。

362 　　罗马圣彼得大教堂柱廊断面出现了脱离垂直状态的倾斜，并威胁到其屋顶有可能坍塌，这是我为这座大教堂所设计的方法。[181]我决定将由柱子所支撑的每一段倾斜墙体加以切削并移除；并将这个用普通的垂直捆绑方式移走的墙体断面加以修复，并通过在结构的每一侧所留的石头齿状接头和有力的搭钩将这一段新墙与旧墙拉接固定在一起。最后，在一段有倾斜的墙体要被移除的地方，我建议用一些被称作 *caprae*（转辙机）的机械来支撑屋顶的梁，这种机械被树立在屋顶之上，其根部在每一侧得到了较为稳定的屋顶和墙体部分的防护。按照实际情况的需求，我要对每一根柱子做相同的事情，一根接一根地做。*Capra* 是一种船舶上所使用的设备，它由三根柱子组成，这些柱子在其顶端是被捆绑连接在一起的，但是，其足跟部分是张开的，以形成一个三角形。同时使用的还有滑轮和绞盘，这种机械在提升重物方面是非常有效的。

如果你打算要在一道旧墙上铺盖上一层保护性的外衣，或一层铺装材料，就先用清水将其洗净，用一把毛刷将一种由液体的石灰花和大理石粉末混合而成的白色涂料将墙刷白；这样将会使表层的铺装能够粘结上去。

如果裂缝出现在一个露天的铺装材料中，这些裂缝可以通过灌注或涂抹由经讨讨筛的灰和油（最好是亚麻子油）混合而成的灰浆来填塞。黏土对于这一点是非常好的，如果与生石灰很好地混合在一起，在炉窑里加以烘烤，并且立即用油将其熟化；但是，应该将裂缝中的任何灰尘首先要清除干净——用羽毛刷子刷，或用一副风箱反复地吹。

我们也不应该忽略一个作品的优雅。如果一道墙恰好因为太高而不太好看，插入一个檐口或按照高度的适当关节点上画上一些线。如果墙体太长，用一些从顶延伸到底的柱子将其打破，柱子不要太频繁，而是要使其间距宽一些。因为眼睛会停止或驻留在这些柱子上，就好像它们提供了一个休息的地方一样，比较宽的距离对眼睛的干扰也较小。

　　在这一主题上我还可以增加的一点是，如将一些东西放在较低矮的或被一些不合理的矮墙所环绕的地方时，这些东西看起来会比它实际大小似乎要小一些，也要窄一些；反之亦然，如别的一些东西，当地面道路或墙体被抬高时，看起来就比他们最初出现的时候要大很多。同样很清楚的是，餐厅和画室应该通过门窗洞口的方便布置，以及通过将门放置在很好的视野中，或将窗子设置在墙体上较高的地方，而看起来显得更为高尚也更优美。

注释中所使用的缩略语

Amm. Marc. 马尔塞林努斯（Ammianus Marcellinus），《历史》（*The Histories*）

Apollod. 阿波洛多鲁斯（Apollodorus，活动时期 2 世纪早期，希腊工程师和建筑师。图拉真广场和图拉真纪念柱的设计者。后为图拉真放逐并处死。——译者注），《藏书》（*Bibliotheca*）

Apo1. Rhod. 阿波罗尼奥斯（罗得岛的）（Apollonius Rhodius），《阿尔戈船英雄记》（*The Argonautica*）

App. 阿庇安（亚历山大的）（Appian of Alexandria），《罗马史》（*Roman History*）

Arist. De Plantis 亚里士多德，《植物学》（*On Plants*）

Arist. *Po1*. 亚里士多德，《政治学》（*Politics*）

Arnob. *Adv. gent.* 阿诺比乌斯（Arnobius Afer，活动时期 4 世纪，基督教著述家，公元 300 年开始信奉基督教，因曾信仰异教，于 303 年前后撰写了《反对异教徒》，以表白自己。——译者注），《反对异教徒》（*Against the Gentiles*）

Aul. Gell. 奥鲁斯·格里乌斯（Aulus Gellius），《雅典之夜》（*The Attic Nights*）

Aurel. Aug. *De civ. dei M.* 奥里利乌斯·奥古斯丁（圣奥古斯丁），《上帝之城》

Cato *De r. r.* 老加图（M. Porcius Cato），监察官，《农书》

Cic. *Ad Attic.* 马库斯·图留斯·西塞罗（M. Tullius Cicero），《给阿提库斯的信》（*Letter to T. Pomponius Atticus*）

Cic. *Brutus* 西塞罗，《布鲁图斯》（*Brutus*）

Cic. *De div.* 西塞罗，《论占卜》（*On Divination*）

Cic. *Lael.* 西塞罗，Laelius，或《论友谊》（*On Friendship*）

Cic. *De leg.* 西塞罗，《论法律》（*On the Laws*）

Cic. *De nat. deor.* 西塞罗，《论神性》（*On Divination*）

Cic. *De off.* 西塞罗，《我的执政》（*On Offices*）

Cic. *De or.* 西塞罗，《论演说术》（*On Oratory*）

Cic. *Philipp.* 西塞罗，《驳马克·安东尼》（*Philippics against Mark Antony*）

Cic. *De rep.* 西塞罗，《论共和国》（*On the Republic*）

Cic. *In P. Vatin.* 西塞罗，《反普布利乌斯·瓦提尼乌斯辞》（Speech against Publius Vatinius，古罗马政治家，公元前 59 年时为罗马护民官，公元前 56 年在西塞罗为塞斯提乌斯（Sestlus）辩护时，与瓦提尼乌斯有一场辩论，并取得成功。——译者注）

Cic. *In Verr.* 西塞罗，《论演说术》（*The Verrine Oration*）

Col. *De r. r*，科卢梅拉（L. Junius Moderatus Columella），《论农村》（*On Agriculture*）

Corp. agr. vet. 自 *Corpus agrimensorum Romanorum*，编辑，C. Thulin，第一册，pt. I，"Opuscula agrimensorum veterum,"莱比锡，1913 年

Dio Cass. 狄奥·卡修斯（Dio Cassius，约 150—235 年，即 C. D. 科齐亚努斯，古罗马行政官和历史学家。曾任元老院议员，并历任非洲地方总督和执政官。用希腊文撰写了《罗马史》，共 80

卷。——译者注)，《罗马史》(*The Roman History*)

Diod Sic. *Bibl. Hist.* 狄奥多罗斯（西西里的）(Diodorus Siculus)，《历史丛书》(*The Historical Anthology*)

Dion, Hal. 狄奥尼西奥斯（哈利卡那索斯的）(Dionysius of Halicarnassus，创作时期约公元前 20 年，生于小亚细亚卡里亚哈利卡纳苏斯，希腊历史学家、修辞学教师。公元前 30 年移居罗马。著有《罗马史》。——译者注)，《罗马早期史》(*The Early History of Rome*)

Ennius 克恩图斯·恩尼乌斯 (Quintus Ennius)，《编年史》(*The Annals*)

Eus. *Praep Evang.* 优西比乌斯（恺撒里亚的）(Eusebius of Caesarea)，《福音书阐释》(*Gospel Demonstration*)

Fest. 塞克图斯·庞培乌斯·费斯图斯 (Sextus Pompeius Festus)，《论语词的含义》(*On the Meaning of Words*)，附有 Paul the Deacon 的摘要 (*Sexti Pompeii Festi de verborum significatione... cum Pauli epitome*，编辑，Wallace M. Lindsay，莱比锡，1913 年)

F. G. H. F. Jacoby, *Die Fragmente der Griechischen Historiker*，柏林和莱顿，1923—1958 年。

Flav. Veg. 弗拉维乌斯·韦格提乌斯·雷纳图斯 (Flavius Vegetius Renatus，4 世纪，古罗马军事专家，著有《罗马军制》等书。——译者注)，《论战略》(*On Strategy*)

Front. Aq. Rom. 塞克图斯·尤利乌斯·弗朗蒂努斯 (Sextus Julius Frontinus)，《罗马城的供水问题》(*De aquis urbis Romae*)

Front. 弗朗蒂努斯 (in Corp. agr. vet.)，《土地论》(*On Disputes about Land*)

Front. *Strat.* 弗朗蒂努斯，《战略书》(*On Strategy*)

Herod. 希罗多德，《历史》(*The Histories*)

Hippocr. Aphor. 希波克拉底 (Hippocrates)，《格言》(*Aphorisms*)

Hom. Hymn. 荷马 (Homer)，《荷马史诗》(*The Homeric Hymns*)

Hom. *Il.* 荷马，《伊利亚特》(*Iliad*)

Hom. *Od.* 荷马，《奥德赛》(*Odyssey*)

Hor. *De ar. poet.* 克恩图斯·贺拉斯·弗拉库斯 (Q. Horatius Flaccus，即 Horace)，《诗艺》(*On the Art of Poetry*)

Hor. Car. 贺拉斯，《歌集》(*Odes*)

Hor. Epod. 贺拉斯，《长短句集》(*Epodes*)

Hor. Sat. 贺拉斯，《讽刺诗集》(*Satires*)

Hyg. Grom. 伊吉努斯·格罗马蒂克斯 (Hyginus Gromaticus，古罗马的土地测量方面的作者，其著作流行于图拉真时代（公元 98—117 年)。——译者注) (in Corp. agr. vet.)

Hyg. Grom. *De castr.* 格罗马蒂克斯，《军事营地》(*On Military Camps*)

Hyg. Grom. *De const. 1imit.* 格罗马蒂克斯，《疆界图》(*On the Drawing of Borders*)

Hyg. Grom. *Fab.* 格罗马蒂克斯，《寓言集》(*The Fables*)

Hyg. Grom. *De munit. castr.* 格罗马蒂克斯，《营地筑城术》(*On the Fortification of Camps*)

Isid. 伊西多尔（塞维利亚的）(Isidore of Seville，560—636 年，基督教神学家，最后一位西方拉丁教父、大主教、百科全书编纂家。——译者注)，《语源学》(*Origins*，或 *On Etymology*)

Joseph. *Antiq.* 弗莱维厄斯·约瑟夫斯 (Flavius Josephus)，《上古犹太史》(*Antiquitates Iudaicae*)

Joseph. *Bell. Iud.* 约瑟夫斯，《犹太战争史》(*Bellum Iudaicum*)

Justin 尤尼乌斯·尤斯丁（M. Junius Justinus），《历史》（*History*，Trogus Pompeius 的删节本）

Livy 利维尤斯·帕塔维努斯（T. Livius Patavinus），《自奠基以来的城市史》（*History of the City since Its Foundation*）

Lucil. 盖尤斯·恩纽斯·吕西留斯（Gaius Ennius Lucilius），《讽刺文学》（*The Satires*）

Macrob. *Sat.* 奥勒留·蒂奥多休斯·马克罗比乌斯（Aurelius Theodosius Macrobius，活动时期约公元 400 年前后，拉丁语法家及哲学家。最重要著作为《农神节说》，是已知古代宴饮论辩之作中的最后一篇。——译者注），《农神节说》（*Saturnalia*）

Mart. Cap. 马蒂安努斯·卡佩拉（Martianus Capella，活跃于公元 4 世纪时期的古罗马学者。其著作全称不详，根据手稿，前两部书题为《墨丘利与论学术的关系》，其余 7 部为《论语法》、《论辩证术》、《论修辞》、《论和谐》等。——译者注），《墨丘利与论学术的关系》，（*The Satyricon*，*On the Marriage of Philology and Mercury*）

Nonnius 诺尼乌斯·马塞卢斯（Nonnius Marcellus），《知识提要》（*Knowledge in Brief*）

Ovid *De a. a. P.* 奥维德 N.（Publius Ovidius Naso），《爱的艺术》（*On the Art of Love*）

Ovid *Pont.* 奥维德，《黑海信札》（*Ex Ponto*）

Ovid *Metam.* 奥维德，《变形记》（*The Metamorphoses*）

Paus. 帕乌萨尼阿斯（Pausanias，公元 2 世纪时的希腊旅行者兼地理学家，生于小亚细亚境内马格尼西亚城，生活于古罗马哈德良时代，著有 10 卷本的《希腊道里志》。——译者注），《希腊道里志》（*The Description of Greece*）

Pind. *Nem.* 品达（Pindar，公元前 518 或 522—约前 438 年，又据希腊词译为品达罗斯，古希腊抒情诗人。据说原有合唱抒情诗 17 卷，现仅余竞技胜利者颂 4 卷 44 首，及一些残篇。颂歌按照奥林匹亚、皮托、伊斯特摩斯、涅墨亚 4 大竞技会分卷。——译者注），《复仇女神颂》（*The Nemean Odes*）

Pind. *pyth.* 品达，《德尔斐颂歌》（*The pythian Odes*）

Pliny *N. H.* 老普林尼（Caius Plinius Secundus），《自然史》（*The Natural History*）

Plutarch 普卢塔克（Plutarch），《列传：埃米利乌斯·保罗、亚历山大、安东尼、凯撒……传》（*The Lives*：（*Life of*）*Aemilius Paulus*；*Alexander*；*Antony*；*Caesar*；*Camillus*；*Cimon*；*Lucullus*；*Lycurgus*；*Marcellus*；*arius*；*Numa*；*Pericles*；*Pompey*；*Poplicola*；*Pyrrhus*；*Romulus*；*Solon*；*Theseus*）

Plut. *G. Q.* 普卢塔克，《希腊问题》（*Greek Questions*）

Plut. *De Isid. et Os.* 普卢塔克，《伊希斯与奥西里斯》（*On Isis and Osiris*）

Plut. *Par.* 普卢塔克，《比较列传》（*Parallels*）

Plut. *R. Q.* 普卢塔克，《罗马问题》（*Roman Questions*）

Plut. *De sort. Rom.* 普卢塔克，《罗马财富论》（*On the Fortunes of the Romans*）

Polyb. 波利比奥斯（迈加洛波利斯的，Polybius of Megalopolis），《历史》（*The History*）

P. W. A. 鲍利、G. 威索瓦与 W. 克洛尔（A. Pauly，G. Wissowa，and W. Kroll），《古代建筑学百科全书》（*Real-Encyclopadie der klassischen Altertumswissenschaft*，1893—1972）

Quint. Curt. 克恩图斯·克蒂乌斯·鲁弗斯（Quintus Curtius Rufus），《亚历山大大帝战事论》（*On the Actions of Alexander the Great*）

Sallust，*Bellum Iugurthinum* 加伊乌斯·萨鲁斯蒂乌斯·克里斯普斯（Gaius Sallustius Crispus），*Jugurtha*

Scr. Hist. Aug. 《奥古斯塔历史手稿》（*Scriptores Historiae Augustae*）

Seneca *De brev. Vitae*，卢西乌斯·安奈乌斯·塞内加（L. Annaeus Seneca），《论生命的短促》（*On the Brevity of Life*）

Seneca *De clem.* 塞内加，《与尼禄谈仁慈》（*On Clemency to Nero*）

Serv. *In Virg. M*·塞尔维乌斯·洪诺拉图斯（M. Servius Honoratus），《维吉尔注》（*Commentary on Virgil*）

Solinus 盖厄斯·尤利乌斯·索里纳斯（Gaius Julius Solinus），《大事集成》（*Collection of Things Memorable*）

Soph. *Oed. Col.* 索福克莱斯（Sophocles，公元前 496？—前 406 年，古希腊剧作家，与欧里庇底斯、埃斯库罗斯三人被认为是古希腊最伟大的剧作家。——译者注），《俄狄浦斯在科勒罗斯》（*Oedipus at Colonnus*）

Stat. *Theb. P.* 帕皮纽斯·斯塔提乌斯（P. Papinius Statius，公元 45？—96？年，罗马诗人，以史诗《底比斯战纪》和《阿喀琉斯纪》闻名。——译者注），《底比斯战纪》（*The Thebais*）

Strabo 斯特拉博（Strabo），《地理学》（*On Geography*）

Suetonius 盖厄斯·苏埃托尼乌斯·特兰奎勒斯，（Gaius Suetonius Tranquillus），《罗马十二帝王传》（*Lives of the Caesars*：（Life of）*Augustus*；*Caligula*；*Claudius*；*Domitian*；*Julius*；*Nero*；*Tiberius*；*Vespasian*）

Tac. Ann. 科尼利厄斯·塔西佗（Cornelius Tacitus），《编年史》（*The Annals*）

Tac. Hist. 塔西佗，《历史》（*The Histories*）

Tert. Apol. 德尔图良（Tertullian，约 155 或 160—220 年以后，基督教早期重要的神学家、雄辩家、伦理学家，基督教义走杰出的阐释者，著有《护教篇》、《论灵魂》等。——译者注），《护教篇》（*The Apology*）

Thuc. 修昔底德（Thucydides），《伯罗奔尼撒战争史》（*The History of the Peloponnesian War*）

Val. Max. 瓦勒里乌斯·马克西穆斯（Valerius Maximus，创作时期约在公元 20 年左右，古罗马历史学家和道德学家，著有《善言懿行录九卷》，举例说明人类的善与恶。——译者注），《大事记》（*The Memorabilia*）

Varro *De L. L.* 马库斯·泰伦提乌斯·瓦罗（M. Terentius Varro），《论拉丁语》（*On the Latin Language*）

Varro *De r. r.* 瓦罗，《论农业》（*On Agriculture*）

Vell. Pat. 韦利奥斯·帕特库洛斯（Velleius Paterculus，约公元前 19—公元 30 年以后，罗马军人、官员、历史学家。撰有源起迄公元 29 年为之的罗马史，对恺撒之死到奥古斯都之死期间的历史记述较详细。——译者注），《罗马史》（*The Roman History*）

Virg. Aen. 维吉尔［L. Publius Vergilius Maro（Virgil）］，《埃涅伊德》（*The Aeneid*）

Virg. *Culex* 维吉尔，《昆虫》［*The Gnat*（attr.）］

Virg. *Ecl.* 维吉尔，《牧歌》（*The Eclogues*）

Virg. Geor. 维吉尔，《农事诗》（*The Georgics*）

Vitr. 维特鲁威（M. Vitruvius Pollio），《建筑十书》（*On Architecture*）

Xen. *Oecon.* 色诺芬（Xenophon），《财源论》（*Economics*）

注 释

古代文献在这里常常是以缩略语的形式被引用的；见前面的"注释中所使用的缩略语"。列在"参考书目"中的现代文献在这里也给出一个简单的引用。

安吉洛·玻里齐亚诺对他的保护人洛伦佐·德·美第奇致以问候

1. 安吉洛·玻里齐亚诺（Angelo Poliziano）是 15 世纪最伟大的文学人物之一。他是洛伦佐·德·美第奇的好友，也是一位热情洋溢的建筑学爱好者。关于他的拉丁诗歌，见阿诺迪（F. Arnoldi）的辑本，1964 年；意大利文诗歌是由塞列洛（G. R. Ceriello）于 1952 年编辑的。

阿尔伯蒂很可能是想把这一整本书题献给费代里科·达·蒙太费尔特罗（Federico da Montefeltro）。在费代里科于 1482 年去世后，安吉洛·玻里齐亚诺似乎曾劝说巴蒂斯塔的遗嘱执行人贝尔纳多（Bernardo）将这本书题献给洛伦佐。他 17 世纪的传记作者贝尔纳多·巴尔蒂（Bernardo Baldi）也是这样说的；见巴尔蒂 *Vita e fatti di Federigo di Montefeltro*，vol. 3，pp. 55f.，并见丹尼斯顿（Dennistoun），《乌尔比诺诸公爵论文集》（*Memoirs of the Dukes of Urbino*），vol. 3，p. 258. 费代里科拥有这本书的一个拷贝。（Vat. Urb. Lat. 264）。

2. 虽然提到他是作者的兄弟（*frater*），但贝尔纳多实际上是阿尔伯蒂的表弟——贝尔纳多的父亲，桑托尼奥·迪·里卡多（Santonio di Riccardo）是洛伦佐的兄弟，巴蒂斯塔·利奥（Battista Leo）的父亲。*Frater* 是比英语中的"兄弟"（brother）更为一般性的词。

3. 阿尔伯蒂关于重物提升的论文 "*De motibus ponderis*" 已经佚失，虽然他努力将内米湖（Lake of Nemi）中的罗马军舰抬升出来的故事是他生命中最为人们所乐道的一段情节。见曼西尼（Mancini），*Vita di Leon Battista Alberti*，p. 9。起重设施（*pegma*）和自动机（*automatum*）的使用比玻里齐亚诺（Poliziano）重写苏埃托尼乌斯（Suetonius）的文本《杂录》（Miscellanea）的时间要早 4 年，克劳狄乌斯（Claudius）34. 参见克拉夫顿（Grafton），*J. Scaliger*，p. 39。

4. 萨卢斯特（Sallust）的 *Bellum Iugurthinum* 19. 2。

5. 有一条资料提到了拉丁诗人恩尼乌斯（Q. Ennius）为他自己写的墓志铭 *Quur? Volito vivo per ora virum*，在这里他不允许人们表现悲恸，因为他仍然活在人们的口口相传之中。

莱昂·巴蒂斯塔·阿尔伯蒂建筑艺术论从这里开始。向您祝福

1. 阿尔伯蒂在这里使用了术语 *res aedificatoria*，有关建筑物的艺术，是有意与维特鲁威所使用的希腊新词"建筑学"（*architectura*）形成对比；阿尔伯蒂显然是倾向于使他的论著让人一眼就能够看出是维特鲁威著作的一个补充与超越。见克洛西摩（Krautheimer），《阿尔伯蒂与维特鲁威》（*Alberti and Vitruvius*）。关于阿尔伯蒂对维特鲁威使用希腊术语学（*Greek terminology*）的批评见 6. 1. 里戈·费里西特（Lege Feliciter）将其文学地译作"愉快的阅读"（Happy reading）。

2. 这是一个有意与维特鲁威的《建筑十书》1. 1. 1 不同的开场白。在这里艺术一词具有较为宽泛

的意思，涉及工艺与技术的所有分支。

3. 阿尔伯蒂在这里拒绝通常人习惯使用的语源学词汇"建筑师"（architect）：虽然这个词起源于希腊语，其意思是"首席建造者"（chief builder）。中世纪的传统是从拉丁词 *archus* 和 *tectum* 中沿用来的；因而，建筑师是于木匠，屋顶的建造者联系在一起的。参见里克沃特（Rykwert）《建筑理论的口头传播》（*On the Oral Transmission of Architectural Theory*）。这一定义可以从约翰尼斯·巴尔布斯（Johannes Balbus）的《万用良方》（*Catholicon*）那里找到。另见西塞罗的《布鲁图斯》，73. 257。

4. 见维特鲁威的《建筑十书》1. 1. 3 – 11；这一主题在阿尔伯蒂的 9. 9—11 中得到了详细的阐释。

5. 在关于火与人类社会的起源方面，阿尔伯蒂再一次将其观点与维特鲁威（2. 1. 2）的观点形成对比。

6. 阿尔伯蒂在这里暗喻他自己家族的体验，他的家族在 1401 和 1428 年之间被驱逐出了佛罗伦萨，直到 1434 年之前都没有恢复他们充分的公民权。

7. 塞里努斯（Selinunte）是一座位于西西里西南海岸的城镇。传说中的代达罗斯（Daedalus）被认为是克诺索斯迷宫（Knossan labyrinth）的建造者，并被认为是建筑学的奠基人之一，据说他从克诺索斯逃到了塞里努斯。阿尔伯蒂大概是从狄奥多罗斯（西西里的）《历史丛书》4. 78 那里引用了这个例子。

8. 阿尔伯蒂在一定程度上是在对维特鲁威作出回应，参见维特鲁威的《建筑十书》10. 16. 12。

9. 占卜吉凶构成了罗马生活中的一个基本方面。将统治权与占卜联系在一起（占卜的权力来自鸟的飞翔）是罗马军事领导人的一个基本原则。见鲍利的《古代建筑系百科全书》。

10. 参见维特鲁威的《建筑十书》2. 1. 3。

11. 阿尔伯蒂关于美的定义是，和谐与比例的组合，从其中不可以去掉一点什么，也不可以增加一点什么，除非使其变得糟糕，这一定义包含在 6. 2 中，这些话回应了西塞罗对于完美人体的描述（《论演说术》3. 45. 179）。阿尔伯蒂在他这本书中的许多地方对人体与建筑进行了比较。

12. 那种若市民赞助一座优美的建筑，不仅能够证明其个人的财富，也能够实践市民的职责的想法在 15 世纪的上半叶是一个被普遍接受的观念。见 Zeri 的贝法尼·坎菲尔德（G. Befani Canfield），*Scritti di storia dell'arte*。

13. 塞尔维乌斯·洪诺拉图斯《维吉尔注》8. 180；索里纳斯《大事集成》11. 7。

14. 修昔底德《伯罗奔尼撒战争史》1. 10. 2。

15. 阿尔伯蒂的意思是将建筑学稳固地确立在自由主义艺术的根基之上。

16. 阿尔伯蒂论文结构清晰性是与维特鲁威著作的杂乱无章是显然呈对比的，尽管维特鲁威声称（2. 1. 8）他遵循了一个逻辑的次序。

17. 这后面所附的四书已经佚失，虽然其内容在第一和第三书中有所提及（5. 12 and 3. 2）。奥兰迪对这里的第四书的标题提出了质疑，并对其读法进行了改进"什么会对建筑师的工作有所帮助"（What Might Help the Architect in His Work）。

第一书

1. 外部轮廓（*Lineamenta*）这个词引起了相当多的讨论。德语 *Risse*［如托伊尔（M. Theuer）在他的德语译本中所使用的，*Zehn Bücher über die Baukunst*，维也纳，1912 年］提供了一个正确的字面翻译，而最接近的英语译法或许是其"定义"［如克洛西摩（Krautheimer）在《阿尔伯蒂与维特鲁威》

（*Alberti and Vitruvius*）中所暗示的]。然而，阿尔伯蒂在这整本书中使用这个词的方法，使其意思变得清晰。见"名词注释"。

2. 希望用最大的清晰程度来表达每一件事情的愿望贯穿于阿尔伯蒂的著作中：参见 3.14 和 6.1。他以第一人称单数加重语气的开始，但是随后却变成了复数，但是在这里用英语却不能够这样做（因此，在可能做到的地方我们尽量遵照他的叙述方式）。

3. 为了区别外轮廓与结构，*lineamenta* 和 *structura*，见"名词解释"，在"建造"条目下。

4. 在 1.3—7 中论及。

5. 在阿尔伯蒂的拉丁语中数字（number）是一个比英语中更为复杂的词：因为它隐含了 *certum numgrum*，见"名词注释"，参看"和谐"条目。

6. *Modum* 在这里的意思是"方式"，其中有"尺度"（scale）的意义，而不是尺寸大小（size），如托伊尔的解释（p.19）。见"名词解释"，在"尺度"条目下。

7. 这里关于"起源"的说法，与维特鲁威（Vitruvius）2.1.中的说法形成明显对比。

8. 阿尔伯蒂大概使用了普林尼的一个较为糟糕的手稿本，因为这个本子中都是来自 MSS（手稿？）；正确的本子应该译成"Gellius 接受了乌拉诺斯（Uranus，希腊神话中大地该亚的儿子，又与该亚生有子嗣，是希腊最早的至上神，天的化身，是希克罗比斯和提坦们的父亲。——译者注）的儿子 Toxius 是用泥土建造房屋的发明者的说法，但是，按照泰奥弗拉斯托斯（Theophrastus）说法，这是由梯林斯人（Tirynthians，希腊阿尔戈利斯的史前城市，以荷马时期的建筑遗存著称于世。梯林斯坐落在纳夫普利亚和迈锡尼之间平原上的一块狭长高地上，一直维持到古典时期，公元前 468 年前后被阿尔戈斯所灭。——译者注）发明的"。普林尼的《自然史》7.194—195。

9. 见"名词注释"，在"房屋覆盖范围"（*Area*）条目之下。

10. 见"名词注释"，在"隔墙"条目之下。

11. 在这里是将建筑想象为一个人体（这样一种说法在整本书中反复出现）来建立房屋最初的外观的。

12. *Amoenitas* 在这里被译作"优雅"（elegance），另见 7.1。

13. *Redimita*。这个词也可以被译作"装饰"（decorated）或"修饰"（embellished）；参见"美与装饰"，见"名词解释"。

14. 维特鲁威的三原则坚固、实用、美观：参见维特鲁威的《建筑十书》1.3.2。关于这一基本的三原则的应用，见维特鲁威《建筑十书》，翻译，西尔维奥·费里（Silvio Ferri），pp.48ff.，见"名词解释"，在"维特鲁威的三原则"条目之下。

15. 阿尔伯蒂使用 *regio* 这个词比起英语的"地区"（region）有一个更为狭窄的意思：建筑用地（locality）可能提供了一个较为接近的译法。

16. 参见狄奥多罗斯（西西里的）《历史丛书》1.12.7。

17. Glaucopis 的意思为"如灼目光"（shining-eyed），是荷马常用来谈及雅典娜（Athene）的绰号。

18. 西塞罗的《论演说术》5.26。

19. 希罗多德《历史》2.77.3。阿尔伯蒂使用了一个错译的希腊词，事实上希罗多德写道："……埃及人是所有人中最为健康的，其次是利比亚人。"

20. 参见希罗多德《历史》4.184。按照希罗多德的说法，是 Atarantes 人而不是其相邻部落 Garamantes 人，诅咒了太阳。无论如何，参见普林尼，《自然史》（*N. H.*）5.45。

21. 奥维德《黑海信札》1.5.6。

22. 希波克拉底的《空气、水、场地》8。

23. 东北风；见"名词解释"，在"风"的条目之下。

24. 普林尼的《自然史》2.48.127。普林尼并没有接受或追随泰奥弗拉斯托斯或希波克拉底在这件事情上的观点。

25. 南风，见"名词解释"，在"风"的条目之下。

26. 西北风，见"名词解释"，在"风"的条目之下。

27. 见 10.1。

28. 参见苏埃托尼乌斯的《罗马十二帝王传：Caligula》21。

29. 瓦罗的《论农业》1.7.8。阿尔伯蒂显然是用了一个较差的文本；瓦罗实际上写的是 intus ad Rhenum，而阿尔伯蒂则用了 inter Adienum。

30. 阿尔伯蒂显然是将恺撒关于不列颠的讲话与他关于日耳曼的讲话混淆了。恺撒《高卢战记》（De bello Gallico）5.12；6.23。

31. 参见普林尼的《自然史》4.95。

32. 普林尼的《自然史》16.15。

33. 参见维特鲁威的《建筑十书》2.1.1。那位建筑师的名字实际上是狄诺克拉底（Dinocrates）；有人推测这应该是一个抄写错误，因为阿尔伯蒂在别的地方对他的名字的记录是正确的（6.4）。

34. 亚里士多德的《政治学》7.10.2。

35. 阿庇安（亚历山大的）《罗马史》8.71。

36. 维特鲁威的《建筑十书》8.3；阿尔伯蒂对维特鲁威表示称赞的不多的几处之一。

37. 希波克拉底的《空气、水、场地》7.4。

38. 希波克拉底的《空气、水、场地》，虽然希波克拉底谈的是肺炎。关于黑胆汁另见西塞罗，Tusculanae disputationes 3.5.2。

39. 狄奥多罗斯（西西里的）《历史丛书》2.36.1。然而，狄奥多罗斯归因于他们高大的身材和充足的食物来源。

40. 参见维特鲁威的《建筑十书》7.4。

41. 参见色诺芬的《远征记》4.8.20—21。色诺芬没有提到这种树叶。普林尼谈到了 maenomenon mel，一种产于本都（Pontus）的蜂蜜，据说能够致人疯狂；普林尼的《自然史》21.77。

42. 普卢塔克（Plutarch）的《安东尼》45。阿尔伯蒂因疏漏而没有提到，不幸的是那种境况下没有办法搞到葡萄酒。

43. 狼蛛（tarantulas）；虽然这个词现在被用于泛指美洲、非洲及澳大利亚的各种大蜘蛛。阿尔伯蒂提到的里克萨狼蛛（Lycosa Tarantula）通常大约是 5 厘米长，并不特别有毒，尽管人们普遍相信被它咬了之后会造成一种致命的忧郁症，只有通过听塔兰拉拉（Tarantella）舞曲才能够治愈。然而，塔兰台拉舞者也是为了钱而展示其舞姿的，如主教贝尔迪（Berdey）是在他去阿普利亚的旅途中看到这种舞蹈的，并见艾萨克·迪斯雷利（Isaac Disraeli）的《文学的好奇》（Curiosities of Literature），巴黎 1835，vol.2，pp.226ff.。

44. 参见泰奥弗拉斯托斯，片段（fragment）87，编辑，温默（Wimmer）。阿尔伯蒂显然是从格里乌斯（《雅典之夜》4.13）那里引用的资料，他将这种治疗方法归结于德谟克利特。

45. 参见斯特拉博的《地理学》2.4.56；普卢塔克的《庞培》35。这些阿尔巴尼亚人生活在里海海岸的高加索山脉中，而不是在伊庇鲁斯。

46. 见"名词解释"，在"坚石"的条目之下。

47. 参见普林尼的《自然史》2.211。

48. 普林尼的《自然史》2.136。

49. *Keraunos* 是一个希腊词，表示"雷击"。

50. 塞尔维乌斯的《维吉尔注》8.414；参见《牧歌》4.62。

51. 阿尔伯蒂在这里的意思大概是 Samatia 的 Essedones。

52. Hydaspes 是印度旁遮普邦（Punjab）的杰赫勒河。

53. 阿尔伯蒂在这里不是指小亚细亚的加拉提亚（Galatia），而是指高卢；参见斯特拉博的《地理学》4.182。

54. 参见普林尼的《自然史》46.121。

55. 一座高山名，现在被称为 Monte Compatri。

56. 亦即（希腊语的），海中之国；或甚至更是一个双关语，Achaia/Aquaia。

57. 加伦（Galen），*De febrium differentiis*〔编辑：库恩（Kuhn）〕2.8。

58. 参见斯特拉博的《地理学》5.247—248；塞尔维乌斯的《维吉尔注》9.715。

59. 似乎没有相关的证据说明柏拉图有过关于地方性超自然的影响的论述。参见《法律篇》5.744e。

60. 参见维特鲁威的《建筑十书》1.4.9。

61. 瓦罗的《论农业》1.12.2。

62. 关于古典先例与当代宗教之间的冲突是 15 世纪人文主义的一个持续关注的话题。

63. 参见狄奥多罗斯（西西里的）《历史丛书》12.10。他们的城市的名字是 Thurium。

64. 美德（Virtue）：见"名词解释"，相关条目。

65. 见"名词解释"，相关条目。

66. 在"古典"词汇中这是"完美"的形式，关于这一点阿尔伯蒂对其观点加以了限制，这里的确是这种情况。

67. 这是阿尔伯蒂第一次引入了"变化"（varietas）的概念；见下，1.9；并见""名词解释，在"变化"的条目之下。

68. 这里暗指阿尔伯蒂所相信的一座建筑物之断面与立面的高度应该与其尺寸、比例和平面形式开始。

69. 阿尔伯蒂在这里也谈及了以 Medica 的密涅瓦（Minerva）神殿而闻名的罗马的 Licinian 花园中的出水口。

70. 有一座著名的十二边形的纪念性建筑，Calventii 的墓，位于经由阿庇亚大道的 Antica，而奥古斯都的陵墓据说是十三边形。

71. 比例，见"名词解释"，相关条目。

72. 参见维特鲁威的《建筑十书》1.6.2；1.6.8。

73. 塞克图斯·尤利乌斯·弗朗蒂努斯（Sextus Julius Frontinus），公元 1 世纪后半叶内尔瓦（罗马皇帝——译者注）领导之下的罗马输水道工程的主要负责人，他的工作包括 *De aquis urbis Romae* 和 *Strategematica*。

74. 弗朗蒂努斯的《罗马城的供水问题》18。

75. 这可能是，如奥兰迪所主张的，在 Spoleto 之外的 Clitumno 源头的神殿。

76. 阿尔伯蒂谈到了西奥德利克［Theodoric，意大利奥斯托格斯（474—526 年）的国王］的陵墓，那时被用作是一座教堂，被称作圣玛利亚圆形教堂（Santa Maria Rotonda）；海岸线现在已经从拉文纳向后退了，建筑物的地面已经清晰地露出了。

77. 见下面的 3.5。

78. 在 Alatri 没有这样的城墙。阿尔伯蒂大概谈的是 Auxur 的朱庇特神殿，或是 Palestrina 的命运之神（Fortune）神殿。

79. 更通常为人所知的是 *Agger Servii Tulii*，罗马城的内墙，墙体残迹依然存在。参见维特鲁威的《建筑十书》6.8.6。克卢弗（P. Cluver）［《意大利古迹》（*Italia Antiqua*），安特卫普，1624，vol. 1. p. 983］谈到了在拉丁文学中缺乏墙体的资料。托德（M. Todd），《罗马的城墙》（*The Walls of Rome*）［伦敦：保罗·埃尔克（Paul Elek），1978 年］，pp. 13ff.；伊恩·A. 里士满（Ian A. Richmond），1917，p. 9。

80. 阿尔伯蒂在这里大概是指台阶。

81. 这里大概说的是 *Moricino* 山，而不是 *Lucino* 山。

82. 当然，阿尔伯蒂在这里提及的是附加在圣彼得教堂上的君士坦丁小礼拜堂，这座小礼拜堂是在 16 世纪之前由教皇尤利乌斯二世（Julius II）完全摧毁，以为现在立在那里的建筑腾出地基。另见下面，1. 10。

83. 没有资料证明在罗马的任何地方存在献给拉托纳（Latona）的神庙。罗马广场的君士坦丁巴西利卡直到被 Antonio Nibby 在 1819 年正确地鉴定之前，一直被人们认为是 *Templum Pacis*，在中世纪文献中它被描述为 *Templum Pacis et Latonae*，这座巴西利卡的西北角的基础事实上是被加固了的，并且压在了和平广场与尼禄宫殿的废墟之上。托伊尔（p. 611f.，6.2），认为与拉托纳有关联是因为存在一个被称为 *Arcus Latronis* 的拱顶通道。见卢格利（G. Lugli），《罗马古迹》（*Roma Antica*）（罗马：Bardi，1968 年），pp. 227ff. 以及克洛西摩（Krautheimer），"*Alberti's Templum Etruscum*"，1969 年。

84. "划分、间隔化"（Compartmentalization）提供了与阿尔伯蒂的 *partitio* 最为接近的翻译。然而，列奥尼（Leoni）"分隔"（compartition）虽然不尽清晰，但或许是比较便利的用词，并见"名词解释"，在"分隔"的条目之下。

85. 见"名词解释"，在"维特鲁威的三原则"条目之下；参见，上注 12 和注 14。

86. 亦见下，5.2.，关于这一概念的影响，见威特科尔的《建筑学原理》p. 67。

87. 尽管维特鲁威为 *xystus*（5.11.4）提供了一个正确的表述，但其在阿尔伯蒂时代的精确意义却多少有点模糊；例如，比翁多（Flavio Biondo）注释说，"也有一种半圆形的曲线形的 *xysti*，与其他一些不同的希腊名称，连今日的希腊人都不知道如何去翻译它。"比翁多，"*Roma Trionfante*"，翻译，方诺（L. Fauno），威尼斯，1544 年，pp. 332ff.。

88. 这是一个与维特鲁威（2.3.3）共享的观点，阿尔伯蒂在别的地方（6.10）也提到了这个观点。

89. 参见希波克拉底的《空气、水、场地》11。

90. 变化：见"名词解释"相关条目。

91. 关于音乐与视觉和谐的关系，见威特科尔（Wittkower），《建筑学原理》（*Architectural Principles*）；并见下，9.5—6；及"名词解释"，"比例"的条目之下。

92. 这是阿尔伯蒂在建筑学的古代经典面前并不那么教条的一个好例子。

93. 见下，4.1—5。

94. 尺度，*modus*：见"名词解释"，在"尺度"的条目之下。

95. 见"名词解释"，在"风"的条目之下。

96. *Iulius Capitolinus*，（奥古斯塔历史手稿之一），*Verus* 8.2。

97. *Seleucia*：巴比伦的一座著名城市，临近底格里斯河（Tigris）。

98. 马尔塞林努斯的《历史》23.6.24。马尔塞林努斯谈到了一尊长发的（*comaeus*），阿波罗神像。

99. 这是一处阿尔伯蒂对他于 1454 年在里米尼（Rimini）的 *Tempio Malatestiano* 建筑的场地建筑师的强调，那位仁兄不理睬阿尔伯蒂的设计，建议使用一种圆形的窗子。见格雷森（C. Grayson），"*Alberti and the Tempio Malatestiano*：*L. B. Alberti to Matteo de' Pasti*"，1454 年 11 月 18 日［纽约：彼尔邦德·摩马根图书馆（Pierpont Morgan Library），1957］。在圣安德利亚（Sant' Andrea）教堂看到的圆形窗子很可能是 16 世纪的；见里克沃特（Rykwert）和塔沃诺（Tavernor），《圣安德利亚教堂》。

100. 这是一个多次引用的反对哥特式尖拱结构的观点，这种结构因其美学与结构的原因，仍然在当时的北部欧洲受到青睐。

101. 阿尔伯蒂通过他的论文谈到了古代的测量体系；至于阿尔伯蒂使用的量度，见"名词解释"，"量度"的条目之下。维特鲁威（3.4.4.）主张每一步的升高为 9 至 10 寸之间，每一踏阶面宽为一尺半或两尺。

第二书

1. 苏埃托尼乌斯的《罗马十二帝王传》之"尤利乌斯"（Julius）46。

2. 见"名词解释"，在"和谐"的条目之下；及下，9.7。

3. 见"名词解释"，在"和谐"的条目之下；及下，9.7。

4. 柏拉图的《辩解篇》（*Sophist*）235e ff.；《理想国》（*Republic*）602c ff.。

5. 变化：见"名词解释"，在相关条目之下；和谐（harmony）：见"名词解释"，在"和谐"条目之下；并见下，9.5—6。

6. 在古代有两种船形桥的例子。薛西斯一世（Xerxes）在达达尼尔海峡（Hellespont）上建造了一座。这座桥被一场风暴所摧毁，以及后来的在薛西斯一世率领下造成的海上灾难，在希罗多德那里得到了记载（7.35）。这座桥被重建了，但又被一场风暴所摧毁。另外一个例子是加伊乌斯·卡利古拉（Gaius Caligula）在 Baiae 和 Puteoli 的 mole，即今日的波佐利（Pozzuoli）之间的桥（参见苏埃托尼乌斯的《罗马十二帝王传》19）。

7. 见利维尤斯·帕塔维努斯的《自奠基以来的城市史》1.38.7。按照狄奥尼西奥斯（哈利卡那索斯的）的《罗马早期史》3.69，这座神殿是由老塔奎建造，并由他的儿子"高傲者塔奎"（Tarquin the Proud）完成的。［塔奎（高傲者），活动时期公元前 6 世纪下半叶，传说中的罗马第七代（末代）国王，是第五代国王老塔奎的儿子或孙子，登基后实行恐怖政策，许多元老被处以死刑，因而有"高傲者"称号。——译者注］

8. 参见普林尼的《自然史》36.82。

9. 这里提到的哈利卡那索斯的陵墓，是用阿耳特弥斯（Artemis）的丈夫 Mausolus 的名字命名的。参见奥鲁斯·格里乌斯的《雅典之夜》10.18。

10. 贺拉斯的《歌集》2.18。

11. 塔西佗的《历史》2.49。

12. 庞培的剧场在阿尔伯蒂的时代是很难得到赏识的，因为它已经被改建成为了住宅，它的准确基址位置还不确定。

13. 阿尔伯蒂在这里大概特别指的是 *domus aurea*。参见苏埃托尼乌斯的《罗马十二帝王传：尼禄》31；塔西佗的《历史》2.42。

14. 阿尔伯蒂在这里可能谈的是 *Seianian* 隧洞，是位于那不勒斯附近的一个有 900 米长的穿越一座山的隧洞，这是由 *Cocceius Nerva* 于公元前 37 年建成的。

15. 参见《奥古斯塔历史手稿》24.7。

16. 一座位于库迈（Cumae，意大利中南部一座古城，位于那不勒斯附近）和那不勒斯附近的湖泊。

17. 五段帆船：罗马共和国时代标准的战船，一个大而狭长的船身，每一个桨大约有 5 个桨手。

18. Cf. 苏埃托尼乌斯的《罗马十二帝王传：尼禄》16.1；31.3。

19. 优西比乌斯（Eusebius，公元 265—340 年），巴勒斯坦的恺撒里亚的主教及一部编年的教会史、《福音书阐释》、《君士坦丁传记》及一部巴勒斯坦的地形学著作（a topography of Palestine）的作者（希腊语）。

20. 优西比乌斯的《福音书阐释》9.30.4—5。

21. 克恩图斯·库尔提斯·鲁弗斯（Quintus Curtius Rufus）的《亚历山大大帝战事论》。可能是在克劳狄乌斯（Claudius）或韦斯帕西恩（Vespasian）的统治之时，写了一部亚历山大大帝的历史书，有十本，其中的前两本已佚失。

22. 克恩图斯·库尔提斯·鲁弗斯的《亚历山大大帝战事论》7.26。按照库尔提斯的说法，这座城市实际上是在 17 天之内完成的；阿利安（Arrian）（4.4.1）说是 20 天；贾斯廷（Justin）（12.5）赞同库尔提斯的说法。

23. 弗莱维厄斯·约瑟夫斯（Flavius Josephus）（公元 37—约 100 年），一位犹太政治家和军人，《上古犹太史》（*Antiquitates Iudaicae*）的作者，约公元 66 年，亦是《犹太战争史》（History of the Jewish Wars）（*Bellum Iudaicum*）的作者。

24. 约瑟夫斯的《上古犹太史》10.224—225；*Contra Apionem* 1.138—140。这是后来建造的一座宫殿，而不是城墙或神殿，建造这座宫殿用了 15 天时间。

25. 赛跑场（Stade）：一个希腊弗隆（furlong，长度单位），600 希腊尺，大约是 194 码或 185 米的长度；关于阿尔伯蒂使用的量度，见"名词解释"，在"量度"的条目之下。

26. 约瑟夫斯的《犹太战争史》5.508—509。

27. 狄奥多罗斯（西西里的）《历史丛书》2.7.3。

28. 狄奥多罗斯（西西里的）《历史丛书》2.9.1—3。

29. 阿维尔尼（Arverni），一个高卢部落，据有今日的奥弗涅地区（Auvergne，前法国中部一省份，现为皇家领地）。

30. 普林尼的《自然史》34.45。

31. 普林尼的《自然史》7.194。这条文献显然是被阿尔伯蒂用错了，它应该被读作"……按照 Gellius 的说法，Toxius 是第一位"，Gellius 是一位 2 世纪上半叶的文法学家。斯特拉博的《地理学》11.503 提到了一位被称为 Gaelians 的人。

32. 狄奥多罗斯（西西里的）《历史丛书》5.68.1。

33. 优西比乌斯的《福音书阐释》1. 10. 10。

34. 泰奥弗拉斯托斯的 *Historia plantarum* 5. 1. 1—5。

35. 见"名词解释",在"风"的条目之下。

36. 维特鲁威的《建筑十书》2. 9. 1。西风(Favonius)标志了春天的来临;见"名词解释",在"风"的条目之下。

37. 赫西奥德(Hesiod),*Opera et dies* 383—384,415—421。事实上赫西奥德主张在昴宿星(Pleiades)升起的时候当是收获的季节,而这在更多情况下是伐木的时节。

38. 加图的《农书》17. 1—2。

39. 瓦罗的《论农业》1. 37. 2。

40. 参见普林尼的《自然史》16. 194。

41. *Luna sitiente*:从字面上看,"当月亮变得饥渴时"(when the moon is thirsty);通常解释为"当月亮变得没有云彩遮挡,清澈明亮时"(when the moon is cloudless, bright)。

42. 科卢梅拉(L. Junius Moderatus Columella),公元 1 世纪时的一位农业方面的著名作者。

43. 科卢梅拉的《论农村》11. 2. 11。当然,月亮的一个循环周期仅有 28 天。

44. 弗拉维乌斯·韦格提乌斯·雷纳图斯(Flavius Vegetius Renatus),一位 4 世纪后半叶的军事事务方面的作者。

45. 弗拉维乌斯·韦格提乌斯·雷纳图斯的 *Epitoma rei militaris* 4. 35。

46. 普林尼的《自然史》16. 190—191。

47. 泰奥弗拉斯托斯的 *Historia plantarum* 5. 1. 2。

48. 泰奥弗拉斯托斯的 *Historia plantarum* 5. 5. 6。

49. 加图列出了许多使用油滓的方法,但是并没有包括这里提到的这个。参见加图的《农书》130. 111f.。并参见普林尼的《自然史》15. 33—34。阿尔伯蒂可能不接受加图对普林尼关于雪松油注解;参见普林尼的《自然史》16. 197。

50. 参见普林尼的《自然史》15. 34。

51. 普林尼的《自然史》36. 89。

52. 泰奥弗拉斯托斯的 *De causis plantarum* 5. 15. 4。

53. 奥鲁斯·格里乌斯的《雅典之夜》15. 1. 4。

54. 参见普林尼的《自然史》13. 99。

55. 普林尼的《自然史》13. 57。

56. 见"名词解释",在"风"的条目之下。

57. 加图的《农书》31. 2。

58. 泰奥弗拉斯托斯的 *Historia plantarum* 5. 3. 5。

59. *Quercus cerrus*。

60. *Quercus*:并见下注 75,在阿尔伯蒂使用生物学术语 *quercus* 造成了一些混淆。

61. *Quercus robur*。

62. *Quercus aesculus*。

63. 参见维特鲁威的《建筑十书》2. 9. 10。

64. 参见维特鲁威的《建筑十书》2. 9. 8。

65. 泰奥弗拉斯托斯 *Historia plantarum* 5. 6. 1。这个浴室实际上是在 *Antandros*,位于密细亚(My-

sia）的一个海上城镇，现在是 Antandro。

66. 阿尔伯蒂从维特鲁威那里借用了很多内容。参见维特鲁威的《建筑十书》2.9.6。

67. 泰奥弗拉斯托斯提到了 amomon 的种植，但是并没有说明这种树木能够使用多久。参见 *Historia plantarum* 9.7.2。

68. 柏拉图的《法律篇》5.741c。

69. 参见普林尼的《自然史》16.213—215。

70. 哈德良三世（Hadrian Ⅲ）是公元884—885年在位的教皇，而尤金四世（Eugenius Ⅳ）是于1431—1447年在位。尤金实际上是在1439年委托菲拉雷特设计制作了圣彼得教堂的门，使得这些门有了554年的历史，从而为阿尔伯蒂的论文建立了一个 *terminus post quem*，因为这些门是于1445年完成的。

71. 参见维特鲁威的《建筑十书》2.15—16。

72. 参见普林尼的《自然史》16.223；泰奥弗拉斯托斯 *Historia Plantarum* 5.6；色诺芬 *Cyropaedia* 7.5.11。

73. 普林尼的《自然史》16.198。

74. 维特鲁威的《建筑十书》2.9.9。

75. 阿尔伯蒂在这里显然有些混淆。普林尼在《自然史》16.218 中的解释说："*fagus et cerrus celeriter marcescunt*"。维特鲁威（2.9.9）解释说 "*cerrus quercus fagus... celeriter marcescunt*"。由于在别的地方，阿尔伯蒂将 *cerrus* 和 *quercus* 做了区分，很显然在这里他是拒绝维特鲁威的观点的。

76. 参见维特鲁威的《建筑十书》2.9.7；普林尼的《自然史》16.197。

77. 参见普林尼的《自然史》16.229。

78. 参见普林尼的《自然史》16.228。

79. 参见泰奥弗拉斯托斯的 *Historia plantarum* 5.4.2。

80. 泰奥弗拉斯托斯的 *Historia plantarum* 5.5.6。

81. 参见普林尼的《自然史》16.210。

82. 加图的《农书》31.1。

83. 参见普林尼的《自然史》16.224。

84. 参见普林尼的《自然史》16.187。

85. 维特鲁威的《建筑十书》7.1.2。

86. 泰奥弗拉斯托斯的 *Historia plantarum* 3.2。

87. 参见普林尼的《自然史》16.196。

88. *Medula*，字面意思为"骨髓"（marrow）。

89. 瓦罗的《论农业》1.41.4。

90. 参见亚里士多德的《植物学》1.3；并见普林尼的《自然史》16.185。

91. 边材（Alburnum）：新生长出来的年轮。

92. 参见普林尼的《自然史》14.9。Populonia 位于托斯卡诺海岸边，在 Piombino 的附近。

93. 斯特拉博的《地理学》2.1.14。

94. 参见普林尼的《自然史》16.216。

95. 参见普林尼的《自然史》16.207。

96. 参见卢克莱修（Lucretius）的 *De rerum natura* 5.455—457；泰奥弗拉斯托斯的，*De lapidibus*,

1—3。

97. 这一建议不是由加图提出来的，而是由维特鲁威和普林尼。见维特鲁威（Vitr. 2. 7. 5）；普林尼的《自然史》36. 170。

98. 见"名词解释"，在"风"的条目之下。

99. 应是 Bolsena 湖。

100. 一座位于卡里亚（Caria，小亚细亚西南部一古老地区，其海岸线濒临爱琴海。——译者注）的城镇，现在是 Eskişehir。

101. 坚硬的白色石灰华。参见普林尼的《自然史》36. 168—169；维特鲁威的《建筑十书》2. 7. 3。

102. 两种火山岩质的白榴拟灰岩。Tac. Ann. I 5. 43.

103. 亦即白垩。

104. 参见普林尼的《自然史》36. 159，167；维特鲁威的《建筑十书》2. 7. 1—2。

105. 参见普林尼的《自然史》36. 125。

106. 阿尔伯蒂的意思大概是指大体块的钟乳石或石笋。

107. 很可能是位于特尔尼（Terni，意大利中部城市，位于罗马以北。——译者注）附近的 Marmore 河。

108. 阿尔伯蒂在这里谈的是阿尔卑斯山南侧的高卢（Cisalpine Gaul）。

109. 大概是在 Forum Cornelium 附近，这里说的是阿尔卑斯山南侧说高卢方言的一个区域，而不是在非洲海岸的科尼里亚的兵营（Corneliana Castra）。

110. 一条现在被称为 Chiana 的河流。

111. 一座位于密细亚（Mysia）的城镇，现在是 Chizico，Atraki 或 Balkiz。

112. 一座位于马其顿地区（Macedonia.）的城镇。

113. 普林尼的《自然史》35. 167。

114. 参见普林尼的《自然史》35. 166。这个波佐利是罗马人用了很久的水泥基地。亦参见维特鲁威的《建筑十书》2. 6. 1。

115. Oropus 是一座城镇，而奥立斯（Aulis）是位于 Boetia 一个海港。

116. 参见普林尼的《自然史》35. 167。

117. 参见普林尼的《自然史》36. 131。阿尔伯蒂又一次用了很糟糕的文本。普林尼提到的是"Assos in the Troad"，而不是"亚细亚的特洛伊"（Troy in Asia）。

118. 在这里阿尔伯蒂过于依赖普林尼了。参见普林尼的《自然史》35. 169；另参见维特鲁威的《建筑十书》2. 3. 1。

119. 参见普林尼的《自然史》35. 170；维特鲁威的《建筑十书》2. 3. 2。

120. 见"名词解释"，在"量度"的条目之下。

121. 参见维特鲁威的《建筑十书》2. 3. 3；普林尼的《自然史》35. 171。

122. 阿尔伯蒂所使用的是古代的量度，见"名词解释"，在"量度"的条目之下。

123. 在这里阿尔伯蒂显然没有遵循他自己的建议，这可能是因为他建立了并严格地遵循了与当地的砖的生产相关联的传统；见"名词解释"，在"量度"的条目之下。

124. 普林尼的《自然史》35. 170；维特鲁威的《建筑十书》2. 3. 2。

125. 参见普林尼的《自然史》35. 160。

126. 阿尔伯蒂实际上引用的是普林尼的《自然史》36. 174。参见加图的《农书》38. 2。

127. 参见维特鲁威的《建筑十书》2.5.3。

128. 普林尼的《自然史》36.169。

129. 参见维特鲁威的《建筑十书》2.5.1。

130. 普林尼的《自然史》36.174。

131. 事实上是在位于卢瓦尔（Loire）河与Saône河之间的内陆地区。

132. 阿尔伯蒂从普林尼那里引用了不少有关石膏的资料。参见《自然史》36.182—183。

133. 这大概是一条有关阿尔伯蒂在里米尼（Rimini）圣弗朗西斯科（San Francesco）前身的作品的资料，在这座建筑中他将 Sigismondo Malatesta（马拉泰斯塔）转换成了 Ternpio Malatestiano。阿尔伯蒂的包括了1450年以来的数据，提供了他的建筑学论文的 terminus post quem。

134. 在这里阿尔伯蒂指的可能是化石。这里似乎将活着的和已经变成化石而保存在石头中的动物有一些混淆。见下面的两个段落。

135. 马丁五世（Martin V）是从1417年至1431年在位的教皇。

136. 坚石（Tough stone）：见"名词解释"相关条目。

137. 加图提供了一个详细的有关石灰窑的建造数据及生产石灰的方法。参见《农书》38.1—4。

138. 维特鲁威的《建筑十书》2.6.6。

139. 一个位于亚平宁山脉（Apennines）和台伯河（Tiber）与亚诺河（Arno）之间的区域。

140. 西南风。见"名词解释"，在"风"的条目之下。

141. 参见维特鲁威的《建筑十书》2.4.2—3。

142. 参见维特鲁威的《建筑十书》2.4.1。

143. 参见维特鲁威的《建筑十书》2.4.3。

144. 这是阿尔伯蒂在曼图亚（Mantua）的建筑实践中遇到的一个问题。在那里没有当地产的石头。其结果是他的这座建筑是用砖头建造的。

145. 参见普林尼的《自然史》36.175。

146. 普林尼的《自然史》35.182，169。

147. Budini：萨尔马提亚（Sarmatia）人中的一支。

148. 希罗多德的《历史》（Herod. 4.108）。

149. Neuri：居住在欧洲锡西厄（Scythia，欧亚大陆的一个地区，从黑海的多瑙河口一直到咸海的东部地区。——译者注）地区人的一支。

150. 鲍姆伯努斯·梅拉（Pomponius Mela）的 De chorographia 2.1.15。

151. 参见狄奥多罗斯（西西里的）《历史丛书》3.19。

152. 狄奥多罗斯（西西里的）《历史丛书》4.30.5。

153. 塞克图斯·尤利乌斯·弗朗蒂努斯的《罗马城的供水问题》2.123。除了熟练的石匠、水工等等之外，一般的劳工在冬天时更为充裕，因为这是一年中农业生产需要较少劳力的时候。有材料证明在阿尔伯蒂的时代一个有影响的季节性工作编织业对于建筑材料的生产有更多的季节性影响。

154. 塔鲁蒂尤斯（L. Tarutius Firmanus），是一位著名的占星家。

155. 参见马库斯·图留斯·西塞罗的《论占卜》2.98。

156. 尤利乌斯·弗米库斯·马特努斯（Julius F. Maternus），在君士坦丁大帝（Constantine the Great）时代的一位罗马数学家，一本书名为 Matheseos libri octo 的书的作者。

157. Petosiris：一位著名的埃及数学家和占星家；Necepsus：一位埃及的神秘占星家。

158. 这一书的最后一段，使阿尔伯蒂将他与他所尊崇的古代信仰与传统拉开了一定的距离，以用于强调他的建筑学方法的客观性。

159. 维特鲁威的《建筑十书》*Ecl.* 3. 60。

第三书

1. 束腰（Girdle）：见"名词解释"，在"骨骼与嵌板"的条目之下。

2. 房屋覆盖范围（*Area*）：见"名词解释"，相关条目之下。

3. 阿尔伯蒂谈的很可能是靠近埃特鲁斯坎的古代城市 Veio 的石灰华石，当地人现在所知道的是 Isola Farnese。

4. 阿尔伯蒂认为 *fundatio* 是从 *fundus* 来的，"基底"（the bottom），以及 *itio*，"通道"（a passage）；这更像是从动词 fundere，"建立"（to found），加了一个后缀：–atio 而来的，因而，它有"建立过程"（the process of founding）的意思。

5. 见"名词解释"的相关条目之下。

6. 这是一种人们所熟知的古代埃及人检验直角的方法。维特鲁威解释说这种方法之后隐含的是毕达哥拉斯（Pythagoras）关于直角斜边（square of the hypotenuse）的理论（9. intro. 6）。

7. 这些 *Commentarii rerum mathematicarum* 至今还没有明确证明是否可能是阿尔伯蒂佚失的著作。见格雷森（Grayson）的《L·B·阿尔伯蒂的著作 *Decem Libri*》（The Composition of L. B. Alberti's *Decem Libri*）。

8. 大陆城镇 Mestre。

9. 见 1. 8；3. 6。

10. 科卢梅拉的《论农村》1. 5. 9。

11. 见"名词解释"，在"坚石"的条目之下。

12. *Modius*：罗马谷物的度量衡器，包含了 16 *sextarii* 或相当于 8. 73 公升的量度。见"名词解释"，在"量度"的条目之下，有关阿尔伯蒂所使用的量度。

13. 加图的《农书》15。

14. 维特鲁威实际上介绍的配比是若用坑沙（pit sand）为 3 比 1 的比例，而用河沙或海沙则是 2 比 1 的比例：维特鲁威的《建筑十书》2. 5. 1。普林尼的《自然史》36. 175。

15. 按照希罗多德的说法，将木柱楔入沼泽地，然后将其收回以收集黏土来用于制造砖。"Asithis"应该读作"Asuchis"，而"Nicerinus"应该读作"Mycerinus"。参见希罗多德的《历史》2. 136。

16. "Cresiphus"应该读作"Chersiphron"；阿尔伯蒂在 6. 6 中描述了他的有关采石场运输的新奇技术。

17. 芝加哥的 MS 弥补了"hides"与"coal"的空隙。Hides 实际上是羊皮革。进一步是将梁放在其顶上，然后再在其上放置梁，以及巨大的石块。我们应该省略羊皮而仅仅用木炭来填满空隙……这是将普林尼（《自然史》36. 95）和维特鲁威（3. 4. 2；5. 12. 6）的方法合而为一的做法。

18. 见"名词解释"，在"量度"的条目之下。参见优西比乌斯（恺撒里亚的）的《福音书阐释》9. 4。

19. 亦即哈德良在罗马的陵墓，它更为人们所熟悉并熟知的名字是 Castel Sant' Angelo。

20. 阿尔伯蒂在他关于术语"基础"（foundations）的定义中包括了墙脚或柱脚部分。

21. 见"名词解释"，在"檐口"的条目之下。

22. 见"名词解释"，在"骨骼与嵌板"的条目之下。

23. 在拉丁文中为 complementum. 见"名词解释"，在"骨骼与嵌板"的条目之下。

24. 瓦罗的《论农业》1.14.4。

25. 参见6.2；见"名词解释"，在"美与装饰"的条目之下。

26. 加图的《农书》14.4—5。

27. 关于"columns"在这里的上下文中的意思，见上面的第六章。

28. 见上面的第六章；并见"名词解释"，在"骨骼与嵌板"的条目之下。

29. 见"名词解释"，在"骨骼与嵌板"的条目之下。

30. 见"名词解释"，在"骨骼与嵌板"的条目之下。

31. 见"名词解释"，在"风"的条目之下。

32. 在曼图亚（Mantua），阿尔伯蒂在那里设计了圣塞巴蒂亚诺（San Sebastiano）教堂和圣安德里亚教堂，那里没有当地适用的石头，建筑物的墙体是用砖筑的内表皮与外表皮，而用碎石填充其中部。

33. 维特鲁威将这些石头称之为 diatonos（2.8）。

34. 亦即罗马的 libbra，等于327.45克。

35. 这些法律中包含有 Mino 和 Nino；然而，在将这个名字修改为努马（Numa）方面，奥兰迪显然是正确的；普卢塔克的《努马》17。

36. 见"名词解释"，在"风"的条目之下。

37. Lapis，被阿尔伯蒂用来表示和石头一样好的砖。

38. 加图的《农书》14.1。

39. 亦即带燕尾榫（槽）的（dovetailed）。

40. 普林尼的《自然史》35.169。

41. 见"名词解释"，在"骨骼与嵌板"的条目之下。

42. 参见普林尼的《自然史》2.146。

43. 普林尼注意到了在将谷物运进谷仓之前将一只蟾蜍的后腿挂在谷仓的门槛上的习俗；《自然史》18.303。

44. 参见普林尼的《自然史》13.117。

45. 普林尼和泰奥弗拉斯托斯评论说，这种树的叶子，如果被吃了，会被证明是致命的，而唯一的化解之法就是腹泻；普林尼的《自然史》13.118；泰奥弗拉斯托斯的 Historia plantarum 3.18.13。

46. 见"名词解释"，在"骨骼与嵌板"的条目之下。

47. 见"名词解释"，在"骨骼与嵌板"的条目之下。

48. Physicians/physici：这两个涉及 physis，自然（Nature）的词. 与其最接近的现代同义词是"自然科学家"（natural scientists）。

49. 这条资料所谈并不是与瓦罗有关之事。

50. Cuneos；这些楔子在现代术语学中具有起拱之过程的意义。

51. 恩尼乌斯的《悲剧》5.423（编辑：Vahlen）。这一点是由瓦罗的《论农业》中《论拉丁语》5.19提到的。

52. 塞尔维乌斯《维吉尔注》2.19。

53. "球状"穹隆，阿尔伯蒂大概是通过这个来意指"半球状"（hemispherical）的穹窿，当然，更为经常的是为人们所知的圆形拱顶。

54. 在这里所描述的各种类型的拱顶中，阿尔伯蒂提议里米尼（Rimini）的 Tempio Malatestiano 教堂用的是桶形拱顶，并在其东端用了一个球形的穹窿，那里很可能是一个圆形的平面；在曼图亚（Mantua）的圣塞巴斯蒂亚诺教堂十字形平面的第一个伸出的部分用了一个球形的穹窿；在佛罗伦萨的 Santissima Annunziata 的唱诗班的既有的圆形平面上，也用了一个球形的穹窿；在曼图亚的长桶形拱顶的圣安德里亚礼拜堂两翼的每一侧都用了较低矮的桶形拱顶。在他一生中唯一的一座毫无疑问是由他自己承担完成的拱顶是佛罗伦萨的 San Pancrazio 教堂的卢塞莱（Rucellai）墓的拱顶。

55. *Fornix*，阿尔伯蒂是从 *perforare*，"钻孔、穿透"（to drill，to pierce through）中得出这个名称的。

56. 隔成小室的或十字拱顶的（Camerated or cross‑vault）：阿尔伯蒂在这里构建了另外一个语源学—camura—词被引了出来，是追随塞尔维乌斯的《维吉尔注》3.55 中，从 camur 一词来，意思是"折叠起来"（folded over）。

57. 骨骼（Bones）：关于这个词及这一段的其余部分，见"名词解释"，在"骨骼与嵌板"的条目之下。

58. 环（Rings），*coronae*：见"名词解释"，在"檐口"的条目之下。

59. 见"名词解释"，在"风"的条目之下。

60. 这种鲱鱼鱼骨式的结构，以及可以移动的中心点都是由伯鲁乃列斯基（Brunelleschi）在佛罗伦萨的大教堂中使用过的。阿尔伯蒂倾向于为万神庙使用这样的结构的主张是相当清晰的。

61. 维特鲁威事实上提到的是弗里吉亚人（Phrygians），他们的原始文明是众所周知的；维特鲁威的《建筑十书》2.1.5。

62. 普林尼的《自然史》6.109。普林尼实际上是将这一习惯归结于在"Carmania 角上的食海龟的人"（the Turtle-eaters in the angle of Carmania）。另参见《自然史》6.19 和 9.35，在那里普林尼再一次提到了将海龟壳用于屋顶部分的实践。

63. 参见普林尼的《自然史》7.195。

64. 狄奥多罗斯（西西里的）《历史丛书》2.10。

65. 是维特鲁威而不是瓦罗，给出了这一建议：7.4.5。

66. 普林尼的《自然史》36.184—189。

67. 维特鲁威的《建筑十书》7.2.1ff.。

68. *Opus spicatum*；参见维特鲁威的《建筑十书》7.1.4。

69. 见"名词解释"，在"风"的条目之下。

第四书

1. 普卢塔克的 *Theseus* 25.1—2。

2. 普卢塔克提到了 300 种度量（希腊的 *metra*）。参见普卢塔克的 *Solon* 18.1ff.。

3. 普卢塔克的《努马》17。

4. 恺撒的《高卢战记》（*De bello Gallico*）6.13。

5. 未知地名。奥兰迪认为这是指 Panchaia，"寓言中红海上的一个岛，"关于这一点见塞尔维乌斯的《维吉尔注》2. 115—117 和 4. 379；并见普林尼的《自然史》7. I 97 和 10. 2，这里被说成是凤凰的家乡。更大的可能是这涉及了被麦西尼的犹希迈罗斯（Euhemeros of Messene）以这个名字所描述的一个乌托邦社会。这可以通过由狄奥多罗斯（西西里的）《历史丛书》（5. 41ff.）和优西比乌斯（恺撒里亚的）《福音书阐释》所给出的摘要中了解到。

6. 希罗多德的《历史》（Herod. 2. 164—168）。斯特拉博和狄奥多罗斯将埃及人分了 3 个阶层，而柏拉图则将埃及人分为了 5 个或更多的阶层（狄奥多罗斯《历史丛书》1. 29 和 1. 74；柏拉图，Ti-maeus 24 A ff.）。另参见伊索克拉底（Isocrates，公元前 436—前 338 年，雅典雄辩家和修辞学家。——译者注）Busiris 21。

7. 参见亚里士多德的《政治学》2. 5. 2。

8. 亚里士多德在《政治学》（Politics 7 和 8）中讨论了理想国家的构成。另参见 4. 3. 11ff.。

9. 监察官是多立克人选举出来的地方官员，这种官员在斯巴达（Sparta）特别有权威。狄奥多罗斯（西西里的）《历史丛书》2. 40—41。

10. 见"名词解释"，在"精神"的条目之下。

11. 柏拉图的《理想国》9. 580f.。

12. 参见阿利安（Arrian），Indike 7. 3；狄奥多罗斯（西西里的）《历史丛书》2. 38。

13. 修昔底德的《伯罗奔尼撒战争史》1. 2. 2。

14. 勃艮第（Burgundii）是于公元 4 世纪侵入法兰西的野蛮人部落之一，阿尔伯蒂心中可能想的是赫尔维西亚人（Helvetii，古罗马恺撒时代居住在今瑞士西部和北部的人。——译者注），是他们烧毁了他们所有的城市（oppida）和 400 个村落；见恺撒的《高卢战记》（De bello Gallico）1. 5。

15. 鲍姆伯努斯·梅拉（Pomponius Mela），De chorographia 1. 64。参见优西比乌斯（恺撒里亚的）的《福音书阐释》Praep. Evang. 1，10。

16. 希罗多德的《历史》2. 137. 3。

17. 恺撒的《高卢战记》，（De bello Gallico）4. 3；6. 23。恺撒进一步解释说，日耳曼人觉得，如果与他们相邻的边界地区没有人居住，这就说明没有人敢与他们为邻。

18. 参见狄奥多罗斯（西西里的）《历史丛书》1. 55. 6；一个大致正确的参考。

19. 奥兰迪指出阿尔伯蒂（或他所依赖的资料来源）将两条狄奥多罗斯的有关 Assyria 和 Arabia 的注解混在了一起。见注 20。

20. 参见狄奥多罗斯（西西里的）《历史丛书》2. 48. 4—5。

21. 如第欧根尼·拉尔修（Diogenes Laertius，活动于 3 世纪的希腊作家，著有《著名哲学家的生平、学说和格言》。——译者注）指出（4. 23），有许多人讨厌 Crates 这个名字；看起来阿尔伯蒂在这里谈的是底比斯犬儒学派的 Crates（Crates the Theban Cynic）（fl. 公元前 326 年），第欧根尼记述了他们的禁欲生活（6. 85—93）。

22. 利维尤斯·帕塔维努斯《自奠基以来的城市史》29. 25. 12。奥兰迪注意到阿尔伯蒂显然是用了一个糟糕的文本：利维尤斯·帕塔维努斯《自奠基以来的城市史》提到的是"Emporia"，这个地方位于突尼斯的 Gabes 和 Sfax 之间，而不是"埃默里西人的领地"（the territory of the Emerici）。

23. 参见狄奥多罗斯（西西里的）《历史丛书》4. 20. 1。Ligii 实际上是利古里亚人（Ligurians）。

24. 瓦罗的《论农业》1. 7. 6。瓦罗谈到了"埃勒分蒂尼"（Elephantine，埃及东南部的一个岛。——译者注）而不是"孟菲斯"。

25. 斯特拉博提到了陶鲁斯（Taurus），但是没有给出什么细节。*modius* 是罗马谷物的量度器，容有 16 个 *sextarii*。

26. 希罗多德没有说过这样的话。但可参见狄奥多罗斯（西西里的）《历史丛书》2. 47，除了别的人的话之外，他还引用了 Hecateus 作为这一说法的权威依据。

27. 这个故事显然是从鲍姆伯努斯·梅拉（Pomponius Mela）那里来的（*De chorographia* 3. 58），他谈到了 "Talge in Caspio mari sine cultu fertilis"；亦即，里海的泰尔戈人（Talge on the Caspian Sea）。

28. 弗莱维厄斯·约瑟夫斯的《犹太战争史》2. 386—387。

29. 柏拉图的《理想国》5. 473a。另见 9. 592a—b。

30. 这里是与 6. 2 所给出的有关美的定义相呼应的；在那里他以柏拉图的对话或色诺芬所提出的定义似乎不太明显。因而，可见柏拉图的《法律篇》5. 746c，并见西塞罗关于有关人体完美性的描述（*De oratore* 3. 45. 1792）。

31. 参见狄奥多罗斯（西西里的）《历史丛书》2. 38。

32. 斯特拉博的《地理学》1. 3. 17。

33. 参见斯特拉博的《地理学》1. 3. 4。似乎没有确切的证据证明这座神殿曾经在海岸边，尽管斯特拉博支持 Strato 的说法，但在一定程度上，这也无疑使这一说法得以传播。

34. 柏拉图的《法律篇》704b。

35. 亚里士多德的《政治学》；7. 10；《论题篇》1. 52；5. 34；37. 3。

36. 陶鲁斯山即 Taurian Mountains，是指位于小亚细亚东北方向的一个地区。

37. 赫西奥德（Hesiod），*Opera et dies* 518。

38. 狄奥多罗斯（西西里的）《历史丛书》4. 78。

39. 即 Cingolo，曾经由恺撒提起，《内战记》（*De bello civili*）1. 15。

40. 很可能是位于雷蒂亚（Rhaetia，古罗马的一个省，包括今天的瑞士东部及奥地利西部。——译者注）的 Brixino 城；Breixen。

41. 参见维特鲁威的《建筑十书》（Vitr. 1. 5. 2），在转角处所抵御的是敌人而不是市民。关于转角处的塔何以容易遭到战争机械的破坏，在较后的段落中进行了描述。维特鲁威（Vitr. 1. 5. 5）。

42. 参见狄奥多罗斯（西西里的）《历史丛书》1. 45. 4；这是宙斯之城（Diospolis），而不是太阳之城（Heliospolis）。

43. 参见狄奥多罗斯（西西里的）《历史丛书》1. 50. 4。

44. 狄奥多罗斯注意到了克尼杜斯（Cnidus，古希腊小亚细亚城市，位于今土耳其亚洲部分的西南。——译者注）的 Ctesias 人的习惯，这些人将他们的围墙建成 360 个赛跑场（stades）的长度，以及 Cleitarchus 人的习惯，他们把其围墙建成 365 个赛跑场的长度，加上的这些长度是由于塞米勒米斯（Semiramis）的将其等同于一年的总天数的倾向。克恩图斯（Quintus）（5. 1）也给出了 365 这个数。斯特拉博的《地理学》（16. 1. 5）给出的是 385，虽然这一般被认为是被 MSS（手稿？）所造成的 365 的一个错误。希罗多德的《历史》（1. 178）给出的数是 480。

45. 参见狄奥多罗斯（西西里的）《历史丛书》（Diod. Sic. 2. 3. 3）。

46. 泰伦提乌斯·瓦罗的《论拉丁语》5. 143。

47. 普卢塔克的 *Romulus* 11。

48. 在这里阿尔伯蒂是追随了瓦罗的说法。

49. *Ne fas*，宗教意义上的"错误"。参见，塞尔维乌斯的《维吉尔传》2. 730。但是这也是一个司法的差别；参见普卢塔克的《罗马问题》27。

50. 参见狄奥尼西奥斯（哈利卡那索斯的）《罗马早期史》1.88。

51. 参见马尔塞林努斯的《历史》22.16.7；阿利安的《远征记》（Anabasis）3.2.1；斯特拉博的《地理学》17.1.6；普卢塔克的《列传：亚历山大》26.5—6；然而，克恩图斯·克蒂乌斯·鲁弗斯报告说用大麦标志出一座城市是马其顿人的习惯，4.8.6。其预兆是通过吃谷物或面粉的鸟所来的路径来判断的。

52. 这实际上是从 Censorinus 那里逐字逐句地引用来的，参见 Censorinus, *De die natali* 17.5ff.。

53. Censorinus, *De die natali* 17.6。

54. 普卢塔克的《努马》3.6；但是，普卢塔克给出的时间是 4 月 21 日。而罗马的城市奠基庆典日仍然是在 4 月 21 日。

55. 是尼努斯创建了尼尼微（Nineveh），是 Semiramis 创建了巴比伦。参见狄奥多罗斯（西西里的）《历史丛书》2.3.3；2.7.4。

56. 阿利安的《远征记》2.21.4.

57. 希罗多德的《历史》1.98。希罗多德给出的名称为 Agbatana。

58. 柏拉图，然而，显然是对墙体的蔑视。参见《法律篇》6.778d.。

59. 关于柏拉图雄心勃勃的观点，参见柏拉图的《法律篇》9.870。

60. 参见弗拉维乌斯·韦格提乌斯·雷纳图斯的《论战略》4.2。

61. 塔西佗的《历史》5.11。

62. 梅加森内斯（Megasthenes）对 Palimbothra 描述是由阿利安记录下来的（Indika 10.5 – 6.）

63. 参见希罗多德的《历史》1.178。

64. 据狄奥多罗斯的记载孟菲斯是坐落在尼罗河"三角洲"（delta）上的。狄奥多罗斯（西西里的）《历史丛书》1.50.3。

65. 这几乎是逐字从弗拉维乌斯·韦格提乌斯，4.3. 那里引用来的。

66. 维特鲁威的《建筑十书》1.5.3。

67. 修昔底德《伯罗奔尼撒战争史》2.75.2。

68. 恺撒的《高卢战记》（De bello Gallico）7.23.2。

69. 参见维特鲁威的《建筑十书》1.5.7。

70. 参见维特鲁威的《建筑十书》1.5.4。

71. 参见弗拉维乌斯·韦格提乌斯的《论战略》4.4。

72. 关于罗马法中有关乡村不动产使用权的一条直接证据。参见 *Institutiones* 2.3；《迪格斯塔》（Digesta）8.3.8。

73. 参见《迪格斯塔》（Digesta）8.3.8；然而，在这里提到了一条应该有 8 尺宽的直路。

74. 不幸的是，唯一适用的英语词汇"square"在这里的上下文中不适合于其几何性的联想。

75. 一座古代的拉丁城镇，现在是位于皮珀罗（Pipero）附近的一个废墟。

76. 通过另外一个常用的语源学词汇，阿尔伯蒂引出了古罗马帝国道路（agger）的词源，"堤防"（embankment）来自 ager，即"田野"（field）。

77. 参见维特鲁威的《建筑十书》1.5。

78. 塔西佗的《编年史》15.43。

79. 克恩图斯·库尔提斯·鲁弗斯的《亚历山大大帝战事论》5.1.26—27。

80. 柏拉图的《法律篇》6.779。

81. 恺撒的《高卢战记》(*De bello Gallico*) 4.17.3ff.。这条引言被部分地加以了说明。

82. 阿尔伯蒂在这里加上了 long 这个词，大概是想澄清思路。其实他混淆了思路；恺撒 (4.17.6)"……其厚度是两尺，等于柱子连接处的空隙的宽度。"

83. *Sublicae*；阿尔伯蒂为恺撒的术语加了一个语言学的注释。

84. 国王 Min，传说中的第一位埃及国王。希罗多德记述了国王是如何将尼罗河引到山里去的，但是却没有提到有桥梁，只有一个大堤坝。希罗多德的《历史》2.99。

85. 参见希罗多德的《历史》1.186。在后面所引的资料中，这位女王的名字被正确地拼写为 Nitocris（尼托克里司）。

86. 一艘轻巧、细长、快速的船；达尔马提亚 (Dalmatia，南斯拉夫西部一历史地区，濒临亚得里亚海，公元前 1 世纪时被罗马征服。——译者注）的 Liburnei 为这些船提供了木料。

87. 参见普林尼的《自然史》36.6。一位下水道工程承包人，在他将沉重的柱子拖到朱庇特神殿的时候，要求斯科奥鲁斯 (Scaurus) 为他在防止对排水所造成的可能危险方面提供安全保证。

88. 阿尔伯蒂说，拱形圆顶是由拱券所组成的，就像一堵由柱子组成的墙一样；拱券在这里起的是一条或明显或不明显的肋的作用。

89. 即一个半圆形另加这个半圆形的十分之一。

90. 即拱心石。

91. 这表示有一个九十六分之一的高度差；在英格兰的现代标准中一口气有九十分之一的高度差。

92. 这表示有六分之一的坡度。

93. 这两个人事实上在内战中是处于敌对状态中的。多拉比拉 (Dolabella) 袭击了士麦那并杀了特尔伯尼乌斯 (Trebonius)。参见阿庇安 (Appian,) *De bellis civilibus* 3.26。

94. 修昔底德的《伯罗奔尼撒战争史》1.93。

95. 在这个句子中似乎少了一个动词。托伊尔提供了 *malim* 这个词；这样其意思就足够清晰了。

96. 见下，10.12。

97. *Columnae*；意思很显然是系船的柱子 (bollards)。

98. *Spectaculum*；见"名词解释"，在"表演建筑与演出场地"的条目之下。

第五书

1. 见上，4.1。

2. 欧里庇得斯的《赫卡柏》884。

3. 巴扎利 (Bartoli) 已经将其读为开罗。

4. 阿利安的《远征记》3.5.7.

5. 泰伦提乌斯的《阉奴》(*Eunuchus*) 2.2.26。

6. 塞克图斯·庞培乌斯·费斯图斯的《论词语的含义》p.247。

7. *Gestatio*；严格地说，这是一个被轿子或担架抬着走的人的地方。

8. 狄奥多罗斯（西西里的）《历史丛书》5.40.1。

9. 阿尔伯蒂从拉丁词 *saltatio*, *triclinium*（有躺卧餐桌的餐室）*saltatorium* 中引出了意大利词汇 *sala*（见奥勒留·蒂奥多休斯·马克罗比乌斯的《农神节说》2.10)，虽然事实上这个意大利词汇是采纳自一个与日耳曼人的 *Saal* 有关的伦巴底（Lombard）词。

10. 一个有关住宅与城市之间的进一步类比，在 1.9 中有所暗示。

11. 弗莱维厄斯·约瑟夫斯的《上古犹太史》13. 249。

12. 见下，5. 18。

13. 不能很确定地说这种"球的游戏"（game of ball）会是采用什么形式。奥兰迪将其翻译成 *palla*。这是很诱惑人的，因为阿尔伯蒂提到它应该是在移动中玩的，与之相关联的各种球类游戏在修道院的回廊院中流行。这些游戏对于，如 *palla*，*jeu de paume*，以及真正的网球都是一种直接的派生。参见海内尔·吉尔梅斯特（Heiner Gillmeister），《欧洲球类游戏的起源》（The Origins of European Ball Games），*Stadion* 7（1981 年），pp. 19—51；另安东尼奥·斯凯诺（Antonio Scaino），*Trattato del giuco della palla*（威尼斯，1555 年），在这里各种早期庭院的平面布置见其中的插图。

14. 参见维特鲁威的《建筑十书》6.8。如果这里不是他的住宅，那么阿尔伯蒂用这一段引出的是术语学问题。

15. 塞内加的 *De beneficiis* 6. 34. 2。

16. 费斯图斯的《论词语的含义》p. 17。费斯图斯事实上涉及的是占卜（auguraculum），用这样一个词来称呼大本营是因为占卜者在那里观察鸟的飞翔。

17. 那是朱庇特·阿蒙（Jupiter Ammon）或昔兰尼加（Cyrenaica，利比亚东北一古代地区，濒临地中海。——译者注）的 Hamon 的神殿。参见狄奥多罗斯（西西里的）《历史丛书》17. 50. 3。

18. 维吉尔的《埃涅伊德》2. 300。

19. *Summus antistites*，"高级教士"（high prelate）*Antistites* 是一个常常用于主教的术语。阿尔伯蒂用 *pontifex*（原意为古罗马大祭司）来指所有神职人员，很像他用 *templum*（神殿）来指教堂一样。当然，*Pontifex Maximus* 则是仅仅适用于教皇名号。

20. 亦即大教堂（cathedral）。

21. Nigrigeneus：是伊吉努斯·格罗马蒂克斯（Hyginus Gromaticus）的一个误写。参见伊吉努斯·格罗马蒂克斯的《疆界图》p. 134，11. 17—12，在 *Corpus Agrimensorum Romanorum* 中（编辑 C. Thulin，斯图加特：Teubner，1971 年）。

22. 在前一章节中，阿尔伯蒂已经将军事术语下的宗教信仰表述为与魔鬼的战争。

23. 参见维特鲁威的《建筑十书》5. 11。

24. 见这一书所余段落，并见 8. 8。

25. 参见维特鲁威的《建筑十书》1. 2. 7。

26. 波利比奥斯（Polybius，古希腊历史学家——译者注）（6. 27ff. ）主张营地的平面是从罗马城市平面中派生出来的。

27. 色诺芬的 *Polity of the Lacedaemonians* 12. 5。

28. 参见恺撒的《高卢战记》（De bello Gallico）7. 73。在这里恺撒将这种技术归结于高卢人（Gauls），而不是不列颠人。参见的《高卢战记》（De bello Gallico）5. 18. 3。

29. 参见恺撒的《高卢战记》（De bello Gallico）1. 26. 3。

30. 克恩图斯·库尔提斯·鲁弗斯的《亚历山大大帝战事论》1. 11。

31. 参见恺撒的《高卢战记》（De bello Gallico）2. 17. 4。

32. 阿利安的 *Indika* 20ff. 。

33. 色诺芬的 *Polity of the Lacedaemonians* 12. 1。

34. 参见恺撒的《高卢战记》（*De bello Gallico*）7. 73。

35. 蒺藜（caltrop）是一种铁球，周围至少伸出了四根长刺，用于阻止军事移动。

36. 盾牌（mantelet）是一种战争机械，用以为前进中的步兵提供掩护。

37. 参见恺撒的《高卢战记》（*De bello Gallico*）7. 72。

38. 恺撒的《高卢战记》（*De bello Gallico*）7. 72 给出的它们之间的距离是 80 尺。

39. 普通的帐篷（general's tent）。

40. *porta quintana* 对应于 *via quintana*，营地中的一个交叉路口，与 *via decumana* 相平行，是从 *porta decumana* 通向 *porta praetoria* 的。

41. 关于这一点在第十书中谈得更多。但是，很可能他还期待有另外一本关于战争机械的书。

42. 阿庇安的 *De bellis civilibus* 5. 33。阿庇安给出的是 1500 座塔，彼此的间距是 60 尺（feet）。

43. 阿尔伯蒂事实上于 1447 年负责了将这艘船从内米湖（Lake Nemi）底提升起来的工作；弗拉维奥·比昂多（Flavio Biondo）在 *Opera* 的 "意大利图解"（Italia illustrata），（巴塞尔，1559 年），第一册，pp. 326f. ；曼西尼的《莱昂·巴蒂斯塔·阿尔伯蒂的个人生活》 （Vita di Leon Battista Alberti），pp. 314f. 。

44. *Navis*. 虽然这是 16 世纪时人们熟知的莱昂纳多·达芬奇（Leonardo da Vinci）的书，但这本书没有印刷，至今也没有见到手稿。

45. 阿尔伯蒂观察到不是体积，而是重量与水的替换有所关联，而这决定了船所装载的容量。

46. *Scaphae* 或 *scafae*，用于登上敌人船只的悬挂的厚木板。

47. *Corvus*，从字面上讲，是 "一只乌鸦"（raven）。这里涉及的是一个抓钩或铁钩，形状像一只乌鸦的喙，用于获得一个抓着点，或用于损坏敌人的船舰。

48. Pontus，即海，如未加指定，通常是指黑海，但黑海中无岛，所以奥兰迪认为，要么修正原文，或是将 "Hellespont" 划为黑海的一部分。

49. 阿尔伯蒂用了古代的术语 *quaestor*（主管财务的官吏），*publicanus*（税吏），*decumanus* 来指代公共财务官员，很像他使用 *pontifex*（祭司）来指代基督教神职人员（Christian clergy）一样。

50. 坚石：见 "名词解释"。

51. 第一书，第九章。

52. 这是另外一条有关古代罗马城市不动产状态的资料。参见第四书，n. 72；迪格斯塔（Digesta）8. 6. 8。

53. 多孔渗水的（Porous）：*cariosus*，一个被加图所使用的词（《农书》5. 6；34. 1；37. 1），普林尼将其解释（《自然史》17. 3. 34）为 "干燥的、渗水的、粗砺的、白色的、充满了孔洞的，像浮石一样"（dry, porous, rough, white, full of holes, and like pumice stone）。

54. 色诺芬的《财源论》11. 15—18。

55. 塞尔苏斯的《医学》2. 1. 4。

56. *Ingenui*：字面上的意思是，"本地人，自由人"（native, free man）。

57. 参见维特鲁威的《建筑十书》6. 3. 5。

58. 参见加图的《农书》14。

59. 或 cimolite，基克拉迪群岛（Cycladic）的 Kimolos：fuller 的土，或普通的矿石（common mineral）。

60. 科卢梅拉的《论农村》8. 16. 7—8。

61. 科卢梅拉的《论农村》8. 17. 1。

62. 参见加图的《农书》91 和 129。

63. 参见维特鲁威的《建筑十书》6.4。

64. 维特鲁威的《建筑十书》（6.3.3）称之为"中庭"（atrium）；瓦罗的《论拉丁语》5.161 称之为 *cavum aedium*，"内庭"（inner court）。

65. 马提雅尔（Martial 8. 14. 3）。

66. 瓦罗的《论拉丁语》5. 162 注意到了术语 *coenacula*——而阿尔伯蒂称之为餐厅（dining rooms）——这可能是指的是上层的房间。另参见《建筑十书》2.8.17。

67. 或许，如格雷森（Grayson）所主张的，一句引自维吉尔的《牧歌》（Ecl. 1. 83），转录自回忆（memory）。见格雷森《L·B·阿尔伯蒂的著作 *Decem Libri*》（The Composition of L. B. Alberti's *Decem Libri*），p. 155。

68. 维特鲁威的《建筑十书》7.4.4。

69. 大概是木炭（charcoal）。

70. 参见《迪格斯塔》（Digesta）32. 1. 55. s7.

71. 亚里士多德的《动物的生殖》（*De generatione animalium*）2. 6. 743a。参见《论题篇》8. 15。

72. 见下，10. 14。

73. 这种转动的通风帽在 19 世纪之前还不为人们普遍接受。

74. 亦即，他应该能够按照季节改变他的住处。卢库勒斯（Lucullus）（普卢塔克，*Lucullus* 39. 5）实际上说的是，"那么，你想一想，我比鹤或鹳还不如，不能够按照季节来改换住所。"

75. 科尔内留斯·内波斯（Cornelius Nepos，1 世纪时的罗马历史学家，仅存著作是一系列政治家和士兵的传记丛书。——译者注）*Praefecti*（*De excellentibus ducibus*）6. 7。

76. 阿尔伯蒂将客人与仆人也包括为家庭的组成部分。见本章，上。

77. 也就是，那些穿着 *toga praetexta*（宽外袍的有身份？）的人。

78. 谷物是在梅察达（Masada，古代以色列东南部位于死海西南岸的一个山头古堡。——译者注）发现的。Siboli 这个地方并不存在。参见约瑟夫斯的《犹太战争史》7. 296—297。

79. 亚里士多德《论题篇》22. 4。

80. 科卢梅拉的《论农村》12. 30. 1。

81. 见"名词解释"，在"美与装饰"的条目之下。

82. *Mundus muliebris*：实际上，在古代这是一个化妆间（cosmetic box）；参见利维尤斯·帕塔维努斯《自奠基以来的城市史》34. 7. 9；《迪格斯塔》（Digesta）34. 2. 25。

83. 参见瓦罗的《论农业》1. 22. 6。

84. 塞尔苏斯的《医学》（*De medicina*）1. 3. 1 写道，"在冬天的一开始，最好从有益健康的地方迁移到一个有点压抑的地方，而在夏天一开始的时候，从一个有点压抑的地方迁移到一个有益健康的地方"。

85. 这里，和下面，参见维特鲁威的《建筑十书》6. 4. 1。

86. 这个将盥洗室布置在朝西的方向，在 9. 10 以下（n. 119）是反复地提起；参见 8. 10 及其下，在那里公共的浴室被描述为是布置在一个南北的轴线上的。

第六书

1. 见"名词解释"，在"外部轮廓线"的条目之下。

2. 拉丁词 *professor*（教授），阿尔伯蒂用这个词在很大程度上是作为大学教师的一位从事一门艺术的从业者。

3. 在这里阿尔伯蒂大概是指一般的为了石灰的生产而从古代遗迹上偷盗大理石的行为，在这里看到了 Aeneas Silvius Piccolomini 的诗（Pius Ⅱ），"De Roma," in Pii Secundi, *Opera inedita*，编辑：J. Cugnoni（罗马：R. Accademia dei Lincei，1883）。

4. 考虑不周的（ill-considered）（*inconcinnus*，字面上讲是不和谐）：见"名词解释"，在"和谐"的条目之下。

5. 见"名词解释"，在"美与装饰"的条目之下。

6. 阿尔伯蒂在序言中已经给了有关美的这个定义。见他在 4.2 中对完美的定义，并比较西塞罗关于人体之完美性的描述。（《论演说术》3.45.179）。并见 9.7。

7. 西塞罗的《论神性》I.28.79.

8. 见"名词解释"，在"美与装饰"的条目之下。

9. *Sceptrum*，有权势者；在这里没有适当的字面意义可以用英文表达。

10. 见"名词解释"，在"和谐"的条目之下。

11. 不幸的是，内在韵律 *vetustas*（长久）和 *venustas*（好看）是不能够转移的。

12. 见"名词解释"，在"分隔"的条目之下。

13. 是皇帝塔西图斯 [Tacitus，罗马皇帝（在位 275—276 年），原为元老，两次任执政官。在短短的在位期间，一直与帝国东部的敌对部族作战。——译者注] 提供了经费。参见《奥古斯塔历史手稿》（Scr. Hist. Aug.），塔西图斯 10.5。

14. 普林尼的《自然史》36.91 提到了由埃特鲁斯坎国王 Porsena 建造的作为他的陵墓的迷宫。

15. 参见维特鲁威的《建筑十书》6.6 和 7。

16. 见"名词解释"，在"美德"的条目之下。

17. 见"名词解释"，在"美与装饰"的条目之下。

18. 见"名词解释"，在"美与装饰"的条目之下。

19. 见"名词解释"，在"房屋覆盖范围"、"分隔"的条目之下。

20. 参照奥兰迪对文本的推测性更改，*laudet* 是对 *audiat* 的修改。

21. 普卢塔克的《亚历山大》72.4；这位建筑师似乎在 1.4 已经出现。

22. 维特鲁威的《建筑十书》2."序言"2.

23. 参见希罗多德的《历史》1.185.

24. 刻瑞斯，萨杜恩和 Ops 的女儿，朱庇特和普路托的妹妹，普洛塞尔皮娜（Proserpine）的母亲；农业女神。

25. 参见鲍姆伯努斯·梅拉（Pomponius Mela），*De chorographia* 3.85。麦罗埃（Meroe）是尼罗河的一座城市，在埃塞俄比亚境内。

26. 参见鲍姆伯努斯·梅拉（Pomponius Mela），*De chorography* 2.125。有讹误的读本：Ebusus，lbiza.

27. 见"名词解释"，在"房屋覆盖范围"的条目之下。

28. 留克特拉（Leuctra），是 Boetia 的一座小镇，伊巴密浓达（Epaminondas，约公元前 410—前 362 年，第比斯政治家、军事战术家，因打破了斯巴达的军事优势并改变了希腊各邦间的力量均势而起过重要作用。——译者注）在那里击败了斯巴达人；特拉西梅诺湖（Trasimene），埃特鲁斯坎一座湖，汉尼拔在那里击败了罗马人。

29. 参见普林尼的《自然史》12.6。

30. 参见普林尼的《自然史》16.240。

31. 弗莱维厄斯·约瑟夫斯的《犹太战争史》4.533。

32. 参见奥勒留·蒂奥多休斯·马克罗比乌斯的《农神节说》1.12.27。

33. 参见普卢塔克的《罗马问题》264c。

34. 参见普卢塔克的《希腊问题》300d。

35. 参见弗莱维厄斯·约瑟夫斯的《犹太战争史》5.227。

36. 参见瓦罗的《论拉丁语》5.157；亦即，努马·庞皮利乌斯（Numa Pompilius）。

37. 作为一种选择，或译作，"……禁止穿兽皮的人进入。"参见瓦罗的《论拉丁语》7.84。

38. 参见盖厄斯·尤利乌斯·索里纳斯《大事集成》2.8。

39. 参见奥维德 *Fasti* 6.481。

40. 大概是音乐厅（Odeon），虽然这里没有明显的证据。

41. 参见狄奥多罗斯（西西里的）《历史丛书》5.8.3.4。

42. 参见希罗多德的《历史》7.197。

43. 参见奥勒留·蒂奥多休斯·马克罗比乌斯的《农神节说》1.12.25。

44. 参见瓦罗的《论拉丁语》5.165。

45. 参见普卢塔克的《罗马问题》275f。

46. 参见盖厄斯·尤利乌斯·索里纳斯的《大事集成》2.40。

47. 参见盖厄斯·尤利乌斯·索里纳斯的《大事集成》11.14；普林尼的《自然史》10.76。

48. 参见普林尼的《自然史》10.78；盖厄斯·尤利乌斯·索里纳斯的《大事集成》19.1。

49. 参见普林尼的《自然史》10.79；盖厄斯·尤利乌斯·索里纳斯的《大事集成》1.10—11。

50. 参见普林尼的《自然史》16.239。

51. 这些鸟是红胸蚁䴕（wrynecks，啄木鸟的一种。——译者注）；古代的巫师们将这些鸟绑在一只轮子上，当它们转动时，相信他们会牵动人的心，使人在喜悦中得到顺从。参见弗拉维乌斯·费罗斯特拉图斯（Flavius Philostratus），*Vita Apollonii* 1.25。

52. 弗莱维厄斯·约瑟夫斯的《上古犹太史》8.46。

53. 弗莱维厄斯·约瑟夫斯的《上古犹太史》8.47。

54. 优西比乌斯（恺撒里亚的）的《福音书阐释》4.23。

55. 塞尔维乌斯·洪诺拉图斯的《维吉尔注》4.694。

56. 普卢塔克的 *Aratus* 32。

57. 柏拉图的《法律篇》4.704a。

58. 参见《奥古斯塔历史手稿》，"哈德良"26.5：真实的名字是"学园"（Lyceum）（亚里士多德在雅典从事教学的花园），坎努帕斯（Canopus）（一座有埃及神殿的岛屿），学园（Academia）（柏拉图在雅典从事教学的花园），和滕比河谷（Tempe）［一条位于提萨里（Thessaly）的山谷，是阿波罗和达佛涅崇拜者的圣地，达佛涅——希腊女神，为躲避阿波罗变成一棵月桂树］，但是阿尔伯蒂的手稿（MS）没有给出正确拼法。

59. 见"名词解释"，在"分隔"的条目之下。

60. 和谐（Harmony）：见"名词解释"，在"和谐"（*Concinnitas*）的条目之下。

61. 参见狄奥多罗斯（西西里的）《历史丛书》1.15.3。

62. 狄奥多罗斯（西西里的）《历史丛书》2.11.4 给出的尺寸是 130 尺长，宽与厚为 25 尺。见"名词解释"，在"量度"的条目之下。

63. 希罗多德的《历史》2.155。

64. 希罗多德的《历史》2.175，给出的尺寸是 18⅔库比特长，5 库比特高。见"名词解释"，在"量度"的条目之下。

65. 参见希罗多德的《历史》2.91。

66. 苏埃托尼乌斯的《罗马十二帝王传：尼禄》31 和塔西佗的《编年史》15.42 对金屋做了描述。然而，在他们的记述中没有出现任何有关好运之殿的记载。

67. 数字（*Numerus*）；阿尔伯蒂将美描述为和谐（*concinnitas*），一种 *numerus*，*finitio*，和 *collocatio* 的组合。关于数字的意义在第九书中做了进一步的解释，在那些将一些特定的"完美"数字做了描述。数字既是一种与建筑物构件等等相关的一个数量，也是一个品质的特定的长度的量值，如由毕达哥拉斯 - 柏拉图以及后来的基督教圣经注释者们所定义的数字理论。阿尔伯蒂涉及的是数字是由大自然的均衡法则所确定的，见"名词解释"，在"和谐"（*concinnitas*）的条目之下。

68. 修昔底德的《伯罗奔尼撒战争史》（Thuc. 1.93）。

69. 普卢塔克的《列传：马塞卢斯》14.8。

70. 是托勒密二世在亚历山大树立起了方尖碑，被国王 Necthebis 所撤倒，并由 Phoenix 运走。奥兰迪推测说 Foci 和 Thebes 是 Phoenix 和 Necthebis 的误写。参见普林尼的《自然史》36.67—68；奥兰迪认为这两个词在阿尔伯蒂所使用的普林尼的手稿（MS）中已经是误写的了。

71. 马尔塞林努斯的《历史》17.14—15。

72. 维特鲁威的《建筑十书》10.2.11—12。

73. Cherrenis 实际上是 Chephren。参见普林尼的《自然史》36.80—81。

74. 基奥普斯（Cheops，胡夫的希腊名，金字塔以其命名）Rhampsinitus 的儿子，金字塔的建造者。希罗多德的《历史》2.124—125。

75. 这种机械依赖于杠杆原理。相对于轻的篮子，使用其杠杆一半的长度，能够通过最小的重量增加而移动大块的石头。

76. 参见普卢塔克的《列传：马塞卢斯》14.8。

77. 阿尔伯蒂尝试了弯曲力矩的一种早期公式，这一公式被达芬奇和伽利略所使用，虽然其规则直到 18 世纪才得到明确地表达。当然，是其重量与距离的积，而不是其和在两侧物体间保持平衡。

78. 阿尔伯蒂在这里涉及了一种简单成对的机械。

79. 关于阿基米德船，见上，6.6。

80. 这一段常常被作为阿尔伯蒂与尼古拉·阿尔伯戈蒂在 1430—1431 年去北部欧洲旅行的证据所引用。这件事的确像是基于个人的经验而不是传闻而写成的。另见 2.11；3.15；5.17；6.11。

81. 含有硫磺的，*aqua Albula*，这样称呼是依据了罗马附近含有硫磺的许多村庄中的一座（参见普林尼的《自然史》31.10），虽然，阿尔伯蒂可能一直认为这种水一般应该是甜的。

82. *Impleola*，吊楔（lewises）。

83. 大概是希腊字母 delta。

84. 将这一章与维特鲁威的《建筑十书》7.3—4 相比较。

85. 见"名词解释"，在"风"的条目之下。

86. 一种推荐来压实地面使其密实的一种方法。参见 5.16。

87. 见"名词解释"，在"风"的条目之下。

88. 亚麻子油作为一种承受色彩的工具是北部欧洲最近的一个发明；最好的油来自波兰、德国与荷兰。

89. 参见普林尼的《自然史》36.51。

90. 参见普林尼的《自然史》36.53—54。

91. 苏埃托尼乌斯的《罗马十二帝王传：尼禄》31。

92. Tesserae（小立方体），如人们仍然称呼它们的。

93. 准确地说是 ad unguem，字面上的意思是，"到手指甲"；因而划过其上的指甲将不会感觉到任何不平坦的或连接的部分。

94. 这些是在万神庙的柱廊上的桁架，在乌尔班八世巴尔贝里尼（1623—1644 年在位）的时代被用木桁架所取代，而那些青铜桁架大部分被用于圣彼得教堂的 baldacchino，这样一种做法被罗马人在押韵对诗中概括为 "Quod non fecerunt barbari, fecerunt Barberini。"

95. 见 2.7，然而，在那里阿尔伯蒂提到了西班牙人为狄安娜建造的神殿。参见维特鲁威的《建筑十书》2.9.13。

96. 普林尼的《自然史》33.52。

97. 参见弗莱维厄斯·约瑟夫斯的《犹太战争史》5.223。

98. 普林尼的《自然史》33.57。

99. 参见普林尼的《自然史》34.13。

100. 没有在优西比乌斯那里发现相关的资料；然而，约瑟夫斯的《犹太战争史》5.224 提到"尖锐的金色钉子向前伸出，以防止鸟在那里栖息并污染屋顶。"

101. 西塞罗的《论演说术》2.1.133。

102. 见"名词解释"，在"骨骼与嵌板"的条目之下。

103. 见"名词解释"，在"骨骼与嵌板"的条目之下。

104. 突出：字面上讲，"向外突伸"。

105. 参见普林尼的《自然史》34.13。

106. 参见普林尼的《自然史》36.90。这几位建筑师的名字是 Zmilis，Rhoecus，和西奥多鲁斯。

107. 尽端的板：跗掌（planta）。

108. 柱腹：即柱中微凸线；阿尔伯蒂再一次显示了他对希腊术语的蔑视，而求助于与人的类比。

109. 环带、边轮（Cincture）。

110. （柱头处）有装饰条形式的窄形凸起圈线（Astragal）。

第七书

1. "房屋覆盖范围"（Area）：见"名词解释"相关条目之下。

2. 参见 1.1—2。

3. 维特鲁威的三原则：坚固（firmitas），实用（utilitas）和美观（venustas）在这里再一次出现。见"名词解释"，在"维特鲁威三原则"的条目之下，并见"分隔"的条目之下。

4. 参见普卢塔克的《列传：罗慕路斯传》11；利维尤斯·帕塔维努斯的《自奠基以来的城市史》

1. 7—8。

5. 从维吉尔的《埃涅伊德》8. 319ff. 和塞尔维乌斯的《维吉尔注》、狄奥多罗斯（西西里的）的《历史丛书》5. 66. 推断而来。

6. 维特鲁威：见"名词解释"。

7. 伟大而善良的神，*Deus Optimus Maximus*：称谓"最好的和最伟大的"是对朱庇特神的一种一般性称谓，在这样一个称谓下，罗马卡比托奈山丘（Capitoline，古代罗马城七座山峰最高的一座，是其历史与宗教中心。——译者注）上的神殿就是献给朱庇特的。

8. 关于召唤仪式，见普林尼的《自然史》28. 18；塞尔维乌斯的《维吉尔注》2. 351。

9. 关于神殿与巴西利卡的不同，见下，7. 14。

10. 地区：现代基督教中的对应词应该是"教区"（parish）。

11. 柏拉图的《法律篇》5. 745c；另见 8：848d。

12. 西塞罗的《论法律》2. 96。

13. 法罗斯（Pharos），位于亚历山大港的一个岛，古代时以其灯塔而闻名。见下一注。

14. 克恩图斯·库尔提斯·鲁弗斯《亚历山大大帝战事论》4. 8。

15. 提格兰（*Tigranes*）：一位亚美尼亚的国王，是米特拉达梯（Mithridates，安息国王——译者注）的女婿。

16. 提格拉诺塞塔（*Tigranocerta*）：大亚美尼亚的首都，在米特拉达梯战争期间建立。

17. 参见普卢塔克的《卢库勒斯》26。

18. 柏拉图的《法律篇》12. 950。

19. 普卢塔克的《希腊问题》29。

20. 城市边限（City limits），*pomerium*：建筑物与一座城墙的每一侧所留的露天空间。见注 25，下。

21. 参见修昔底德的《伯罗奔尼撒战争史》1. 93. 5。

22. 阿拉特里（Alatri，意大利中部的一座城镇。——译者注）的 Hernician 要塞已经因其墙体而得到称赞：1. 8。

23. 希罗多德描写的这个城壕既深又宽，但是却仅仅给出了城墙的尺寸：宽有 50 个大库比特，高有 200 个库比特。一个大库比特的尺寸合为 20.5 寸，52.5 厘米。参见希罗多德的《历史》，1. 178. 3；并见"名词解释"，在"量度"的条目之下。

24. 事实上，亚里士多德在《尼克骇伦理学》（Nicomachean Ethics, 1137b）中，在讨论勒斯波斯岛人（Lesbian）时引出了这样一条规则。

25. 城市边限（City limits），*pomerium*：在城市边缘与其建筑物之间的空隙区域。见塔西佗的《编年史》12. 24；奥鲁斯·格里乌斯的《雅典之夜》13. 14. 2；瓦罗的《论拉丁语》6. 34。

26. 雅努斯是门神，亦是开始之神；一年的第一个月，一月（*Januarius*）也是以它的名字命名的。西塞罗的《论神性》注解说（2. 67）雅努斯是在献祭过程中第一位被祈求的神灵，因为它的名字是从 *ire*，"求助于"而来的。在罗马的祭祀祈祷中，是以雅努斯（门神）开始，并以维斯塔（女灶神）结束，见 G. Dumézil, *La Religion de Rome archaique*（巴黎：Payot, 1967 年），pp. 323ff. 。

27. 狄奥多罗斯（西西里的）（Diodorus Siculus）（5. 72 和 73）提到在那里仍然屹立着一座神殿，雅典娜就是在那里从克里特的宙斯（Zeus in Crete）的身上诞生的。

28. 参见优西比乌斯（凯撒里亚的）《福音书阐释》1. 10。

29. 参见狄奥多罗斯（西西里的）《历史丛书》2.38；阿利安（Arrian），*Indika* 7.3。

30. 关于 Ops 崇拜（与萨杜恩和克隆那斯崇拜相关联），见瓦罗《论拉丁语》5.74；6.21，22。

31. 参见塞尔维乌斯·洪诺拉图斯的《维吉尔注》6.21；8.352。

32. 按照狄奥多罗斯（西西里的）的说法，是奥西里斯（Osiris，埃及冥神。——译者注），伊西斯（Isis，埃及女神，冥神的妹妹及妻子。——译者注）的兄弟，建造了这座神殿。参见狄奥多罗斯（西西里的）的《历史丛书》1.14—15。

33. 即帕提农神殿。阿尔伯蒂只能够从传闻中了解帕提农神殿。虽然在他的有生之年，那里是被佛罗伦萨公爵所控制，这位公爵居住在雅典卫城中（1385—1458 年），唯一的记录了有关帕提农神殿的古文物研究者是阿尔伯蒂的朋友 Ciriaco d'Ancona。

34. 关于卡比托奈山上的朱庇特神殿，见维特鲁威的《建筑十书》3.3.5；塔西佗的《编年史》4.53；普林尼的《自然史》35.157。

35. 关于古代茅草屋顶的传统，见里克沃特的《亚当之家——建筑史中关于原始棚屋的思考》（*On Adam's House in Paradise*）（剑桥，马萨诸塞州：MIT 出版社，1981 年），pp. 141ff。

36. 礼拜仪式与神殿的建立是努马传说中的一个基本部分，关于这一点见普卢塔克关于努马生平的记载；参见狄奥尼西奥斯（哈利卡那索斯的）《罗马早期史》2.13ff。

37. 这一点曾被 P. – H. Michel 作为阿尔伯蒂的"泛神论"（pantheistic）观点的一个暗示（*Pensée*，PP. 536ff.）：并参见威特科尔的《建筑学原理》（Architectural Principles），pp. 14ff。

38. 这段评论可能是对进入圣索菲亚大教堂的东罗马皇帝查士丁尼（Justinian）所惊呼的，即如普罗科匹厄斯（Procopius）所记录的："所罗门，我已经超越了你！"（Solomon, I have outdone you!）的一个刻意的回应。

39. 斯特拉博的《地理学》14.1.5。大概是指 Didymeon 神庙。

40. 萨摩斯岛上的巨大的 Heraion 神殿，也是古代神殿中最为古老也最为巨大的神殿；参见希罗多德的《历史》3.60；斯特拉博的《地理学》1.14—16；普林尼的《自然史》5.135。

41. 在埃特鲁斯坎的 Disciplina（以来自 Disciplina Graeca 的罗马宗教实践而著称），这一实践是与预言和测量有所关联的，见 C. O. Thulin, *Die Etruskische Disziplin*（Göteborg：Wald Zachrisson, 1906 年）。

42. 参见维特鲁威的《建筑十书》1.7.1。

43. 《法律篇》745b：柏拉图提到的是赫斯提（Hestia），宙斯（Zeus）和雅典娜（Athene）。

44. 在台伯河上岛上的献给医神埃斯科拉庇俄斯（Aesculapius）的神殿，见利维尤斯·帕塔维努斯的《自奠基以来的城市史》，*Epitomae* 11；奥维德 *Fasti* 1.289ff。

45. 普卢塔克的《罗马问题》94。

46. 这似乎是对维特鲁威 1.2.5 的回应，维特鲁威认为柱式必须因应神的不同而不同；并见 n.55，下。

47. 酒神巴克斯（Bacchus）。

48. 这是维特鲁威式的大花格窗（1.2.5）；由瓦罗给出的理由事实上是与 *divum*，即天空，相关联的名字朱庇特，在这里天空应该是可见的。瓦罗《论拉丁语》5.66。

49. 参见普卢塔克的《努马》11。

50. 参见普林尼的《自然史》14.88。

51. Hyperborea，字面的意思是，"在北风刮起的源头之后"：一个传说中的极北的国家，这有可能曾经是指不列颠。

52. 拉托纳（Latona）：勒托（Leto），作为宙斯的妻子而成为阿波罗和阿耳忒弥斯（Artemis）的母亲。

53. 参见狄奥多罗斯（西西里的）的《历史丛书》2.47.2—3。

54. 见 5.9，最后一节。

55. 比较维特鲁威（1.2.5），他声称这应该通过柱式来加以表达。

56. 这是维特鲁威 3.2. 的一个改写。

57. 在这一段中我们将 area 译为"平面"（plan），见"名词解释"，在"房屋覆盖范围"（Area）的条目之下。

58. 事实上，古代以来几乎没有几座圆形神殿保存了下来；在 15 世纪时许多人们所称之为神殿的建筑物其实是陵墓。关于集中式构图教堂的象征性，见 A. Grabar, *Ecclesia et martyrium*，2 册本（巴黎，1943—1946 年）。许多有关集中式构图建筑的平面都是由中世纪百科全书作者们所提供的，他们是：拉班努（Rhabanus Maurus，约 780—856 年，大主教，基督教神学家，教育家，曾当过富尔达隐修院院长。撰写有《论事物的性质》等书。——译者注），塞维利亚的伊西多尔（Isidore of Seville），博韦的文森特（Vincent of Beauvais）。

59. 实际上是一个正方形。

60. 即在每一个转角处。

61. 一定要在这个距离上放上一个圆规，用来沿着圆环的圆周做出标志，十边形的十个点在这些地方与圆环相接。关于这一整段，见威特科尔的《建筑学原理》（Architectural Principles），pp. 3ff.

62. 半圆形后殿或侧面的礼拜堂。

63. 见由里克沃特（Rykwert）和塔沃诺（Tavernor）修复的阿尔伯蒂设计的圣安德里亚教堂，"建筑师杂志"（*Architects' Journal*）183，no. 21（1986 年 5 月 21 日），pp. 36—57。

64. 这些规则是对当时实践中的一个批评。在他自己设计的圣萨巴斯蒂亚诺（San Sebastiano）教堂中，阿尔伯蒂将其半圆形的次后殿（sub‑apses）向矩形的后殿开敞：他加在 Santissima Annunziata 教堂的单一后殿是一个方形的空间，而其他已有的后殿则都是半圆形的；在圣安德里亚教堂后殿都是方形的；加在 Gangalandi 的圣马蒂诺（San Martino）教堂的后殿是一个其短向被分为 4 个空间的半圆形空间，这是一个被用来作为后殿的半径的空间部分。

65. 由于托伊尔在这一段的注释，这一直被威特科尔（《建筑学原理》，pp. 47ff.）和克洛西摩（Krautheimer）的论述加以重新解释，他们在 Maxentius-Constantine 的巴西利卡和阿尔伯蒂在曼图亚的圣安德里亚教堂进行了比较，以作为 *Templum Etruscum* 主题的一个变换的话题。[克洛西摩，"阿尔伯蒂的 *Templum Etruscum*"；并参见塔沃诺，"和谐"（Concinnitas），pp. 66—76，153—168]。

66. 这是留在手稿（MSS）和 *editio princeps* 中的一个空白，这也可能的确是阿尔伯蒂自己留下的空白，他本来是要完成这一工作的，但却没有能够做到。

67. 这是《旧约·列王纪（上）》6 和 7 的一个基本大纲，估计这大概是从中世纪的注释者那里引来的。

68. 参见维特鲁威的《建筑十书》3.1.1；见"名词解释"，在"分隔"的条目之下。

69. 这是对维特鲁威 3.4 的一个阐释。

70. Elegans，"优雅"，大概是阿尔伯蒂对二径又四分之一柱间（eustyle）之形式的一种拉丁化表述；参见维特鲁威的《建筑十书》8.3.6。

71. 这是对维特鲁威 3.3 的一个解释：从列柱式（柱边间距为 1.5 柱径）（*pycnostyle*），即 1.5 倍柱径的柱间比率，到 *aerostyle*，即超过三倍的柱径。

72. 这样一种抄写方法的指示，在所有的手稿（MSS）中都有出现。尽管抄写员并不都按照他的希望去做。另见下，n.90。

73. 参见维特鲁威的《建筑十书》4.1.5；*in Doreion civitatibus*，"在多立安人（Dorians）的城市中。"

74. 关于柱头的起源，见维特鲁威的《建筑十书》3.5.5 关于爱奥尼柱式；4.1.1f. 关于科林斯柱式；4.3.4 和 4.7.2f. 关于多立克柱式。阿尔伯蒂通过了与维特鲁威非常不同的解释，他更倾向于塔斯干柱式，而不是多立克柱式，这样一种倾向影响了后来的许多理论家。

75. 这样一种柱式出现在提图斯（Titus）的和塞普蒂默斯·塞佛留斯（Septimius Severus）的拱券中。阿尔伯蒂将其用于 Tempio Malatestiano。塞里奥（Serlio）将其确定为第五个 规则的（canonic）柱式，即组合式（composite）柱式。

76. 这是步了维特鲁威的《建筑十书》3.3.11 和 4.4.2 的后尘。

77. *Latastrum*，"die"：这显然是一个由阿尔伯蒂从 "*latus*"（宽）和 "*struere*"（建造）中杜撰的一个词。

78. 维特鲁威的多立克柱式完全没有基础；阿尔伯蒂所描述的柱础是一种人们所熟知的 "阿提卡"（Attic）式，并且常常是与爱奥尼式一起使用的。参见维特鲁威的《建筑十书》3.5.2。

79. 这些做法中的一部分可能被阿尔伯蒂在提沃利（Tivoli）的维斯塔神殿中注意到过。

80. 这是追随了托伊尔的推测性阅读，*declarandorum gratia*；尽管没有在任何手稿（MSS）中获得确认。

81. 在拉丁语中，*iugulum*；技术性的术语是 *cyma reversa*。

82. 在拉丁语中，*undula*；技术性的术语是 *cyma recta*。

83. 在 R. Fréart de Chambray 的 1650 年的柱式手册书，*Parallèle des ordres antiques et modernes* 中，这种多立克柱式 "在所有哥特建筑中" 都被滥用了。

84. 中心点，脐部（*umbilicus*）：中心点；这个圆环现在通常被称作眼（eye）。

85. 眼（eye），*oculus*：中心。

86. 这种建造方式在后来的理论家中引起很大的争论。这种规则是由 Giuseppe Porta（以 Salviati 的名字而知名）发展而来的，于 1552 年发表，并由巴尔巴罗（Barbaro）在他的有关维特鲁威的注释中所采纳，比阿尔伯蒂所提倡的方式更为普遍。这是基于一个螺旋型构造的象限，而不是一个半圆，中心是通过眼（eye）而更为巧妙地移动的。见 Gianantonio Selva, *Delle differenti maniere di descrivere la voluta ionica*（帕多瓦，1814 年）。

87. Echinus：阿尔伯蒂称其为 *labulum*，"唇"（lip）。

88. The beam，"楣梁"（architrave）：阿尔伯蒂使用了术语 *trabs*，"梁"（beam），维特鲁威的希腊术语 "柱顶过梁"（*epistyle*），"柱顶之上"（over the column）。术语 "楣梁"（architrave）——"主梁"（main beam）在 16 世纪末，可能是由 Francesco Maria Grapaldi 杜撰出这个词之前，并没有被使用。

89. 这再一次引自维特鲁威关于视觉修正（optical corrections）（3.5.9）的主张。

90. 参见 7.6。

91. 这些当然是三竖线花纹装饰（triglyphs）。尽管阿尔伯蒂讨厌这些术语，为了方便起见，我们不得不接受它。

92. 这个平板（tablet）当然是柱间壁（metope）。

93. 小牛的（Calves）的头骨：*bucrania*。

94. 圆形饰物（Roundels）：*patinae*，字面上讲，"盘子"（dishes）。

95. 在涉及多立克和爱奥尼柱式时，这个词都表示"拱腹"（soffit）。

96. 维特鲁威和阿尔伯蒂所给出的关于檐口的描述，比起他们有关柱头的描述有着更为明显的不同。最明显的不同是在多立克柱式的柱顶线盘的情况下，其三竖线花纹装饰被描述为三个而不是通常的两个沟槽。托伊尔（Zehn Bücher, p. 625）指出了阿尔伯蒂的多立克式柱顶线盘与 15 世纪仍然矗立在那里的伊米利亚巴西利卡（Basilica Aemilia）的柱顶线盘的相似之处：见达·桑迦洛（G. B. da Sangallo）的画。（参见 C. Hülsen, *Il libro di G. da San Gallo*, 梵蒂冈使徒图书馆（Biblioteca Apostolica Vaticana），1925 年，plate Q）。

97. 参见维特鲁威的《建筑十书》3. 5. 8。阿尔伯蒂没有把柱子限定在 15 至 20 尺之间，这对维特鲁威的规则做了相当的简化，而维特鲁威则将柱子放在一系列 1/2 直径的系列之中，即高度的 1/19，并减去维特鲁威的其他比例，如 1/13，2/25，1/12 至 1/13，1/12，1/11。

98. 这些组成部分加在一起只有七；或许在一又三分之二的边饰和两条三又三分之一的饰带下面有一个两个单位的饰带被省略了。

99. 拉丁词，*fascia regia*。术语"中楣"（frieze），是 *Phrygium opus* 的一个误写，"弗里吉亚人之作"（Phrygian work），意味着一个镶饰的边缘，这在很晚的时候仍然被应用。

100. 拱腹：在多立克式檐口的情况下，*pavimentum* 似乎被用在"拱腹"处。

101. 兽状饰、兽状滴水（Gargoyles）。

102. 另外一个视觉调整方面的例子；参见维特鲁威的《建筑十书》3. 3. 11。

103. 沟槽（Channels）：*canaliculi*；凹槽（flutes）：*striae*。

104. 即与凹槽的两侧与底部相接触。这样一种螺旋形凹槽的柱子没有被维特鲁威提到。关于其在古代的使用，见沙波（V. Chapot），*La Colonne torse*（巴黎，1907 年）。

105. 希罗多德的《历史》2. 153。这是一座在希腊的神牛（Apis）或 Epaphus 的神殿。在孟菲斯有几座这样的神殿，特别值得注意的是 Ramesseum 神殿。参见希罗多德的《历史》2. 38. 1。

106. 维特鲁威的《建筑十书》4. 3. 3 主张四根柱子分为 27 个部分，六根柱子分为 42 个部分。八根柱子分为 56 个部分是由阿尔伯蒂推测出来的。另见维特鲁威的《建筑十书》3. 3. 7。

107. 这个原理，如托伊尔所指出的，是阿尔伯蒂在他为 Santissima Annunziata 的讲坛的改造设计中所遵循的。

108. 比例 4∶11 对于阿尔伯蒂的理论来说似乎完全是外来的；参见威特科尔的《建筑学原理》，p. 7。然而，基于这样一个公认的 π = 13/4 的值，托伊尔（p. 628）给予这一比率以一个独到的解释。他的解释，其中包含了一个更加粗的近似值，与其说是令人信服的，不如说是比较变通的。在 8. 9 中这种对于地区元老院建筑（curia）比例的交叉引用，并没有真正加强托伊尔的观点。

109. 虽然阿尔伯蒂在这里介绍的一种墙，其结构更像是在一幢扶壁支撑物上的小尖塔，他却并没有给出其结构的合理性。

110. 参见普林尼的《自然史》36. 98。

111. 普林尼的《自然史》36. 177。

112. 参见狄奥多罗斯（西西里的）的《历史丛书》1. 49. 5。

113. 变化（Variety）：见"名词解释"相关条目之下。

114. 西塞罗的《论法律》2.18，引自柏拉图的《法律篇》12。

115. 参见普林尼的《自然史》7.126；9.26和9.136。

116. 参见苏埃托尼乌斯的《罗马十二帝王传：韦斯帕西恩（Vespasian）》8.5。

117. 参见普林尼的《自然史》11.111。普林尼将这些"蚂蚁"（ants）描述为金色挖掘者（gold diggers）；据说，它们有着猫的颜色和埃及狼的大小。他解释说，一只印度蚂蚁的角被安装在赫拉克勒斯神殿上，成为Erythrae，即西塞隆山（Cithaeron，希腊东南部的一座山脉。——译者注）附近Boetia的一座城市的一个景观。

118. 参见普林尼的《自然史》12.94。

119. 波利比奥斯的《历史》5.8—9。

120. 盖厄斯·尤里乌斯·索里纳斯的《大事集成》5.19。

121. 总高（total height）：阿尔伯蒂使用了数学术语拱矢（*sagitta*），即"箭"（arrow），通过这个词，他的意思显然是，通过其与拱弧（arc）或弓（bow）的关系，那是一条从拱弦的中点到圆周呈垂直的延伸的线。

122. 康比斯（Cambyses），波斯国王老赛勒斯（elder Cyrus）的儿子与继任者。

123. 优西比乌斯（恺撒里亚的）《福音书阐释》4.2.8。

124. 阿美西斯（Amasis）：约公元前569年的法老。

125. 希罗多德的《历史》2.80.1。

126. 参见塞尔维乌斯·洪诺拉图斯的《维吉尔注》6.618。

127. 阿戈斯（Argos）：在伯罗奔尼撒半岛（Peloponnese）的一座城市。

128. 柏拉图生于公元前429年左右，而塔奎（Tarquins）第二，即"高傲者塔奎"的年代，是在公元前6世纪在位的。

129. 女巫预言家韵文（Sibylline verses）："骄傲的塔尔昆"买到的一部预言话语集（关于这一点，见塞尔维乌斯的《维吉尔注》6.72，并将其归于一个特别的僧侣学院，由其负责保管，只能是在得到元老院的允许时才能去咨询这本集子。当这个集子在公元前83年被摧毁之后，又用了一个从各种渠道搜集到的预言组成的集子来取代之。

130. 狄奥多罗斯（西西里的）的《历史丛书》4.83.3。Eryx：西西里的一座城市，是由阿芙罗狄蒂（Aphrodite）和Butes的儿子Eryx所创立的。

131. 恺撒的 *De bello Alexandrino* 1。虽然以前将这部作品归在恺撒的名下，现在一般认为这部作品的作者是不详的。

132. 不清楚Luca Fancelli在建造阿尔伯蒂所设计的圣安德里亚教堂时，在入口门廊的格子式拱顶中是否采纳了这种方法。这里的格子是方形的，其中心有圆形花饰，每一个都设计为赤陶（terra-cot-ta）的，较为后来的向北扩展，其拱顶是在1550年左右完成的，用了素砖的格子，而没有入口门廊处那样的赤陶装饰，因此暗示出是对阿尔伯蒂在这里介绍的做法的一种相反的处理。

133. 在所有的手稿中（MSS）都有省略。

134. 瓦罗的《论农业》3.5.17。瓦罗在这里涉及的是他在卡西努姆（Casinum，即今卡西诺城）的大鸟舍（aviary）。关于这座建筑见 A. W. Van Buren 和 R. M. Kennedy，"瓦罗在卡西努姆的大鸟舍"（Varro's Aviary at Casinum），《罗马研究杂志》（Journal of Roman Studies）9（1919年），pp.59—66。

135. 参见普林尼的《自然史》35.152。他的名字事实上是Butades。

136. *Antipagmentum* 是一个由费斯图斯（s. v.）和维特鲁威（4.6.1f）讨论过的术语；在较后的一段中，阿尔伯蒂的量度是推测出来的。然而，维特鲁威关于所有柱式下的门的基本比例是 1:2。

137. 即平条（*regulae*）和圆锥状雨珠饰（*guttae*）。

138. 即三竖线花纹装饰（triglyphs）。

139. 这个出现在古代凯旋门的拱券中的拱心石（提图斯凯旋门，塞蒂穆斯·塞佛留斯凯旋门），在阿尔伯蒂的时代以后，变成了一个十分常见的建筑特征。列奥尼（Leoni）认为，阿尔伯蒂意指了一种狗（spaniel）的形式。

140. 门的处理是基于维特鲁威 4.6.4 和 5 的。阿尔伯蒂将门的厚度处理得与维特鲁威特别为墙所设的门相同。

141. 这是对古代的"保温"（thermal）窗的一个特别说明，虽然在阿尔伯蒂的任何建筑中都没有留下任何实例，但帕拉第奥大量使用了这种窗子。然而，在曼图亚的圣安德里亚教堂后来替换的显然就是这一种窗子。

142. 这种石膏是"现代"（modern）（以区别于"古代的"或"东方的"）的雪花石膏（alabaster）。

143. *Antistes*：在 15 世纪这意味着一位主教或高级教士，而不简单地是指一位牧师，虽然这里或许应该读作"社区的负责人"（the president of the Community）。

144. 托伊尔取了这样一种指责的态度，这在拉丁文本中看起来并不是那么令人吃惊，这是有关博基亚家族（Borgia）的第一位教皇，尼古拉五世（Nicholas V）的继任者卡利克斯图斯三世（Calixtus III）（1455—1458）的实践中的任人唯亲做法的一条资料；他主张 1455 年应该作为这一时期的一个时间界标（*terminus a quo*）。

对于教父文本的诉求，对于教会改革的某种期待，在这里出现并与除了不赞成在一座教堂中有超过一个圣坛外的所有其他事务相关联，这以最明显的方式，指明了阿尔伯蒂与一种公开声称的宗教观点的密切关系，这种观点在他有关 Saint Potitus 传记书中，以及在他的建筑理论中得到了表述。这种关联，虽然被一些早期的作者所质疑，但却被威特科尔在他的《建筑学原理》，pp. 3—9 和 24—28 中加以了重申。在一些西班牙文的译本中，这一段是被用墨水删除了的。

145. 在手稿（MSS）中留有空白。

146. 古阿斯（Gyges），吕底亚（Lydia）国王（约公元前 685—前 657 年）。

147. 参见希罗多德的《历史》1.14。按照希罗多德的说法，这个杯重 30 塔兰特（"阿提克"（Attic）塔兰特重约 58 磅，而"Aeginetan"塔兰特约重 82 磅）。

148. 克罗伊斯（Croesus），一位吕底亚的国王（公元前 560—前 547 年），为他的富有而庆祝。

149. 参见希罗多德的《历史》1.70。三百个双耳陶瓶大约等于 2700 加仑，或 7800 立方分米。

150. 参见希罗多德的《历史》2.153。Sanniticus 应该读作 Psammetichus，一位据说是设计了迷宫的埃及国王（关于这一点，见普林尼的《自然史》36.84）。希罗多德关于这座雕像的描述并不能旋转。

151. 这个被称为"causidiciary"的走廊显然是一个耳堂（transept）。*Causidicum* 在古代仅仅是作为一个抽象的名词"辩护术"（advocacy）而存在的。

152. 参见上面，7.5。

153. 见上，1.8；1.10。

154. 见 8.11。

155. 在随后的段落中，*area* 一直被译作"平面"（plan）。见"名词解释"。

156. 托伊尔将 *latitudo spatii* 读作与内殿（nave）的内部量度有关，而不是与整个立面的宽度有关的一个词。列奥尼（Leoni）读作巴托利（Bartoli），其意大利文与其拉丁原文一样含混不清，来表示整个立面的完整宽度，而奥兰迪接受了这一点。关于这一段之阅读的一个问题是，没有一座古代巴西利卡的立面保存至今，因此，这一段必须参照阿尔伯蒂有关教堂的立面来阅读；这当然会产生出一个建筑物长度与宽度之间算术比例。

157. 参见 7.2。阿尔伯蒂在这里多少涉及了维特鲁威的《建筑十书》5.1。维特鲁威谈的是有关巴西利卡的，并没有提到他在法诺（Fano）的建筑。

158. 梁（Beam）：*trabs*；在这里，从技术上讲，是楣梁（architrave）。

159. 阿尔伯蒂的心中这时可能已经有了伯鲁乃列斯基（Brunelleschi）在佛罗伦萨的育婴堂医院（Foundling Hospital）。在 15 世纪之后，这变成了一个标准的装饰做法。

160. 即壁柱（pilasters）。

161. 参见普林尼的《自然史》35.36。阿尔伯蒂似乎又一次使用了一个有问题的文本。正确的文本在翻译中应该读作，"用来自本都的一磅半赭石，十磅明黄色赭土，以及两磅希腊 Melos 土，混合在一起，并捶捣十二天，就可以生产出'leucophorum'。"

162. 莱伯神（Father Liber）：一位主管种植和收获的古老的意大利神；后来被看成是与希腊的酒神狄厄尼索斯（Dionysos）一样的神。

163. 参见克恩图斯·库尔提斯·鲁弗斯的《亚历山大大帝战事论》7.9.15。

164. 这很像是在极其遥远的东北方向的色雷斯半岛的 Lysimachia，离梅拉斯海湾（Sinus Melas）不远。

165. 按照希罗多德的《历史》4.81，在 Hypanis 地区立有一个青铜的容器，比由帕萨尼亚斯（Pausanias，希腊地理学家和历史学家，著有《希腊志》。——译者注）在本都入口处奉献的大锅要大六倍。

166. 参见尤尼乌斯·尤斯丁的《历史》12.9.1。这条河是 Acesine 河，其水流入印度河，现在以 Chenaub 河而为人们所知。

167. 塔奈斯河（Tanais）：现在是 Donthe 河。

168. 参见希罗多德的《历史》2.92。这条河现在被称为 Artescus 河。

169. 参见希罗多德的《历史》2.102。

170. 例如，见鲍姆伯努斯·梅拉（Pomponius Mela），*De chorographia* 1.101；盖厄斯·尤利乌斯·索里纳斯的《大事集成》2.7。

171. 帕蒙尼翁（Parmenion）：马其顿王国的腓力（Philip）与亚历山大大帝的将军和谋士。

172. 劳作者的雅典娜（Pallas the Worker）：Athene Ergane 是帕萨尼亚斯（Pausanias）对她的称呼（1.24.3）。

173. 参见普卢塔克的《希腊问题》13c。Eviani 事实上是 Ainianes，是中央塞萨利的（Thessaly）人。

174. 大概是埃伊那岛（Aegina）的居民，这是一个位于萨罗尼克湾（Saronic Gulf）的岛。参见西塞罗的《我的执政》3.11。

175. 参见塞尔维乌斯·洪诺拉图斯的《维吉尔注》3.29。奥兰迪注意到阿尔伯蒂所使用的文本包含了误用的 *duas Julius*，关于 *Duilius*. Duilius 是著名的迦太基征服者，以他的名义在公元前 260 年树立起了第一根有喙的柱子（*columna rostrata*）。

176. 塞琉古一世（Seleucus Nicator），亚历山大大帝的一位将军，后来成为了叙利亚的国王。

177. 一位叙利亚女神，与希腊的爱与美的女神阿芙罗狄蒂（Aphrodite）有所关联。

178. 参见狄奥多罗斯（西西里的）的《历史丛书》2.4.2—3。

179. 参见塞尔维乌斯·洪诺拉图斯的《维吉尔注》7.750。

180. "勒纳之兽"（the beast of Lerna），是九头怪蛇（Hydra）的别名。在这里似乎有一些混淆：爱莪（Io），她变成了一头母牛，在这里是不相关的，但是赫拉克勒斯的侄子和同伴 Iolaus 的确帮助他杀死了勒纳之兽。爱莪的故事在阿尔伯蒂的《画论》（De pictura）44 中有所影射，虽然并没有提到她。

181. Osymandyas，被认定为是埃及的拉美西斯二世（Rameses II）。

182. 参见狄奥多罗斯（西西里的）的《历史丛书》1.49。阿尔伯蒂显然曲解了他的来源，虽然据狄奥多罗斯所说，这种表述确实是出现在了底比斯（Thebes）的图书馆的墙上的。

183. 参见狄奥多罗斯（西西里的）的《历史丛书》5.55.2。按照狄奥多罗斯的说法，是 Telchines，而不是其雕像，影响了天气，并改变了动物的形状。

184. 这不是来自亚里士多德而是来自普林尼，他给出了正确的名字为 Harmodius 和 Aristogeiton。参见普林尼的《自然史》34.17；并参见亚里士多德的《政治学》5.10，在他那里没有提到雕像。

185. 阿利安的《远征记》3.16.7—8。

186. 参见希罗多德的《历史》2.121。"Rapsinates" 应该读作 "Rhampsinitus"。

187. 参见希罗多德的《历史》2.110；狄奥多罗斯（西西里的）的《历史丛书》1.57.5。在那里有两尊雕像，每一尊有 30 个库比特高。

188. 参见希罗多德的《历史》2.176。按照希罗多德的说法，这座雕像有 75 尺长。

189. 参见狄奥多罗斯（西西里的）的《历史丛书》1.47。

190. 参见狄奥多罗斯（西西里的）的《历史丛书》2.13.2。

191. 狄奥多罗斯（西西里的）的《历史丛书》1.98.5—6。"Thellesius" 应该读作 "Telecles"。阿尔伯蒂在《雕刻论》（De statua）11 中，也提到了这个传说。

192. 参见普卢塔克的《努马》8。According to 普卢塔克，努马认为使较高级的事物像较低级的事物，给予神灵以人或动物的形象，都是不虔诚的。

193. 阿尔伯蒂非常快地处置了偶像破坏论者的观点。

194. 参见普林尼的《自然史》14.9。

195. Licinius Mucianus，一位常常被普林尼引用的作者，在公元 52 年、70 年和 75 年曾担任执政官。

196. 参见普林尼的《自然史》16.213。

197. 参见优西比乌斯（恺撒里亚的）《福音书阐释》3.8。

198. 参见奥维德，Fasti 1.201—202。这份手稿既有直白的（rectus）、"正直的"（upright）、隐晦的（tectus）、"隐蔽的"（covered）。奥维德所有的是隐晦的。

199. 盖厄斯·尤利乌斯·索里纳斯的《人事集成》10。

200. 见 7.10，上。许多玻璃的和黑曜石的雕像被普林尼所提及：《自然史》36.66f.。

201. 除了别的之外，这据说既是奥林匹亚（Olympia）的宙斯雕像，也是菲迪亚斯（Phidias）的雅典娜（Athena Parthenos）雕像。

第八书

1. 见 6.2。

2. 见 4.5。

3. *Vagans*，字面上的意思是，"蜿蜒"（wandering）。

4. 参见奥鲁斯·格里乌斯的《雅典之夜》17.14。格里乌斯对 Publilius Syrus 与拉贝里乌斯（Laberius）进行了比较，认为这种说法来自前者。

5. 参见西塞罗的《论法律》23.58。

6. 参见塞尔维乌斯·洪诺拉图斯的《维吉尔注》11.206。

7. 普卢塔克的《列传：*Poplicola*》23.3。

8. 虽然会有别的选择，但"设计"是这里的上下文中有关外部轮廓（lineamenta）的唯一可以接受的译法；见"名词解释"，相关条目之下。

9. 《土地法》（Lex Agraria）：公元前 133 年的有关土地的法律（agrarian law），关于在穷人中分配公共土地的问题，得到了提比略·格拉古（Tiberius Gracchus，公元前 169 或前 164？—前 133 年，罗马护民官，倡导农业改革，主张恢复个体小农阶级。——译者注）的支持。

10. 阿庇安，*De bellis civilibus* 1.10。

11. 见"名词解释"，在"美德"的条目之下。

12. 这是对庇护二世颁布的禁止任何尸体进入 Pienza 大教堂的敕令的一个带有感情色彩的呼应。

13. 这是一个对古代火葬习俗的不同寻常的请求，这一习俗在 19 世纪以前一直没有得到恢复，但却在 1894 年遭到了利奥十三世不很明确的谴责。

14. 参见西塞罗的《论法律》2.22。

15. Ictophagi：事实上是 Ichthyophagi，"食鱼者"（Fish Eaters），是居住在红海两岸许多部落中的一支。

16. 参见狄奥多罗斯（西西里的）的《历史丛书》3.19.6。

17. 参见斯特拉博的《地理学》11.4.8。

18. 塞巴人（Sabaeans）：位于肥沃的阿拉比亚（Arabia Felix，即今阿西尔和也门。——译者注）的一个大的部落。

19. 参见狄奥多罗斯（西西里的）（Diod. Sic.）3.33.2。

20. 这当然是指在马拉泰斯塔（Sigismondo Malatesta）将在里米尼（Rimini）的圣方济各（San Francesco）教堂按照阿尔伯蒂的范例转变成为马拉泰斯塔礼拜堂（Tempio Malatestiano）之后的动机。这座神殿颂扬了马拉泰斯塔（Sigismondo）和他妻子伊索塔（Isotta）的名字，并将他们的石棺放置在入口旁拱形的面板上，而那些著名的人则放置沿两侧的有拱的开敞位置上。

21. 西塞罗的《驳马克·安东尼》9.14。

22. 参见西塞罗的《论法律》2.24.61。

23. 参见西塞罗的《论法律》2.26.64。

24. 参见普林尼的《自然史》6.53；7.9。

25. 参见西塞罗的《论法律》2.26.66。虽然西塞罗也提到了皮塔科斯（Pittacus），一位米蒂利尼岛（Lesbos）的立法者，他将他的这套法律实际上献给了德米特里厄斯（Demetrius Phalereus），泰奥弗拉斯托斯学生和著名的演说家。

26. 柏拉图的《法律篇》12.947e。

27. 关于他对伯罗奔尼撒战争中死者的殡葬礼仪的描写，见修昔底德的《伯罗奔尼撒战争史》2.34。

28. 柏拉图的《法律篇》12. 958d—e。

29. *Parentare*，为死者的双亲与亲戚提供一个牺牲。The Parentalia，罗马所有鬼魂的节日，时间是在 *dies parentales*（2 月 13—21 日）。

30. 参见希罗多德的《历史》2. 129—130。

31. 塞尔维乌斯·洪诺拉图斯的《维吉尔注》11. 849。

32. 斯特拉博的《地理学》17. 1. 10。

33. 参见斯特拉博的《地理学》5. 3. 8。

34. Erythras：南亚地区寓言中的一位国王。

35. 参见斯特拉博的《地理学》16. 3. 5。Tyrina 是手稿（MSS）中的一个不同，这个岛事实上是 Ogyris，位于红海中。

36. 参见狄奥多罗斯（西西里的）的《历史丛书》2. 34. 3—5。

37. 参见希罗多德的《历史》7. 117。Artachaes 据说是世界上嗓音最高的人，有 8 尺 2 寸高，是波斯人中最高的。他是公元前 480 年实施的穿越阿陀斯山地峡的运河工程的两位负责人之一。（参见希罗多德 7. 22）。

38. 见 2. 9；参见普林尼的《自然史》36. 131。

39. 见 6. 2。

40. 关于 Caligula 和克劳狄乌斯的坟墓，见苏埃托尼乌斯《罗马十二国王传：奥古斯都 100，克劳狄乌斯 45，尼禄 9》；塔西佗的《历史》12. 69. 3。

41. *Opus reticulatum*：表面为方形的小块石块并呈对角线铺设；阿尔伯蒂用这种模式，从而创建了佛罗伦萨的卢塞莱广场（Rucellai），但不是靠这一技术本身。参见维特鲁威的《建筑十书》2. 7. 1—2 及附图 2. 10 上。

42. Clusium：现代称为 Chiusi。

43. 参见普林尼的《自然史》36. 91—92。普林尼的文本中没有明确谈到对这座纪念性建筑重建。然而，一些 16 和 17 世纪的雕刻师尝试着运用不同的方式这样做了。勒布（Loeb）的翻译是用 *earum summo aderat orbis aeneus* 来指一个置于所有金字塔上的青铜盘。

44. 帕萨加第（Pasargades）：波斯的一座大本营，现在是 Darabgerd 废墟。

45. 参见阿利安的《远征记》6. 29. 4—8。

46. Dado：*ara*，字面上的意思是，"火的祭坛"（fire altar），这常常是一个立方体。

47. 见 3. 5。

48. 这个拉丁词 *moles* 的意思是"堆积"（heap），"大堆"（large mass），"大块"（bulk），因而可以指任何大的建筑物。阿尔伯蒂用它来指"陵墓"（mausoleum）。

49. 在下面的段落中，*aroa* 被用于表示"平面"（plan）的意思。见"名词解释"，相关条目之下。

50. 克恩图斯·奥里利乌斯·西玛楚斯（Quintus Aurelius Symmachus），*Relationes* 3. 7。

51. 一个相当自由的第欧根尼·拉尔修（Diogenes Laertius）的版本，6. 50，它讲了有关第欧根尼的故事，而不是关于他的徒弟克拉特斯（Crates）的。关于阿尔伯蒂 *Epistola ad Cratem*，见 *Opera inedita*，编辑：G. Mancini（Florence，1890 年），p. 271。

52. 柏拉图的《法律篇》950e；并参见西塞罗的《论法律》2. 26。

53. 这个名字在所有的手稿中都被省略了；这段铭文事实上是从普罗佩提乌斯（Propertius，公元前 50？—前 15？年，古罗马哀歌诗人，其现存的作品包括为他的旧情人唱的挽歌《辛西娅》。——

译者注）那里引用来的（4.7.83ff.）。

54. 参见 F. Bücheler, *Carmina Latina epigraphica*（莱比锡：Teubner，1895—1926 年），995b，lines 1；4—6。

55. 诗人恩尼乌斯的墓志铭之结束部分；参见 Angelo Poliziano 为这本书所写献辞的最后一段。

56. 一段非常流行的题铭，首先由希罗多德的《历史》在 7.228 中所记载。

57. 第欧根尼，Sinope 的 Hicesias 的儿子，犬儒学派（Cynic sect）的创始人。由他的绰号，"这条犬"（the Dog）而成为"犬儒"（cynic）一词的来源。

58. 参见第欧根尼·拉尔修 6.78。

59. 西塞罗，*Tusculanae disputationes* 5.64—65。

60. 参见狄奥多罗斯（西西里的）的《历史丛书》1.47.5。

61. Sardanapallus：一位以柔弱而著称的亚述国王，他最终是与他的财宝一同自焚而死。

62. 塔尔苏斯（Tarsus）：西里西亚（Cilicia）的首都；Archileus：应该读作"Anchiale"，一座西里西亚的城镇。

63. 参见斯特拉博的《地理学》14.5.9。

64. 这座在托斯卡纳（Tuscany）的小城 San Gimignano 提供了一个好的例子，虽然，在中世纪的时候，在罗马的广场上也是高塔林立。

65. 这种引起很多讨论的 11 世纪时的宗教建筑现象，在编年史记录者 Raul Gluber 那里得到了总结："这整个世界都已经被白色的教堂斗篷所覆盖了"（The whole world was covered with a White mantle of Churches）。

66. 希罗多德的《历史》1.181；这当然是一座山岳台（ziggurat），而不是一座瞭望塔（watchtower）。

67. 这是一个一比十五的调和的比例。见"名词解释"，在"量度"的条目之下，有关各种长度问题。

68. 阿尔伯蒂在这里谈的是外观效果，而不是物理重量。

69. 用一个想象中的有 100 个单位高的塔，其基础为 25 个单位宽 10 个单位高；第二层是 20 个单位宽，20 个单位高；第三层是 18 又 1/3 的单位宽；第四层是 16 又 2/3 的单位宽；第五层有 14.99 个单位宽；第六层的高 10 个单位宽 10 个单位。每一个台石为 1 又 2/3 的单位，而其顶部的穹窿是 5 个单位，从而使其总高为 100 个单位。巴托利（Bartoli）的插图中没有传达这些信息。

70. 阿尔伯蒂已经说明在他理想的瞭望塔中，第六层应该是最后一层，见上面的注 69。

71. 球形的（Spherical）1：即半球状的，或穹窿状的。

72. 顶饰（Crests）事实上是建筑物顶部雕塑像的底座（acroteria）。

73. 阿尔伯蒂式的理论上的塔从来就没有建造出来，虽然他的描述对后来的建筑师有相当大的影响。这个塔是按照他的模仿古代的原则来的：其主要的比例都是通过与柱子的一般性比例进行类比得出来的。

74. 法罗斯（Pharos），作为埃及亚历山大港的一部分的一个岛；其灯塔是世界七大奇观之一。参见普林尼的《自然史》36.83。

75. 关于阿尔伯蒂对于这种装置的明显喜欢，见 7.11 中他的有关瓦罗在 Casinum 的大鸟舍的评论。

76. 见"名词解释"，在相关条目之下。

77. 参见《奥古斯塔历史手稿》，*Heliogabalus* 24.6。真实的文本中有将"斯巴达的"（Lacedaemo-

nian）当成了"马其顿的"（Macedonian）。斯巴达石，一种绿色的斑岩，现在被称为蛇纹岩（serpentine）。

78. 布巴斯提斯（Bubastis）：即现代的 Tel - Basta，位于尼罗河的 Pelusian 湾；参见希罗多德的《历史》2.138。Plectra：从希腊文来的正确译法应该是"plethra"：一个 plethron 大约有 100 尺。

79. 这个通道仅仅是人行道，比其余部分稍微抬高了一些；伪阿里斯提亚斯（Pseudo-Aristeas，《阿里斯提亚斯书信》是伪造的史书，约公元前 2 世纪中叶出现于亚历山大城，其目的是促进犹太教的事业。作者冒充一位公元前 2 世纪作家的名字，并对希伯来五书，即《旧约圣经》给予同时代的解释。——译者注）和他关于《旧约圣经》（Septuagint）的信，见 H. St. J. Thackeray, *Jewish Quarterly Review* 15。

80. 克诺索斯（Knossos），古代克里特的首都，弥诺斯（Minos）国王的居住地。

81. 柏拉图的《法律篇》1.625b。

82. 第一条路线大概是从 Porta San Paolo 到 San Paolo fuori le Mura，圣彼得教堂以后罗马城中最大的教堂。奥兰迪认为第二条路线是从台伯河左岸的 Arco di Graziano，穿过 Ponte Elio，到达 Cortina San Petri，这座建筑建于公元 379 年以后，用以保护朝圣者，但是在阿尔伯蒂的时代已经成为废墟；另见 Liber pontificalis，编辑：J. Duchesne, p. 507。

83. 拉丁姆（Latium）的 Penestrum：现在是位于拉齐奥区（Lazio）的普拉奈斯特（Preneste）. 参见普卢塔克的 *Marius* 46.6。

84. Meda：一位巴比伦女王。

85. Philostratus, *Vita Apollonii* 1.25。这条河流是幼发拉底河。

86. 在 6.13 中已经表达过的一条批评。

87. 参见普林尼的《自然史》34.41。

88. 狄奥多罗斯（西西里的）《历史丛书》13.75.1。我提到在罗得岛有三个海港，但是，对于阿尔伯蒂所指的是什么还不清楚。

89. 参见希罗多德的《历史》3.60。另见维特鲁威的《建筑十书》5.12 关于海港的建造。

90. 表演建筑（Show buildings）：见"名词解释"的相关条目之下。

91. 在 1450 年 12 月 19 日，一群在圣彼得大教堂受了惊的人在返回的路上，挤坍了哈德良桥的栏杆（Ponte Sant' Angelo）。尼古拉五世（Nicholas V）将桥做了修复，并在其两端建立了两座小礼拜堂。瓦萨里（Vasari）宣称他拥有阿尔伯蒂所绘制的 Ponte Sant' Angelo 的一个凉廊的设计图。接着的这一段是对这一设计的描述。

92. 见 4.6。

93. 参见维特鲁威的《建筑十书》5.1.1. ff. 。

94. 见"名词解释"，相关条目之下。

95. 参见伯鲁乃列斯基佛罗伦萨的育婴堂医院。

96. 城市的边界：*pomerium*，在这个位于城墙之内与外的露天空间中没有建筑物，用石头作为界标，仅限于进行城市占卜。

97. 塔西佗的《编年史》12.23。这里所说的扩张，是指对不列颠的征服。这里存在一个古老的习俗，即帝国的扩张可以授予城市以扩展自己边界的权力。

98. 这一段描述的显然是基于君士坦丁的和罗马的塞普蒂默斯·塞佛留斯（Septimius Severus）的拱券。与这些拱券的量度更为协调一致的，如托伊尔所主张的，是 *a basi infima*，这里译作"基础之底"（the bottom of the base），在这里指除了柱子底座之外的柱子基础部分。威特科尔《建筑学原理》pp. 33ff. 讨论了阿尔伯蒂对凯旋柱的使用。

99. 阿尔伯蒂在他有关绘画的论文《绘画论》中描述了 *historia*，以作为一种来自于文学与传说中的场景。其中包括了对人体的矛盾态度，这被认为是阿尔伯蒂时代至 19 世纪有关绘画的最高范畴。他认为主题的选择、组织，以及实施是艺术家最为重要的考虑。见《绘画论》，翻译：C. 格雷森，pp. 71 ff. 。

100. 见"名词解释"，相关条目之下。

101. 埃庇米尼得斯（Epimenides）：一位著名的希腊诗人和一位克里特先知。

102. 参见第欧根尼·拉尔修（Diogenes Laertius）1. 109，1. 114；柏拉图的《法律篇》642d。

103. 参见波利比奥斯的《历史》4. 21. 1—4。

104. 参见 Hieronymus ［圣杰罗姆（St. Jerome）］，*Chronica* 757。

105. Epians：可能是 Epeus 的后代，Panopeus 的儿子，特洛伊木马的发明者。参见品达（Pindar），《诗集》（Odes）54ff. 。

106. Lenaean：酒神狄俄尼索斯（Dionysus）的一个绰号，来自希腊对于一个酒瓮的称谓。

107. 参见狄奥多罗斯（西西里的）《历史丛书》4. 5。

108. 事实上是 Lucius Mummius。

109. 参见塔西佗的《编年史》14. 21。

110. 奥维德的《爱的艺术》1. 101—108。

111. 参见狄奥多罗斯（西西里的）《历史丛书》4. 29；盖厄斯·尤利乌斯·索里纳斯的《大事集成》1. 61。Iolaus 的父亲实际上是 Iphikles。

112. 事实上这场战争是由 Otho 反对 Vitellius 而起；参见塔西佗的《历史》2. 21。布雷森蒂亚（Placentia）位于阿尔卑斯山南侧的高卢地区，即现代的皮亚琴察（Piacenza）。

113. *Cestus*：字面上讲，一条公牛皮制的带子，绑有铅或铁制的球，在手和臂周围来击打，是由拳击手来使用的。

114. 柏拉图的《法律篇》7. 796d。

115. 见"名词解释"，在相关条目之下。

116. 竞技场（Circus）：*Circenses*。在他之后托伊尔和奥兰迪认为这个词来自塞维利亚的伊西多尔（Isidor of Seville）的，*Etymologia* 18. 27. 3。伊西多尔这个词是从 *circumeundo* 来的，因为 *circumibant*（他们来回走动），在其中；作为一种选择，也来自 *circum* 和 *enses*。这后一个词的意思是剑（swords），或模拟战争的训练。

117. Flavio Biondo（*Roma Restaurata* 3. 21）关于 Cassiodorus 的权威性，给出了一个同样的资料。

118. Pit：古罗马剧场的梯形座位（cavea）。

119. 参见维特鲁威的《建筑十书》5. 3. 5。

120. 参见维特鲁威的《建筑十书》5. 9. 1。

121. 见比伯（M. Bieber），《希腊与罗马剧场史》（The History of the Greek and Roman Theater）（普林斯顿：普林斯顿大学出版社，1961 年），pp. 54ff. ，108ff. ，167ff. 。

122. 参见维特鲁威的《建筑十书》5. 6. 3，台阶的尺寸是以尺计的。

123. 见"名词解释"，在"量度"的条目之下。

124. 阿尔伯蒂谈的是 *scaenae frons*，是罗马的帕拉廷山上 the Septizonium 东南角上尚存的一个很好的例子。这是一个三层的结构，里面有防卫，并能够住人。这给了阿尔伯蒂的卢塞莱宫（Rucellai Palace）的立面设计以启发。

125. "房屋覆盖范围"（Area）：见"名词解释"相关条目之下。关于文艺复兴时期的剧场建筑，见克雷恩（R. Klein）和泽内尔（H. Zerner），*Vitruve et le théatre de la Renaissance*，及克雷恩（R. Klein），*La Forme de l'intelligible*（巴黎：Gallimard，1970 年）；E. Battisti，*Rinascimento e barocco*（都灵：Finandi，1960 年），pp. 96ff.；A. Pinelli，*I teatri*（佛罗伦萨：Sansoni，1973 年）。

126. *Cithara* 真实的意思是一种拨弦的音乐器具；"七弦琴"（lyre）是最接近的，而"扁琴"（zither）在英语中则有一些特别的意思。

127. 见维特鲁威的《建筑十书》5.3.6 和 7 中相类似的说法。

128. 关于这样一个有名的花瓶的讨论，见维特鲁威的《建筑十书》5.5.1。在 5.4 中，维特鲁威说明了他的有关音乐和谐的理论，是来自 Aristoxenus，一位亚里士多德的学生。虽然瓷器类比在古代有关声音的讨论中比较常见，阿尔伯蒂似乎追随了波伊提乌（Boethius，古罗马哲学家，被误以叛国罪而处死。在狱中写成以柏拉图思想为理论依据的名著《哲学的慰藉》。——译者注）在《音乐论》（De musica）1.14 中的讨论。

129. 亚里士多德，*Problemata* 11.8。

130. 为较大的和较小的剧场的所设柱廊数目似乎被搞颠倒了。

131. 阿尔伯蒂应该知道这个装置是从罗马的圆形大剧场中来的，实际上在上层的挑出的托架还可以看得到：这一圆形大剧场在下一章被讨论了。唯一存留并允许被复原的——马塞卢斯（Marcellus）大剧场——甚至从后古典主义兴起直到 16 世纪 20 年代并不是完全开放的；因此，在这里阿尔伯蒂不得不依赖维特鲁威而不是这本书的其他部分，他也不得不从 古罗马的圆形大竞技场中寻求补充的材料。

132. 即黄道十二宫的住所。

133. 参见狄奥·卡修斯的《罗马史》49.43.2。

134. 见"名词解释"，在"量度"的条目之下。

135. 保存最好的古代竞技场是 Maxentius 竞技场，在阿庇亚大道（Appia）接近 Cecilia Metella 的坟墓之处。阿尔伯蒂记录的尺寸大致是 555 米乘以 185 米，而实际是 600 米乘以 150 米。

136. 这些结构似乎综合了阅兵场的特征，（参见维特鲁威的《建筑十书》5.5）以及角力场的功能（参见维特鲁威的《建筑十书》5.11）。

137. 见第五书，注 13，关于球类的游戏。

138. 维特鲁威（Vitruvius，5.9.5）提到了来自温室的空气是如何有益于眼睛的。

139. 见"名词解释"，在"风"的条目之下。关于上面一段，参见维特鲁威的《建筑十书》5.9.2 5，5.11.1—2。

140. 这里的文本是有问题的。阿尔伯蒂将维特鲁威的角力场同将柱廊与步道连接在一起的剧场（5.9）看成一样的，而忽略了维特鲁威为角力场按照希腊的用法所建议大多数附属房间。有趣的是，他将维特鲁威的建议解释为将南侧柱廊中央的一排柱子处理成像是在 *displuviandi tecti gratia* 一样的，"使屋顶变得倾斜"爱奥尼式的柱子。维特鲁威认为的则可能是一个平的顶棚，而阿尔伯蒂也倾向于这种平顶的顶棚。

141. 这个 Epiriot 的位置已经在 1.5 中出现过了。（原意大利文本中在这里是 Ceraumnia apud Epirum，这里的 Epiriot 当是 Epirum 的一个变体，是古代伊利里亚的一个部落的名字。——译者注）

142. 瓦罗的《论拉丁语》5.155。

143. 这个元老院现在被确认为是圣埃德里亚诺（Sant' Adriano）老教堂，虽然证据是不够充分的。Nardini 在 1700 年认为圣埃德里亚诺教堂是协和神殿（Temple of Concord）。

144. 一座距离雅典有六个赛跑场长度的学校，因柏拉图曾经在那里从事教学而著称。

145. 参见阿庇安，*Mithridates* 30。

146. 参见《奥古斯塔历史手稿》，Severus 19.5。

147. 大概是锡拉库扎僭主 Gelon 的胜利，其于公元前 400 年和阿格里琴托（Agrigento）及 Akragas 结成了联盟。在 Imena 打败了迦太基人，参见狄奥多罗斯（西西里的）《历史丛书》13.82。

148. Pisistratus：公元前六世纪时的雅典僭主。

149. 塞琉古（Seleucus）：亚历山大大帝的将军，在亚历山大死后成为巴比伦总督，并建立了塞琉古王朝。

150. 参见斯特拉博的《地理学》13.1.54。

151. 见尤利乌斯·卡皮托利努斯（Julius Capitolinus），"Gordiani Tres，"《奥古斯塔历史手稿》（*Historia Augusta*）。

152. 宙克西斯，一位"经验主义"的希波克拉底注释者，更为人们熟知的名字是伽林（Galen）。复仇女神（Nemesis）：回报女神，她惩罚那些骄傲自大的人。

153. 阿庇安，*Punic Wars* 95—96。

154. Propontis，或马尔马拉海，处在达达尼尔海峡（Hellespont）与色雷斯博斯的普鲁斯海峡（Thracian Bosphorus）之间。

155. 菲罗（Philo）：一位著名的雅典建筑师；参见维特鲁威的《建筑十书》7. pref. 12。

156. 阿尔伯蒂，或是他所依赖的资料来源，在这一点上误解了斯特拉博。参见斯特拉博的《地理学》8.5.2。

157. 波塞多尼奥斯（Possidonius）：一位斯多葛学派的哲学家，西塞罗的老师。阿利斯塔克（Aristarchus）：一位来自萨摩斯岛的著名的数学家与天文学家。参见维特鲁威的《建筑十书》9.8.1。

158. 参见苏埃托尼乌斯的《罗马十二帝王传：*Tiberius*》70.2。

159. 《奥古斯塔历史手稿》*Elagabalus* 30.7。

160. 见 7.4。

161. 维特鲁威（Vitruvius, 6.7.5）注释说，在希腊语中，*xystus* 的意思是一个宽阔的柱廊，运动员冬天时在那里进行训练，而在罗马的语言中，这是一个露天的散步道，这在希腊语中被称为 *paradromides*。阿尔伯蒂在这里所描述并附插图的平面是一个浴池，而 *xystus* 的平面是按照他自己的想象绘制的。

162. 阿尔伯蒂熟悉皇帝浴池的废墟，特别是卡拉卡拉（Caracalla）浴池和戴克里先（Diocletian）浴池，因此他并不需要依赖维特鲁威在 5.10 中所给出的相对比较小的浴池作为参考。关于阿尔伯蒂自己设计的半公共性浴池，见 H. Burns，"阿尔伯蒂所绘制的一张图"（A Drawing by L. B. Alberti）《建筑设计》（Architectural Design）49，no.5—6（1979 年），pp.45—56。另见"名词解释"，在"量度"的条目之下。

第九书

1. 柏拉图的《法律篇》656d—e，956a。

2. 狄摩西尼 *Third Olynthiac* 25—26。

3. 英勇（Valor）：见"名词解释"，在"美德"的条目之下。

4. 参见普卢塔克《莱克格斯》13.5；*De esu. carnium* 997c。莱克格斯是一位神秘的斯巴达立法者。

5. 这个故事在普卢塔克那里是关于阿格西劳斯二世（Agesilaos II）的，*Apothegmata Lacedaemonia* 210d。关于阿格西劳斯在亚洲的战役，（公元前 396—前 395 年）见色诺芬，*Hellenica* 4.1。普卢塔克没有特别指出其地点是："在亚细亚"。

6. 参见恺撒，*De bello Gallico* 6.20，作为对日耳曼人的粗蛮的一般性描述，虽然这并不像阿尔伯蒂所说的那么有因果联系。

7. 瓦勒里乌斯（Valerius）：P. Valerius Poplicola。人们怀疑这座房屋是在罗马帕拉廷山的维利亚（Velia of the Palatine）而不是在埃斯奎利诺山（Esquiline），见利维尤斯·帕塔维努斯的《自奠基以来的城市史》2.7；普卢塔克，*Poplicola* 10.3—6；和瓦勒里乌斯·马克西穆斯（Val. Max.）《大事记》4.1.1。

8. 苏埃托尼乌斯的《罗马十二帝王传：Augustus》72.3。这座住宅属于他的孙女朱丽亚（Julia）。

9. Iulius Capitolinus，建于戈尔狄安三世时（Gordian III）（M. Antonius Gordianus Augustus），《奥古斯塔历史手稿》（*Historia Augusta*）20.32。这座别墅的废墟现在被称作 Villa dei Tre Imperatori，位于 Praenestiana 大道上，大约距离 Porta Maggiore 有 3 里远，在 Tor dei Schiavi 的后面。

10. 卢克莱修，*De rerum natura* 2.24—26。

11. 修昔底德的《伯罗奔尼撒战争史》1.10.2。

12. 见"名词解释"，在"分隔"、"外部轮廓线"的条目之下。

13. 见上，8.1。

14. 参见普林尼的《自然史》34.7；财务官 Spurius Carvillius 反对将独裁者 Camillus 的罪恶展示出来（虽然只是青铜屋顶、*ostia aureata*，门）以作为他在公元前 380 年被放逐的理由。

15. 卢纳（Luna）石是一种白色的卡拉拉石，这种石头与石灰华，被认为是比较便宜的石头。

16. 见"名词解释"，在"美与装饰"的条目之下。

17. 女像柱和男像柱，虽然知道其字面上的来源，但直到 16 世纪以前并没有出现。按 1500 年时，利用砍掉树枝的树干作为柱子的方式比较常见，见克里斯（E. Kris），"Der Stil rustique，"在 *Jahrbuch der Kunsthistorischen Sammlungen*（维也纳，1926 年）；以及里克沃特（J. Rykwert），《亚当之家——建筑史中关于原始棚屋的思考》（剑桥，马萨诸塞：MIT 出版社，1981 年），pp. 97ff.，211ff.。

18. 沟槽（Channels）：最初的编辑中是 *rivulis*；在大多数手稿（MSS）中，这个文本似乎是有误的：*duulisque*。

19. 像这样的柱子在拜占庭和文艺复兴盛期建筑中比在古典建筑中更为常见。托伊尔指出，皮拉内西（Piranesi）记录了一种附有两个半柱 "ante Xenodochium Sanctae Mariae Consolationis" 和两个更为 "in Aedibus maximorum" 的方形柱子。帕拉第奥也在 Trevi 附近的神殿中注意到了这种柱子。参见安德里亚·帕拉第奥，《建筑四书》（*I Quattro Libri dell' Architettura*）（威尼斯，1570 年），pp. 98—102。当然，关于阿尔伯蒂在这里说到的这种奇怪的柱子，有许多古代的先例。

20. 和谐（Concinnitas）：见"名词解释"相关条目之下。

21. 参见 5.14，上。

22. 一个直接由阿尔伯蒂在他在卢塞莱宫的立面中经验过的问题，这一建筑没有完成或因乔万尼·卢塞莱（Giovanni Rucellai）在与相邻房产购置中的延误而致歉。见 B. Preyer，《卢塞莱宫》

（*The Rucellai Palace*），在 *Giovanni Rucellai ed il suo Zibaldone*，第二部分：*A Florentine Patrician and His Palace*，沃伯格学院研究（Studies of the Warburg Institute），编辑：J. B. Trapp，第 24 辑，pp. 155—228。

23. 关于城市不动产使用权问题，见 *The Institutes of Justinian*，编辑：托马斯（Thomas），第二辑，p. 3。

24. 对于空白部分，见维特鲁威的《建筑十书》2. 8. 18；虽然维特鲁威在这里没有提到尤利乌斯恺撒；并参见普林尼的《自然史》35. 23。按照斯特拉博和 Aurelius Victor 的说法，是奥古斯都将墙体的高度限制为 70 尺的，而图拉真又将其减少到 60 尺。在佛罗伦萨，城市建筑的高度最高是限制在 50 佛罗伦萨 braccia，按照一条早到 1325 年的法律，或者是大约 100 尺高；见 R. Davidsohn，*Storia di Firenze*（1956—1968 年），第五辑，p. 401。

25. 希罗多德的《历史》1. 180 说到了许多这样的住宅，但是没有说住在其中一座之中什么荣耀的话。

26. P. Aelius Aristides，《罗马颂》（Encomium of Rome）8。

27. 参见斯特拉博的《地理学》16. 2. 23。

28. 园宅（Hortus）：字面上讲是，"花园"（garden），在这里是一种郊区别墅的形式。普林尼（Pliny）在注释中说（《自然史》19. 4. 50）在表 12 中（Twelve Tables）这个词用来表示别墅；参见西塞罗的《我的执政》3. 14。

29. 另见阿尔伯蒂在第三书中关于 *Della famiglia* 中所说的别墅（*Opere volgari*，第一辑，pp. 198ff.）以及《别墅》（*Villa*）（*Opere volgari*，第一辑，pp. 359ff.）。

30. 然而，看起来西塞罗的意思是 *celeber* "常常是不费气力地"（easily frequented）。参见西塞罗的《给阿提库斯的信》12. 19。

31. 这句话来自泰伦提乌斯在《太监》（*The Eunuch*）一剧中的老人；参见第 972 行。

32. 这首短诗被错误地归在了马提雅尔（Martial）的名下；参见 *Anthologia Latina*，编辑：Bücheler-Reise（莱比锡：Teubner，1884 年），第一册，第一部分，p. 98，no. 26，Ⅱ. 1，7，和 4。

33. "房屋覆盖范围"（Areae），见 "名词解释"相关条目之下。

34. 关于 *sinus*，房屋的 "核心"（bosom），见 5. 17。

35. "房屋覆盖范围"（Area）：见 "名词解释"，相关条目之下。

36. 在阿尔伯蒂的时代，圆形的前厅不是圆顶建筑的常见特征：而且也还没有出现过这样一个例子，虽然这样一种建议对于他来说是适宜的。

37. 见上，7. 4 和 7. 10。

38. 比例 2 : 3 和 3 : 5 已经在维特鲁威那里出现了；5 : 7，奥兰迪认为是一个最接近 1 : $\sqrt{2}$（1. 4 接近 1. 414）。参见维特鲁威的《建筑十书》6. 3. 3。阿尔伯蒂在高度上的犹豫，可能是由于这对于他来说似乎不成比例。事实上，维特鲁威所具体明确的是将 3 : 4，而不是 4 : 3，作为高度与长度的比例。

39. 这一关于比例应该因尺度而有所修正的问题，是来自维特鲁威的《建筑十书》3. 5 的，在前面已经谈到。

40. 相当和谐：*concinnissimae*；见 "名词解释"，在 "和谐"（Concinnitas）的条目之下。

41. 这一系列可以总结如下：

	宽度	长度	高度	
A	1	1	1	平顶顶棚
	1	1	3/2	拱顶
B	1	2	3/2	平顶顶棚
	1	2	4/3	拱顶
对于大建筑物：	1	2	5/4	平顶顶棚
	1	2	7/5	拱顶
C	1	3	7/4	平顶顶棚
	1	3	3/2	拱顶
D	1	4	2	平顶顶棚
	1	4	7/4	拱顶
E	1	5	13/6	
F	1	6	11/6	

42. 这里的阿拉伯数字，在文本中为罗马数字。这些公式可以总结如下：

	宽度	长度	高度	
A	10	9	8	
B	48	36	42	平顶顶棚
	48	36	44	拱顶
C	21	14	16	平顶顶棚
	21	14	17	拱顶
D	7	5	6	
E	5	3	4	

43. 在由 Matteo de' Pasti 于 1450 年所制作的 Tempio Malatestiano 的徽章中，显示出了这样一个窗子。见里奇（C. Ricci），*Il Tempio Malatestiano*，重印时有一个帕西尼（P. G. Pasini）的附录（里米尼：Bruno Ghigi Editore，1974 年），第 10 章，pp. 253ff.。的确，这是唯一的其窗洞宽度如阿尔伯蒂在这里所描述样于的例于。

44. 上，8.7。

45. 上，8.9。

46. 参见普林尼的《自然史》36.84。

47. 参见普林尼的《自然史》36.184。

48. 我们是按照字面翻译的，虽然这是一个常规的客套话，其意思有点像是"真的"（really），"真是这样"（truly）。

49. 参见普林尼的《自然史》36.189。阿格里帕（Agrippa）是奥古斯都的女婿。

50. 参见苏埃托尼乌斯的《罗马十二帝王传：*Domitian*》14.4。按照苏埃托尼乌斯的说法，这座建筑应该是由 Domitian 建造的，所使用的材料是月光石（phengite），这是一种坚硬、白色、半透明的石头（普林尼的《自然史》36.163）。

51. 安东尼努斯·卡拉卡拉（Antoninus Caracalla）：罗马皇帝，211 至 217 年在位。参见《奥古斯塔历史手稿》（*Historia Augesta*）13.96。

52. 塞佛留斯·亚历山大（Severus Alexander）：罗马皇帝，222—235 年在位。参见《奥古斯塔历史手稿》（*Historia Augusta*）18.25.6。

53. 阿加索克利斯（Agathocles）：在亚历山大死后一代的西西里暴君。参见西塞罗的《论演说术》2.4.122。

54. 建造这座建筑的恺撒是奥古斯都。参见苏埃托尼乌斯的《罗马十二帝王传：奥古斯都》31.5.

55. 见 8.6。

56. 参见阿庇安，*Mithridatic War* 117；普卢塔克的《庞培》45。

57. 维吉尔的《埃涅伊德》6.14ff.。伊卡洛斯（Icarus）的掉落事实上是代达罗斯（Daedalus）没有在浮雕中绘制和雕刻出来的其故事的一个部分。

58. 这一亚里士多德式的类型区分也被维特鲁威所采纳。这三种为三类情况所作的风格划分因塞里奥（Serlio）而变得著名。

59. 参见苏埃托尼乌斯的《罗马十二帝王传：奥古斯都》72.3。这些收藏被放置在皇帝在卡普里（Capri）的别墅中。

60. 奥维德，*Fasti* 2.315；*Metamorphoses* 3.159.

61. 泰奥弗拉斯托斯，*Historia plantarum* 1.10.8.

62. 大概是 Phintias，公元前三世纪时阿格里真托（Agrigentum）的僭主。

63. 即用斜线的；梅花形（quincunx）：在骰子上的五个点。

64. 参见贺拉斯的《使徒书》1.16.9—10。

65. 这里是指 Abdera 的 *Georgica* 中所提到的德谟克利特，科卢梅拉所引，《论农村》11.3.2。

66. 建筑物顶部雕像底座（Acroteria）：见 8.5；这一底座最初用于在一个山花墙的两端与顶点上的雕像（但是常常见不到）。

67. 见"名词解释"，在"美与装饰"的条目之下。

68. 是 *Habitior*，不是 *habilior*，如阿尔伯蒂所用的；这是一位泰伦提乌斯中的一个角色。《太监》（*The Eunuch*）310—318；实际上她的情夫（Cherenus）描述她是"*color verus, corpus solidum et succi plenum*"。

69. 卢克（H. K. Lücke），《维特鲁威－阿尔伯蒂－维特鲁威》[慕尼黑：Prestel 1988 年（印刷）]，手稿（MS）p. 64。

70. 见"名词解释"，在"和谐"、"外部轮廓线"的条目之下。

71. 参见 9.8。另见卢克，《维特鲁威－阿尔伯蒂－维特鲁威》（见 n.69，上）。

72. 见"名词解释"，相关条目之下。

73. 这读起来像是新柏拉图主义的教导，但是，它已经被吸收到标准的经院哲学的学说中了。例如，见圣托马斯·阿奎那（St. Thomas Aquinas），《神学概要》（*Compendium theologicum*）151。

74. 事物之最原初，*primordia rerum*：一种被卢克莱修所使用的表述（*De rerum natura*，1.265ff.）是关于组成每一事物之最小的微粒或原子的。

75. 方式（Ways）：*formas*，字面上讲是"形状"（shapes）。

76. 见"名词解释"，在"骨骼与嵌板"的条目之下。

77. 关于有"神圣四重性"（holy fourfold）的毕达哥拉斯誓言，见 Iamblichus。

78. 那就是，$3+2+1=6$。并见维特鲁威关于数字 6 的论述：3.1.6 和第一章关于数字的一般性表述。

79. 那就是，怀孕后的第八个月。

80. 那就是，$10^2 = 1^3 + 2^3 + 3^3 + 4^3$。亚里士多德，《形而上学》（*Metaphysics*）序言，1.5.5；另参见维特鲁威（《建筑十书》3.1.5），他将这一结论的得出赋予柏拉图的名下。

81. 字面意义，是"五分"之一（a "fifth"），3:2。（原文如此——译者注）

82. 字面意义，"一倍半"（one and a half），即 1:3。（原文如此——译者注）

83. 字面意义，是"四分"之一（a "fourth"），1:4。（原文如此——译者注）

84. 字面意义，"一又三分之一"（one and a third），3:4。（原文如此——译者注）

85. 一个完整的八度音（octave），1:2。（原文如此——译者注）

86. 一倍半个八度音。

87. 两倍的八度音。

88. 调和音（Tonus）：单一的音符。

89. 一又八分之一音。

90. "房屋覆盖范围"（*Area*），见"名词解释"，相关条目之下。

91. "短"与"长"涉及的是四边形的形状，而不是它的大小。

92. 即方形。

93. 这个一又三分之一音（sesquitertia）的比例，$1\frac{1}{3}$ 比 1，使它实际上比 1.5 比 1 的一倍半音（*sesquialtere*）要小。

94. 即长度是二又四分之一倍，或是九个宽度的四分之一。关于比率的产生这一整个问题，见威特科尔的《建筑学原理》pp. 113ff.；赫西（G. Hersey），《毕达哥拉斯的宫殿：意大利文艺复兴建筑及其魔力》（*Pythagorean Palaces: Magic and Architecture in the Italian Renaissance*）；（伊萨卡：康奈尔大学出版社，1976 年）值得注意的是在这一产生过程中单个的数字非常重要，因而不能够被简化成简单的比率。

95. 即 9:16；$16 = (2 \times 9) - 2$。

96. *Area* 在这里所被使用的意思是地板平面；见"名词解释"，相关条目之下。

97. 即平方的根和平方。

98. 在这里明显是对角线。

99. 这条线是立方体的对角线，这个三角形的第三条边是由上面提到的方形和它的一个边的对角线形成的。

100. 即除了等边形以外的。

101. 这是这个立方体的"第一个"方形，或第一个"真正的"立方体。

102. 居中的（Means）：*Mediocritates*；即三个成系列的数字中，在中间的一个即是另外两边的两个数之"居中的"数。对于"居中"数［也以"三规则"（Rule of Three）或"商人之匙"（Merchant's Key）而为人们所熟知］被阿尔伯蒂同时代人在艺术与商业中的实际应用，由 Baxandall 在《15 世纪意大利的绘画与体验》（Painting and Experience in Fifteenth - Century Italy），pp. 94ff. 做过描述。另见"名词解释"，在比例的条目之下。

103. 所有手稿（MSS）中在这里都有"arithmetical"，但这显然是错误的。

104. 这是很少见到的早期基督教教士的几份手稿或写作的直接证据之一；参见《创世纪》（Genesis）6.15。在这里与人体的关系没有被提到。然而，圣奥古斯丁（St. Augustine）（*De civitate Dei* 15.26）非常清晰地表达了这一观点。《创世纪》（Genesis）描述的方舟有 300 库比特长，50 库比特宽，30 库比特高。

105. 和谐（Concinnitas）：见"名词解释"相关条目之下。

106. *Numerus*，"数字"（number）是构成和谐三要素之第一部分；见"名词解释"，在"和谐"的条目之下。

107. "柱子的风格"（Style of column）：现代术语无疑是"柱式"（order），但是，这个词在 16 世纪以前并不用于柱子的"风格"或"种类"。

108. 排列（Arrangement）：*collocatio*，构成和谐三要素之第三部分。

109. 外观（Outline）：*finitio*，构成和谐三要素之第二部分。

110. 参见 9.5。另见卢克，《维特鲁威－阿尔伯蒂－维特鲁威》（见 n.69，上）。

111. 有品格的（Dignified）：*ornatissima*；见"名词解释"，在"美与装饰"的条目之下。

112. 参见希罗多德的《历史》1.98；每一堵墙具有不同的颜色，残存的颜色是黑色、白色和橙色的。

113. 参见苏埃托尼乌斯的《罗马十二帝王传：卡利古拉》55.3；卡利古拉是一位在竞技场中参与四组战车比赛的热心支持者。这个马厩和马槽是为一匹被称作 *Incitatus*，意思是"快速"（swift），的马修造的。

114. 参见苏埃托尼乌斯的《罗马十二帝王传：尼禄》31.2。

115. 《奥古斯塔历史手稿》，*Elagabalus* 31.8。

116. 见 2.1.

117. 这一段，奥兰迪认为是添写进去的。

118. 这一条明显涉及的是在耶路撒冷圣殿的建造之时，没有听说有关金属工具的事实；见《列王纪·上》6.7。

119. 北风（Boreas）：见"名词解释"，在"风"的条目之下；"落日"（the sunset）：是上面 5.18（n.86）的一个表述的重复。参见 8.10 有关浴池建筑的朝向问题，在那里主要的门廊是朝南的，主要空间位于南北轴线上。

120. 见"名词解释"，在"风"的条目之下。

121. 尼科马科斯（Nichomachus）：一位公元 2 世纪时关于算术方面的作者。

122. 阿尔伯蒂所著的这篇有关绘画的论文，标题为《绘画论》（De pictura），是在 1435 年末用拉丁文写的，后来被译成了本地语言；见阿尔伯蒂《关于绘画与雕刻》（*On Painting and Sculpture*），翻译：C·格雷森（Grayson）。

123. 这些是希腊词，阿尔伯蒂使用了这些词，尽管他是有所限制的。Podismata 显然在技术上的意思是"用步子测"（pacing out），而 embates 仅仅见于维特鲁威，其意思似乎是：一个丈量的模数或单位"a module or unit of measurement"。

124. 设计（Drawings）：外部轮廓线（lineamenta）；见"名词解释"，相关条目之下。

125. 办事人员（Clerks of works）：*adstitores*，这是一个似乎被阿尔伯蒂所造的一个词，虽然这个词所指之人的功用是十分清楚的。

第十书

1. 见"名词解释"，在"分隔"、"和谐"、"外部轮廓线"的条目之下。

2. 柏拉图，《提麦奥斯篇》（*Timaeus*）25d，《克利梯阿斯篇》（*Critias*）108e。参见斯特拉博的《地理学》2.3.6。

3. 亚该亚的城市名，位于科林斯湾。参见斯特拉博的《地理学》1.3.18。斯特拉博那里提到的是 Helice。

4. 利比亚的沼泽地特利托尼斯（Tritonis）是在一次地震中消失的。参见狄奥多罗斯（西西里的）《历史丛书》3.55.3。

5. 在北部阿卡迪亚；参见帕乌萨尼阿斯的《希腊道里志》8.22.8。

6. 这些岛屿在基克拉泽斯群岛中。参见斯特拉博的《地理学》1.3.16；塞内加的《自然界问题》（Quaestiones naturales）6.21.1；普林尼的《自然史》2.102。

7. 参见斯特拉博的《地理学》3.4.18。

8. 参见斯特拉博的《地理学》3.2.6。

9. 亦名 *De republica*。这本书完成的准确时间不清楚。

10. 列奥尼（Leoni）将这条资料作为舍茅普利的一个证明，然而，这更可能是一个被称作古代 Amynicae Pylae 的通道，位于通往叙利亚的西利西亚路上。参见西塞罗，*Epistulae ad familiares* 15.4.9。Pylae 在希腊语中的意思是"大门"（gates）。

11. 在离乌尔比诺不远处的 Metauro 河上。

12. 抵御苏格兰人（Scots）或皮克特人（Picts）的要塞，仍然以哈德良长城而著称。关于这些长城，见《奥古斯塔历史手稿》1.2.2；3.5.4；10.18.2。

13. 这是位于 Margiana 的安提克（Antioch），现在在 Soviet Turkestan 境内。参见斯特拉博的《地理学》11.10.2。

14. 太阳之城当然是指赫利奥波利斯。参见狄奥多罗斯（西西里的）的《历史丛书》1.57.4。

15. 在爱奥尼海，位于科林斯海湾的西部；参见斯特拉博的《地理学》10.2.9。

16. 参见狄奥多罗斯（西西里的）的《历史丛书》13.47.3f.。

17. 参见克恩图斯·克蒂乌斯·鲁弗斯的《亚历山大大帝战事论》7.10.15。

18. 这是希腊词的一个直译。

19. 参见阿利安《远征记》7.7.7。

20. 见"名词解释"，在"风"的条目之下。

21. 一些编辑在这里插入了，"因而，水上漾起了太阳的光线"（so it is with the rays of the sun on water。）这是一种对这个在原始文本中似乎有一些空白的地方的推测性的插补。

22. 塞尔维乌斯·洪诺拉图斯《维吉尔注》3.701。

23. 参见狄奥多罗斯（西西里的）的《历史丛书》4.18.6；4.11.6—7。

24. 在卡帕多西亚；斯特拉博的《地理学》12.2.7。斯特拉博对于这里的水质并没有说什么。

25. 参见斯特拉博的《地理学》17.3.10。

26. 贝洛（Below），10.13。

27. 斯特拉博的《地理学》5.1.7。

28. 参见斯特拉博的《地理学》17.1.7。

29. 或许，这里赛勒斯（Thales）的话很可能是从维特鲁威—8. pref. i 中所引的。紧随之后的相当一些资料可以在维特鲁威的第八书中找到。

30. 引自斯特拉博的《地理学》15.1.19；这里没有给出准确的位置。

31. 色诺芬的《斯巴达的政治》（*Polity of the Lacedaemonians*）15.6。

32. 参见希罗多德的《历史》1.201 ff.；阿拉塞斯河（Araxes）：现代的阿拉斯河（Arax）。

33. 参见希罗多德的《历史》3.9。

34. 见"名词解释"，在"量度"的条目之下。

35. 阿庇安的《迦太基人的战争》40。乌西拉（Ucilla）是一个离扎马（Zama），在现代突尼斯（Tunisia）的北部。

36. 阿尔西诺伊（Arsinoe）：几座从埃及国王托勒密二世所喜爱的胞妹阿尔西诺伊获得其名称的城市之一。

37. 参见盖厄斯·尤利乌斯·索里纳斯《大事集成》5.16。

38. 见索里纳斯《大事集成》29.1。

39. 见索里纳斯《大事集成》5.17。

40. 见索里纳斯《大事集成》7.2。

41. 见索里纳斯《大事集成》5.20。

42. 见索里纳斯《大事集成》52.14。

43. 见索里纳斯《大事集成》33.1。

44. 参见维特鲁威的《建筑十书》8.3.14。

45. 参见维特鲁威的《建筑十书》8.3.23。

46. 参见索里纳斯《大事集成》5.21.

47. 参见维特鲁威的《建筑十书》8.3.22。

48. 这些空白很可能是由阿尔伯蒂自己所留下的。普林尼（《自然史》31.2.16）提到了一个在弗里吉亚的被称为 Gelon（来自希腊动词"笑"）的泉水，这个泉中的水能致人发笑。维特鲁威（8.3.15）提到了在色雷斯的 Chrobs 的一个湖，喝了这个湖中的水，或者甚至在湖中洗澡都会使人致死。

49. 参见维特鲁威的《建筑十书》8.3.16；维特鲁威增加了只有在一头骡子的吼叫下才能够被运送。

50. 参见索里纳斯《大事集成》4.6。索里纳斯并没有谈及科西嘉而是谈到了撒丁岛。

51. 参见索里纳斯《大事集成》4.6—7。

52. 这个语源学的说法来自塞尔维乌斯·洪诺拉图斯《维吉尔注》1.65，而他是来自瓦罗的。Lipygia 来自希腊语，其意思是"缺少雨水"（lacking in rain）。

53. 现在的奥维多（Orvieto）。

54. 幸运岛（Fortunate Isles）：寓言中位于西海的岛屿，是有福之人的住所，通常与（非洲的）加那利群岛（Canary Isles）联系在一起；参见索里纳斯《大事集成》56.15；梅拉（Mela）3.102；普林尼《自然史》6.203—204。

55. 斯特拉博的《地理学》11.14.4。

56. 关于摩西（Moses）及其找水的故事，见弗莱维厄斯·约瑟夫斯《上古犹太史》3.3。

57. 参见普卢塔克《列传：阿米利乌斯·保罗斯》14。

58. 这眼泉为维尔格（Virgo）输水道提供了水源；参见塞克图斯·尤利乌斯·弗朗蒂努斯《罗马城的供水问题》1.10。

59. 参见维特鲁威的《建筑十书》8.1.3。

60. 科卢梅拉《论农村》2.2。

61. 关于这一整节，见维特鲁威的《建筑十书》8.1.2。

62. 参见维特鲁威的《建筑十书》8.1.1。

63. 泰奥弗拉斯托斯，*De ventis* 2.16—37；见"名词解释"，在"风"的条目之下。

64. 亚里士多德《气象学》（Meteorologica）1.3。

65. 参见维特鲁威的《建筑十书》8.6.13；普林尼的《自然史》31.49。

66. 参见维特鲁威的《建筑十书》8.6.14—15。

67. 泰奥弗拉斯托斯，*Historia plantarum* 4.50.55。

68. 波利比奥斯（《历史》10.48）描述了这条河很狂暴，但是没有谈到这条河的水质。

69. 即下午的3点钟。

70. 海葱是一海边的植物，它的鳞茎干燥后可以用于利尿、通便等的药物。参见普林尼的《自然史》20.97。

71. 塞尔苏斯《医学》（*De medicina*）2.18.12。

72. 参见斯特拉博的《地理学》12.2.8；索里纳斯《大事集成》45.4。

73. 参见莱维蒂卡斯（Leviticus）19.19，在《圣经·申命记》（Deuteronomy）22.9中反复谈及了葡萄园。（见《旧约·圣经·申命记》，第22章："不可把两样种子种在你的葡萄园里，免得你撒种所结的和葡萄园的果子都要充公。"——译者注）

74. 亚里士多德，《气象学》（*Meteorologica*）2.4.360a。

75. 泰奥弗拉斯托斯，*Historia plantarum* 3.2.1。

76. 亚里士多德，《论题篇》（*Problemata*）24.2。

77. 其出处没有找到。

78. 科卢梅拉《论农村》1.5.2.

79. 希波克拉底，《空气·水·场地》7。

80. 关于位置与气候的效果，见泰奥弗拉斯托斯，*Historia plantarum* 2.2。

81. 普林尼的《自然史》14.110。

82. 加图的《农书》114.1.2："藜芦"（hellebore）是一些据说对疯病有治疗作用的不同植物的名称。

83. 科卢梅拉的《论农业》1.5.2，虽然科卢梅拉实际上认为雨水是最健康的。

84. 见"名词解释"，在"风"的条目之下。

85. 塞尔维乌斯·洪诺拉图斯《维吉尔注》7.84。

86. 参见瓦罗的《论拉丁语》5.25。

87. 见上，10.2。

88. 见上，1.4。

89. 阿尔伯蒂对德谟克利特有所偏袒，西塞罗讽刺说德谟克利特是从他的《论占卜》2.12ff. 那里拿来的观点。

90. 在一份手稿中（V，奥兰迪）给出了 252000 个赛跑场（41832 千米）的长度。维特鲁威（1.6.9）给出的数字是 31500000 步，这一数字来自埃拉托色尼；见塔沃诺（Tavernor），"和谐"（Concinnitas），附录 X，pp. 181ff.，对此做了更进一步的思考。（埃拉托色尼（公元前 3 世纪），希腊数学家、天文学家、地理学家，他设计了一种世界地图并推测了地球的周长及地球到月球和太阳的距离。——译者注）

91. 参见亚里士多德，《气象学》（Meteorologica）1.13。

92. 现代的 Killini 山。见帕乌萨尼阿斯《希腊道里志》8.17. i；斯特拉博的《地理学》8.5. ii.。

93. Incile："一个开口"：参见《迪格斯塔》（Digesta）43.21.5。

94. 维特鲁威（8.6.1）主张了一个每 100 尺 1/2 寸的落差；普林尼（《自然史》31.31），则提出每 100 尺 1/4 寸的落差。

95. 一种在英国仍然被建筑物检验者用来检查排水的方法。

96. 见阿尔伯蒂的 Descriptio urbis Romae，写于 1432 以后，在 Accademia Naz. dei Lincei，罗马，1974 年，Quad. 209，翻译：G·奥兰迪，pp. 112—137。一种被阿尔伯蒂在《雕塑论》（De statua）所描述的类似工具：格雷森（Grayson），《绘画与雕塑》（Painting and Sculpture），pp. 129ff.。

97. 参见维特鲁威的《建筑十书》8.6.2；维特鲁威声称通风井的间距应该是一个 actus（120 尺）远。

98. 这是指阿尔巴诺（Albano，意大利中部位于罗马东南方向的一个湖泊，是由一个死火山口形成的湖。——译者注）湖的 Emissario，因皮拉内西（Piranesi）的有关罗马与埃特鲁斯坎的 Veio 城的战争而的雕刻著称，利维尤斯·帕塔维努斯《自奠基以来的城市史》，5.15ff. 对此做了描述。

99. 参见塞克图斯·尤利乌斯·弗朗蒂努斯《罗马城的供水问题》1.4。

100. 数量被省略了；弗朗蒂努斯（《罗马城的供水问题》64.2）列出的数字是 9 个输水管。

101. 阿尔伯蒂时代在台伯河上的这种水磨，直到 17 世纪时仍然在使用。

102. 参见维特鲁威的《建筑十书》10.3 关于水力装置。"Accord" 这个词在这里译作和谐（concinnitas），关于这一问题见 "名词解释"，相关条目之下。

103. 关于水的机关，见维特鲁威的《建筑十书》10.8。

104. 参见《迪格斯塔》（Digesta）43.20—21。

105. 这不是指现代意义上的那种病，而是指坏血病或其他类似的皮肤病。

106. 急（Sharp）：geniculatus，字面上的意思是，"用弯头管联接的"（knee-jointed）。

107. 参见维特鲁威的《建筑十书》8.6.7.

108. 按照弗拉维欧·比昂多（Flavio Biondo）的说法，在内米湖底发现了一个类似导管的残片；他继续引用了阿尔伯蒂的观点，这些导管是向船上的大蓬中提供泉水的，从而将这些船变成为奢侈的大船。这就是阿尔伯蒂曾经参与打捞的那些船。

109. 参见维特鲁威的《建筑十书》8.6.9。

110. Argentum escarium：字面上的意思是，"银制餐具"（an eating vessel of silver）；而 potorium，"饮具"（a drinking vessel）。参见《迪格斯塔》（Digesta）34.2.19.12。

111. "庭院"（Courtyard），这里译作覆盖范围（area），意思是任何露天的水平面。

112. 参见普林尼的《自然史》31.34。普林尼用的是 septies，"七次"（seven times），而不是 semel，"一旦"（once）。

113. 弗莱维厄斯·约瑟夫斯的《上古犹太史》3.8。

114. 作者实际上是普林尼，见《自然史》31.70。

115. 即阿尔卑斯山南侧的高卢。

116. 参见塔西佗的《编年史》12.56；那条河其实是 Liri 河。

117. 参见西塞罗的《给阿提库斯的信》4.15.5。M. Curius：曼尼乌斯·克里乌斯·登塔图斯，3 世纪时的执政官和监察官。纳尔（Nar）河，台伯河的一条支流，现在被称为内拉（Nera）河。

118. 阿尔伯蒂试图从内米（Nemi）湖底打捞起罗马的大船。阿贝肯（W. Abeken）（*Mittelitalien*，斯图加特，1843 年，p. 167）注意到虽然这座湖没有可见的出水口，水是从一个人工的设施中流出的，这个设施可能是一个非常古老的结构。

119. Ilerda：一座位于伊伯利亚半岛（Hispania）的被称作 Hispania Tarraconensis 的城市，现在叫做 Lerida；Sicoris 河：现在是 Segre 河。参见恺撒（Caesar），*De bello civili* 1.61。

120. 参见克恩图斯·克蒂乌斯·鲁弗斯《亚历山大大帝战事论》8.9。

121. 优特罗比乌斯：4 世纪中叶的历史学家。

122. 参见希罗多德的《历史》1.93。这座湖实际上被狄奥多罗斯称作 Gygaean 湖。阿利亚特（Alyattes）：吕底亚（Lydia）国王，是吕底亚末代国王克罗伊斯（Croesus，公元前 560—前 546 年在位）的父亲。

123. 参见希罗多德的《历史》2.149。

124. 参见希罗多德的《历史》1.185—186。

125. 参见马尔塞林努斯的《历史》17.4。

126. 参见普林尼的《自然史》5.113；索里纳斯《大事集成》40.8。

127. 参见普林尼的《自然史》5.84；索里纳斯《大事集成》37.1。

128. 哈德良（Hadrian）桥：the Ponte Elio，在圣安吉洛城堡的前面（Castel Sant' Angelo）。见上，8.6。

129. 希罗多德的《历史》1.185。

130. 参见阿利安的《远征记》（*Anabasis*）7.7.3。

131. 参见狄奥多罗斯（西西里的）的《历史丛书》1.33.11。托勒密是托勒密二世（爱兄弟），埃及国王（公元前 285—前 246 年）。

132. 参见斯特拉博的《地理学》12.2.8。是卡帕多西亚（Cappadocia，今土耳其中东部，原为赫梯族的心脏地带。——译者注）的国王 Ariarathes 对此负有责任。这里的幼发拉底河显然是对斯特拉博所说的 Halys 河的一个错用。

133. 参见斯特拉博的《地理学》8.804。

134. 参见狄奥多罗斯（西西里的）的《历史丛书》2.7.3f.。见"名词解释"，在"量度"的条目之下。

135. 参见希罗多德的《历史》1.185。在所有手稿中都是这样。这是另外一条有关尼托克里司的资料。

136. 参见普林尼，引自亚里士多德，《自然史》2.220。

137. 参见斯特拉博的《地理学》，9.2.8，他给出的是 7 次潮汐变化。

138. 见 2.12。

139. 希斯特（Hyster）：多瑙河的下游部分；注入 Euxine 海的 Phasis 河，现在被称为 Rion 河。

140. 参见希罗多德的《历史》2.5；斯特拉博的《地理学》1.2.29；这个称号实际上是"尼罗河的礼物"［the gift（donum）of the Nile］而不是"尼罗河的故乡"［the home（domum）of the Nile］。

141. 参见斯特拉博的《地理学》1.3.7。

142. 贺拉斯的《长短句集》1.6.24—25。

143. 参见4.6；托伊尔推测 pontibus，"桥"（bridges）应该读作 portibus，"海港"（harbors）。

144. 参见维特鲁威的《建筑十书》5.12。

145. 普罗佩提乌斯（Propertius）2.8.8。

146. 见"名词解释"，在"风"的条目之下。

147. 阿尔伯蒂在这里说的是罗马的所谓 Testaccio 山，这是一座完全由陶器碎片所堆积起来的小山。这里的恺撒是指屋大维·奥古斯都；参见苏埃托尼乌斯的《罗马十二帝王传：奥古斯都》30.1。

148. 关于汲取水的装置，见维特鲁威的《建筑十书》10.6.1。

149. *Palatia*：一种铁铲式装置。

150. 参见普林尼的《自然史》17.30。

151. 参见泰奥弗拉斯托斯，*De causis plantarum* 5.14.5；菲利皮（Philippi）：一座位于东马其顿的城市。

152. 参见塞尔维乌斯·洪诺拉图斯的《维吉尔注》3.442；这里的恺撒是指屋大维·奥古斯都。

153. 瓦罗的《论农业》1.4.5。

154. 参见希罗多德的《历史》2.95.1。

155. 参见普林尼的《自然史》19.24。Metellus：实际上是马库斯·克劳狄乌斯·马塞卢斯，是小奥克塔维亚（Octavia minor）的儿子，他被奥古斯都收养，有一座柱廊和剧院是用他的名字命名的。

156. 阿尔伯蒂及其所引的资料来源在这里显然曲解了普林尼；参见普林尼的《自然史》2.115。

157. 奥伊塔（Oeta）：位于塞萨利（Thessaly，希腊中东部的一个地区，位于屏达思山和爱琴海之间。建于公元前1000年之前，于公元前6世纪势力达到鼎盛但很快就因内乱而衰败。——译者注）和埃托利亚山之间的一条山脉。

158. 这里在文本中似乎是有一些缺失的。

159. 亚里士多德的《动物志》（*Historia animalium*）9.6.4。

160. 参见普林尼的《自然史》19.177—178。

161. 普林尼的《自然史》19.178。

162. 索里纳斯《大事集成》22.8；萨尼特（Thanet）在肯特郡（Kent）的东南方。

163. 参见索里纳斯《大事集成》23.11。伊比沙岛（Ibiza）是西班牙东部的巴利阿里群岛（Balearic）中的一个岛。

164. 参见索里纳斯《大事集成》29.8。

165. 斯特拉博的《地理学》17.3.11。

166. 参见瓦罗的《论农业》1.2.25。沙瑟奈（The Sasernae），父与子，是关于农业方面的作者。

167. 普林尼的《自然史》24.13。

168. 参见普林尼的《自然史》16.64。

169. 白松香（Galbanum）：一种在叙利亚的开伞状花的植物的含树脂的树液。

170. 参见普林尼的《自然史》24.148。普林尼提到的这种药草是 *aron*，wake-robin。

171. 参见普林尼的《自然史》22.27。

172. 见"名词解释"，相关条目之下。

173. 参见尤维纳利斯（Juvenal，古罗马讽刺作家，其作品谴责了古罗马特权阶级的腐化和奢侈。——译者注）3.236—238。

174. 小普林尼 2.17。文字有一点小的变化。

175. 见"名词解释"，在"骨骼与嵌板"的条目之下。

176. 参见塞克图斯·尤利乌斯·弗朗蒂努斯的《罗马城的供水问题》2.116ff.。这一群人是为了维护导水沟渠的。按照弗朗蒂努斯的说法，有两群人，一群人是属于国家的，另外一群人是属于恺撒的。前者是首先创立并由阿格里帕留给了奥古斯都，由奥古斯都交给了国家；其数量是大约 240 个人。恺撒的这一群人数量为 460 人，是克劳狄（Claudius，公元前 10 年—公元 54 年，罗马皇帝，他把罗马统治扩及北非，并使不列颠成为一个行省。他在位时致力改革司法制度，扩大罗马殖民地，鼓励城市建设。——译者注）在他将他的导水渠引进城市之中的时候组织起来的。

177. 科卢梅拉的《论农村》（7.5.7—8）关于疥疮的治疗也提出了一个类似的建议。

178. 索里纳斯《大事集成》1.54—55。

179. 普林尼的《自然史》9.155；32.25。普林尼没有谈及海中的防风草（parsnip），而是刺鳐（stingray）（又以 parsnip fish 的名称而为人所知）尾部向外伸出的刺，这种刺被插入树木的根部时，会将树杀死。

180. 平衡臂：statera。

181. 见上，1.10。

参考文献

Alberti, Leon Battista. *L'architettura*, ed. Giovanni Orlandi and Paolo Portoghesi. 2 vols. Milan: Il Polifilo, 1966.

Alberti, Leon Battista. *The Family in Renaissance Florence* (translation of *Della famiglia* by R. N. Watkins). Columbia: South Carolina University Press, 1969.

Alberti, Leon Battista. *Opera inedita et pauca separatim impressa*, ed. G. Mancini. Florence: J. C. Sansoni, 1890.

Alberti, Leon Battista. *Opere volgari*, ed. C. Grayson. Bari: Laterza (Scrittori d'Italia), 1960–1966.

Alberti, Leon Battista. *Opuscoli inediti: "Musca," "Vita S. Potiti,"* ed. C. Grayson. Florence: Leo S. Olschki, 1954.

Alberti, Leon Battista. *On Painting and Sculpture*, ed. and tr. by Cecil Grayson. London: Phaidon Press, 1972.

Alberti Index: Leon Battista Alberti, De re aedificatoria (Florence, 1485), ed. Hans-Karl Lücke. 4 vols. Munich: Prestel Verlag, 1975–1979.

Andrews Aiken, J. "L. B. Alberti's System of Human Proportions." *Journal of the Warburg and Courtauld Institutes* 43 (December 1980), pp. 68–96.

Architectural Design 49, nos. 5–6 (1979) (also published as *A.D. Profiles 21*): *Leon Battista Alberti*, ed. Joseph Rykwert, with contributions by Cecil Grayson, Hubert Damisch, Françoise Choay, Manfredo Tafuri, Howard Burns, and Robert Tavernor.

Balbus, Johannes. *Catholicon*. Mainz: J. Gutenberg, 1460 (reprinted Farnborough: Gregg Press, 1971).

Baldi, Bernardino. *Vita e fatti di Federigo di Montefeltro Duca d'Urbino e memorie concernenti la città d'Urbino*. Rome: Francesco Zuccardi, 1824.

Baron, Hans. *The Crisis of the Early Italian Renaissance*. Princeton: Princeton University Press, 1966.

Baxandall, M. *Painting and Experience in Fifteenth-Century Italy*. Oxford: Oxford University Press, 1974.

Bialostocki, J. "The Power of Beauty: A Utopian Idea of Leon Battista Alberti." In *Studien zur toskanischen Kunst, Festschrift Ludwig Heydenreich*, ed. W. Lotz and W. W. Möller. Munich, 1964, pp. 13–19.

Bolgar, R. R. *The Classical Heritage and Its Beneficiaries*. Cambridge: Cambridge University Press, 1963.

Buck, August. *Die Rezeption der Antike in den romanischen Literaturen der Renaissance*. Berlin: Erich Schmidt Verlag, 1976.

Burckhardt, J. *The Architecture of the Renaissance in Italy*. London: Secker and Warburg, 1984.

Chastel, A. *Marsile Ficin et l'art*. Geneva: Librairie Droz, 1975.

Choay, Françoise. *La Règle et le Modèle*. Paris: Editions du Seuil, 1980.

Dennistoun, James, of Dennistoun. *Memoirs of the Dukes of Urbino*. 3 vols. London: Longman, Brown, Green, and Longman, 1851.

Doursther, H. *Dictionnaire universel des poids et mesures, anciens et modernes*. Brussels: M. Hayez, 1840. Reprinted Amsterdam: Meridian Publishing, 1965.

Gadol, Joan. *Leon Battista Alberti, Universal Man of the Early Renaissance*. Chicago: University of Chicago Press, 1969.

Garin, Eugenio. *L'Umanesimo Italiano: Filosofia e vita civile nel Rinascimento*. Bari: Laterza, 1952.

Gosebruch, M. "*Varietas* bei L. B. Alberti und der wissenschaftliche Renaissancebegriff." In *Zeitschrift für Kunstgeschichte*, 20, no. 3 (1957), pp. 229–238.

Grafton, A. *J. Scaliger: A Study in the History of Classical Scholarship*. Oxford: Oxford University Press, 1983.

Grayson, C. "The Composition of L. B. Alberti's *Decem libri de re aedificatoria*." *Münchener Jahrbuch der bildenden Kunst*, III, 11 (1960), pp. 161ff.

Krautheimer, R. "Alberti's *Templum Etruscum*" and "Alberti and Vitruvius." In *Studies in Early Christian, Mediaeval and Renaissance Art*. New York: New York University Press, 1969, pp. 65–72 and 323–332.

Krautheimer, R., and Krautheimer-Hess, T. *Lorenzo Ghiberti*. Princeton: Princeton University Press, 1982.

Lang, S. "*De lineamentis*: L. B. Alberti's Use of a Technical Term." *Journal of the Warburg and Courtauld Institutes* 28 (1965), pp. 331–335.

Mancini, Girolamo. *Vita di Leon Battista Alberti*. Florence: Sansoni, 1882. 2d ed. Florence: Carnesecchi, 1911.

Martini, A. *Manuale di Metrologia ossia misure, pesi e monete in uso attualmente e anticamente*. Turin, 1883 (reprinted Rome: Editrice E.R.A., 1976).

Matthias Corvinus und die Renaissance in Ungarn. Vienna: Niederösterreichische Landesregierung, 1982.

Michel, Paul-Henri. *La Pensée de L. B. Alberti*. Paris: Les Belles Lettres, 1930.

Morrison, Stanley. *Politics and Script*. Oxford: Oxford University Press, 1972.

Mühlmann, Heiner. *Aesthetische Theorie der Renaissance: Leon Battista Alberti*. Bonn: Rudolf Habelt Verlag, 1981.

Naredi-Rainer, P. von. *Architektur und Harmonie*. Cologne: Du Mont, 1984.

Onians, J. "Alberti and ΦΙΛΑΡΕΤΗ: A Study in Their Sources." *Journal of the Warburg and Courtauld Institutes* 34 (1971), pp. 96–114.

Panofsky, E. *Idea: A Concept in Art Theory*. New York. Harper and Row, 1968.

Parsons, W. B. *Engineers and Engineering in the Renaissance*. Cambridge, Mass.: MIT Press, 1968.

Pastor, Ludwig. *The History of the Popes*, ed. and tr. F. I. Antrobus. London: Kegan Paul, Trench, Trubner, 1923.

Poliziano, Angelo Ambrogini, called Il. Latin poems, ed. F. Arnoldi, 1964. Italian poems, ed. G. R. Ceriello, 1952.

Rykwert, Joseph. "On the Oral Transmission of Architectural Theory." *AA Files* 6 (May 1984), pp. 14ff.

Rykwert, J., and Tavernor, R. "Sant'Andrea in Mantua." *Architects' Journal* 183, no. 21 (21 May 1986), pp. 36–57.

Santinello, G. *L. B. Alberti: Una visione estetica del mondo e della vita.* Florence, 1962.

Splendours of the Gonzagas, ed. D. Chambers and J. Martineau. London: Victoria and Albert Museum, 1982.

Tavernor, R. "*Concinnitas* in the Architectural Theory and Practice of L. B. Alberti. Ph.D. Thesis, University of Cambridge, 1985.

Tommaso, A. di. "Nature and the Aesthetic Social Theory of Leon Battista Alberti." *Mediaevalia et Humanistica*, Case Western Reserve University, Cleveland, n.s. 3 (1972), pp. 31–49.

Ullman, B. L. *The Origin and Development of Humanistic Script.* Rome: Edizioni di Storia e Letteratura, 1960.

Vagnetti, L. "*Concinnitas*: Riflessioni sul significato di un termine Albertiano." *Studi e documenti diarchitettura* 2 (1973), pp. 139–161.

Vitruvius, M. P. *Architettura*, ed. and tr. Silvio Ferri. Rome: Fratelli Palombi, 1960.

Vitruvius, M. P. *De architectura*, ed. and tr. Frank Granger. London and Cambridge, Mass.: William Heinemann and Harvard University Press, 1945.

Westfall, Carroll William. "Society, Beauty and the Humanist Architect in Alberti's *De Re Aedificatoria*," *Studies in the Renaissance*, 16, 1969, pp. 61–79.

Westfall, Carroll William. *In This Most Perfect Paradise.* University Park, Pa.: Pennsylvania State University Press, 1974.

Wittkower, Rudolf. *Architectural Principles in the Age of Humanism.* London: A. Tiranti, 1952.

Wittkower, Rudolf. *Palladio and English Palladianism.* London: Thames and Hudson, 1974.

Zeri, Federico. *Scritti di storia dell'arte in onore di. . . .* Milan: Electa Editrice, 1984.

名词解释

文字引证包括书、章节和页码，紧接其后的括号内为原始版本（*editio princeps*）中的相应页码。例如，7.4.196—197（114v—115v）表示第七书，第四章，第196—第197页（原始版本第114页—第115页）。所提及的著作列在参考书目上［本书（英文版）第417页—第419页］，而这里所简略提及的对《建筑论》（*De re aedificatoria*）的各种译本列在了本书（英文版）的第xxii页—第xxiii页上。

房屋覆盖范围（*Area*）　　没有一个准确的英语词汇可以与 area 相对应。阿尔伯蒂使用这个词的意思是：被这座建筑物所覆盖的所有部分；建筑物坐落的位置或地点诸方面；平面的布置；基础，甚至地面以上的墙体部分。关于阿尔伯蒂对 area 一词的讨论见第一书，第七和第八章。或许"基址范围"或者甚至"基址平面"是一个更为准确的英语词汇。例如，见：1.2.8（5）；3.1.61，62（36，36v）；7.4.196—197（114v—115v）；7.14.232—234（131）；8.3.254—255（142）；9.6.306—309（167—169v）。在7.14.232—234（131），作为一种选择，area 可以被译作"平面"，其意思为"基址"或"首层平面"。

美与装饰／*pulchritudo et ornamentum*　　在第六书第二章［6.2.156（93v）］中，阿尔伯蒂对美与装饰的特征做了非常精确的定义："美是一个物体内部所有部分之间的充分而合理的和谐，因而，没有什么可以增加的，没有什么可以减少的，也没有什么可以替换的，除非你想使其变得糟糕。"在第四书第二章［4.2.96（57v）］中他写道："我们应该听从苏格拉底的告诫：当事情处在最为完美的状态之时，也就是事情将要变得糟糕之始。"另一方面，在第六书第二章［6.2.156（93v）］中他写道："装饰可以被定义为是对亮丽之处加以增补，或对美观之处加以补充的一种形式。从这一点出发接踵而来的是，我相信，美是某种内在的特质，你所发现的那些充满于形体之各个部分中的这种特质或是可以被称作美的；而装饰，却不是内在固有的，那是某种配属性的或附加上去的特征。"

美与装饰之间的区别在这里是清晰的：美是基本观念的一个完全理性的和根源性的结构——而装饰则是现象——是这个结构的个别性表达和修饰（并请注意下面美与优雅的关系）。因此，阿尔伯蒂在［4.7.113（67v）］中更具体地写道："士麦那城，……据说这座城市除了在街道的布置与建筑物的装饰方面十分优美之外，……"而在［4.3.101（60）］中，"……城市也应该提供愉悦的区域并留出开放的空间，以作为一种装饰，并提供消遣与娱乐之所……：赛马场、花园、游廊、游泳池，如此等等。"

在第五书中［5.6.127（75）］，在描述神殿建筑的朝向问题时，阿尔伯蒂宣称说"还没有来得及讨论的更多的是它们的装饰部分，而不是它们的使用……"为了进一步比较，见5.3.121（72）：*ornatus*／decorated（装饰）；和1.2.9（5v）*redimita*／garlanded（花环装饰）or embellished（修饰）。

关于美与西塞罗的 *honestas* 或"道德公正"的关系，见奥奈恩斯（Onians）的《阿尔伯蒂与ΦΙΛΑΡΕΤΗ》（Alberti and ΦΙΛΑΡΕΤΗ），特别是第102页；及比亚沃斯托茨基（Bialostocki）的《美之力量》（The Power of Beauty）和下面有关 *concinnitas*（和谐）的参考书目。

骨骼与嵌板/*os et complementum*　阿尔伯蒂在3.6.69（41）中描述了建筑物的"骨骼"以及骨骼之间的嵌板，并在3.8.71—73（42v—43v）做了进一步表述。在后者中："在这里出现了嵌板与骨骼的不同：对于前者来说，用石头碎片和任何碎石块来填充其外壳以里都是可以的——这是一个只要用小铲就能够完成的快捷活；而对于后者，不规则的石头是从来不用，或者仅仅是偶然才会用到的，但是在墙体的整个厚度上都使用了标准砌筑的石头而使其成为一个整体。"

在他的整个论文中反复出现的形体类比，对于他在3.12.79（47—47v）相关解释的理解提供了帮助。屋顶的特征是共有的，阿尔伯蒂写道："它们是骨架、肌肉、填充的嵌板墙、表皮，和外壳……因此，梁与梁之间的空间被留了下来，然后，横梁被放置了上去，在这些梁的间距之间覆以板条，和任何其他类似的东西。每一件这样的东西都可以被看做是一条连接的韧带。在这些韧带上加上了厚木板，或宽木板，这些显然取代了填充其中的嵌板。"此外，更为明确的描述在3.12.81（48v），是关于墙体的："自然学者注意到，自然在创造动物的身体时是如此彻底，她没有留出一块孤立的或与其他部分未加连接的骨头。同样的情况，我们应该将骨架连接在一起，并用肌肉和韧带将它们紧紧地绑在一起，因而，它们的框架与结构是完整而严密的，足以确保它的构架，即使在所有其他东西都被移除之后，仍然能够孑然挺立。"同样，在3.14.86（50v—51v）："简而言之，对于每一种拱顶，我们应该彻底地模仿自然，那就是，用延伸到几乎每一个可能截面上的神经脉络而将骨架及与之交织在一起的肉粘连在一起……"而在9.5.303（165v）："根据从大自然中获取的例证，他们从来不会将建筑物的骨骼，也就是柱子、转角，如此等等，设置成奇数的——因为你们不会发现一只动物会以奇数的肢体来站立或行走。"另外，也可见3.1.61（36—36v）：*procinctus*/girdle（束腰）［在Orlandi那里被译作*legamento*/ligament or tie（系带）］。

分隔/*partitio*　阿尔伯蒂在1.2.8（5）非常清晰地定义了这个词："房间分隔是将基址划分为一些更小单位的过程，因而建筑物可以被看做是由一些贴身的小房屋拼凑起来的，这些小房屋就像是完整身体的各个部分一样联结在一起。"一个形态学上的类比再一次出现在7.5.199（116—116v）中，在维特鲁威的3.1.1和9中："更进一步，就像头部、足部一样，的确在一个动物的身体上，任何一个部分都是一定与所有其余的部分彼此对应的，在一座建筑物中，特别是在一座神殿中也是一样，整体的各个部分一定是如此组成的，即它们都是彼此相对应的，任何一个部分，它独自地立在那里，可以提供所有其余部分的尺寸。"

阿尔伯蒂将第一书第九章［1.9.23—24（13v—15）］献给了房间分隔："在建造艺术中的所有创造之力，所有的技能和经验，都会在房间分隔中被召唤出来；房间分隔本身将整座建筑物划分成了各个部分，通过这些部分建筑物得到了表达，并且通过将所有的线和角安排进一个单一、和谐的作品中而整合了它的每一部分，这一作品崇尚适用、尊严和愉悦。"

［也请注意*Concinnitas*和维特鲁威的三原则（Vitruvian triad）］。阿尔伯蒂连续地使用了著名的cityhouse（城市居所）/house - city（居住城市）的类比。见6.5.163（98）有关房间分隔的更进一步概述。

和谐（*Concinnitas*）　雅各布·布克哈特（Jacob Burckhardt）将（和谐）描述为阿尔伯蒂的"最具有表现力的术语"［布克哈特，《文艺复兴建筑》（Architecture of the Renaissance），pp. 30ff.］，而其他学者们则是在阐释阿尔伯蒂有关建筑学的特别途径的时候引起对这个词的注意的（见参考文献）。阿尔伯蒂在第二书中引入了这个词［2.1.35（21v）］："我知道在实施一件作品时所遭遇的困难是以这样一种方式出现的，它将实践性的便利与高贵和优雅结合在一起，因此……这些部分中浸透着一种精美的变化，并与比例与和谐的要求相一致。"在较后的部分，当对美进行定义时，他写道［9.5.302—303（164v—165）］："构成我们所追寻的这一整个（美的）理论的三个主要成分是数字，和那种我们可以称其为外形的东西，以及位置。但是，在这三个成分的组合与联系之中引发出了一个进一步的品质，在这个品质中美在昭显着它的全部面目：关于这一品质我们给出的术语是和谐；这个品质我们认为是通过种种的优美而壮丽而滋生出来的。和谐的任务和目标是将那些其特征彼此相差很大的各个部分，按照一些精确的规则而组合在一起，这样它们在外观上就是彼此相应的了。……既不是事物的一个整体，也不是它的各个部分使得和谐能够像它在大自然本身中那样得以产生；因此，我可以将其称为灵感和理性的结合。……如果这一点能够被接受，让我们得出如下的结论。美是在一个物体内部的各个部分之间，按照一个确定的数量、外观和位置，由大自然中那绝对的和根本性的规则，即和谐所规定的一致与协调的形式。这就是建筑艺术的主要目的，是她所具有的高贵、妩媚、权威和价值连城的源泉所在。"

在美的三个构成要素中，*numerus*/number（数字）意味着数量，也意味着质量——在毕达哥拉斯—柏拉图的观念中，以及在各种各样基督教注释中的相关解释，如奥古斯丁的《上帝之城》（City of God）中（并请注意阿尔伯蒂的9.5和9.6）；*finitio* 一词我们翻译为"外轮廓"（outline），虽然"整齐的外轮廓"（measured outline）可能是更准确的译法［请阅读加多尔（Gadol）的《阿尔伯蒂》（*L. B. Alberti*），pp. 108ff.；塔沃诺（Tavernor）的《和谐》，pp. 4ff.；以及面层轮廓（Lineaments），见后］；*collocatio*，或位置（position），与确定一座建筑物的安排与布置有关［威斯特弗尔（Westfall），《社会与美》（Society，Beauty），强调了 *virtù*（美德）在这一确定过程中的重要性；见 Virtue（美德），见后］。

为深入的圆度，见：加多尔的《阿尔伯蒂》（*L. B. Alberti*）；桑蒂奈罗（Santinello）的《阿尔伯蒂》（*L. B. Alberti*）；塔沃诺的《和谐》；威斯特弗尔，《社会与美》（Society，Beauty）；瓦格涅提（Vagnetti）的《和谐》；威特克沃（Wittkower）的《建筑学原理》（Architectural Principles）。

建造/*structura*　在第一书中阿尔伯蒂引出的 *lineamenta*（外部轮廓线）和 *structura*（建造）的不同（1.1.7［4］）——和设计与建造的不同——可以与维特鲁威在 1.1.15. 所引出的 *ratiocinatio* 和 *opus* 的不同加以比较。如维特鲁威所写："艺术中的每一种都是由两个方面组成的，实际的作品和它的理论。两者中的一个，即作品的实现，适合于那些在个别科目上受过训练的人们的，而理论方面，则对于所有学者都是适用的……"对于阿尔伯蒂，以及对于建筑艺术而言，设计一定要领先于建造，而 *lineamenta* 和 *structura* 却都是独立的。

檐口/*coronix*　阿尔伯蒂使用这个词汇首先是来描述墙体的三个主要部分之一：墙体顶部的一环，即他称为檐口的部分：［"hanc demum coronam nuncupant"：3.6.69（41）］。然而，后来，在第三书中［3.14.85—86（50v—51）］，他使用了 *coronix* 来描述那种可能最好是被称作"环"的和"拱券"用在一起以便形成拱顶的各种外形的部分。

外部轮廓线/*lineamenta*　在他的序言中，阿尔伯蒂主张说，建筑是由两个部分组成的，从内心生发出来的——*lineamenta*（外部轮廓线）——和源自于自然之中的并且由熟练的工匠作为中介的——*materia*（材料）：他将 *lineamenta*（外部轮廓线）作为第一书的主题。正如朗（Lang）所指出的［朗（Lang），《外部轮廓线》（De lineamentis）］，词汇 lineamenta 一直有不同的译法，如 *disegni*［巴托里（Bartoli）］，意思为绘图与设计；*Risse*［托伊尔（Theuer）］；"form（形式）"［潘诺夫斯基（Panofsky），《观念》］；以及被克洛西摩（Krautheimer）定义为"definitions（外轮廓）"，"plan（平面）"和"schematic outlines（图解轮廓线）"［克洛西摩，《阿尔伯蒂与维特鲁威》（Alberti and Vitruvius）和《阿尔伯蒂的 *Templum Etruscum*》（Alberti's *Templum Etruscum*）；克洛西摩与克洛西摩－赫斯（Krautheimer and Krautheimer－Hess），洛伦佐·吉尔伯特（*Lorenzo Ghiberti*），p. 230］。朗将 *lineamenta* 定义为"规则的首层平面（measured ground－plan）"（p. 333），但是，他的这一理解不是可以连贯应用的，而且也与我们所倾向于的将 *finitio* 译作的"外轮廓（outline）"，意为"整齐的外轮廓（measured outline）"太过接近［见 *Concinnitas*（和谐）］。因此，我们在大多数情况下将其译作"外轮廓"，这其中包含有"线"、"线的特性"，如此等等意思，其意暗指，设计：的确，为了清晰起见，"设计（design）"一词在 8.1.245（137）中一直是在使用着的。

量度（Measures）：古代与现代　　阿尔伯蒂在他的整篇论著中都将量度作为古代典据中的一种说法而加以引用。这似乎是合理的：他使用了同样的"古代"语言，并且有时候将实际的数字单位提高到用来说明他的绝对尺寸的重要地步（见"和谐"）。然而，一个更深层次的原因无疑是，在他自己所在时代的意大利，并不存在相对应的"通用的（universal）"量度。而每一个意大利城市—国家都使用了一个不同的度量体系。因而，在佛罗伦萨，一个佛罗伦萨 *braccio* 等于 0.5836 米，这被用于商业交换和器物的制造上，在曼图亚（Mantua），一个 *braccio* 则等于 0.467 米［见"比例"（Proportion）一条中有关一种度量体系与另外一种度量体系关系的方法］。地方性的量度无疑影响了阿尔伯蒂的建筑物的设计［例如，见里克沃特（Rykwert）和塔沃诺（Tavernor）的《圣安德里亚》（*Sant'Andrea*）］，这不仅是因为他所使用的建筑物的材料的加工与提供是严格地由地方性所限定了的：砖的尺寸是由法令所确定的。阿尔伯蒂在第二书［2.10.52（31v）］中将砖的尺寸规范作为对古人选择的一个回顾，或许也是对按照古人所遵循的"自然"原理对度量加以标准化的一种呼吁。在他的论著中最经常使用的具有相等的单位和公制价值的量度是：

	digit [i] （指宽）	inch （寸）	palm （掌宽）	foot （尺）	cubit （库比特）	pace （步）	meters （米）
Digitus	1						0.0185
Uncia/pollex		1					0.0246
Palmus minor	4	3	1				0.0739
Pes	16	12	4	1			0.2955 [ii]
Cubitus	24	18	6	1.5	1		0.4432
Passus	80	60	20	5	3	1	1.4775

i　　在希腊人之后，维特鲁威将尺（foot）描述为是由 16 个指宽组成的（Vitruvius 3.1.8），虽然在他的那个时代，罗马尺更为通常地是被划分为 12 寸（inches）的。不太确定的是，阿尔伯蒂在他的论文中是如何对尺（foot）进行细分的，并且，更为令人混淆的是，在他关于雕塑的论文《雕像》（*De statua*）中，他采纳了将一尺（foot）分为 10 寸（inches）的方法：见阿尔伯蒂的《绘画与雕刻》（*On Painting and Sculpture*）；及安德鲁斯·埃肯（Andrews Aiken）的《人体比例》（*Human Proportions*）。

ii　　关于尺（foot）没有精确的量度，而这个度量标准是基于 30 个 *pedes* 的一个平均数，这一点得到了很好的保存（在卡比托奈与梵蒂冈博物馆的［Capitoline and Vatican museums］的收藏中）。关于这一问题以及关于度量衡学的一般性问题，参见杜尔特（Doursther）的《辞典》（*Dictionnaire*）；马蒂尼（Martini）的《手册》（*Manuale*）；帕森（Parsons）的《工程师》（*Engineers*），附录 B。

续表

	digit （指宽）	inch （寸）	palm （掌宽）	foot （尺）	cubit （库比特）	pace （步）	meters （米）
Centum pedes	1600	1200	400	100	66	20	29.5500
actus	1920	1440	480	120	80	24	35.4600
希腊大型运动场	9600	7200	2400	600	400	120	177.3000
罗马大型运动场	10000	7500	2500	625	416	125	184.6875
罗马里（mile）	80000	60000	20000	5000	3333	1000	1477.5000

自然/*natura* 　词 *natura* 是众所周知难以翻译的一个词；只要是在现代英语所允许的地方，我们一直坚持将其译作"自然"（nature）。在英语的使用中，这或许是在意思上最为接近拉丁语中的"自然哲学"（natural philosophy）之含义的一个词。

阿尔伯蒂提倡对自然的模仿：建筑物应该与大自然所创造的形体存在相比较［见"骨骼与嵌板"（Bones and paneling）］，房屋的建造者应该努力去理解和反映大自然的规律［例如参见，和谐（*concinnitas*）］——特别是"理想的"人体比例。阿尔伯蒂很可能在对佛罗伦萨的艺术家与建筑师，如吉伯蒂（Ghiberti）和伯鲁乃列斯基的研究中学习到了许多潜藏在自然之下的原理，他发展了这些思想，并在他自己有关绘画与雕塑的论文中将其变得系统化［见阿尔伯蒂，《绘画》（*On Painting*），编辑，格雷森（Grayson），1972 年］。遵循人文主义的规则，阿尔伯蒂通过从早期注释中翻译过来的基督教神学而覆盖了古代的（特别是柏拉图和新柏拉图主义者们的著作中的）自然哲学。在第九书第七章［9.7.309 和 n.104（169v）］，紧步奥古斯丁的后尘，他将人体比例与圣经中所描述的诺亚方舟（Noah's Ark）的比例进行了比较。圣经中的诸原型（Biblical archetypes）影响了阿尔伯蒂以及他同时代那些人所设计的建筑，就像这些原型对中世纪（Middle Ages）那些伟大教堂所产生的影响一样。［见里克沃特（Rykwert）和塔沃诺（Tavernor）的《圣安德里亚》（*Sant' Andrea*）；塔沃诺的《和谐》（*Concinnitas*），威斯特弗尔（Westfall）的《天国》（*Paradise*），第六、七章；威特克沃（Wittkower）的《建筑学原理》（*Architectural Principles*），附录一］。

比例/*proportio* 　比例是从和谐中而来的：那就是数字、量度与形式的成功组合（*numerus*，*finitio*，and *collocatio*—见"和谐"）。正确的听觉与视觉应该模仿自自然［1.9.24（14v）］："就像在音乐中一样，在那里深沉的音调与高亢的音调相呼应，中间的音调在两者之间摆动，如此唱出的歌声才是和谐的，这样就导致了一个极佳而洪亮的比例均衡，这种均衡增加了听众们的愉悦，令他们感到着迷；因而，这样的结果在任何用于迷惑与感动心灵的事物中都会出现。"在第九书的第五与第六章中给出了一个详细的有关比例的说明，在这里对于与音乐、几何和算术中两个极点及其中间点的数字（比率）建立了一些特定的规则［见威特克沃（Wittkower）的《建筑学原理》（*Architectural Principles*），pp.107ff.及附录三；和纳雷迪－莱恩纳（Naredi-Rainer），《建筑与和谐》（*Architektur und Harmonie*）］。由于每一个意大利城市—国家都有其自己的度量衡体系［见"量度"（Measures）］，视觉艺术和音乐比例中潜在的规则也渗透到每日的商业生活中。一种特别的工具，如比例法（Rule of Three）对于克服国与国之间的交换与贸易中是必不可少的。它包含了对两个极端数值的一种算术综合，从而产生了三个几何比例项，在这三个项中，中间项是两个极端项的中数：这个中数是与两个极端数呈比例的。这一点由巴克森德尔（Baxandall）做了很好的解释（《绘画与经验》（*Painting and Experience*），pp.94ff.）。或许在这个商业工具与阿尔伯蒂所描述的方法之间的唯一主要区别是与所使用的数字的品质有所关联的［见"和谐"（*Concinnitas*）与数字（*Number*）］。这是因为比例是自然哲学中的一个基本原理，构成了人类活动及其良好的生存（well-being）状态。如阿尔伯蒂所写的［5.8.130（77）］："具有良好健康且适度者所组成的某种处于不同之极端的结构是为何物呢？其意义总是令人愉悦的。"

尺度/*modus*　特尔（Theuer）将 *modus* 一词翻译作"大小尺寸"（size）［泽恩·布赫尔（Zehn Bücher），p.19］；奥兰迪（Orlandi）译作"布置"（disposition）［《建筑学》（*L'Architettura*），p.18］。在我们这个词"尺度"中，我们接受了特尔和奥兰迪的综合理由。因此，举例来说，"因而，外形轮廓的作用与责任就在于，要为那些完整的建筑物，以及这些建筑物上的每一个组成要素，确定一个适当的位置，和一些精确的数字，一个适当的尺度"［1.1.7（4v）］；"使一堵墙在宽度与高度上比理性或尺度所要求的要更大或击小是错误的做法"［1.10.26（16）］。

表演建筑与演出场地/*spectacula*　在古代，*spectaculum*（复数：*spectacula*）包括剧场、马戏场和击剑场。然而，在 15 世纪的欧洲，并不存在永久性的剧场和马戏场，而各种表演是在各种外廊或任何露天的结构中观看的。因此，由于阿尔伯蒂在第四书［4.8.116（69）］中声称神殿、圣地和巴西利卡，和"表演建筑……不是属于公共领域的，而是属于一些特定团体，如僧侣或地方官员的领域。"在他内心中大概有一个比起古代那些巨大的竞技场有次更为亲切尺度的建筑物。或许在教皇尼古拉五世（Pope Nicholas V）对梵蒂冈宫进行扩建的时候，被指定为是一个剧场的教皇凉廊，是这样一种建筑物［见威斯特弗尔的《天国》（*Paradise*），pp.152ff.］

　　在第八书（8.6.262［145ff.］）中有几处涉及了我们所翻译作表演建筑的地方，因为它们是明显地倾向于大规模的公共娱乐活动：这些在这是书的较后部分又做了特别的描写（8.7.268ff.［148ff.］）这些建筑中包括了剧场（阿尔伯蒂所谈到的剧场是用传统的木制方式建造的）、圆形竞技场和马戏场。

精神/*animus/anima*　当阿尔伯蒂在第四书［4.1.93（55v）］中对社会的构造与精神的构造进行了比较（"因此，在一个社会中所作的区分作为一个整体是与精神的那些不同部分保持一致的"）他是，在一定程度上，重述了柏拉图在《理想国》（*The Republic*），9.580f 中所提出的论点，因而，如柏拉图所说的"每一位个体的精神……就像这座城市一样，是划分为三种形式的，"因而，阿尔伯蒂得出结论说"只要一个国家是由不同部分所组成的，不同类型的建筑物就会被指派来用于他们中的每一个部分。"虽然，看起来似乎阿尔伯蒂走得比柏拉图更远，主导精神的观念被后来的基督教注释者所覆盖和拓展。例如，奥古斯丁认为上帝——偶像并不存在于肉体的人中，而是在生命的灵魂（*anima rationalis*）中，拥有这种灵魂将人与动物区别了开来［奥古斯丁（Augustine），《忏悔录》（*Retractiones*），1.26］。阿奎那（Aquinas）也强调了精神对于人的重要性："整个身体以及它的所有各个部分都从精神中获取了实质性的和特别的存在……人类精神是一种有机体的现实存在，而这有机体就是这种精神的具体体现……精神的某些活动超越了人体的范围"［阿奎那，《创造》（*Creation*），175 and 176］。

坚石/*redivivus*　在古代 *redivivus* 被用于表示"更新的"、"修复的"，而在建筑的情境下，指的是建筑材料——特别是石头的——"再使用"。维特鲁威用这个词来表示"旧石头"（Vitruvius 7.1.3），但是，在阿尔伯蒂这里，其用法就没有那么具体。他使用 *redivivus* 这个词大多数情况下是指一种石头的类型，这种石头显示了一个特殊的生命力或活力：例如，燧石［举例来说，10.4.328（181v）］。这种石头也可以被描述为有"男子汉气概"的［3.16.90（52v—54v）］。在别的地方，他使用这个词也含有粗糙的意思［10.11.348（194）和10.16.359（201）］，这是一种我们一般性地采用了的译法。

变化/*varietas*　变化是装饰的一种外延［见"美化与装饰"（Beauty and ornament）］并且是建筑物视觉上的一个亮点。从下面所摘选的例子中很清楚地看到，与任何其他主要原理一样，阿尔伯蒂追寻着他自己的建筑理论，即使是变化也需要在一个设计中加以仔细地考虑［并参见"和谐"（Concinnitas）：作为"优雅的变化，"2.1.35（21v）］。

　　"我的意思是指由角和线，以及由各个部分所具有的特定的变化，这种变化既不能太多也不能太少，而是根据使用与优雅而加以处理的，整体应该与整体对应，局部与局部对应。"［1.8.20（12v）］。"变化总是一种最令人愉悦的调味品；而当变化造成了彼此之间的冲突与不同，那就是令人非常不愉快的了。"［1.9.24（14v）］。"西塞罗追随了柏拉图的教诲，他主张公民应该受到法律的约束，在他们神殿的装饰上，应该拒绝任何多变和轻浮的东西，而将纯净看得比任何其他东西都更有价值。'虽然如此'，他接着说，'让我们使其拥有一些高贵的东西。'"［7.10.220（125）］。另见戈则布鲁赫（Gosebruch）《变化》（*Varietas*）。

美德/*virtus*　这个词的翻译难点在于消除它的道德表象。在古代这个词的意思是"卓越的"和"慷慨的行为"——并将强调的重点放在行为上。在15世纪的意大利语中将其译作*virtù*，这个词被阿尔伯蒂用来传达一种在一般意义上与市民生活与社会有关联的事务上的一些有天赋的实践。人们认为是美德（*virtù*）塑造了、限定了，并指导了人们的行为，一旦通过一个相当优秀的教育而获得了它，那么：美德就成为"自然本身，是完善的和有着美好形式的"［见托马索（Tommaso）的《自然》（Nature）；阿尔伯蒂的《家庭》（The Family），p.75］。威斯特弗尔（Westfall）认为美德是布置（*collocatio*）的一种外延［见"和谐"（*Concinnitas*）］，因为"它将建筑师的意图和能力与上帝在造物时的目的与成就，以及社会的人带到了一起。通过对和谐的关注，建筑师使其自身进入了社会"［威斯特弗尔，《社会与美》（Society, Beauty），p.66］。因而，如阿尔伯蒂在1.6.18（11）所声称的，抛开建造不谈，"除了美德之外，没有任何东西，……一个人可以为之贡献更多的关切、更多的努力与注意力。"

维特鲁威的三原则：坚固（*firmitas*）、实用（*utilitas*）、美观（*venustas*）　维特鲁威的三原则对于许多英语读者们是熟悉的，这是在维特鲁威之后通过亨利·沃顿爵士（Sir Henry Wotton）在他于1624年出版的《建筑学原理》中以其特有的形式使人们所了解的："好的建筑物有三个条件：适用、坚固与愉悦。"没有特别地提及维特鲁威（1.3.2），阿尔伯蒂谈到了［1.2.9（5—5v）］"提出三个（建筑特征中）从来不会被忽视的东西，……它们的每一具体部分应该适合于它们所被设计来分派给予的任务，首先，应该是非常宽敞的；关于强度和耐久性，它们应该是可靠的，坚固的，而且是相当持久的；至于说到优美与典雅，它们应该是经过修饰的、有秩序的、有花环等装饰的，可以说，这关乎其每一部分。"在这里他使用的术语是*commoda*、*firmitatem*、*gratiam et amoenitatem*；而在别的地方［1.9.23（14）］，则用的是*utilitatis*、*dignitatis*、*amoenitatisque*。

　　在第七书中，这一建筑概念被与分隔（compartition）联系在了一起［7.1.1.89（110）］："现在，我们将描述房屋分隔，这一点比起房屋的使用与强度来，更能够为给予一座建筑物的愉悦与华丽做出贡献；虽然这些方面的品质与一个人被发现他是否期待些什么有着如此密切的联系，而其他一些方面则将不会要求与这种期待与认同相契合。"［另见"分隔"（Compartition）］。

风/**Winds**　在第九书第十章［9. 10. 317（174v）］，当论述到一位建筑师所必需的知识时，阿尔伯蒂写道，他应该"对于风，包括风的方向、风的名称，都有相当充分的知识……"希腊人将风区分为了8种，并且给予它们神圣的名称。在拉丁文学中，风被维吉尔描述为是被风神埃俄罗斯（Aeolus）所驱使，并被紧闭在一个洞穴中（维吉尔叙事诗《埃涅伊德》［Aeneid］，1. 57）。维特鲁威的（1. 6. 4－5）中所描述的主要风如下：*Septentrio*（北风）、*Aquilo*（东北风）、*Solanus*（东风）、*Eurus*（东南风）、*Auster*（南风）、*Africus*（西南风）、*Favonius*（西风）和*Corus*（西北风）。阿尔伯蒂采用了相同的命名术语（按字母顺序排列如下），只有一个例外就是，他主要用*Boreas*来指代北风。阿尔伯蒂所描述的一些风如下：

东北风/*Aquilo*

"当阿魁洛风（*Aquilo*）吹起来之时，海豚听到了呼唤风的声音，但是，当奥斯特风刮起来时，它们听到的声音就不那么美妙了，只是对风的抵触之音。"［1. 3. 1. 1.（6v）］"北风（*Boreas*）被认为是所有风中最平静的；当大海遭受强烈东北风阿魁洛（*Aquilo*）的袭扰后，一旦风停止了下来，大海很快就会变得平静，但是，若大海遭受的是南风奥斯特（*Auster*）的袭扰，那就会在一段时间里不得安宁"［4. 8. 114—115（68）］。阿尔伯蒂解释说，一个地区与另外一个地区的阳光与风是明显不同的，因而，例如"东北风（*Aquilo*）并不总都是轻柔的，而南风也不总都是在任何地方都不利于健康的"［5. 14. 141（84v）］。"据说东北风（*Aquilo*）总是会将水果吹皱并毁坏"［5. 17. 150（90）］。

南风/*Auster*

"广为人知的是，南风奥斯特天然地是厚重而迟缓的，因此当航行中因沉重的南风而疲惫不堪时，船的吃水会深，就好像它装载了压舱物；另外一个方面，北风似乎会使船与海面都变得轻快许多"［4. 2. 99（59）］。"在秋天时朝南一侧面向南风奥斯特的树叶总是会先掉下来。……（而）所有建筑物在经历了长久的岁月之后总是从面向南风奥斯特的一侧开始受损槽朽直至坍塌"［3. 8. 72（43）］。"在南风刮起的时候，船容易腐烂"［5. 13. 138（82V）］。"在夜晚的时候，要保证不要使牛暴露在南风中，或任何潮湿的微风之下"［5. 16. 143（85v）］。"位于南边的山，……在所有其他方面这些近在咫尺的山都是更加令人愉快的，也更加有利的，因为它们遮挡住了南风奥斯特"［5. 17. 146—147（88）］。另见1. 3. 11（6v）和4. 8. 114—115（68），关于东北风（*Aquilo*）；和2. 12. 57（34），关于西南风（Lybicus）。

北风/*Boreas*和泛指北风/*Septentriones*

"在冬天被伐倒的树木，当北风在吹的时候，虽然仍是很绿的，却会燃起美丽的火花，甚至几乎没有烟"［2. 4. 39（24）］。"我将不会把海砂暴露在南风奥斯特之下；而将其暴露在北风（*Septentrion*）之下则可能要好一些"［3. 10. 75（45）］。"要将刺骨的北风与寒气从空气与地面中排除出去"（5. 17. 146［87v］）。"对于谷物的，甚至水果的仓库而言，北风要比南风更好一些；……据说东北风（Aquilo）总是会将水果吹皱并毁坏"［5. 17. 150（90）］。"要让所有夏季使用的房间都能够面对北风（*Boreas*）的方向"［5. 18. 153（91v）］；并且"最好要将图书馆面对北风"［9. 10. 317（174v）］。另见4. 2. 99（59），谈及南风处。

西北风/*Corus*

"就像南风奥斯特带来的是疾病，特别是黏膜炎一样，西北风科罗（Coro）却使得我们咳嗽。"［1.3.11（71）］。

Favonius 或西风/*Zephyrus*

在 2.4.39（24）中，阿尔伯蒂提到了是西风（*Zephyr*）标志了春天的来到。

Lybicus 或/西南风/*Africus*

"最差的沙子是在暴露在南风奥斯特的方向上的沙滩上发现的，而那些面向西南风（Libycus）的沙滩上的沙子并不都是很糟糕的"［2.12.57（34）］。

译 后 记

一本外文书籍的翻译过程，其实就像是一个与原书作者对话与交流的过程。书中的每一句话，原书作者所举出的每一个事例，提到的每一位人名，每一件历史事件，都通过其原来的语言向我们娓娓道来，而我们在阅读中，在研究中，在推敲中，也慢慢地沉浸在了原书作者的所思所想的一整个过程之中。而一部古代西方名著的翻译过程，更像是一个向古代西方哲人求教、学习、从古代哲人那令人略感生疏的历史语境中，慢慢地体味、咀嚼、消化的过程。唯有在这种细腻而富有历史情调的体味与研读中，作者原初所希望表达的意义，就开始像乳汁一样，慢慢地沁入我们的内心之中，并转化成为我们能够大略表达与述说的话语了。这其中有学习、有研究、有斟酌、有探讨，就像是一场似乎没有尽头的马拉松长跑，其中的酸甜苦辣，绝非只言片语可以描述得清楚的。

由笔者承担的这部西方文艺复兴时期的建筑理论名著，意大利文艺复兴时期的理论大家阿尔伯蒂所著的《建筑论》，就是这样一部具有深沉、厚重、宏大意义的理论大著。这是一部影响了西方建筑界数百年的理论名著，从事这样一部西方古典建筑理论名著的翻译工作，除了如履薄冰的战战兢兢之外，就是夜以继日的辛苦劳作。其中除了从阅读与理解中感受到的与古人对话，并有所领悟的甘饴之外，更多的可能还是每日每时的小心谨慎，唯恐因为自己的无知造成的误解与讹误。反复地研读，仔细地核对，尽可能多地寻找相关的参考文献加以印证、核实。不厌其烦地反复咀嚼与推敲，这就是翻译者在从事这一神圣工作的过程中所不得不面对的每一天，每一时，每一刻。

这显然是一个苦差事，从承接下这样一件几乎并非笔者之力所能及之事起，先是慢慢地研读，接着开始启动翻译的过程，然后是每日每时的坚持，在原本就十分忙碌的研究、教学工作之余，利用点滴的时间空隙，来从事这样一部伟大的西方经典建筑理论著作的研究与翻译，时光就像是处在了一个凝滞的状态，除了日常工作之外，每日心头萦绕的几乎就是这样一件事：如何将建筑学学科发展史与建筑理论史上这样一部经典之作，准确而明晰地呈现在中国读者的面前。对时间的锱铢计较，分分秒秒点滴时间的捕捉，每日面对的就是遥遥无期的文字与文献，摆在面前的，除了英文原本之外，还有英文、法文、德文、意大利文和西班牙文的汉译辞典与人名辞典、地名辞典，以及一大堆的参考资料，特别是中国大百科全书出版社出版的《不列颠百科全书》，书页被几乎翻得发皱，颇有一点青灯古佛、皓首穷经的味道。

关于这本书的重要性是不言而喻的。从建筑大历史的眼光来看，建筑学学科的奠基人有两位，一位是生活于公元前1世纪的维特鲁威，另外一位就是本书的作者，15世纪的阿尔伯蒂。比较之下，尽管维特鲁威是建筑学学理基础的奠基人，但他所处的时代距离我们过于遥远，他用的语言，夹杂着希腊文与拉丁文，为后人留下了一大堆晦涩难懂而又模糊不清的疑问，为后来建筑学领域无穷的争辩，造成了巨大的空间。阿尔伯蒂的情况不太一样，他是西方历史上已知的第二位试图将建筑学作为一门完整的科学学科来架构与论述的人。他生活于西方社会由黯淡迷茫的中世纪向理性启蒙的现代转折的文艺复兴时期。是他对建筑学学科的内涵与学理的基础进行了重新的梳理与架构。自他之后，西方建筑理论与创作就进入了一个循序渐进的向前的发展过程。因而，可以说，建筑学学科的学理基础是由阿尔伯蒂所真正确立的。

当然，这是一个历史文本，一个原典性的文字。我们阅读它，决不是为了解决眼前的任何功利性问题。作者距离我们有 500 多年的历史，而阿尔伯蒂本人又是一个典雅好古之人，他的文本甚至表现得比他自己所处的时代更早，他更喜欢用古代希腊、罗马的典故、术语、甚至古代的建筑名词来阐释他的见解。这样，我们就应该将这本书看作是一个原典性的历史文本，我们不是要从中寻找解决眼前建筑的实际问题，我们从中汲取的是历史的营养。我们从中可以窥见，那些距离我们已经很遥远的建筑学学科的奠基人，在最初架构这个学科的时候，心中所描绘的蓝图究竟是个什么样子。

令我们感到惊异的是，阿尔伯蒂心目中的建筑学，是一个远比我们的理解要宽泛得多的大领域，是一个涉及人类居住环境几乎所有领域问题的大范围。这很像我们这套"西方建筑理论经典文库"的主持人吴良镛先生所主张的广义建筑学与人居环境科学中所提出的概念。也就是说，建筑学科发展到今天，我们当代学者终于与建筑学学科的奠基人有了一种心灵的碰撞与吻合。我们不仅可以从这本书中了解到西方古代、中世纪与文艺复兴时期的许多珍贵史料，把它当作一部建筑理论与历史的经典文献来阅读，以理解建筑学学科的发展源头，也应该将其作为激活我们理论思考的原典，活跃与深化我们自己对于建筑，特别是当代中国建筑的种种思考。

我不用举出其中更多的例子，只需要一个最简单的概念，即"创新"的概念，就可以看出500 年以前的建筑学者是如何思考建筑创作问题的，在本书的第一书第 9 章中，阿尔伯蒂写道：

> 虽然其他一些著名的建筑师似乎通过他们的作品而主张，使用多立克，或爱奥尼，或科林斯，或塔斯干式的比例分配，是最为便利的，但没有理由说明为什么我们应该在自己的作品中追随他们的设计，好像一切都是顺理成章的；但是，更为恰当的是，被他们的实例所激发，我们应该努力设计我们自己创造的作品，去抗衡，或者，如果可能的话，去超越他们作品中已有的辉煌。

如果忽略阿尔伯蒂不可避免的时代局限，如对柱式的过分关注之外，将他的这段话应用于我们现代的建筑创作之中，也仍然会是令人感到振聋发聩，或甚至令人汗颜的。在今天这样一个习惯于"漫不经心地重复"已有建筑的年代，我们的建筑师中有多少人不是以"追随"既有的设计而生存的？我们的建筑师中又有多少人，将"创造自己的作品"、"抗衡"，或"超越"已有作品的"辉煌"为己任的？在大规模的建设高潮已经持续了 30 余年之久的中国建筑界，我们自己的本土建筑师几乎还没有一件令国际同行们刮目相看的建筑作品，而在一场千载难逢的宏大的奥运建设中，几乎所有最为重要的建筑作品，都交给了"远来的和尚"来捉刀。这难道不是令中国建筑师们很没有面子的一件事情吗？其终极的原因，是否可以从阿尔伯蒂 500 年前给予我们的古训中获得一点启迪呢？

　　好了，译者也清楚地知道，习惯于书斋生活的我辈，似乎是没有什么资格对在市场经济的大潮中上下沉浮，并且已经拼得精疲力竭的建筑师们说三道四的。偶然的议论，也只是一种无奈的感叹而已。还是回到我们这本书吧。

　　既然这是一本历史原典，因为时代的差异与文化的隔离，我们对于其中的许多背景性知识几乎是一无所知的。所以，为了让读者能够与作者的思绪顺畅地联系在一起，译者的精力主要地似乎不是放在文字的恰当译述上，因为这是一个译本的基本要求，而是在文本中所涉及的大量西方历史上的人物、地点、事件的追索上。这就是本书中需要大量脚注的原因所在。甚至，因为文化的隔阂，我们对西方背景文化的不了解，对于英译本的导言与注释，也不得不加上一点译者注，以方便读者深入阅读。尽管这耗费了译者相当大的精力。但考虑到这是一部西方建筑理论的经典之作，这样的研究性追索也应该是必不可少的。

　　当然，总有一些力不从心之处，一些佶屈难懂的古涩词汇，特别是一些在西方现当代文献中也已经难觅其踪的人名、地名或古代典故，英译者也表现得手足无措，中译者更是束手无策，只好保留原文，这为读者的阅读带来了诸多的不便，只好在这里表示歉意。

　　本书所依赖的文本是阿尔伯蒂《建筑论》的英译本，这个本子是由著名的美国建筑历史学家约瑟夫·里克沃特（Joseph Rykwert）担纲完成，并由 MIT 出版社于 1988 年出版的。里克沃特是一位治学功力很深的西方学者，他不仅著作等身，对文献的考订、版本的求索也是一丝不苟。这一点从他所写的英译本导言中可以看得很清楚。有这样一个可信的英文版本作为中译本的基础，对于中国建筑师与建筑学子们而言，无疑也是一件幸事。

　　这本书不仅对于建筑师和建筑学子们应该是必读的经典文献，对于一般治西方史的学者，特别是艺术史与科技史的学者，也提供了相当丰富的历史资料。但是，对于建筑学人而言，其更为重要的意义，应当是使我们对于建筑学学科立论的基础有一个更为直接和深入的了解和理解。一些西方建筑学者，面对当代建筑的万象纷杂，明确提出了"回归基本原理"（Back to the basic）的概念，吴良镛院士也对这一思想提出了明确的支持。但是，怎样才能够回归到基本原理呢？唯一的办法还是阅读建筑理论历史上的原典性文本，以深入我们自己的思考。我们对这套"西方建筑理论经典文库"译介引进的初衷，除了为弥补当下中国在建筑理论原典方面的文献缺失之外，这也是一个重要目的。

　　这本书是我的老师吴良镛先生主持的国家重点出版计划"西方建筑理论经典文库"系列理论丛书中的一本。本书的译出，得到了吴先生的充分关注与指导。清华大学建筑学院的博士生包志禹为译者寻购了英文版译本；编辑李新钰为译者录入了注释、索引、参考书目等英文文稿，方便了译者的工作，并对译稿文字做了初步的文字校对，在这里一并表示感谢。限于译者的学识与能力，译文中一定会有一些理解不够准确，或注引有所失误的地方，在这里诚惶诚恐地将这个译本呈献给读者，同时也借这方寸之地，以感激的心情，诚恳地祈请有识方家的不吝赐正。

译者识

于北京荷清苑坎止斋